这是一部全面讲解如何使用3ds max/VRay软件渲染制作各类室内外商业效果图的经典之作，全面的VRay软件参数讲解，典型的效果图渲染技法及后期处理技术，详细的操作步骤展示，内容丰富的随书光盘，所有这些只为助您在效果图领域成就非凡

思维数码/编著

3ds max/VRay

照片级商业效果图表现技法精粹

■ **视频教学 轻松非凡**
提供**100分钟**本书案例视频教学，使您的学习更容易、更轻松

■ **超多素材 实用非凡**
提供**上千张实用素材**，如石材、布纹、金属等，节省您的搜集整理时间，提高工作效率

■ **超全文件 高效非凡**
所有场景均包含相关光子图文件，可以大大缩短您再次渲染、测试的时间，提高学习效率

北京希望电子出版社
Beijing Hope Electronic Press
www.bhp.com.cn

内 容 简 介

这是一本全面讲解如何使用3ds max/VRay软件渲染制作各类商业室内外效果图的经典之作。

通过学习本书，可以让您快速掌握各类商业效果图的渲染表现技法。如：会议室、酒吧、VIP包房、小区、商业楼以及别墅群等。书中详细讲解了如何设置合理的材质、如何进行布光、如何调整渲染参数以及如何进行后期优化，从而轻松得到照片级的商业效果图表现作品。

配套光盘包含近100分钟的本书案例视频教学和书中部分案例模型文件。此外，还附送了丰富的贴图及光子图文件，大大节省了您的素材搜集和渲染、测试时间。

本书特别适合希望快速提高效果图渲染技术的相关从业人员及爱好者阅读，同时也可以作为大、中专院校或相关社会类培训班的学习用书。

需要本书或技术支持的读者，请与北京清河6号信箱（邮编：100085）发行部联系，电话：010-62978181（总机）、010-82702660，传真：010-82702698，E-mail：tbd@bhp.com.cn。

图书在版编目（CIP）数据

3ds max/VRay 照片级商业效果图表现技法精粹/思维数码编著. —北京：科学出版社，2009

（非凡系列图书）

ISBN 978-7-03-023906-8

Ⅰ.3… Ⅱ.思… Ⅲ.室内设计：计算机辅助设计—图形软件，3DS MAX、VRay Ⅳ.TU238-39

中国版本图书馆CIP数据核字（2009）第003546号

责任编辑：赵丽丽　　/责任校对：周　玉
责任印刷：广　益　　/封面设计：ANTONIONI

科学出版社 出版

北京东黄城根北街16号
邮政编码：100717
http://www.sciencep.com

北京广益印刷有限公司印刷

科学出版社发行　各地新华书店经销

*

2009年2月第 一 版　　开本：787×1092 1/16
2009年2月第一次印刷　　印张：27 1/2（全彩印刷）
印数：1-5 000册　　字数：652 08

定价：78.00元（配2张DVD光盘）

案例名称：圆桌会议室表现　　　所在章节：第2章

案例名称：大会议室表现　　所在章节：第3章

案例名称：高级会客厅表现　　所在章节：第4章

案例名称：简单影音室表现　　所在章节：第5章

案例名称：中式豪华VIP包房表现　　所在章节：第6章

案例名称：夜景酒吧间表现　　所在章节：第7章

案例名称：半鸟瞰高层公寓住宅区表现　所在章节：第8章

案例名称：雪景小区表现　　所在章节：第9章

案例名称：夜景高层商业楼外观表现　　所在章节：第10章

案例名称：花园联排别墅表现　　所在章节：第11章

案例名称：现代别墅日景及夜景表现　　所在章节：第12章

布1
布2
布3
布4
布5
布6
壁纸
皮革1
皮革2
玻璃2
玻璃3
玻璃4
金属01
金属2
黑色金属
有色金属
铜
黄金
车漆01
车漆02
木纹
木纹2
木纹3
木纹4

前言 Preface

效果图技术核心

根据笔者渲染效果图的经验，从效果图制作的流程角度来看，要加快效果图渲染速度，应该从以下5个方面入手。

快速搭建场景

在CAD图纸或草稿图纸给定的情况下，要想快速搭建场景就要有丰富的模型库。

因为室内场景在建模方面并没有多少难度，室内的家具和装饰用品几乎完全依靠模型库。因此，要想快速搭建令人满意的场景，拥有风格各异、种类丰富、样式繁多的常规模型是必要条件。

本书解决方案：笔者将本书讲解的所有场景中涉及到的重要模型全部单独分离成max文件，读者可以使用这些模型快速搭建出不同设计风格的室内场景。

快速调配材质

VR材质具有逼真的反射、折射效果，因此许多追求效果的表现者基本上不太使用3ds max自带的材质。如果要想快速地制作效果图，直接调入已经设置好的材质即可。

本书解决方案：笔者不仅将本书讲解的场景的材质全部单独保存成了mat文件，而且还在光盘中附赠了大量常用材质，例如木材、金属、玻璃等，在场景中大量使用这些材质文件可以大幅度提高出图效率。

快速设置并测试灯光

这是使用VR渲染效果图过程中比较重要的一个步骤，对于最终效果有决定性的影响。

本书解决方案：本书讲解的场景包括丰富的灯光类型，既有全日光型的场景，也有日光配合灯光型的场景，还有灯光配合日光型场景。认真学习不同场景的灯光设置和测试，相信读者一定能够找到快速设置并测试灯光的方法。

恰当设置相机角度

对于室外场景而言，相机的角度对效果图的最终质量影响很大。

本书解决方案：本书讲解的场景包括丰富的摄影机角度类型（人视、仰视、半鸟瞰等），认真学习不同场景的摄影机机位设置和测试方法，能够帮助读者应对大多数需要特别设计摄影机角度的场景。

精细的后期处理技术

对于室外建筑场景而言，在Photoshop中的后期处理非常重要，这会直接影响到最终的成图质量。

本书解决方案：本书讲解的场景不仅包括前期渲染技术，而且还有细致的Photoshop后期处理技术讲解，帮助读者提高效果图的后期处理技术。

超值光盘

本书附带两张DVD光盘，其中包括本书部分案例的源文件及最终效果文件、材质和贴图文件，还有数个视频讲解文件，相信一定能够帮助读者在学习过程中少走弯路，直达学习核心。

此外，光盘附赠了大量笔者在渲染效果图时常用的模型、材质贴图和VR材质库，能够为读者节省大量搜索、收集和整理时间。

运行环境

本书的软件编写环境是3ds max +VRay 1.50RC3，操作系统是Windows XP SP2，硬件环境是双核AMD 4400 + 2GB内存 + 160高速硬盘 + 128MB高速显卡。

如果读者打不开本书的场景文件，一种可能是在软件环境方面出了问题；另一种可能是机器的配置过低。在这种情况下，视读者的机器配置可能需要等待5～15分钟左右，才可以打开本书光盘中的场景文件。所有场景文件仅供读者学习使用，不得用于任何商业用途。

联系方法

限于水平，本书在操作步骤、效果及表述方面定然存在不尽如人意之处，希望读者来信指正，邮箱是LB26@263.net和Lbuser@126.com，如果希望知悉关于本书的更多信息请浏览我们的网站www.dzwh.com.cn。

本书是集体劳动的结晶，参与本书编写的包括以下人员：雷剑、吴腾飞、雷波、左福、范玉婵、刘志伟、李美、邓冰峰、詹曼雪、黄正、孙美娜、刑海杰、刘小松、陈红艳、徐克沛、吴晴、李洪泽、漠然、李亚洲、佟晓旭、江海艳、董文杰、张来勤、刘星龙、边艳蕊、马俊南、姜玉双、李敏、郈琳琳、李亚洲、卢金凤、李静、肖辉、寿鹏程、管亮、马牧阳、杨冲、张奇、陈志新、刘星龙、马俊南、孙雅丽、孟祥印、李倪、潘陈锡、姚天亮等。

编　者

目录

第1章 建筑效果图及VRay参数解析

第2章 圆桌会议室表现

第3章 大会议室表现

第4章 高级会客厅表现

目录

第7章 夜景酒吧间表现

第8章 半鸟瞰高层公寓住宅区表现

第9章 雪景小区表现

目录

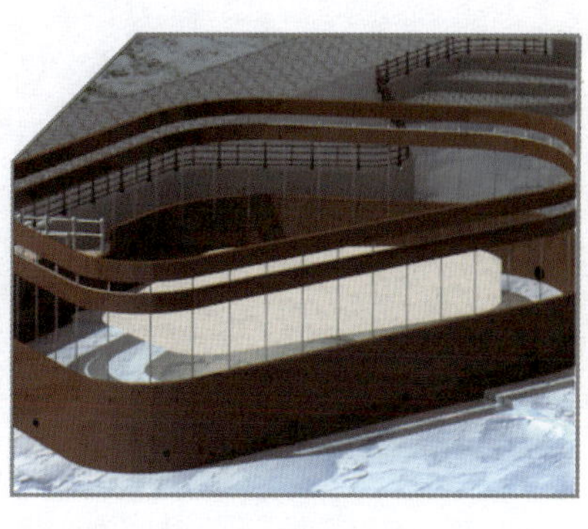

第10章 夜景高层商业楼外观表现

第11章 花园联排别墅群表现

第12章 现代别墅日景及夜景表现

1

第1章 建筑效果图及VRay参数解析

1.1 认识建筑效果图行业

要深入学习建筑效果图渲染，了解这一行业的发展背景与发展前景还是非常有必要的，这一节我们将针对这两个方面进行讲解。

1.1.1 建筑效果图的发展

在国外的建筑效果图表现市场已经蓬勃发展的时候，我国的建筑效果图表现市场还没有起步，但经过快速发展，现在已经成为国际上最大的建筑效果图表现市场。下面是我国建筑效果图表现行业的简单发展历程。

1. 初始阶段

大概从 20 世纪 90 年代中期，我国先后出现了几家从事效果图制作的公司，这些公司的创始人都是在大学中学习建筑设计，本身喜欢电脑三维的人。当时使用的表现软件大多数为 3ds studio，由于硬件受到限制，当时要渲染一张不错的效果图几乎需要好几天的时间，而效果图的效果当然也是可想而知的，基本上能够表现出大致的材质、明暗关系就差不多了。

2. 发展阶段

在硬件突飞猛进的 20 世纪 90 年代末，3ds studio 的更新换代软件 3ds max 发布了，该软件以更好的界面效果和更强的功能，迅速在效果图行业中得到广泛应用。与此同时，我国的建筑业市场也在蓬勃发展，电脑效果图表现已经深入人心，庞大而又利润丰厚的市场使相关效果图公司与从业人员数量迅速上升。

一批效果图公司也开始展露头脚，如水晶石、巨潮等。借助更强大的软件与行业积累，效果图的质量也得到了明显提高。

3. 调整阶段

由于技术门槛的降低，从业人员的数量越来越多，使静态效果图行业变成了一个利润较低的行业，大量效果图公司开始思考发展建筑动画以及比较专业的虚拟现实。效果图公司及整个行业分化成为专业的静态表现、专业的动态表现及专业的虚拟现实表现公司，而随着 Lightscape、VRay 等渲染器的出现，效果图的写实程度也越来越高。此时要渲染出一张漂亮的效果图，已经过了那种仅会软件就能够完成的阶段，还需要从业人员掌握摄影、颜色、构成等相关知识，效果图的质量竞争发展到了美学的层次。

图 1-1 所示为本书部分建筑效果图。

图 1-1

1.1.2 建筑效果图的发展前景

谈到建筑效果图行业的前景，这不得不跟我们国家建筑市场的繁荣联系在一起。我国是全球最大的建筑市场，也成为最大的建筑设计市场，所以效果图行业的发展也是最迅猛的。有建筑设计的存在，也就不能离开建筑三维的帮助，所以建筑效果图的前景还是很好的。

但是，由于现在效果图从业人员的素质降低，以及效果图行业大发展造成客户的眼界提高，现在要想制作一幅成功的效果图作品还是比较困难的。特别是现在修改设计的程度越来越大，时间越来越紧，客户越来越挑剔，使得效果图制作这个行业越来越难。虽然门槛的降低使得从业人员越来越多，竞争也越来越厉害，但是客户还是希望能够与一个有独特思想的从业人员合作，所以，追求个人特点和公司特点成为从业人员的希望。

另一方面，从业人员更多地想到了拓宽自身的发展，更多的人去学习研究建筑动画、虚拟现实，也有一部分人去做影视动画，这些都属于建筑工作的领域。要想在这些方面得到发展，就必须拓宽视野，了解更多的相关领域的知识。例如，要想在建筑动画领域有所发展，就要去了解镜头语言，去了解后期制作的知识。所以，这些对从业人员的个人素质就有了更高的要求。

1.1.3 如何成为一个出图高手

有很多爱好者为了进入建筑三维行业，采用了进培训班学习的途径，这可以促使大家有一个系统的学习过程，可以尽快地了解软件的使用。但是师傅领进门，修行靠个人，要想进入这个行业，往往还得在效果图公司实习几个月到几年，才能真正地掌握这个工作的特点。所以，自学能力的培养也是一件非常重要的事。

因为效果图行业已经过了软件竞争的阶段，掌握相关软件后，如何真正地了解建筑的知识，准确地理解设计师的图纸和意图，这些才是进入这个行业最难的地方。

出图人员进入行业初期的时候可以多模仿精品图，思考这些图好在什么地方，真正掌握制图流程与思路。此外，多与设计师及渲染高手交流，也是一个提高自身素质的途径。

总之，多想、多动手、多交流、多总结，才可以成为一名合格的渲染师。

1.1.4 了解相关软件

1. AutoCAD

AutoCAD 是一款建筑制图软件，在建筑设计行业中主要是用于制作工程图纸，效果图制作人员可以利用其与 3ds max 的良好文件接口，将建筑设计师的图纸转到 3ds max 中，并根据图纸的要求准确地搭建模型，图 1-2 所示为 AutoCAD 的启动界面。

由于绝大多数客户提供的都是 CAD 文件，因此该软件绝对是必备软件之一。

2. 3ds max

3ds max 是建筑三维工作的核心，现阶段绝大多数效果图制作人员的工作都是围绕此软件进行的。3ds max 是一款功能强大的制作软件，建筑三维其实只是运用了 3ds max 的一些基本实用的功能，远谈不上对 3ds max 已经用到了极致。但是，把这些最基本、最常用的功能用熟了，就可以进入建筑工作的领域了，图 1-3 所示为 3ds max 的启动界面。

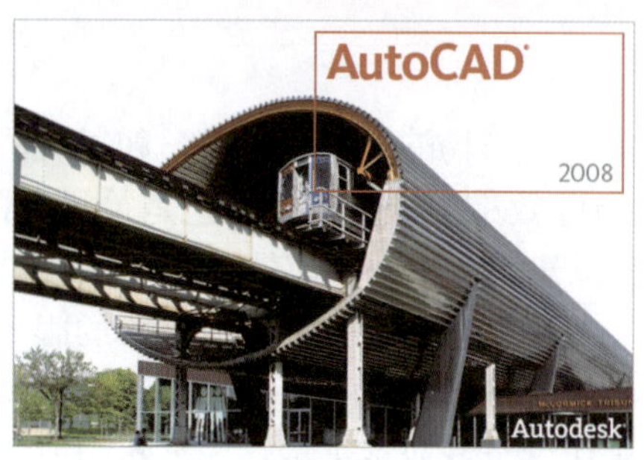

图 1-2

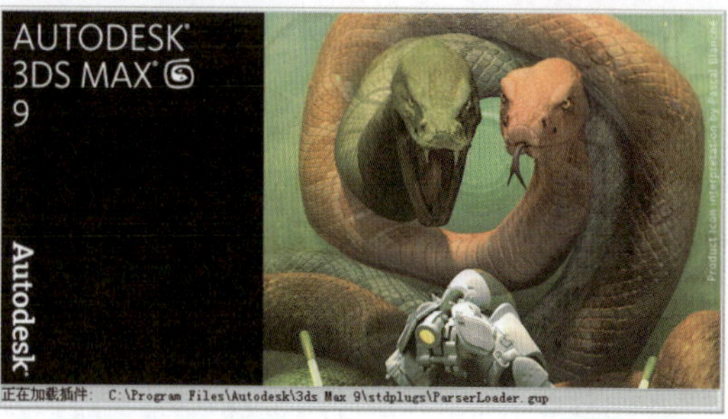

图 1-3

截止 2008 年 5 月，3ds max 的版本是 3ds max 2009。

3. VRay

VRay 是目前为止最为炙手可热的渲染软件，由于具有超强光线追踪、灯光模拟与材质模型功能，目前被广泛用于各类三维表现领域，图 1-4 所示为其启动界面。

截止 2008 年 4 月，VRay 最新的版本是 VRay 1.50 Rc3，本书中的所有案例均使用此版本编写。

4. Photoshop

Photoshop 是从事任何一种与图形图像有关的设计工作都不可能缺少的软件。有些设计师甚至将所有业务都在此软件中完成，其功能的强大性和应用的广泛性是不容置疑的。

其中应用最多的是在制作效果图后期时，利用 3ds max 中渲染出来的静态通道图片在 photoshop 中添加环境，并将初次渲染出来的建筑效果图融入到环境中，以完成一幅完整的效果图。此外，还可以在 photoshop 中修改或绘制要使用的 3ds max 材质贴图。

截止 2008 年 5 月，此软件的版本是 Photoshop CS3 中文版，本书也是以此软件为基础进行写作的，图 1-5 所示为其启动界面。

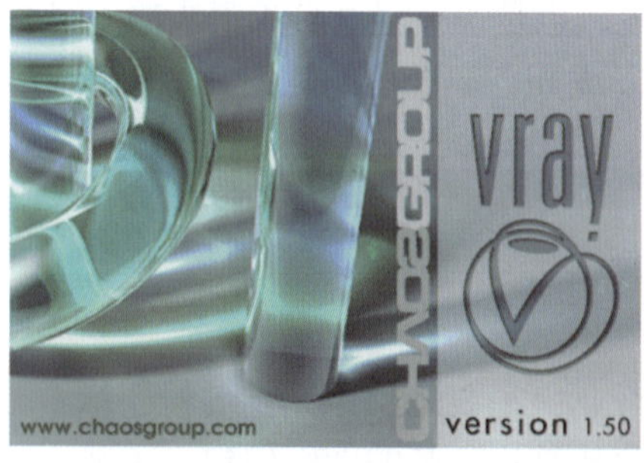

图 1-4

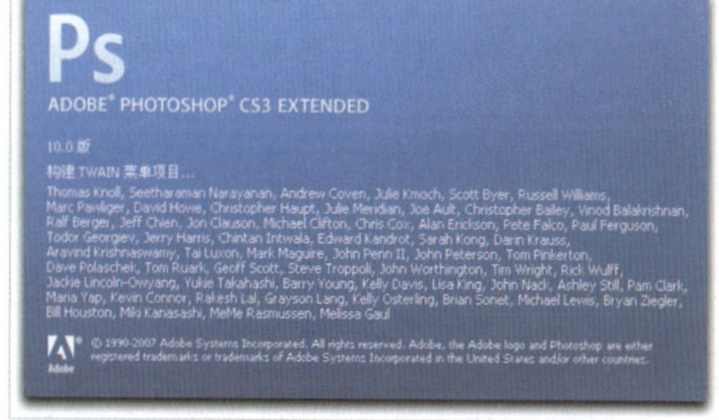

图 1-5

1.2 建筑效果图制作流程

经过长时间的发展，效果图制作行业已经发展到一个非常成熟的阶段，无论是室内效果图还是室外效果图都有了一个模式化的操作流程，这也是能够细分出专业的建模师、渲染师、灯光师、后期制作师等岗位的原因之一。对于每一个效果图制作人员而言，正确的流程能够保证效果图的制作效率与质量。

1. 前期准备工作（图纸及风格分析）

与室内效果图制作不同，室外效果图制作需要更加详细的施工图纸，要根据建筑的平面图、立面图和剖面图对建筑进行整体的分析，还要了解该建筑的主要使用功能，从而确定整幅效果图的风格。

2. 创建模型前的尺寸设置

同制作室内效果图相同，在创建建筑模型前仍然需要对场景单位进行设置，这样就可以根据施工图纸的实际尺寸创建出与现实相符的建筑模型。

3. 创建模型

在建筑模型创建前首先打开该建筑的 CAD 文件，一般图纸中会包含建筑的平面图和立面图。可以先将文字、树、草地、铺地等建模不需要的图纸信息删除。然后分别把各层平面图和立面图分别导入到 3ds max 中，并根据图纸创建模型。

小贴士

在创建模型的过程中，尽量将建筑中相同的结构成组并命名为相应的结构名称，如墙体、楼板、窗玻璃等，这样可以使后面材质的赋予以及模型的编辑更加方便。

4. 架设摄影机

摄影机的架设方法一般有两种，一种是人视角摄影机的架设，另一种是鸟瞰视角摄影机的架设。如果要表现一个独体建筑时，采用人视角度来架设摄影机。

小贴士

所谓的人视角度就是使用摄影机来模拟人站在某一位置，眼睛所观察到的建筑形态。人视角度又可以分为平视和仰视两种。

对于一些建筑群的表现以及一些建筑物及其周围规划的表现，一般采用鸟瞰的角度来架设摄影机。

小贴士

所谓鸟瞰的角度就是一种从空中向下看的效果。根据我们想表达的效果的不同，可以将鸟瞰分为平视和俯视两种，如图 1-6 所示分别为平视的鸟瞰效果和俯视的鸟瞰效果。

图 1-6

5. 初步布置灯光

摄影机架设好以后，我们首先在场景中布置几个简单的灯光，确定阴影的位置，把建筑的基本体量关系表现出来。具体的灯光布置将在制作完材质之后进行。

6. 赋予材质

制作室外效果图中的材质制作比制作室内效果图中的材质要简单得多，只要将大面的材质制作好，其他细小的部分只需指定颜色或赋予贴图即可。还有很多细节的部分可以到后期处理时进行仔细的调整。

7. 最终灯光布置

模型被赋予材质以后，就更容易观察到调节灯光后建筑的真实效果，所以具体的灯光布置及调节我们都会在为模型赋予材质之后进行。

3ds max 的布光理论是三点布光法，在室外效果图制作中，如果采用默认的线扫描渲染，经常会使用阵列布光法，其基本原则还是三点布光法，只是环境光的参数比较小，灯光在场景中比较均匀的分布，形成类似于自然界光照的漫反射。

小贴士

图 1-7 所示就是三点布光方式，即使用主光源、辅助光源和背光源来为建筑照明。

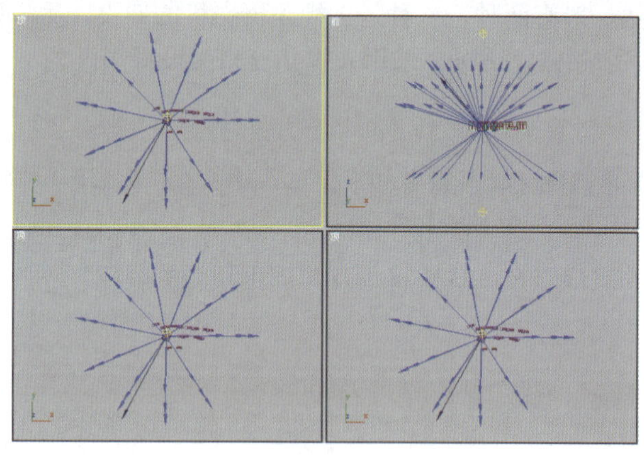

图 1-7

8. 渲染

早期建筑外观效果图的制作通常都采用 3ds max 默认线扫描渲染器进行渲染，它的优点是速度快，至今仍有很多人在使用这种方法进行渲染。

随着各种渲染插件的不断涌现，室外效果图的制作又有了新的提高，其中 VRay 渲染器是最为出众的，其优秀的全局照明系统可以使制作者摆脱烦琐的灯光布置。VRay 渲染器渲染的效果更加逼真，是效果图制作行业的主流渲染软件。

9. 后期处理

室外效果图的后期处理在整幅效果图的制作流程中起着举足轻重的作用。通常要在后期处理中为主体建筑周围添加人、车、树等配景，以烘托建筑的气氛，活跃画面，均衡构图。

小贴士

在后期处理时，要注意配景与主体之间的关系，分清主次，防止喧宾夺主。

如图 1-8 所示为使用 3ds max 初期渲染的效果及经过后期处理后的效果图，可以看出，区别是相当大的。

图 1-8

1.3 VRay渲染器简介

1.3.1 初步认识强大的VRay渲染器

VRay 渲染器是一种真正的光线追踪和全局光渲染器，由于使用简单、操作方便，在国内效果图渲染领域已经有取代 Lightscap 等渲染软件的趋势。VRay 最大的技术特点是其优秀的全局照明（Global Illumination）功能，利用此特点能够在图中得到逼真而又柔和的阴影与光影漫反射效果。VRay 的另一个引人注目的功能是 Irradiance Map，此功能可以将全局照明的计算数据以贴图的形式来渲染效果，通过智能分析、缓冲和插补，Irradiance Map 可以既快又好地达到完美的渲染结果。

近年来 VRay 渲染器被广泛地应用于建筑效果图、电影、游戏等方面，图 1-9 所示的精美效果均为渲染大师们使用 VRay 渲染器渲染的。

VRay 渲染器不仅仅是一个支持全局照明的渲染器，其内部还集成了众多高级渲染功能，例如，焦散、景深、运动模糊、烘焙贴图、置换贴图、HDRI 高级照明等附加功能。图 1-10 所示为使用 VRay 渲染器渲染得到的效果。

图 1-9

图 1-10

1.3.2 VRay渲染器的速度优势

对于制作商业效果图的设计师来说，速度和质量是他们最看重的。在实际工作中，并不会有商业机构无时间限制地让设计师做一幅图，因为商业图和欣赏图不同，欣赏图可以无任何时间、精力限制，只追求最终的欣赏效果即可，但是商业效果图是用于产生商业价值的，所以必须在所规定的时间内完成，否则就无法体现其价值。

而出图速度快正是 VRay 渲染器的一大特点，作为使用核心 Quasi-Monte Carlo 算法的渲染器，其渲染速度本身比采用 Radiosity 算法的 Lightscape 渲染器要快得多。

除了渲染速度快外，VRay 渲染器还提供了发光贴图（Irradiance Map）供使用者调用。简单地说，发光贴图就是可以对低像素（例如 640×480）图像的光源照射进行运算后，加载到高像素（例如 3200×2400）的图像中去，这样高像素图像无须再进行复杂的光照运算，从而使渲染速度以几何倍数提高。

1.3.3 VRay渲染器的优势

VRay渲染器是直接作为3ds max的一个插件开发成型的，所以和3ds max中的模型、材质、灯光等都可以非常好地兼容，即可以直接在 3ds max 软件中建立模型，然后激活 VRay 渲染器进行渲染。

VRay渲染器核心的Global Illumination技术可以智能化地识别模型和模型之间的面相交，

并且只计算可见面的受光影响。

VRay 渲染器还特别加入了 VRay 专用的材质、灯光和阴影。使用这些材质、灯光和阴影，再用 VRay 渲染器渲染时，不仅可以获得更好的效果，还可以使渲染速度相应地得到提高。

1.4 激活VRay渲染器

本书案例全部采用功能比较完善的 V-Ray Adv 1.5 RC3 版本和中文版 3ds max 9.0，因为 3ds max 在渲染时使用的是自身默认的渲染器，所以要手动设置 VRay 渲染器为当前渲染器，具体操作步骤如下。

① 首先确定已经正确安装了 VRay 渲染器，打开 3ds max 9.0。在工具栏中单击按钮，打开“渲染场景”对话框，此时“公用”面板的“指定渲染器”卷展栏中提示的默认渲染器为“默认扫描线渲染器”，如图 1-11 所示。

② 单击“产品级文本框”后面的...按钮，弹出“选择渲染器”对话框，在这个对话框中可以看到已经安装好的 V-Ray Adv 1.5 RC3 渲染器，如图 1-12 所示。

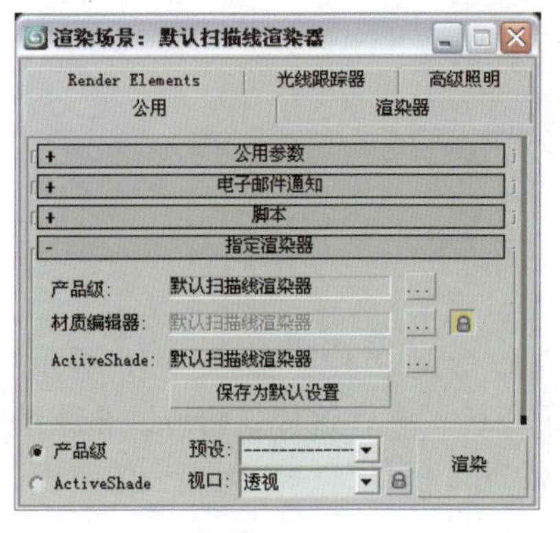

图 1-11

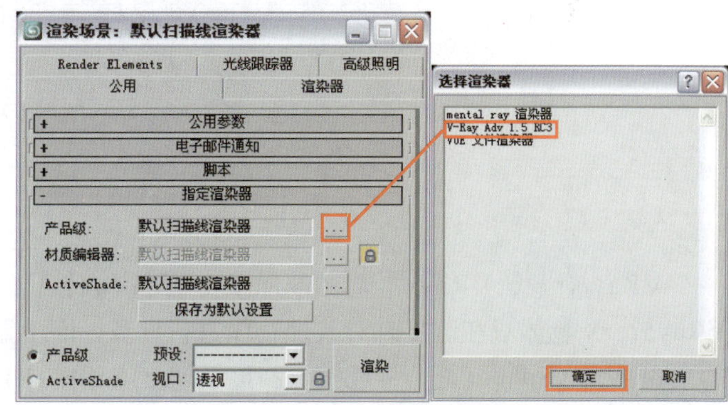

图 1-12

③ 选择 V-Ray Adv 1.5 RC3 渲染器，然后单击“确定”按钮，此时可以看到产品级文本框中的渲染器名称变成了 V-Ray Adv 1.5 RC3。对话框上方的标题栏也变成了 V-Ray Adv 1.5 RC3 渲染器的名称。这说明 3ds max 目前的工作渲染器为 V-Ray Adv 1.5 RC3 渲染器，如图 1-13 所示。

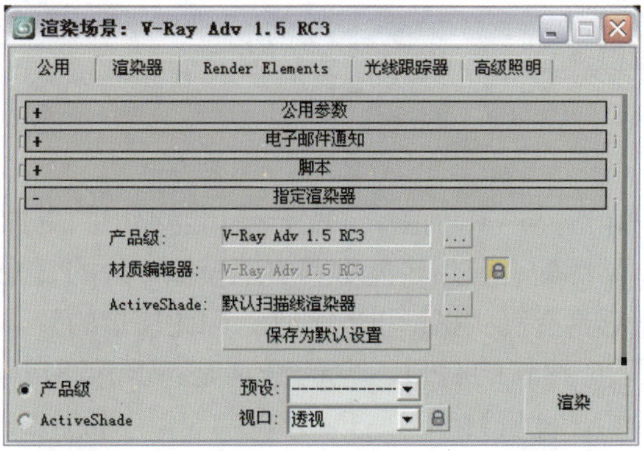

图 1-13

1.5 VRay渲染器在3ds max 9.0中的功能

VRay 渲染器正确安装后可以在 3ds max 里的很多模块中找到它们，它们分别是 VRay 渲染器、VRay 对象、VRay 灯光、VRay 摄影机、VRay 材质贴图、VRay 大气特效和 VRay 置换修改器。

VRay 渲染器位于“渲染场景”对话框中，包括了所有与渲染相关的控制参数，如图 1-14 所示。

图 1-14

VRay 对象、VRay 灯光和 VRay 摄影机均位于创建命令面板中，如图 1-15 所示。VRayProxy 物体只在渲染时对代理物体进行计算，而不显示在场景中，这样就可以减少系统的负担；VRaySphere 是一种能够提高显示速度的球体；VRayPlane 提供了一个无限大的平面，通常当作地面使用；VRayFur 可以制作毛发和草地效果。

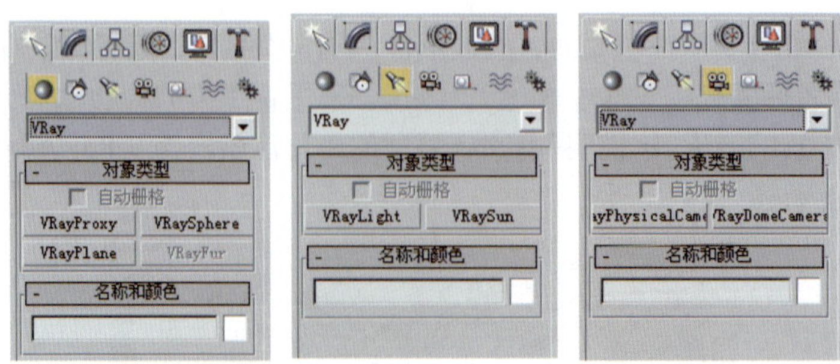

图 1-15

VRay 灯光属于体积灯光，与 VRay 渲染器配合使用能够得到更加理想的照明和投影效果。将 VRaySun 与 VRaySky 贴图配合使用，能够真实地模拟户外的日光照明和环境效果。

VRay 的摄影机类型都具有真实摄影机的属性，因此模拟的效果更加准确。

VRay 渲染器提供了 7 种新的材质，它们分别是：VRay2SideMtl（VRay 双面材质）、VRayBlendMtl（VRay 混合材质）、VRayFastSSS（VRay 快速 3S 材质）、VRayLightMtl（VRay 发光材质）、VRayMtl（VRay 基本材质）、VRayMtlWrapper（VRay 包裹材质）、

VRayOverrideMtl（VRay 代理材质）。

在材质编辑器的贴图通道中共增加了 8 种贴图类型，如图 1-16 所示，它们分别是：VRayBmpFilter（VRay 位图过滤器）；VRayColor（VRay 颜色贴图）；VRayCompTex（VRay 合成材质）；VRayDirt（VRay 脏旧材质）；VRayEdgesTex（VRay 线框材质）；VRayHDRI（VRay 高动态范围图像贴图）；VRayMap（VRay 贴图）；VRaySky（VRay 天空材质）。常用材质及贴图的设置方法将在书中材质部分详细讲解。

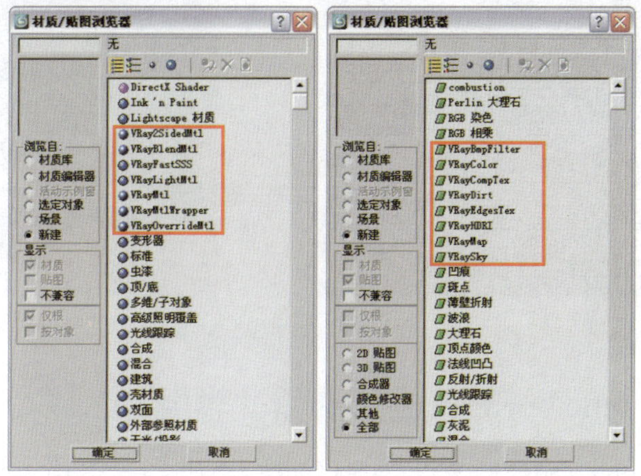

图 1-16

VRay 大气特效位于环境对话框的 Atmosphere 卷展栏中，单击“添加”按钮可以添加这两种大气特效，如图 1-17 所示。VRayToon 可以渲染卡通效果；VRaySphereFade 需要与 SphereGizmo 配合使用，位于球形线框以外的对象不能被渲染。

VRay 置换修改器位于修改命令面板的“修改器列表”中，如图 1-18 所示。3ds max 提供的置换修改器必须指定了置换贴图才可以渲染出置换效果，而 VRay 的置换修改器可以通过一张纹理贴图产生置换效果。

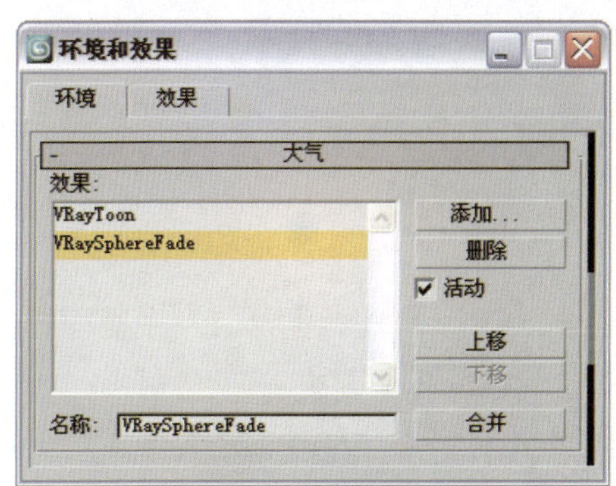

图 1-17

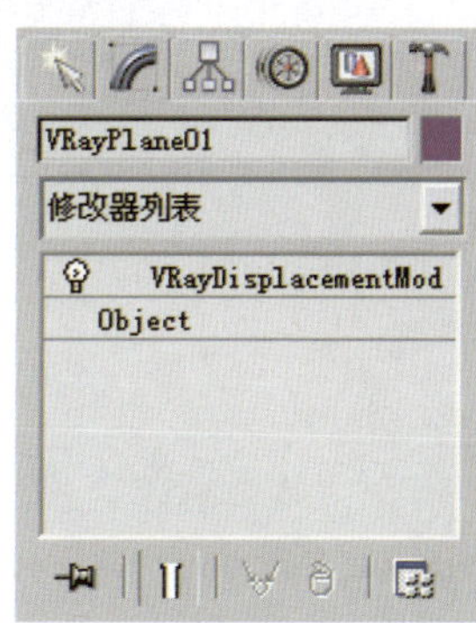

图 1-18

1.6 VRay渲染器参数详解

虽然 VRay 在使用方面要优于其他渲染软件，在功能方面也较其他大多数渲染软件更强大，但在功能强大而丰富的背后是复杂而繁多的参数，因此要掌握此渲染器，首先要了解各个重要参数的功能。V-Ray Adv 1.5 RC3 的渲染器控制面板如图 1-19 所示，下面将在各个小节中对一些常用参数进行讲解。

VRay 版本发布的频率并不高，要得到当前使用软件版本号，可以观察图 1-20 所示的卷展栏。

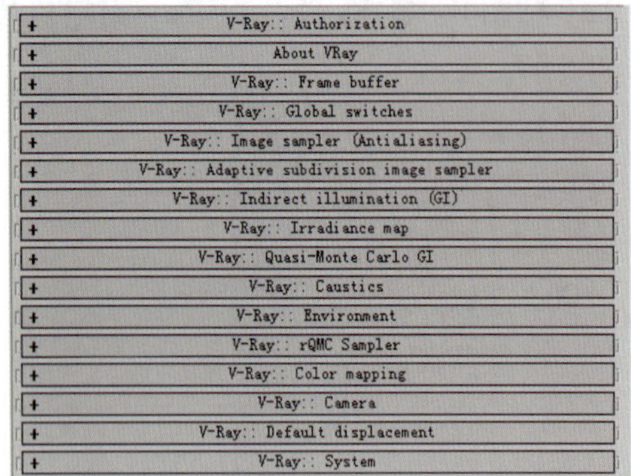

图 1-19

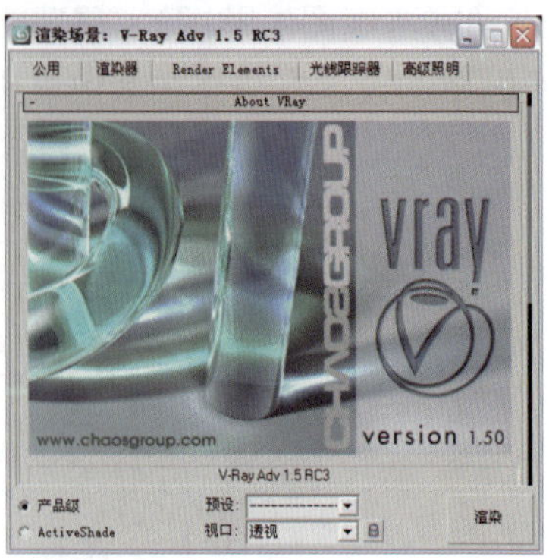

图 1-20

1.6.1 V-Ray：Frame buffer（帧缓冲器）卷展栏

“V-Ray:Frame buffer（帧缓冲器）”卷展栏如图 1-21 所示，其中主要参数作用如下。

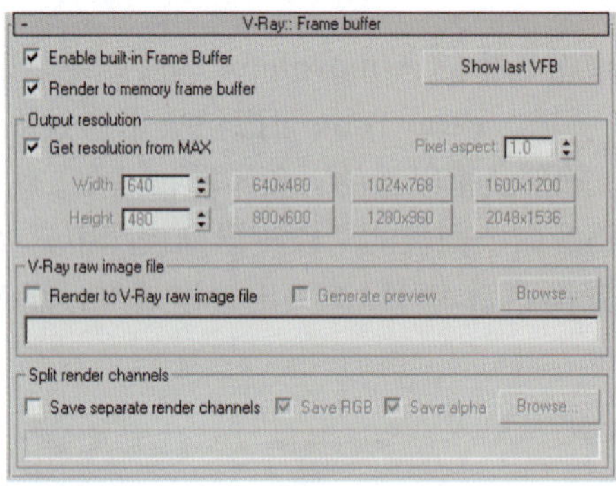

图 1-21

- “Enable built-in Frame Buffer”：使用内建的帧缓存。勾选这个复选框将使用 VRay 渲染器内置的帧缓存。
- “Render to memory frame buffer”：渲染到内存。勾选此复选框将创建 VRay 的帧缓存，并使用它来存储颜色数据，以便在渲染时或者渲染后观察。
- “Get resolution from MAX”：从 3ds max 获得分辨率。勾选这个复选框的时候，VRay 将使用设置的 3ds max 分辨率。
- “Output resolution”：输出分辨率。这个复选框在不勾选“Get resolutlon from MAX”这个复选框的时候可以被激活。可以根据需要设置 VRay 渲染器使用的分辨率。
- “Show Last VFB”：显示上次渲染的 VFB 窗口。
- “Render to V-Ray image file”：渲染到 VRay 图像文件。
- “Generate preview”：生成预览。
- “Save separate render channels”：保存单独的 G- 缓存通道。勾选这个复选框允许操作者在 G- 缓存中指定特殊通道作为一个单独的文件保存在指定的目录中。

1.6.2 V-Ray：Global switches（全局开关）卷展栏

“V-Ray：Global switches（全局开关）”卷展栏如图 1-22 所示，其中主要参数的作用如下。

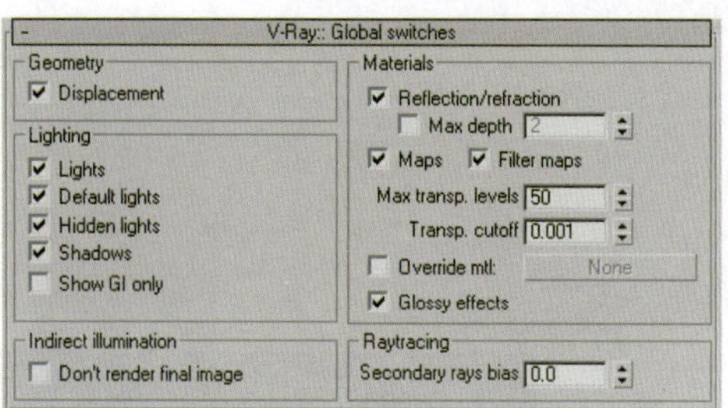

图 1-22

1. Geometry组

- “Displacement”：决定是否使用 VRay 自己的置换贴图。这个复选框不会影响 3ds max 自身的置换贴图。

通常在测试渲染或场景中没有使用 VRay 的置换贴图时此参数不必开启。

2. Lighting组

灯光设置组，各项参数主要控制着全局灯光和阴影的开启或关闭。

- “Lights”：场景灯光开关。勾选此复选框表示渲染时计算场景中所有的灯光设置，如图 1-23 所示；取消勾选后，场景中只受默认灯光和天光的影响，如图 1-24 所示。

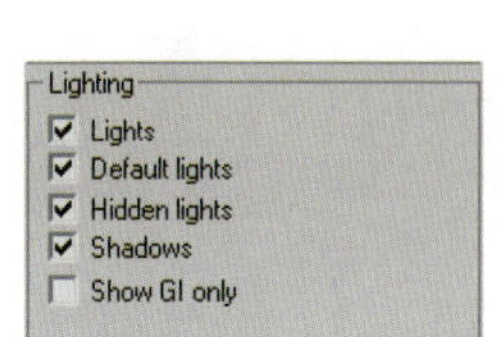

图 1-23

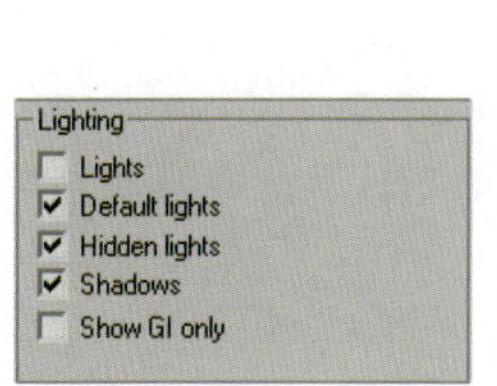

图 1-24

小贴士

取消“Lights（灯光）”的勾选后，场景受到默认灯光和天光的影响，默认灯光的影响最大，而天光的影响已经无法分辨。

小贴士

取消“Lights（灯光）”和“Default lights（默认灯光）”的勾选可以明显地看到场景中只受天光的影响，如图 1-25 所示。

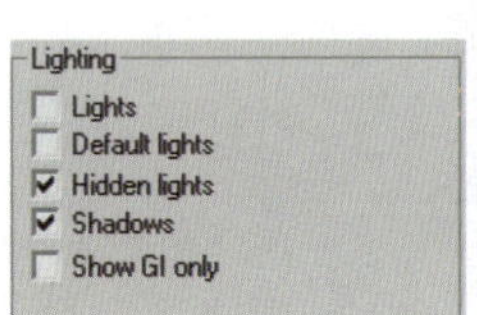

图 1-25

- “Default lights”：默认灯光开关，此复选框决定 VRay 渲染是否使用 3ds max 的默认灯光，通常情况下需要被关闭。
- “Hidden lights”：是否使用隐藏灯光。勾选此复选框时，系统会渲染场景中的所有灯光，无论该灯光是否被隐藏。

小贴士

在处理灯光较多的场景时，为了方便操作，会将灯光全部隐藏起来，但如果在渲染时未选择“Hidden lights”复选框，则得到的图像会由于只有天空照明而没有其他灯光照明显得非常黑，通常只要使“Hidden lights”复选框保持默认选择状态即可。

- “Shadows”：决定是否渲染灯光产生的阴影。
- “Show GI only”：决定是否只显示全局光。勾选此复选框时，直接光照将不包含在最终渲染的图像中。

3. Materials组

Materials 组属于材质设置组，主要对场景的材质进行基本控制。

- “Reflection/refraction”：为 VRay 材质的反射和折射设置开关。取消勾选时，场景中的 VRay 材质将不会产生光线的反射和折射，如图 1-26 所示。

这个反射 / 折射开关只对 VRay 材质起作用，对 3ds max 默认材质不起作用。

- “Max depth”：最大深度。通常情况下，材质的最大深度在材质面板中设置，当勾选此复选框后，最大深度将由此选项控制。

- “Maps”：是否使用纹理贴图。不勾选此复选框表示不渲染纹理贴图。不勾选此复选框时效果如图 1-27 所示。

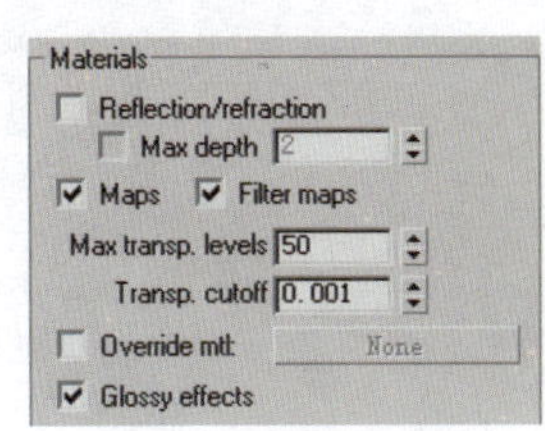
Materials
Reflection/refraction
Max depth 2
Maps
Filter maps
Max transp. levels 50
Transp. cutoff 0.001
Override mtl: None
Glossy effects

图 1-26

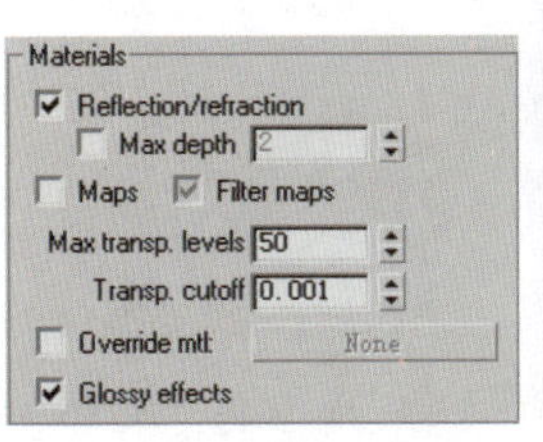
Materials
Reflection/refraction
Max depth 2
Maps
Filter maps
Max transp. levels 50
Transp. cutoff 0.001
Override mtl: None
Glossy effects

图 1-27

- “Filter maps”：是否使用纹理贴图过滤。勾选此复选框之后，材质效果将显得更加平滑。
- “Max transp. levels”：最大透明程度。控制透明物体被光线追踪的最大深度。
- “Transp. cutoff”：透明度中止。控制对透明物体的追踪何时中止。

小贴士

当“Max transp. levels”和“Transp. cutoff”两个参数保持默认时，具有透明材质属性的物体将正确显示其透明效果。

- “Override mtl”：材质替代。勾选此复选框时，允许用户通过使用后面的材质槽指定的材质来替代场景中所有物体的材质而进行渲染。在实际工作中，常使用此复选框来渲染白模，以观察大致灯光和场景效果，如图 1-28 所示。
- “Glossy effects”：此复选框在被选中的情况下，将采用场景中材质的模糊折射 / 反射。

图 1-28

4. Indirect illumination组

"Don't render final image"：不渲染最终的图像。勾选此复选框时，VRay只计算相应的全局光照贴图（光子贴图、灯光贴图和发光贴图），这对于渲染动画过程很有用。图1-29所示分别为勾选和未勾选此复选框时的效果，可以看到勾选此复选框时没有渲染最终的图像。

图 1-29

5．Raytracing组

"Secondary rays bias"：二次光线偏移距离。设置光线发生二次反弹时的偏移距离。

小贴士

当"V-Ray:Indirect illumination(GI)"（间接照明）卷展栏中的"on"复选框被勾选时，此选项对场景没有影响。

1.6.3 V-Ray：Image sampler(Antialiasing)（抗锯齿采样）卷展栏

"V-Ray:Image sampler(Antialiasing)（抗锯齿采样）"卷展栏如图1-30所示，其中主要参数作用如下。

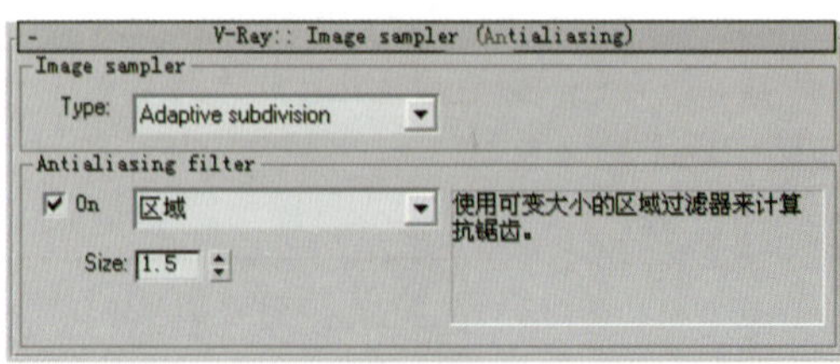

图 1-30

1. Image sampler（采样设置)组

"Type（采样器类型)"包括如下几种。

"Fixed rate sampler"：固定比率采样器，这是VRay中最简单的采样器。对于每一个像素，它都使用一个固定数量的样本进行表现。

小贴士

通常进行测试渲染时使用"Fixed rate sampler"选项。

"Adaptive QMC"：自适应 QMC 采样器。这个采样器根据每个像素和它相邻像素的亮度差异产生不同数量的样本。选择此选项后，出现与其相关的卷展栏如图 1-31 所示，通过控制其中的参数可以控制成品品质。

"Adaptive subdivision"：自适应细分采样器。在没有 VRay 模糊特效（直接 GI、景深、运动模糊等）的场景中，它是最好的首选采样器。选择此选项后，出现与其相关的卷展栏如图 1-32 所示，通过控制其中的参数可以控制成品品质。

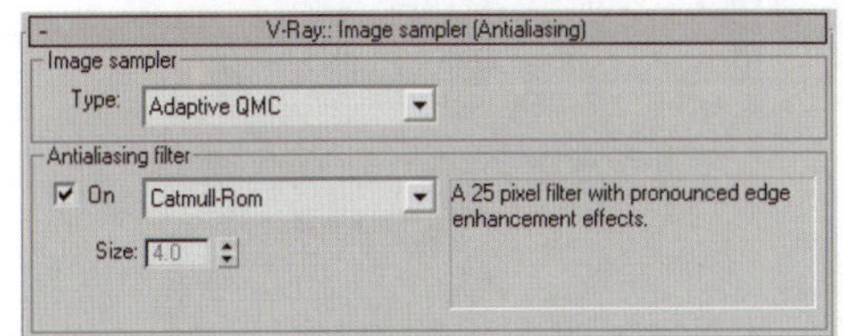

图 1-31

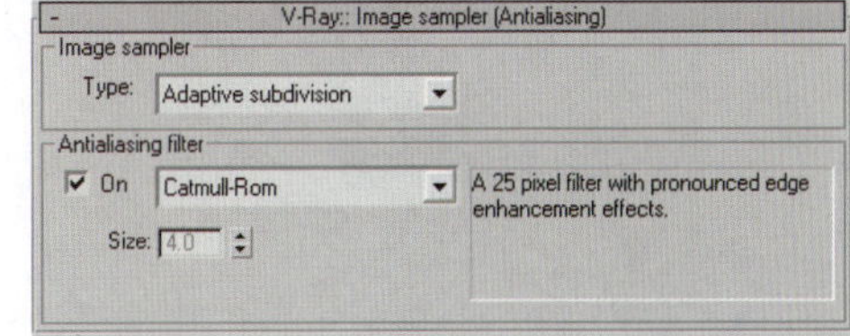

图 1-32

2. Antialiasing filter（过滤方式设置）组

On：抗锯齿开关。在其右侧的下拉列表框中可以选择抗锯齿过滤器。

下面介绍一些常用的抗锯齿过滤器。

- "区域"：区域过滤器，这是一种通过模糊边缘来达到抗锯齿效果的方法，使用区域的大小设置来设置边缘的模糊程度。区域值越大，模糊程度越强烈。区域过滤器是测试渲染时最常用的过滤器，默认参数和效果如图 1-33 所示。

图 1-33

- "Mitchell-Netravali"：可得到较平滑的边缘（很常用的过滤器），默认参数下的抗锯齿效果如图 1-34 所示。

图 1-34

- “Catmull Rom”：可得到非常锐利的边缘（常被用于最终渲染），默认参数下的抗锯齿效果如图 1-35 所示。

图 1-35

是否开启抗锯齿参数，对于渲染时间的影响非常大，笔者通常习惯于在灯光、材质调整完成后，先在未开启抗锯齿的情况下渲染一幅大图，等所有细节都确认没有问题的情况下，再使用较高的抗锯齿参数渲染最终大图。如图 1-36 所示图像为在未开启抗锯齿参数的情况下，渲染时间为 20 多分钟；而在其他参数不变的情况下，使用了较高的抗锯齿参数渲染花费了 2 个多小时，效果如图 1-37 所示。

图 1-36

图 1-37

除了在最终得到高品质图像时要开启抗锯齿选项外，如果需要观察反射模糊效果，同样也需要开启抗锯齿选项，如图 1-38 所示为未开启时的渲染效果，如图 1-39 所示为开启后的渲染效果，可以看出，开启后能够更加真实地反映地砖的反射模糊效果与质量。

图 1-38

图 1-39

1.6.4 V-Ray：Adaptive subdivision image sampler（自适应细分图像采样）卷展栏

“V-Ray：Adaptive subdivision image sampler（自适应细分图像采样）”卷展栏如图 1-40 所示，其中主要参数作用如下所述。

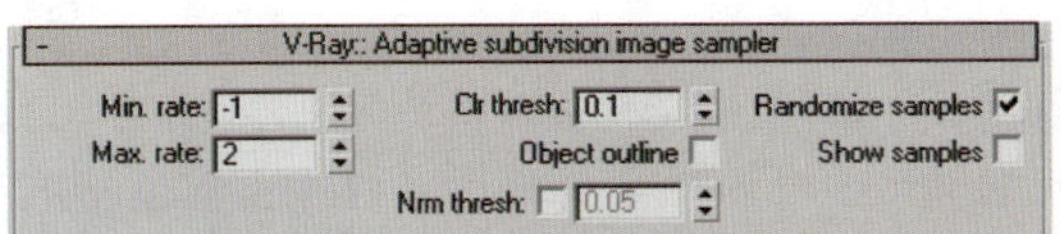

图 1-40

小贴士

只有采用“Adaptive subdivision（自适应细分）”采样器时这个卷展栏才能被激活。

- “Min. rate”：最小比率，定义每个像素使用的样本的最小数量。
- “Max. rate”：最大比率，定义每个像素使用的样本的最大数量。
- “Clr thresh”：极限值，用于确定采样器在像素亮度改变方面的灵敏性。较低的值会产生较好的效果，但会花费较多的渲染时间。
- “Randomize samples”：边缘，略微转移样本的位置以便在垂直线条或水平线条附近得到更好的效果。
- “Object outline”：物体轮廓，勾选的时候使得采样器强制在物体的边进行超级采样而不管它是否需要进行超级采样。这个复选框在使用景深或运动模糊的时候会失效。
- “Nrm thresh”：法向，勾选将使超级采样沿法向急剧变化。

1.6.5 V-Ray：Indirect illumination(GI)（间接照明）卷展栏

“V-Ray：Indirect illumination(GI)（间接照明）”卷展栏如图 1-41 所示，其中主要参数的作用如下。

3ds max/ VRay Super Realism

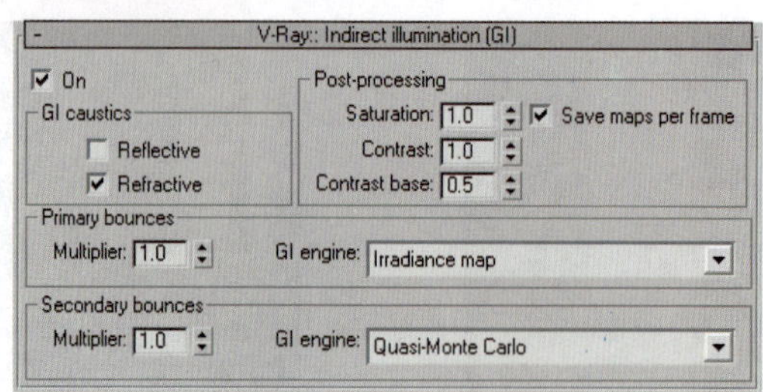

图 1-41

"On"：决定是否计算场景中的间接光照明。

1. GI caustics（焦散控制命令）组

- "Refractive"：GI 折射焦散。默认为开启状态。
- "Reflective"：GI 反射焦散。默认为关闭状态。

2. Post-processing（后期处理命令）组

这个选项组主要是对间接照明的设置增加到最终渲染前进行的一些额外修正。

- "Saturation"：饱和度，这个参数控制着全局间接照明下的色彩饱和度。

> **小贴士**
>
> 此参数能够控制场景出现的色溢情况，数值越低，色溢的控制效果越好。但过低的数值可能导致场景中的色彩不饱和，图 1-42 所示为此数值为 1.0 时的效果；图 1-43 所示为此数值为 0.6 时的渲染效果，可以看出色溢情况得到有效控制。

图 1-42

图 1-43

- "Contrast"：对比度，这个参数控制着全局间接照明下的明暗对比度。
- "Contrast base"：对比度基数，这个参数和"Contrast（对比度）"参数配合使用。两个参数之间的差值越大，场景中的亮部和暗部对比强度越大。
- "Save maps per frame"：保存每一帧的贴图。此复选框默认为勾选，此时 VRay 在每一帧渲染结束后，允许自动保存发光贴图、光子贴图、灯光贴图和焦散等 GI 贴图，而且这些贴图将一直写在相同的文件中。取消勾选后，渲染之后只保存一次贴图。

3. Primary bounces（初级漫射反弹选项）组

- "Multiplier"：倍增值，这个参数决定为最终渲染图像贡献多少初级漫射反弹。

- "GI engine"：初级漫射反弹方法选择列表 Irradiance map。

4. Secondary bounces（次级漫射反弹选项）组

- "Multiplier"：倍增值，确定在场景照明计算中次级漫射反弹的效果，如图 1-44 所示为"GI engine"选择"Light cache"后设置"Multiplier"数值为 0.75 时的效果，可以看出场景局部偏暗；图 1-45 所示为将此数值调整为 1.0 时的效果，可以看出场景的暗部得到较好的修正。

图 1-44

图 1-45

- "GI engine"：次级漫射反弹方法选择列表 Light cache。如果选择"Light cache"选项，在时间与质量方面能够取得平衡。

1.6.6 V-Ray：Irradiance map（发光贴图）卷展栏

"V-Ray:Irradiance map（发光贴图）"卷展栏如图 1-46 所示，其中主要参数作用如下。

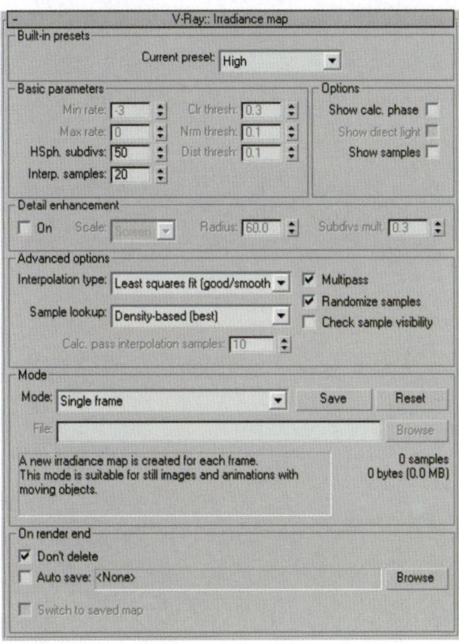

图 1-46

1. Built-in presets选项组

"Current preset（当前预设模式）"提供了 8 种系统预设的模式供选择，如图 1-47 所示，如无特殊情况，这几种模式应该可以满足一般需要。

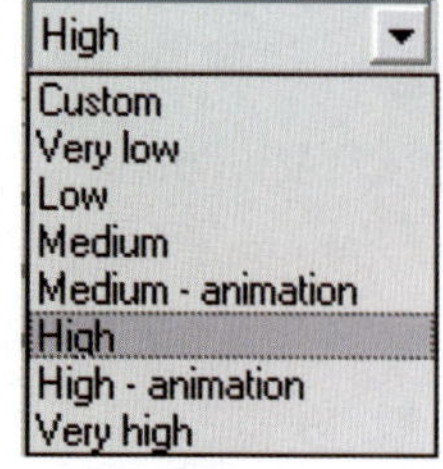

图 1-47

- “Custom”：自定义。选择这个模式可以根据自己的需要设置不同的参数，这也是默认的选项。
- “Very low”：非常低。这个预设模式仅仅对预览目的有用，只表现场景中的普通照明。
- “low”：低，一种低品质的用于预览的预设模式。
- “Medium”：中等，一种中等品质的预设模式。如果场景中不需要太多的细节，大多数情况下可以产生好的效果。
- “Medium animation”：中等品质动画模式。一种中等品质的预设动画模式，目标就是减少动画中的闪烁。
- “High”：高，一种高品质的预设模式。也是应用最广泛的预设模式，即使是具有大量细节的动画也可以使用。
- “High-animation”：高品质动画。主要用于解决“High”预设模式下渲染动画闪烁的问题。
- “Very High”：非常高，一种极高品质的预设模式。一般用于有大量极细小的细节或极复杂的场景中。

2. Basic parameters选项组

- “Min rate”：最小比率。这个参数确定 GI 首次传递的分辨率。
- “Max rate”：最大比率。这个参数确定 GI 传递的最终分辨率。
- “Clr thresh”：Color threshold 的简写，颜色极限值。这个参数确定发光贴图算法对间接照明变化的敏感程度。
- “Nrm thresh”：Normal threshold 的简写，法线极限值。这个参数确定发光贴图算法对表面法线变化的敏感程度。
- “Dist thresh”：Distance threshold 的简写，距离极限值。这个参数确定发光贴图算法对两个表面距离变化的敏感程度。
- “HSph. subdivs”：Hemispheric subdivs 的简写，半球细分。这个参数决定单独的 GI 样本的品质。较小的取值可以获得较快的速度，但是也可能会产生黑斑；较高的取值可以得到平滑的图像。
- “Interp. samples”：Interpolation samples 的简写，插值的样本，定义被用于插值计算的 GI 样本的数量。较大的值会趋向于模糊 GI 的细节，最终的效果很光滑；较小的取值会产生更光滑的细节，但是也可能会产生黑斑。

3. Options选项组

- “Show calc. phase”：显示计算相位。勾选的时候，VRay 在计算发光贴图时将显示发光贴图的传递，同时会减慢一点渲染计算，特别是在渲染大的图像的时候。
- “Show direct light”：显示直接照明，只在“ Show calc. phase ”勾选的时候才能被激活。它将促使 VRay 在计算发光贴图的时候显示直接照明的效果。
- Show samples：显示样本，勾选的时候，VRay 将在 VFB 窗口以小原点的形态直观地显示发光贴图中使用的样本情况。

4. Advanced Options选项组

高级选项组主要对发光贴图的样本进行高级控制。

- "Interpolation type"：插补类型，系统提供了 4 种类型供选择，如图 1-48 所示。
- "Sample lookup"：样本查找。这个选项在渲染过程中使用，它决定了发光贴图中被用于插补基础的合适的点的选择方法。系统提供了 4 种方法供选择，如图 1-49 所示。

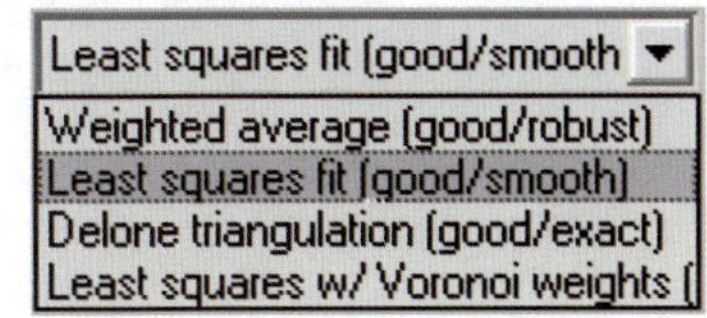

图 1-48

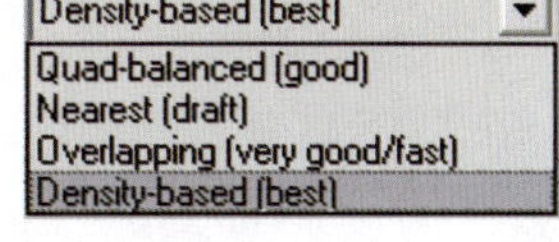

图 1-49

- "Calc. pass interpolation samples"：计算传递插补样本。在发光贴图计算过程中使用。它描述的是已经被采样算法计算的样本数量。较好的取值范围是 10 ~ 25。
- "Multipass"：倍增设置。勾选状态下，发光贴图 GI 计算的次数将由"Min rate 和 Max rate"的间隔值决定。取消勾选后，GI 预处理计算将合并成一次完成。
- "Randomize samples"：随机样本，在发光贴图计算过程中使用。勾选的时候，图像样本将随机放置；不勾选的时候，将在屏幕上产生排列成网格的样本。默认为勾选，推荐使用。
- "Check sample visibility"：检查样本的可见性，在渲染过程中使用。它将促使 VRay 仅仅使用发光贴图中的样本，样本在插补点直接可见。可以有效地防止灯光穿透两面接受完全不同照明的薄壁物体时产生的漏光现象。当然，由于 VRay 要追踪附加的光线来确定样本的可见性，所以它会减慢渲染速度。

5. Mode选项组

"Mode"共提供了 6 种渲染模式，如图 1-50 所示。

选择哪一种模式需要根据具体场景的渲染任务来确定，不可能一个固定的模式能适合所有的场景。

- "Single frame"：单帧模式，默认的模式。在这种模式下对于整个图像计算一个单一的发光贴图，每一帧都计算新的发光贴图。在分布式渲染的时候，每一个渲染服务器都各自计算它们自己的针对整体图像的发光贴图。

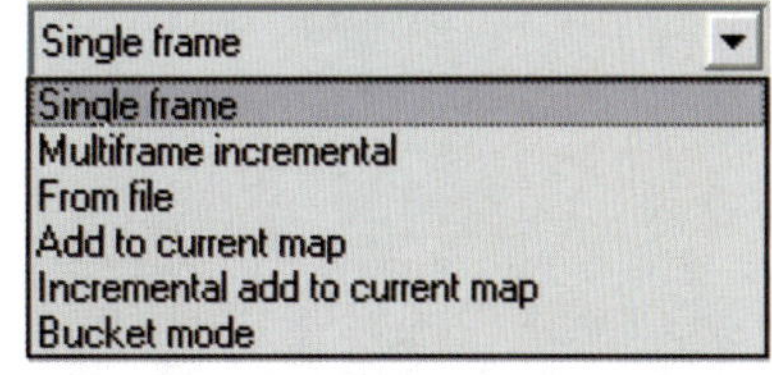

图 1-50

- "Multiframe incremental"：多重帧增加模式。这个模式在渲染仅摄影机移动的帧序列的时候很有用。VRay 将会为第一个渲染帧计算一个新的全图像的发光贴图，而对于剩下的渲染帧，VRay 设法重新使用或精炼已经计算了的存在的发光贴图。
- "From file"：从文件模式。使用这种模式，在渲染序列的开始帧，VRay 简单地导入一个提供的发光贴图，并在动画的所有帧中都使用这个发光贴图，整个渲染过程中不会计算新的发光贴图。
- "Add to current map"：增加到当前贴图模式。在这种模式下，VRay 将计算全新的发光贴图，并把它增加到内存中已经存在的贴图中。

- “Incremental add to current map”：在已有的发光贴图文件中增补发光信息模式。在这种模式下，VRay将使用内存中已存在的贴图，仅仅在某些没有足够细节的地方对其进行精炼。
- “Bucket mode”：块模式。在这种模式下，一个分散的发光贴图被运用在每一个渲染区域（渲染块），这在使用分布式渲染的情况下尤其有用，因为它允许发光贴图在几部电脑之间进行计算。

6. On render end选项组

- “Don't delete”：不删除。此复选框默认为勾选，意味着发光贴图将保存在内存中，直到下一次渲染前；如果不勾选，VRay会在渲染任务完成后删除内存中的发光贴图。
- “Auto save”：自动保存。如果此复选框被勾选，在渲染结束后，VRay将发光贴图文件自动保存到指定的目录中。
- “Switch to saved map”：切换到保存的贴图。这个复选框只有在“Auto save”勾选的时候才能被激活。勾选的时候，VRay渲染器也会自动设置发光贴图为“From file”模式。

1.6.7 V-Ray：Quasi-Monte Carlo GI（准蒙特卡罗的全局光照）卷展栏

“V-Ray:Quasi-Monte Carlo GI（准蒙特卡罗的全局光照）”卷展栏如图1-51所示，其中主要参数作用如下。

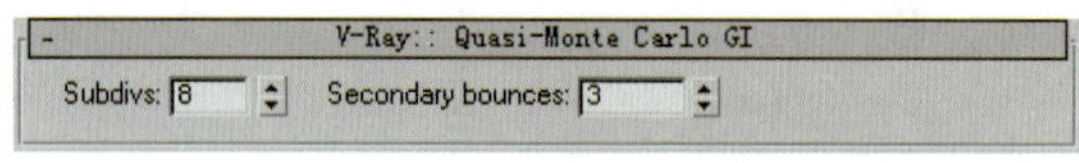

图 1-51

> 小贴士
>
> 这个卷展栏只有在用户选择“Quasi-Monte Carlo GI（准蒙特卡罗）”渲染引擎作为初级或次级漫射反弹引擎的时候才能被激活。

- “Subdivs”：细分数值，设置计算过程中使用的近似的样本数量。

> 小贴士
>
> 当“Quasi-Monte Carlo GI（准蒙特卡罗）”渲染引擎作为二次反弹使用时，“Subdivs（细分）”值的设置对于图面品质将不会产生任何作用。

- “Secondary bounces”：次级反弹深度。这个参数只有当次级漫射反弹设为“Quasi-Monte Carlo GI（准蒙特卡罗）”引擎的时候才被激活。

1.6.8 V-Ray：Light cache（灯光缓存）卷展栏

“V-Ray:Light cache（灯光缓存）”卷展栏如图1-52所示，其中主要参数作用如下。

> 小贴士
>
> 这个卷展栏只有在用户选择“Light cache（灯光缓存）”渲染引擎作为初级或次级漫射反弹引擎的时候才能被激活。

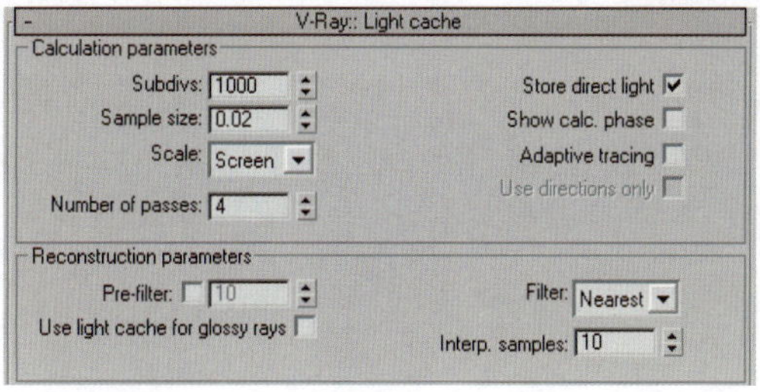

图 1-52

1. Calculation parameters选项组

此选项组控制着灯光缓存的基本计算参数。

- “Subdivs”：细分。设置追踪摄影机发出的采样数量，实际的数量是该参数的平方。
- “Sample size”：样本尺寸。设置灯光缓存中样本的间隔。较小的值意味着样本之间相互距离较近，灯光缓存将保护灯光锐利的细节，但是会产生噪波。
- “Scale”：比例。主要用于确定样本尺寸和过滤器尺寸。提供了 Scale 和 World 两种类型。
- “Number of passes”：灯光缓存计算的次数。
- “Store direct light”：存储直接光照明信息。这个复选框被勾选后，灯光贴图中也将储存和插补直接光照明的信息。
- “Show calc. phase”：显示计算状态。勾选后会在虚拟帧缓冲器中显示计算的过程。

2. Reconstruction parameters选项组

- “Pre-filter”：预过滤器，勾选的时候，在渲染前灯光贴图中的样本会被提前过滤。其数值越大，效果越平滑，噪波越少。
- “Filter”：过滤器，这个选项确定灯光贴图在渲染过程中使用的过滤器类型。
- “Use light cache for glossy rays”：如果勾选此复选框，灯光贴图将会把光泽效果一同进行计算，在具有大量光泽效果的场景中，有助于加快渲染速度。

1.6.9 V-Ray：Global photon map（球形光子贴图）卷展栏

“V-Ray:Global photon map（球形光子贴图）”卷展栏如图 1-53 所示，其中主要参数作用如下。

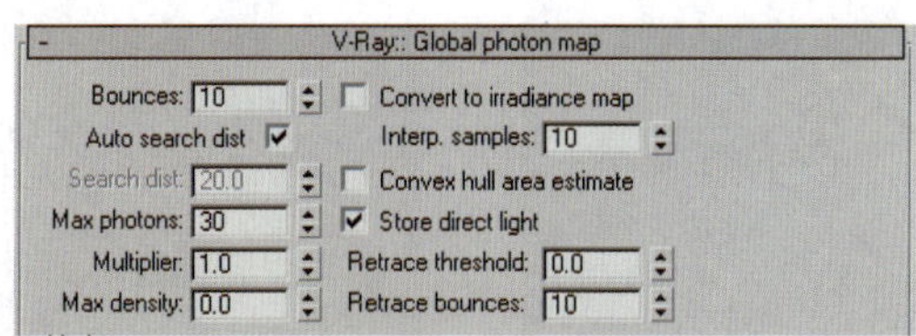

图 1-53

> **小贴士**
>
> 这个卷展栏只有在用户选择“photon map（光子贴图）”渲染引擎作为初级或次级漫射反弹引擎的时候才能被激活。

- “Bounces”：反弹次数，控制光线反弹的次数。较大的反弹次数会产生更真实的效果，但是也会花费更多的渲染时间和占用更多的内存。

- “Auto search dist”：自动搜寻距离。勾选的时候，VRay会估算一个距离来搜寻光子。
- “Search dist”：搜寻距离，这个选项只有在“Auto search dist”不勾选的时候才被激活。
- “Max photons”：最大光子数。这个参数决定在场景中参与计算的光子数量，较高的取值会得到平滑的图像，从而增加渲染时间。
- “Multipler”：倍增值。用于控制光子贴图的亮度。
- “Max density”：最大密度。这个参数用于控制光子贴图的分辨率。
- “Convert to irradiance map”：转化为发光贴图。
- “Interp. Samples”：插补样本。这个选项用于确定勾选“Convert to irradiance map”选项的时候，从光子贴图中进行发光插补使用的样本数量。
- “Convex hull area estimate”：勾选此复选框后，可以基本上避免因此而产生的黑斑，但是同时会减慢渲染速度。
- “Store direct light”：存储直接光。在光子贴图中同时保存直接光照明的相关信息。
- “Retrace threshold”：折回极限值。设置光子进行来回反弹的倍增极限值。
- “Retrace bounces”：折回反弹，设置光子进行来回反弹的次数。数值越大，光子在场景中反弹次数越多，产生的图像效果越细腻平滑，但渲染时间会延长。

1.6.10 V-Ray：Caustics（焦散）卷展栏

“V-Ray：Caustics（焦散）”卷展栏如图1-54所示，其中主要参数作用如下。

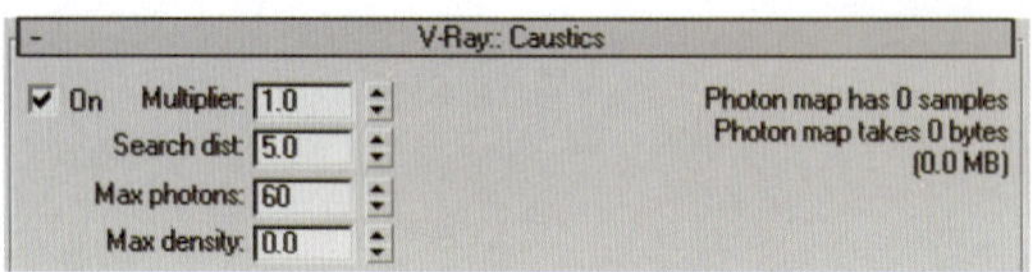

图1-54

- “On”：焦散开关，勾选后开启焦散设置，焦散参数可用。
- “Multiplier”：倍增值，控制焦散的强度。它是一个全局控制参数，对场景中所有产生焦散特效的光源都有效。图1-55所示分别为将倍增值设置为1.0和3.0时的效果，可以明显看到随着数值的增加焦散强度增强了。

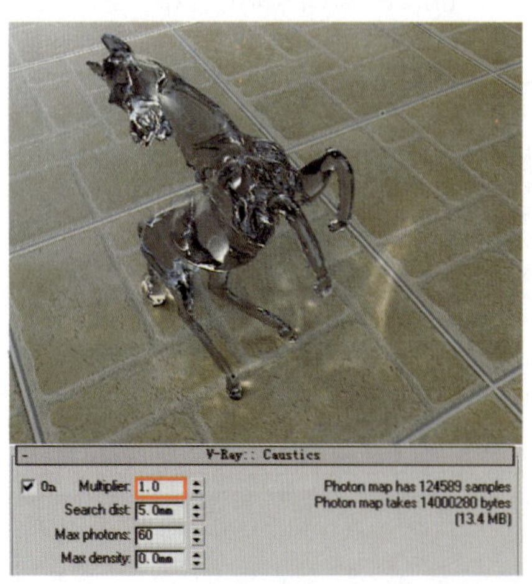

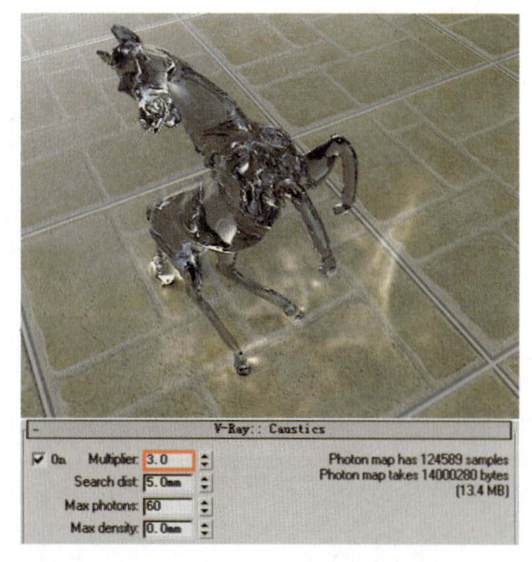

图1-55

- "Search dist"：搜寻距离。在VRay的渲染过程中，对物体表现进行光子追踪，同时影响以初始光子为圆心，以"Search dist（搜寻距离）"为半径，和这个初始光子同一平面的其他光子。"Search dist（搜寻距离）"设置值的大小决定了光子影响的范围。值越大，光子影响范围越大，光斑效果弱化。图1-56所示分别为将搜寻距离设置为1.0mm和40.0mm时的效果。

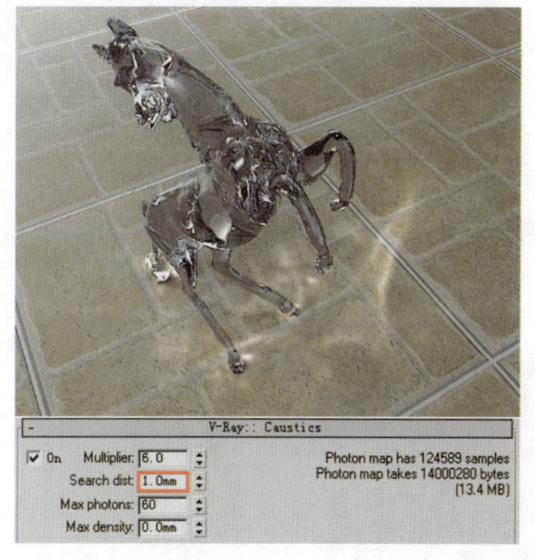

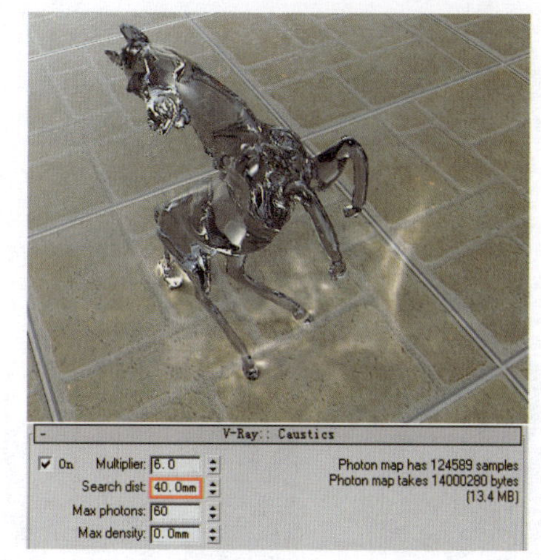

图 1-56

- "Max photons"：最大光子数。当VRay追踪撞击在物体表面的某些点的某一个光子的时候，也会将周围区域的光子计算在内，然后根据这个区域内的光子数量来均分照明。如果设置的影响范围内现有的光子数量超过了最大的光子数量，VRay也只会按照最大光子数进行计算。最大光子数越小，光斑现象越明显。图1-57所示为最大光子数分别设置为10和120时的效果。

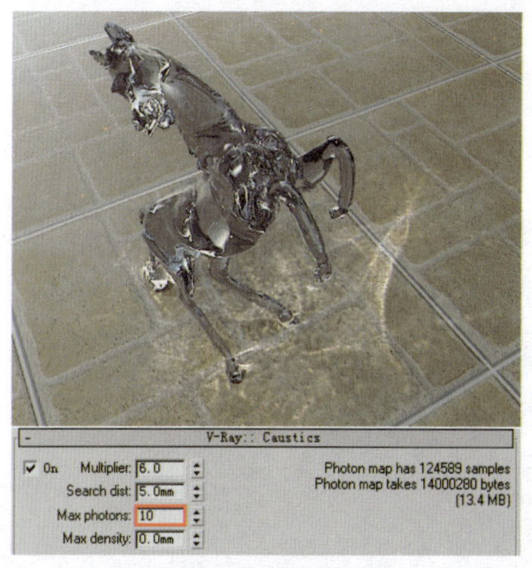

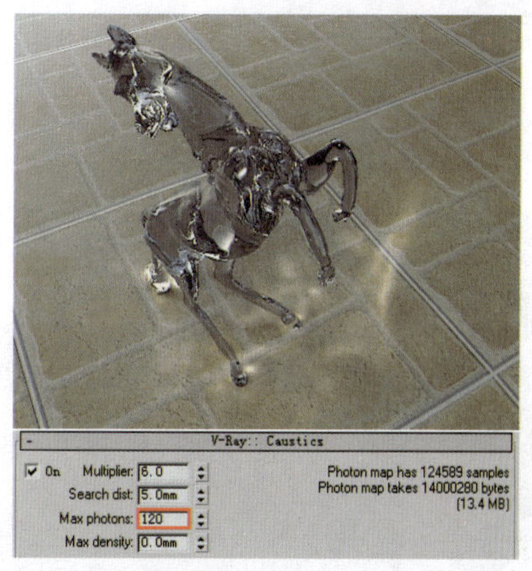

图 1-57

- "Max density"：最大距离，是光子与光子之间的距离设置。当VRay追踪计算一定范围内的光子时，会同时计算出光子周围的光子，这些光子之间的距离设置控制着光子整体的密集度。数值越高意味着光子间的距离越大，斑点越严重。

1.6.11 V-Ray：Environment（环境）卷展栏

“V-Ray:Environment（环境）”卷展栏如图 1-58 所示，其中主要参数作用如下。

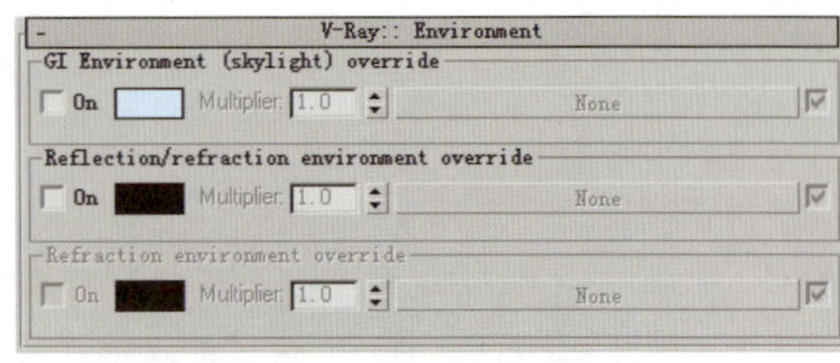

图 1-58

1. GI Environment (skylight) override[GI 环境（天空光）]选项组

“GI Environment (skylight) override[GI 环境（天空光）]”选项组允许在计算间接照明的时候替代 3ds max 的环境设置，这种改变 GI 环境的效果类似于天空光。

- “On”：只有在这个复选框勾选后，其下面的参数才会被激活。
- “Color”：允许指定背景颜色（即天空光的颜色）。图 1-59 所示分别为将颜色设置为蓝色和黄色时的效果。

图 1-59

- “Multiplier”：倍增值，上面指定的颜色的亮度倍增值。图 1-60 所示分别为将倍增值设置为 1.0 和 3.0 时的效果。

图 1-60

- “None”：贴图通道，允许指定背景贴图。添加贴图后，系统会忽略颜色的设置，优先选择贴图的设置。

2. Reflection/refraction environment override（反射/折射环境）选项组

“Reflection/refraction environment override（反射 / 折射环境）”选项组在计算反射 / 折射的时候替代 3ds max 自身的环境设置。

- “On”：只有在这个复选框勾选后，其下面的参数才会被激活，如图 1-61 所示。

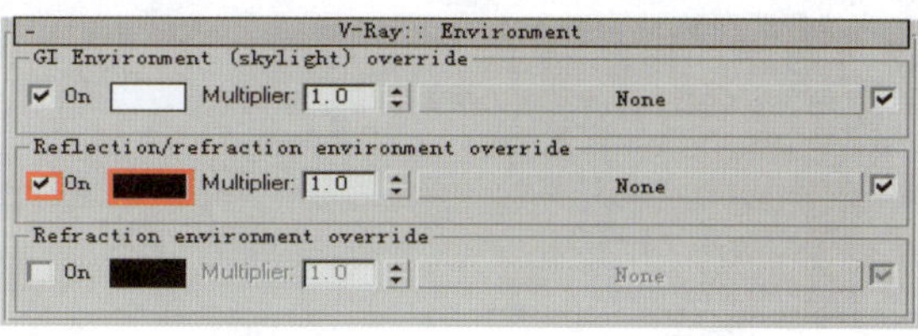

图 1-61

- “Color”：指定反射 / 折射颜色。物体的背光部分和折射部分会反映出设置的颜色。
- “Multiplier”：倍增值，上面指定颜色的亮度倍增值。改变受影响部分的整体亮度和受影响的程度，如图 1-62 所示。

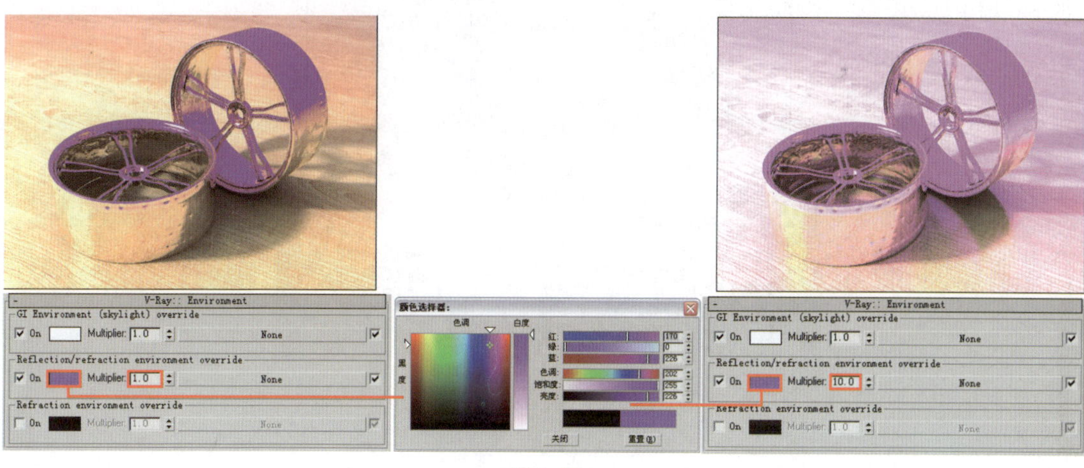

图 1-62

- “None”：材质槽，指定反射 / 折射贴图。

3. Refraction environment override（折射环境）选项组

“Refraction environment override（折射环境）”选项组在计算折射的时候替代已经设置的参数对折射效果的影响，只受此选项组参数的控制。

- “On”：只有在这个复选框勾选后，其下面的参数才会被激活。
- “Color”：指定折射部分的颜色。物体的背光部分和反射部分不受该颜色的影响。
- “Multiplier”：倍增值，上面指定颜色的亮度倍增值。改变折射部分的亮度，如图 1-63 所示。

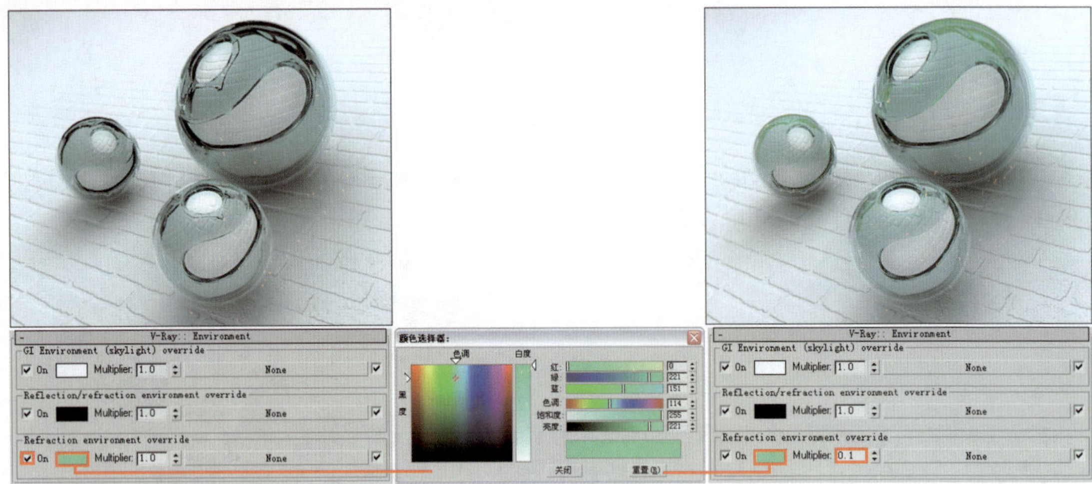

图 1-63

- “None”：材质槽，指定折射贴图，为其添加 HDRI 贴图后的效果如图 1-64 所示。

图 1-64

1.6.12 V-Ray：Color mapping（颜色映射）卷展栏

“V-Ray：Color mapping（颜色映射）”卷展栏如图 1-65 所示，其中主要参数作用如下。

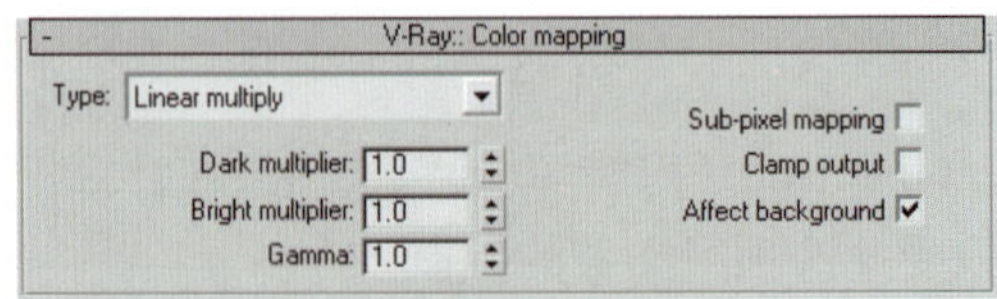

图 1-65

认识曝光方式

- “Type（类型）”中包含了 7 种曝光方式，这里着重介绍其中的 4 种。

"Linear multiply"：线性倍增曝光方式。这种曝光方式的特点是能让画面的白色更明亮，所以该模式容易出现局部曝光现象，效果如图 1-66 所示。

"Exponential"：指数曝光方式。在设置相同参数的情况下，使用这种曝光方式不会出现局部曝光现象，但是会使画面色彩的饱和度降低，效果如图 1-67 所示。

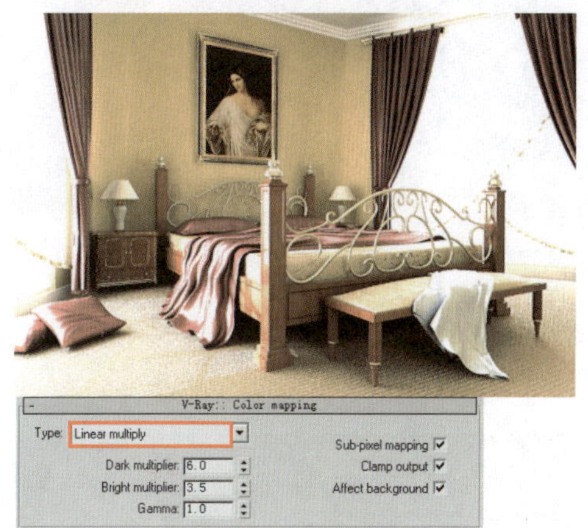

图 1-66

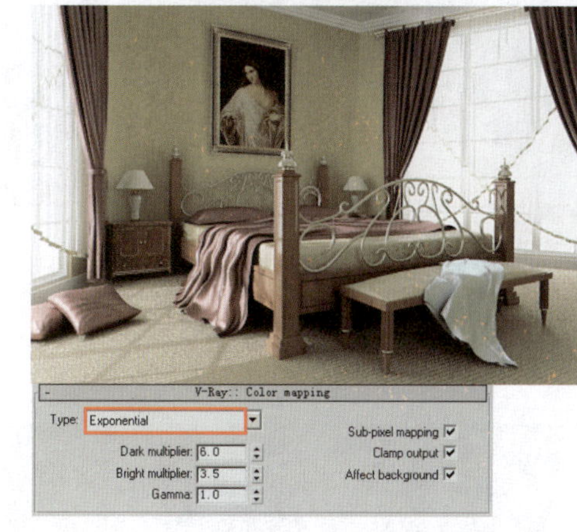

图 1-67

"HSV exponential"：色彩模型曝光方式。所谓 HSV 就是 Hus（色度）、Saturation（饱和度）和 Value（纯度）的英文缩写，这种方式与 Exponential 指数模式非常相似，但是它会保护色彩的色调和饱和度，效果如图 1-68 所示。

"Intensity exponential"：亮度指数曝光方式。这是与指数曝光类似的颜色贴图计算方式，在亮度上有一些保留，效果如图 1-69 所示。

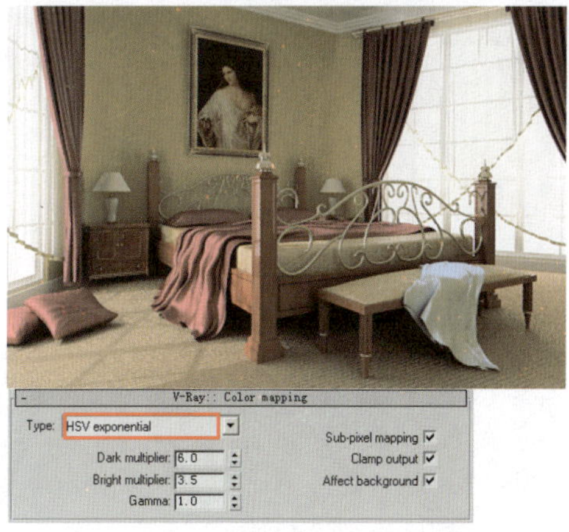

图 1-68

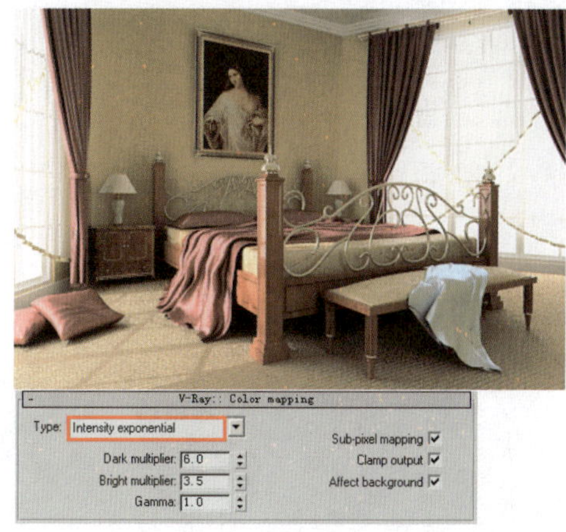

图 1-69

小贴士

在实际的室内效果图制作过程中，前 3 种曝光方式比较常用。图 1-70 所示分别为采用"Linear multiply"和"Exponential"两种曝光方式进行合理设置后得到的理想效果。

- "Dark multiplier"：暗部倍增，用来对暗部进行亮度倍增。如图 1-71 所示为"Bright multiplier"数值不变的情况下，分别将"Dark multiplier"设置为 3.0 与 7.5 时的渲染效果。

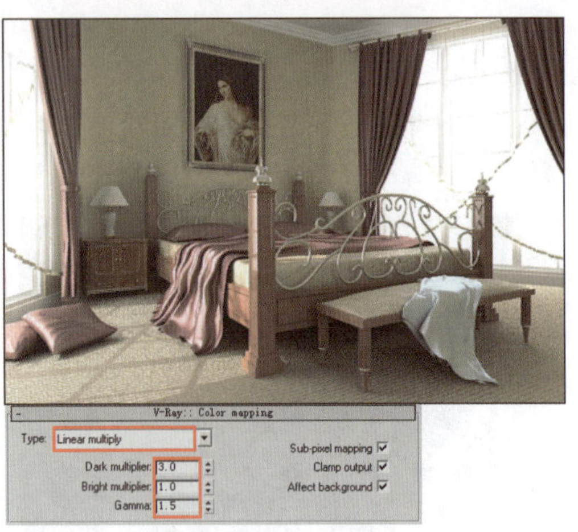

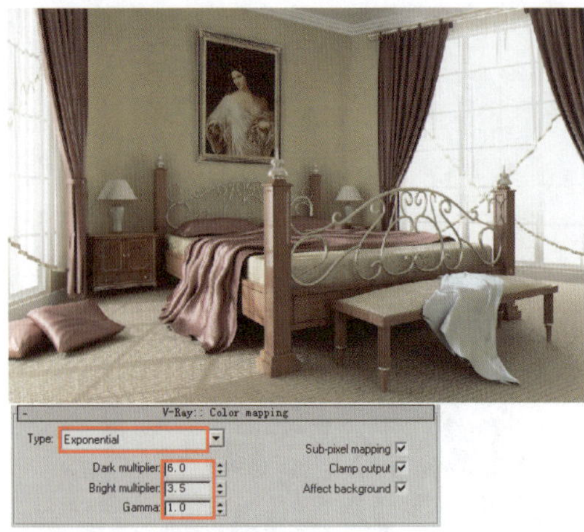

图 1-70

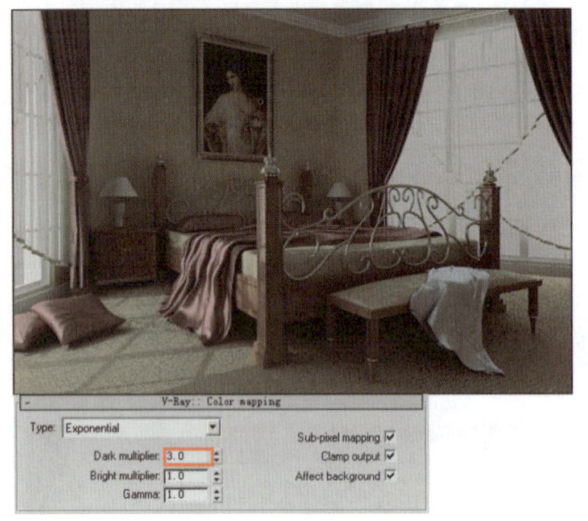

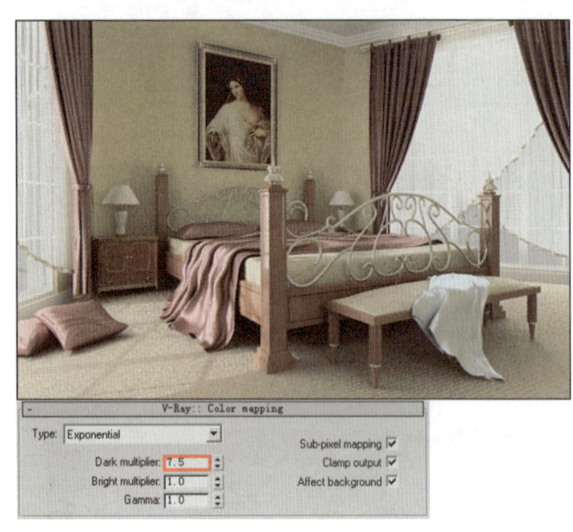

图 1-71

- “Bright multiplier”：亮部倍增，用来对亮部进行亮度倍增。图 1-72 所示为“Dark multiplier”数值不变的情况下，分别将“Bright multiplier”设置为 1.0 与 3.2 时的渲染效果。

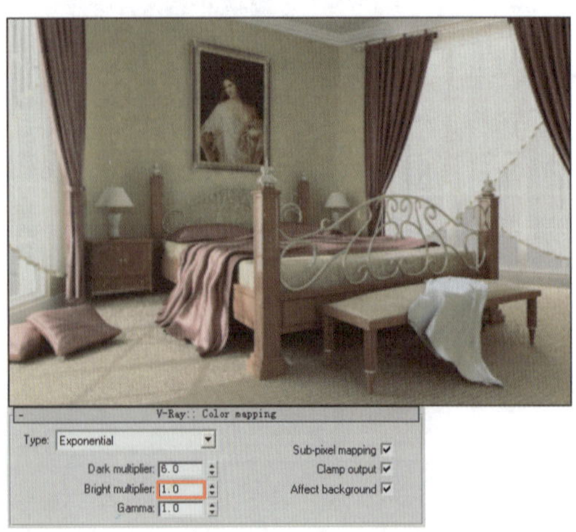

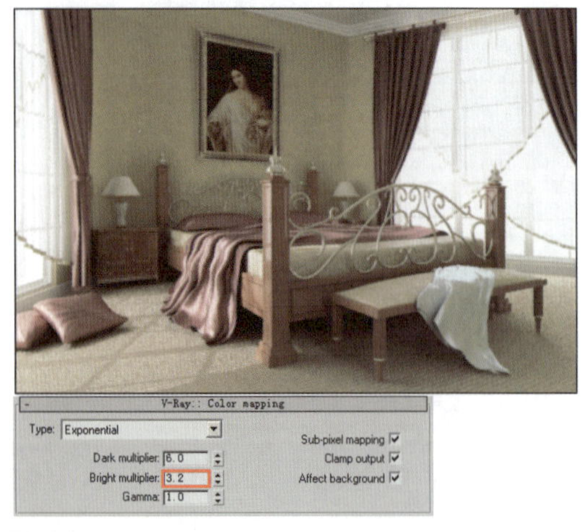

图 1-72

1.6.13 V-Ray：Camera（摄影机）卷展栏

“V-Ray：Camera（摄影机）”卷展栏如图 1-73 所示，其中主要参数的作用如下。

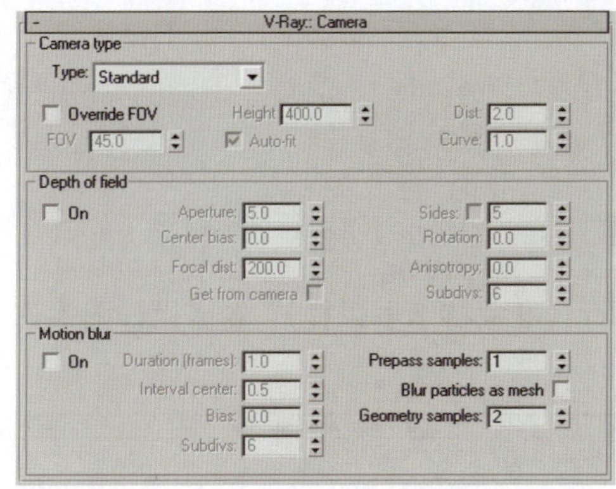

图 1-73

1. Camera type（摄影机类型）

- “Type”：摄影机类型，一般情况下，VRay 中的摄影机是定义发射到场景中的光线，从本质上来说是确定场景是如何投射到屏幕上的。VRay 支持几种摄影机类型：标准(Standard)、球形(Spherical)、点状圆柱(Cylindrical point)、正交圆柱(Cylindrical (ortho))、方体（Box）、鱼眼（Fish eye）和扭曲球状（warped spherical），同时也支持正交视图。
- “Override FOV”：替代视场。使用这个复选框可以替代 3ds max 的视角。
- “FOV”：视角。
- “Height”：高度。这个选项只有在正交圆柱状的摄影机类型中有效，用于设定摄影机的高度。
- “Auto-fit”：自动适配。这个复选框在使用鱼眼类型摄影机的时候被激活。
- “Dist”：距离，这个选项是针对鱼眼摄影机类型的。
- “Curve”：曲线，这个选项也是针对鱼眼摄影机类型的。

2. Depth of field（景深）选项组

- “Aperture”：光圈。使用世界单位定义虚拟摄影机的光圈尺寸。
- “Center bias”：中心偏移。这个选项决定景深效果的一致性。
- “Focal dist”：焦距。确定从摄影机到物体被完全聚焦的距离。
- “Get from camera”：从摄影机获取。当这个复选框激活的时候，如果渲染的是摄影机视图，焦距由摄影机的目标点确定。
- “Sides”：边数。这个选项模拟真实世界摄影机的多边形形状的光圈。
- “Rotation”：旋转。指定光圈形状的方位。
- “Anisotropy”：各项异性。当设置为正数时，在水平方向延伸景深效果；当设置为负数时，在垂直方向延伸景深效果。
- “Subdivs”：细分。用于控制景深效果的品质。

3. Motion blur（运动模糊）选项组

- “Duration(frames)”：持续时间。在摄影机快门打开的时候指定在帧中持续的时间。

- "Interval center"：间隔中心点。指定运动模糊中心与帧之间的距离。
- "Bias"：偏移。控制运动模糊效果的偏移。
- "Prepass samples"：计算发光贴图的过程中在时间段有多少样本被计算。
- "Blur particles as mesh"：将粒子作为网格模糊，用于控制粒子系统的模糊效果。
- "Geometry samples"：几何学样本数量。设置产生近似运动模糊的几何学片断的数量。
- "Subdivs"：细分。确定运动模糊的品质。

1.6.14 V-Ray：rQMC Sampler（准蒙特卡罗采样）卷展栏

"V-Ray:rQMC Sampler（准蒙特卡罗采样）"卷展栏如图 1-74 所示，其中主要参数的作用如下。

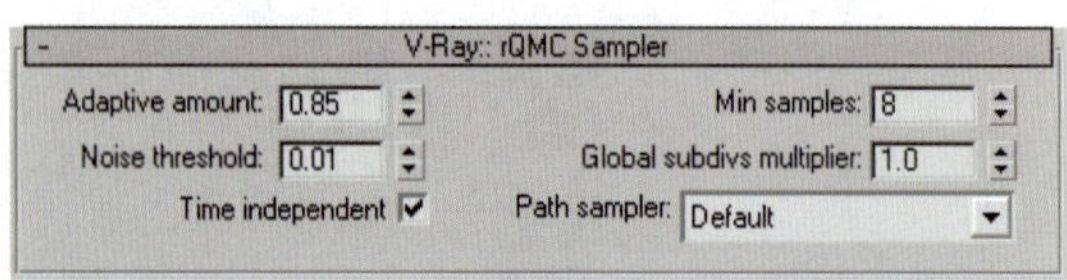

图 1-74

- "Adaptive amount"：数量。控制计算模糊特效采样数量的范围。值越小，渲染品质越高，渲染时间越长。值为 1 时，表示全应用；值为 0 时，表示不应用。
- "Min samples"：最小样本数。决定采样的最小数量，一般设置为默认就可以了。
- "Noise threshold"：噪波极限值。在评估一种模糊效果是否足够好的时候，利用此选项控制 VRay 的判断能力。此选项对于场景中的噪点控制也是非常有效的（但并非噪点的唯一控制参数），图 1-75 所示为将此数值设置为 0.1 时的渲染效果。图 1-76 所示为设置此数值为 0.01 时得到的效果。图 1-77 所示为设置参数为 0.001 所得到的效果。

图 1-75

图 1-76

图 1-77

> **小贴士**
> 此选项数值越小，图像质量越好，但渲染时间也就越长。

- "Global subdivs multiplier"：全局细分倍增。可以通过设置这个数值来很快地增加或减小整体的采样细分设置，而这个设置将影响全局。
- "Time independent"：时间约束设置。这个设置开关针对渲染序列帧有效。

1.6.15 V-Ray：Default displacement（默认置换）卷展栏

"V-Ray:Default displacement（默认置换）"卷展栏如图 1-78 所示，其中主要参数的作用如下。

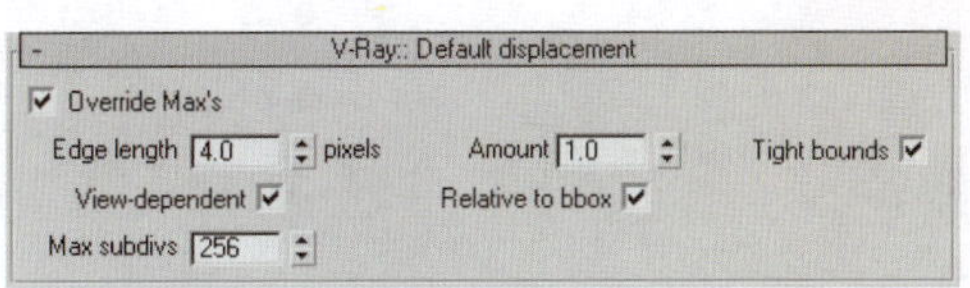

图 1-78

- “Override Max’s”：替代 3ds max，勾选的时候，VRay 将使用自己内置的微三角置换来渲染具有置换材质的物体。反之，将使用标准的 3ds max 置换来渲染物体。图 1-79 所示分别为不勾选和勾选此复选框时的效果。

图 1-79

- “Edge length”：边长度。用于确定置换的品质。值越小，产生的细分三角形越多。更多的细分三角形意味着置换时渲染的画面效果体现出更多的细节，同时需要更长的渲染时间。图 1-80 所示分别为将边长度设置为 2.0 和 20.0 时的效果。

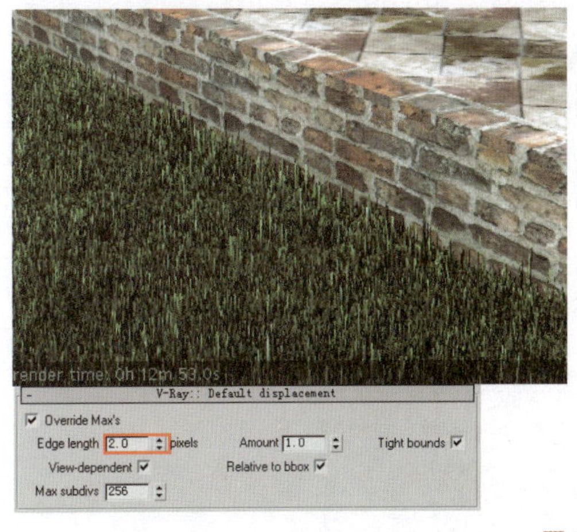

图 1-80

- “View-dependent”：视图依据。开启后边长度参数决定三角面的最大边长长度；取消勾选后三角面的最长边长度将使用世界单位，如图 1-81 所示。
- “Max subdivs”：最大细分数量。设置原始网格体细分的最大数量。
- “Amount”：数量设置。这个选项决定着置换的幅度。图 1-82 所示分别为将数量设置为 − 0.5 和 2.0 时的效果。

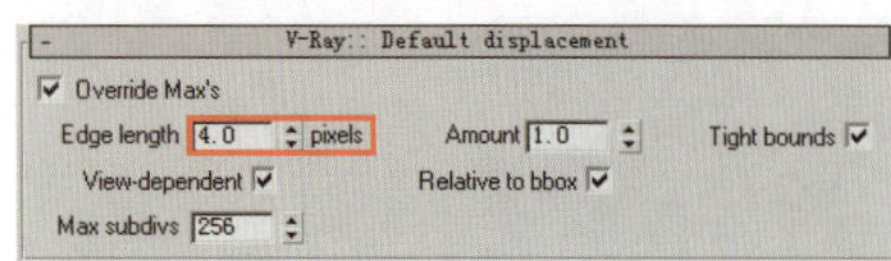

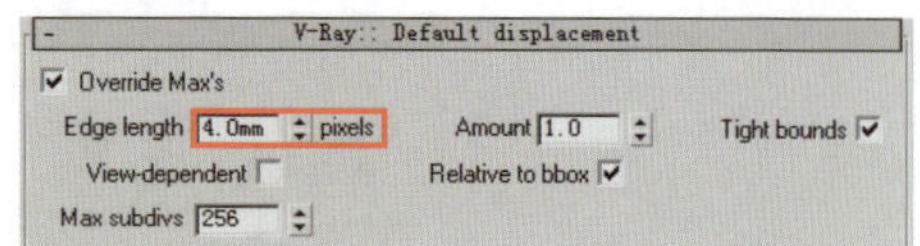

图 1-81

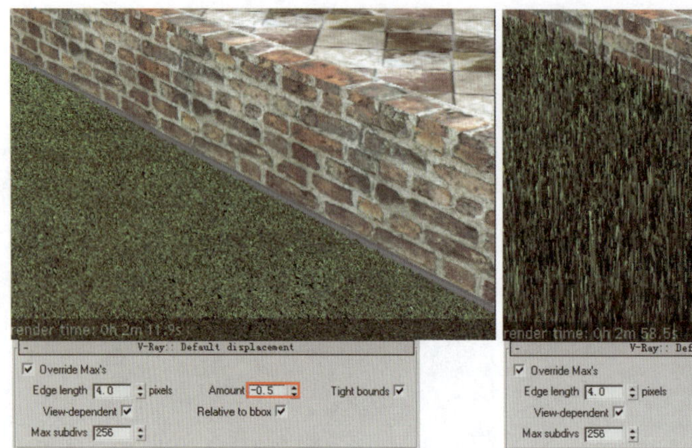

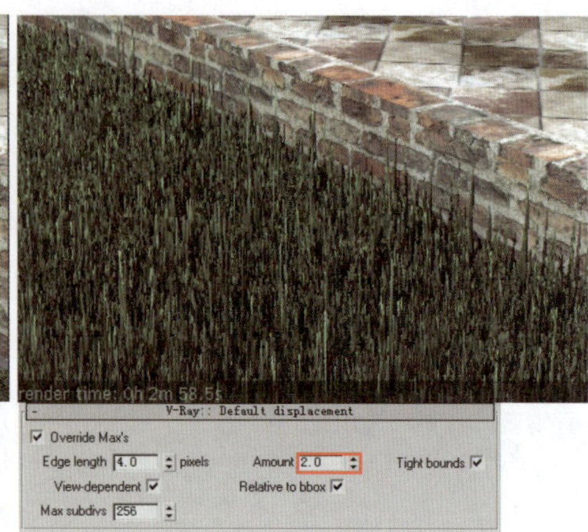

图 1-82

- “Relativ to bbox”：这个复选框用来对“Amount”设置值进行单位切换。
- “Tight bounds”：开启此复选框后，VRay 将计算原始网格体的体积。如果使用的纹理贴图有大量的黑色或白色区域，可能需要对置换贴图进行预采样。

1.6.16 V-Ray：System（系统）卷展栏

“V-Ray:System（系统）”卷展栏为 VRay 的 System（系统）卷展栏，在这里用户可以控制多种 VRay 参数，如图 1-83 所示。下面对其中比较常用的设置进行讲解。

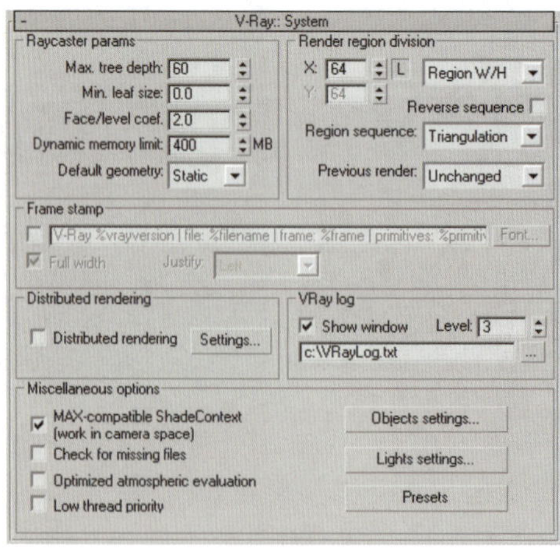

图 1-83

1. Raycaster parameters（光线投射参数）选项组

在“Raycaster parameters”选项组中可以控制 VRay 二元空间划分树(BSP 树)的相关参数。默认系统设置是比较合理的设置，一般使用默认设置就可以了。

2. Render region division（渲染分割区域块）选项组

这个选项组允许控制渲染分割区域（块）的各种参数。这些渲染分割区域块正是VRay分布式渲染系统的基础部分。每一个渲染分割区域块都是以矩形的方式出现，并且每一块相对于其他块来说都是独立的。分布式渲染的另一个特点就是，如果是多个CPU设置的话，渲染分割区域块可以设置分布在多个CPU进行处理，以有效地利用资源。如果场景中有大量的置换贴图物体、VRayProxy或VRayFur物体时，系统默认的方式是最好的选择。这个选项组只是设置渲染过程中的显示方式，不影响最后的渲染结果。

- "X"：当选择"Region W/H"模式的时候，以像素为单位确定渲染块的最大宽度；在选择"Region Count"模式的时候，以像素为单位确定渲染块的水平尺寸。
- "Y"：当选择"Region W/H"模式的时候，以像素为单位确定渲染块的最大高度；在选择"Region Count"模式的时候，以像素为单位确定渲染块的垂直尺寸。
- "Region sequence"：渲染块次序。确定在渲染过程中块渲染进行的顺序。其中Top->Bottom为从上到下渲染；Left->Right为从左到右渲染；Checker为以类似于棋盘格子的顺序渲染；Spiral为以螺旋形顺序渲染；Triangulation为以三角形的顺序渲染；Hilbert curve为以希耳伯特曲线的计算顺序执行渲染。
- "Reverse sequence"：反向顺序。勾选此复选框后将采取与"Region sequence"设置相反的顺序进行渲染。
- "Previous render"：这个参数确定在渲染开始的时候，在帧缓冲中以什么样的方式显示先前渲染图像，从而方便我们区分和观察两次渲染的差异。

3. Frame stamp（帧印记）选项组

帧印记选项组也就是水印设置，可以设置在渲染输出的图像下侧记录这个场景的一些相关信息。

- "Font"：设置显示信息的字体。
- "Full width"：显示占用图像的全部宽度，否则显示文字实际宽度。
- "Justify"：指定文字在图像中的位置。"Left"为文字居左，"Center"为文字居中，"Right"为文字居右。

帧印记只有一行，显示的内容有限，为了得到需要的信息，可以通过设置信息文本框来得到需要的信息内容，如图1-84所示。

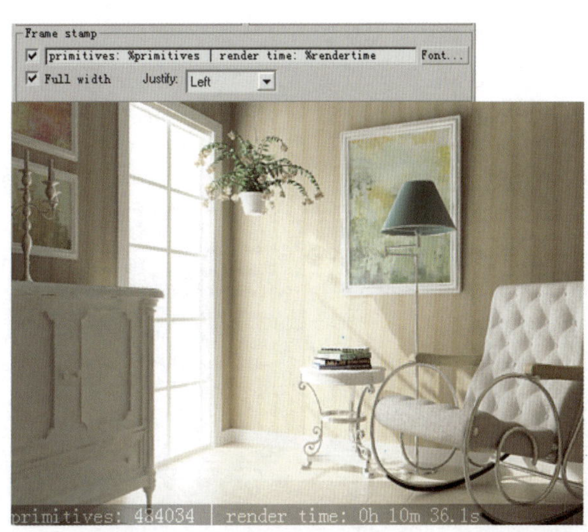

图1-84

4. Distributed rendering（分布式渲染）选项组

分布式渲染是在几台电脑上同时渲染同一幅图片的过程。实现分布式渲染要满足的条件是：在多台设备中同时安装了3ds max和VRay，而且是相同的版本；多台参与计算的设备上相关软件(VRaySpaner)已经成功开启，运行正常。

- “Distributed rendering”：勾选该复选框后开启分布式渲染。
- “Settings”：单击此按钮可以弹出“VRay Networking settings”对话框，在对话框中可以添加或删除进行分布式渲染的电脑。

5. VRay log（日志）选项组

VRay 渲染过程中会将各种信息都记录下来保存到“VRay log”中方便查阅。Show window 为是否显示信息窗口，勾选为显示。Level: 3 为显示级别：1 为显示错误信息；2 为显示错误信息和警告信息；3 为显示错误、警告和情报信息；4 为显示所有信息。c:\VRayLog.txt 为保存路径。

6. Miscellaneous options选项组

- “MAX-compatible ShadeContext(work in camera space)”：默认勾选状态下一般可以得到较好的兼容性。
- “Check for missing files”：检查缺少的文件。勾选的时候，VRay 会试图在场景中寻找任何缺少的文件，并把它们列表。
- “Optimized atmospheric evaluation”：勾选这个复选框，可以使 VRay 优先评估大气效果，而大气后面的表面只有在大气非常透明的情况下才会被考虑着色。
- “Low thread priority”：低线程优先。勾选的时候，将促使 VRay 在渲染过程中使用较低的优先权的线程，避免抢占系统资源。
- “Object Settings”：物体设置。单击会弹出“VRay object properties”对话框，在这个对话框中可以设置 VRay 渲染器中每一个物体的局部参数，这些参数都是在标准的 3ds max 物体属性面板中无法设置的，例如 GI、焦散、直接光照、反射和折射等属性。
- “Light Settings”：灯光设置。单击会弹出“VRay light properties”对话框，如图 1-85 所示。在这个对话框中可以为场景中的灯光指定焦散或全局光子贴图的相关参数设置。左边是场景中所有可用光源的列表，右边是被选择光源的参数设置。还有一个 3ds max 选择设置列表，可以方便有效地控制光源组的参数。其中 Generate caustics: 勾选时产生焦散；Caustic subdivs: 1500 为焦散细分值，增大该值将减慢焦散光子贴图的计算速度；Caustics multiplier: 1.0 为焦散倍增，增大数值表示灯光产生焦散的能力增强。
- “Presets”：VRay 预设。单击会弹出“V-Ray Presets”对话框，如图 1-86 所示，在这个对话框中可以将 VRay 的各种参数保存为一个 text 文件，方便快速地再次导入它们。

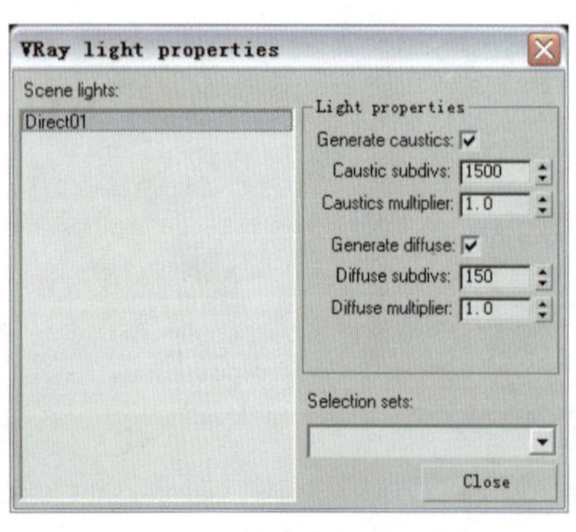

图 1-85

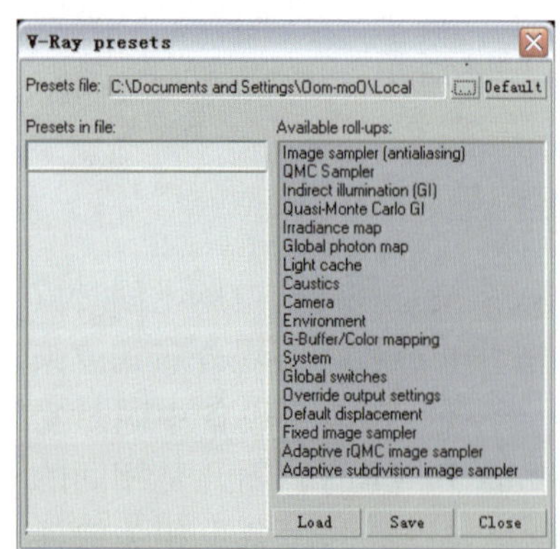

图 1-86

第 2 章 圆桌会议室表现

2.1 会议室空间简介

本章案例展示了一个简洁的会议室空间。从设计风格来看，这类商业空间通常以简洁、稳重为主，因此在渲染表现此类空间的效果图时，应该注意画面要符合简洁的设计风格。由于当前渲染的为小会议室，该场景本身相对封闭，所以照明方面主要依靠室内灯光照明，案例效果如图 2-1 所示。

图 2-1

图 2-2 所示为会议室模型的线框效果图。

图 2-2

2.2 简洁会议室空间测试渲染设置

打开配套光盘中“第 2 章圆桌会议室 \ 圆桌会议室源文件 .max”场景文件，如图 2-3 所示，可以看到这是一个已经创建好模型的会议室场景，并且场景中的摄影机也已经创建好。

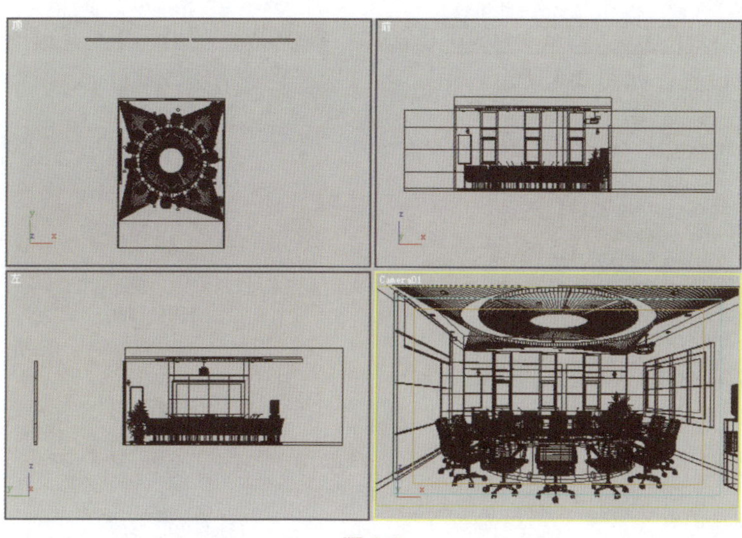

图 2-3

下面首先进行测试渲染参数设置，然后为场景布置灯光。

2.2.1 设置测试渲染参数

测试渲染参数的设置步骤如下。

① 按 F10 键打开“渲染场景”对话框，在“公用”选项卡的“指定渲染器”卷展栏中单击“产品级”右侧的 ... （选择渲染器）按钮，然后在弹出的“选择渲染器”对话框中选择安装好的 V-Ray Adv 1.5 RC3 渲染器，如图 2-4 所示。

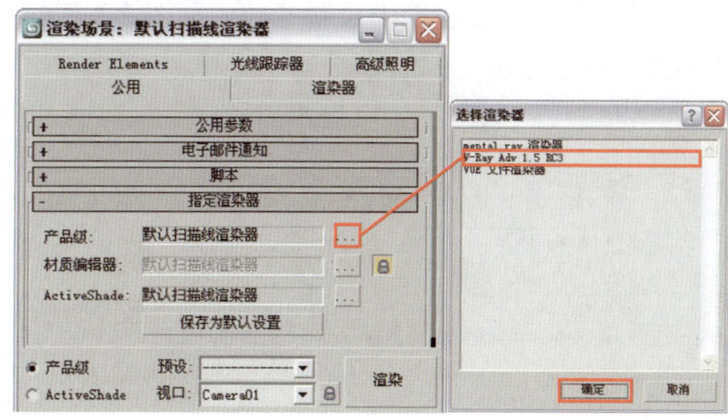

图 2-4

② 在 公用参数 卷展栏中设置较小的图像尺寸，如图 2-5 所示。

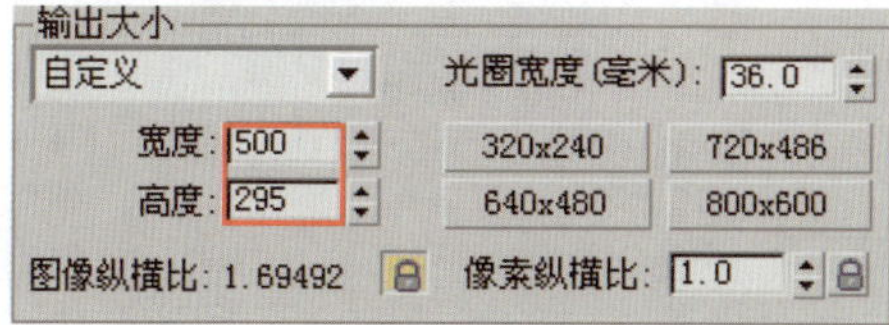

图 2-5

本场景所使用模型

办公椅 .max

笔记本电脑 .max

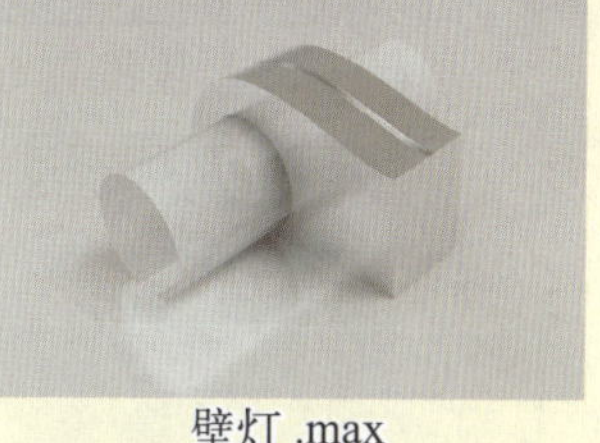

壁灯 .max

会议桌 .max

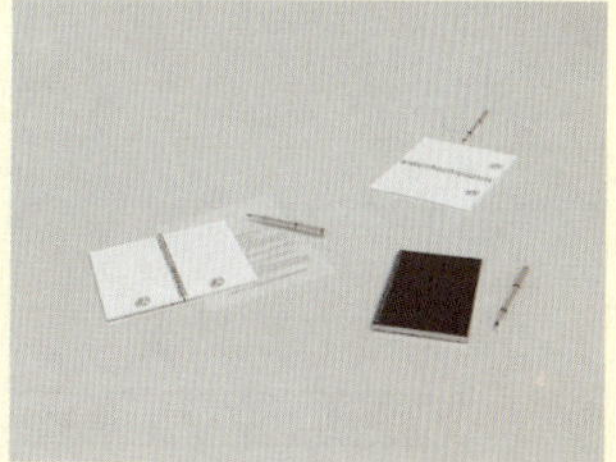

记事本 .max

投影仪 .max

③ 进入“渲染器”选项卡，在V-Ray:: Global switches（全局开关）卷展栏中进行参数设置，如图 2-6 所示。

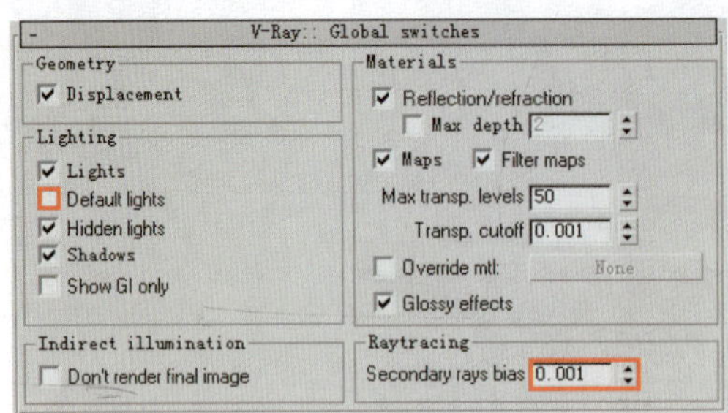

图 2-6

饮水机 .max

展板 .max

植物 .max

小贴士

“Default lights”为默认灯光开关。勾选表示开启默认灯光设置；取消勾选表示关闭默认灯光。

④ 进入V-Ray:: Image sampler (Antialiasing)（抗锯齿采样）卷展栏中，参数设置如图 2-7 所示。

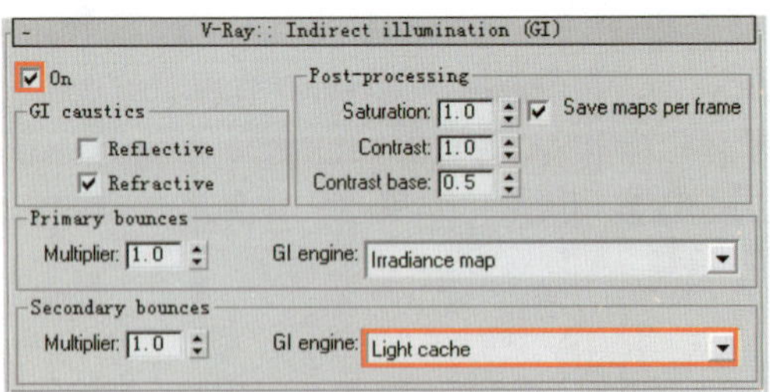

图 2-7

⑤ 在V-Ray:: Indirect illumination (GI)（间接照明）卷展栏中设置参数，如图 2-8 所示。

图 2-8

⑥ 在V-Ray:: Irradiance map（发光贴图）卷展栏中设置参数，如图 2-9 所示。

⑦ 在V-Ray:: Light cache（灯光缓存）卷展栏中设置参数，如图 2-10 所示。

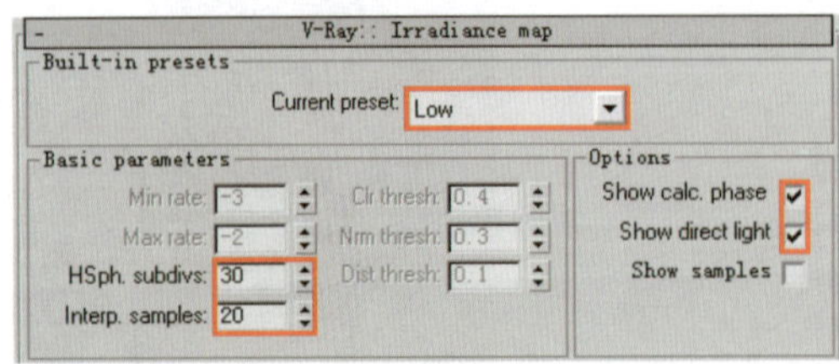

图 2-9

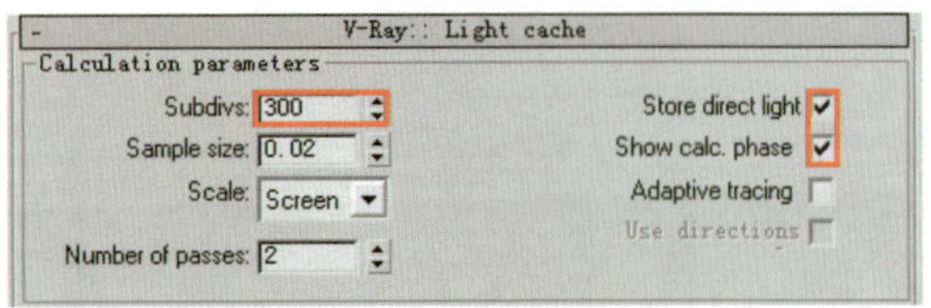

图 2-10

小贴士

预设测试渲染参数是根据自己的经验和电脑本身的硬件配制得到的一个相对低的渲染设置，读者在这里可以作为参考，也可以自己尝试一些其他的参数设置。

8 下面对环境光进行设置。打开 V-Ray:: Environment （环境）卷展栏，在“GI Environment (skylight) override”选项组中勾选“On”复选框，参数设置如图 2-11 所示。

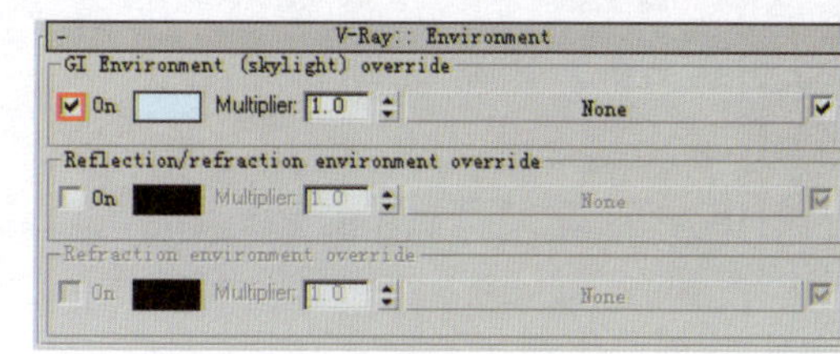

图 2-11

2.2.2 布置场景灯光

会议室场景是个相对较封闭的空间，所以照明方面主要依靠室内的灯光进行照明。在为场景创建灯光前，首先用一种白色材质覆盖场景中的所有物体，这样便于观察灯光对场景的影响。

1 按 M 键打开“材质编辑器”对话框，选择一个空白材质球，单击其 Standard 按钮，在弹出的“材质 / 贴图浏览器”对话框中选择 VRayMtl 材质，并将材质命名为“替换材质”，具体参数设置如图 2-12 所示。

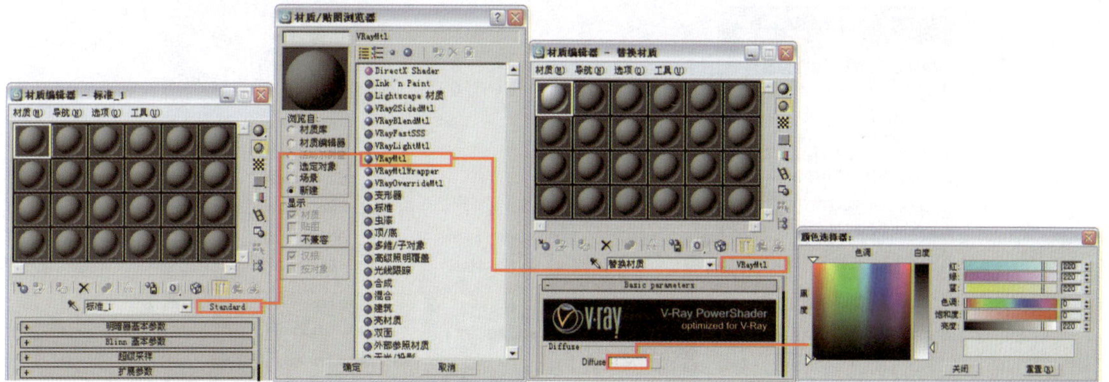

图 2-12

2 按 F10 键打开“渲染场景”对话框，进入“渲染器”选项卡，在 V-Ray:: Global switches （全局开关）卷展栏中勾选“Override mtl”复选框，然后进入“材质编辑器”对话框中，将“替换材质”的材质球拖放到“Override mtl”右侧的 None 贴图通道按钮上，并以“实例”的方法进行关联复制，具体参数设置如图 2-13 所示。

3 下面开始布置会议室外的灯光，首先设置从会议室外照进室内的灯光。单击 （创建）按钮进入创建命令面板，单击 （灯光）按钮，在下拉菜单中选择“VRay”选项，然后在 对象类型 卷展栏中单击 VRayLight 按钮，在场景窗外部分创建一盏 VRayLight01，位置如图 2-14 所示。灯光参数设置如图 2-15 所示。

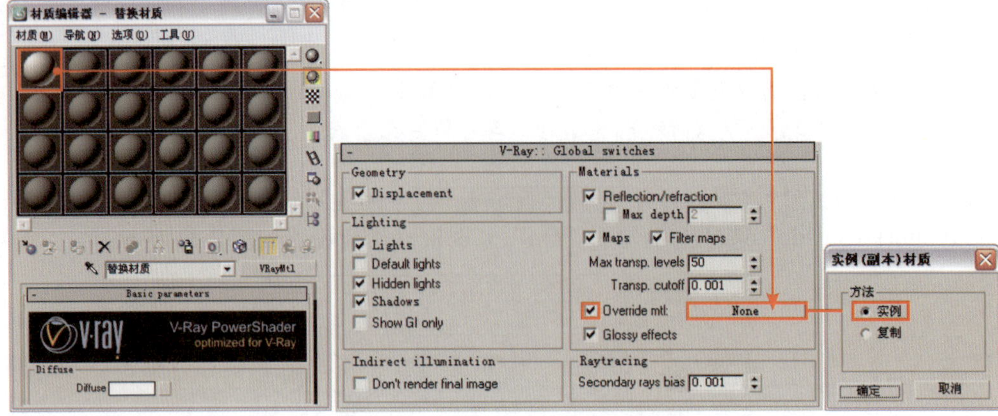

图 2-13

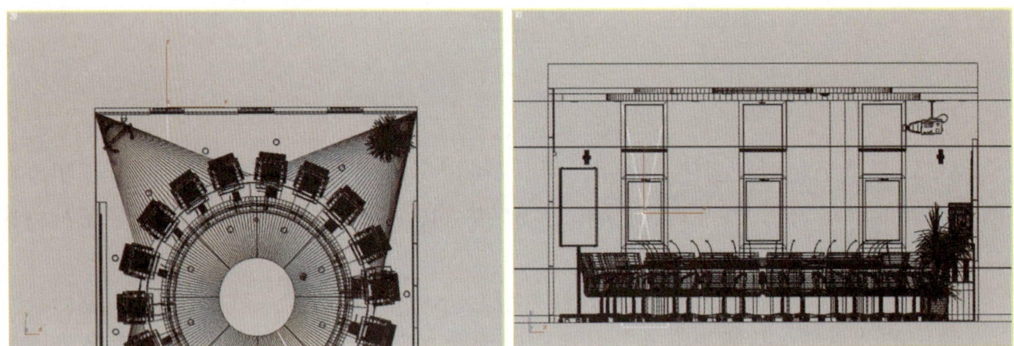

图 2-14

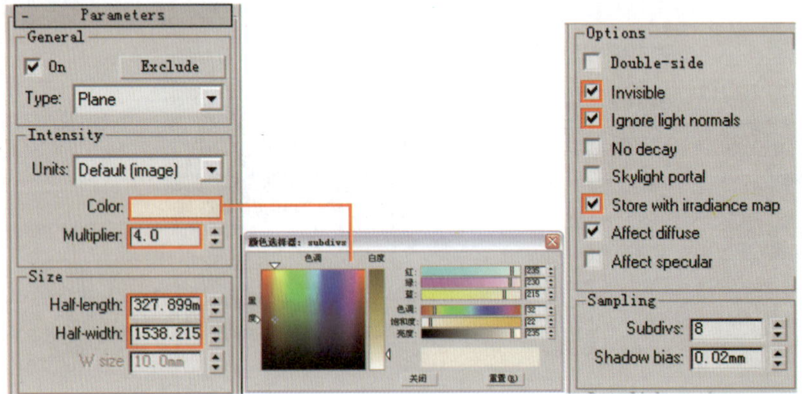

图 2-15

④ 在顶视图中选中刚刚创建的 VRayLight01，按住 Shift 键将其关联复制出 3 盏灯光，位置如图 2-16 所示。将物体“窗玻璃”隐藏，然后对摄影机视图进行渲染，此时灯光效果如图 2-17 所示。

小贴士

因为物体“窗玻璃”的材质是具有透明或者半透明特性的材质，所以在没有给其指定材质前需要将其隐藏，这样室外的光线才能正常照进室内。

图 2-16

图 2-17

5 继续创建会议室外墙面的射灯灯光。单击（创建）按钮进入创建命令面板，单击（灯光）按钮，在下拉菜单中选择“光度学”选项，然后在 对象类型 卷展栏中单击 目标点光源 按钮，在如图 2-18 所示位置创建一个目标点光源 Point01 来模拟射灯灯光。

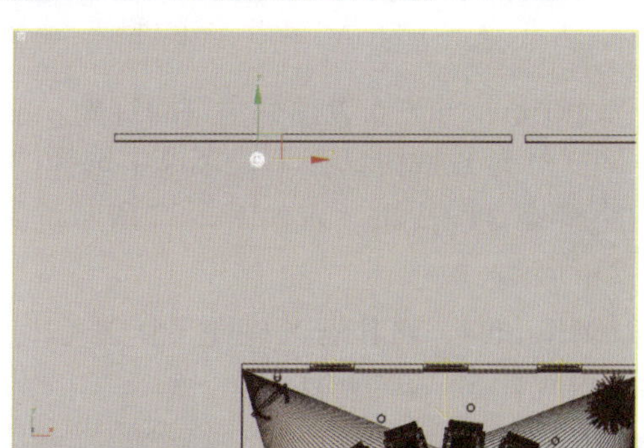
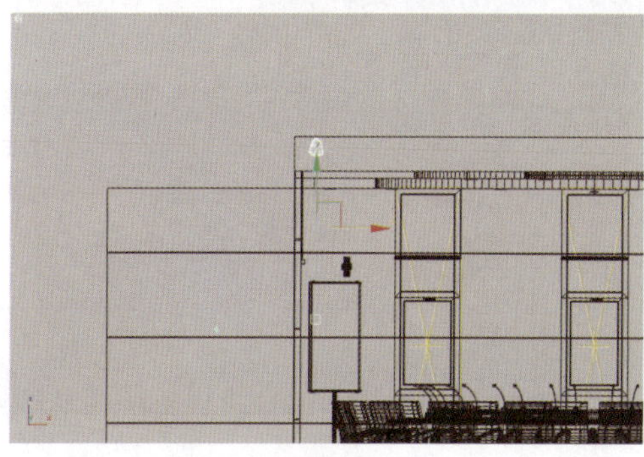
图 2-18

本场景所使用材质

地毯

壁纸

墙面木造型

石材墙面

窗玻璃

⑥ 进入修改命令面板，对创建的目标点光源参数进行设置，如图 2-19 所示。光域网文件为本书配套光盘提供的“第 2 章圆桌会议室 \ 贴图 \ 多光 .IES”文件。

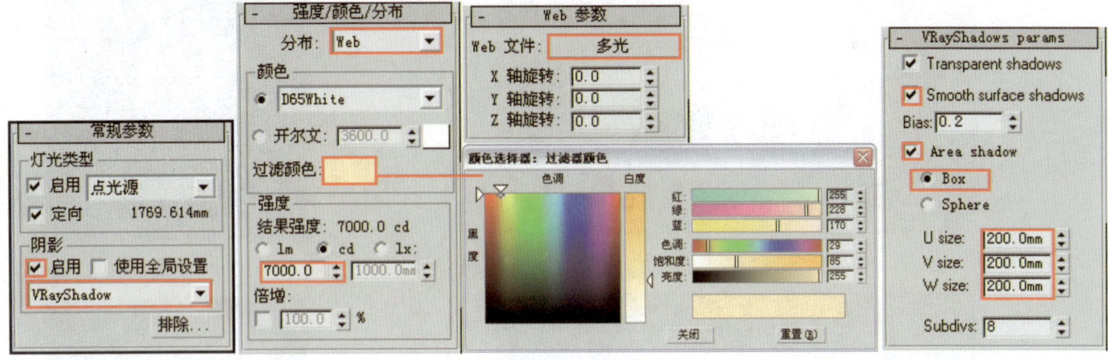

图 2-19

⑦ 在顶视图中选中刚刚创建的目标点光源 Point01，将其关联复制出 5 盏灯光，灯光位置如图 2-20 所示。此时对摄影机视图进行渲染，效果如图 2-21 所示。

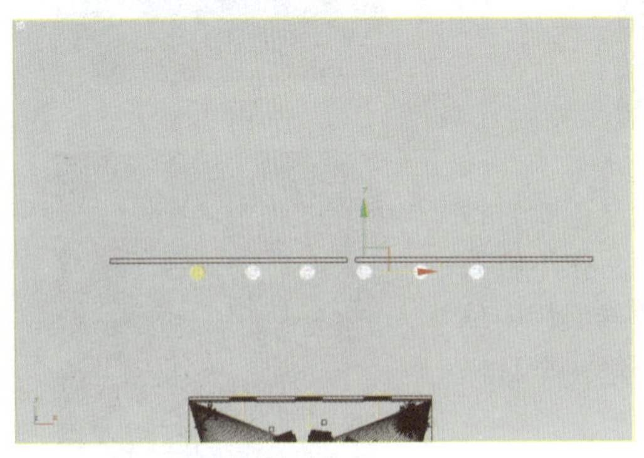

图 2-20

图 2-21

⑧ 室外灯光布置完毕，下面开始设置室内灯光，首先布置顶部主灯的灯光。单击 （创建）按钮进入创建命令面板，单击 （灯光）按钮，在下拉菜单中选择“VRay”选项，然后在 对象类型 卷展栏中单击 VRayLight 按钮，在如图 2-22 所示位置创建一盏 VRayLight04，灯光参数设置如图 2-23 所示。

⑨ 在前视图中选中刚刚创建的灯光 VRayLight04，将其沿 X 轴向下复制（非关联）一盏灯光，位置如图 2-24 所示，灯光参数设置如图 2-25 所示。

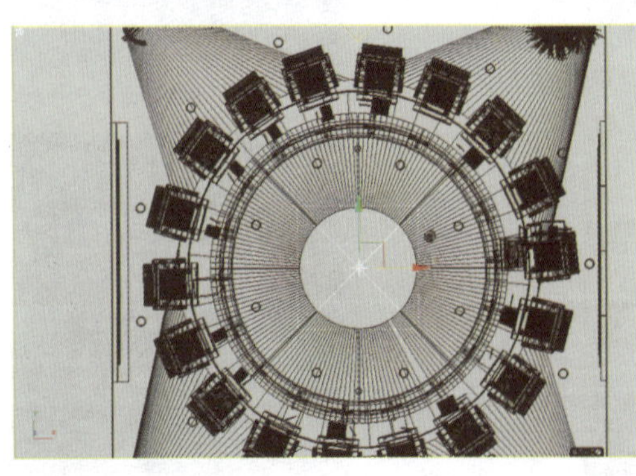

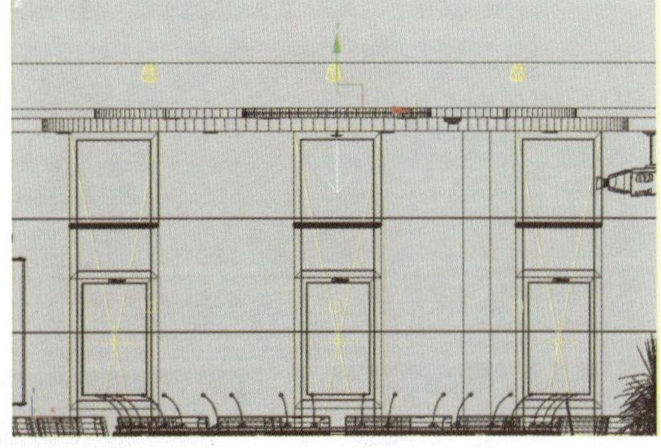

图 2-22

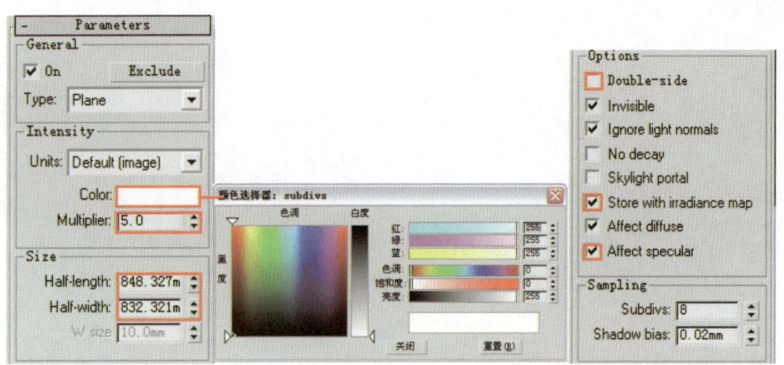
图 2-23

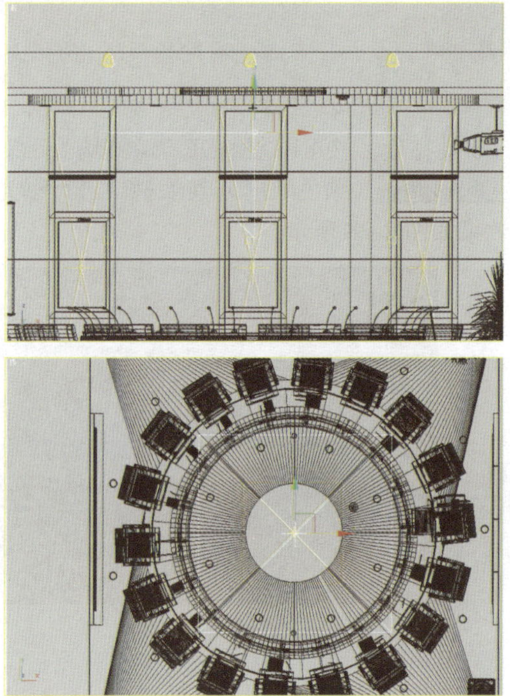
图 2-24

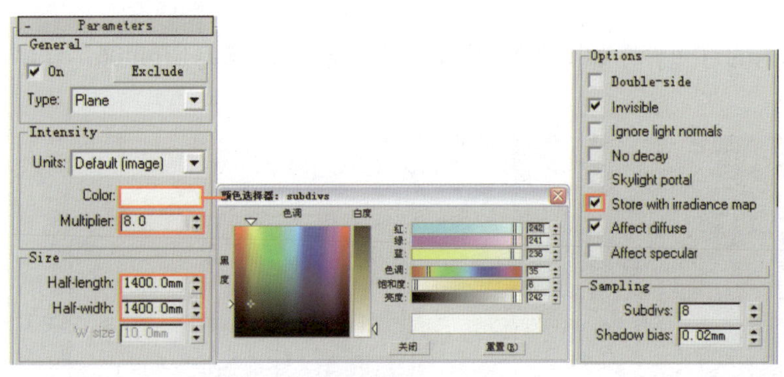
图 2-25

10 对摄影机视图进行渲染，此时灯光效果如图 2-26 所示。

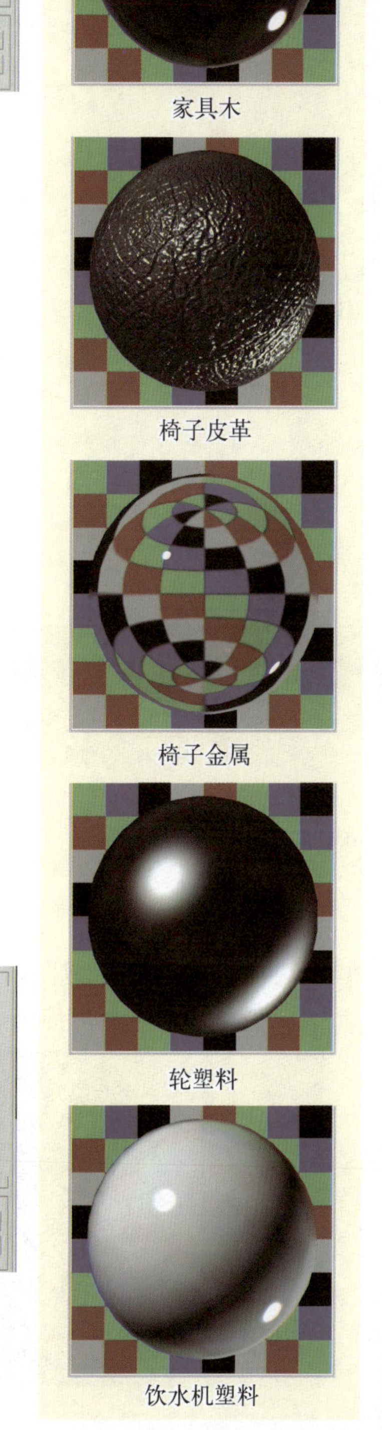

图 2-26

小贴士

从渲染效果中可以看到场景曝光非常严重，下面首先通过修改曝光类型来解决曝光问题。

11 下面通过调整场景曝光参数来降低场景亮度。按F10键打开“渲染场景”对话框，进入“渲染器”选项卡，在V-Ray:: Color mapping（颜色映射）卷展栏中进行曝光控制，参数设置如图2-27所示。再次渲染效果如图2-28所示。

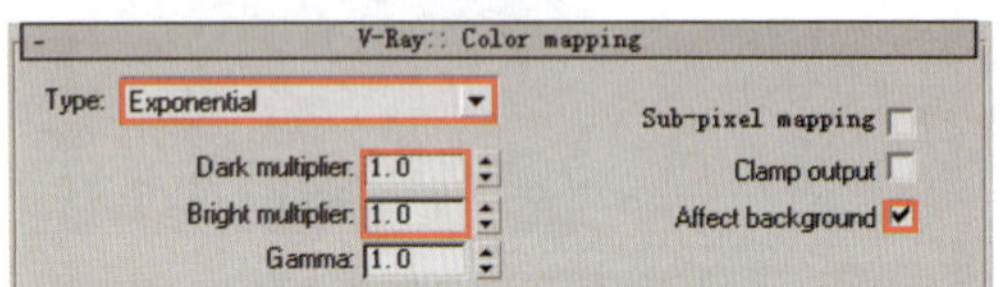

图 2-27

图 2-28

小贴士

从渲染效果中可以看到场景曝光问题已经解决。

12 下面开始创建顶部灯池内的灯光。在如图2-29所示位置创建一盏VRayLight06，具体参数设置如图2-30所示。

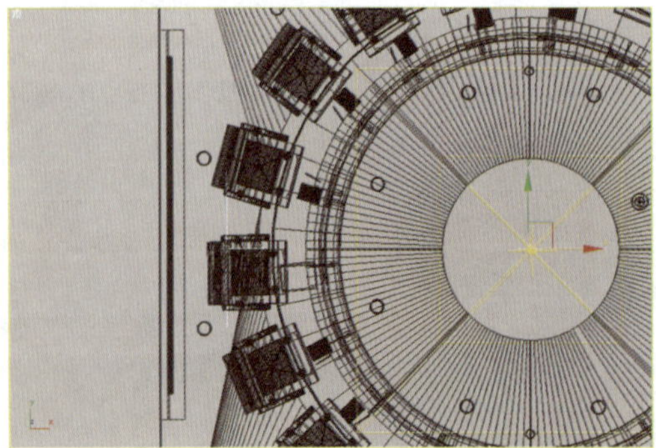

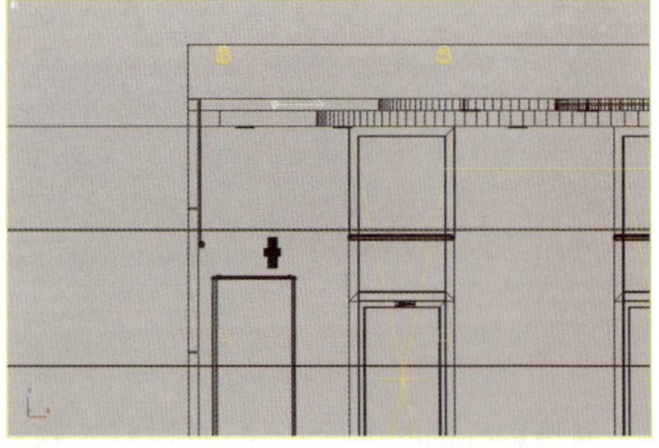

图 2-29

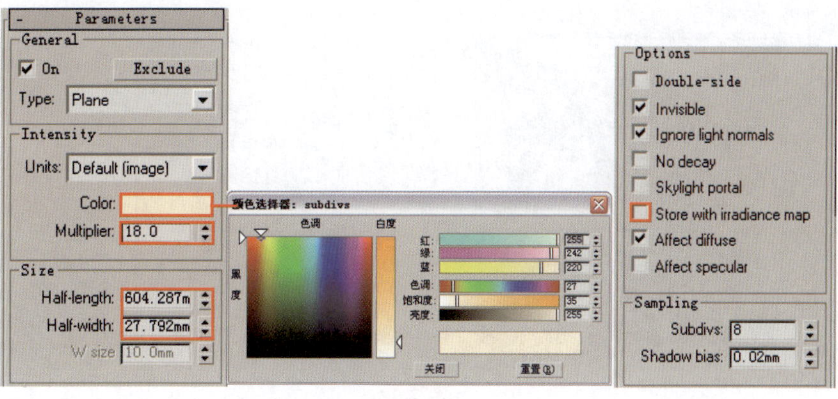

图 2-30

13 在顶视图中，选中刚刚创建的用来模拟灯池灯光的 VRayLight06，将其关联复制出 12 盏灯光，调整各个灯光位置，使用【旋转工具】及【缩放工具】调整其角度及大小，如图 2-31 所示。

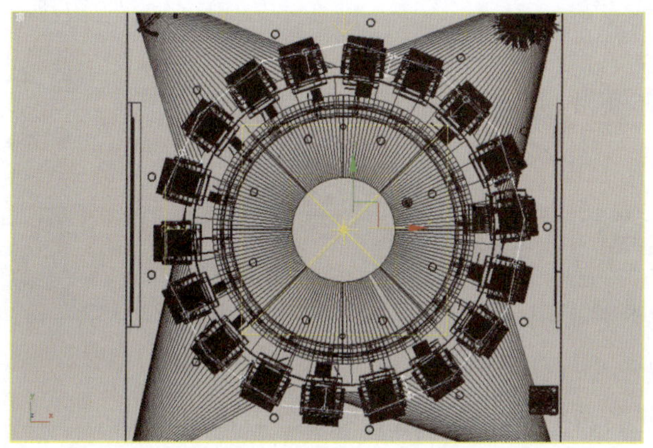

图 2-31

14 对摄影机视图进行渲染，此时灯光效果如图 2-32 所示。

图 2-32

15 下面开始创建投影布幕上方灯池内的灯光。在如图 2-33 所示位置创建一盏 VRayLight，具体参数设置如图 2-34 所示。

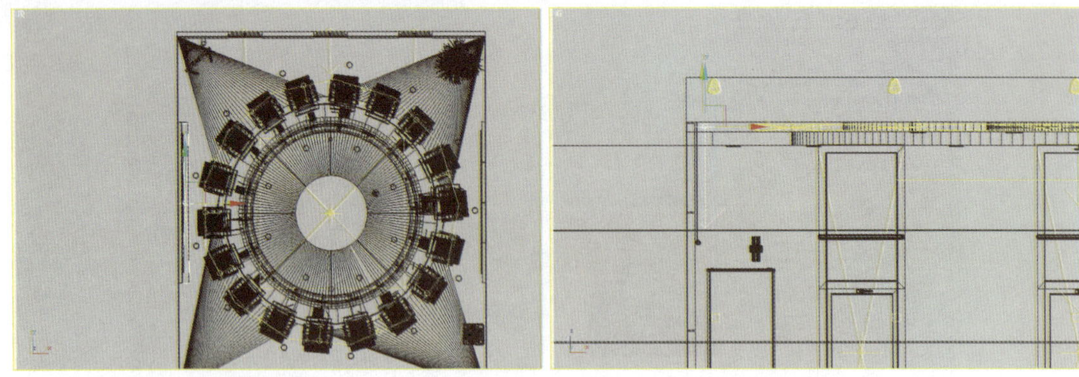

图 2-33

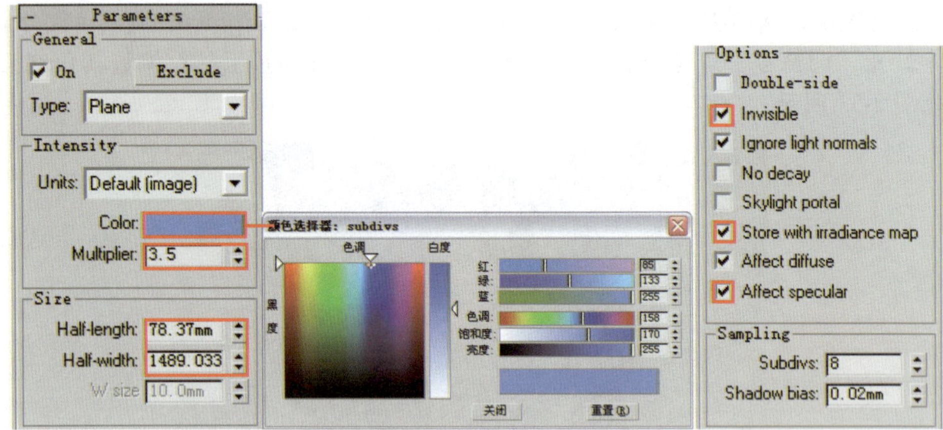

图 2-34

16 对摄影机视图进行渲染，此时灯光效果如图 2-35 所示。

图 2-35

17 下面开始创建室内筒灯的灯光。在如图 2-36 所示位置创建一盏目标点光源 Point07，参数设置如图 2-37 所示。光域网文件为本书配套光盘提供的“16.ies”文件。

18 在顶视图中选中刚刚创建的目标点光源 Point07，将其关联复制出 12 盏灯光，位置如图 2-38 所示。对摄影机视图进行渲染，灯光效果如图 2-39 所示。

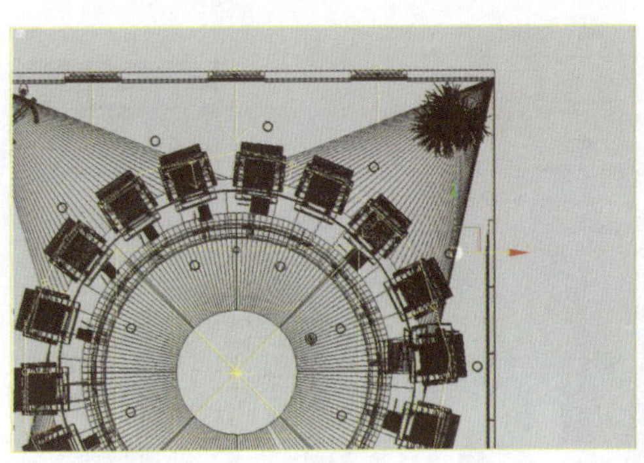

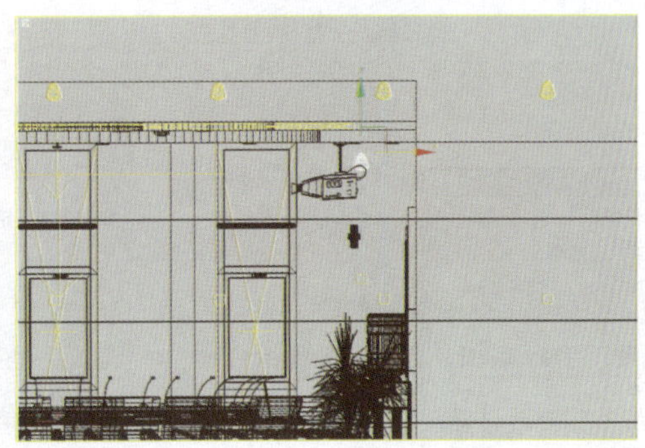

图 2-36

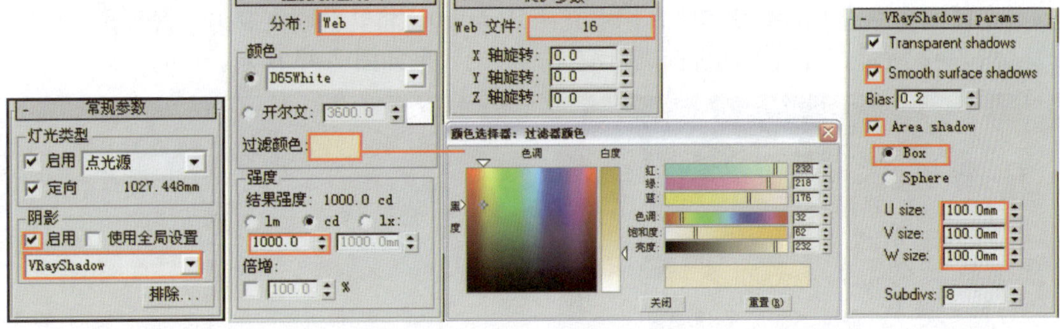

图 2-37

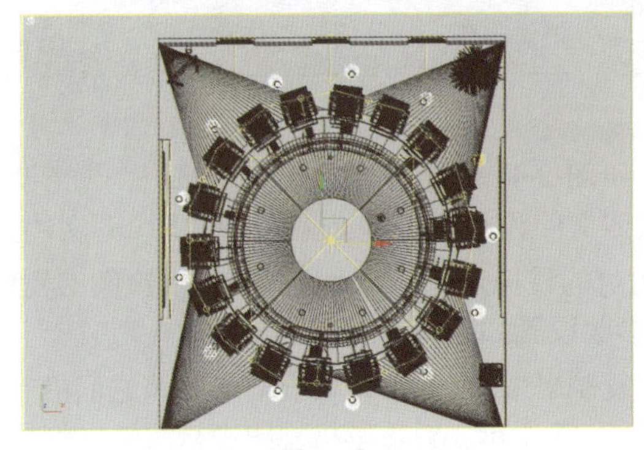

图 2-38

图 2-39

19 继续创建顶部的筒灯灯光。在如图 2-40 所示位置创建一盏目标点光源 Point20，具体参数设置如图 2-41 所示。光域网文件为本书配套光盘提供的“24.IES”文件。

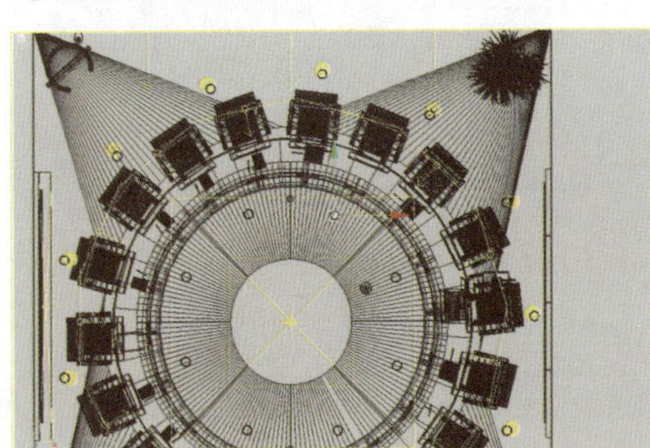

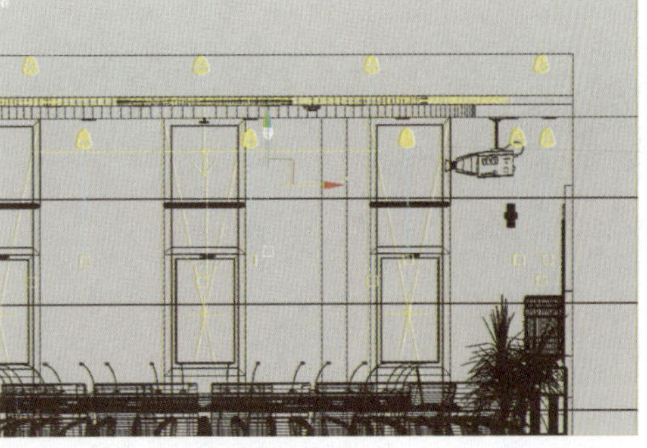

图 2-40

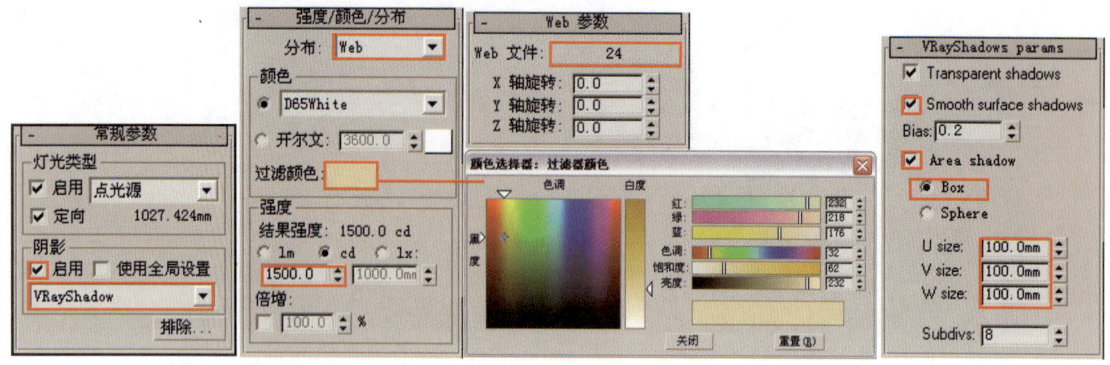

图 2-41

20 在顶视图中选中刚刚创建的目标点光源 Point20，将其关联复制出 7 盏灯光，位置如图 2-42 所示。对摄影机视图进行渲染，灯光效果如图 2-43 所示。

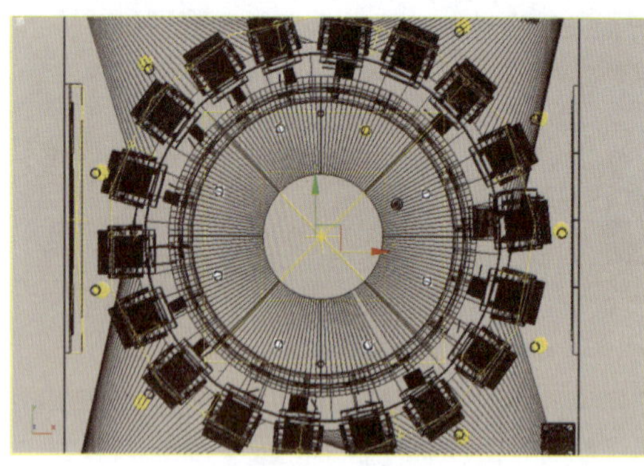

图 2-42

图 2-43

21 最后创建墙面上的装饰射灯的灯光。在如图 2-44 所示位置创建一盏目标点光源 Point28，具体参数设置如图 2-45 所示。光域网文件为本书配套光盘提供的"5.IES"文件。

22 在前视图中选中刚刚创建的用来模拟装饰射灯的目标点光源 Point28，使用【镜像工具】对其进行实例复制，复制出 Point29，具体参数设置如图 2-46 所示。

23 在前视图中选中目标平行光 Point28 和刚刚复制出来的 Point29 两盏灯光，将它们沿 X 轴方向关联复制出一组灯光，灯光位置如图 2-47 所示。对摄影机视图进行渲染，灯光效果如图 2-48 所示。

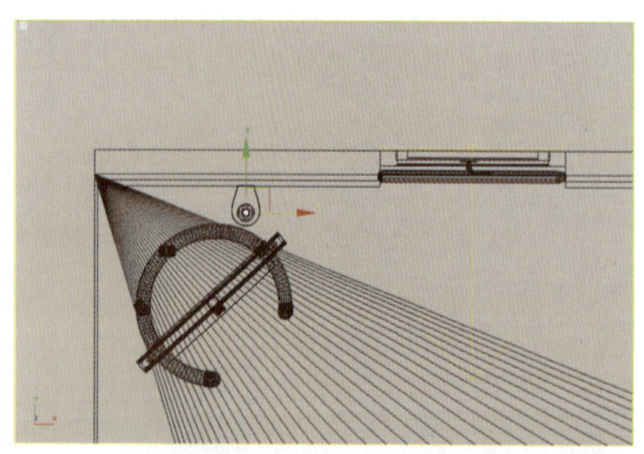

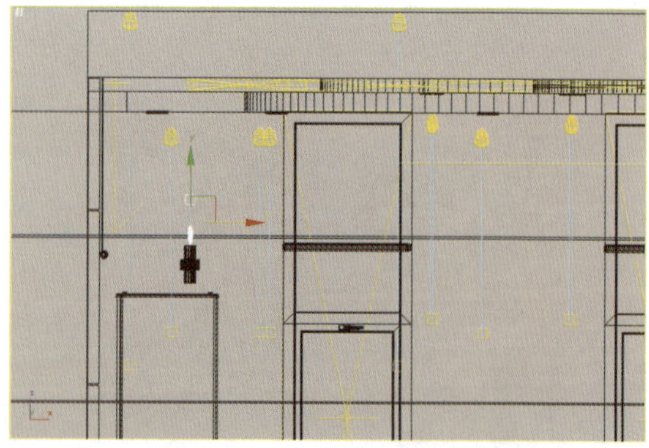

图 2-44

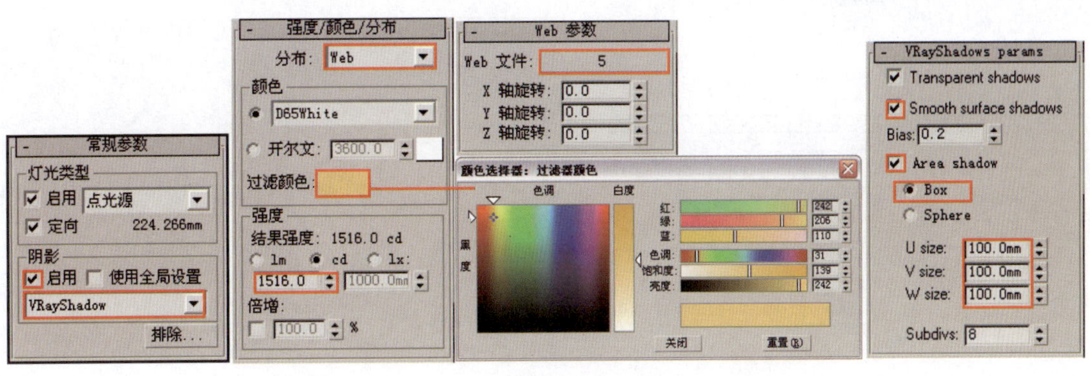

图 2-45

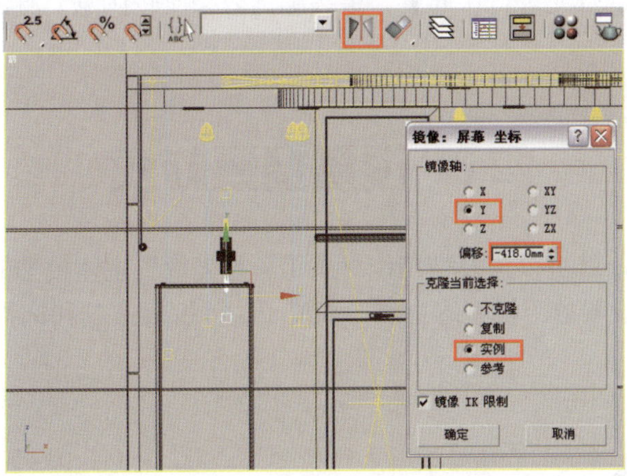

图 2-46

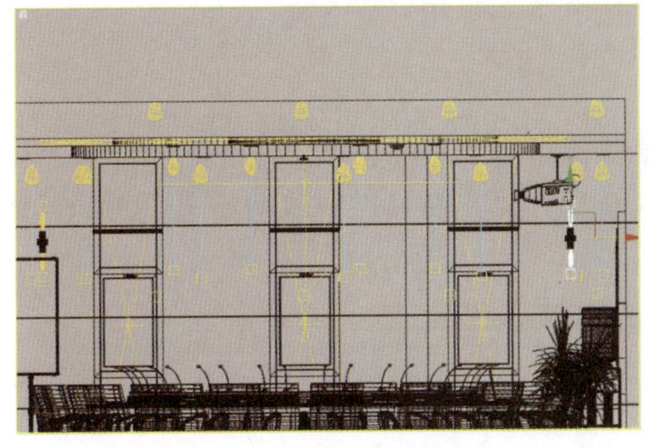

图 2-47

图 2-48

小贴士

从渲染效果中可以看到场景很亮，没有什么明暗对比，这是由于场景中的材质全部被白色材质替代所造成的，可以先降低次级漫射反弹倍增值来控制场景的亮度。

24 场景灯光已经全部创建完毕，观察渲染结果发现场景很亮，没什么层次感，下面通过降低二次反弹的倍增值来降低场景亮度。在 V-Ray:: Indirect illumination (GI)（间接照明）卷展栏中进行设置，如图 2-49 所示。渲染效果如图 2-50 所示。

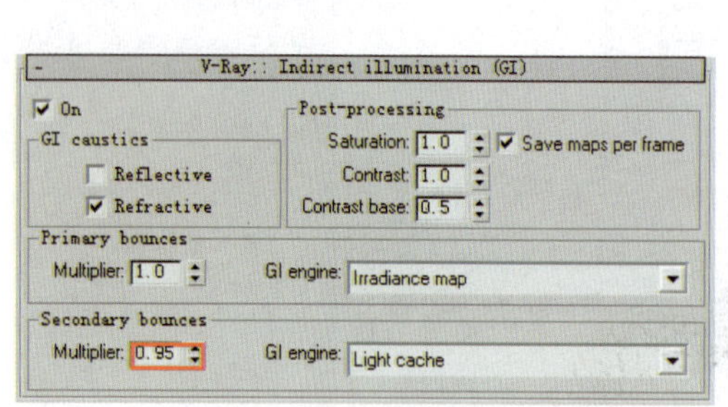

图 2-49

图 2-50

上面已经对场景的灯光进行了布置，最终测试效果比较满意。测试完灯光效果后，下面进行材质设置。

2.3 设置场景材质

灯光测试完成后，就可以为模型制作材质了。首先设置主体模型的材质，如墙体、地面和门窗等，然后依次设置单个模型的材质，如椅子、沙发等家具和饰物。

小贴士

在制作模型的时候必须清楚物体的材质的区别，将同一种材质的物体进行成组或塌陷，这样可以为赋予物体材质的时候提供很多方便。

2.3.1 设置主体材质

① 在设置场景材质前，首先要取消前面对场景物体材质的替换状态。按 F10 键打开“渲染场景”对话框，在 V-Ray:: Global switches（全局开关）卷展栏中取消勾选“Override mtl”复选框，如图 2-51 所示。

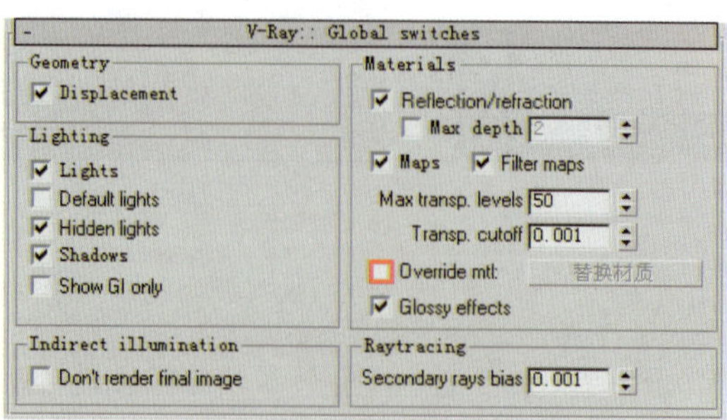

图 2-51

② 下面设置地毯材质。按 M 键打开“材质编辑器”对话框，选择一个空白材质球，单击其 Standard 按钮，在弹出的“材质 / 贴图浏览器”对话框中选择 VRayMtl 材质，并将材质命名为“地毯”，参数设置如图 2-52 所示。

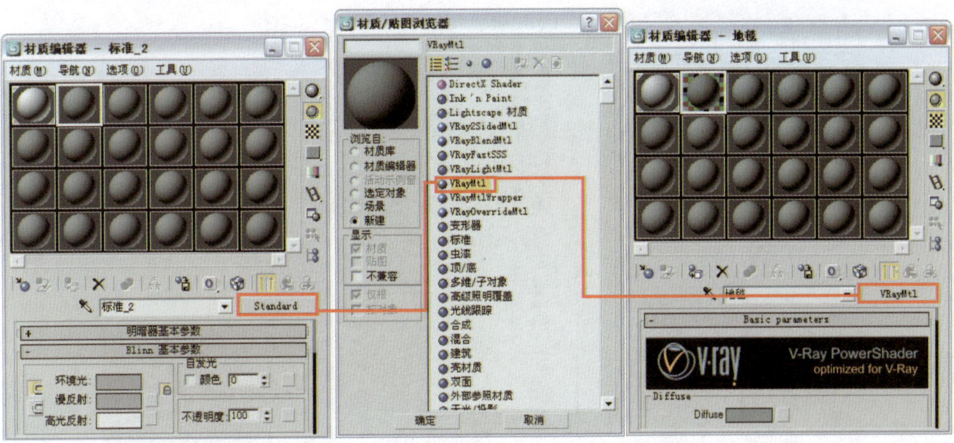

图 2-52

小贴士

VRayMtl 材质可以代替 3ds max 的默认材质，使用它可以快捷地表现出物体的反射效果和折射效果，还可以表现出真实的次表面散射效果（SSS 效果），如皮肤、玉石等物体的半透明效果。

3 在 VRayMtl 材质层级单击“Diffuse”右侧的贴图通道按钮，为其添加一个“位图”贴图，具体参数设置如图 2-53 所示。贴图文件为本书配套光盘提供的“第 2 章圆桌会议室 \ 贴图 \ 地毯 .jpg”文件。

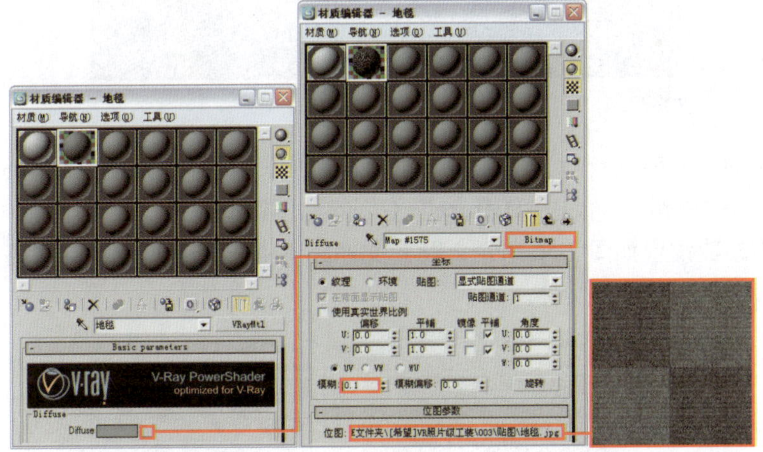

图 2-53

4 返回 VRayMtl 材质层级，进入 Maps 展卷栏，为“Bump”贴图通道添加一个“位图”贴图，具体参数设置如图 2-54 所示。贴图文件为本书配套光盘提供的“第 2 章圆桌会议室 \ 贴图 \ 地毯 .jpg”文件。

5 将设置好的材质指定给物体“地面”，对摄影机视图进行渲染，地毯效果如图 2-55 所示。

小贴士

场景中部分物体材质已经事先设置好，这里仅对场景中的主要材质进行讲解。

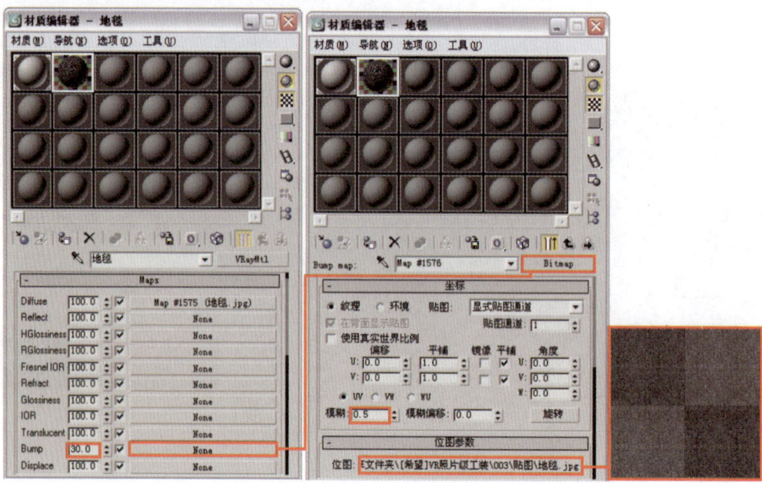

图 2-54

图 2-55

6　设置墙面部分的壁纸材质。选择一个空白材质球，将材质设置为 VRayMtl 材质，并将材质命名为“壁纸”。单击“Diffuse”右侧的贴图通道按钮，为其添加一个“位图”贴图，具体参数设置如图 2-56 所示。贴图文件为本书配套光盘提供的“第 2 章圆桌会议室 \ 贴图 \ 壁纸 -1.jpg”文件。

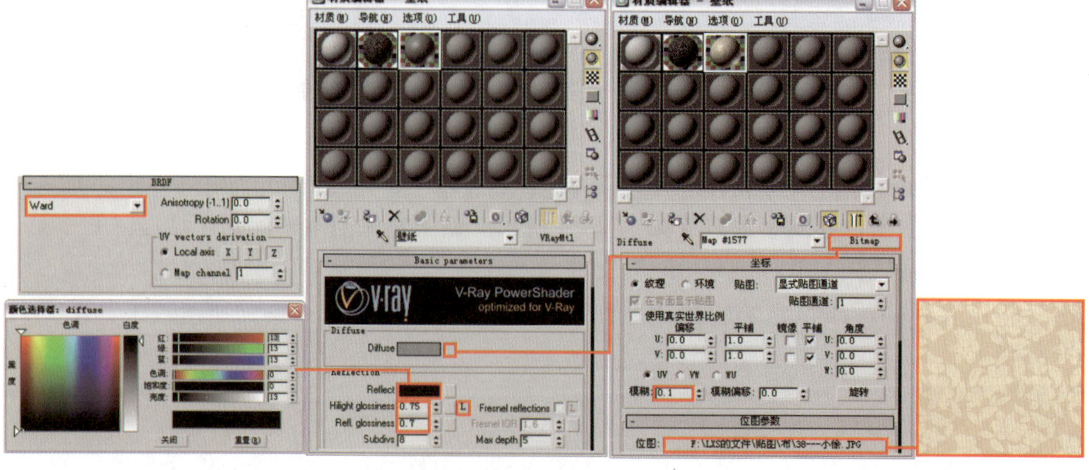

图 2-56

7 返回 VRayMtl 材质层级，进入 Maps 卷展栏，为“Bump”贴图通道添加一个“位图”贴图，具体参数设置如图 2-57 所示。贴图文件为本书配套光盘提供的“第 2 章圆桌会议室 \ 贴图 \ 壁纸 -1.jpg”文件。

8 将设置好的材质指定给物体“墙面壁纸”，对摄影机视图进行渲染，墙面壁纸效果如图 2-58 所示。

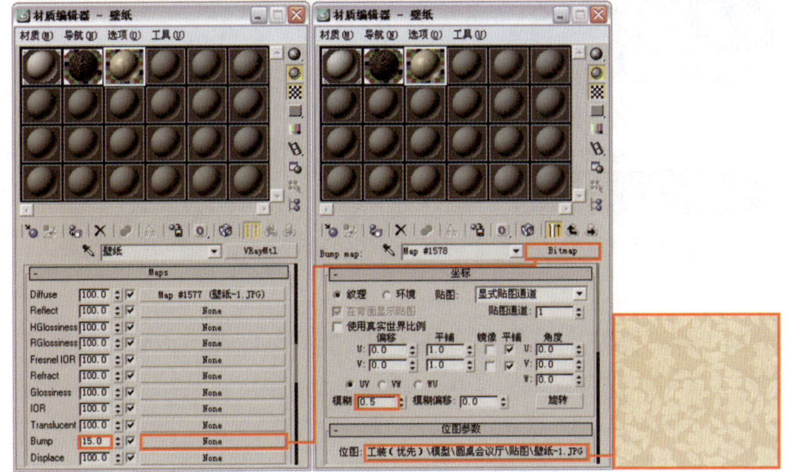

图 2-57

图 2-58

9 设置墙面上的木制造型部分的材质。这部分材质包括木材质和金属材质两种类型，下面会使用 多维/子对象 材质对其材质进行设置，物体部分的材质 ID 已经事先设置好。在“材质编辑器”对话框中选择一个空白材质球，将材质设置为 多维/子对象 材质，并将材质命名为“墙面木造型”，具体参数设置如图 2-59 所示。

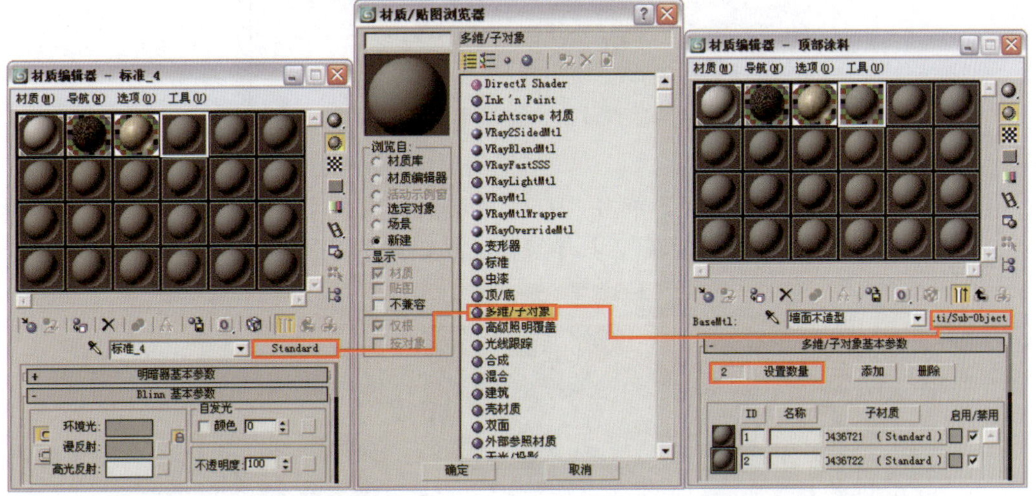

图 2-59

10 在多维 / 子对象材质层级单击“ID1”右侧的材质通道按钮，将其设置为 VRayMtl 材质，并将材质命名为“木材质”。单击“Diffuse”右侧的贴图通道按钮，为其添加一个“位图”贴图，具体参数设置如图 2-60 所示。贴图文件为本书配套光盘提供的“樱桃木 3.jpg”文件。

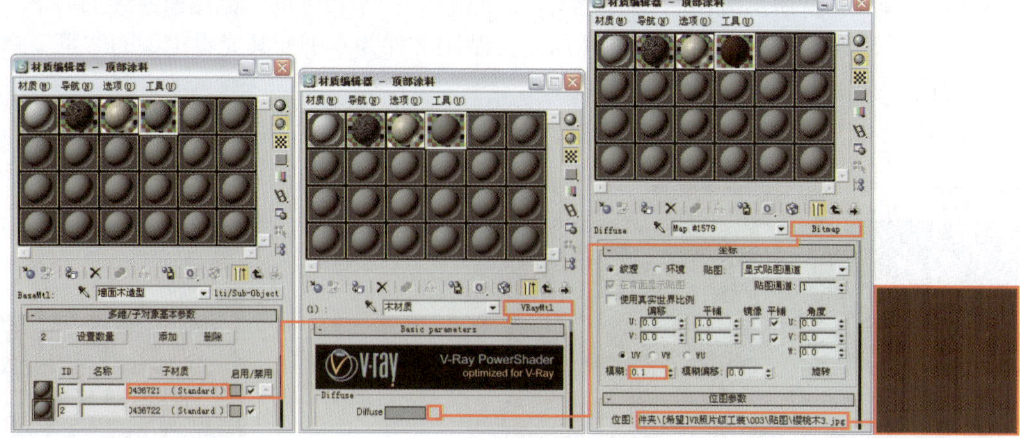

图 2-60

⑪ 返回“木材质”的 VRayMtl 材质层级，单击“Reflect”右侧的贴图通道按钮，为其添加一个“衰减”程序贴图，具体参数设置如图 2-61 所示。

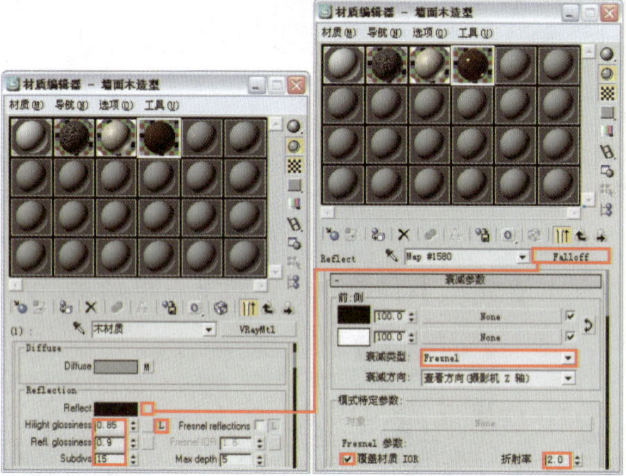

图 2-61

⑫ 返回多维 / 子对象材质层级，单击“ID2”右侧的材质通道按钮，将其设置为 VRayMtl 材质，并将材质命名为“金属”，具体参数设置如图 2-62 所示。

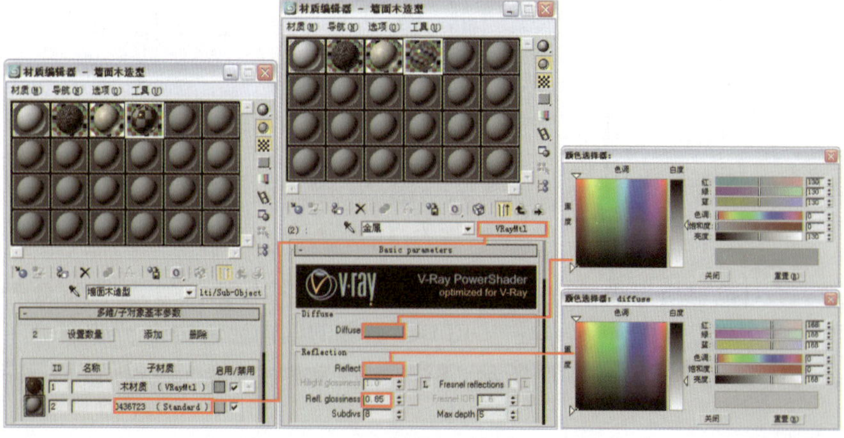

图 2-62

小贴士

“Reflect（反射）”是靠颜色的灰度来控制的，颜色越白反射越强，越黑反射越弱，而这里选择的颜色则是反射出来的颜色。单击“Reflect”旁边的按钮，可以使用贴图的灰度来控制反射的强弱。（颜色分为色度和灰度，灰度是控制反射的强弱，色度是控制反射出什么颜色）。

13 将设置好的材质指定给物体“墙面木造型”，对摄影机视图进行渲染，效果如图 2-63 所示。

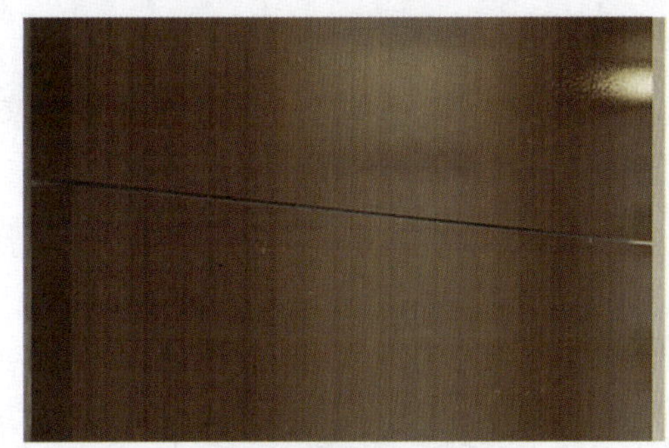

图 2-63

14 设置会议室外的石材墙面材质。因为石材墙面材质与前面制作的“墙面木造型”材质类似，所以可以通过对“墙面木造型”材质进行复制，然后对“ID1”独有的材质进行一些修改即可。将“墙面木造型”材质的材质球拖放到一个空白材质球上进行复制（非关联），然后将复制好的材质重命名为“石材墙面”，单击“ID1”右侧的材质通道按钮，将其重新设置为 VRayMtl 材质，并将材质命名为“石材”。具体参数设置如图 2-64 所示。

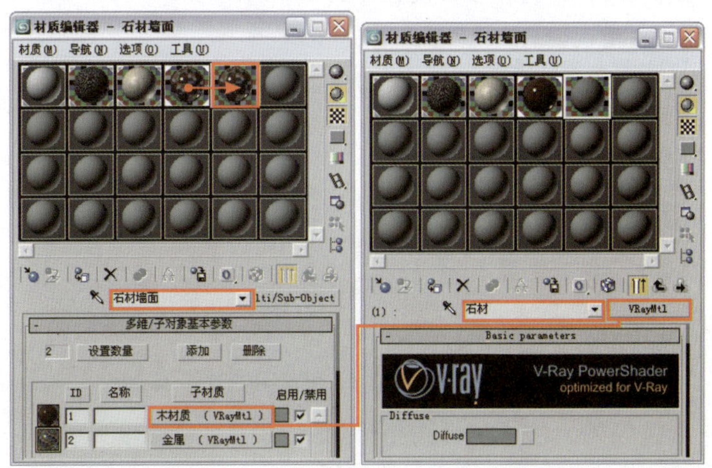

图 2-64

15 在“石材”材质的 VRayMtl 材质层级，单击“Diffuse”右侧的贴图通道按钮，为其添加一个“位图”贴图，具体参数设置如图 2-65 所示。贴图文件为本书配套光盘提供的“第 2 章圆桌会议室 \ 贴图 \ 石材 -009.jpg”文件。

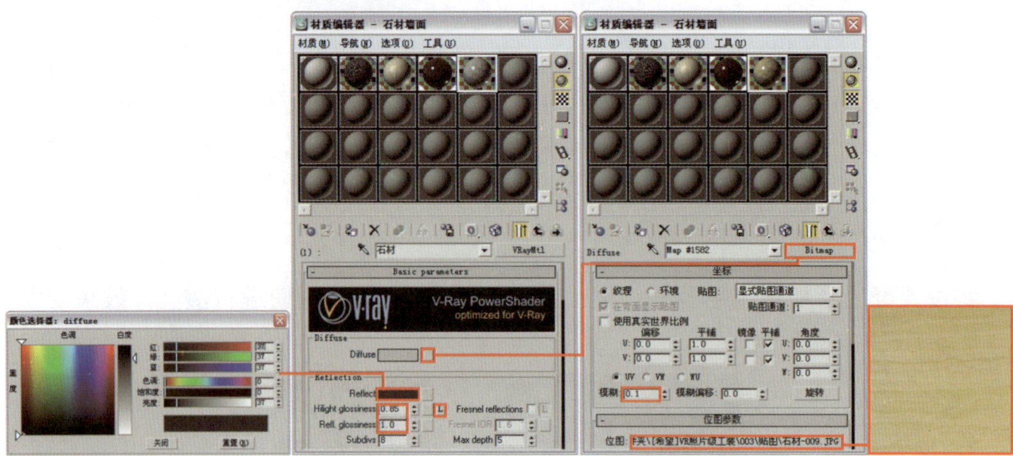

图 2-65

⑯ 将设置好的材质指定给物体“石材墙面”，对摄影机视图进行渲染，墙面效果如图 2-66 所示。

图 2-66

⑰ 设置顶面白色涂料材质。选择一个空白材质球，将材质设置为 VRayMtl 材质，并将材质命名为“顶面涂料”，具体参数设置如图 2-67 所示。

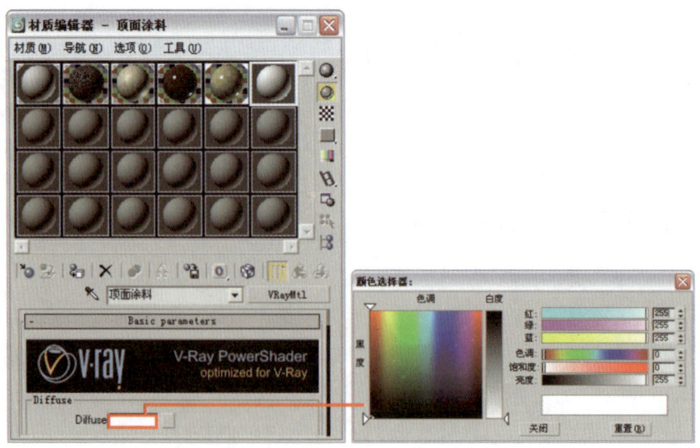

图 2-67

小贴士

“Diffuse（反射）”为物体的漫反射颜色，即物体的表面颜色，通过单击它的色块，可以调整它自身的颜色，单击其右侧的按钮可以选择不同的贴图类型。

18 为了使"顶面涂料"材质看起来更白更亮，下面为其设置 VRayMtlWrapper (VRay 材质包裹)材质，在 VRayMtlWrapper 材质层级，通过提高 GI 接收值使它看起来更白一些，具体参数设置如图 2-68 所示。将设置好的材质指定给物体"顶面"。

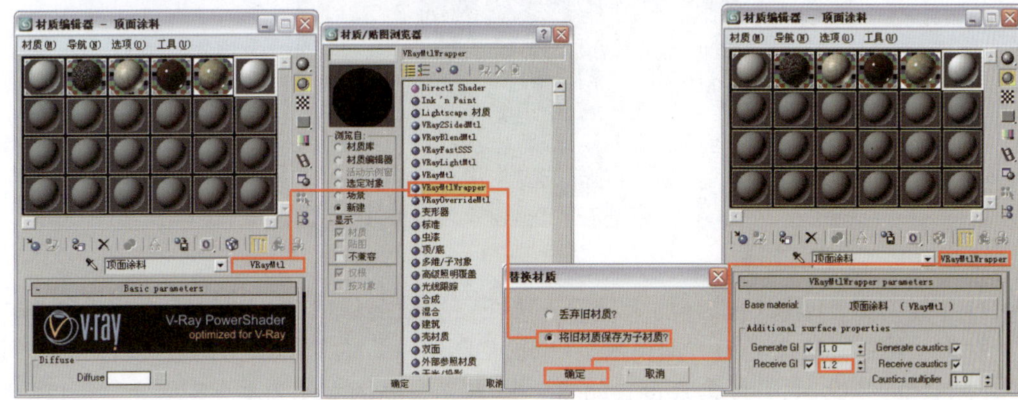

图 2-68

小贴士

VRayMtlWrapper 材质类似于包裹材质，它可以嵌套在 VRay 支持的所有材质之上，以此来控制物体接受和反弹光线的强度，该材质可以有效控制 VRay 渲染的色溢问题。

19 设置窗玻璃材质。首先将之前隐藏的物体"窗玻璃"恢复显示，然后选择一个空白材质球，将材质设置为 VRayMtl 材质，并将材质命名为"窗玻璃"，具体参数设置如图 2-69 所示。

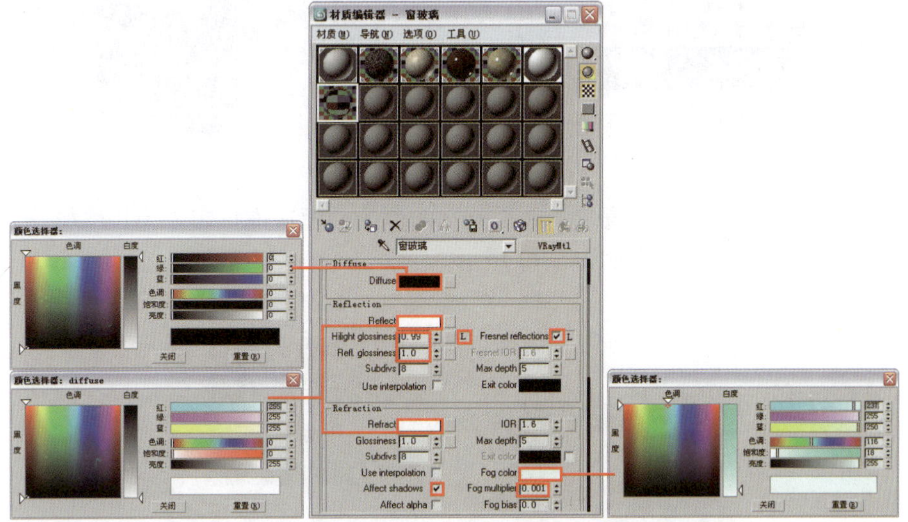

图 2-69

小贴士

"Affect shadows (影响阴影)"复选框将控制透明物体产生的阴影。勾选该复选框后，透明物体将产生真实的阴影。这个复选框仅对 VRay 灯光或者 VRay 阴影类型有效。

20 将设置好的材质指定给物体“窗玻璃”，对摄影机视图进行渲染，效果如图 2-70 所示。

图 2-70

21 设置会议桌及踢脚线部分的木材质。选择一个空白材质球，将材质设置为 VRayMtl 材质，并将材质命名为“家具木”。单击“Diffuse”右侧的贴图通道按钮，为其添加一个“位图”贴图，具体参数设置如图 2-71 所示。贴图文件为本书配套光盘提供的“樱桃木 3.jpg”文件。

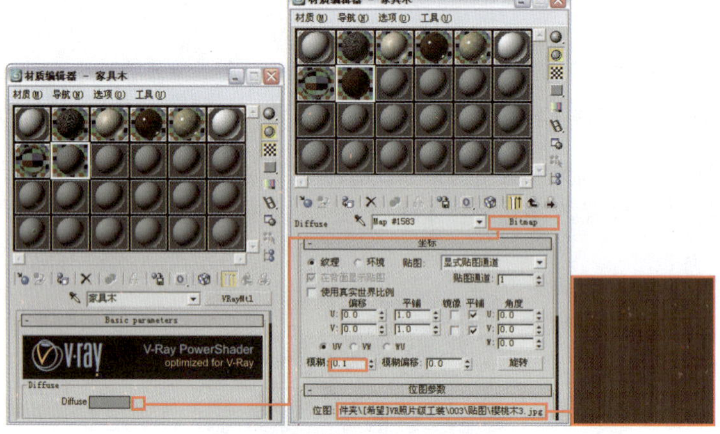

图 2-71

22 返回 VRayMtl 材质层级，单击“Reflect”右侧的贴图通道按钮，为其添加一个“衰减”程序贴图，具体参数设置如图 2-72 所示。

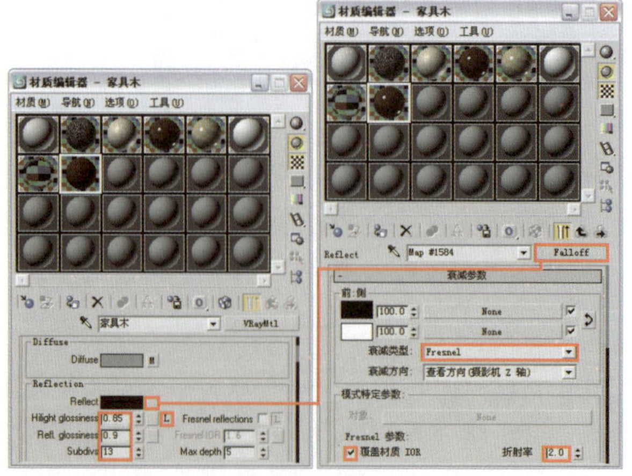

图 2-72

㉓ 将设置好的材质指定给物体“木制品”，对摄影机视图进行渲染，木材质效果如图 2-73 所示。

图 2-73

2.3.2 设置场景其他材质

① 设置椅子部分的材质。椅子材质包括椅子金属、椅子皮革及椅子轮子材质，首先设置椅子皮革材质。选择一个空白材质球，将材质设置为 VRayMtl 材质，并将材质命名为“椅子皮革”，具体参数设置如图 2-74 所示。

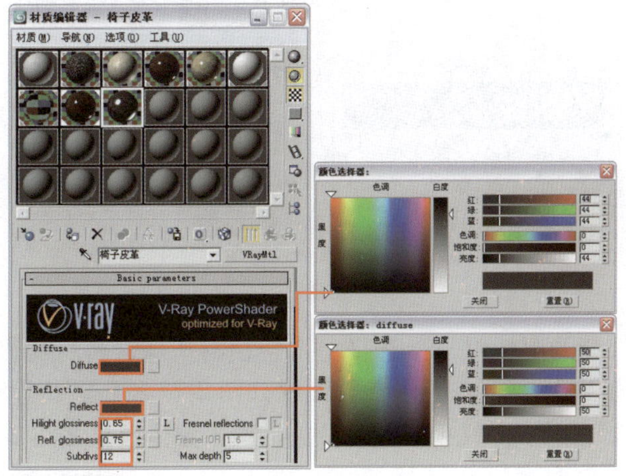

图 2-74

② 在 VRayMtl 材质层级，进入 Maps 卷展栏，为“Bump”贴图通道添加一个“位图”贴图，具体参数设置如图 2-75 所示。贴图文件为本书配套光盘提供的“第 2 章圆桌会议室\贴图\arch25_leather_bump.jpg”文件。将设置好的材质指定给物体“椅子皮革”。

③ 设置椅子金属材质。选择一个空白材质球，将材质设置为 VRayMtl 材质，并将材质命名为“椅子金属”，具体参数设置如图 2-76 所示。将设置好的材质指定给物体“椅子金属”。

小贴士

“Subdivs（细分）”用来控制反射模糊的品质，较高的值可以取得较平滑的效果，而较低的值让模糊区域有颗粒效果。细分越大渲染速度越慢。

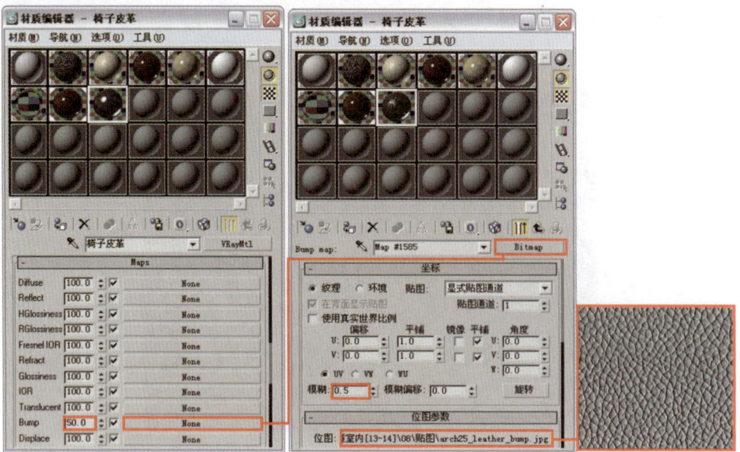
图 2-75

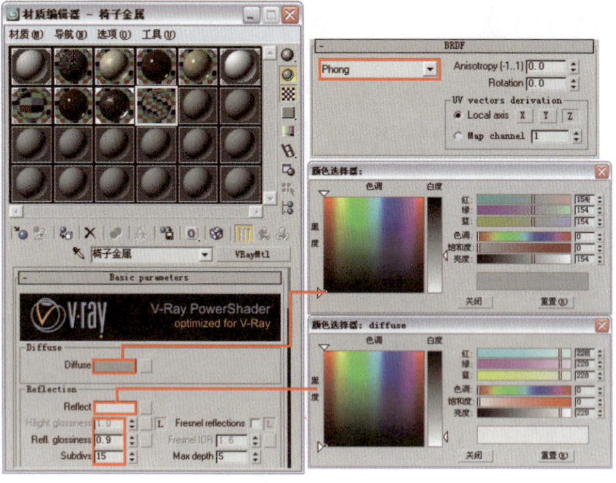
图 2-76

④ 设置椅子轮子部分的塑料材质。选择一个空白材质球，将材质设置为 VRayMtl 材质，并将材质命名为“轮塑料”，具体参数设置如图 2-77 所示。将设置好的材质指定给物体“椅子轮塑料”，对摄影机视图进行渲染，椅子整体效果如图 2-78 所示。

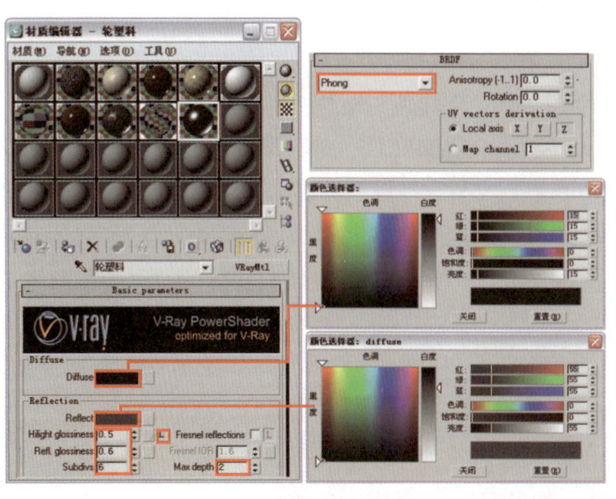
图 2-77

图 2-78

⑤ 设置饮水机材质。饮水机的材质分为机身部分的白色塑料及水桶部分的塑料两种材质，下面首先设置饮水机机身部分的塑料材质。选择一个空白材质球，将材质设置为 VRayMtl 材质，并将材质命名为“饮水机塑料”，具体参数设置如图 2-79 所示。将设置好的材质指定给物体“饮水机塑料”。

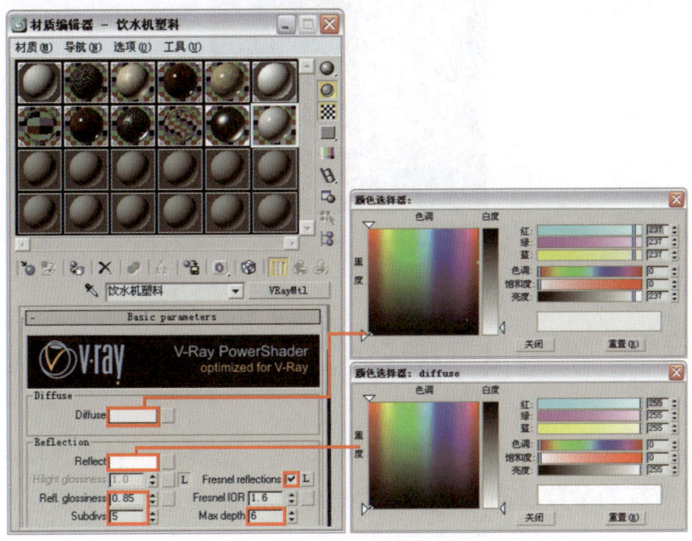

图 2-79

⑥ 设置饮水机水桶部分的材质。选择一个空白材质球，将材质设置为 VRayMtl 材质，将材质命名为“水桶塑料”，具体参数设置如图 2-80 所示。

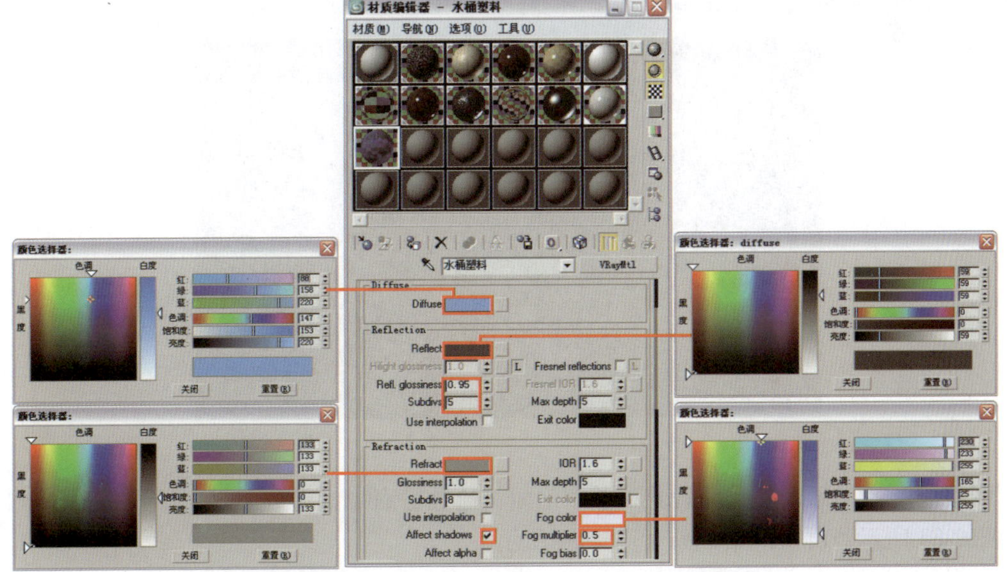

图 2-80

⑦ 将设置好的材质指定给物体“饮水机水桶”，对摄影机视图进行渲染，饮水机效果如图 2-81 所示。

至此，场景的灯光测试和材质设置都已经完成，下面将对场景进行最终渲染设置。

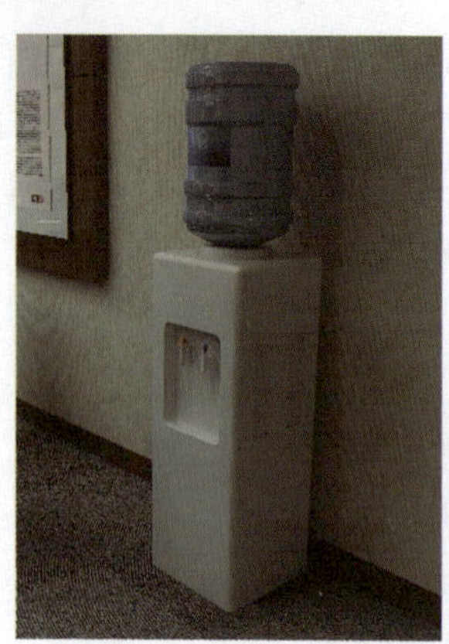

图 2-81

2.4 最终渲染设置

最终图像渲染是效果图制作中最重要的一个环节，最终的设置将直接影响到图像的渲染品质，但是也不是所有的参数越高越好，主要是参数之间要达到一个相互平衡。下面对最终渲染设置进行讲解。

2.4.1 最终测试灯光效果

场景中材质设置完毕后一定会对场景的光照有所影响，所以需要再次对场景进行渲染，对摄影机视图进行渲染，效果如图 2-82 所示。

图 2-82

观察渲染效果可以发现场景变暗了，下面将通过提高曝光参数来提高场景亮度，参数设置如图 2-83 所示。再次渲染效果如图 2-84 所示。

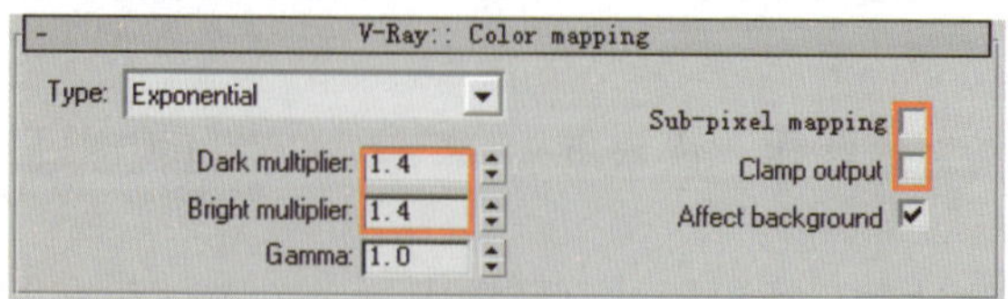

图 2-83

图 2-84

观察渲染效果，场景光线不需要再调整，接下来设置最终渲染参数。

2.4.2 灯光细分参数设置

提高灯光细分值可以有效地减少场景中的杂点，但渲染速度也会相对降低，所以只需要提高一些开启阴影设置的主要灯光的细分值即可，但不能设置的过高。下面对场景中的主要灯光进行细分设置。

① 首先将场景窗外部分的 VRayLight 的灯光细分值设置为 16，如图 2-85 所示。

② 然后将室内模拟主灯光的 VRayLight 的灯光细分设置为 20，如图 2-86 所示。

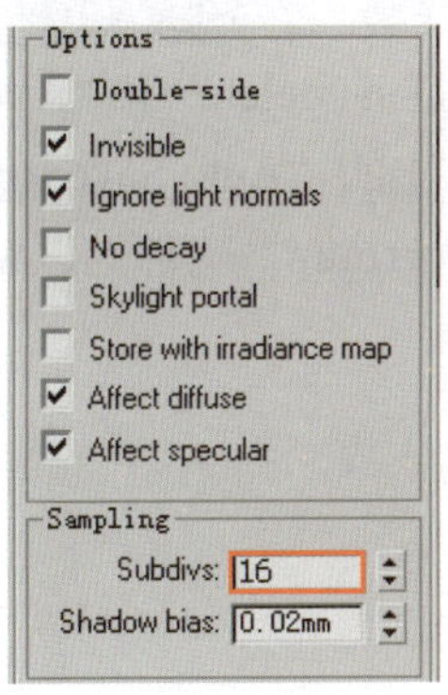

图 2-85

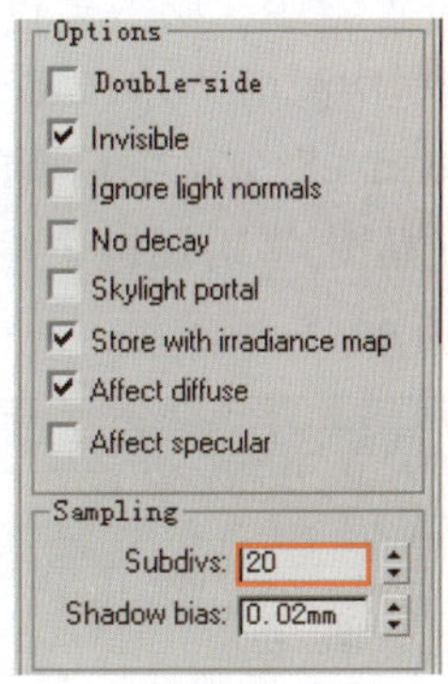

图 2-86

2.4.3 设置保存发光贴图和灯光贴图的渲染参数

为了更快地渲染出比较大尺寸的最终图像，可以先使用小的图像尺寸渲染并保存发光贴图和灯光贴图，然后再渲染大尺寸的最终图像。保存发光贴图和灯光贴图的渲染设置如下。

① 首先在 V-Ray:: Global switches（全局开关）卷展栏中勾选“Don't render final image”复选框，如图 2-87 所示。

小贴士

勾选“Don't render final image”复选框后，VRay 将只计算相应的全局光子贴图，而不渲染最终图像，从而节省一定的渲染时间。

② 下面进行渲染级别设置。进入V-Ray:: Irradiance map（发光贴图）卷展栏，设置参数如图 2-88 所示。

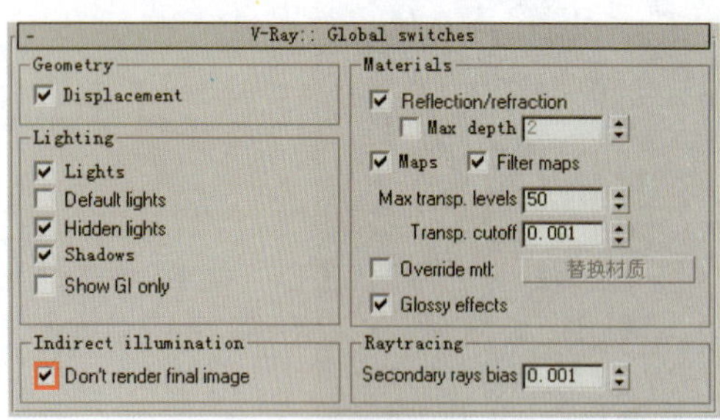

图 2-87

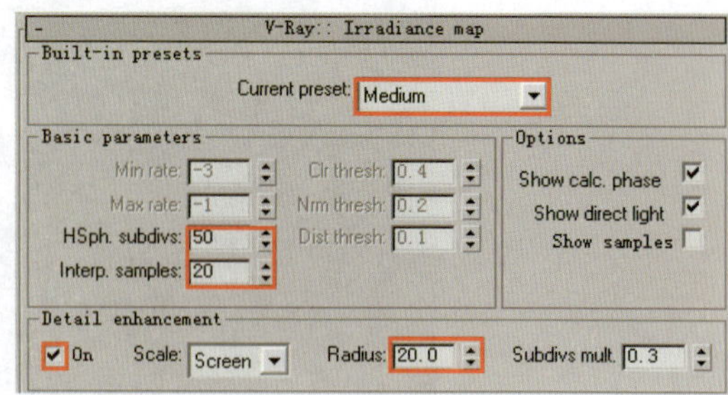

图 2-88

③ 进入V-Ray:: Light cache（灯光缓存）卷展栏，设置参数如图 2-89 所示。

④ 在V-Ray:: rQMC Sampler（准蒙特卡罗采样器）卷展栏中设置参数如图 2-90 所示，这是模糊采样设置。

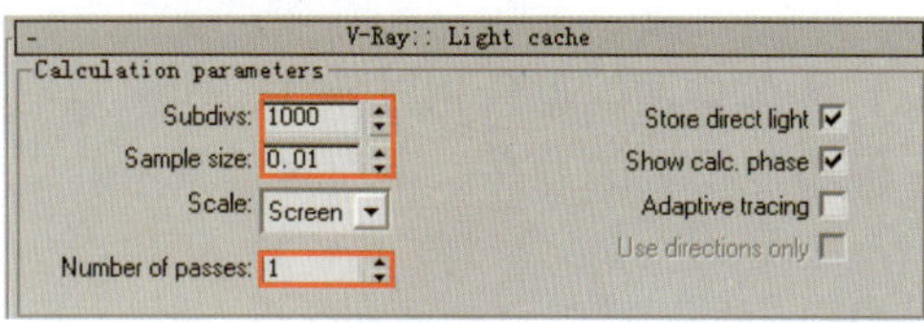

图 2-89

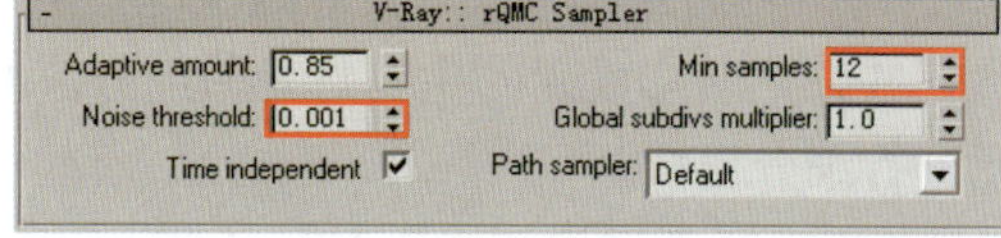

图 2-90

⑤ 渲染级别设置完毕，接下来设置保存发光贴图的参数。在V-Ray:: Irradiance map（发光贴图）卷展栏中激活“On render end”选项组中的“Don't delete”和“Auto save”复选框，单击“Auto save”复选框后面的Browse按钮，在弹出的“Auto Save irradiance map（自动保存发光贴图）”对话框中输入要保存的“Einal.vrmap”文件名以及选择保存路径，如图 2-91 所示。

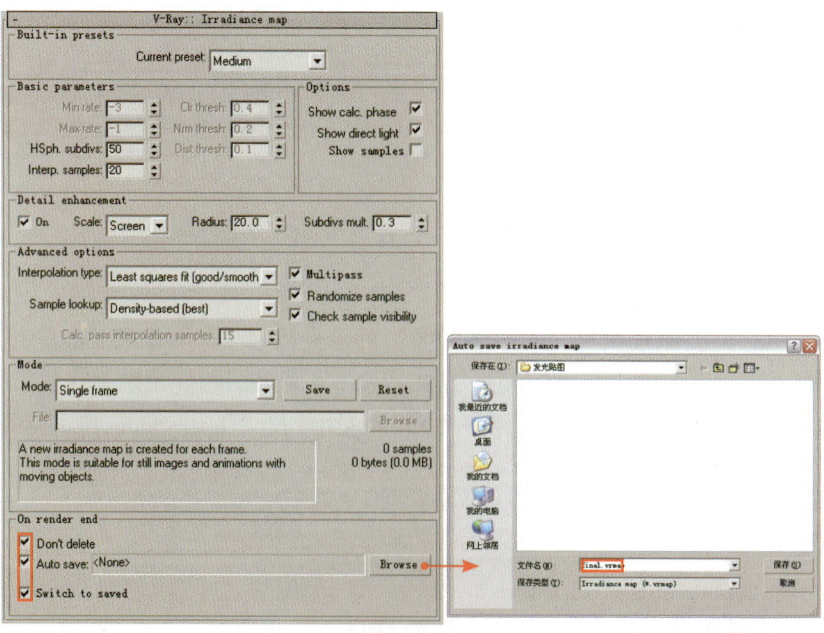

图 2-91

⑥ 同样，在 V-Ray:: Light cache （灯光缓存）卷展栏中激活“On render end”选项组中的“Don't delete”和“Auto save”复选框，单击“Auto save”后面的 Browse 按钮，在弹出的“Auto Save irradiance map（自动保存发光贴图）”对话框中输入要保存的“fimal.vrlmap”文件名以及选择保存路径，如图 2-92 所示。

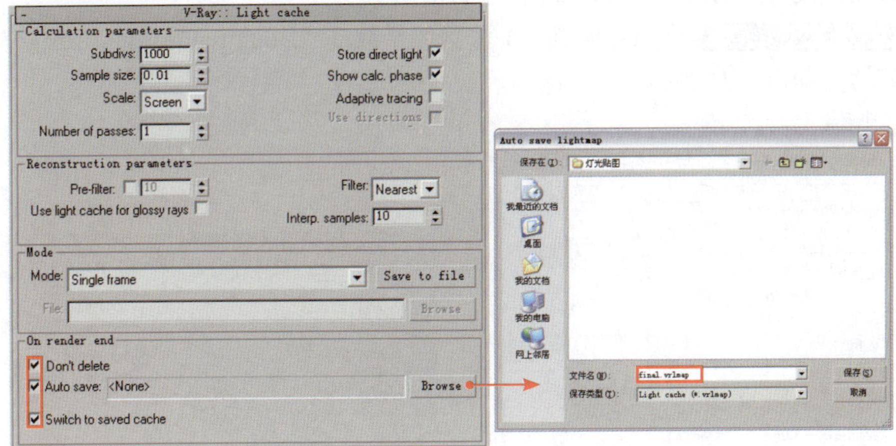

图 2-92

小贴士

勾选发光贴图和灯光贴图的“Switch to saved map”复选框，当渲染结束之后，当前的发光贴图模式将自动转换为“From file”类型，并直接调用之前保存的发光贴图文件。

⑦ 保持“公用”选项卡中的 500×295 的输出大小，对摄影机视图进行渲染，效果如图 2-93 所示。由于这次设置了较高的渲染采样参数，渲染时间也增加了。

图 2-93

小贴士

由于勾选了“Don't render final image”复选框，可以发现系统并没有渲染最终图像。渲染完毕，发光贴图和灯光贴图将保存到指定的路径中，并在下一次渲染时自动调用。

2.4.4 最终成品渲染

最终成品渲染的参数设置如下。

1. 当发光贴图和灯光贴图计算完毕后，在“渲染场景”对话框中的“公用”选项卡中设置最终渲染图像的输出尺寸，如图 2-94 所示。
2. 在 V-Ray:: Global switches （全局开关）卷展栏中取消“Don't render final image”复选框的勾选，如图 2-95 所示。

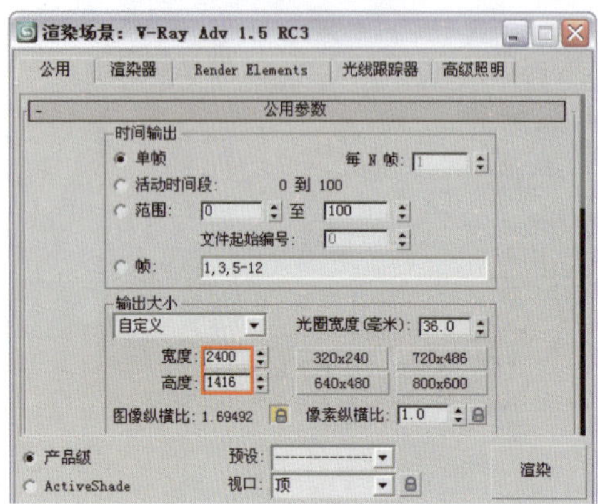

图 2-94

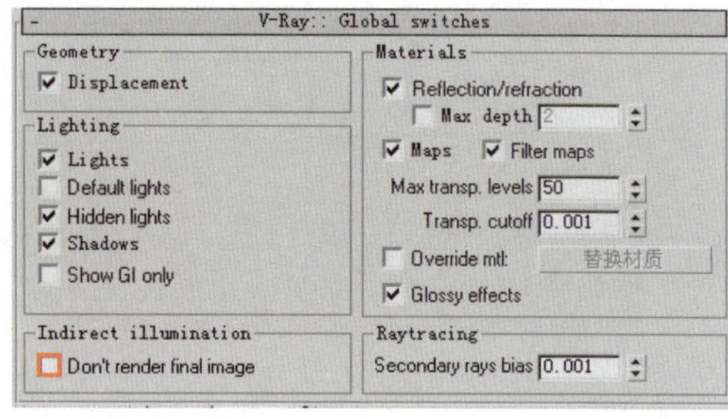

图 2-95

3. 在 V-Ray:: Image sampler (Antialiasing) （抗锯齿采样）卷展栏中设置抗锯齿和过滤器，如图 2-96 所示。

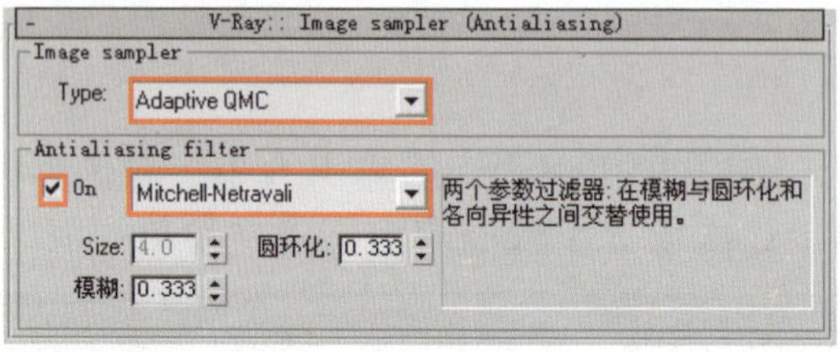

V-Ray:: Image sampler (Antialiasing)
Image sampler
Type: Adaptive QMC
Antialiasing filter
On Mitchell-Netravali
两个参数过滤器：在模糊与圆环化和各向异性之间交替使用。
Size: 4.0 圆环化: 0.333
模糊: 0.333

图 2-96

4. 最终渲染完成的效果如图 2-97 所示。

图 2-97

2.5 Photoshop后期处理

最后使用 Photoshop 软件对图像的亮度、对比度以及饱和度进行调整，使效果更加生动和逼真。主要使用到的命令有“曲线”、“高斯模糊”以及“USM 锐化”等。

1. 在 Photoshop CS3 中打开渲染图，按 Ctrl+M 键打开“曲线”对话框，适当调节参数，使图像整体变亮，如图 2-98 所示。
2. 在图层调板中将“背景”图层拖动到调板下方的（创建新图层）按钮上，这样就会复制出一个副本图层，如图 2-99 所示。

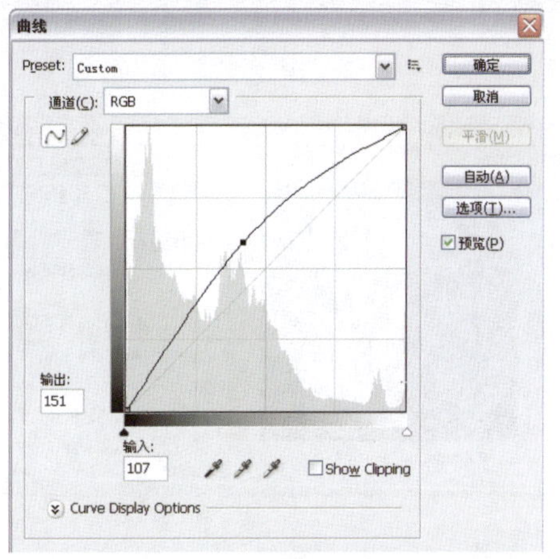

图 2-98

图 2-99

3. 对复制出的图层进行高斯模糊处理，选择菜单栏中的“滤镜”｜“模糊”｜“高斯模糊”命令，在弹出的“高斯模糊”对话框中设置参数如图 2-100 所示。
4. 将副本图层的混合模式设置为柔光，将“不透明度”设置为 40%，效果如图 2-101 所示。

图 2-100

图 2-101

5. 按 Ctrl+E 键合并可见图层，最后对图像进行锐化处理。选择菜单栏中的“滤镜”｜“锐化”｜“USM 锐化”命令，在弹出的“USM 锐化”对话框中设置参数如图 2-102 所示。效果如图 2-103 所示。
6. 最后为其添加一个“照片滤镜”，在菜单栏中选择“图像”｜“调整”｜“照片滤镜”命令，在弹出的“照片滤镜”对话框中进行参数设置，如图 2-104 所示。

图 2-102

图 2-103

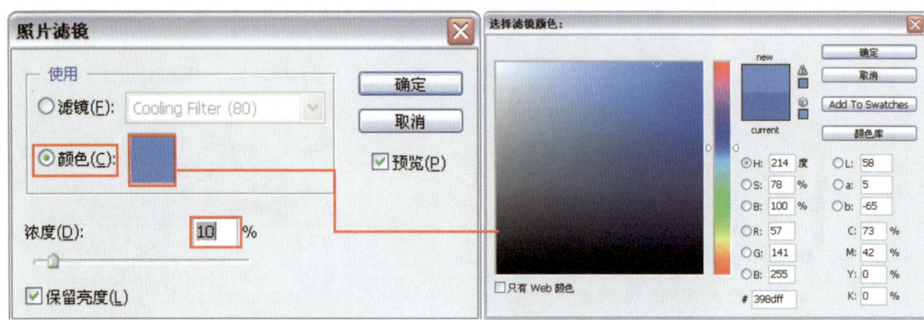

图 2-104

⑦ 经过 Photoshop 处理后的最终效果如图 2-105 所示。

图 2-105

3

第3章 大会议室表现

3.1 大会议室空间简介

本章案例展示了一个能够容纳数十人一齐开会的大型会议室空间。该会议室的特色是周围环绕着落地玻璃窗，因此光线非常充沛。对于这样进光口较大的空间，在设置灯光时需要有意识地控制外部光线，从而使近窗处不至于过亮，而远窗处又不至于过暗。本场景采用了天光和少量室内灯光的表现手法，案例效果如图 3-1 所示。

图 3-1

大会议室模型的线框效果图如图 3-2 所示。

图 3-2

3.2 大会议室测试渲染设置

打开配套光盘中的“第 3 章大会议室 \ 大会议室源文件 .max”场景文件，如图 3-3 所示，可以看到这是一个已经创建好模型的会议室场景，并且场景中的摄影机也已经创建好。

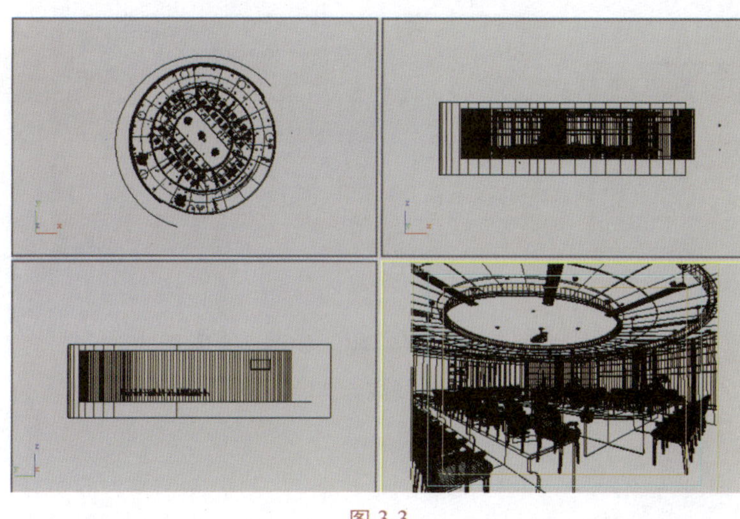

图 3-3

下面首先进行测试渲染参数设置，然后为场景布置灯光。灯光布置包括室外天光和室内灯光的建立。

3.2.1 设置测试渲染参数

测试渲染参数的设置步骤如下。

1 按 F10 键打开“渲染场景”对话框，渲染器已经设置为 V-Ray Adv 1.5 RC3 渲染器，在 公用参数 卷展栏中设置较小的图像尺寸，如图 3-4 所示。

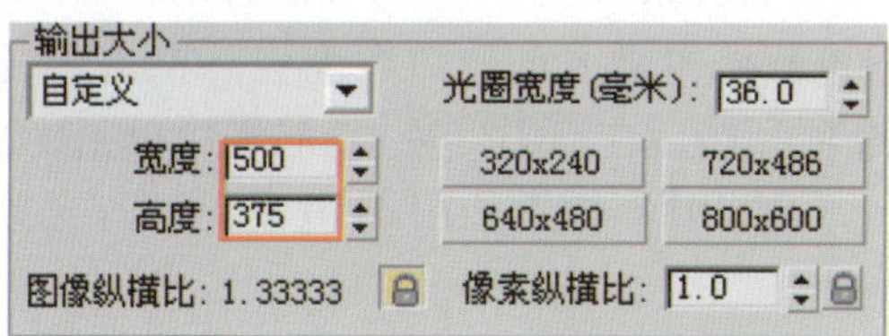

图 3-4

2 进入“渲染器”选项卡，在 V-Ray:: Global switches （全局开关）卷展栏中的参数设置如图 3-5 所示。

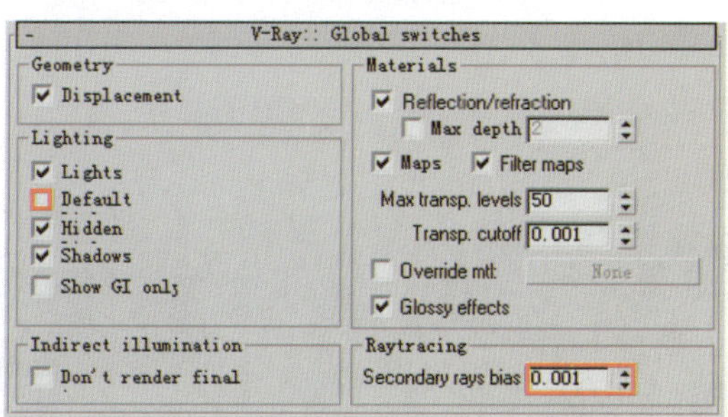

图 3-5

3 进入 V-Ray:: Image sampler (Antialiasing) （抗锯齿采样）卷展栏，参数设置如图 3-6 所示。

4 在 V-Ray:: Indirect illumination (GI) （间接照明）卷展栏中设置参数，如图 3-7 所示。

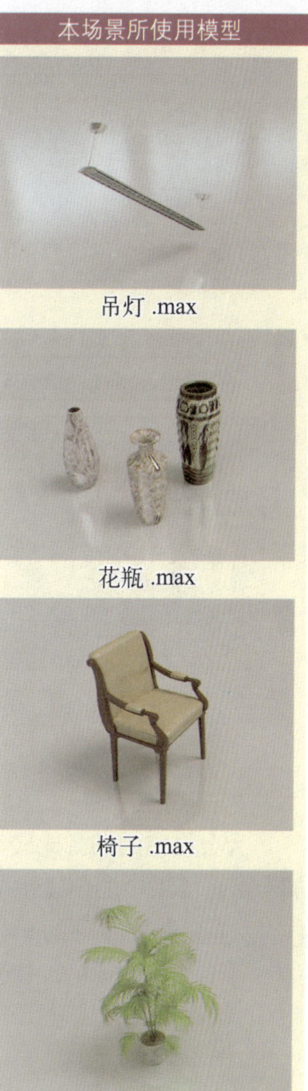

图 3-6

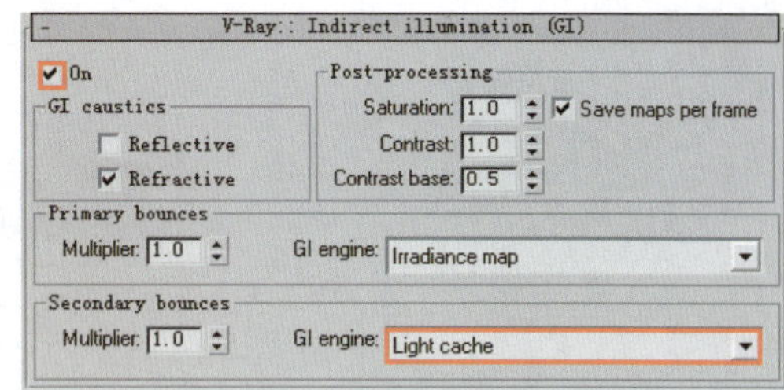

图 3-7

⑤ 在 V-Ray:: Irradiance map （发光贴图）卷展栏中设置参数，如图 3-8 所示。

⑥ 在 V-Ray:: Light cache （灯光缓存）卷展栏中设置参数，如图 3-9 所示。

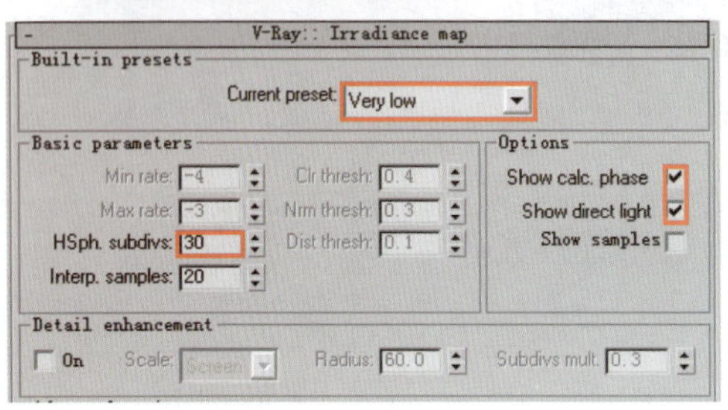

图 3-8

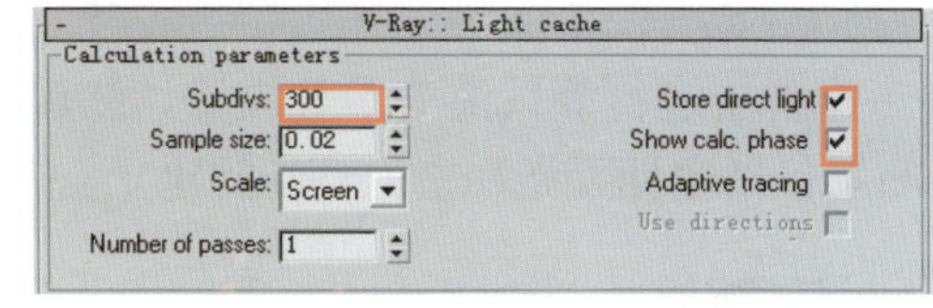

图 3-9

3.2.2 布置场景灯光

大会议室的场景比较简单，通过日光和天光完全可以照亮场景。为了使场景中的光照更加丰富，场景中还创建了一些装饰射灯。下面首先设置室外照明，然后设置室内照明。

① 首先布置室外的天光。单击（创建）按钮进入创建命令面板。单击（灯光）按钮，在下拉菜单中选择“VRay”选项，然后在 对象类型 卷展栏中单击 VRayLight 按钮，在场景窗外部分创建一盏 VRayLight01，位置如图 3-10 所示。灯光参数设置如图 3-11 所示。

② 将物体“窗玻璃”隐藏，对摄影机视图进行渲染，效果如图 3-12 所示。

③ 从渲染效果来看，场景中直接光照地方曝光严重，下面通过调整场景曝光参数类型来解决这个问题。按 F10 键打开“渲染场景”对话框，进入“渲染器”选项卡，在 V-Ray:: Color mapping （颜色映射）卷展栏中进行曝光控制，参数设置如图 3-13 所示。再次渲染效果如图 3-14 所示。

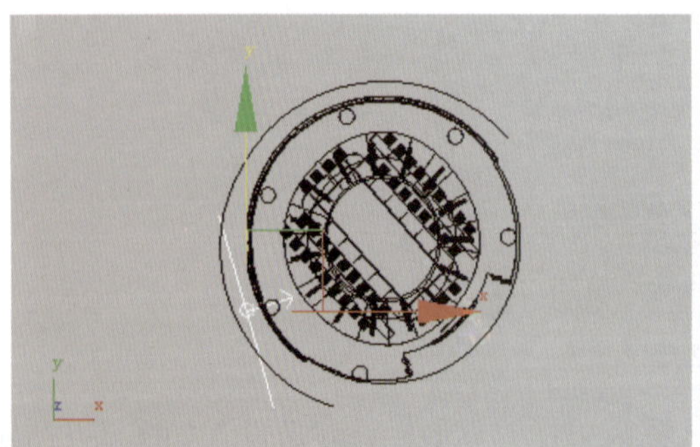
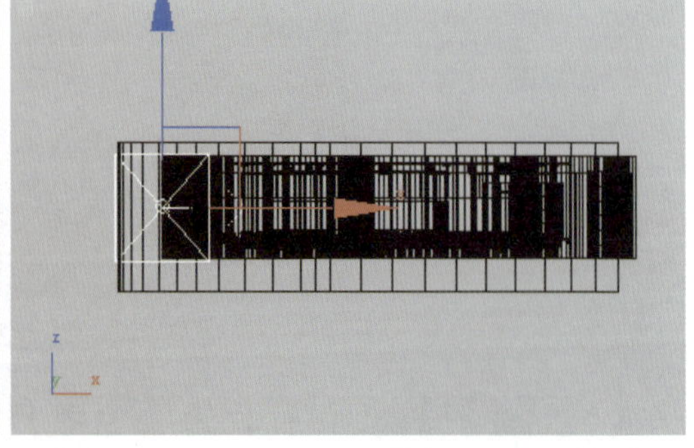

图 3-10

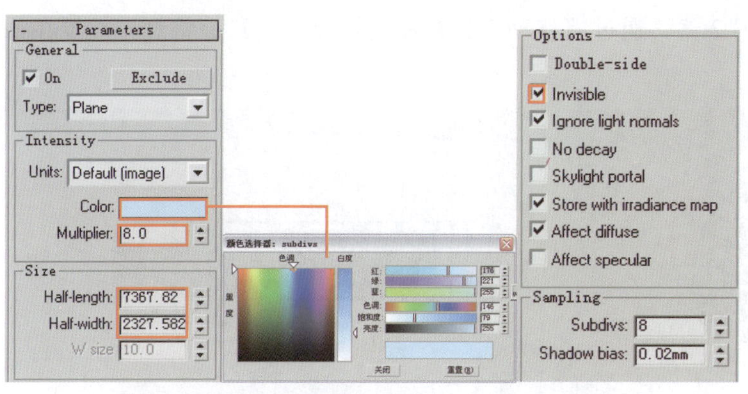

图 3-11

图 3-12

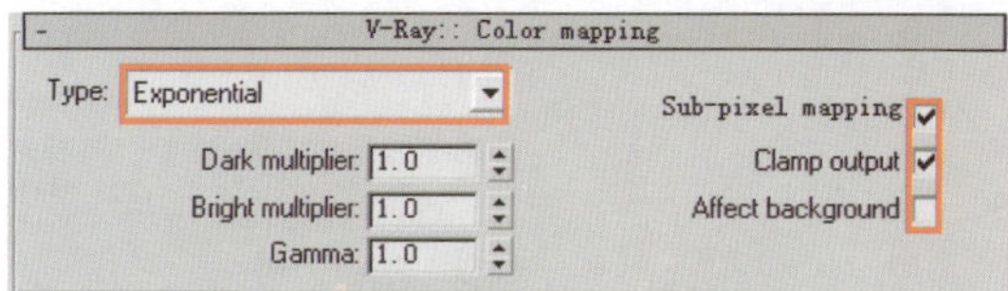

图 3-13

图 3-14

④ 继续创建室外天光，在顶视图中将刚刚创建出的

本场景所使用材质

窗玻璃

窗帘

地面

木质

亮光石材

3ds max/ VRay Super Realism

VRaylight01 关联复制出 2 盏，通过【移动工具】和【缩放工具】等将灯光放置在如图 3-15 所示位置。

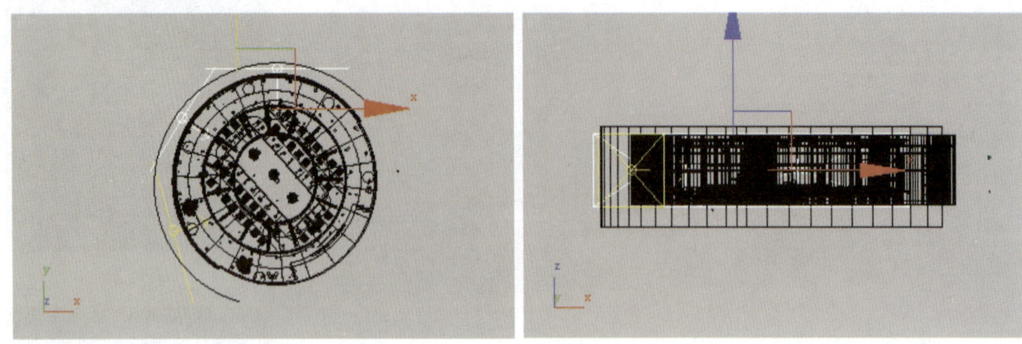

图 3-15

5 最后再在如图 3-16 所示位置创建一盏 VRaylight 来模拟天光，灯光的参数设置如图 3-17 所示。

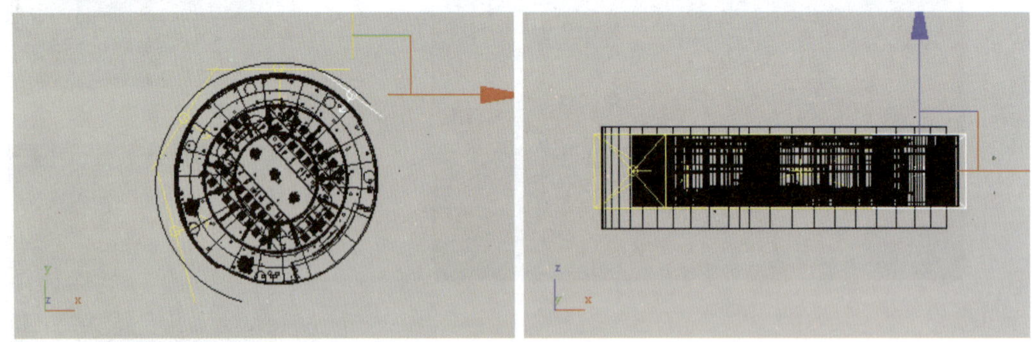

图 3-16

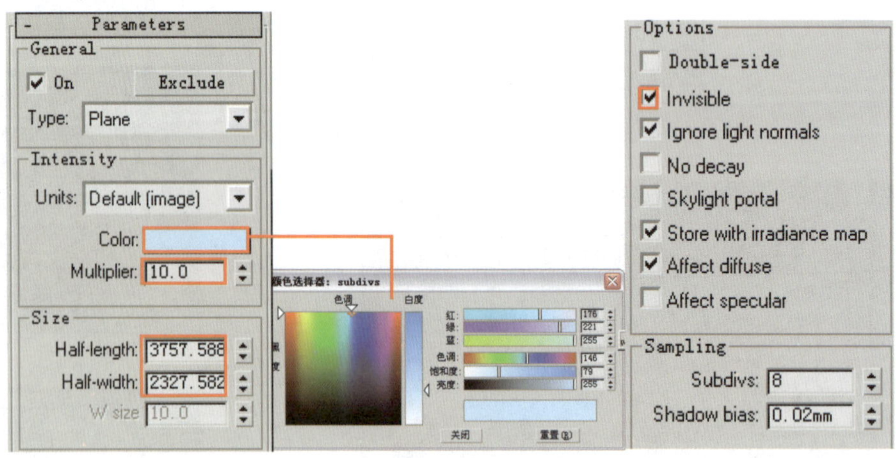

图 3-17

6 此时对摄影机视图进行渲染，效果如图 3-18 所示。

7 下面创建室外的日光。单击（创建）按钮进入创建命令面板。单击（灯光）按钮，在下拉菜单中选择“标准”选项。然后在 对象类型 卷展栏中单击 目标平行光 按钮，在视图中创建一盏目标平行光，位置如图 3-19 所示，参数设置如图 3-20 所示。

图 3-18

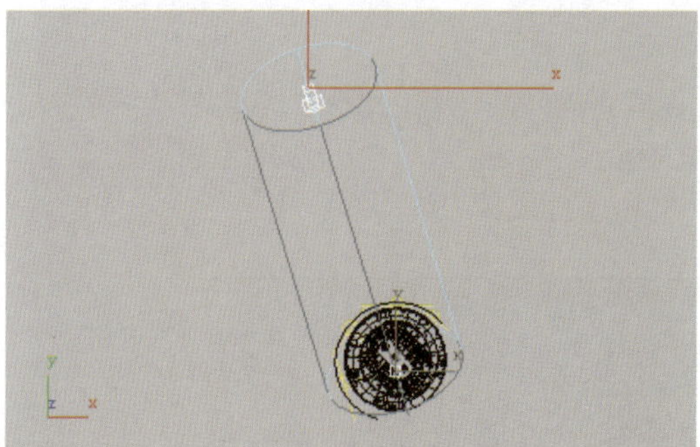

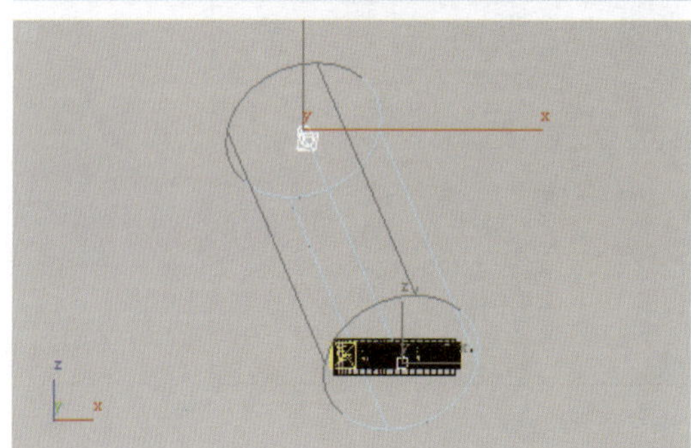

图 3-19

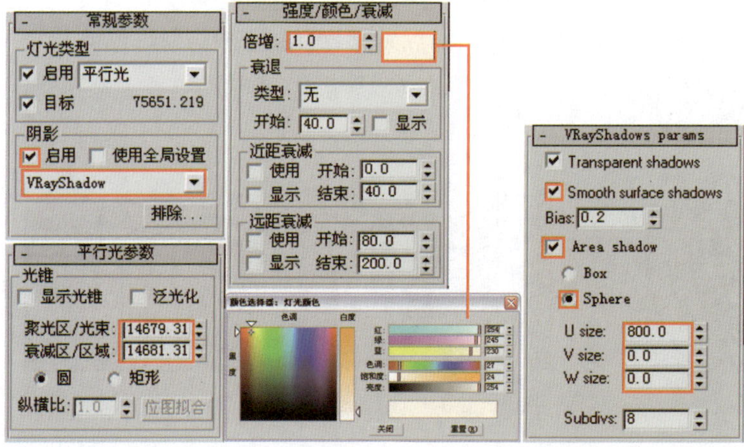

图 3-20

本场景所使用材质

椅子布

装饰玻璃

微孔铝板

灰色的金属

投影布

8 因物体“外景”在建筑物前面，为了使目标平行光能够直接照射到室内，产生正确的光照效果，下面将对目标平行光进行设置，使其排除对物体“外景”的影响。在目标平行光的 常规参数 卷展栏中单击 排除... 按钮，在弹出的“排除 / 包含”对话框中进行参数设置，如图 3-21 所示。对摄影机视图进行渲染，此时效果如图 3-22 所示。

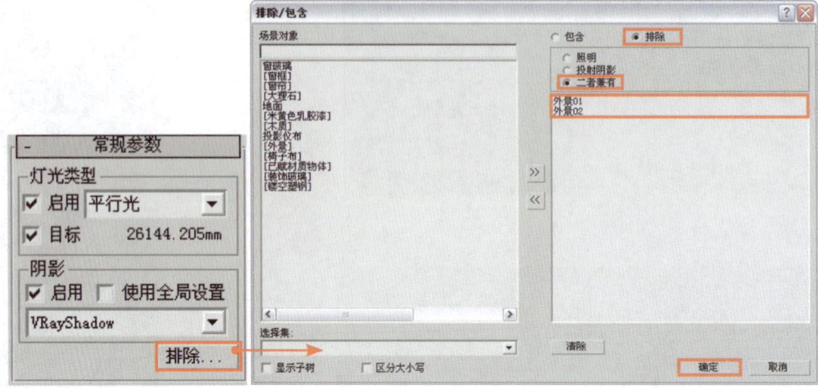

图 3-21

图 3-22

9 室外灯光布置完毕，下面开始设置室内灯光。单击（创建）按钮进入创建命令面板。单击（灯光）按钮，在下拉菜单中选择“光度学”选项。然后在 对象类型 卷展栏中单击 自由点光源 按钮，在如图 3-23 所示位置创建一个自由点光源 Point46 来模拟射灯效果。

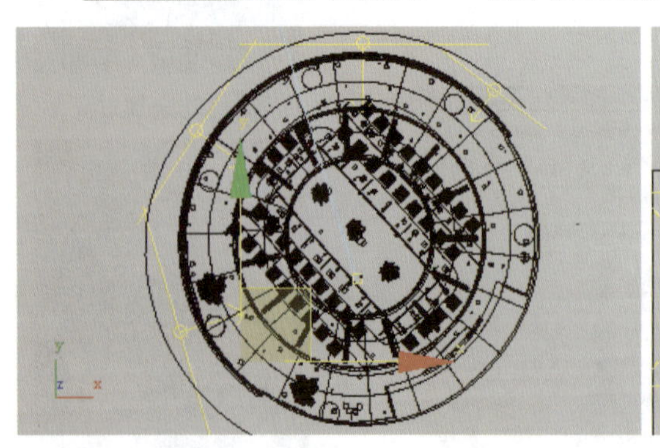

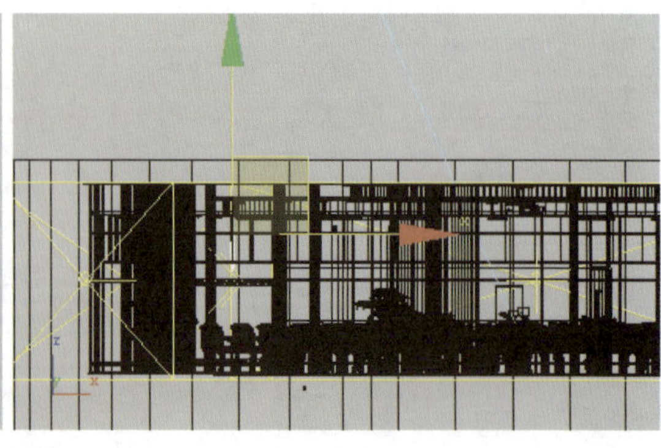

图 3-23

⑩ 进入修改命令面板，对创建的自由点光源参数进行设置，如图 3-24 所示。光域网文件为本书配套光盘提供的“第 3 章大会议室 \ 贴图 \ 石英灯 - 双层 .IES”文件。

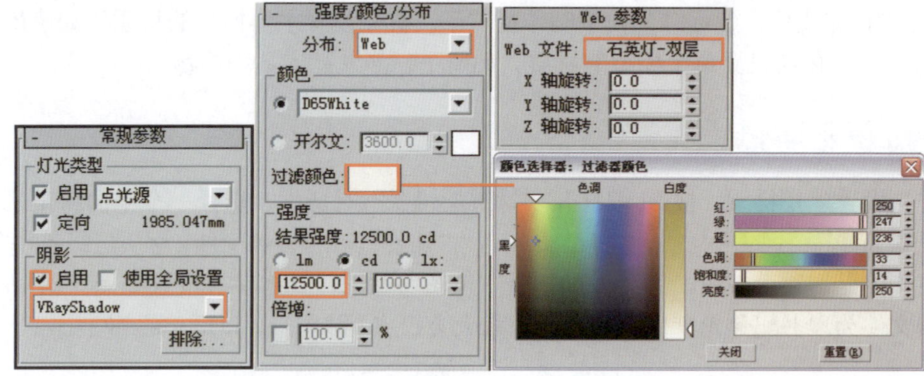

图 3-24

⑪ 在顶视图中，将刚刚创建的自由点光源 Point46 关联复制出 24 盏，位置如图 3-25 所示。

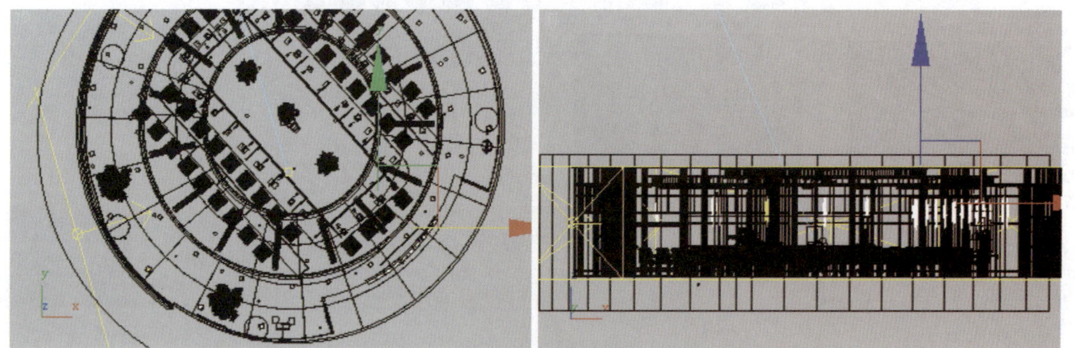

图 3-25

⑫ 将物体“装饰玻璃”隐藏，对摄影机视图进行渲染，此时效果如图 3-26 所示。

图 3-26

上面已经对场景的灯光进行了布置，最终测试效果比较满意。测试完灯光效果后，下面进行材质设置。

3.3 设置场景材质

灯光测试完成后，就可以为模型制作材质了。首先设置主体模型的材质，如墙体、地面和门窗等，然后依次设置单个模型的材质，如椅子、沙发等家具和饰物。

3.3.1 设置主体材质

① 首先设置外景材质。按M键打开“材质编辑器”对话框，选择一个空白材质球，将其设置为 VRayLightMtl 材质，并将材质命名为“外景”。在 VRayLightMtl 材质层级单击“Color”右侧的贴图通道按钮，为其添加一个“位图”贴图，具体参数设置如图3-27所示。贴图文件为本书配套光盘提供的“第3章大会议室\贴图\land043.jpg”文件。

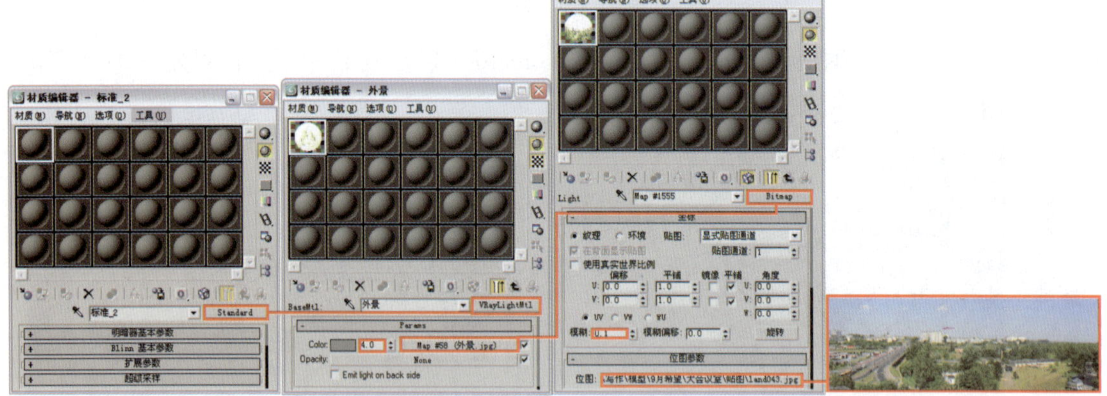

图 3-27

② 为了防止外景影响已经设置好的照明效果，现在为其添加 VRayMtlWrapper 材质包裹来降低它产生的GI值，具体参数设置如图3-28所示。

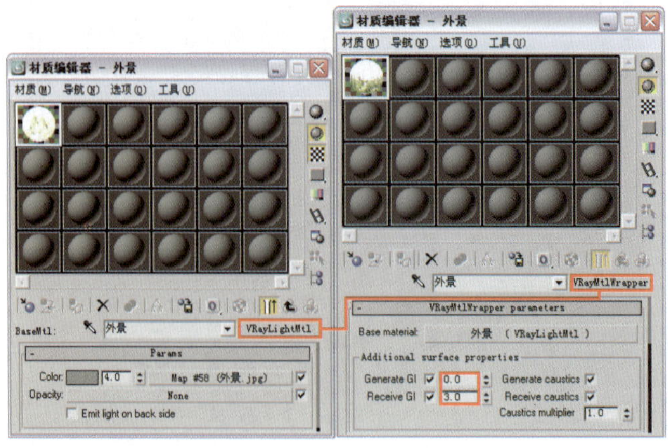

图 3-28

③ 将设置好的材质指定给物体“外景”，对摄影机视图进行渲染，效果如图3-29所示。

④ 接下来设置窗玻璃材质。选择一个空白材质球，将其设置为 VRayMtl，并将其命名为“窗玻璃”，具体参数设置如图3-30所示。

图 3-29

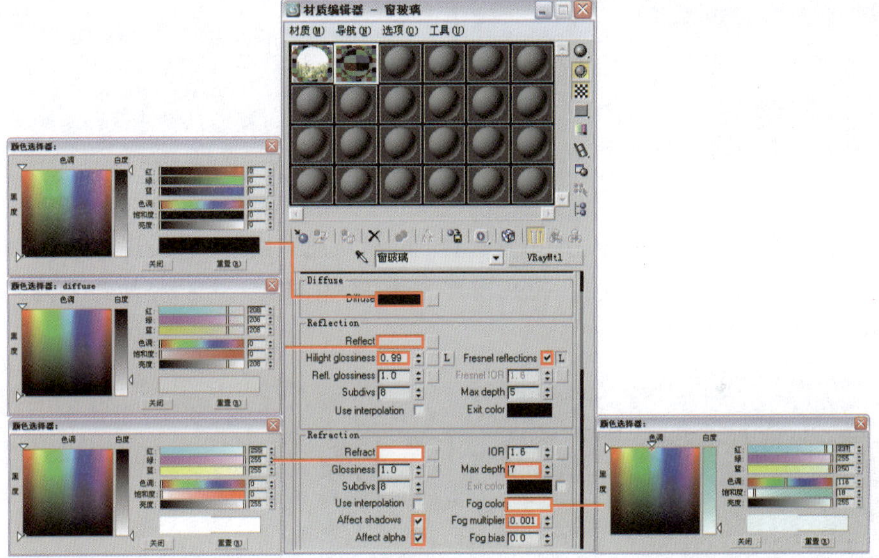

图 3-30

⑤ 将物体窗玻璃恢复显示，并将设置好的材质指定给它，对摄影机视图进行渲染，效果如图 3-31 所示。

图 3-31

⑥ 接下来设置窗帘材质。窗帘分为两个部分：窗帘布和内窗帘，这里将使用多维/子对象材质对其进行设置，物体的ID已经事先设置好。按M键打开“材质编辑器”对话框，选择一个空白材质球，单击其 Standard 按钮，在弹出的“材质/贴图浏览器”对话框中选择多维/子对象材质，并将材质命名为“窗帘”，参数设置如图3-32所示。

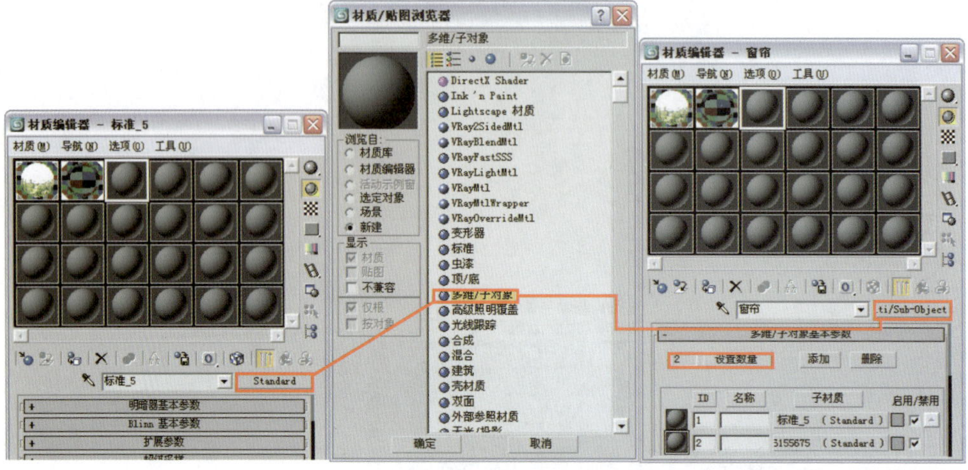

图3-32

⑦ 在多维/子对象材质层级单击“ID1”右侧的材质通道按钮，进入其“标准”材质层级，然后单击其 Standard 按钮，将其设置为 VRayMtl 材质，并将材质命名为“内窗帘”，参数设置如图3-33所示。

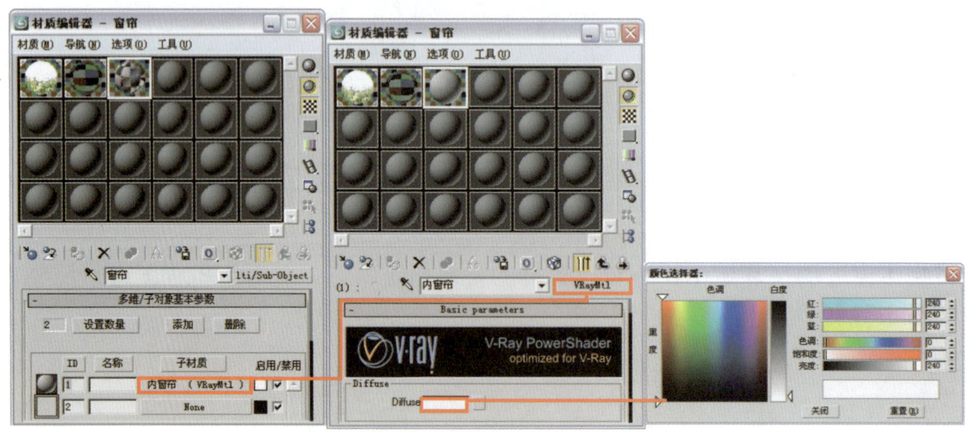

图3-33

⑧ 在名称为“内窗帘”的VRayMtl材质层级，单击“Refract”右侧的贴图通道按钮，为其添加一个“衰减”程序贴图，具体参数设置如图3-34所示。

⑨ 返回多维/子对象材质层级，单击“ID2”的材质通道按钮，将其设置为 VRayMtl 材质。进入VRayMtl材质层级，将其命名为“窗帘布”。单击“Refract”右侧的贴图通道按钮，为其添加一个“衰减”程序贴图，具体参数设置如图3-35所示。

⑩ 将设置好的材质指定给物体“窗帘”，对摄影机视图进行渲染，窗帘的局部效果如图3-36所示。

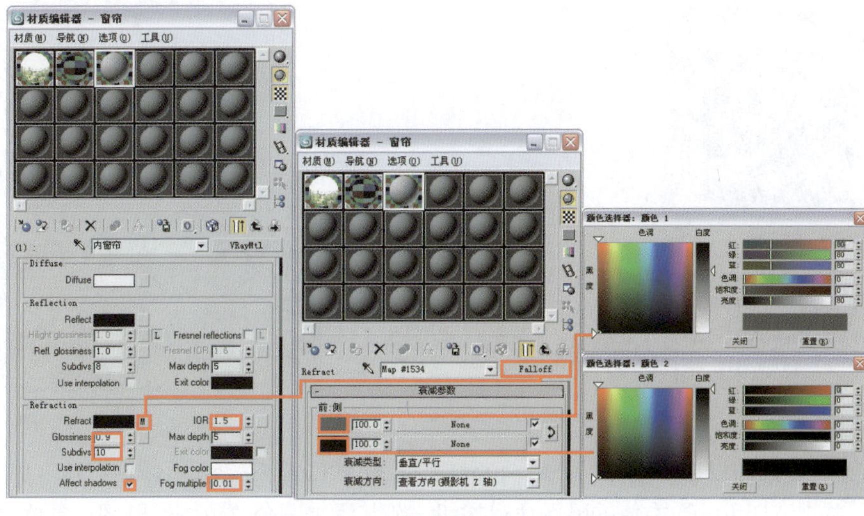

图 3-34

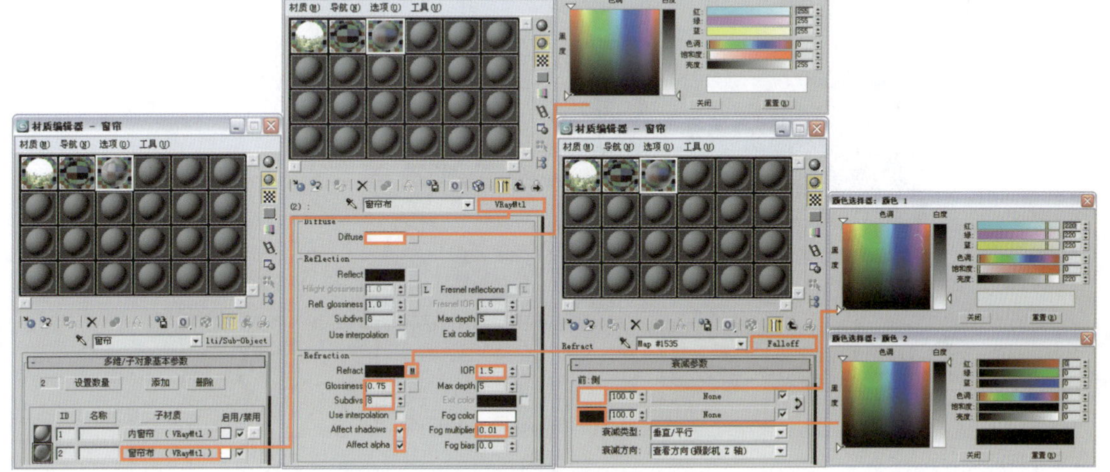

图 3-35

图 3-36

11 设置顶面涂料。选择一个空白材料球，将其设置为 VRayMtl 材质，并将材质命名为“米黄色乳胶漆”，具体参数设置如图 3-37 所示。将设置好的材质指定给物体“米黄色乳胶漆”，对摄影机视图进行渲染，局部效果如图 3-38 所示。

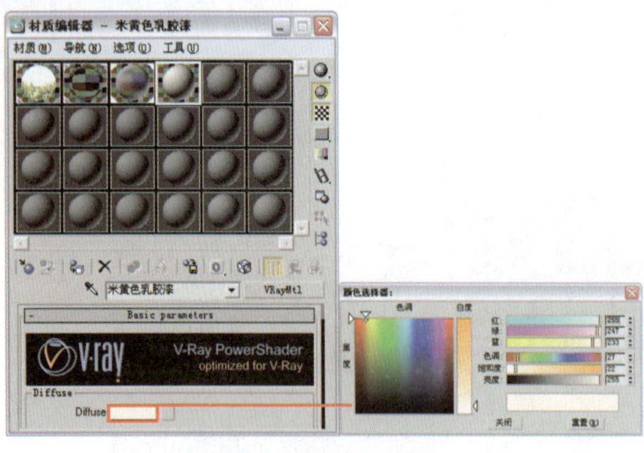

图 3-37

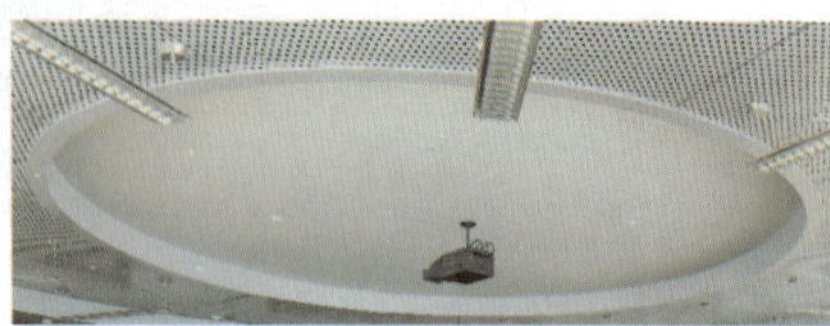

图 3-38

12 接下来设置地面材质。选择一个空白的材质球，将其设置为 VRayMtl 材质，并将其命名为“地面”。单击“Diffuse”右侧的贴图通道按钮，为其添加一个“位图”贴图，具体参数设置如图 3-39 所示。贴图文件为本书配套光盘提供的“第 3 章大会议室\贴图\地面.jpg”文件。

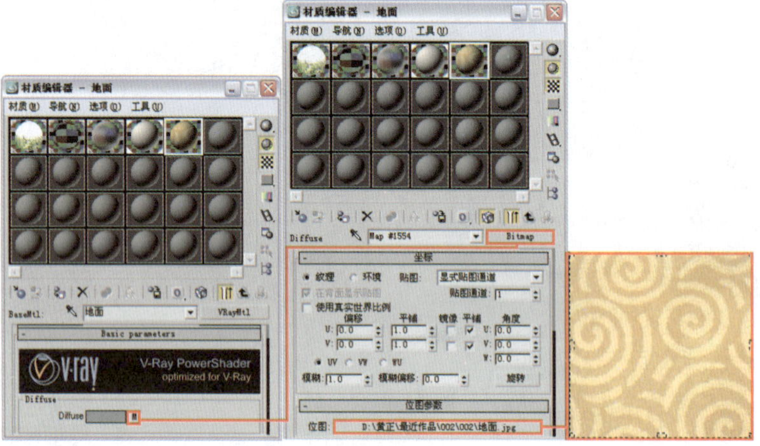

图 3-39

13 因地面面积比较大，色彩饱和度比较高，很容易产生溢色，下面为其设置一个 VRayMtlWrapper 材质来解决溢色问题，具体步骤及参数设置如图 3-40 所示。

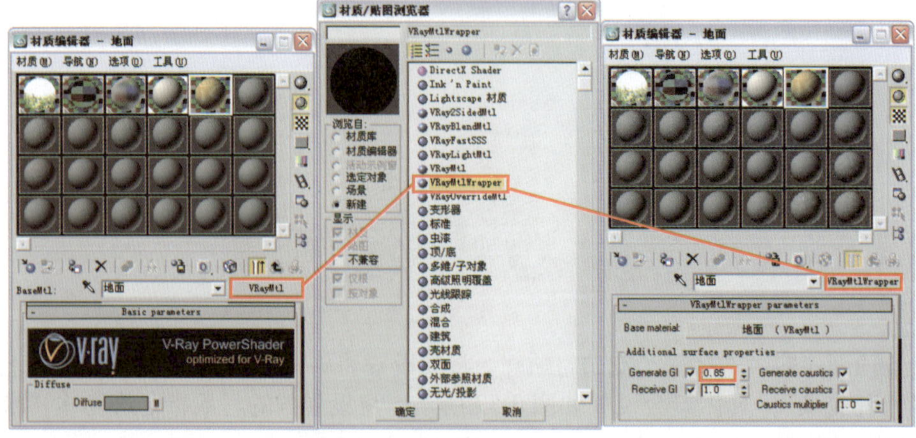

图 3-40

14 将设置好的材质指定给物体“地面”，对摄影机视图进行渲染，效果如图 3-41 所示。

图 3-41

3.3.2 设置场景木材质

1 设置场景中木头材质。选择一个空白材质球，将材质设置为 VRayMtl 材质，并将材质命名为“木质”。单击“Diffuse”右侧的贴图通道按钮，为其添加一个“位图”贴图，具体参数设置如图 3-42 所示。贴图文件为本书配套光盘提供的“第 3 章大会议室 \ 贴图 \ 樱桃木 3.jpg”文件。

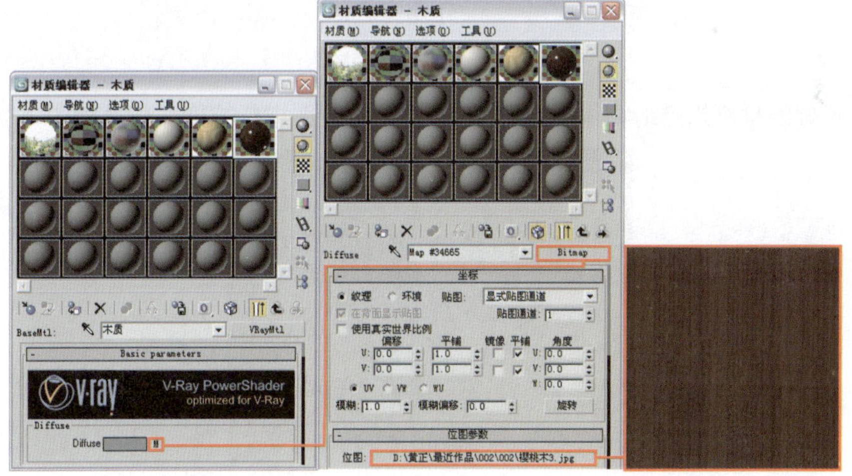

图 3-42

2 返回 VRayMtl 材质层级，单击“Reflect”右侧的贴图通道按钮，为其添加一个“衰减”程序贴图，具体参数设置如图 3-43 所示。

3 返回 VRayMtl 层级，进入 Maps 卷展栏，将“Diffuse”上的贴图拖曳到“Bump”贴图通道上，进行（非关联）复制，具体步骤如图 3-44 所示。

4 由于场景中木质品的面积比较大，颜色比较重，容易产生溢色，这里为其添加一个 VRayMtlWrapper 材质包裹来解决溢色问题，具体参数设置如图 3-45 所示。

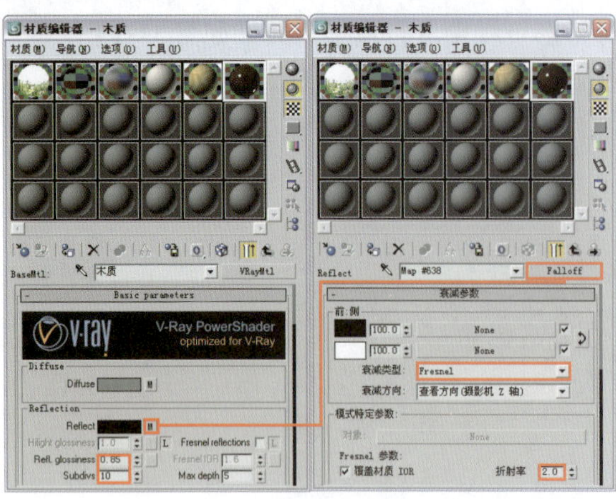

图 3-43

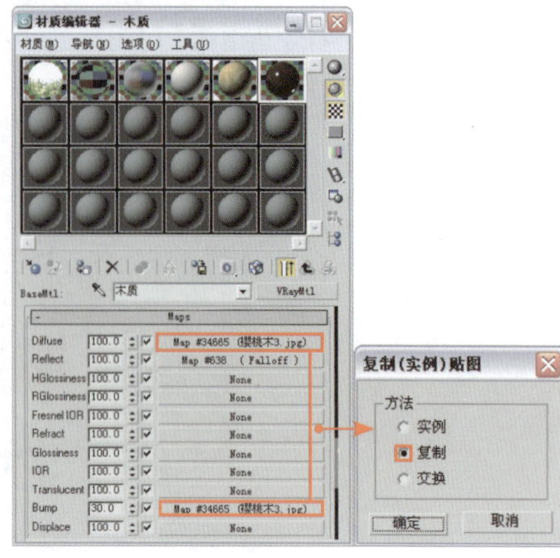

图 3-44

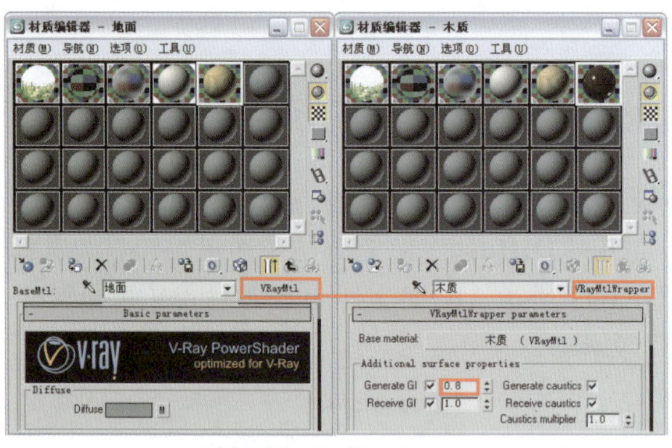

图 3-45

⑤ 将设置好的材质指定给物体“木质”，对摄影机视图进行渲染，效果如图 3-46 所示。

图 3-46

3.3.3 设置其他材质

① 设置大理石材质。大理石材质由亮光石材和拼缝两部分构成，这里可以选用 多维/子对象 材质对其进行设置。选择一个空白材质球，将其设置为 多维/子对象 材质，并将材质命名为“亮光石材”，“设置数量”设置为 2。单击第一个子材质通道按钮，进入“ID1”子材质层级，将其设置为 VRayMtl 材质，并命名为“亮光石材”。单击“Diffuse”右侧的贴图通道按钮，为其添加一个“位图”贴图，具体参数设置如图 3-47 所示。贴

图文件为本书配套光盘提供的“第 3 章大会议室 \ 贴图 \ 石材 -009.jpg”文件。

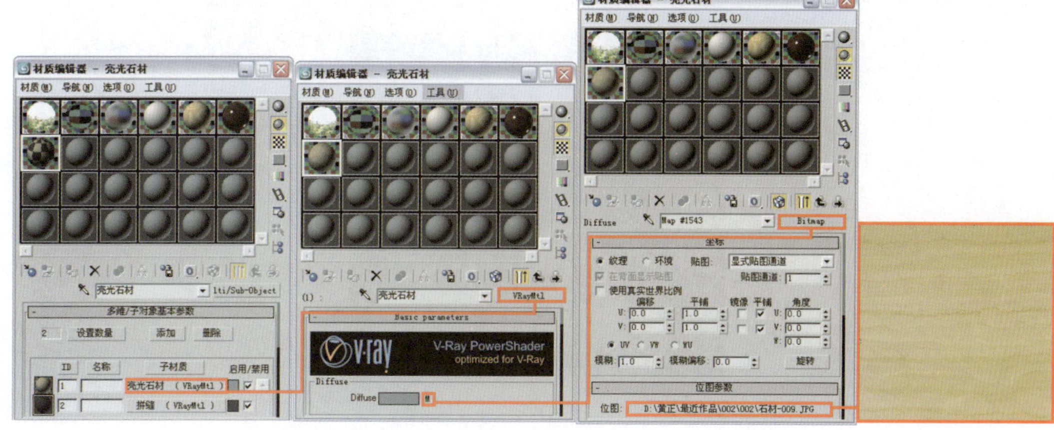

图 3-47

② 返回上一材质层级，单击“Reflect”右侧的贴图通道按钮，为其添加一个“衰减”程序贴图，具体参数设置如图 3-48 所示。

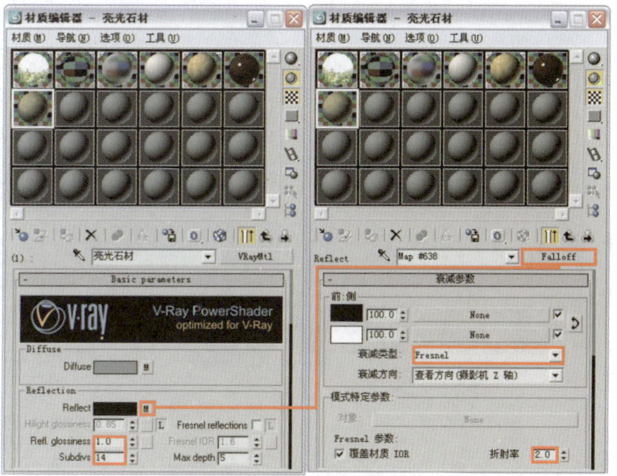

图 3-48

③ 返回多维 / 子对象材质层级，单击“ID2”的材质通道按钮，将其材质设置为 VRayMtl 材质。进入 VRayMtl 材质层级，将其命名为“拼缝”，具体参数设置如图 3-49 所示。

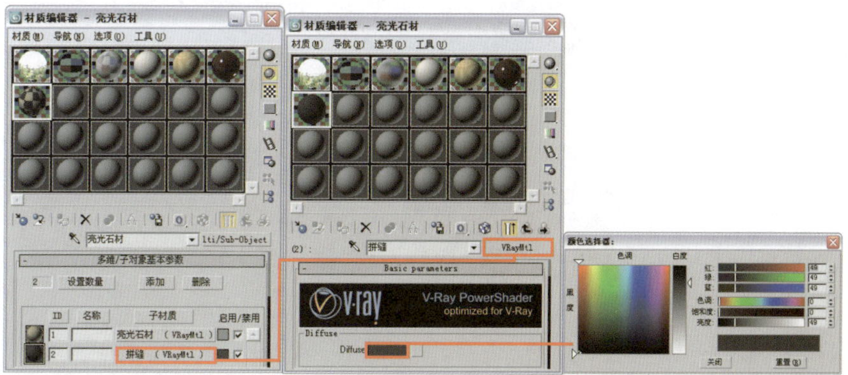

图 3-49

4 将设置好的材质指定给物体“大理石”，对摄影机视图进行渲染，石材的局部效果如图 3-50 所示。

图 3-50

5 设置椅子布材质。选择一个空白材质球，将其设置为 VRayMtl 材质，并将其命名为“椅子布”。单击“Diffuse”右侧的贴图通道按钮，为其添加一个“位图”贴图，具体参数设置如图 3-51 所示。贴图文件为本书配套光盘提供的“第 3 章大会议室\贴图\布纹.jpg”文件。

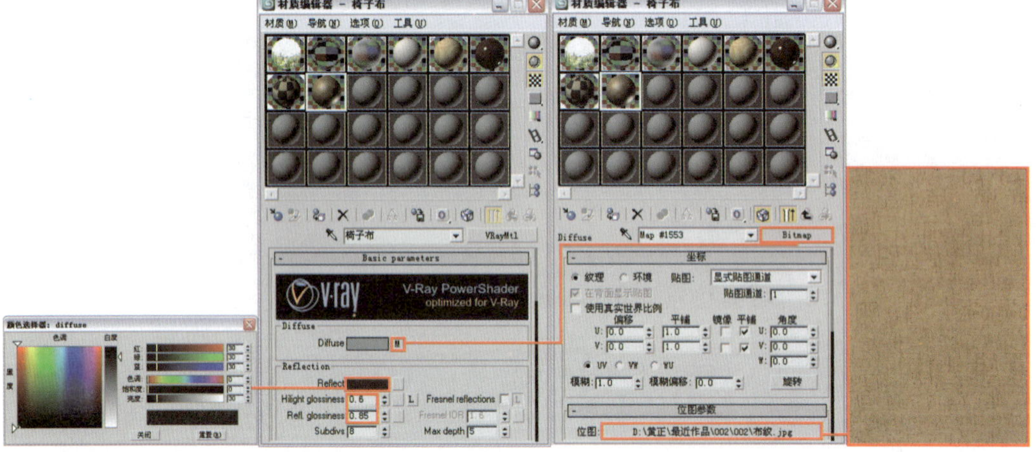
图 3-51

6 将设置好的材质指定给物体“椅子布”，对摄影机视图进行渲染，椅子的局部效果如图 3-52 所示。

图 3-52

⑦ 设置装饰玻璃材质。选择一个空白材质球，将其设置为 VRayMtl 材质，并将其命名为“装饰玻璃”，具体参数设置如图 3-53 所示。

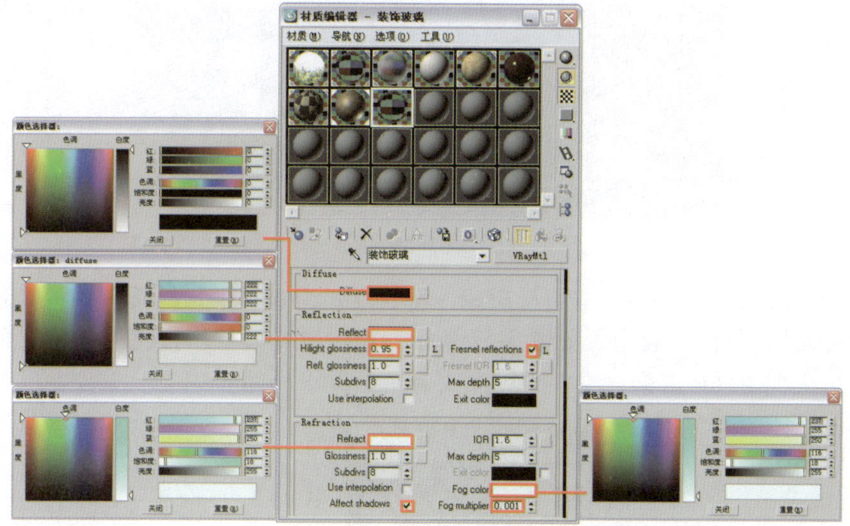

图 3-53

⑧ 将设置好的材质指定给物体“装饰玻璃”，对摄影机视图进行渲染，装饰玻璃的局部效果如图 3-54 所示。

图 3-54

⑨ 接下来设置吊顶的微孔铝板材质。选择一个空白材质球，将其设置为 VRayMtl 材质，并将其命名为“微孔铝板”。单击“Diffuse”右侧的贴图通道按钮，为其添加一个“位图”贴图，具体参数设置如图 3-55 所示。贴图文件为本书配套光盘提供的“第 3 章大会议室 \ 贴图 \ 微孔铝板 .jpg”文件。

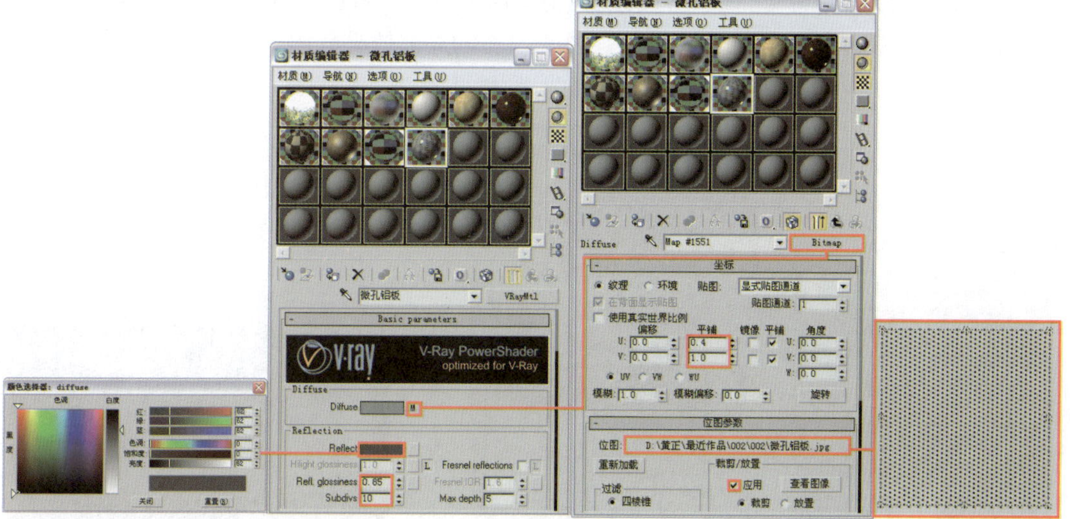

图 3-55

10 将设置好的材质指定给物体“微孔铝板”，对摄影机视图进行渲染，吊顶的局部效果如图 3-56 所示。

图 3-56

11 设置窗框材质。选择一个空白材质球，将其设置为  VRayMtl 材质，并将其命名为“灰色的金属”，具体参数设置如图 3-57 所示。将设置好的材质指定给物体“金属制品”。对摄影机视图进行渲染，窗框的局部效果如图 3-58 所示。

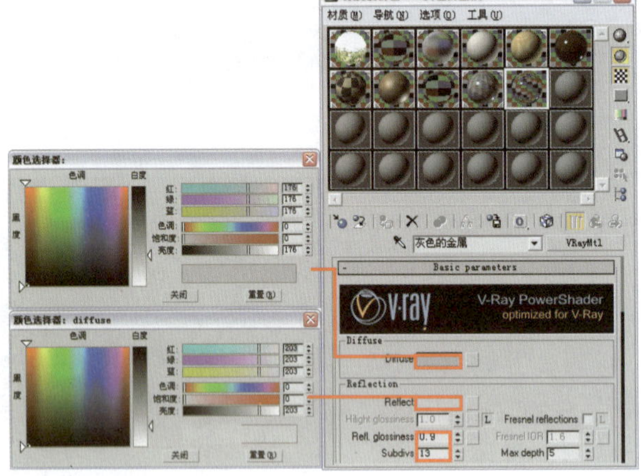

图 3-57

图 3-58

12 最后来设置投影布面材质。选择一个空白材质球，将其设置为 VRayMtl 材质，并将其命名为“投影仪布”，具体参数设置如图 3-59 所示。将设置好的材质指定给物体“投影仪布”，对摄影机视图进行渲染，投影仪布的局部效果如图 3-60 所示。

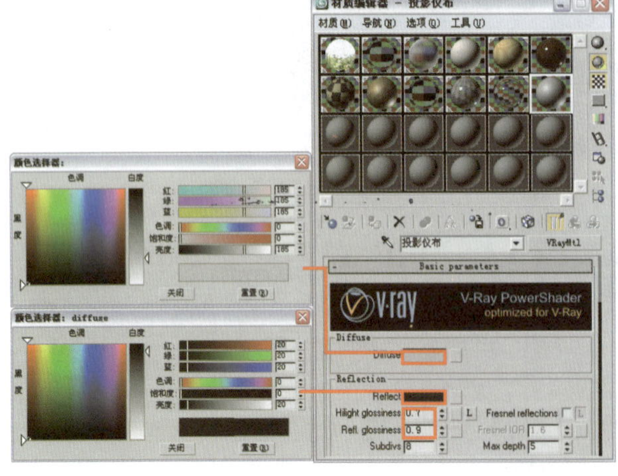

图 3-59

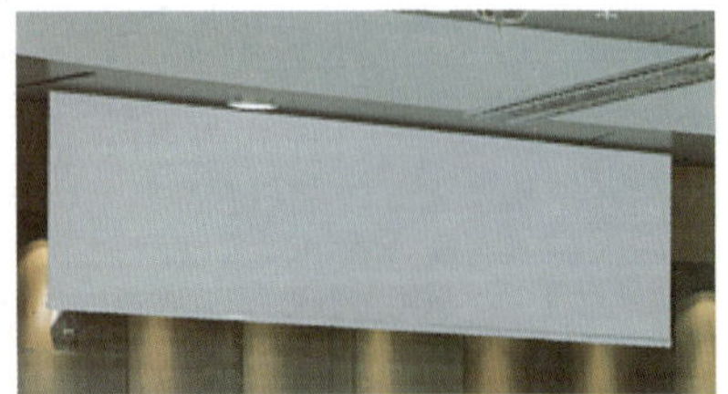

图 3-60

至此，场景的灯光测试和材质设置都已经完成，下面将对场景进行最终渲染设置。

3.4 最终渲染设置

3.4.1 最终测试灯光效果

场景中的材质设置完毕后，一定会对场景的光照有所影响，所以需要再次对场景进行渲染。对摄影机视图进行渲染，效果如图 3-61 所示。

图 3-61

观察渲染效果可以发现场景整体偏暗，下面将通过调整场景曝光参数来提高场景亮度，参数设置如图 3-62 所示。再次渲染效果如图 3-63 所示。

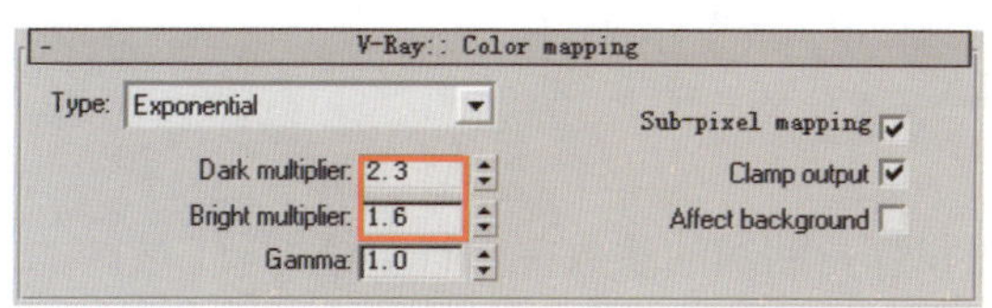

图 3-62

图 3-63

观察渲染效果，场景光线不需要再调整，接下来设置最终渲染参数。

3.4.2 灯光细分参数设置

1. 首先将场景中模拟天光的 VRayLight 的灯光细分值设置为 20，如图 3-64 所示。
2. 然后将场景中模拟日光的 Direct 的灯光阴影细分值设置为 24，如图 3-65 所示。
3. 最后将场景中模拟射灯的 Point 的灯光阴影细分值设置为 15，如图 3-66 所示。

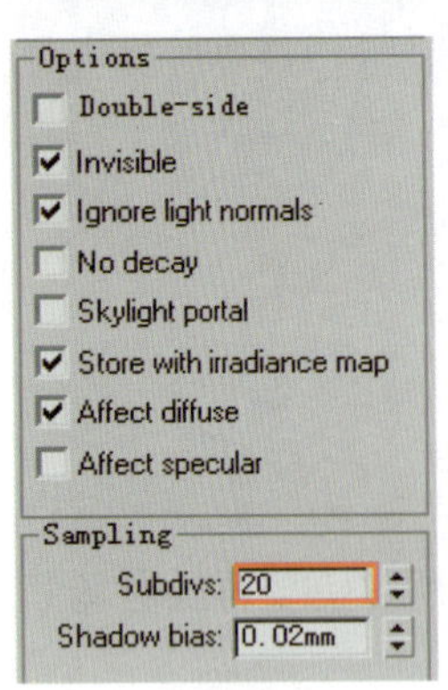

图 3-64

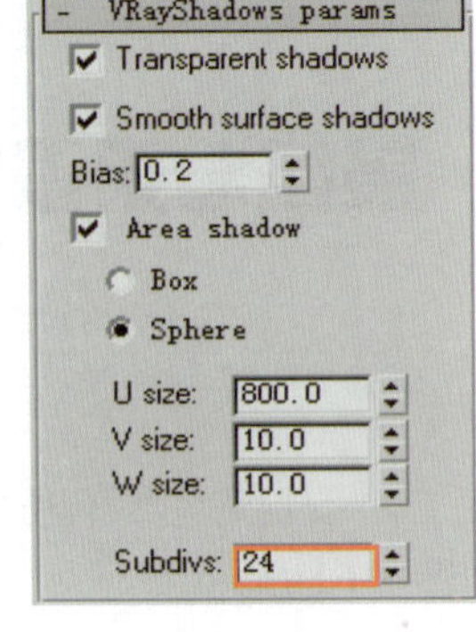

图 3-65

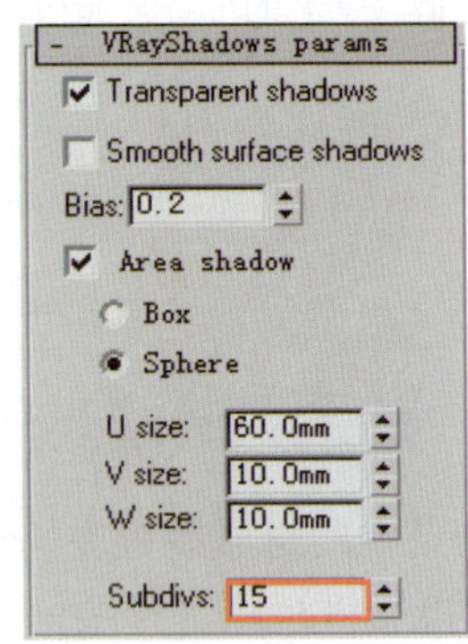

图 3-66

3.4.3 设置保存发光贴图和灯光贴图的渲染参数

我们已经讲解过保存发光贴图和灯光贴图的方法，这里就不再重复，只对渲染级别设置进行讲解。

① 进入 V-Ray:: Irradiance map （发光贴图）卷展栏，设置参数如图 3-67 所示。

② 进入 V-Ray:: Light cache （灯光缓存）卷展栏，设置参数如图 3-68 所示。

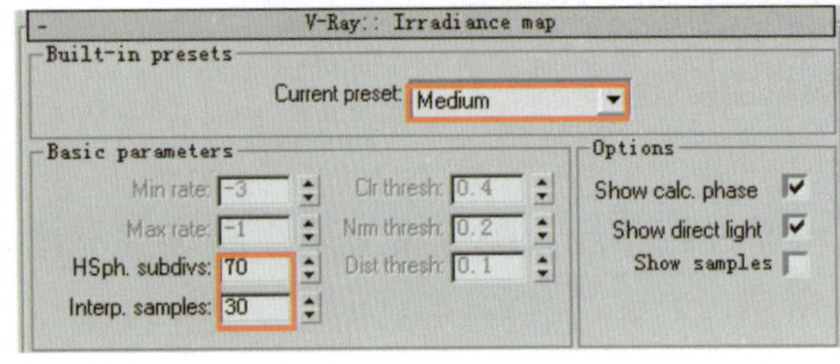

图 3-67

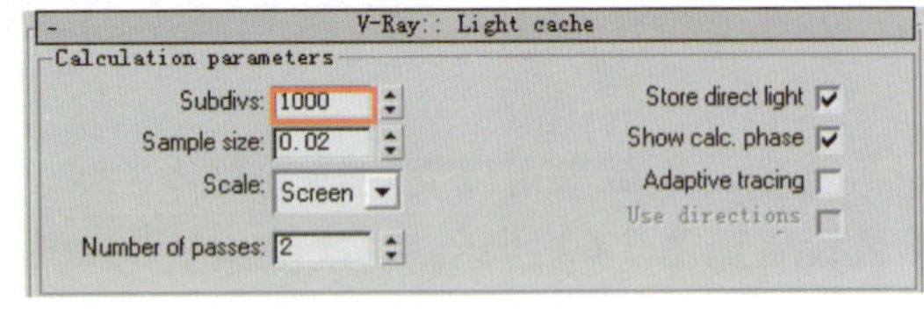

图 3-68

③ 在 V-Ray:: rQMC Sampler （准蒙特卡罗采样器）卷展栏中设置参数如图 3-69 所示，这是模糊采样设置。

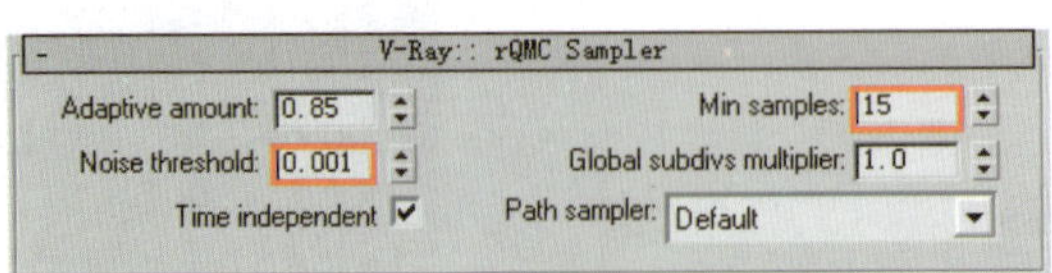

图 3-69

渲染级别设置完毕，最后设置保存发光贴图和灯光贴图的参数并进行渲染即可。

3.4.4 最终成品渲染

最终成品渲染的参数设置如下。

① 当发光贴图和灯光贴图计算完毕后，在“渲染场景”对话框中的“公用”选项卡中设置最终渲染图像的输出尺寸，如图 3-70 所示。

② 在 V-Ray:: Image sampler (Antialiasing) （抗锯齿采样）卷展栏中设置抗锯齿和过滤器，如图 3-71 所示。

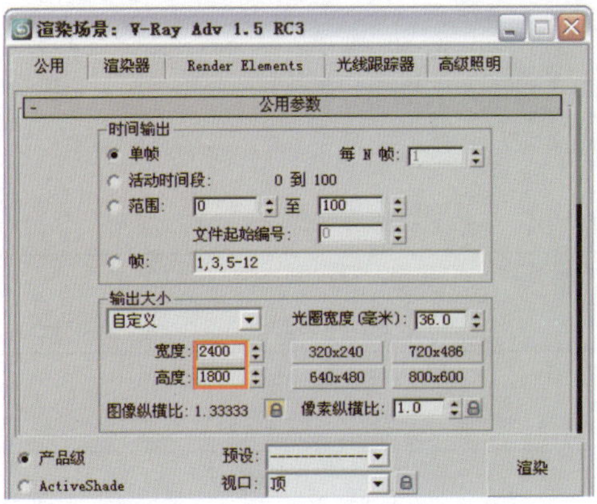

渲染场景：V-Ray Adv 1.5 RC3

公用 | 渲染器 | Render Elements | 光线跟踪器 | 高级照明

公用参数

时间输出
单帧　每 N 帧：1
活动时间段：0 到 100
范围：0 至 100
文件起始编号：0
帧：1,3,5-12

输出大小
自定义　光圈宽度(毫米)：36.0
宽度：2400　320x240　720x486
高度：1800　640x480　800x600
图像纵横比：1.33333　像素纵横比：1.0

产品级　预设：
ActiveShade　视口：顶　渲染

图 3-70

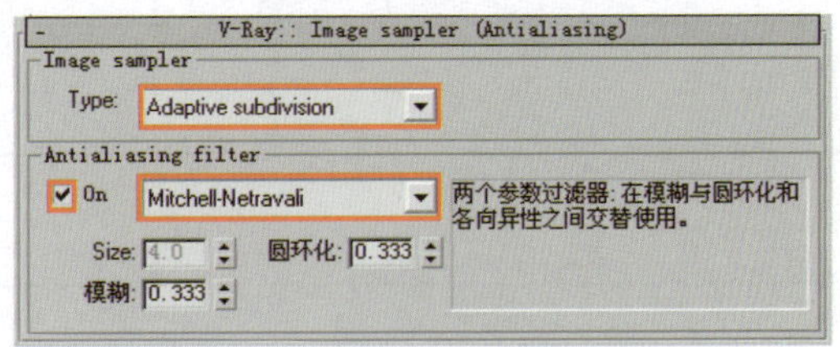

图 3-71

③ 最终渲染完成的效果如图 3-72 所示。

图 3-72

最后使用 Photoshop 软件对图像的亮度、对比度以及饱和度进行调整，使效果更加生动和逼真。在前面章节中已经对后期处理的方法进行了讲解，这里就不再赘述。后期处理的最终效果如图 3-73 所示。

图 3-73

NOTEbook
读书笔记

第 4 章

高级会客厅表现

4.1 高级会客厅空间简介

本章案例展示的是一个高级会客厅空间。该会客厅的设计在一定程度上参考了人民大会堂会客厅的设计，为了体现空间的方正、大气和庄重的效果，在渲染效果图时采用了一点透视的方式，从而更好地展示出整个空间的对称感。本场景采用了日光的表现手法，案例效果如图 4-1 所示。

图 4-1

图 4-2 所示为高级会客厅模型的线框效果图。

图 4-2

下面首先进行测试渲染参数设置，然后进行灯光设置。

4.2 高级会客厅测试渲染设置

打开配套光盘中“第 4 章高级会客厅\高级会客厅源文件 .max”场景文件，如图 4-3 所示，可以看到这是一个已经创建好模型的会客厅场景，并且场景中的摄影机也已经创建好。

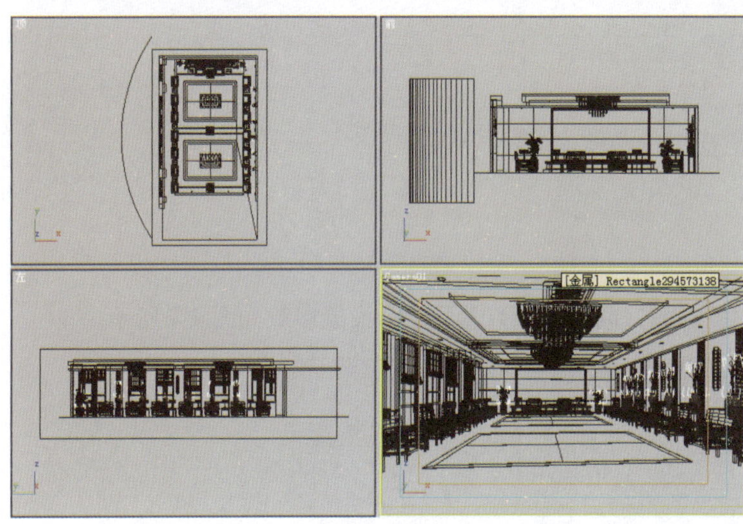

图 4-3

下面首先进行测试渲染参数设置，然后进行灯光布置。灯光布置包括室外天光和日光的建立。

4.2.1 设置测试渲染参数

测试渲染参数的设置步骤如下。

1. 按 F10 键打开“渲染场景”对话框，渲染器已经设置为 V-Ray Adv 1.5 RC3 渲染器，在 公用参数 卷展栏中设置较小的图像尺寸，如图 4-4 所示。

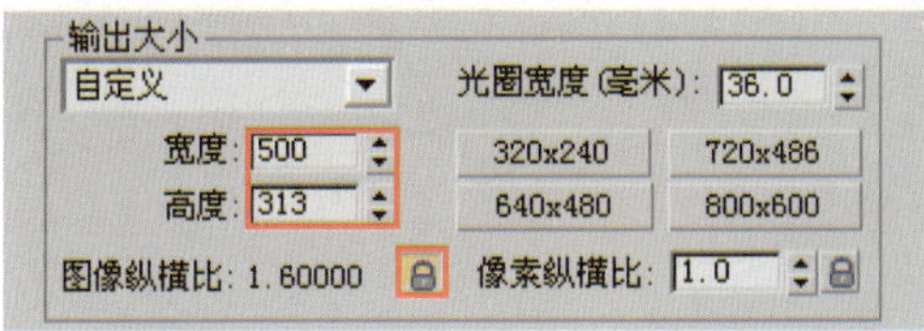

图 4-4

2. 进入“渲染器”选项卡，在 V-Ray:: Global switches （全局开关）卷展栏中的参数设置如图 4-5 所示。

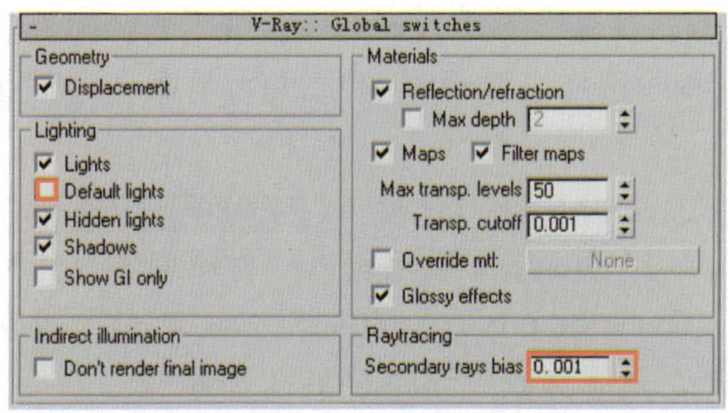

图 4-5

本场景所使用模型

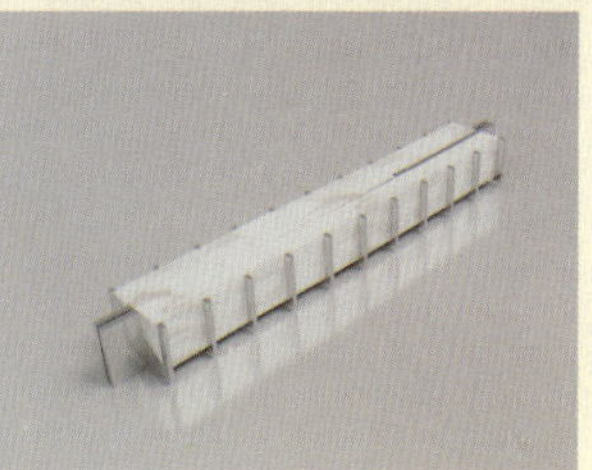

壁灯 .max

大花瓶 .max

干枝 .max

排气扇 .max

台灯 .max

小方桌 .max

③ 进入 V-Ray:: Image sampler (Antialiasing) （抗锯齿采样）卷展栏中，设置参数如图 4-6 所示。

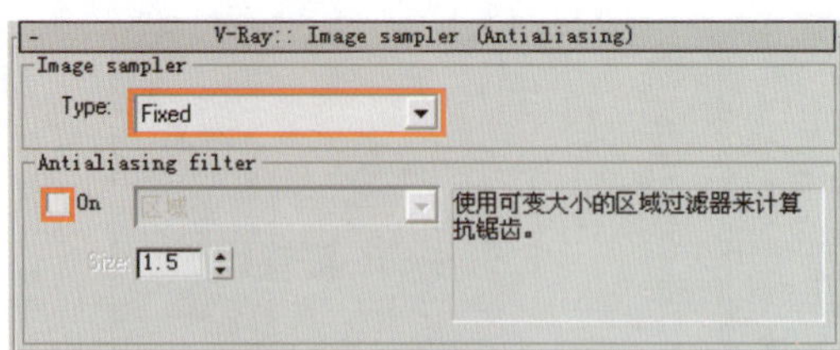

图 4-6

④ 在 V-Ray:: Indirect illumination (GI) （间接照明）卷展栏中设置参数如图 4-7 所示。

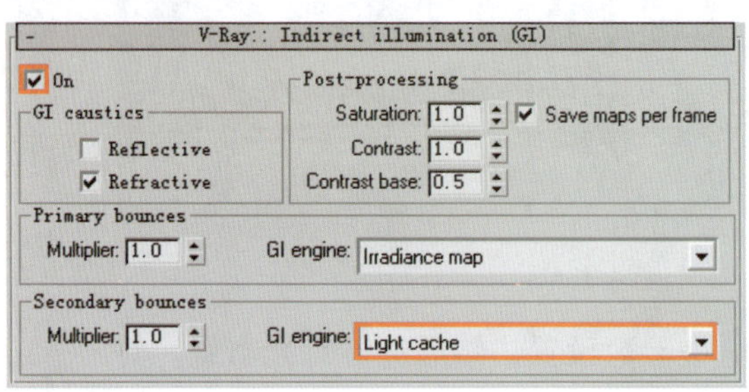

图 4-7

⑤ 在 V-Ray:: Irradiance map （发光贴图）卷展栏中设置参数如图 4-8 所示。

⑥ 在 V-Ray:: Light cache （灯光缓存）卷展栏中设置参数如图 4-9 所示。

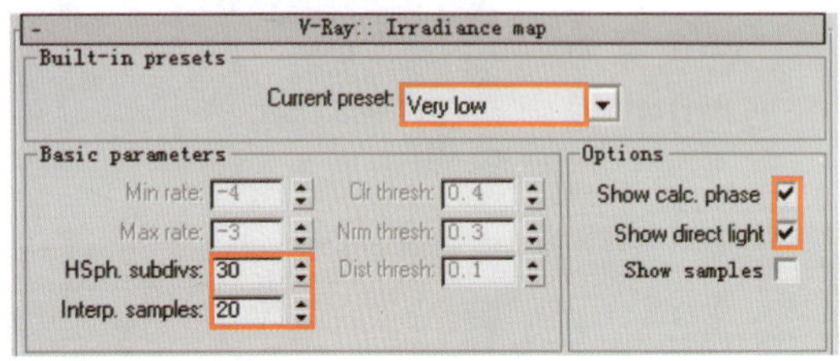

图 4-8

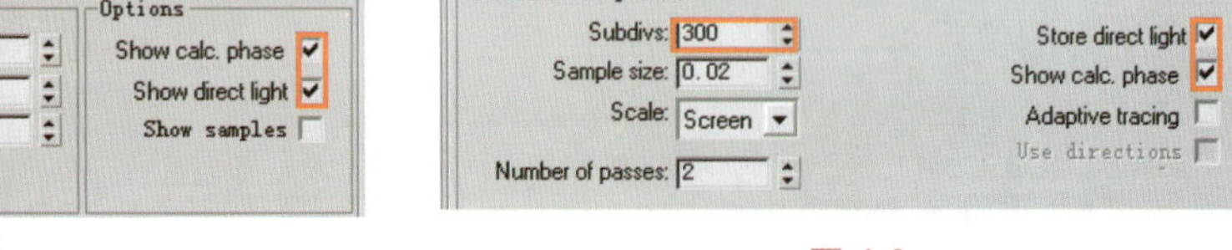

图 4-9

4.2.2 布置场景灯光

本场景光线来源主要为室外的天光及阳光。在为场景创建灯光前，首先用一种白色材质覆盖场景中的所有物体，这样便于观察灯光对场景的影响。

① 按 M 键打开“材质编辑器”对话框，选择一个空白材质球，单击其 Standard 按钮，在弹出的“材质 / 贴图浏览器”对话框中选择 VRayMtl 材质，将材质命名为“替换材质”，具体参数设置如图 4-10 所示。

② 按 F10 键打开“渲染场景”对话框，进入“渲染器”选项卡，在 V-Ray:: Global switches （全局开关）卷展栏中勾选“Override mtl”复选框，然后进入“材质编辑器”对话框中，将“替换材质”的材质球拖放到“Override mtl”右侧的 None 贴图通道按钮上，并以“实例”的方法进行关联复制，具体参数设置如图 4-11 所示。

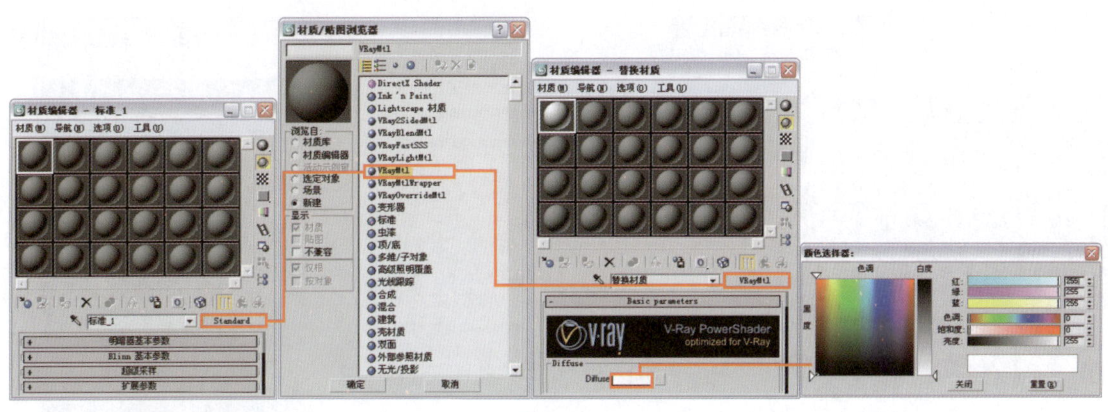

图 4-10

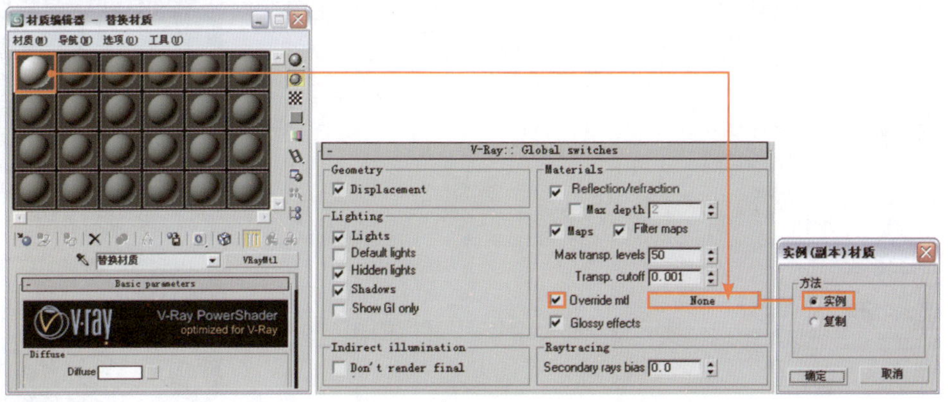

图 4-11

3 创建日光。单击 （创建）按钮进入创建命令面板，单击 （灯光）按钮，在下拉菜单中选择“标准”选项，然后在 对象类型 卷展栏中单击 目标平行光 按钮，创建一个阳光，如图 4-12 所示。灯光参数设置如图 4-13 所示。

4 因物体“外景”在建筑物前面，为了使目标平行光能够直接照射到室内，产生正确的光照效果，下面将对目标平行光进行设置，使其排除对物体“外景”的影响。在目标平行光的 常规参数 卷展栏中单击 排除... 按钮，在弹出的“排除 / 包含”对话框中进行参数设置，如图 4-14 所示。对摄影机视图进行渲染，此时的效果如图 4-15 所示。

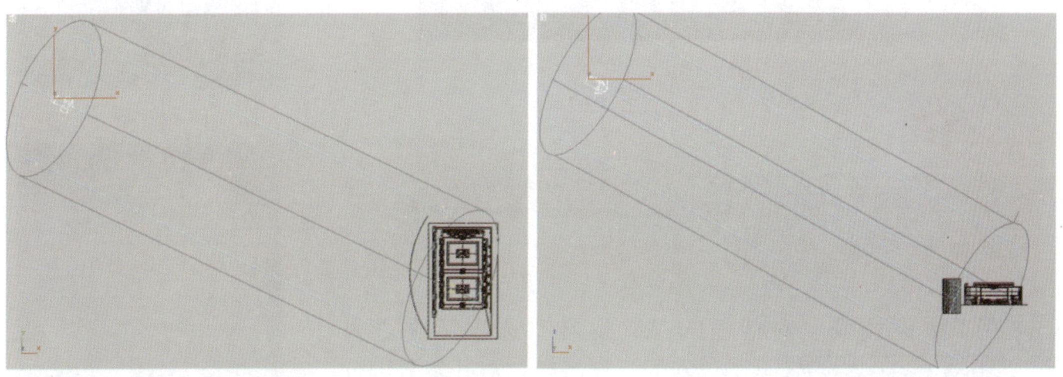

图 4-12

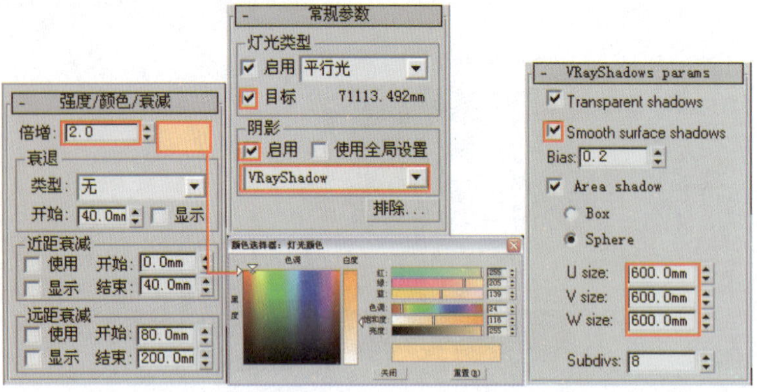

图 4-13

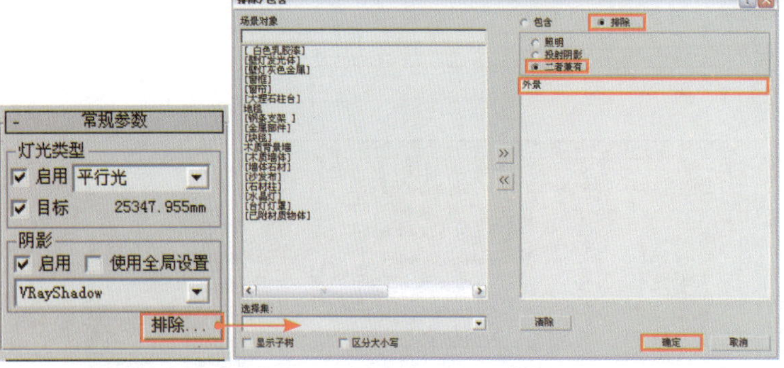

图 4-14

图 4-15

小贴士

从渲染效果中可以看到场景亮部有点亮，下面首先通过修改曝光类型来解决曝光问题。

5 在"渲染场景"对话框的"渲染器"选项卡中进入 V-Ray:: Color mapping（颜色映射）卷展栏，对其参数进行设置，如图 4-16 所示。再次渲染，效果如图 4-17 所示。

本场景所使用材质

木质

木质 01

石材

沙发布

台灯灯罩

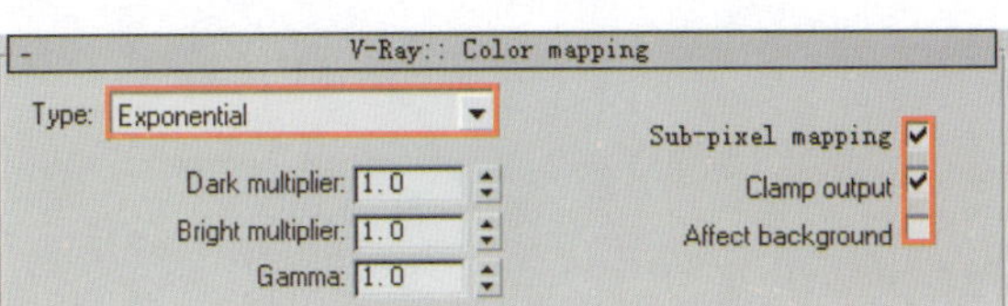

图 4-16

图 4-17

6 从渲染效果中可以看到场景曝光问题已经解决，下面继续为场景布置灯光。单击（创建）按钮进入创建命令面板，单击（灯光）按钮，在下拉菜单中选择"VRay"选项，然后在 对象类型 卷展栏中单击 VRayLight 按钮，在左侧窗口处创建一盏 VRayLight 模拟天光，灯光位置如图 4-18 所示。灯光参数设置如图 4-19 所示。

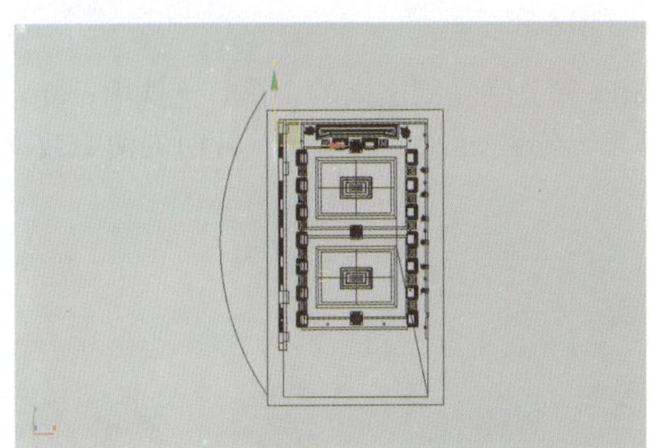

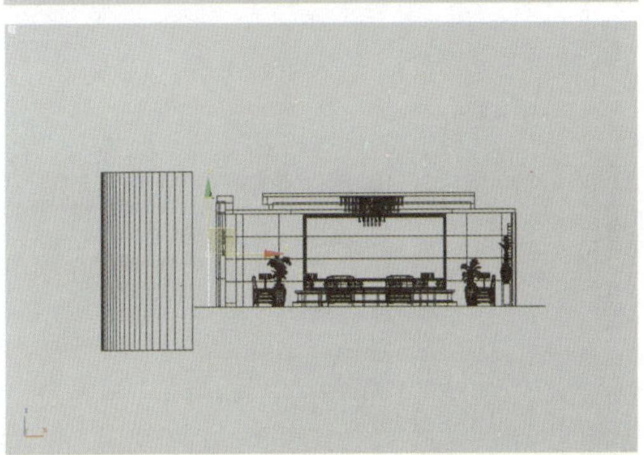

图 4-18

本场景所使用材质

水晶

窗帘

柱石材

大理石

窗框

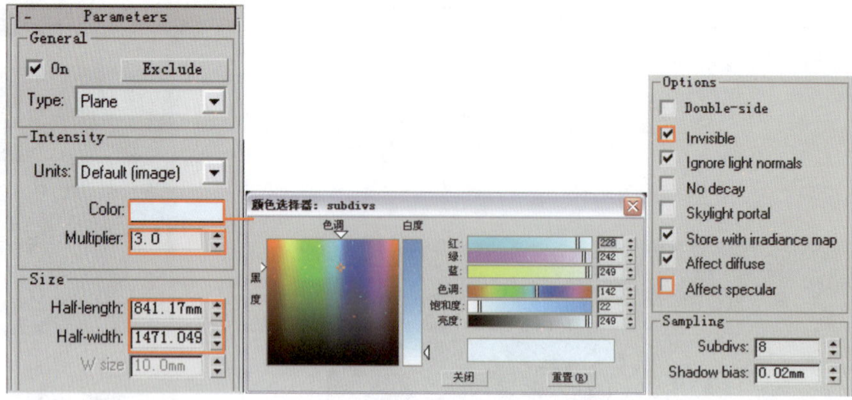

图 4-19

⑦ 在视图中选中刚刚创建的用来模拟天光的 VRayLight，将其关联复制出 2 盏灯光，利用【缩放工具】和【移动工具】调整灯光的大小和位置，如图 4-20 所示。

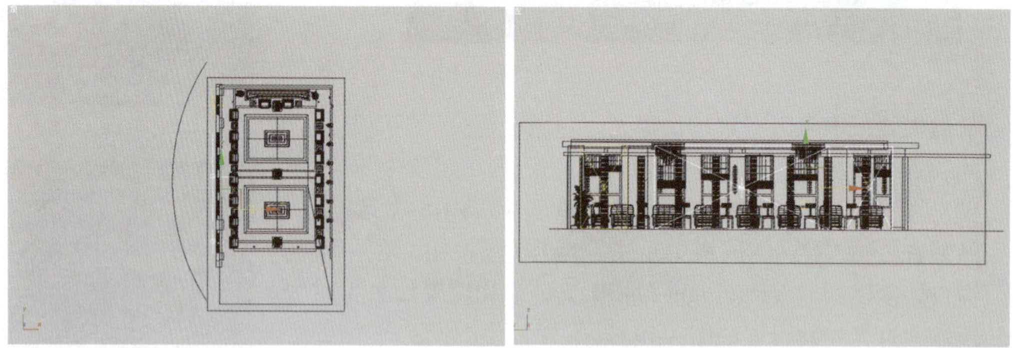

图 4-20

⑧ 在顶视图中将刚刚创建的 VRayLight 和关联复制出来的 2 盏灯光选中，在顶视图中沿 X 轴方向向右复制（关联）一组灯光，位置如图 4-21 所示。此时的渲染效果如图 4-22 所示。

小贴士

从渲染效果中可以看到场景比较亮，没有什么明暗对比，这是由于场景中的材质全部被白色材质替代所造成的，可以先降低次级漫射反弹倍增值来控制场景的亮度。

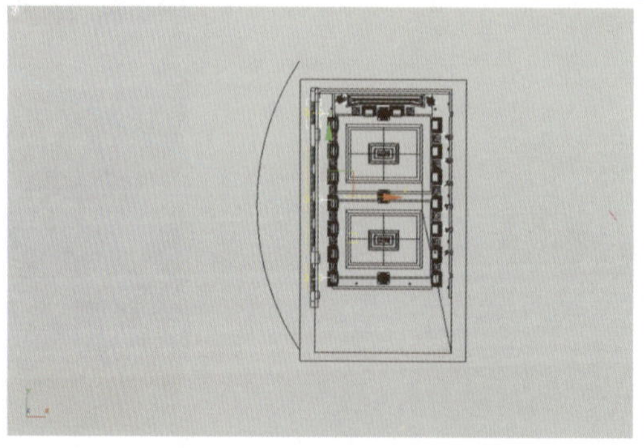

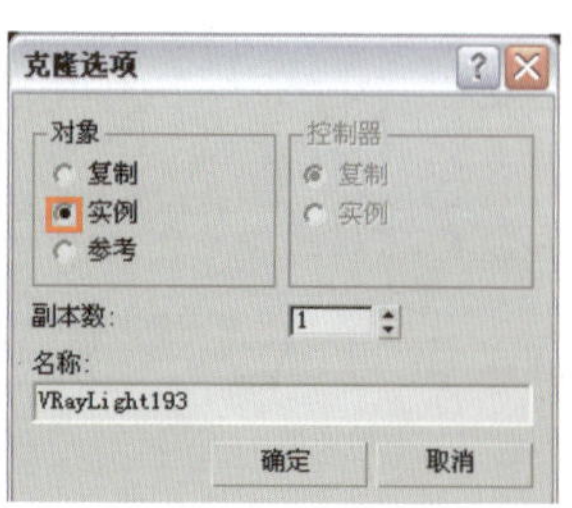

图 4-21

图 4-22

9 在 V-Ray:: Indirect illumination (GI) （间接照明）卷展栏中设置参数如图 4-23 所示。渲染效果如图 4-24 所示。

V-Ray:: Indirect illumination (GI)

- On
- GI caustics: Reflective (off), Refractive (on)
- Post-processing: Saturation: 1.0, Contrast: 1.0, Contrast base: 0.5, Save maps per frame (on)
- Primary bounces: Multiplier: 1.0, GI engine: Irradiance map
- Secondary bounces: Multiplier: 0.95, GI engine: Light cache

图 4-23

图 4-24

10 下面继续为场景创建灯光，在如图 4-25 所示位置创建一盏 VRayLight 来模拟顶棚暗藏灯光，参数设置如图 4-26 所示。

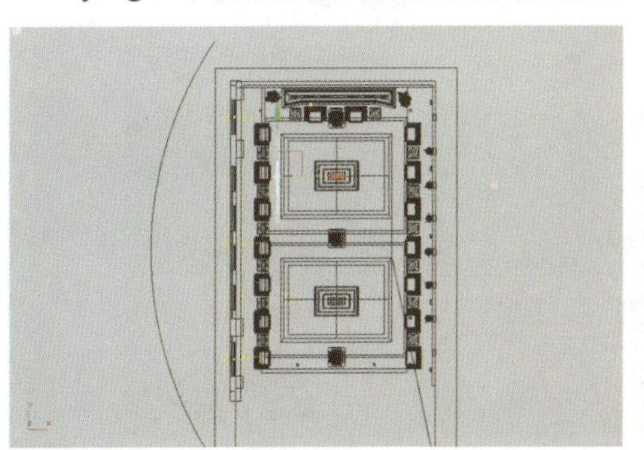

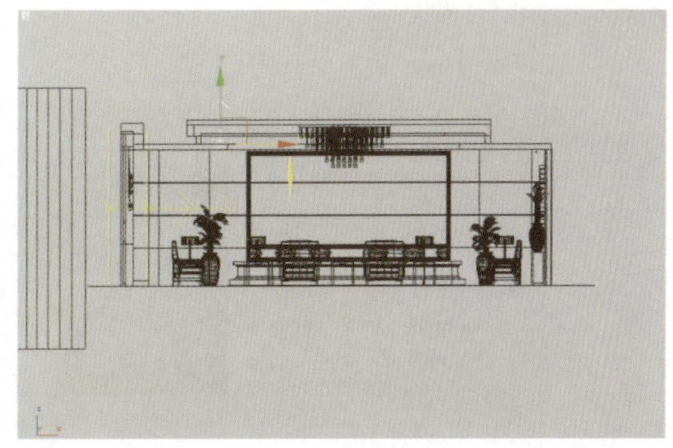

图 4-25

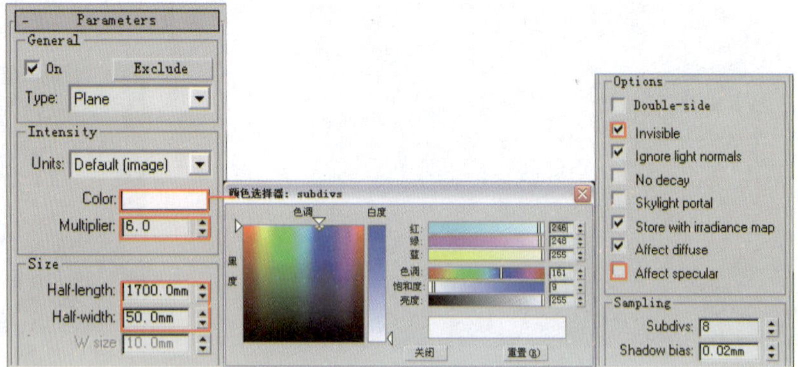

图 4-26

⑪ 在顶视图中把刚刚创建好的灯光进行关联复制出 7 盏，调整位置和大小如图 4-27 所示。

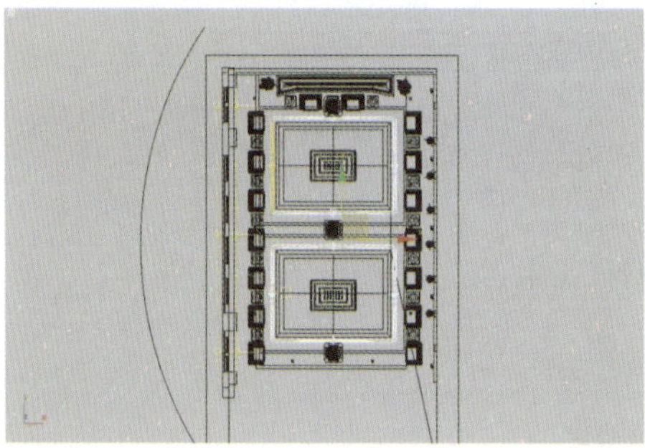

图 4-27

⑫ 在如图 4-28 所示位置继续创建 VRayLight 顶棚暗藏灯光，参数设置如图 4-29 所示。

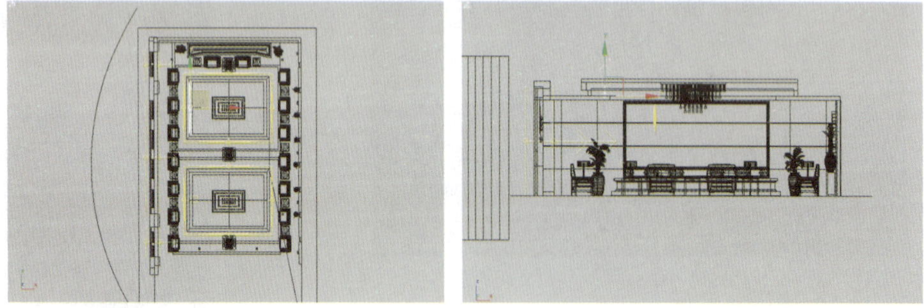

图 4-28

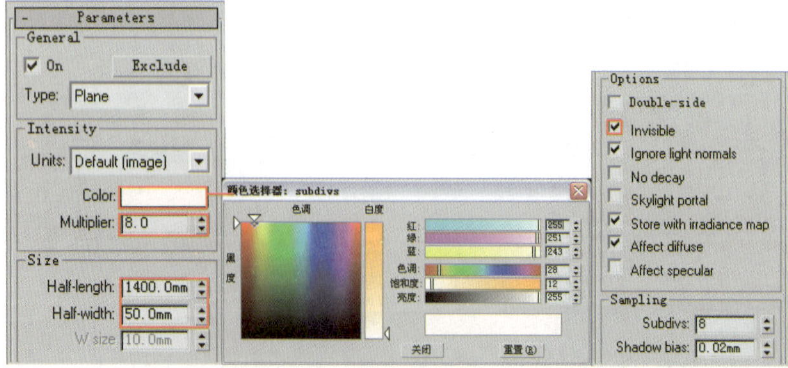

图 4-29

13 在顶视图中选中刚刚创建的用来模拟灯池灯光的 VRayLight，将其关联复制出 9 盏，调整各个灯光位置，使用【缩放工具】使其适合对应的位置，如图 4-30 所示。此时的渲染效果如图 4-31 所示。

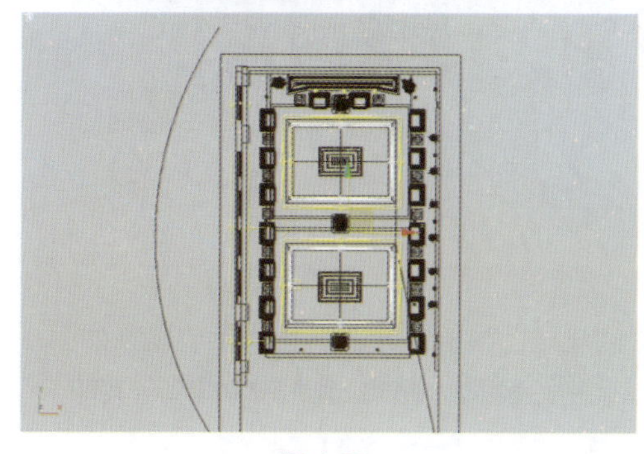
图 4-30

图 4-31

14 下面开始创建顶部筒灯的灯光。单击 (创建)按钮进入创建命令面板。单击 (灯光)按钮，在下拉菜单中选择“光度学”选项。然后在 对象类型 卷展栏中单击 目标点光源 按钮，在如图 4-32 所示位置创建一个目标点光源来模拟室内的筒灯灯光。

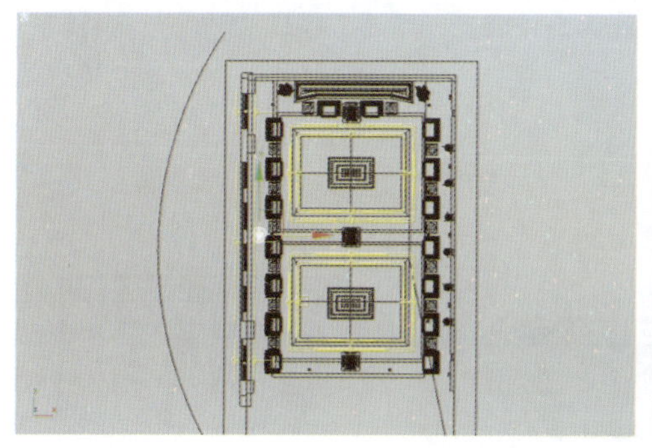

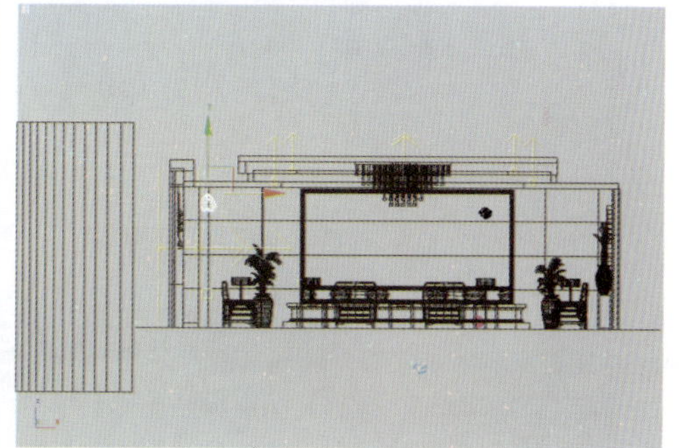
图 4-32

15 进入修改命令面板，对创建的目标点光源参数进行设置，如图 4-33 所示。光域网文件为本书配套光盘提供的“第 4 章高级会客厅\贴图\1 牛眼灯 .IES”文件。

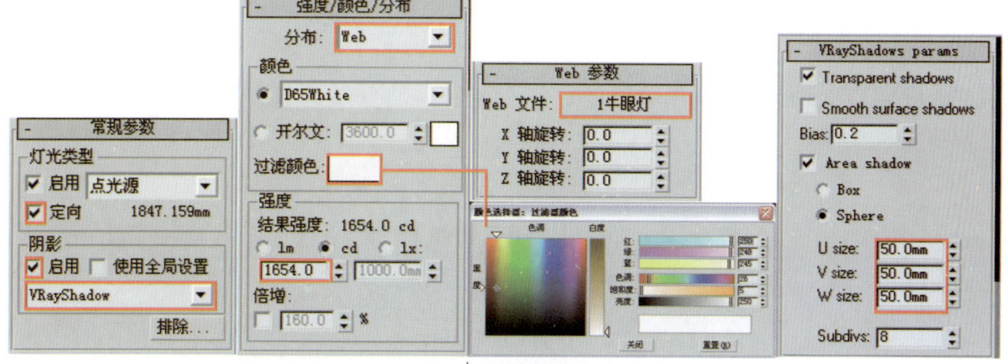

图 4-33

16 在视图中选中刚刚创建的目标点光源，将其关联复制出 15 盏灯光，灯光位置如图 4-34 所示。

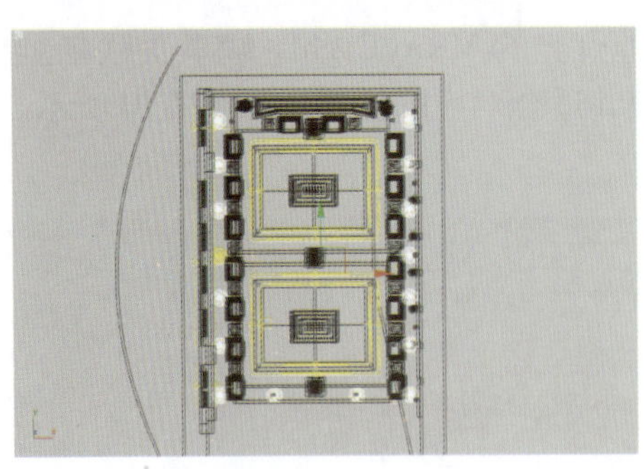
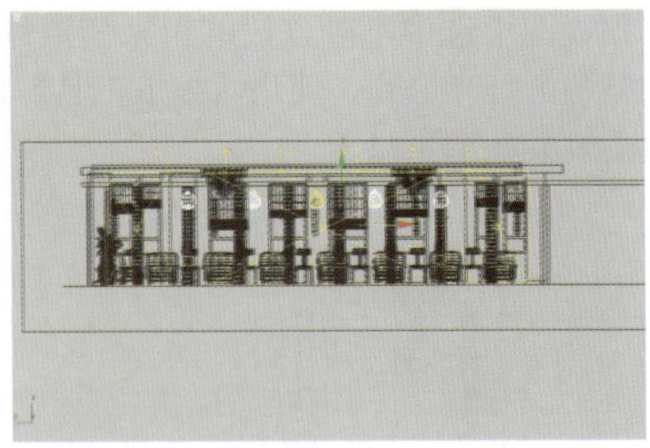

图 4-34

⑰ 下面开始设置台灯的灯光。在如图 4-35 所示位置创建一盏目标点光源，具体参数设置如图 4-36 所示。光域网文件为本书配套光盘提供的“第 4 章高级会客厅\贴图\壁灯 0001.IES”文件。

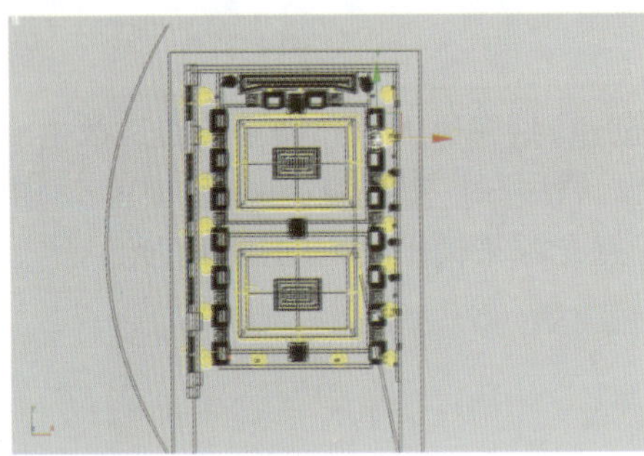
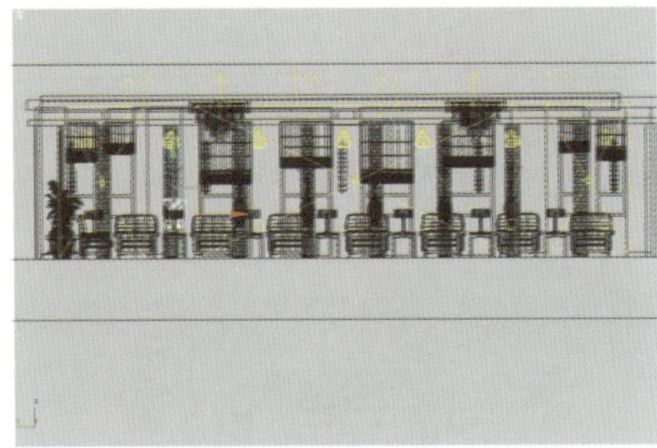

图 4-35

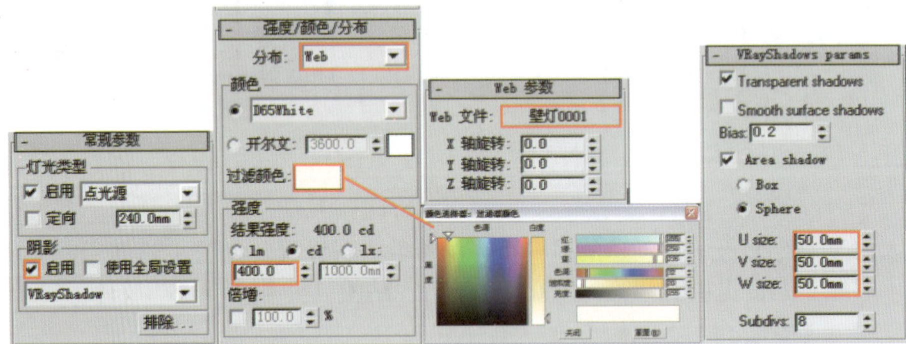

图 4-36

⑱ 在顶视图中选中步骤 17 中创建的目标点光源，将其关联复制出 5 盏灯光，灯光位置如图 4-37 所示。

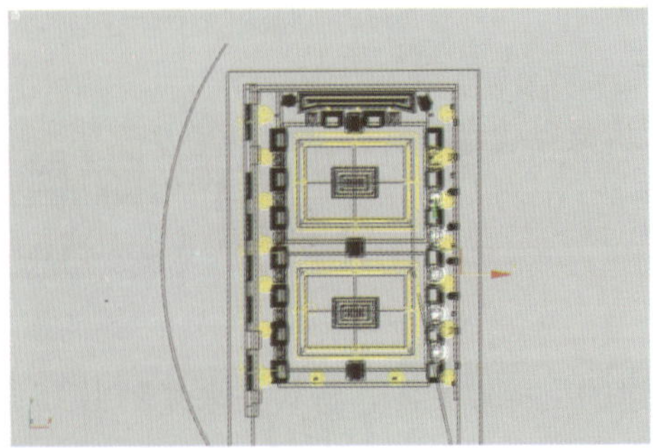

图 4-37

⑲ 对摄影机视图进行渲染，效果如图 4-38 所示。

图 4-38

上面分别对室外和室内的灯光进行了测试，最终测试效果比较满意。测试完灯光效果后，下面进行材质设置。

4.3 设置场景材质

4.3.1 设置主体材质

① 在设置场景材质前，首先要取消前面对场景物体的材质替换状态。按 F10 键打开“渲染场景”对话框，在 V-Ray:: Global switches （全局开关）卷展栏中取消“Override mtl”复选框的勾选，如图 4-39 所示。

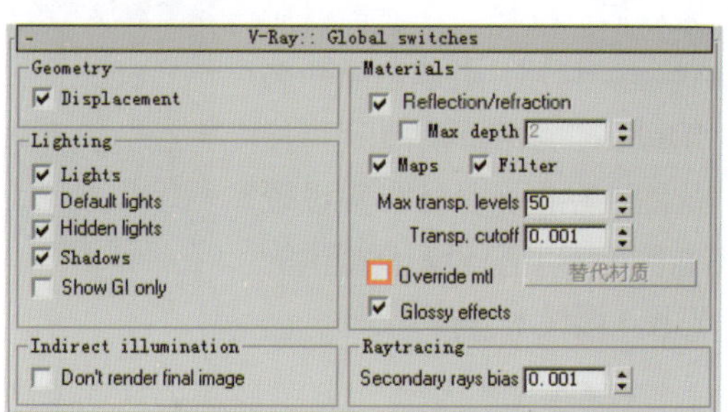

图 4-39

② 设置白色墙面及顶部材质。按 M 键打开“材质编辑器”对话框，将“替代材质”命名为“白色乳胶漆”，然后将设置好的材质指定给物体“白墙及顶”。

③ 下面设置背景墙的木材质。选择一个空白材质球，单击其 Standard 按钮，在弹出的“材质 / 贴图浏览器”对话框中选择 VRayMtl 材质，并将材质命名为“木质”，如图 4-40 所示。

④ 在 VRayMtl 材质层级单击“Diffuse”右侧的贴图通道按钮，为其添加一个“位图”贴图，具体参数设置如图 4-41 所示。贴图文件为本书配套光盘提供的“第 4 章高级会客厅\贴图\红樱桃 .jpg”文件。将设置好的材质指定给物体“背景墙”，对摄影机视图进行渲染，局部效果如图 4-42 所示。

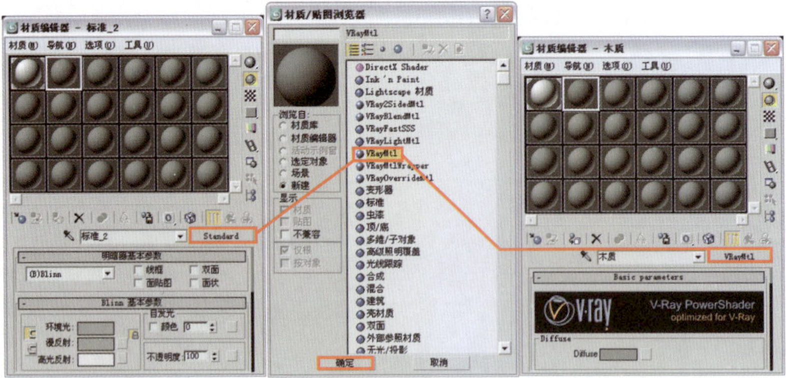
图 4-40

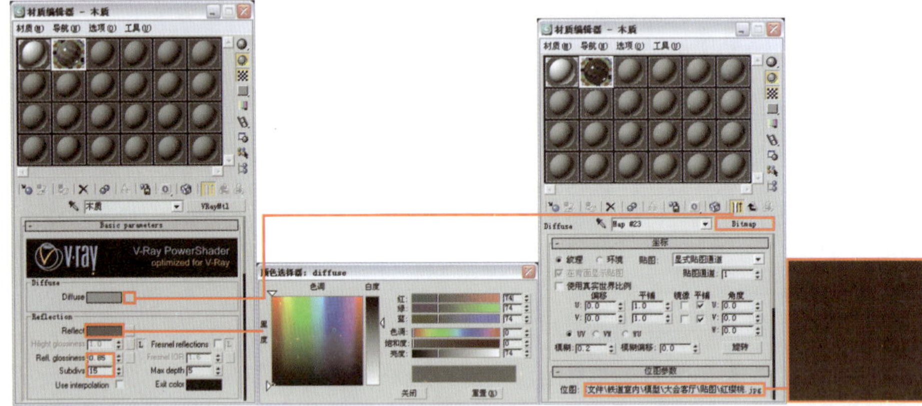
图 4-41

5 下面设置墙体部分的木材质。选择一个空白材质球，将材质设置为 VRayMtl 材质，并将材质命名为“木质 01”。单击“Diffuse”右侧的贴图通道按钮，为其添加一个“位图”贴图，具体参数设置如图 4-43 所示。贴图文件为本书配套光盘提供的“第 4 章高级会客厅 \ 贴图 \ 樱桃木 .jpg”文件。

图 4-42

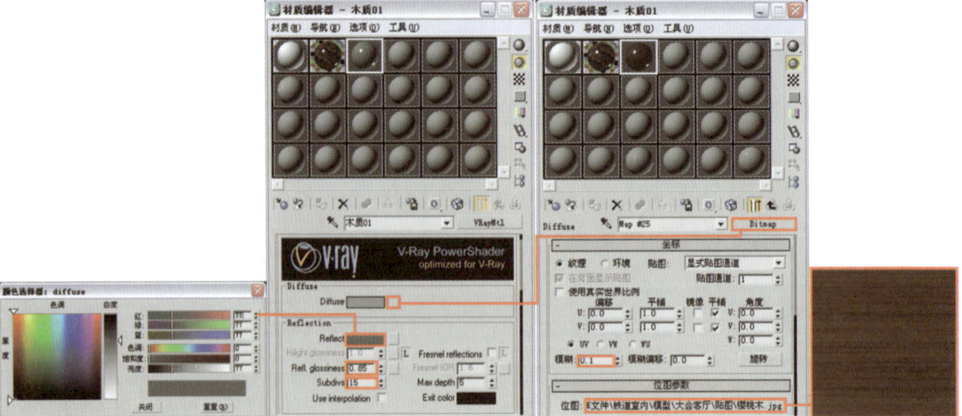
图 4-43

6 将设置好的材质指定给物体"木质墙体",对摄影机视图进行渲染,局部效果如图 4-44 所示。

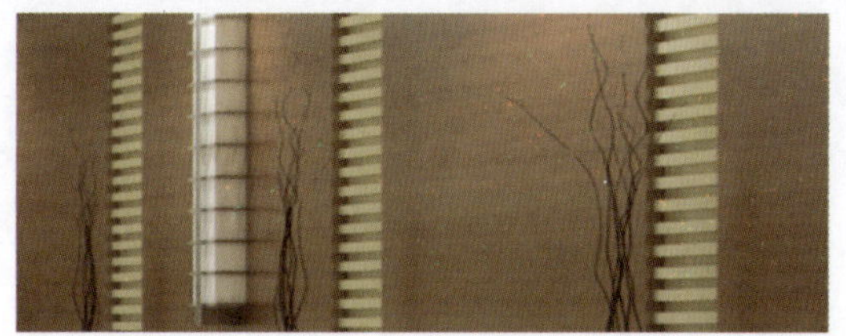

图 4-44

小贴士

场景中部分物体材质已经事先设置好,这里仅对场景中的主要材质进行讲解。

7 接下来设置地毯材质。选择一个空白材质球,将其设置为 VRayMtl 材质,并将材质命名为"地毯"。单击"Diffuse"右侧的贴图通道按钮,为其添加一个"位图"贴图,具体参数设置如图 4-45 所示。贴图文件为本书配套光盘提供的"第 4 章高级会客厅 \ 贴图 \DTYEL010 副本 .jpg"文件。

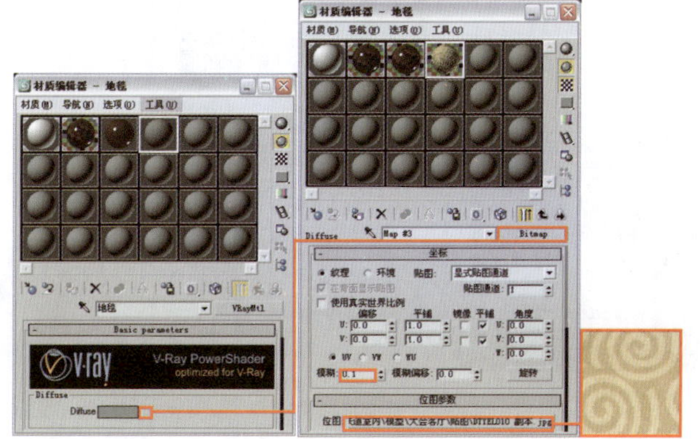

图 4-45

8 返回 VRayMtl 材质层级,进入 Maps 卷展栏,为"Bump"贴图通道添加一个"细胞"程序贴图,具体参数设置如图 4-46 所示。

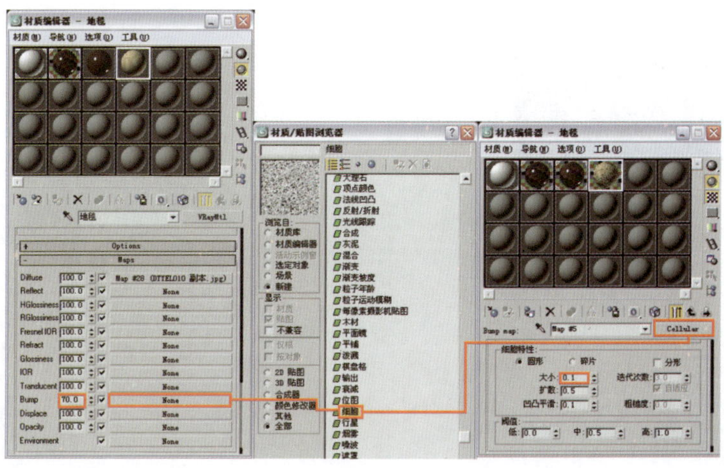

图 4-46

3ds max/ VRay Super Realism

⑨ 将设置好的材质指定给物体“地毯”，对摄影机视图进行渲染，效果如图 4-47 所示。

图 4-47

⑩ 接下来设置块毯材质。选择一个空白材质球，将其设置为 VRayMtl 材质，并将材质命名为“块毯”。单击“Diffuse”右侧的贴图通道按钮，为其添加一个“位图”贴图，具体参数设置如图 4-48 所示。贴图文件为本书配套光盘提供的“第 4 章高级会客厅 \ 贴图 \ 块毯 .jpg”文件。

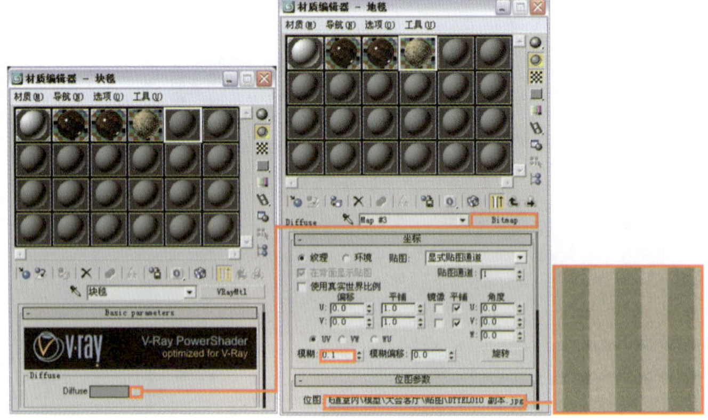

图 4-48

⑪ 返回 VRayMtl 材质层级，进入 Maps 卷展栏，为“Bump”贴图通道添加一个“细胞”程序贴图，具体参数设置如图 4-49 所示。

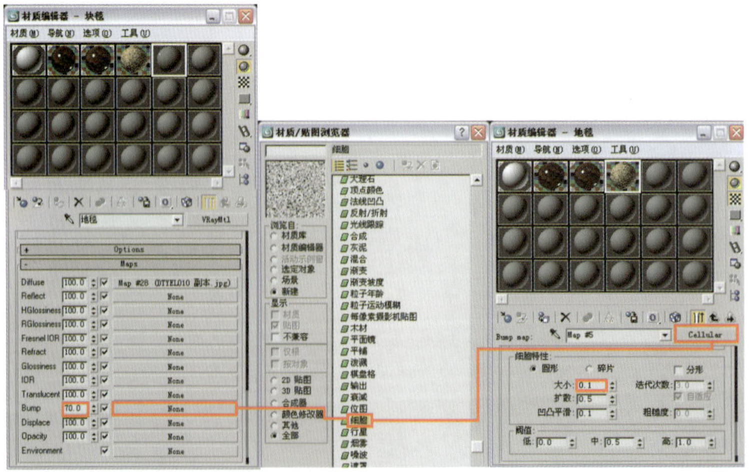

图 4-49

⑫ 将设置好的材质指定给物体“块毯”，对摄影机视图进行渲染，局部效果如图 4-50 所示。

图 4-50

⑬ 下面制作石材材质。选择一个空白材质球，将其设置为 VRayMtl 材质，并将材质命名为“石材”。单击“Diffuse”右侧的贴图通道按钮，为其添加一个“位图”贴图，参数设置如图 4-51 所示。贴图文件为本书配套光盘提供的第 4 章高级会客厅 \ 贴图 \ 石材 -007.jpg”文件。将设置好的材质指定给物体“墙体石材”，对摄影机视图进行渲染，局部效果如图 4-52 所示。

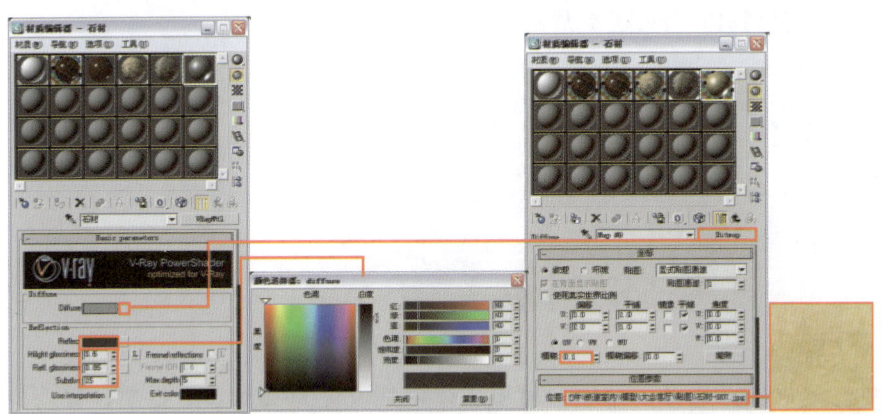

图 4-51

图 4-52

⑭ 接下来设置沙发布材质。选择一个空白材质球，将其设置为 VRayMtl 材质，并将材质命名为“沙发布”。单击“Diffuse”右侧的贴图通道按钮，为其添加一个“衰减”程序贴图，具体参数设置如图 4-53 所示。

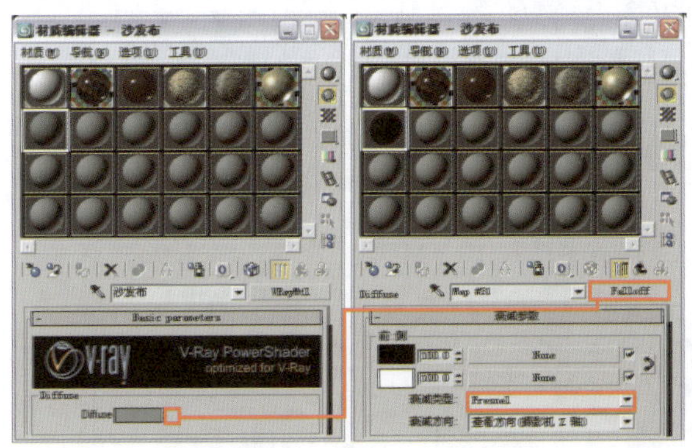

图 4-53

⑮ 在“衰减”贴图层级单击 衰减参数 卷展栏中的第一个贴图通道按钮，为其添加一个“位图”贴图，具体参数设置如图 4-54 所示。贴图文件为本书配套光盘提供的“第 4 章高级会客厅 \ 贴图 \D-075.jpg”文件。

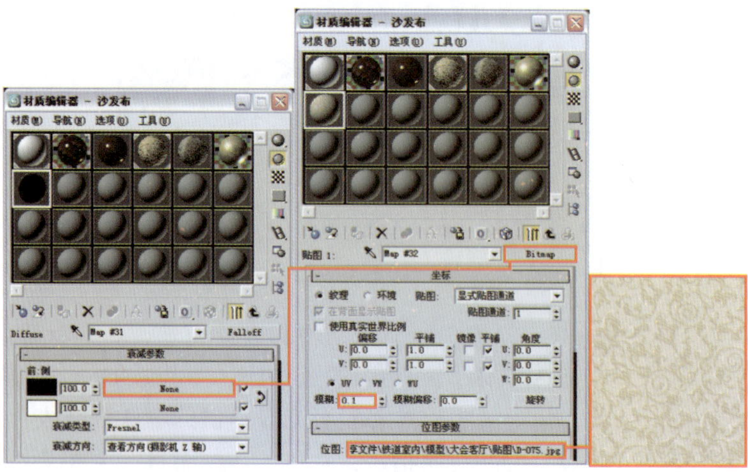

图 4-54

16 将设置好的材质指定给物体“沙发”，局部效果如图 4-55 所示。

图 4-55

17 下面制作台灯灯罩材质。选择一个空白材质球，将其设置为 VRayMtl 材质，并将材质命名为“台灯灯罩”。单击“标准”材质下的“漫反射”贴图按钮，为其添加一个“位图”贴图，具体参数设置如图 4-56 所示。贴图文件为本书配套光盘提供的“第 4 章高级会客厅 \ 贴图 \003.jpg”文件。

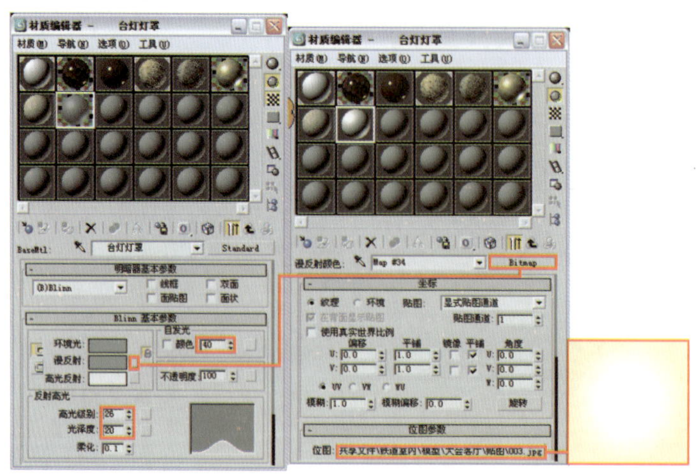

图 4-56

18 为了使灯罩材质看起来更亮，下面为其添加 VRayMtlWrapper（VRay 材质包裹），具体

参数设置如图 4-57 所示。最后将材质指定给物体“台灯”，局部效果如图 4-58 所示。

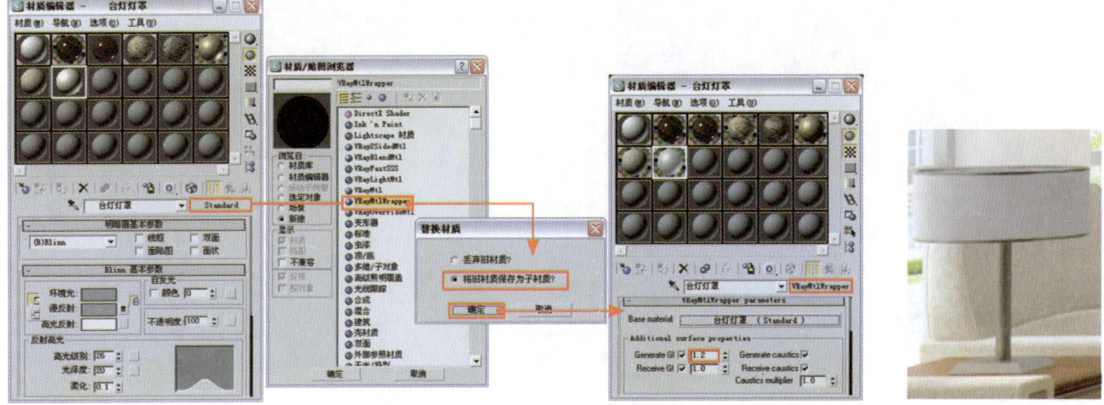

图 4-57　　图 4-58

19 接着制作水晶灯材质。选择一个空白材质球，将其设置为 VRayMtl 材质，并将材质命名为“水晶”。单击“Diffuse”颜色按钮，调整颜色，具体参数设置如图 4-59 所示。最后将材质指定给物体“水晶灯”，局部效果如图 4-60 所示。

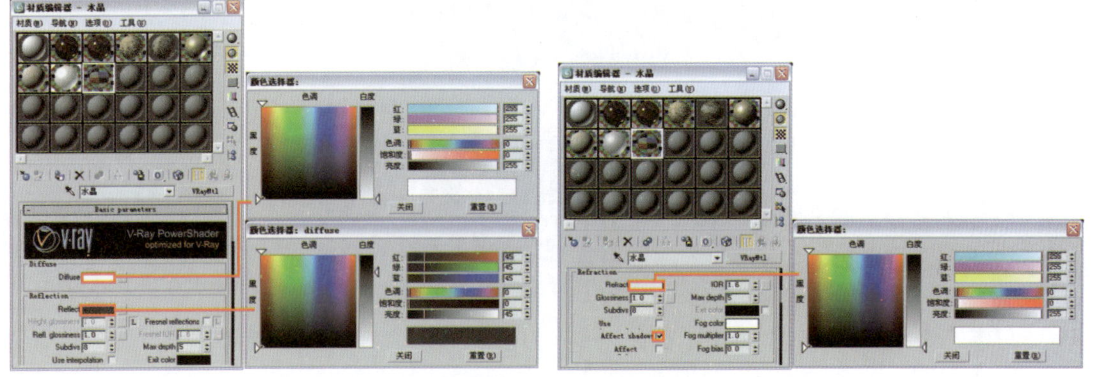

图 4-59

图 4-60

4.3.2 设置其他材质

1 接下来设置窗帘材质。选择一个空白材质球，将材质设置为 多维/子对象 材质，并将材质命名为“窗帘”，具体参数设置如图 4-61 所示。

2 在“多维 / 子对象”材质层级单击“ID1”右侧的材质通道按钮，将其设置为 VRayMtl 材质，在 VRayMtl 材质层级进行参数设置，如图 4-62 所示。

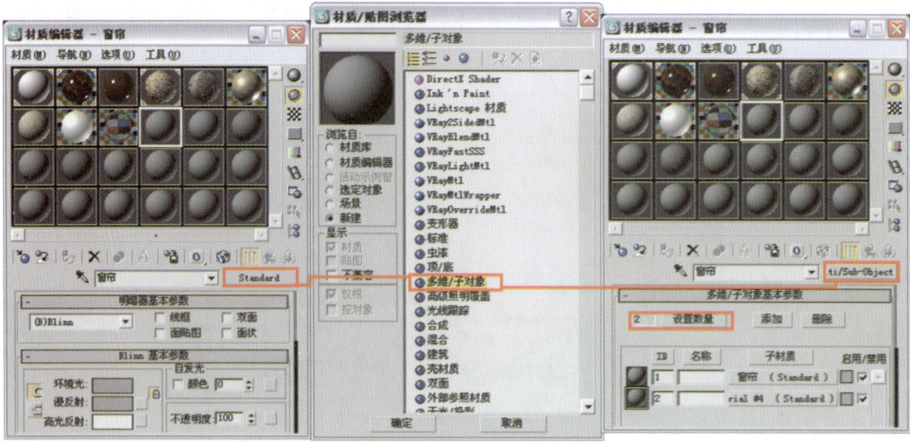

图 4-61

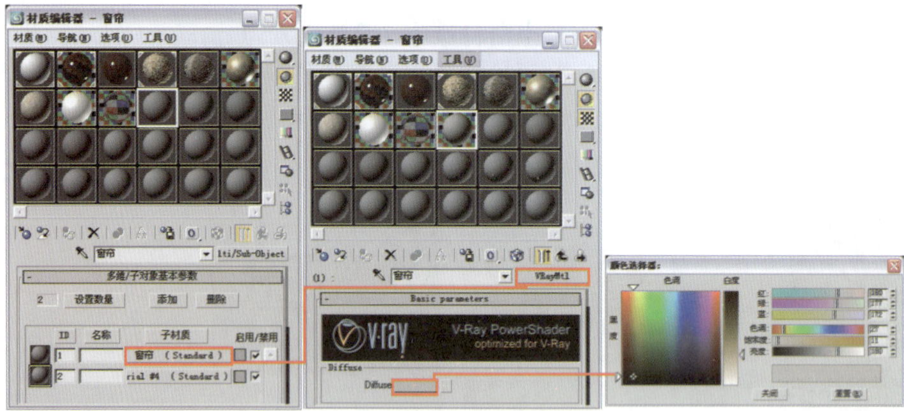

图 4-62

③ 单击“Refract”右侧的贴图通道按钮，为其添加一个“衰减”程序贴图，参数设置如图 4-63 所示。

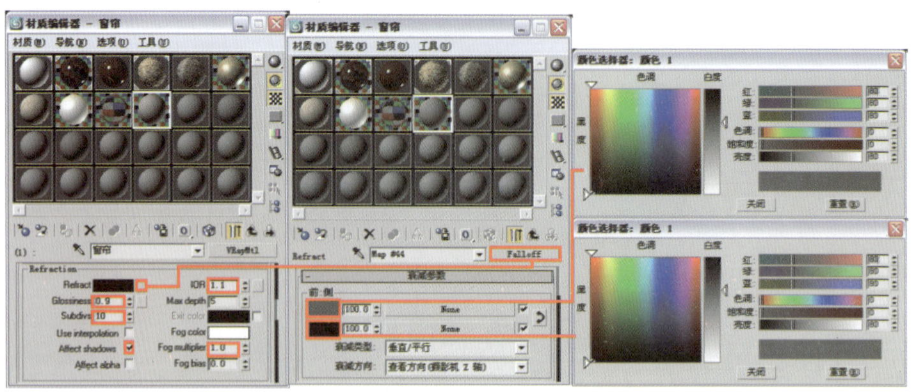

图 4-63

④ 返回多维 / 子对象材质层级，单击“ID2”右侧的材质通道按钮，将其设置为 VRayMtl 材质，在其 VRayMtl 材质层级进行参数设置，如图 4-64 所示。窗帘材质的参数设置完成后，将设置好的材质指定给物体“窗帘”，局部效果如图 4-65 所示。

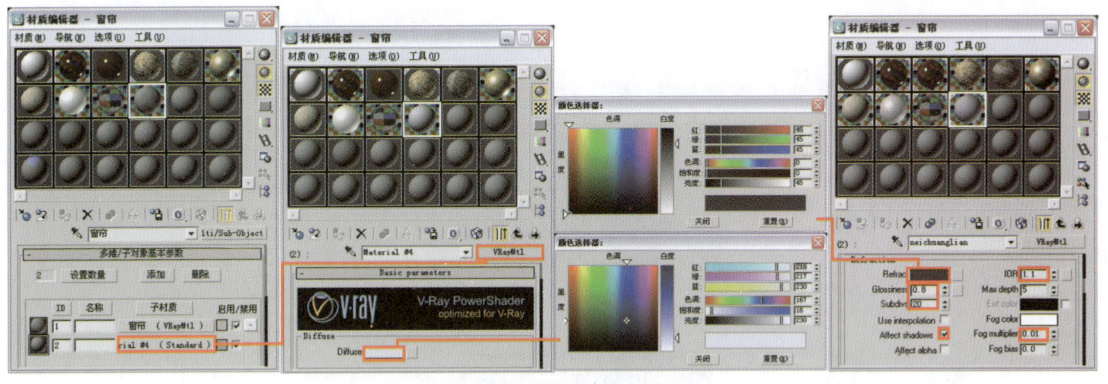
图 4-64

图 4-65

5 接下来制作柱子材质。选择一个空白材质球，将其设置为 VRayMtl 材质，并将材质命名为“柱石材”。单击“Diffuse”右侧的贴图通道按钮，为其添加一个“位图”贴图，具体参数设置如图 4-66 所示。贴图文件为本书配套光盘提供的“第 4 章高级会客厅\贴图\石材新.jpg”文件。最后将设置好的材质指定给物体“石材柱”，局部效果如图 4-67 所示。

6 下面制作大理石材质。选择一个空白材质球，将其设置为 VRayMtl 材质，并将材质命名为“大理石”。单击“Diffuse”右侧的贴图通道按钮，为其添加一个“位图”贴图，具体参数设置如图 4-68 所示。贴图文件为本书配套光盘提供的“第 4 章高级会客厅\贴图\DLS4-12.JPG”文件。

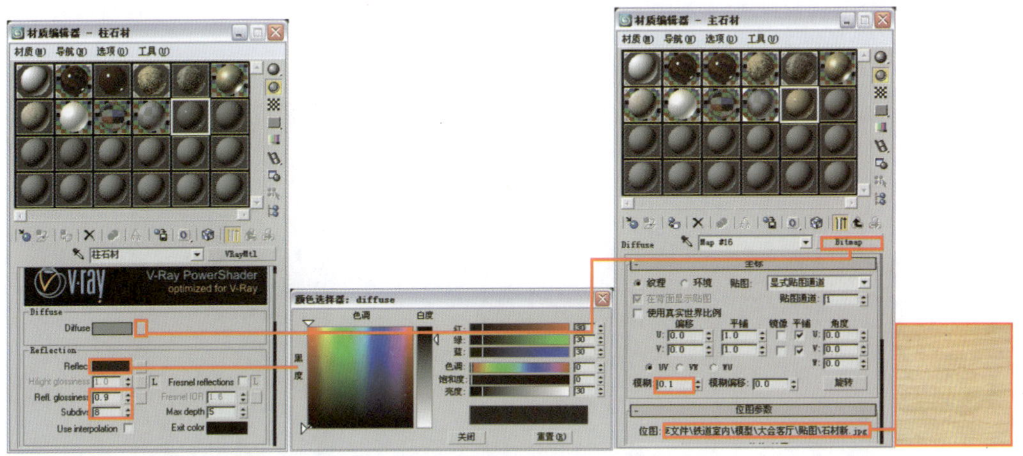
图 4-66

图 4-67

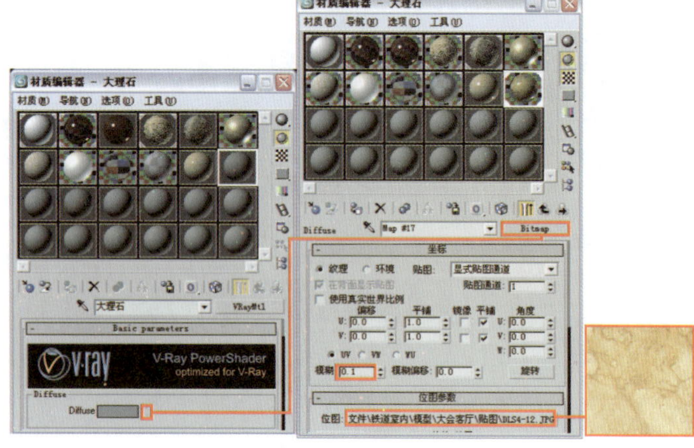

图 4-68

⑦ 返回 VRayMtl 材质层级，单击“Reflect”右侧的贴图通道按钮，为其添加一个“衰减”程序贴图，具体参数设置如图 4-69 所示。

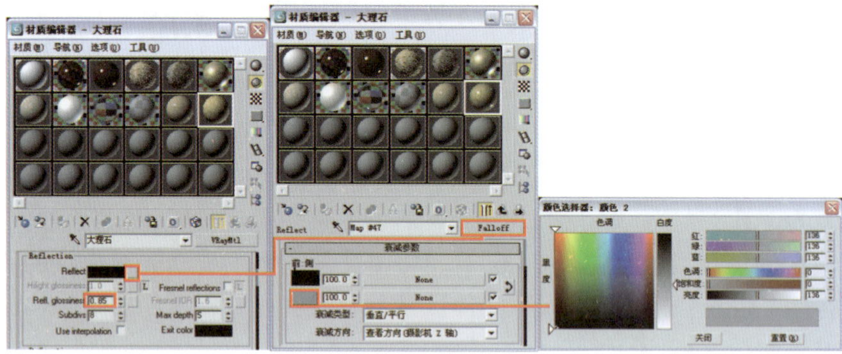

图 4-69

⑧ 进入 Maps 卷展栏，把“Diffuse”后面的材质拖动到“Bump”后面的 None 贴图通道上，具体参数设置如图 4-70 所示。最后将设置好的材质指定给物体“大理石柱台”，局部效果如图 4-71 所示。

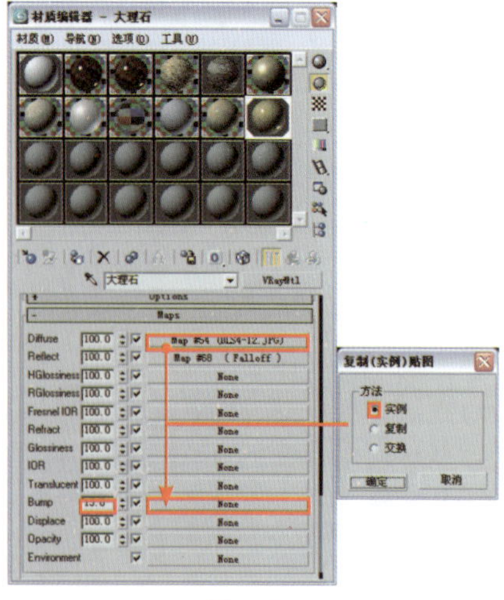

图 4-70

图 4-71

9 下面制作窗框材质。选择一个空白材质球，将其设置为 VRayMtl 材质，并将材质命名为“窗框”，具体参数设置如图 4-72 所示。最后将设置好的材质指定给物体“窗框”，局部效果如图 4-73 所示。

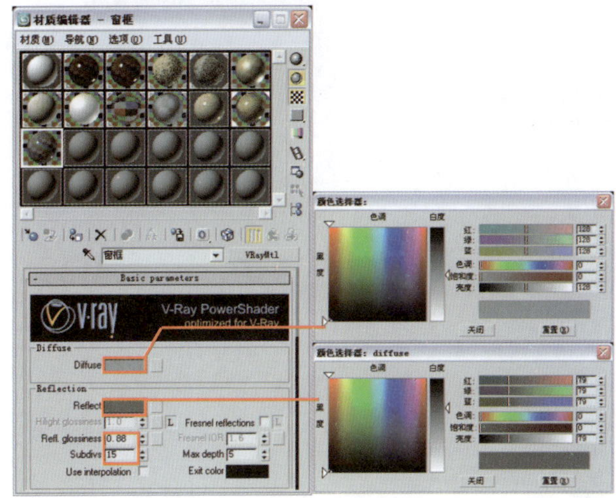

图 4-72

图 4-73

10 下面制作钢条（金属）材质。选择一个空白材质球，将其设置为 VRayMtl 材质，并将材质命名为“钢条”，具体参数设置如图 4-74 所示。最后将设置好的材质指定给物体“钢条支架”。

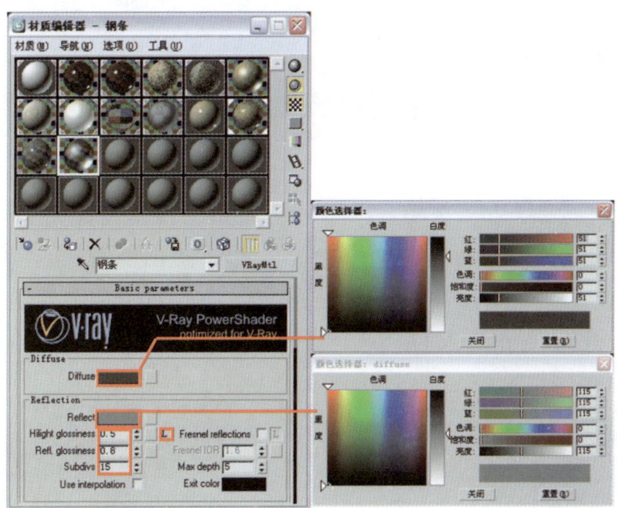

图 4-74

11 下面制作金属材质。选择一个空白材质球，将其设置为 VRayMtl 材质，并将材质命名为“金属”，具体参数设置如图 4-75 所示。最后将设置好的材质指定给物体“金属部件”，局部效果如图 4-76 所示。

12 下面制作灰色金属材质。选择一个空白材质球，将其设置为 VRayMtl 材质，并将材质命名为“灰色的金属”，具体参数设置如图 4-77 所示。最后将设置好的材质指定给物体“壁灯灰色金属”。

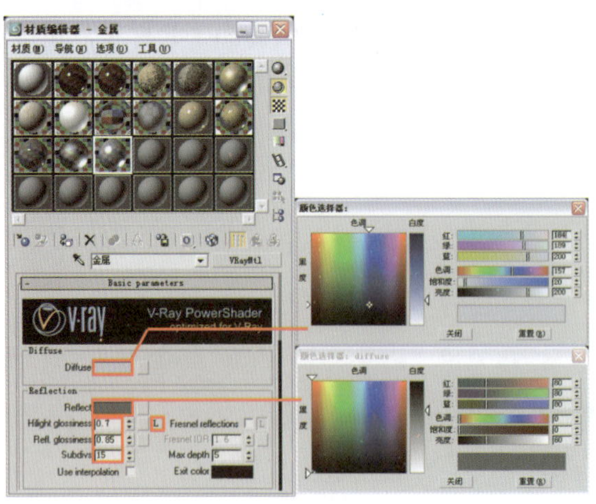
图 4-75

图 4-76

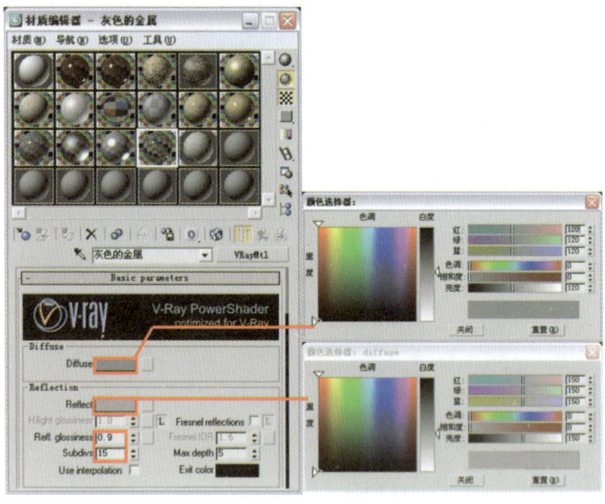
图 4-77

13 最后制作壁灯发光体材质。选择一个空白材质球，将其设置为 VRayMtl 材质，并将材质命名为“壁灯发光体”。单击“Diffuse”右侧的贴图通道按钮，为其添加一个“位图”贴图，具体参数设置如图 4-78 所示。贴图文件为本书配套光盘提供的“第 4 章高级会客厅 \ 贴图 \ 石材 -002.jpg”文件。

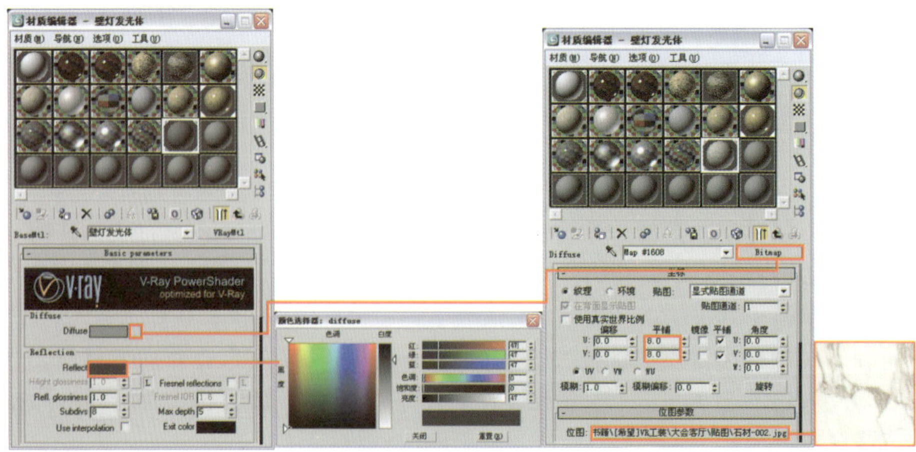
图 4-78

14 为了让壁灯材质看起来更亮，为其添加 VRayMtlWrapper 材质，具体参数设置如图 4-79 所示。最后将设置好的材质指定给物体“壁灯”，效果如图 4-80 所示。

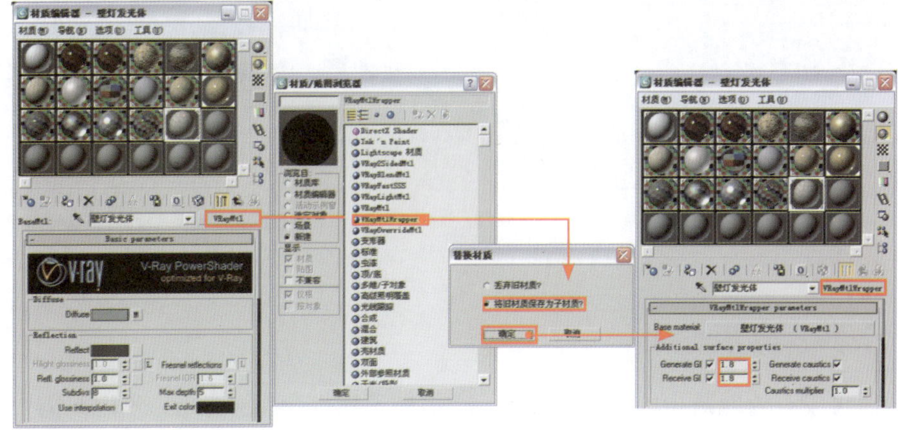

图 4-79

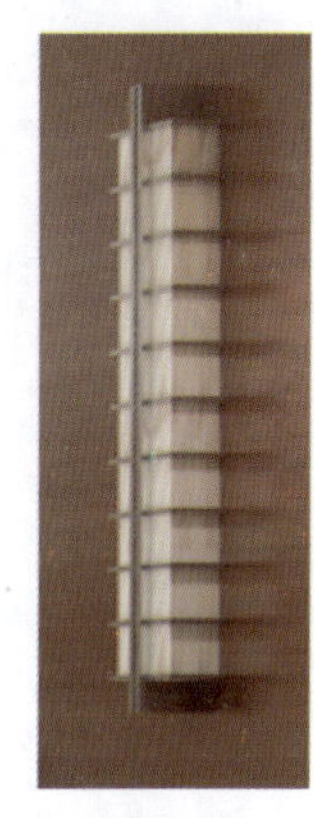

图 4-80

至此，场景的灯光测试和材质设置都已经完成，下面将对场景进行最终渲染设置。最终渲染设置将决定图像的最终渲染品质。

4.4 最终渲染设置

4.4.1 最终测试灯光效果

场景中材质设置完毕后需要对场景进行渲染，渲染效果如图 4-81 所示。

图 4-81

观察渲染效果可以发现场景整体偏暗，下面将通过调整次级漫射反弹倍增值来提亮场景，参数设置如图 4-82 所示。再次渲染效果如图 4-83 所示。

观察渲染效果，场景光线不需要再调整，接下来设置最终渲染参数。

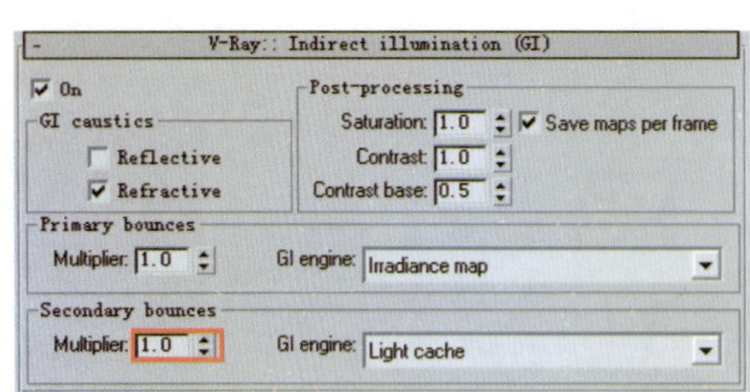

图 4-82

图 4-83

4.4.2 灯光细分参数设置

提高灯光细分值可以有效地减少场景中的杂点，但渲染速度也会相对降低，所以只需要提高一些开启阴影设置的主要灯光的细分值即可，但不能将细分值设置的过高。下面对场景中的主要灯光进行细分设置。

① 首先将场景中的 VRayLight 面光源的灯光细分值设置为 20，如图 4-84 所示。

② 然后将模拟太阳光的 VRaySun01 的灯光细分值设置为 15，如图 4-85 所示。

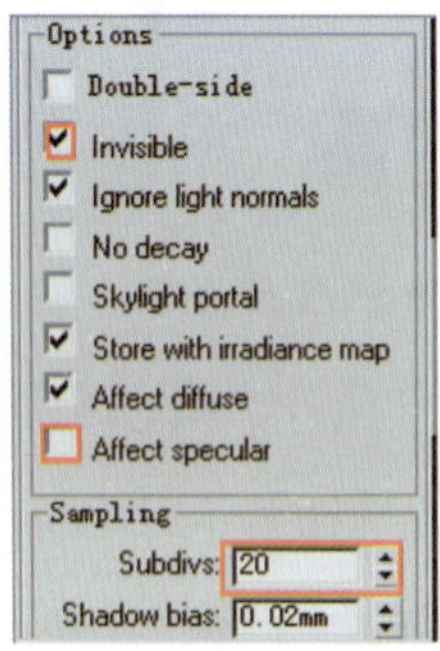

图 4-84

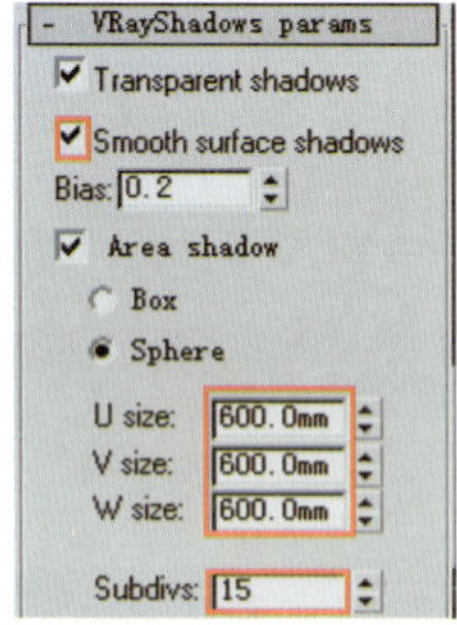

图 4-85

4.4.3 设置保存发光贴图和灯光贴图的渲染参数

我们已经讲解过保存发光贴图和灯光贴图的方法，这里就不再重复，只对渲染级别的设置进行讲解。

① 进入 V-Ray:: Irradiance map （发光贴图）卷展栏，设置参数如图 4-86 所示。

② 进入 V-Ray:: Light cache （灯光缓存）卷展栏，设置参数如图 4-87 所示。

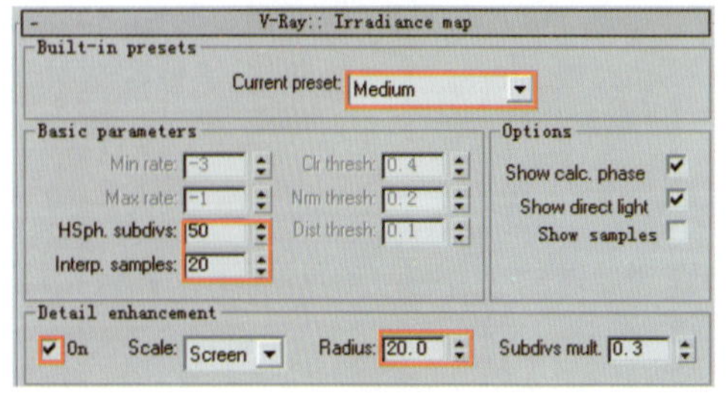

图 4-86

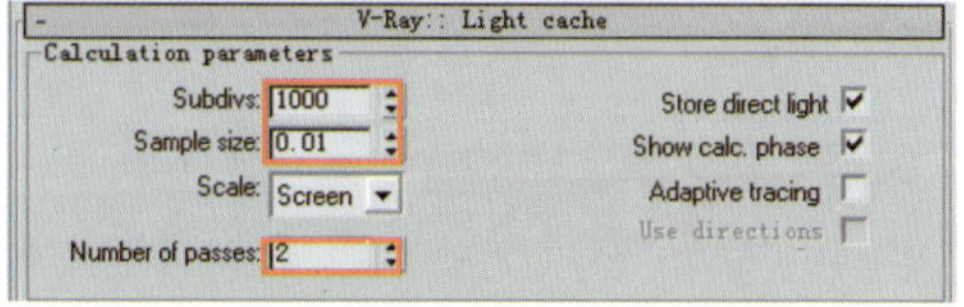

图 4-87

③ 在 V-Ray:: rQMC Sampler （准蒙特卡罗采样器）卷展栏中设置参数如图 4-88 所示，这是模糊采样设置。

图 4-88

渲染级别设置完毕，最后设置保存发光贴图和灯光贴图的参数并进行渲染即可。

4.4.4 最终成品渲染

最终成品渲染的参数设置如下。

① 首先设置出图尺寸及抗锯齿参数。当发光贴图和灯光贴图计算完毕后，在“渲染场景”对话框中的“公用”选项卡中设置最终渲染图像的输出尺寸，如图 4-89 所示。

② 在 V-Ray:: Global switches （全局开关）卷展栏中取消“Don't render final image”复选框的勾选，如图 4-90 所示。

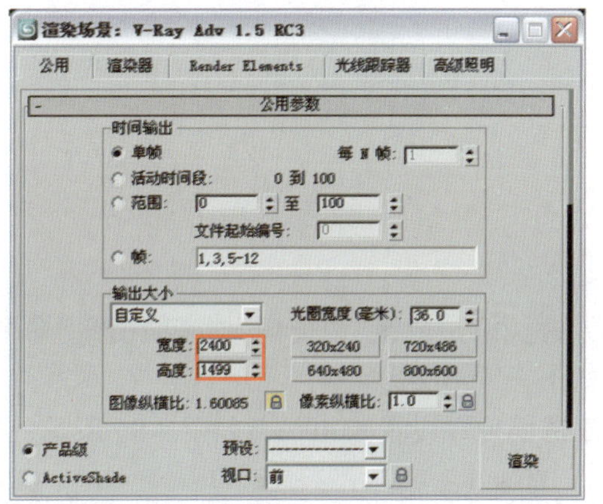

图 4-89

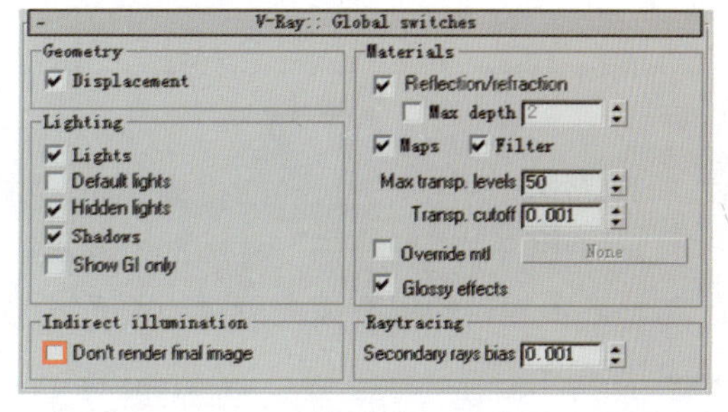

图 4-90

③ 在 V-Ray:: Image sampler (Antialiasing) （抗锯齿采样）卷展栏中设置抗锯齿和过滤器，如图 4-91 所示。

④ 最终渲染完成的效果如图 4-92 所示。

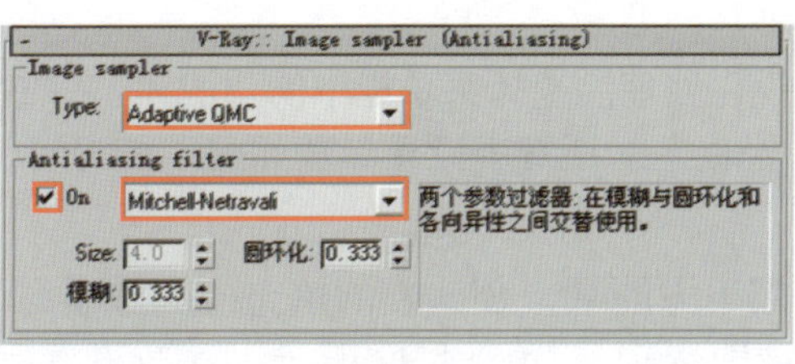

图 4-91

图 4-92

4.5 Photoshop后期处理

最后使用 Photoshop 软件对图像的亮度、对比度以及饱和度进行调整，使效果更加生动和逼真。主要使用到的命令有"曲线"、"高斯模糊"以及"USM 锐化"等。

① 在 Photoshop CS3 中打开渲染图，按 Ctrl+M 键打开"曲线"对话框，适当调节参数，使图像整体变亮，如图 4-93 所示。

② 在图层调板中将"背景"图层拖动到调板下方的 （创建新图层）按钮上，这样就会复制出一个副本图层，如图 4-94 所示。

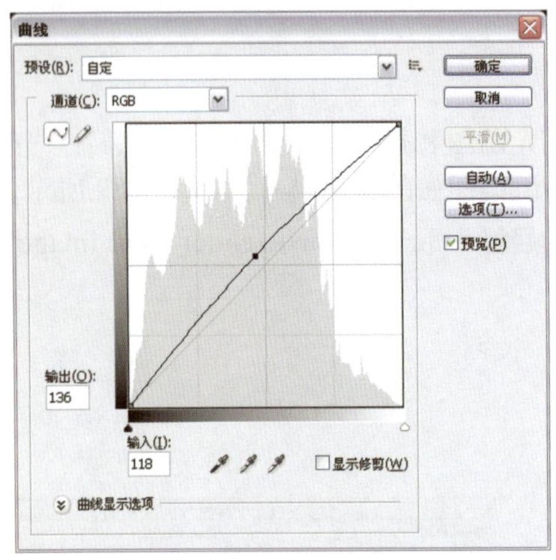

图 4-93

图 4-94

③ 对复制出的图层进行高斯模糊处理，选择菜单栏中的"滤镜"|"模糊"|"高斯模糊"命令，在弹出的"高斯模糊"对话框中设置参数如图 4-95 所示。

④ 将副本图层的混合模式设置为柔光，将"不透明度"设置为 40%，如图 4-96 所示。

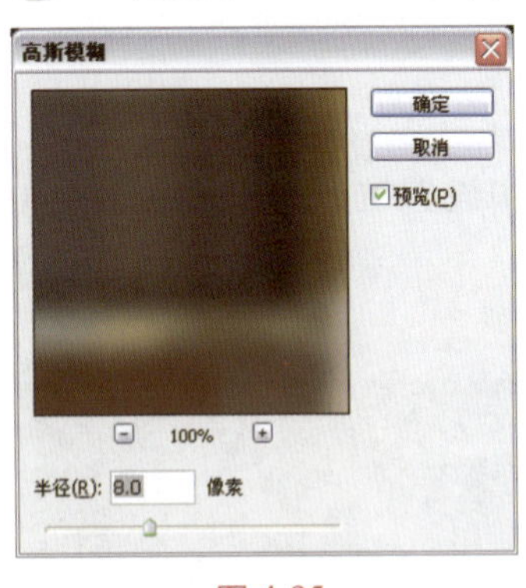

图 4-95

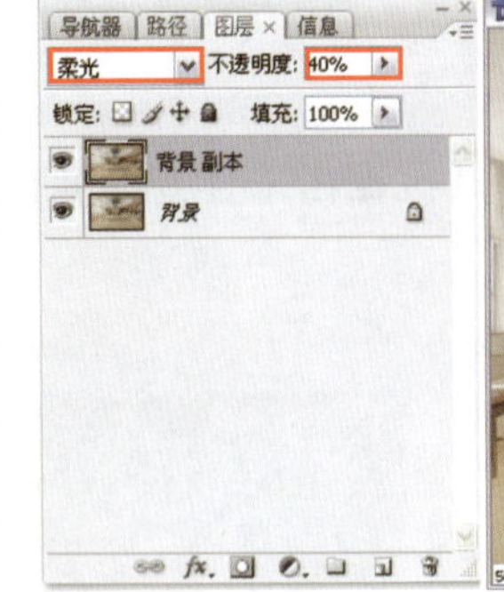

图 4-96

⑤ 按 Ctrl+E 键合并可见图层，最后对图像进行锐化处理。选择菜单栏中的"滤镜"|"锐化"|"USM 锐化"命令，在弹出的"USM 锐化"对话框中设置参数如图 4-97 所示。效果如图 4-98 所示。

⑥ 最后为其添加一个"照片滤镜"，单击图层调板下方的 （创建新的填充或调整图层）按钮，在弹出的快捷菜单中选择"照片滤镜"选项，如图 4-99 所示，参数设置如

图 4-100 所示。

图 4-97

图 4-98

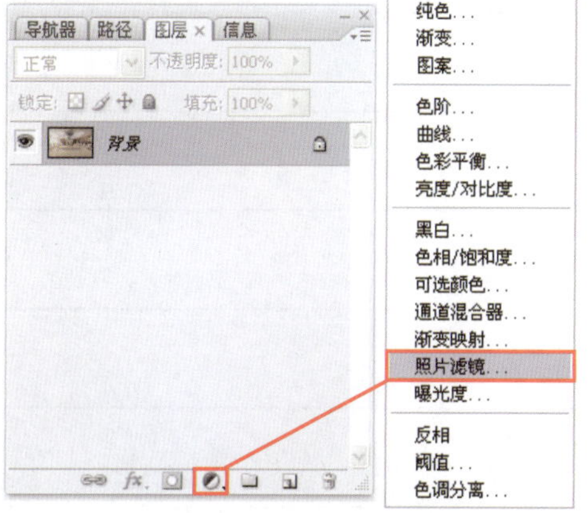

图 4-99

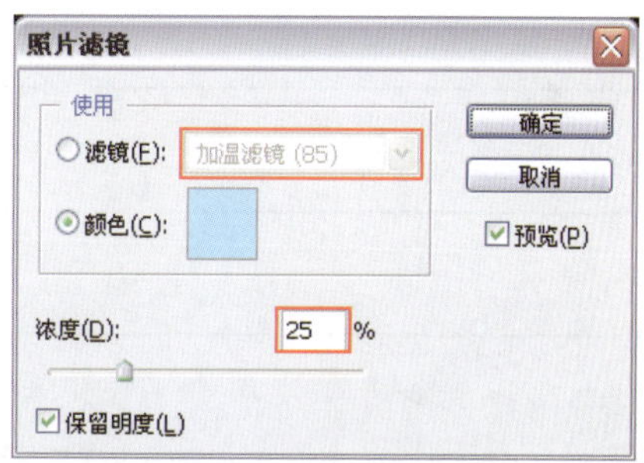

图 4-100

7 按 Shift+Ctrl+E 键合并可见图层，最终效果如图 4-101 所示。

图 4-101

NOTEbook
读书笔记

第 5 章 简单影音室表现

5.1 简单影音室简介

本章案例展示了一个简单的带有休息活动功能的影音室空间。整个空间的设计具有一些欧式的感觉，由于整个空间的进光口不明显，因此场景采用了天光和室内灯光的表现手法，案例效果如图 5-1 所示。

图 5-1

简单影音室模型的线框效果图如图 5-2 所示。

图 5-2

5.2 简单影音室测试渲染设置

打开配套光盘中的“第 5 章简单影音室\简单影音室源文件 .max”场景文件，如图 5-3

所示，可以看到这是一个已经创建好模型的影音室场景，并且场景中的摄影机也已经创建好。

图 5-3

下面首先进行测试渲染参数设置，然后为场景布置灯光。灯光布置包括室外天光和室内灯光的建立。

5.2.1 设置测试渲染参数

测试渲染参数的设置步骤如下。

① 按 F10 键打开“渲染场景”对话框，渲染器已经设置为 V-Ray Adv 1.5 RC3 渲染器，在 公用参数 卷展栏中设置较小的图像尺寸，如图 5-4 所示。

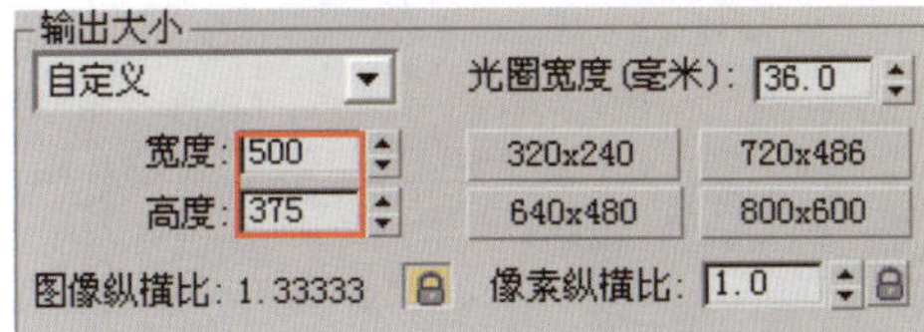

图 5-4

② 进入“渲染器”选项卡，在 V-Ray:: Global switches （全局开关）卷展栏中设置参数如图 5-5 所示。

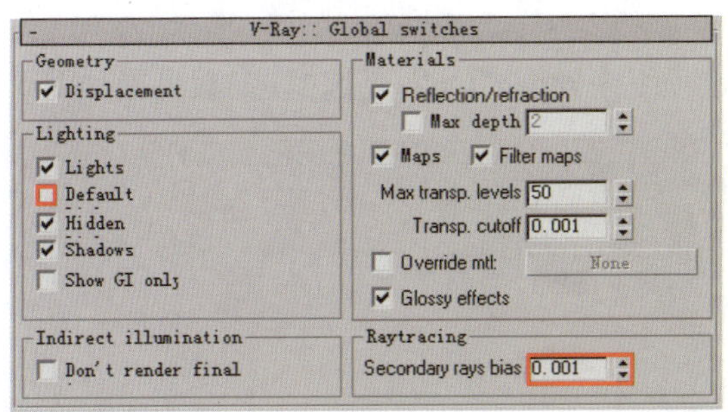

图 5-5

3ds max/ VRay Super Realism

③ 进入 V-Ray:: Image sampler (Antialiasing) （抗锯齿采样）卷展栏中，参数设置如图 5-6 所示。

④ 在 V-Ray:: Indirect illumination (GI) （间接照明）卷展栏中设置参数如图 5-7 所示。

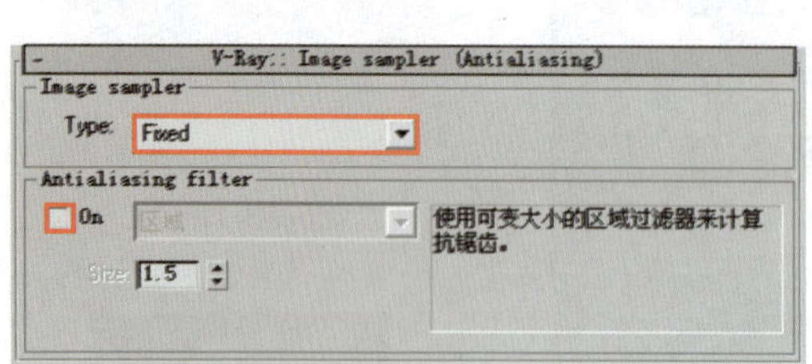

图 5-6

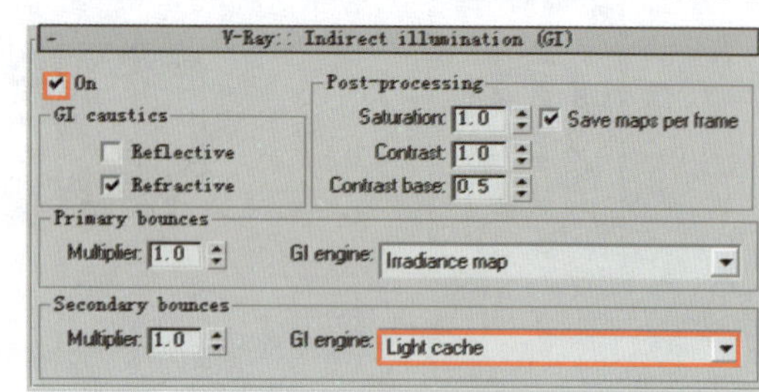

图 5-7

⑤ 在 V-Ray:: Irradiance map （发光贴图）卷展栏中设置参数如图 5-8 所示。

⑥ 在 V-Ray:: Light cache （灯光缓存）卷展栏中设置参数如图 5-9 所示。

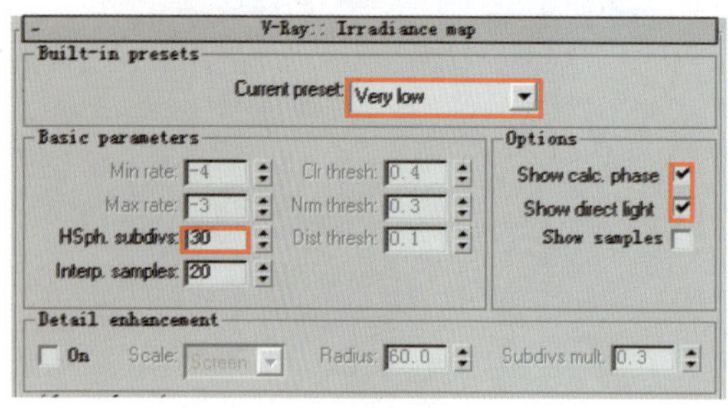

图 5-8

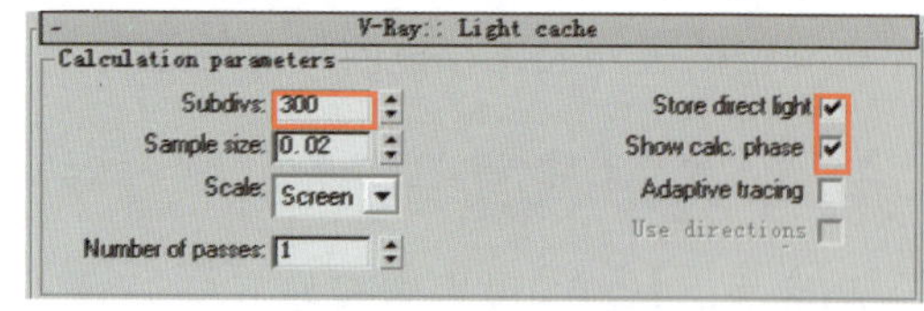

图 5-9

⑦ 在主菜单栏选择“渲染”，在下拉菜单中选择“环境”，进入环境控制面板，调整背景颜色，具体参数设置如图 5-10 所示。

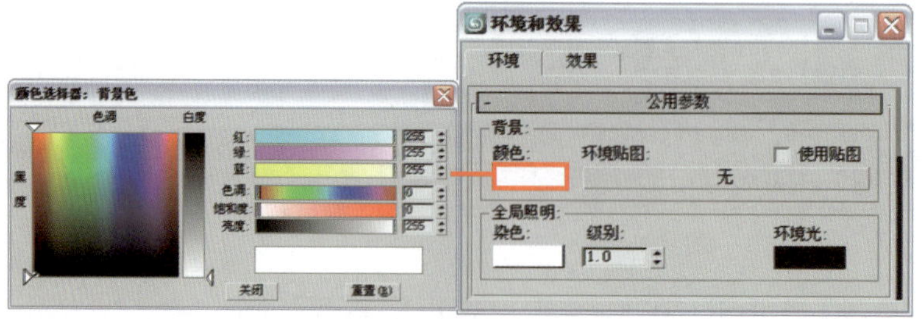

图 5-10

⑧ 下面对环境光进行设置。打开 V-Ray:: Environment （环境）卷展栏，在“GI Environment (skylight) override”选项组中勾选“On”复选框，参数设置如图 5-11 所示。

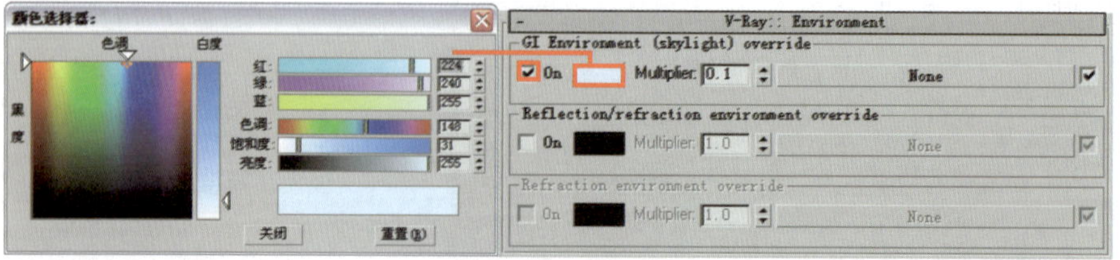

图 5-11

5.2.2 布置场景灯光

简单影音室的场景比较简单，通过天光和室内灯光就能照亮场景。下面首先设置室外照明，然后设置室内照明。

① 首先布置室外的天光。单击（创建）按钮进入创建命令面板。单击（灯光）按钮，在下拉菜单中选择“VRay”选项，然后在 对象类型 卷展栏中单击 VRayLight 按钮，在如图 5-12 所示位置创建一盏 VRayLight 来模拟天光。灯光参数设置如图 5-13 所示。

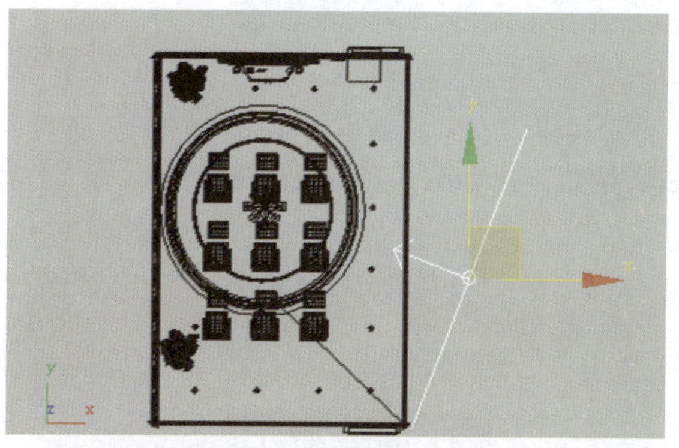

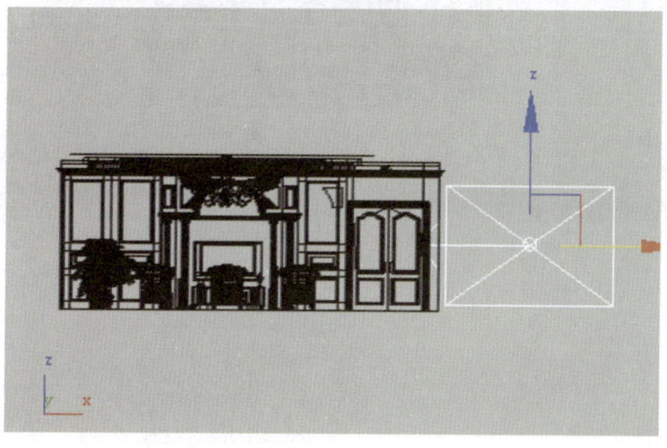

图 5-12

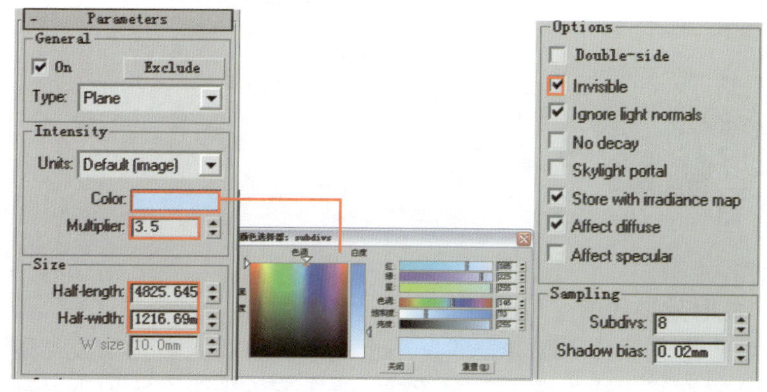

图 5-13

② 对摄影机视图进行渲染，效果如图 5-14 所示。

本场景所使用材质

金箔壁纸

墙面壁纸

地面

木质

椅子布

图 5-14

③ 继续创建室外天光，单击 （灯光）按钮，在下拉菜单中选择“VRay”选项，然后在 对象类型 卷展栏中单击 VRayLight 按钮，在如图 5-15 所示位置创建一盏 VRayLight。灯光参数设置如图 5-16 所示。

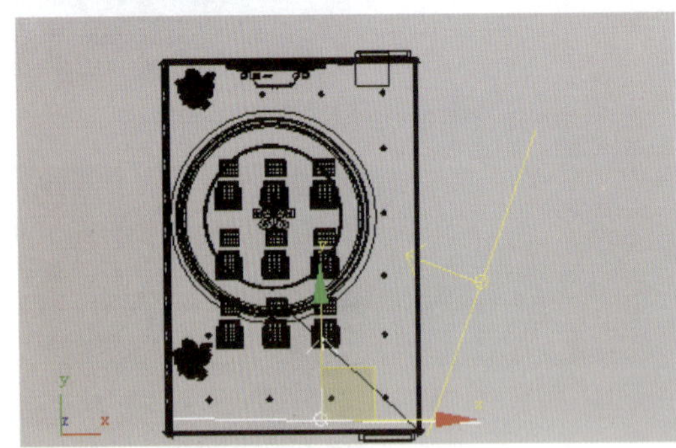

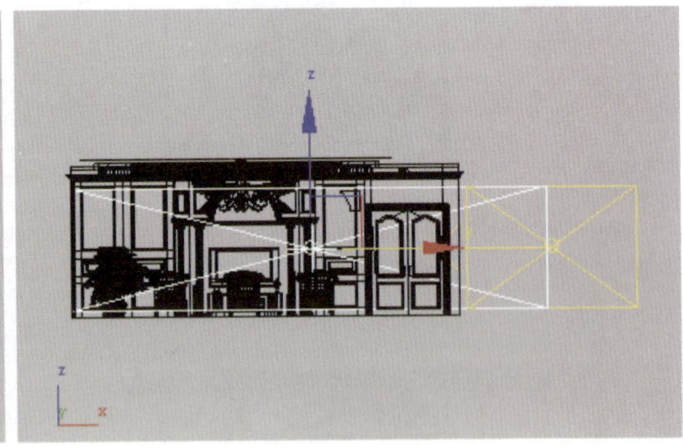

图 5-15

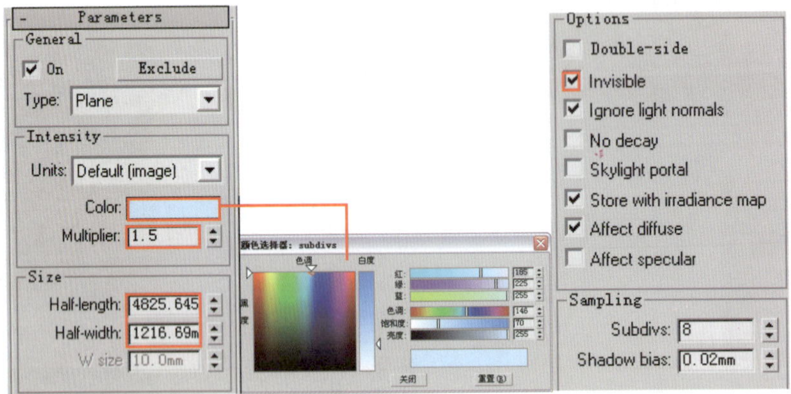

图 5-16

④ 对摄影机视图进行渲染，此时效果如图 5-17 所示。

⑤ 从渲染效果来看，场景中直接光照地方曝光严重，下面通过调整场景曝光参数类型来解决这个问题。按 F10 键打开“渲染场景”对话框，进入“渲染器”选项卡，在 V-Ray:: Color mapping （颜色映射）卷展栏中进行曝光控制，参数设置如图 5-18 所示。再次渲染效果如图 5-19 所示。

图 5-17

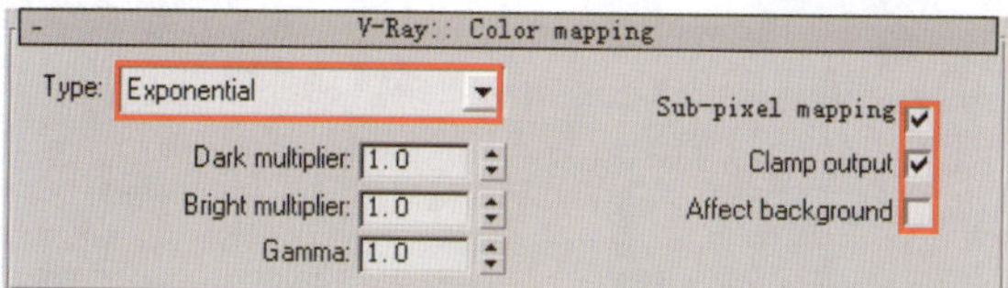

V-Ray:: Color mapping
Type: Exponential
Dark multiplier: 1.0
Bright multiplier: 1.0
Gamma: 1.0
Sub-pixel mapping ☑
Clamp output ☑
Affect background ☐

图 5-18

图 5-19

6 室外灯光布置完毕，下面开始设置室内筒灯。单击 （创建）按钮进入创建命令面板。单击 （灯光）按钮，在下拉菜单中选择“光度学”选项，然后在 对象类型 卷展栏中单击 自由点光源 按钮，在如图 5-20 所示位置创建一个自由点光源 Point01 来模拟筒灯灯光效果。

7 进入修改命令面板，对创建的自由点光源参数进行设置，如图 5-21 所示。光域网文件为本书配套光盘提供的“第 5 章简单影音室 \ 贴图 \20.IES”文件。

8 在顶视图中，将刚刚创建的自由点光源 Point01 关联复制出 14 盏，位置如图 5-22 所示。

本场景所使用材质

金色金属

古铜金属

吊灯金属

吊灯玻璃

黄灯泡

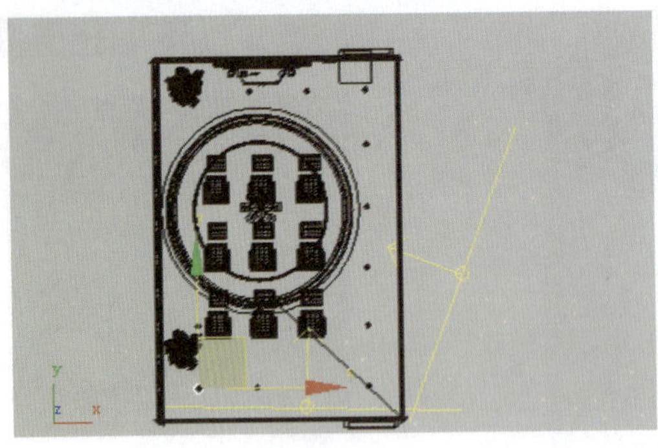

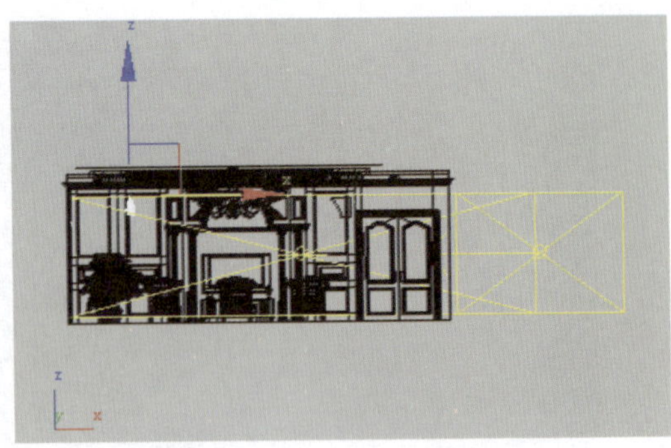

图 5-20

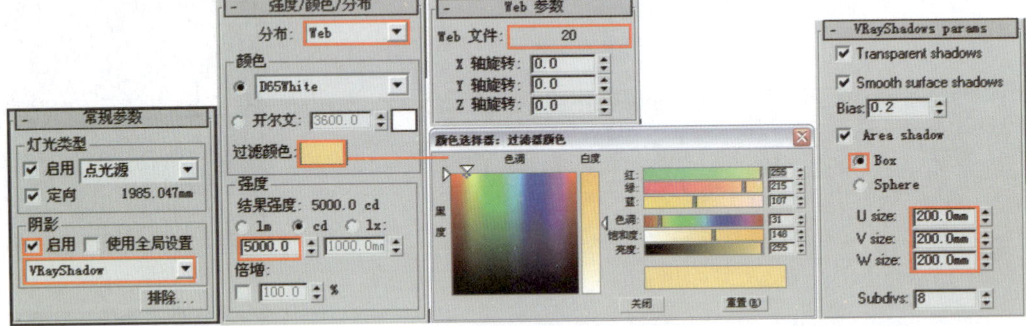

图 5-21

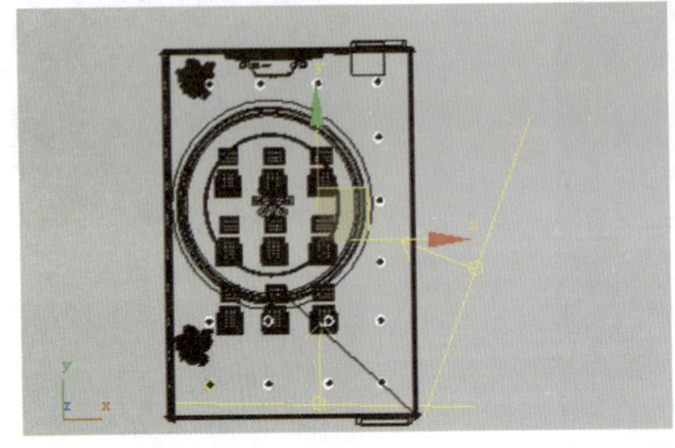

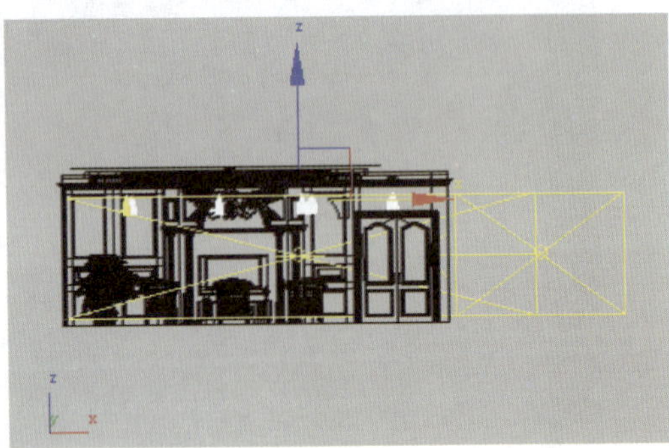

图 5-22

9 对摄影机视图进行渲染，此时效果如图 5-23 所示。

图 5-23

⑩ 接下来设置休息室吊顶内的暗藏灯带。单击 (灯光)按钮，在下拉菜单中选择“VRay”选项，然后在 对象类型 卷展栏中单击 VRayLight 按钮，在如图 5-24 所示位置创建一盏 VRayLight361 来模拟暗藏灯带。灯光参数设置如图 5-25 所示。

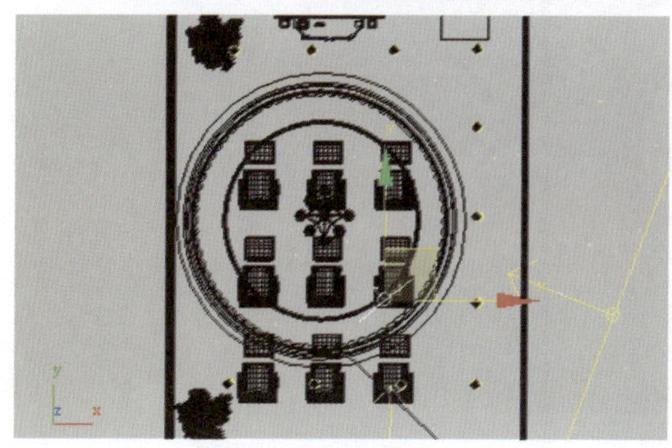
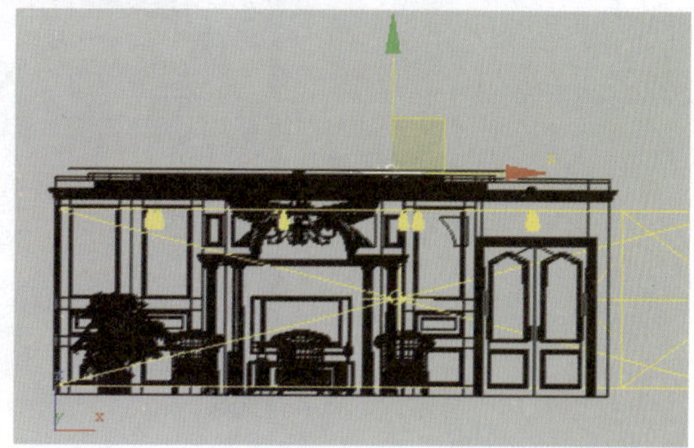

图 5-24

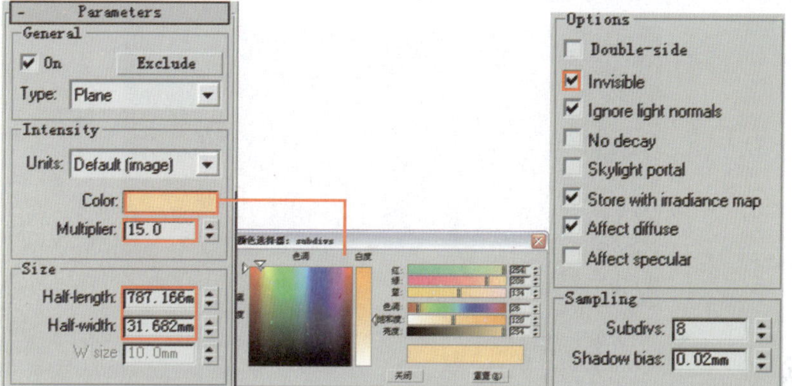

图 5-25

⑪ 在顶视图中选中刚刚创建的 VRayLight361，单击修改命令面板中的 (层次) 按钮，在 调整轴 卷展栏中单击其中的 仅影响轴 按钮，然后在视图中使用【移动工具】将灯光 VRayLight361 的轴移动到圆形灯池的中心，位置如图 5-26 所示。

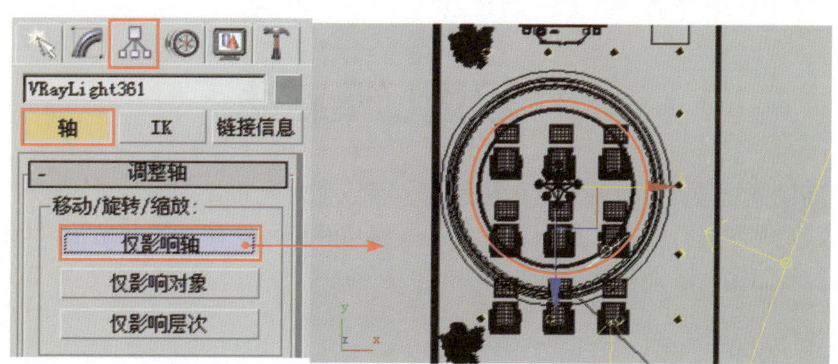

图 5-26

⑫ 对调整好中心轴的 VRayLight361 进行旋转复制。选择灯光 VRayLight，单击主工具栏中的 (选择并旋转工具) 按钮，按住 Shift 键对 VRayLight 进行关联复制，具体步骤如图 5-27 所示。

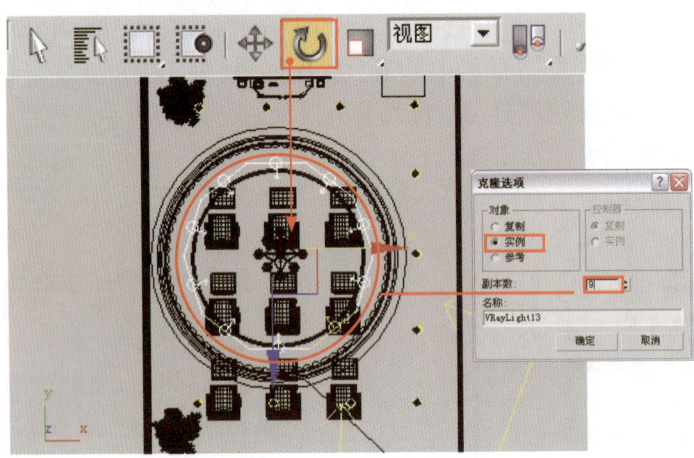

图 5-27

⑬ 对摄影机视图进行渲染，效果如图 5-28 所示。

图 5-28

上面已经对场景的灯光进行了布置，最终测试效果比较满意。测试完灯光效果后，下面进行材质设置。

5.3 设置场景材质

为了提高设置场景材质时的测试渲染速度，可以在灯光布置完毕后对测试渲染参数下的发光贴图和灯光贴图进行保存，然后在设置场景材质时调用保存好的发光贴图和灯光贴图进行测试渲染，从而提高渲染速度。

5.3.1 设置主体材质

① 首先设置场景中白漆涂料材质。选择一个空白材质球，将材质设置为 VRayMtl 材质，将材质命名为“白色乳胶漆”，具体参数设置如图 5-29 所示。

② 将设置好的材质指定给物体“白色乳胶漆”，对摄影机视图进行渲染，效果如图 5-30 所示。

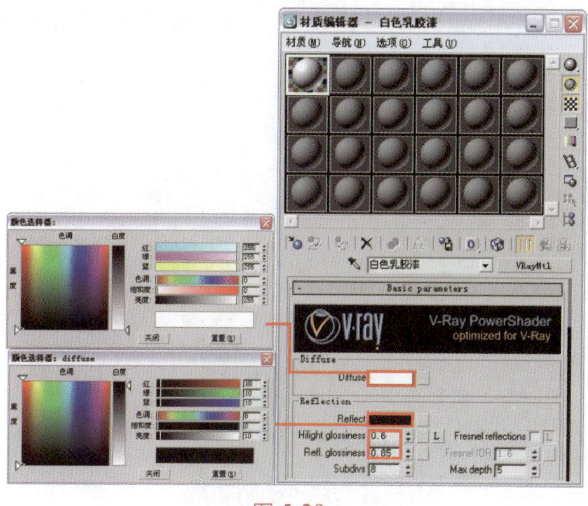

图 5-29

图 5-30

③ 接下来设置圆形顶面壁纸材质。选择一个空白材质球，将材质设置为 VRayMtl 材质，并将材质命名为“金箔壁纸”。单击“Diffuse”右侧的贴图通道按钮，为其添加一个“位图”贴图，具体参数设置如图 5-31 所示。贴图文件为本书配套光盘提供的“第 5 章简单影音室\贴图\金箔壁纸.jpg”文件。

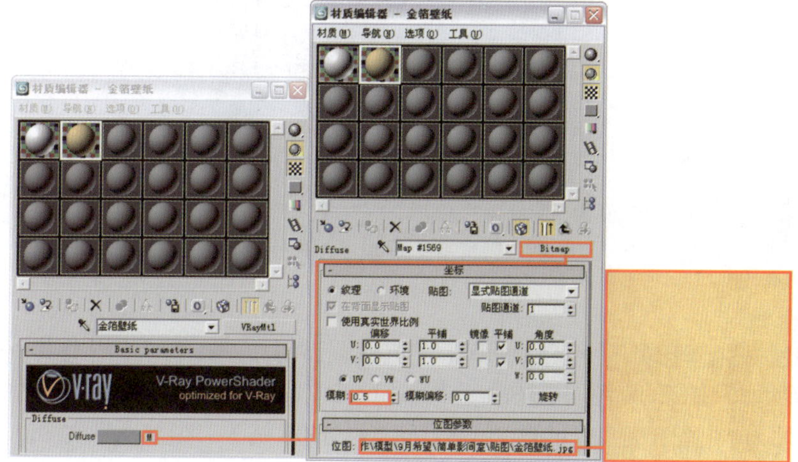

图 5-31

④ 将设置好的材质指定物体“金箔壁纸”，对摄影机视图进行渲染，顶面壁纸的局部效果如图 5-32 所示。

图 5-32

⑤ 设置墙面壁纸材质。选择一个空白材质球，将其设置为 VRayMtl 材质，并将其命名为“墙面壁纸”。单击“Diffuse”右侧的贴图通道按钮，为其添加一个“位图”贴图，

具体参数设置如图 5-33 所示。贴图文件为本书配套光盘提供的“第 5 章简单影音室\贴图\3h-113.jpg”文件。

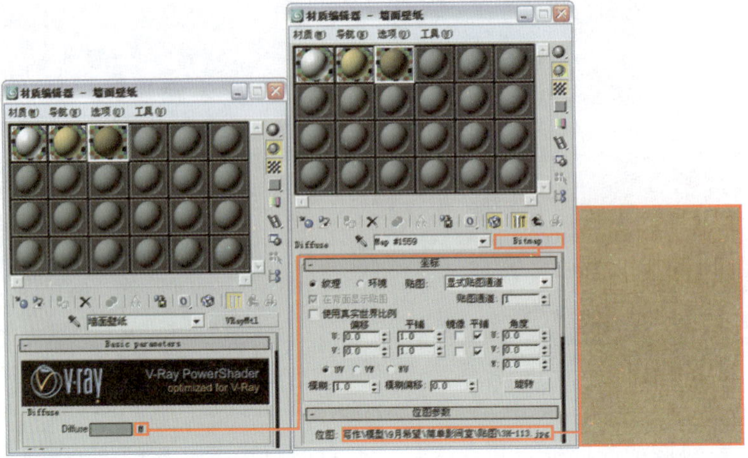

图 5-33

⑥ 将设置好的材质指定给物体“墙面壁纸”，对摄影机视图进行渲染，墙面壁纸的局部效果如图 5-34 所示。

图 5-34

⑦ 设置地毯材质。选择一个空白材质球，将其设置为 VRayMtl 材质，并将其命名为“地面”。单击“Diffuse”右侧的贴图通道按钮，为其添加一个“位图”贴图，具体参数设置如图 5-35 所示。贴图文件为本书配套光盘提供的“第 5 章简单影音室\贴图\地毯.jpg”文件。

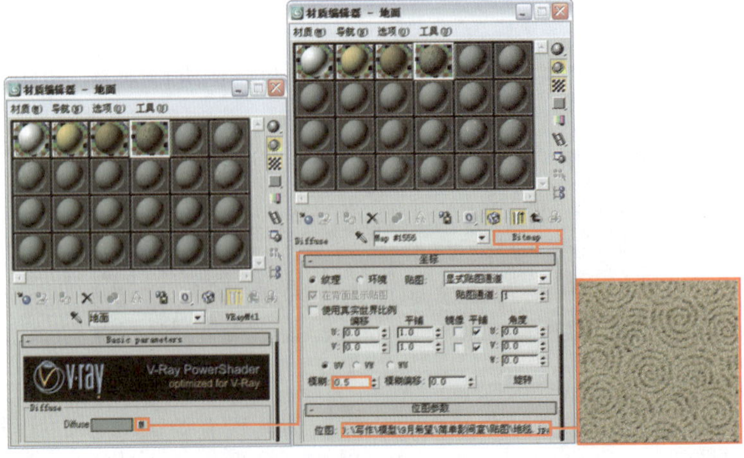

图 5-35

⑧ 将设置好的材质指定给物体"地面"。为了使地毯更加真实，这里为物体"地毯"添加一个 VRayDisplacementMod（VRay 置换）修改器。单击贴图通道按钮，为地毯添加一个"位图"贴图，将贴图拖曳到材质编辑器上进行编辑，具体步骤及参数设置如图 5-36 所示。贴图文件为本书配套光盘提供的"第 5 章简单影音室 \ 贴图 \ 地毯.jpg"文件。

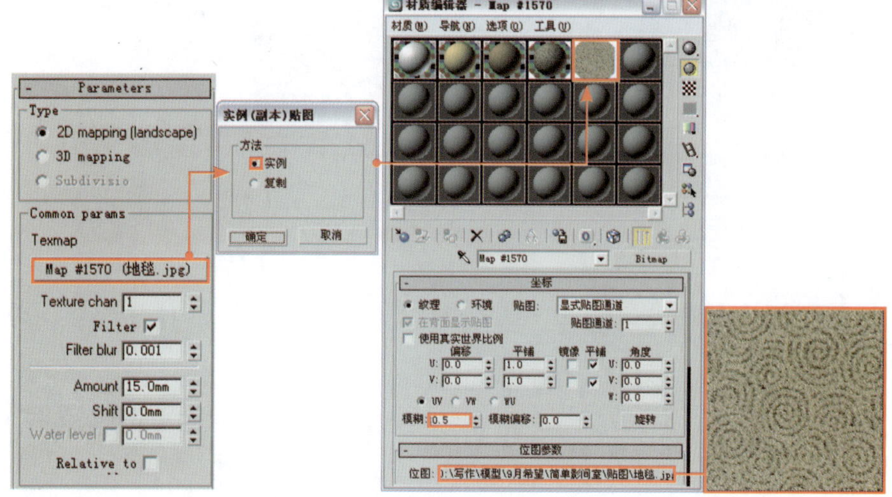

图 5-36

⑨ 对摄影机视图进行渲染，地毯的局部效果如图 5-37 所示。

图 5-37

5.3.2 设置场景木材质

① 设置场景中木质材质。选择一个空白材质球，将材质设置为 VRayMtl 材质，并将材质命名为"木质"。单击"Diffuse"右侧的贴图通道按钮，为其添加一个"位图"贴图，具体参数设置如图 5-38 所示。贴图文件为本书配套光盘提供的"第 5 章简单影音室 \ 贴图 \a-d-136_2.jpg"文件。

② 返回 VRayMtl 材质层级，单击"Reflect"后面的贴图通道按钮，为其添加一个"衰减"程序贴图，具体参数设置如图 5-39 所示。

③ 将设置好的材质指定给物体"木质"，对摄影机视图进行渲染，效果如图 5-40 所示。

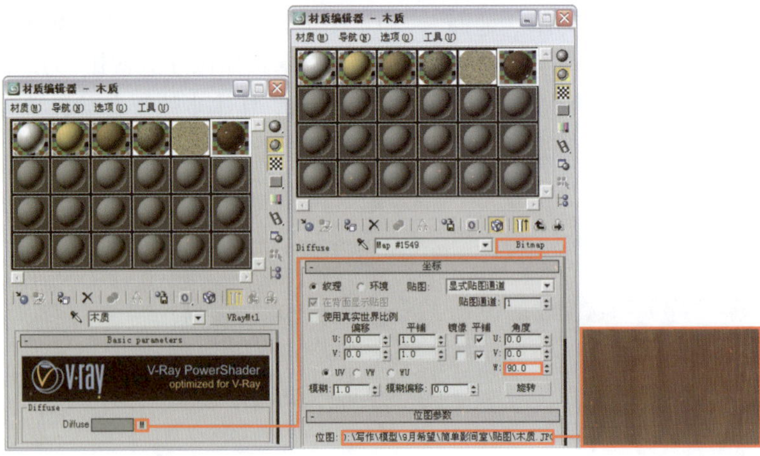

图 5-38

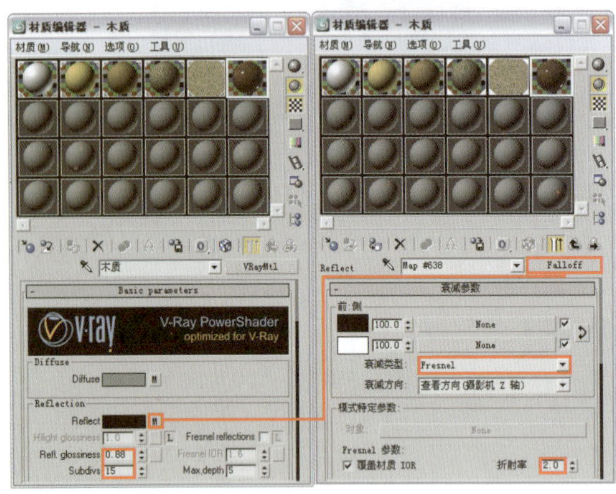

图 5-39

图 5-40

5.3.3 设置场景中布材质

(1) 下面来设置椅子布纹材质。选择一个空白材质球，将材质设置为 VRayMtl 材质，并将材质命名为“椅子布”。单击“Diffuse”右侧的贴图通道按钮，为其添加一个“位图”贴图，具体参数设置如图 5-41 所示。贴图文件为本书配套光盘提供的“第 5 章简单影音室 \ 贴图 \26013.jpg”文件。

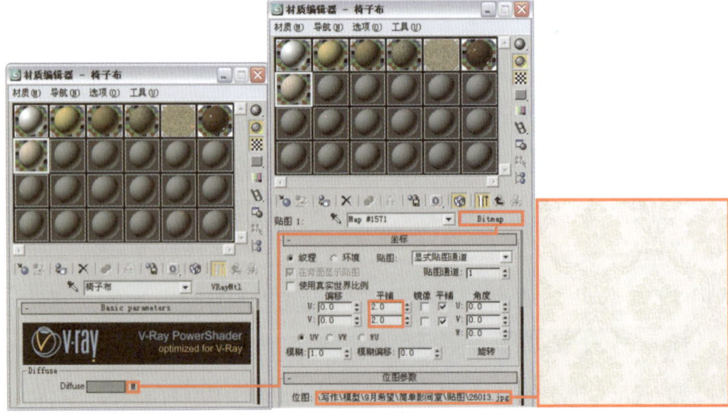

图 5-41

② 返回 VRayLight 材质层级，进入 Maps 卷展栏，单击“Bump”右侧的贴图通道按钮，为其添加一个“位图”贴图，具体参数设置如图 5-42 所示。贴图文件为本书配套光盘提供的“第 5 章简单影音室 \ 贴图 \cloth_45.jpg”文件。

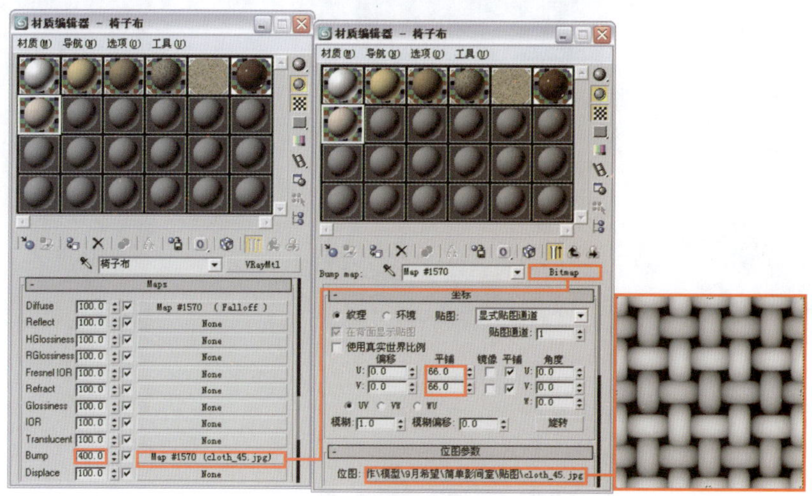

图 5-42

③ 将设置好的材质指定给物体“椅子布面”，对摄影机视图进行渲染，椅子效果如图 5-43 所示。

图 5-43

5.3.4 设置其他材质

① 设置边框金属材质。选择一个空白材质球，将其设置为 VRayMtl 材质，并将材质命名为“金色金属”，具体参数设置如图 5-44 所示。将设置好的材质指定给物体“金色金属”，对摄影机视图进行渲染，金色金属的局部效果如图 5-45 所示。

② 设置古铜色金属材质。选择一个空白材质球，将其设置为 VRayMtl 材质，并将材质命名为“古铜金属”，具体参数设置如图 5-46 所示。将设置好的材质指定给物体“古铜金属”，对摄影机视图进行渲染，古铜金属的局部效果如图 5-47 所示。

③ 设置吊灯金属材质。选择一个空白的材质球，将其设置为 VRayMtl 材质，并将材质命名为“吊灯金属”，具体参数设置如图 5-48 所示。将设置好的材质指定给物体“吊灯金属”。

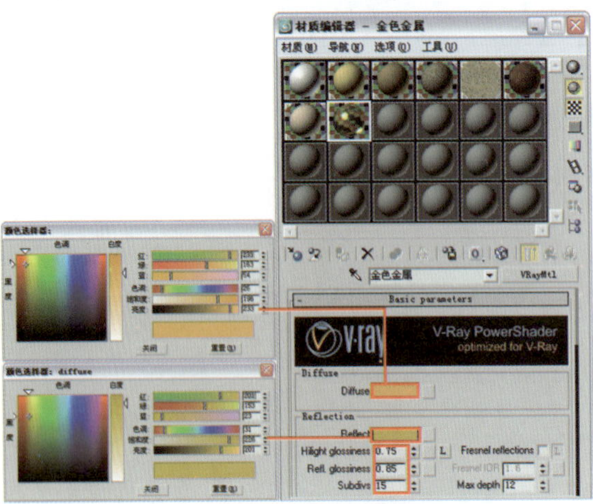

图 5-44

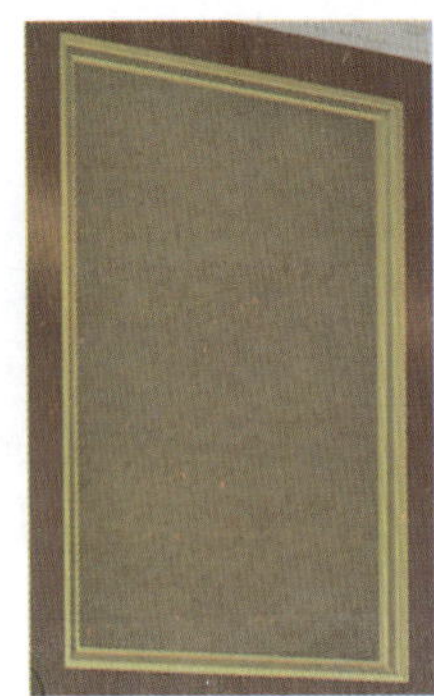

图 5-45

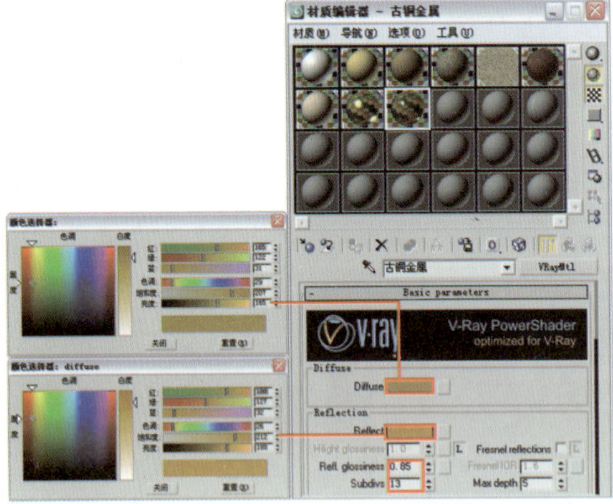

图 5-46

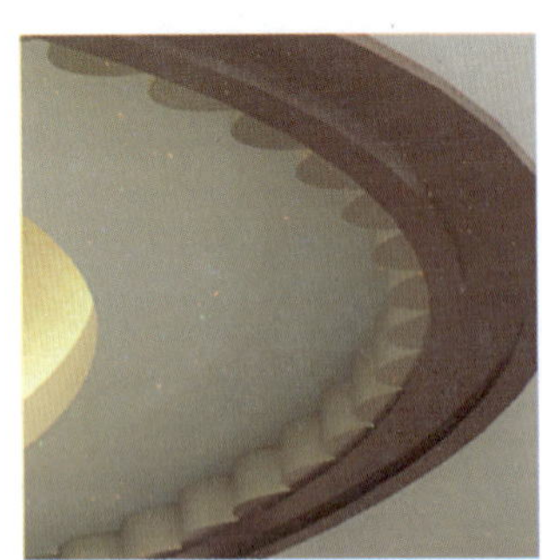

图 5-47

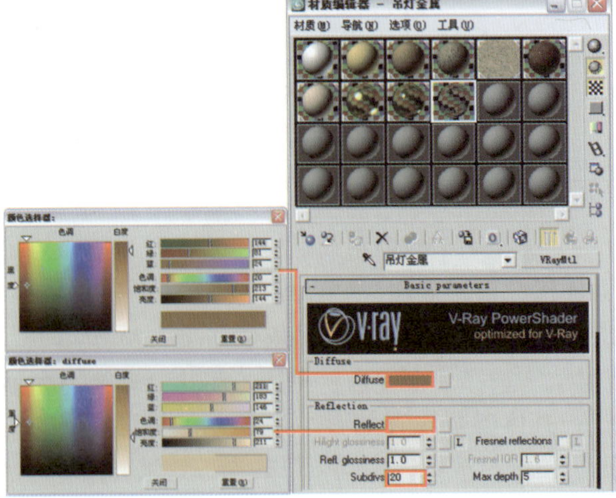

图 5-48

4 设置吊灯玻璃材质。选择一个空白材质球，将其设置为 VRayMtl 材质，并将材质命名

为“吊灯玻璃”，具体参数设置如图 5-49 所示。将设置好的材质指定给物体“吊灯玻璃”。

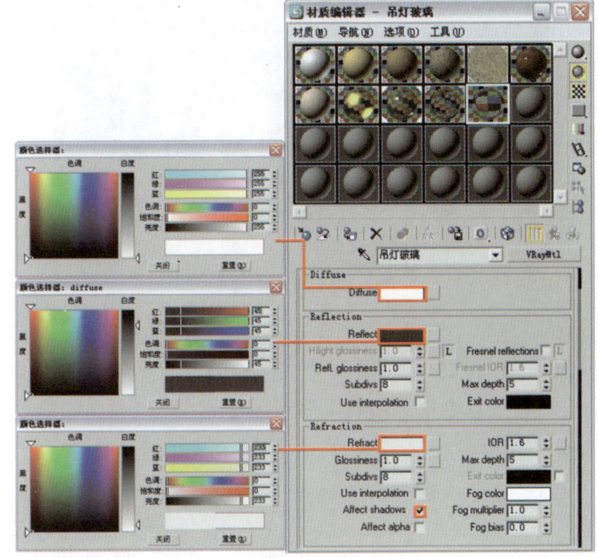

图 5-49

5 最后来设置吊灯灯泡材质。选择一个空白材质球，将其设置为 VRayMtl 材质，并将其命名为“黄灯泡”，具体参数设置如图 5-50 所示。将材质指定给物体“黄灯泡”，对摄影机视图进行渲染，吊灯效果如图 5-51 所示。

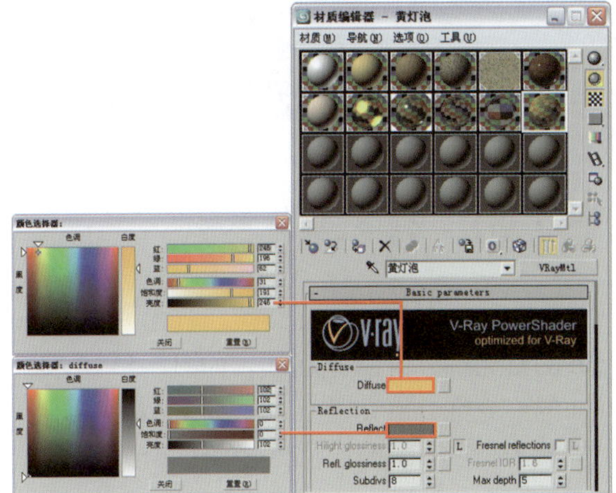

图 5-50

图 5-51

5.4 最终渲染设置

5.4.1 最终测试灯光效果

场景中材质设置完毕后，场景的亮度一定会受到影响，所以需要再次对场景进行渲染，效果如图 5-52 所示。

图 5-52

观察渲染效果可以发现场景整体偏暗，下面将通过调整场景曝光参数来提高场景亮度，参数设置如图 5-53 所示。再次渲染效果如图 5-54 所示。

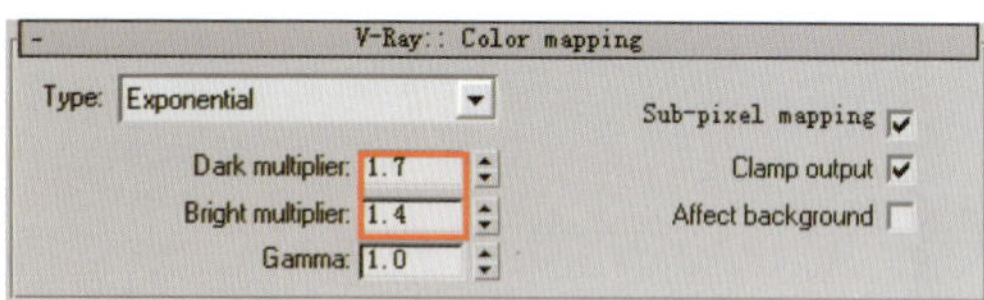

图 5-53

图 5-54

观察渲染效果，场景光线不需要再调整，接下来设置最终渲染参数。

5.4.2 灯光细分参数设置

① 首先将场景中模拟天光的 VRayLight 的灯光细分值设置为 20，如图 5-55 所示。

② 然后将场景中模拟灯带的 VRayLight 的灯光细分值设置为 20，如图 5-56 所示。

③ 最后将场景中模拟筒灯的 Point 的灯光阴影细分值设置为 12，如图 5-57 所示。

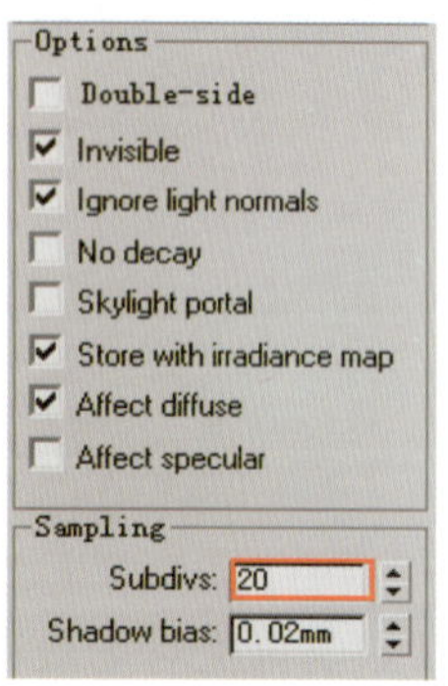

图 5-55

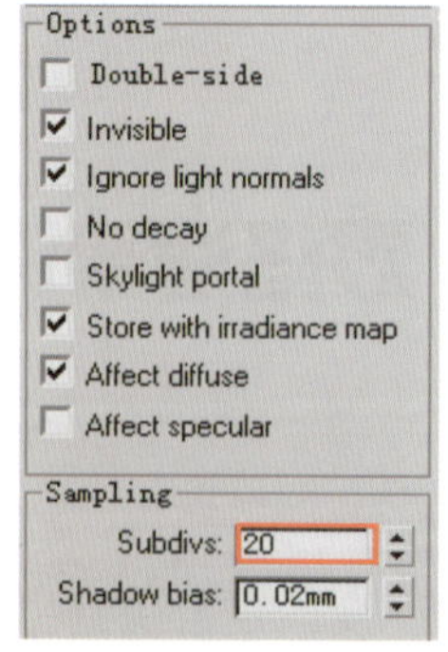

图 5-56

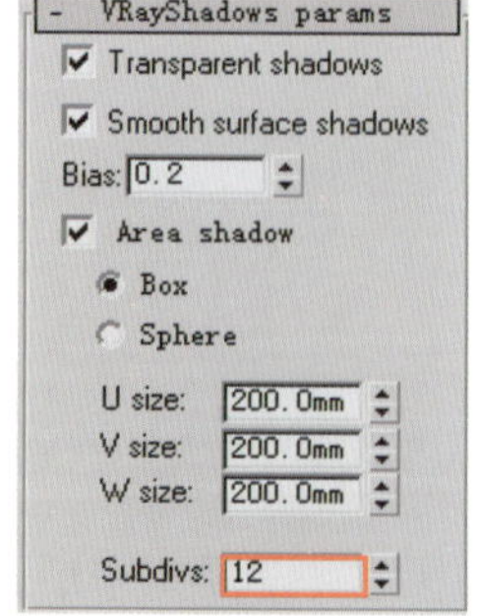

图 5-57

5.4.3 设置保存发光贴图和灯光贴图的渲染参数

在前面章节中已经多次讲解过保存发光贴图和灯光贴图的方法，这里就不再重复，只对渲染级别设置进行讲解。

① 进入 V-Ray:: Irradiance map （发光贴图）卷展栏，设置参数如图 5-58 所示。

② 进入 V-Ray:: Light cache （灯光缓存）卷展栏，设置参数如图 5-59 所示。

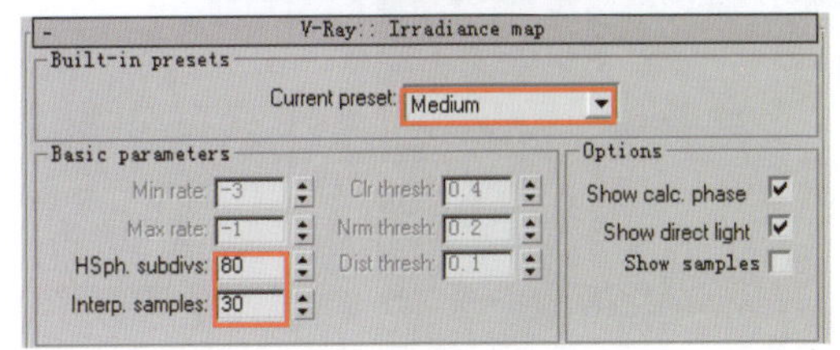

图 5-58

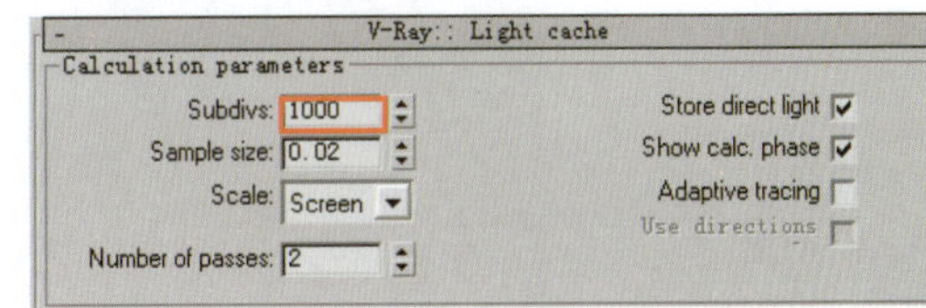

图 5-59

③ 在 V-Ray:: rQMC Sampler （准蒙特卡罗采样器）卷展栏中设置参数如图 5-60 所示，这是模糊采样设置。

图 5-60

渲染级别设置完毕，最后设置保存发光贴图和灯光贴图的参数并进行渲染即可。

5.4.4 最终成品渲染

最终成品渲染的参数设置如下。

① 当发光贴图和灯光贴图计算完毕后，在“渲染场景”对话框中的“公用”选项卡中设置最终渲染图像的输出尺寸，如图 5-61 所示。

② 在 V-Ray:: Image sampler (Antialiasing) （抗锯齿采样）卷展栏中设置抗锯齿和过滤器，如图 5-62 所示。

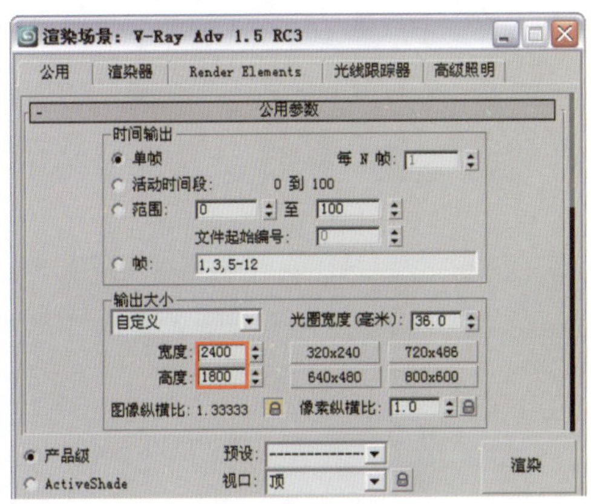

图 5-61

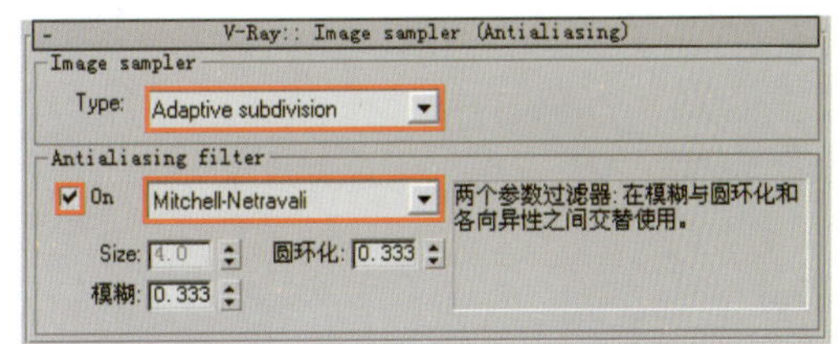

图 5-62

③ 最终渲染完成的效果如图 5-63 所示。

图 5-63

最后使用 Photoshop 软件对图像的亮度、对比度以及饱和度进行调整，使效果更加生动和逼真。在前面章节中已经多次对后期处理的方法进行了讲解，这里就不再赘述。后期处理的最终效果如图 5-64 所示。

图 5-64

6

第 6 章 中式豪华VIP包房表现

6.1 中式豪华VIP包房空间简介

本章案例展示了一个餐厅中豪华的中式 VIP 包房空间。此空间由进餐区与会谈区构成，两处空间的界限明显，中式风格的气氛浓郁。在表现此类空间时，应该将主视角放在该空间比较有特色的地方，例如，放在本场景中的会谈区。考虑到场景中多处使用了大家都熟悉的中国红，因此在设计材质时，一定要考虑灯光对该颜色的影响，尽量使渲染出来的效果图中的红色纯正、自然。本场景采用了天光和室内灯光的表现手法，案例效果如图 6-1 所示。

图 6-1

中式豪华 VIP 包房模型的线框效果图如图 6-2 所示。

图 6-2

中式豪华 VIP 包房的其他角度效果如图 6-3 所示。

图 6-3

6.2 中式豪华VIP包房测试渲染设置

打开配套光盘中的"第 6 章中式豪华 VIP 包房\中式豪华 VIP 包房源文件 .max"场景文件，如图 6-4 所示。可以看到这是一个已经创建好模型的包房场景，并且场景中的摄影机也已经创建好。

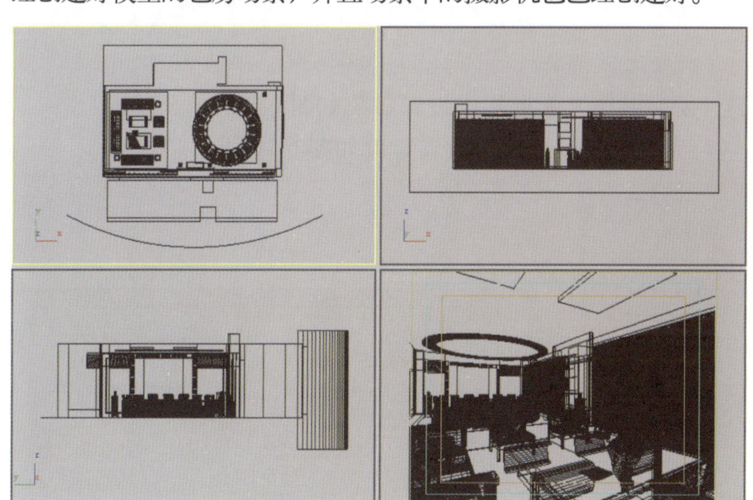

图 6-4

下面首先进行测试渲染参数设置，然后为场景布置灯光。灯光布置包括室外天光和室内灯光的建立。

6.2.1 设置测试渲染参数

测试渲染参数的设置步骤如下。

① 按F10键打开“渲染场景”对话框，渲染器已经设置为V-Ray Adv 1.5 RC3渲染器，在 公用参数 卷展栏中设置较小的图像尺寸，如图6-5所示。

② 进入“渲染器”选项卡，在 V-Ray:: Global switches （全局开关）卷展栏中的参数设置如图6-6所示。

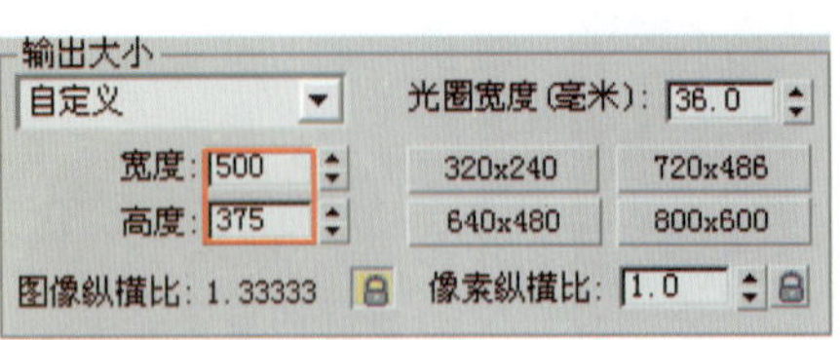

图 6-5

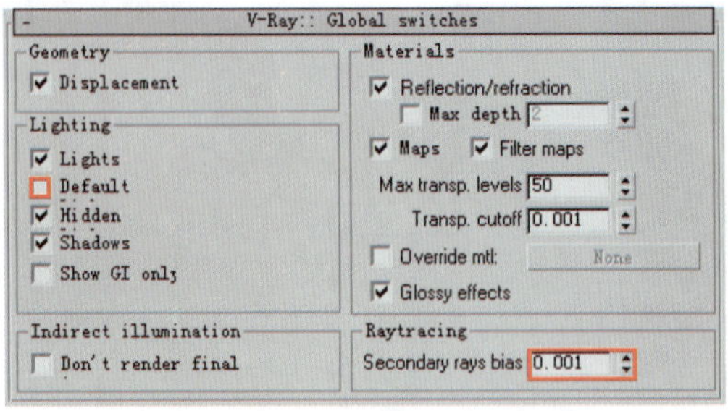

图 6-6

③ 进入 V-Ray:: Image sampler (Antialiasing) （抗锯齿采样）卷展栏中，参数设置如图6-7所示。

④ 在 V-Ray:: Indirect illumination (GI) （间接照明）卷展栏中设置参数如图6-8所示。

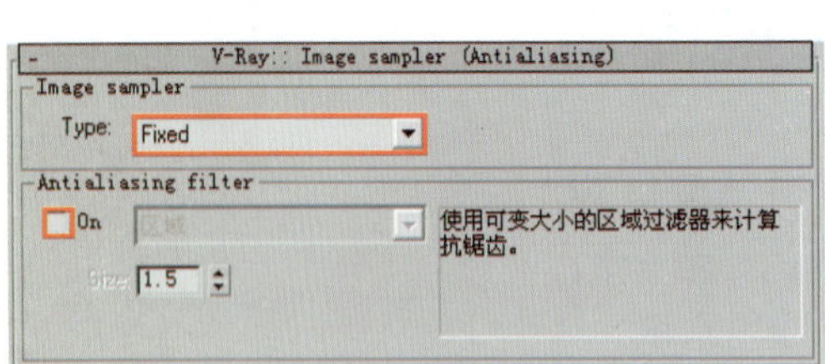

图 6-7

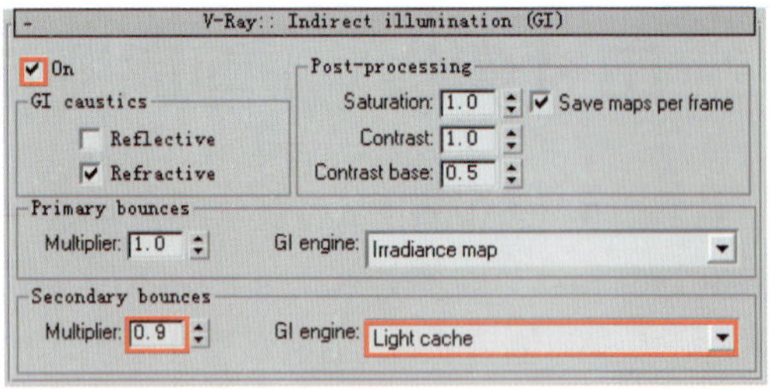

图 6-8

⑤ 在 V-Ray:: Irradiance map （发光贴图）卷展栏中设置参数如图6-9所示。

⑥ 在 V-Ray:: Light cache （灯光缓存）卷展栏中设置参数如图6-10所示。

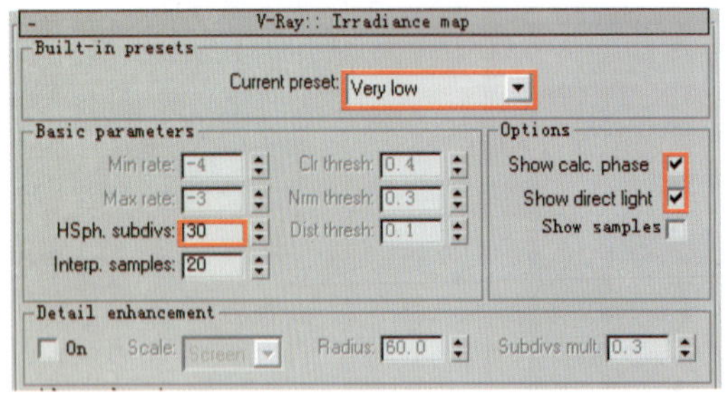

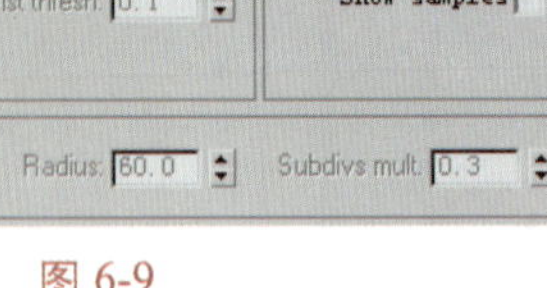

图 6-9

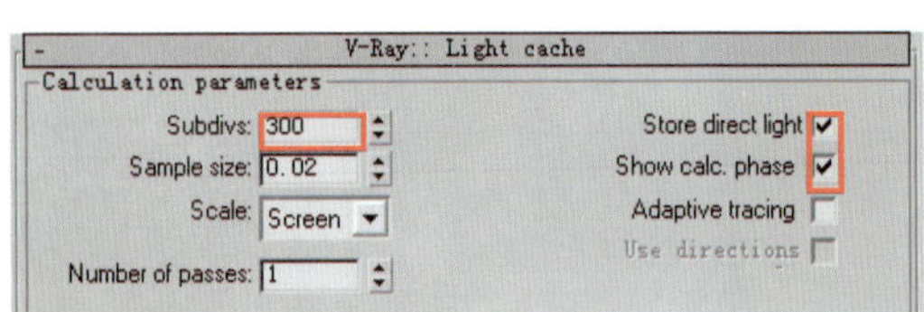

图 6-10

6.2.2 布置场景灯光

豪华包房的场景比较简单，通过天光和室内灯光就能照亮场景。下面首先设置室外照明，然后设置室内照明。

① 首先布置室外的天光。单击 （创建）按钮进入创建命令面板。单击 （灯光）按钮，在下拉菜单中选择“VRay”选项，然后在 对象类型 卷展栏中单击 VRayLight 按钮，在

场景窗外部分创建一盏VRayLight01，位置如图6-11所示。灯光参数设置如图6-12所示。

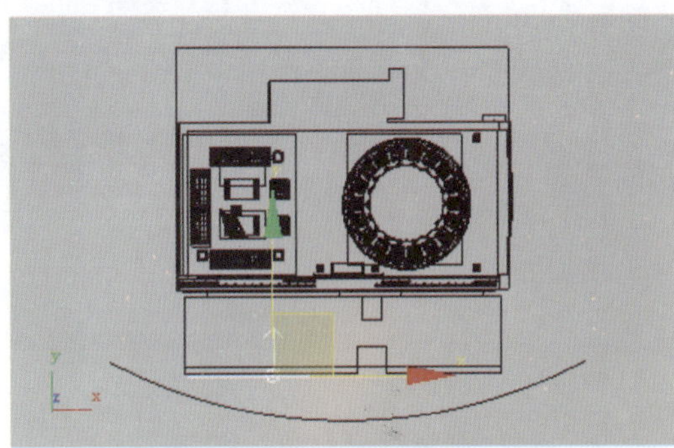

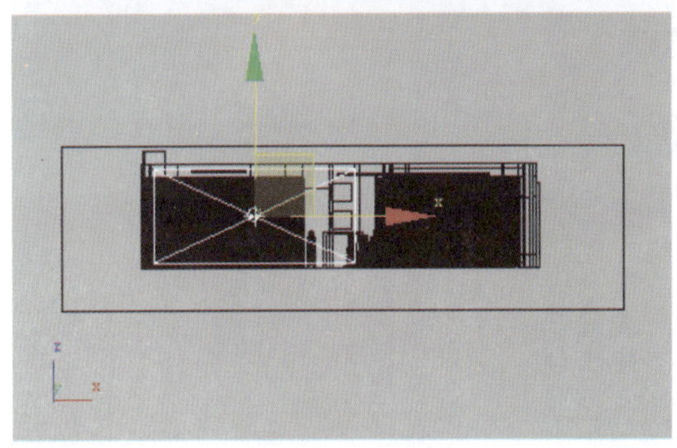

图 6-11

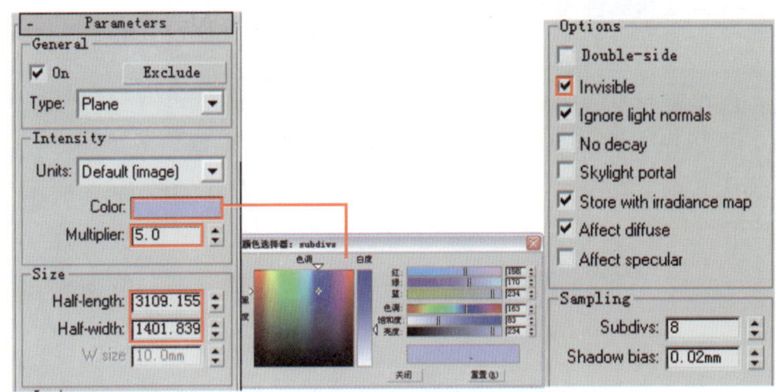

图 6-12

2 继续创建室外天光，在顶视图将刚刚创建出的Vraylight01关联复制出3盏，通过【移动工具】和【缩放工具】将灯光放置在如图6-13所示位置。

小贴士

在窗子里面创建一盏灯光，可以弥补因窗帘、窗纱挡光而造成光线不足的缺陷。

3 窗纱、窗帘还没有赋材质，为了得到正常的光照效果需要先将它们隐藏，对摄影机视图进行渲染，效果如图6-14所示。

本场景所使用材质

窗帘

红色壁纸

装饰烤漆

地毯 001

布匹

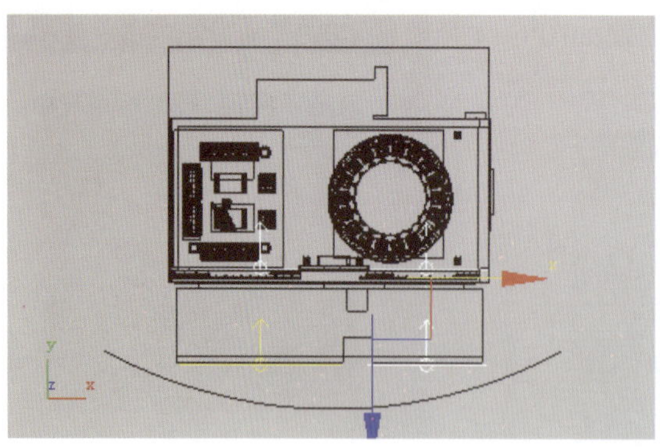

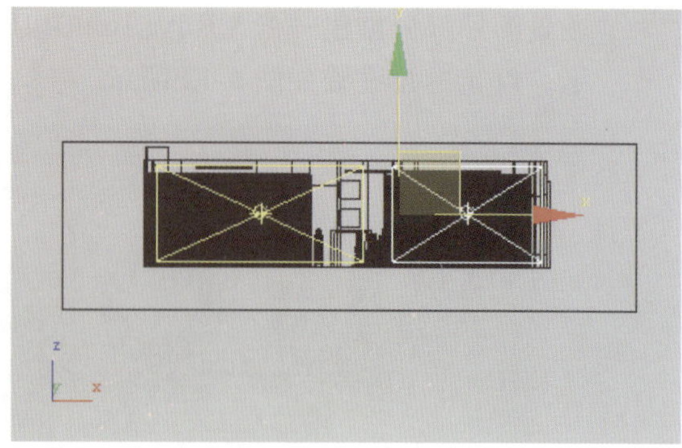

图 6-13

图 6-14

④ 从渲染效果来看，场景中直接光照地方曝光严重，下面通过调整场景曝光参数类型来解决这个问题。按 F10 键打开“渲染场景”对话框，进入“渲染器”选项卡，在 V-Ray:: Color mapping （颜色映射）卷展栏中进行曝光控制，参数设置如图 6-15 所示。再次渲染效果如图 6-16 所示。

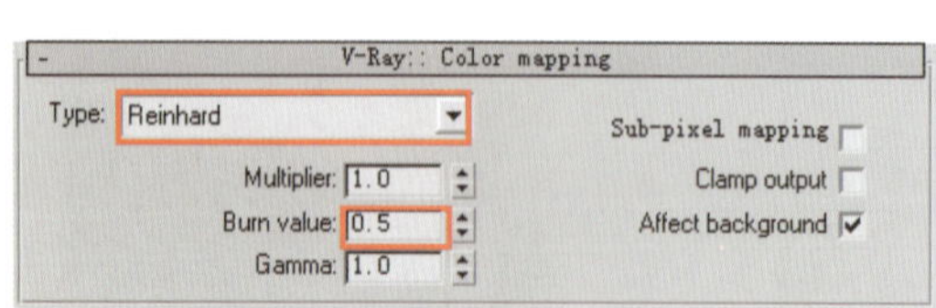

图 6-15

图 6-16

⑤ 室外灯光布置完毕，下面开始设置室内灯光。首先来设置客厅吊顶内的暗藏灯带。单击 （灯光）按钮，在下拉菜单中选择“VRay”选项，然后在 对象类型 卷展栏中

单击 VRayLight 按钮，在如图 6-17 所示位置创建一盏 VRayLight 来模拟暗藏灯带。灯光参数设置如图 6-18 所示。

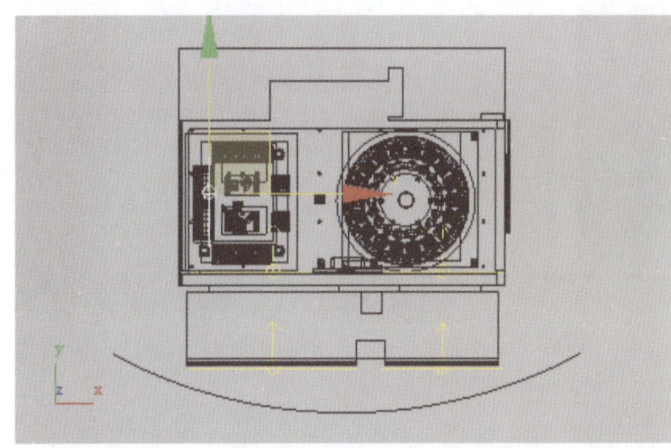

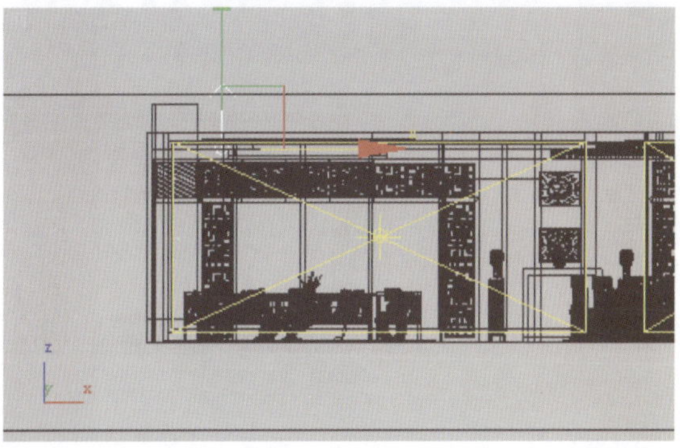

图 6-17

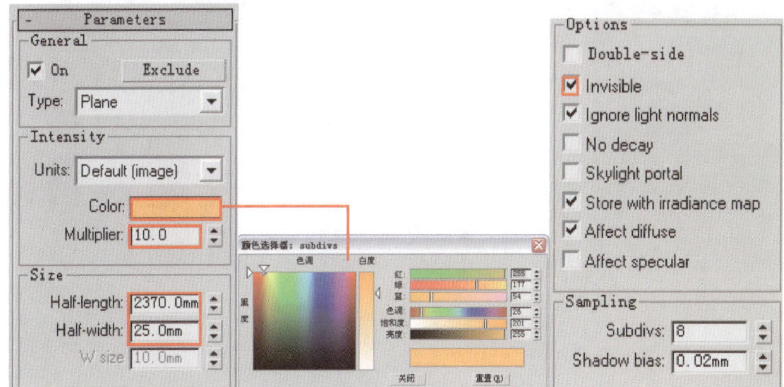

图 6-18

6 在顶视图选中刚刚创建的用来模拟暗藏灯带的 VRaylight，利用【移动工具】和【缩放工具】将其关联复制出 3 盏，灯光位置如图 6-19 所示。

7 再次选中用来模拟暗藏灯带的 VRaylight，利用【移动工具】和【缩放工具】等将其关联复制出 8 盏，灯光位置如图 6-20 所示。

8 接着创建灯带，在如图 6-21 所示位置创建一盏 VRaylight，

本场景所使用材质

地砖 01

清油木质 01

靠垫 03

金色金属

靠垫 04

灯光参数设置如图 6-22 所示。

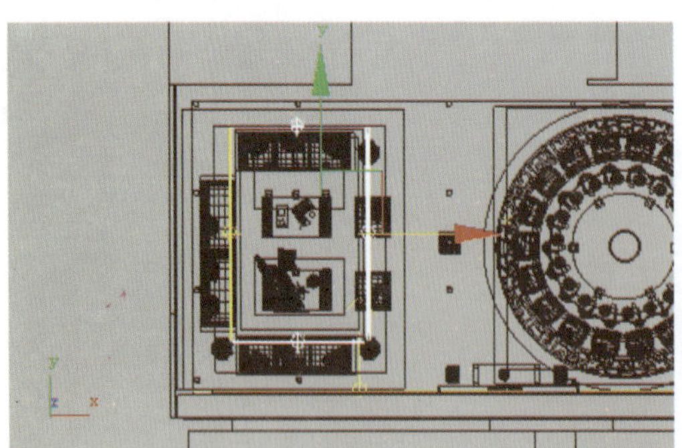
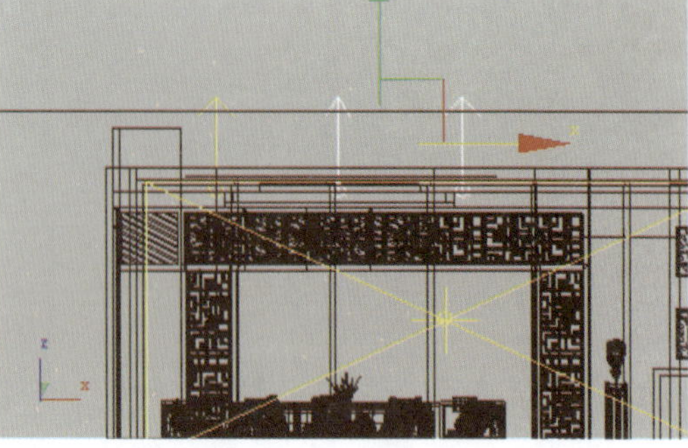

图 6-19

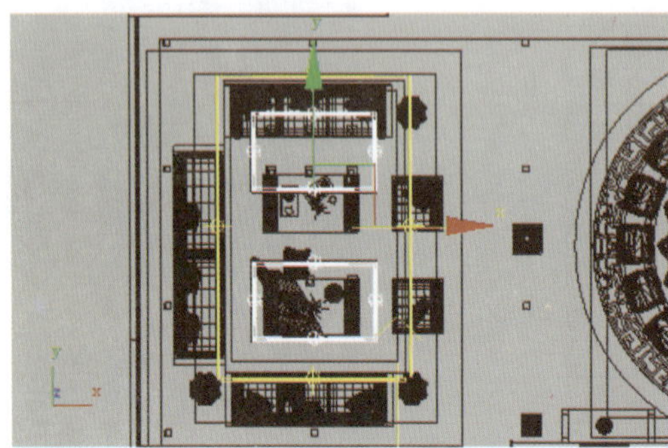
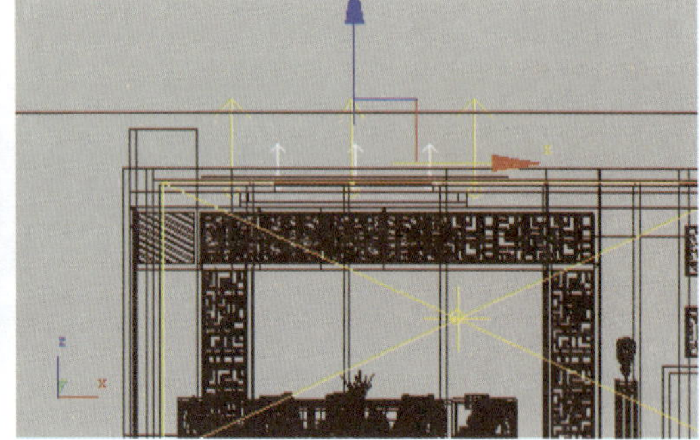

图 6-20

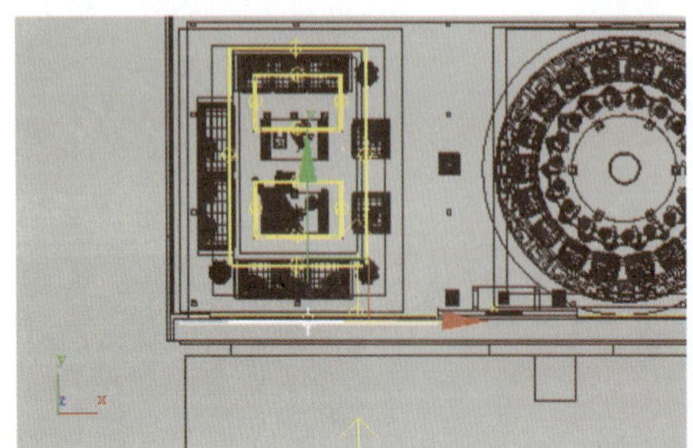
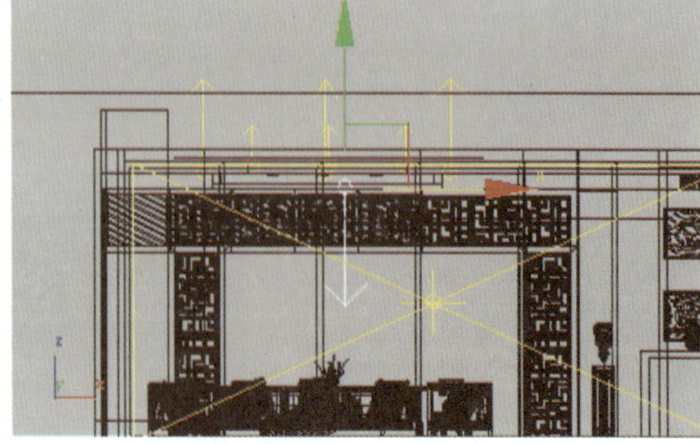

图 6-21

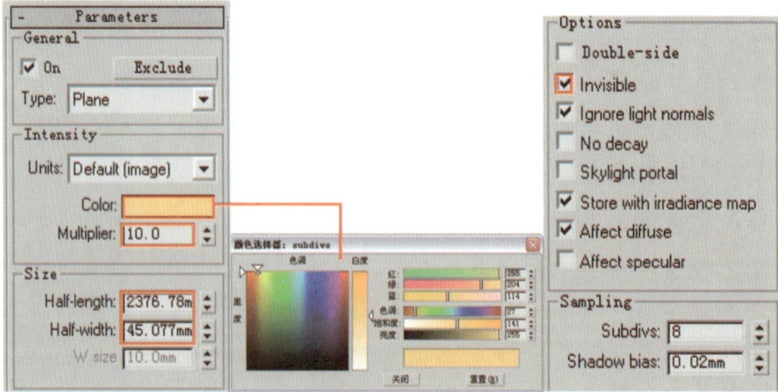

图 6-22

9 在顶视图选中刚刚创建的 VRaylight，将其关联复制出一盏，灯光位置如图 6-23 所示。

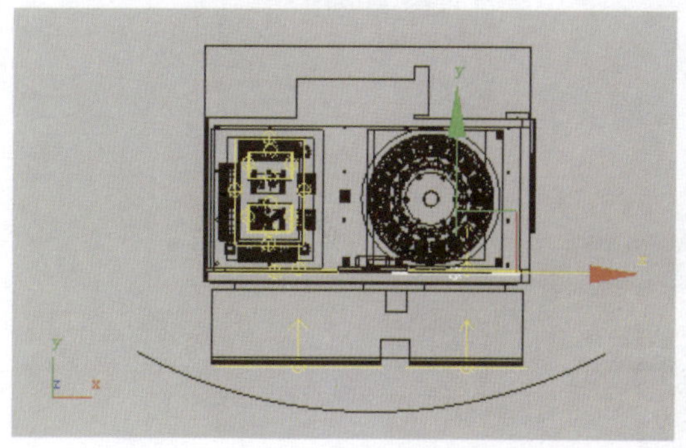
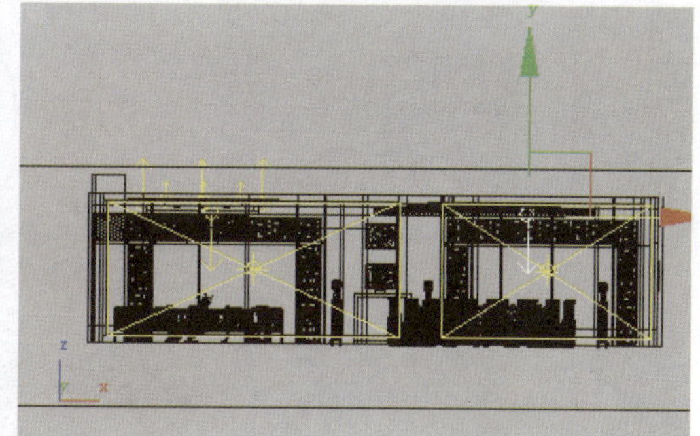

图 6-23

10 对摄影机视图进行渲染，效果如图 6-24 所示。

图 6-24

小贴士

从渲染效果来看，灯光的光带参差不齐，这是因为灯光细分和顶面材质细分过低造成的，在渲染最终效果图时，将灯光细分和顶面材质细分调高，就可以解决这个问题了。

11 接下来设置餐厅的暗藏灯带。在如图 6-25 所示位置创建一盏 VRaylight，灯光参数设置如图 6-26 所示。

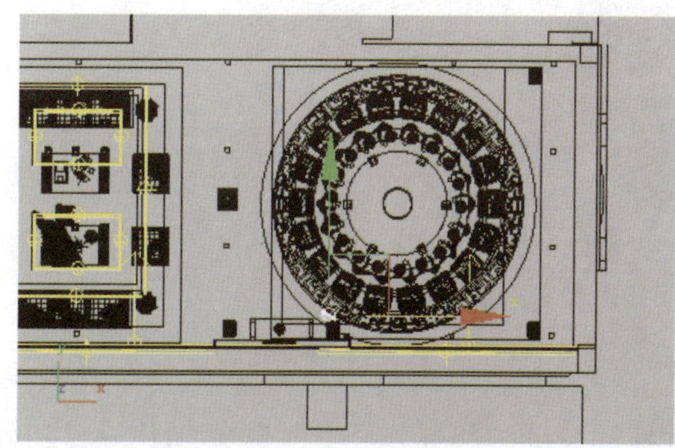
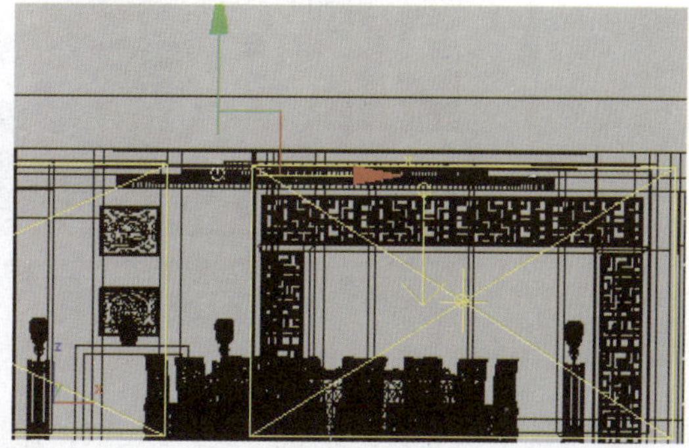

图 6-25

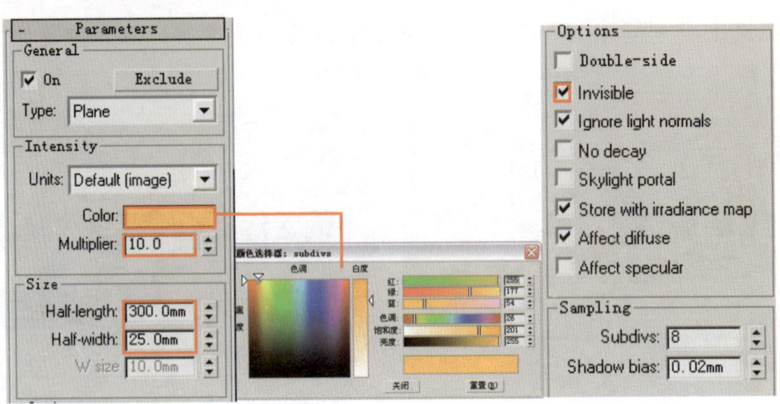

图 6-26

⑫ 在顶视图中选中刚刚复制出来的 VRayLight，单击修改命令面板中的 （层次）按钮，在调整轴卷展栏中单击其中的 仅影响轴 按钮，然后在视图中使用【移动工具】将灯光的轴心移动到圆形灯池的中心，位置如图 6-27 所示。

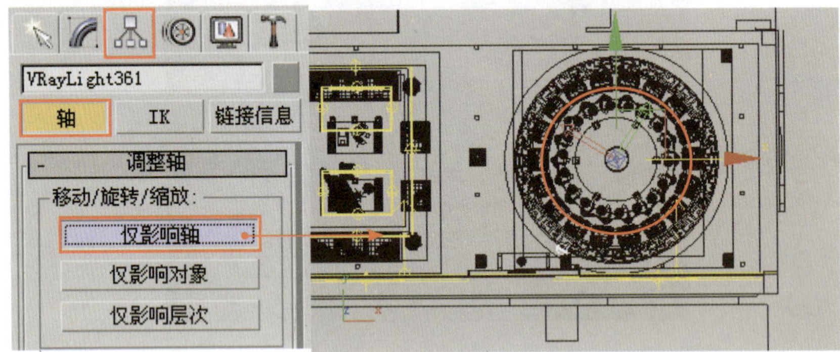

图 6-27

⑬ 对调整好轴心的 VRayLight 进行旋转复制。选中灯光，单击主工具栏中的 （选择并旋转工具）按钮，按住 Shift 键对 VRayLight 进行关联复制，具体参数设置如图 6-28 所示。

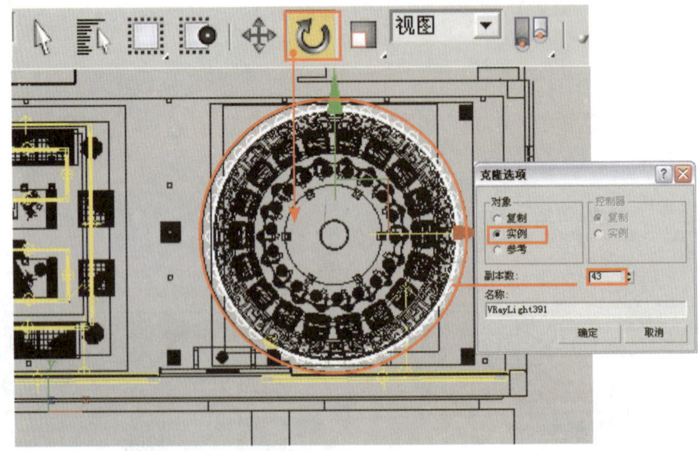

图 6-28

⑭ 再次选中调整过轴心的 VRayLight，通过移动及缩放等操作将其关联复制并放置到如图 6-29 所示位置。

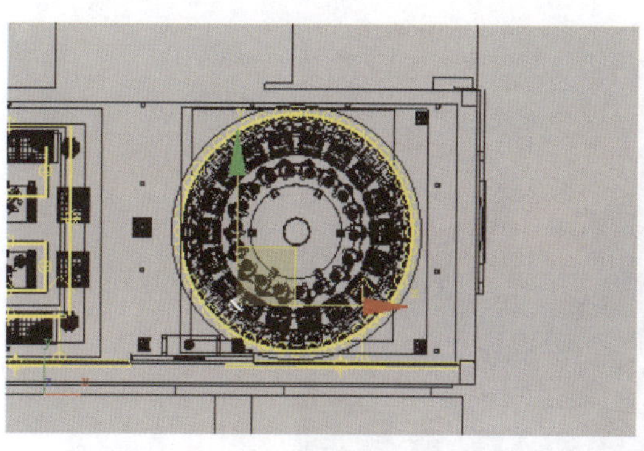
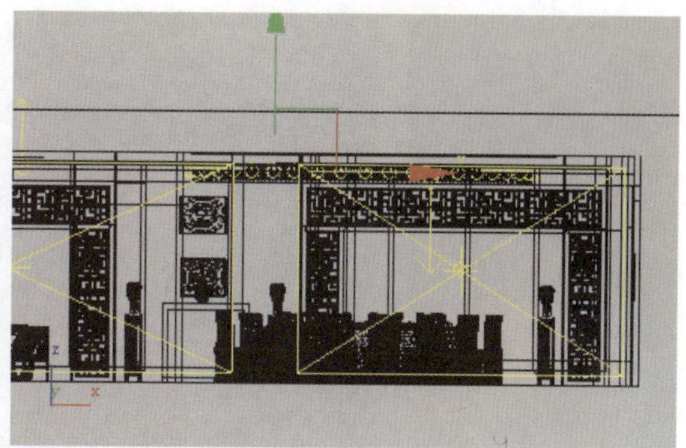

图 6-29

15 利用上面的方法创建一个环形灯带，灯光的位置如图 6-30 所示。

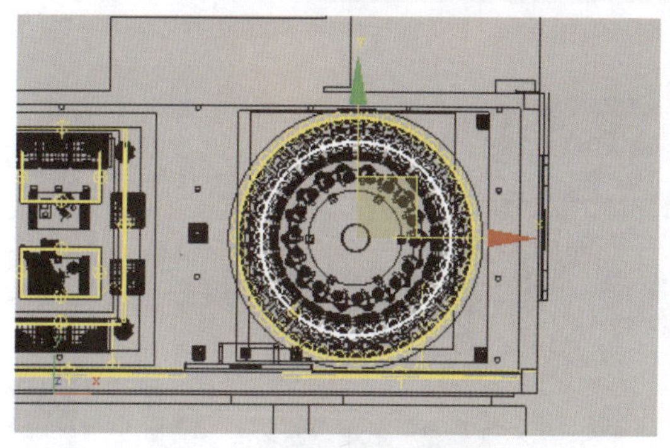
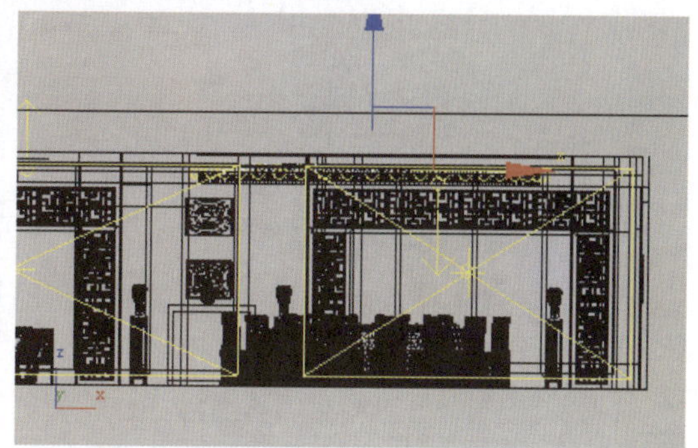

图 6-30

16 方法同上，再创建两个环形灯带，灯光位置如图 6-31 所示。

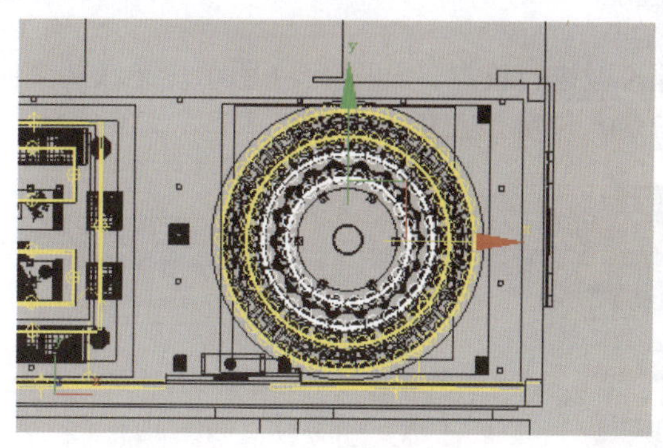
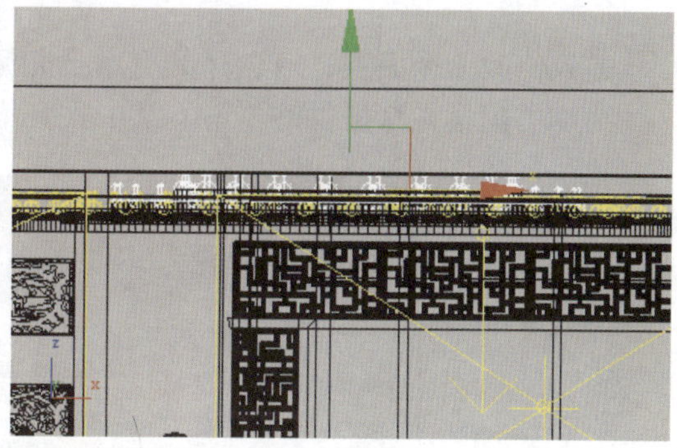

图 6-31

小贴士

这里不能利用【缩放工具】直接缩放一个环形灯带而得到另一个环形灯带，这样会使灯带的大小发生变化，从而影响灯光的亮度。

17 此时对摄影机视图进行渲染，效果如图 6-32 所示。

18 接下来设置场景中的筒灯。单击(创建)按钮进入创建命令面板。单击(灯光)按钮，在下拉菜单中选择“光度学”选项，然后在 对象类型 卷展栏中单击 自由点光源 按钮，在如图 6-33 所示位置创建一个自由点光源来模拟筒灯灯光效果。

图 6-32

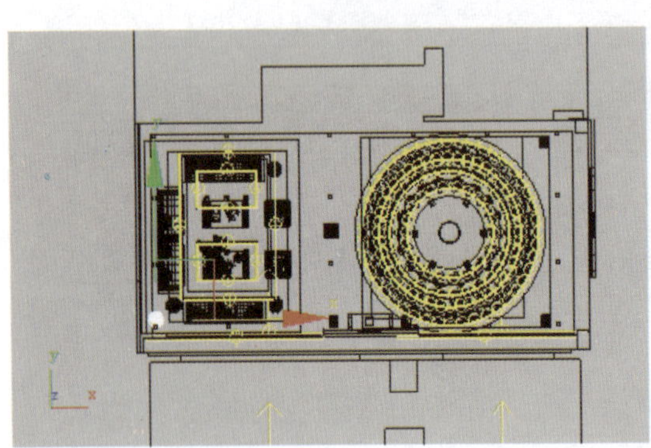

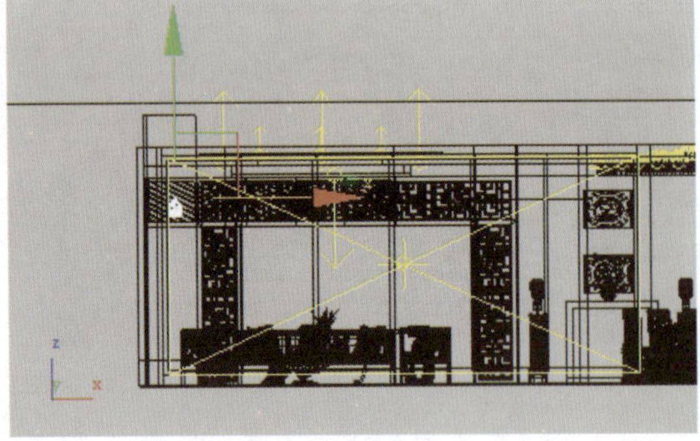

图 6-33

19 进入修改命令面板，对创建的自由点光源参数进行设置，如图 6-34 所示。光域网文件为本书配套光盘提供的“第 6 章中式豪华 VIP 包房 \ 贴图 \1 牛眼灯 .IES”文件。

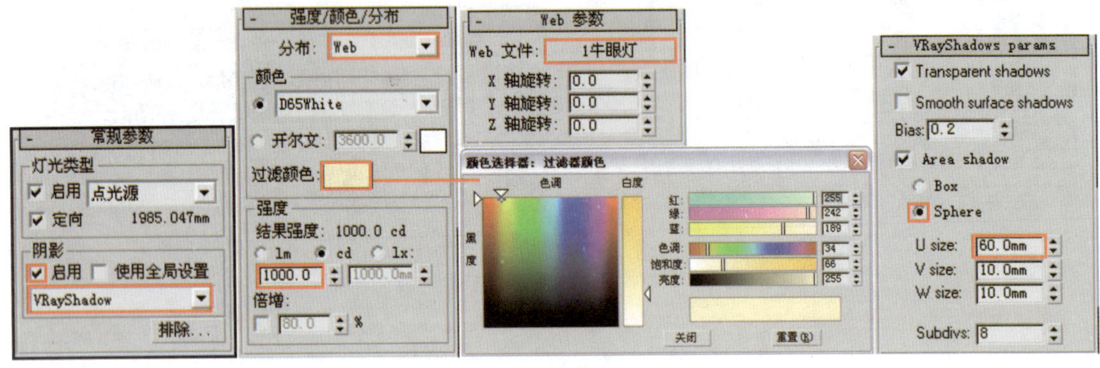

图 6-34

20 在顶视图中，将刚刚创建的自由点光源关联复制出 29 盏，位置如图 6-35 所示。

21 接着设置餐桌上方的筒灯。单击(创建)按钮进入创建命令面板。单击(灯光)按钮，在下拉菜单中选择“光度学”选项，然后在 对象类型 卷展栏中单击 自由点光源 按钮，在图 6-36 所示位置创建几盏自由点光源，灯光参数设置如图 6-37 所示。光域网文件为本书配套光盘提供的“第 6 章中式豪华 VIP 包房 \ 贴图 \1 牛眼灯 .IES”文件。

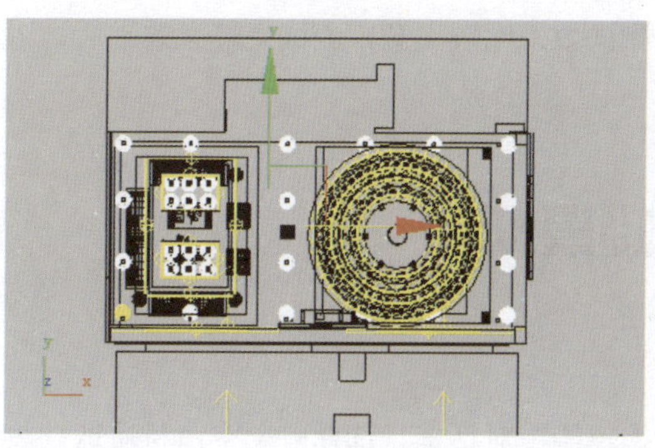

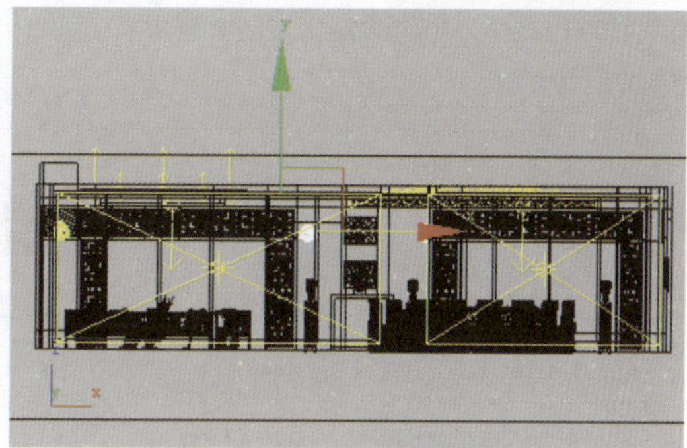

图 6-35

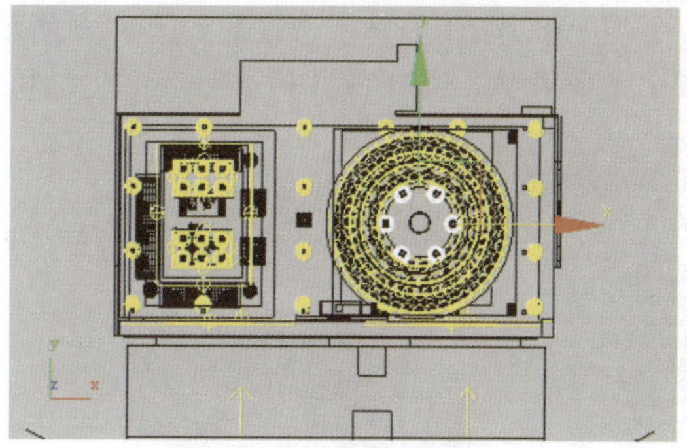

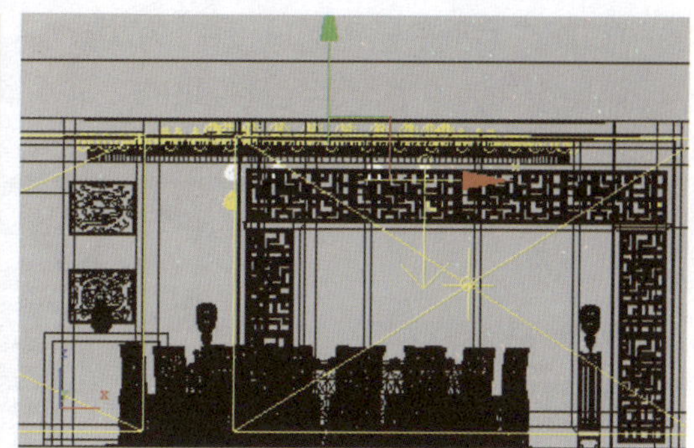

图 6-36

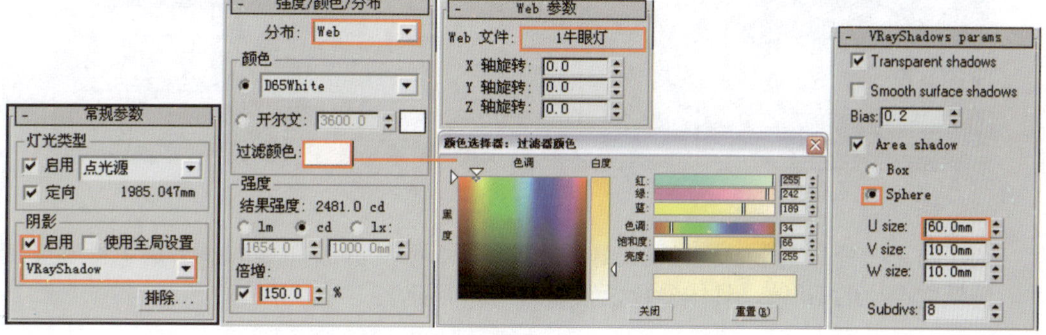

图 6-37

22 对摄影机视图进行渲染，此时效果如图 6-38 所示。

图 6-38

上面已经对场景的灯光进行了布置，最终测试效果比较满意，测试完灯光效果后，下面进行材质设置。

6.3 设置场景材质

6.3.1 设置主体材质

① 首先设置外景材质。按 M 键打开“材质编辑器”对话框，选择一个空白材质球，将其设置为 VRayLightMtl 材质，并将材质命名为“外景”。在 VRayLightMtl 材质层级单击“Color”右侧的贴图通道按钮，为其添加一个“位图”贴图，具体参数设置如图 6-39 所示。贴图文件为本书配套光盘提供的“第 6 章中式豪华 VIP 包房\贴图\外景 .jpg”文件。

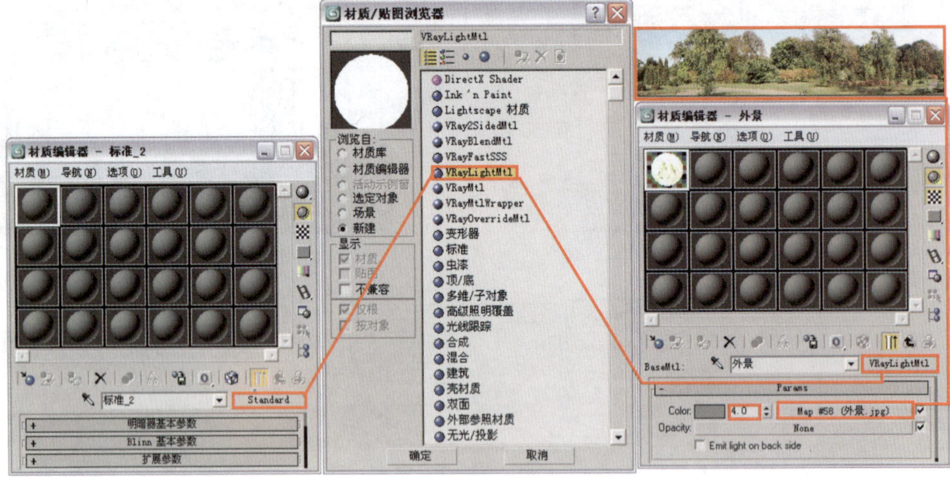

图 6-39

② 为了防止“外景”影响已经设置好的照明效果，现为其添加 VRayMtlWrapper 材质包裹来降低它产生的 GI 值，具体参数设置如图 6-40 所示。

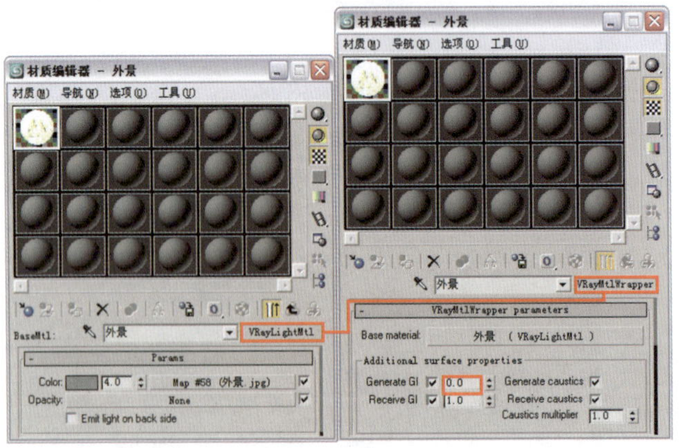

图 6-40

③ 将设置好的材质指定给物体“外景”，对摄影机视图进行渲染，效果如图 6-41 所示。

图 6-41

④ 接下来设置窗帘材质。选择一个空白材质球，将材质设置为 VRayMtl 材质，并将材质命名为“窗帘”。单击“Diffuse”右侧的贴图通道按钮，为其添加一个“位图”贴图，具体参数设置如图 6-42 所示。贴图文件为本书配套光盘提供的“第 6 章中式豪华 VIP 包房\贴图\bw-122.jpg”文件。

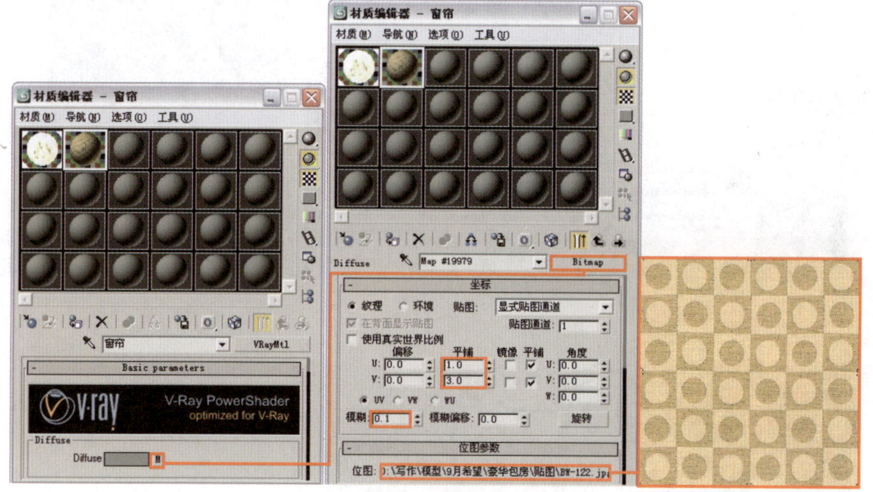

图 6-42

⑤ 返回 VRayMtl 材质层级，单击“Refract”右侧的贴图通道按钮，为其添加一个“衰减”程序贴图，进入“衰减”层级。单击第二个贴图通道按钮，为其添加一个“位图”贴图，具体参数设置如图 6-43 所示。将隐藏的物体“窗帘”恢复显示，并将设置好的材质指定给它。贴图文件为本书配套光盘提供的“第 6 章中式豪华 VIP 包房\贴图\bw-122.jpg”文件。

⑥ 接下来设置窗纱材质。选择一个空白材质球，将材质设置为 VRayMtl 材质，并将材质命名为“窗纱”。单击“Diffuse”右侧的贴图通道按钮，为其添加一个“输出”程序贴图，具体参数设置如图 6-44 所示。

⑦ 返回 VRayMtl 材质层级，单击“Refract”右侧的贴图通道按钮，为其添加一个“衰减”程序贴图，具体参数设置如图 6-45 所示。

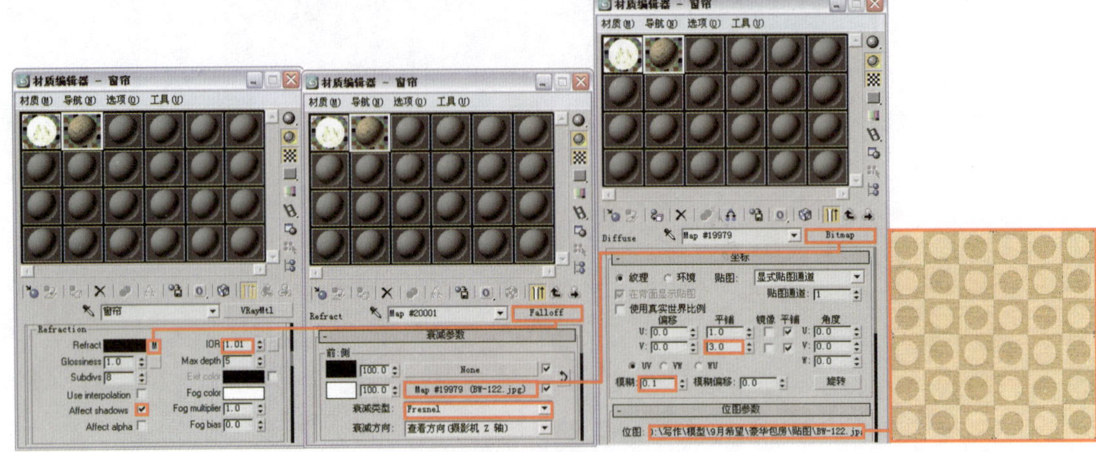

图 6-43

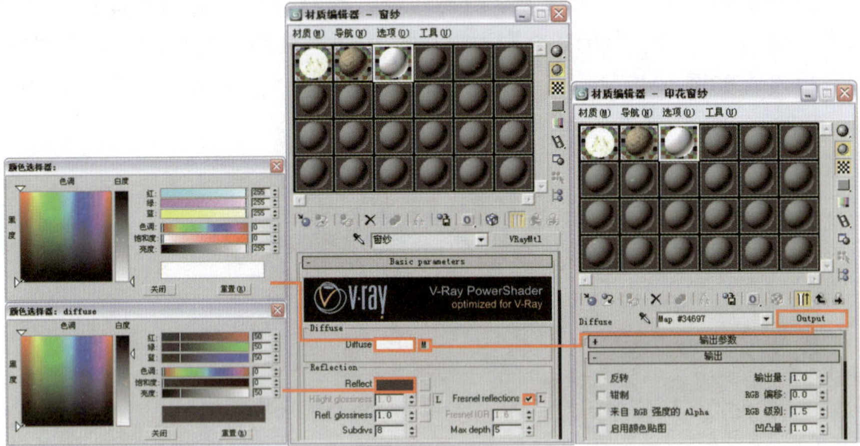

图 6-44

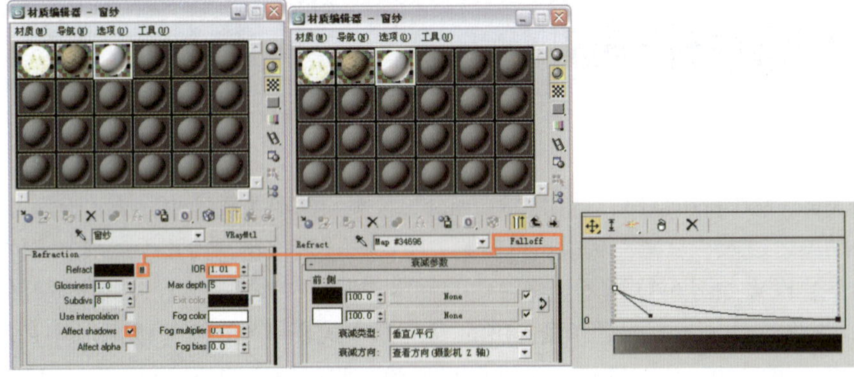

图 6-45

8 将设置好的材质指定给物体“窗纱”，对摄影机视图进行渲染，效果如图 6-46 所示。

9 接下来设置墙面涂料材质。选择一个空白材质球，将材质设置为 VRayMtl 材质，并将材质命名为“米黄乳胶漆”，具体参数设置如图 6-47 所示。将设置好的材质指定给物体“米黄乳胶漆”。

图 6-46

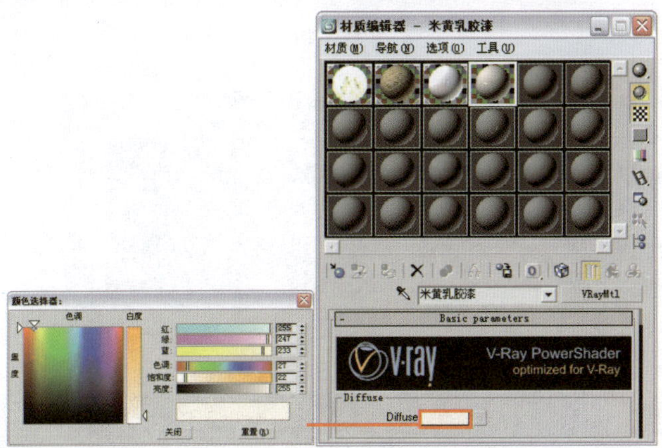

图 6-47

10 下面来设置红乳胶漆材质。选择一个空白材质球，将材质设置为 VRayMtl 材质，并将材质命名为"红乳胶漆"，具体参数设置如图 6-48 所示。

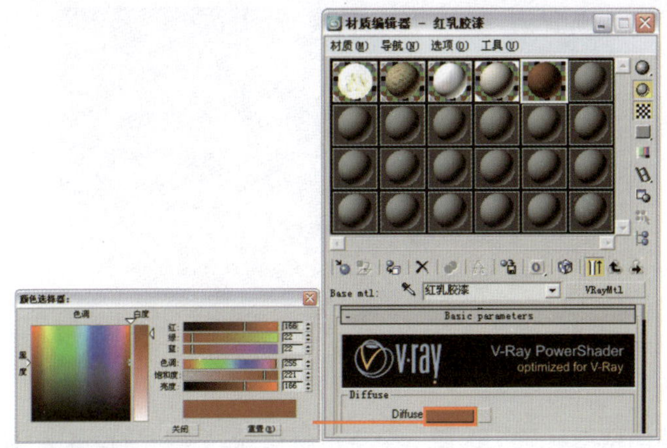

图 6-48

11 红乳胶漆的颜色比较深，容易产生溢色，这里为其添加一个 VRayOverrideMtl 材质来解决溢色问题，具体参数设置如图 6-49 所示。

12 在 VRayOverrideMtl 材质层级，将第一个材质通道上的材质复制（非关联）到第二个材质通道上。单击第二个材质通道按钮，进入"红乳胶漆"材质层级，调整"Diffuse"颜色，具体参数设置如图 6-50 所示。

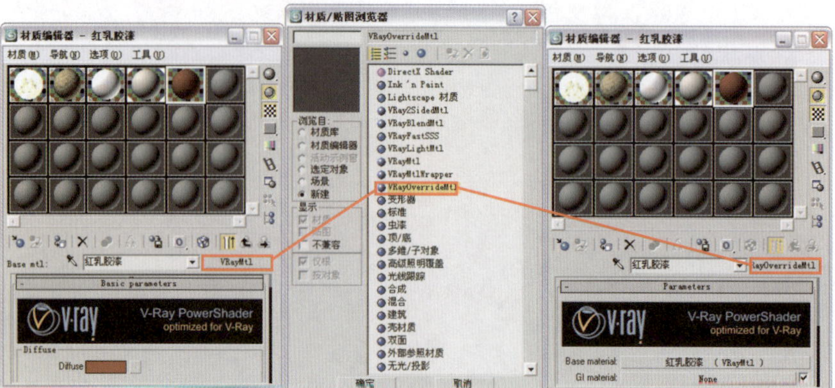

图 6-49

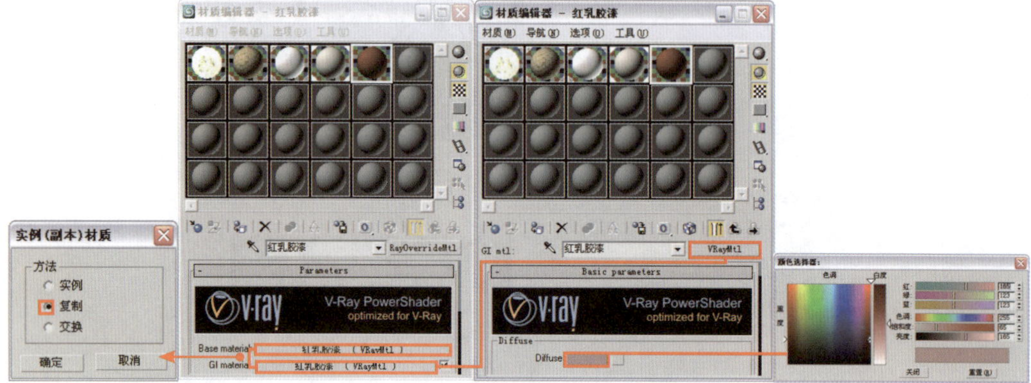

图 6-50

13 将设置好的材质指定给物体“红乳胶漆”，对摄影机视图进行渲染，效果如图 6-51 所示。

图 6-51

14 接下来设置墙面壁纸材质。选择一个空白材质球，将材质设置为 VRayMtl 材质，并将材质命名为“红色壁纸”。单击“Diffuse”右侧的贴图通道按钮，为其添加一个“位图”贴图，具体参数设置如图 6-52 所示。贴图文件为本书配套光盘提供的“第 6 章中式豪华 VIP 包房 \ 贴图 \wp_damask_051.jpg”文件。

15 红色壁纸的面积比较大，颜色比较深，容易产生溢色，为其添加一个 VRayOverrideMtl 材质来解决溢色问题，具体参数设置如图 6-53 所示。将设置好的材质指定给物体“红色壁纸”。

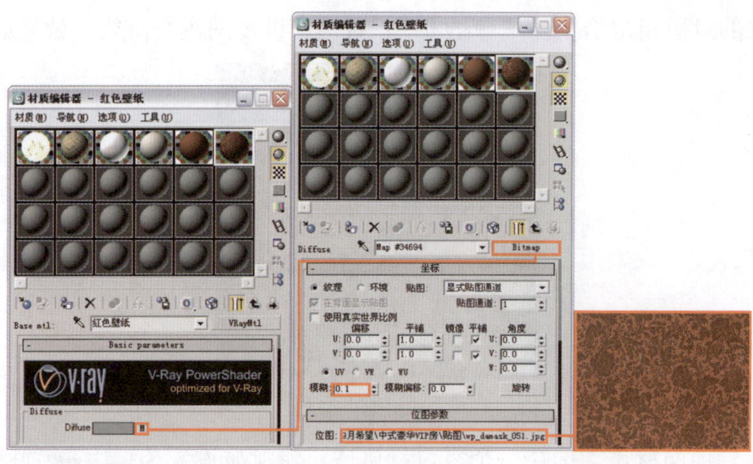

图 6-52

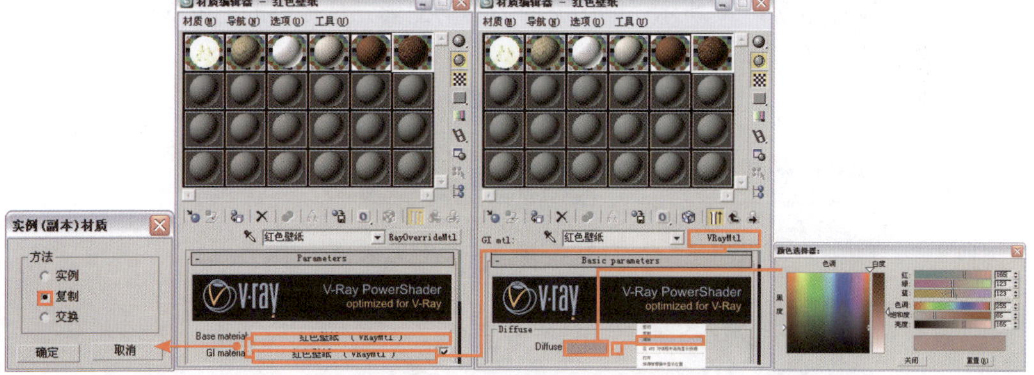

图 6-53

⑯ 设置褐色壁纸材质。选择一个空白材质球，将材质设置为 VRayMtl 材质，并将材质命名为“壁纸 02”。单击“Diffuse”右侧的贴图通道按钮，为其添加一个“位图”贴图，具体参数设置如图 6-54 所示。贴图文件为本书配套光盘提供的“第 6 章中式豪华 VIP 包房 \ 贴图 \56-snl08370.jpg”文件。

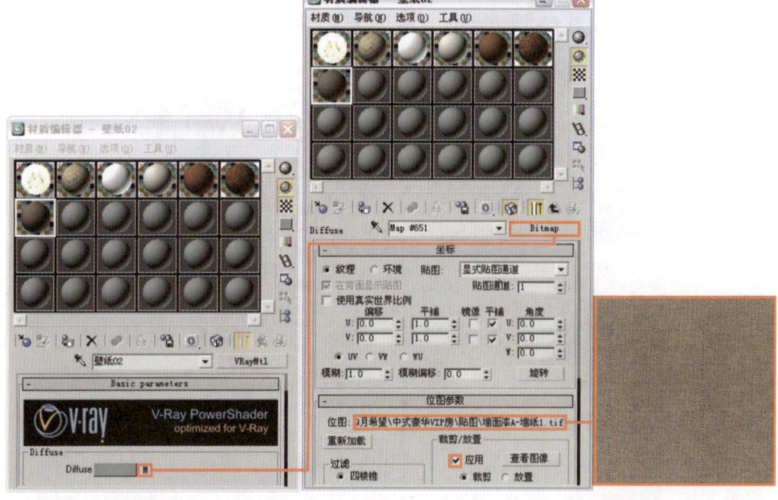

图 6-54

17 将设置好的材质指定给物体“壁纸 02”，对摄影机视图进行渲染，效果如图 6-55 所示。

图 6-55

18 下面来设置地面材质。选择一个空白材质球，将材质设置为 VRayMtl 材质，并将材质命名为“地面 01”。单击“Diffuse”右侧的贴图通道按钮，为其添加一个“位图”贴图，具体参数设置如图 6-56 所示。贴图文件为本书配套光盘提供的“第 6 章中式豪华 VIP 包房 \ 贴图 \ 地砖 005.jpg”文件。

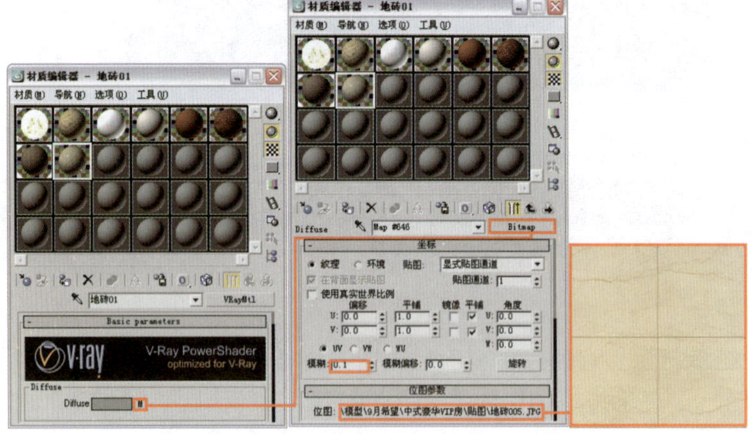

图 6-56

19 返回 VRayMtl 材质层级，单击“Reflect”右侧的贴图通道按钮，为其添加一个“衰减”程序贴图，参数设置如图 6-57 所示。将设置好的材质指定给物体“地面 01”。

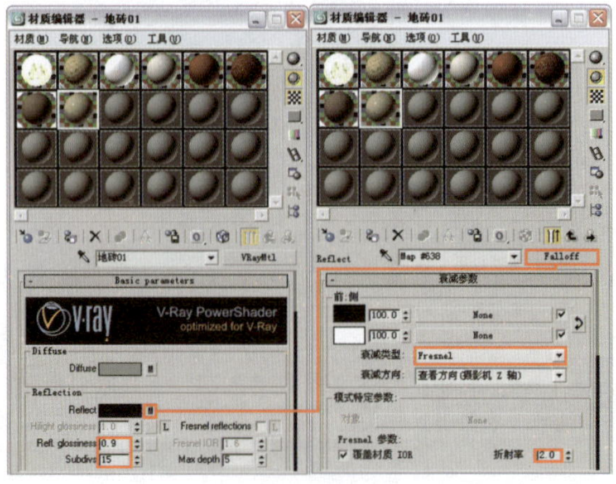

图 6-57

20 选中刚刚设置好的材质球，将其拖曳到另一个材质球上进行非关联复制，并将其命名为“地面 02”，更换贴图文件。将设置好的材质指定给物体“地面 02”，对摄影机视图进行渲染，效果如图 6-58 所示。贴图文件为本书配套光盘提供的“第 6 章中式豪华 VIP 包房\贴图\1115911218.jpg”文件。

图 6-58

6.3.2 设置场景木材质

1 首先来设置场景中的红木材质。选择一个空白材质球，将材质设置为 VRayMtl 材质，并将材质命名为“清油木质 01”。单击“Diffuse”右侧的贴图通道按钮，为其添加一个“位图”贴图，具体参数设置如图 6-59 所示。贴图文件为本书配套光盘提供的“第 6 章中式豪华 VIP 包房\贴图\柚木 .1.jpg”文件。

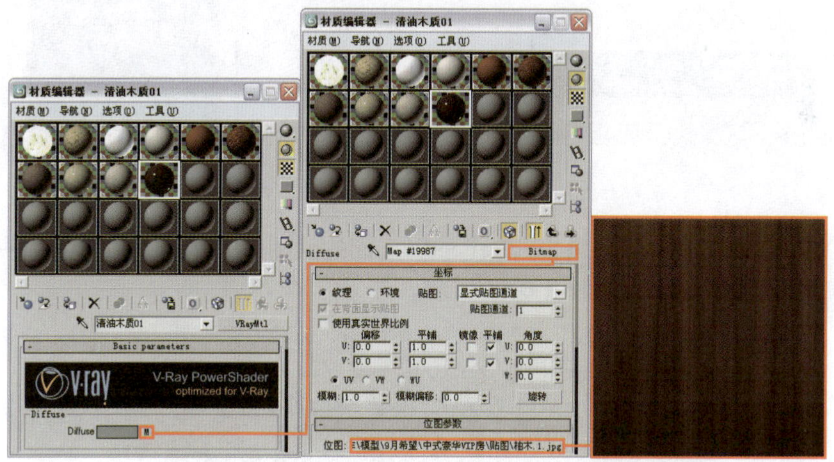

图 6-59

2 返回 VRayMtl 材质层级，单击“Reflect”后面的贴图通道按钮，为其添加一个“衰减”程序贴图，具体参数设置如图 6-60 所示。

3 将设置好的材质指定给物体“清油木质 01”，对摄影机视图进行渲染，效果如图 6-61 所示。

4 接下来设置场景中深色木质。选择一个空白材质球，将材质设置为 VRayMtl 材质，并将材质命名为“清油木质 02”。单击“Diffuse”右侧的贴图通道按钮，为其添加一个“位图”贴图，具体参数设置如图 6-62 所示。贴图文件为本书配套光盘提供的“第 6 章中式豪华 VIP 包房\贴图\A-D-136_2.JPG”文件。

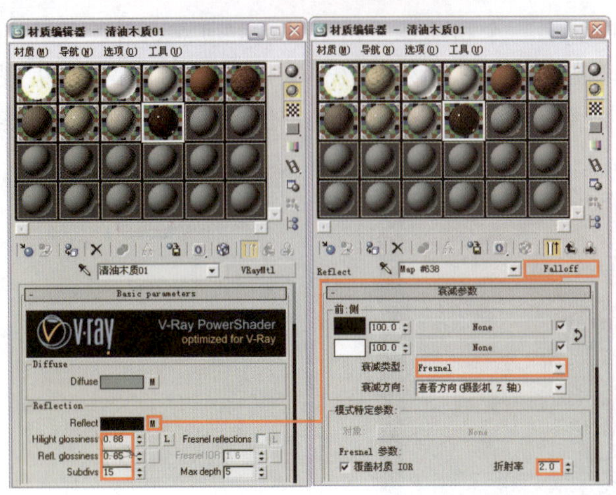

图 6-60

图 6-61

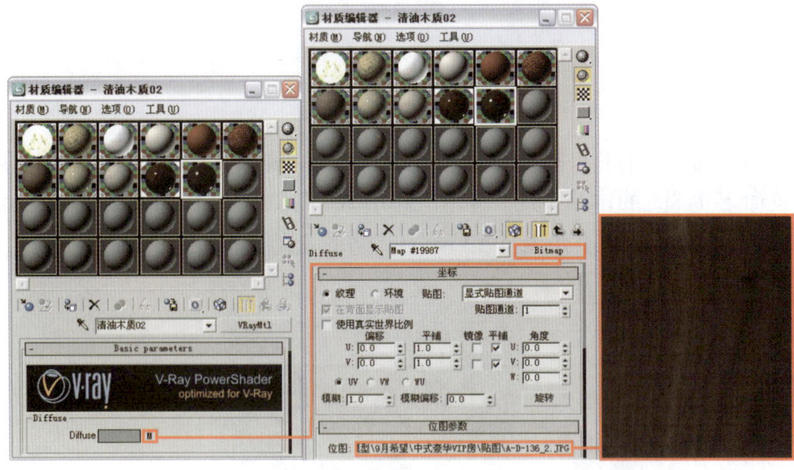

图 6-62

5 返回 VRayMtl 材质层级，单击“Reflect”后面的贴图通道按钮，为其添加一个“衰减”程序贴图，具体参数设置如图 6-63 所示。

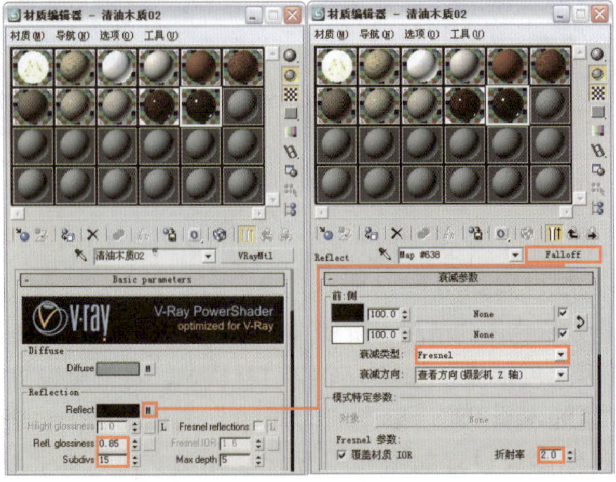

图 6-63

⑥ 将设置好的材质指定给物体“清油木质 02”，对摄影机视图进行渲染，效果如图 6-64 所示。

图 6-64

6.3.3 设置场景中布材质

① 首先来设置椅子布材质。选择一个空白材质球，将材质设置为 VRayMtl 材质，并将材质命名为“椅子布”。单击“Diffuse”右侧的贴图通道按钮，为其添加一个“位图”贴图，具体参数设置如图 6-65 所示。将设置好的材质指定给物体“椅子布”，对摄影机视图进行渲染，效果如图 6-66 所示。贴图文件为本书配套光盘提供的“第 6 章中式豪华 VIP 包房 \ 贴图 \1127011006.jpg”文件。

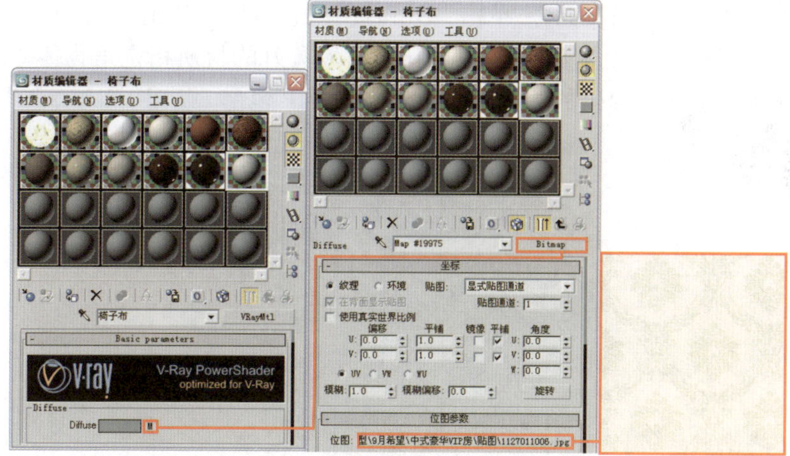

图 6-65

图 6-66

② 设置桌布材质。选择一个空白材质球，将材质设置为 VRayMtl 材质，并将材质命名为“桌布”。单击“Diffuse”右侧的贴图通道按钮，为其添加一个“衰减”程序贴图，具体参数设置如图 6-67 所示。

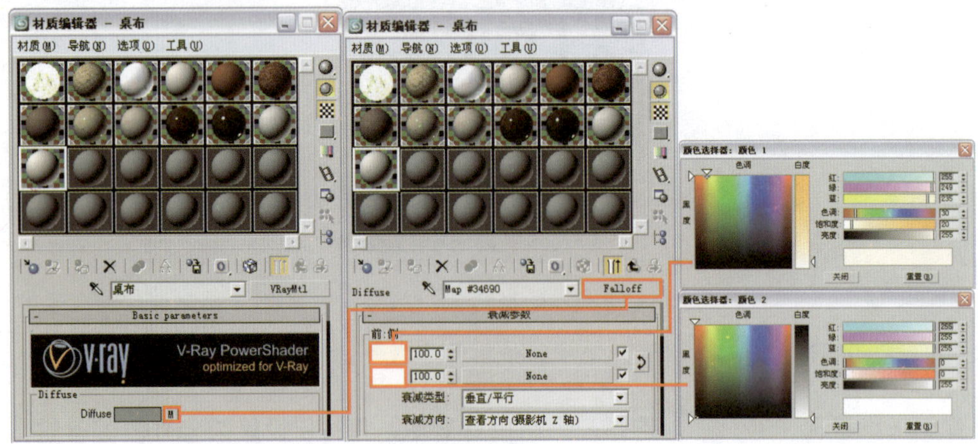

图 6-67

③ 将设置好的材质指定给物体“桌布”，对摄影机视图进行渲染，餐桌和椅子的局部效果如图 6-68 所示。

④ 接下来设置沙发布面材质。选择一个空白材质球，将材质设置为 VRayMtl 材质，并将材质命名为“沙发椅子布面”。单击“Diffuse”右侧的贴图通道按钮，为其添加一个“位图”贴图，具体参数设置如图 6-69 所示。将设置好的材质指定给物体“沙发”。贴图文件为本书配套光盘提供的“第 6 章中式豪华 VIP 包房 \ 贴图 \ 布纹 .jpg”文件。

图 6-68

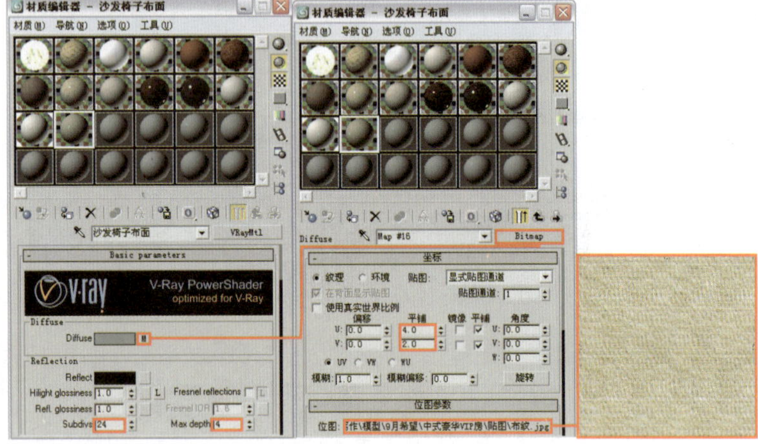

图 6-69

⑤ 设置茶几上红布匹材质。选择一个空白材质球，将材质设置为 VRayMtl 材质，并将材质命名为“布匹”。单击“Diffuse”右侧的贴图通道按钮，为其添加一个“位图”贴图，具体参数设置如图 6-70 所示。渲染效果如图 6-71 所示。贴图文件为本书配套光盘提供的“第 6 章中式豪华 VIP 包房 \ 贴图 \bw-1226.jpg”文件。

⑥ 返回 VRayMtl 材质层级，进入 Maps 卷展栏，单击“Bump”右侧的贴图通道按钮，为其添加一个“位图”贴图，具体参数设置如图 6-72 所示。将设置好的材质指定

给物体“布匹”。贴图文件为本书配套光盘提供的“第 6 章中式豪华 VIP 包房\贴图\cloth_45.jpg”文件。

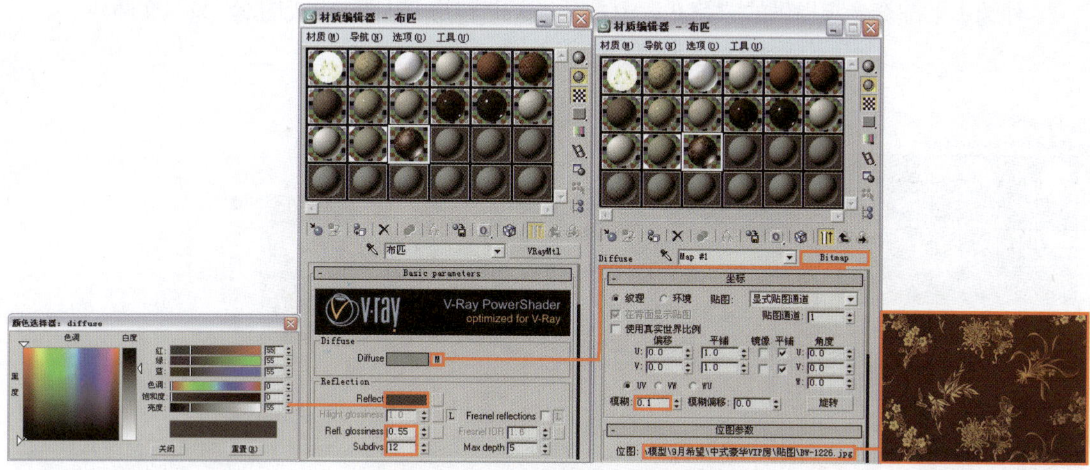

图 6-70

图 6-71

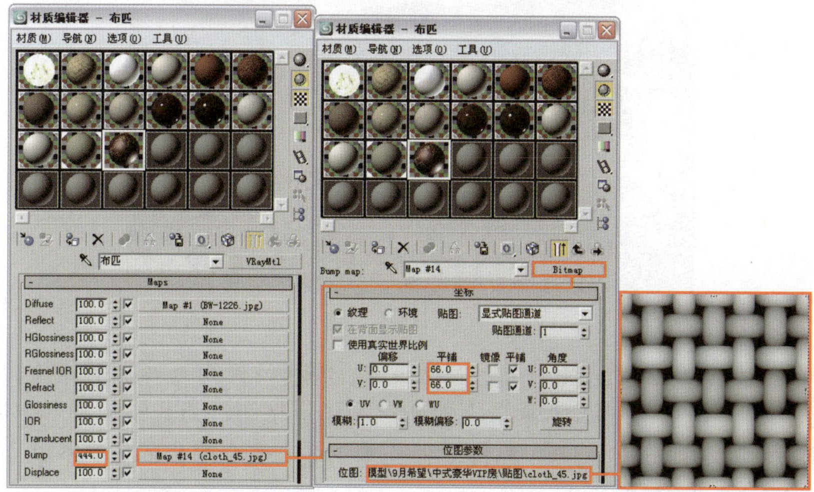

图 6-72

7 设置沙发靠垫材质。选择一个空白材质球，将材质的明暗器类型设置为 (O) Oren-Nayar-Blinn，并将材质命名为“靠垫 01”。单击“Diffuse”右侧的贴图通道按钮，为其添加一个“衰减”程序贴图。进入“衰减”层级，单击第一个贴图通道按钮，为其添加一个“位图”贴图，具体参数设置如图 6-73 所示。将设置好的材质指定给物体“靠垫 01”。贴图文件为本书配套光盘提供的“第 6 章中式豪华 VIP 包房 \ 贴图 \ 中式图案 .jpg”文件。

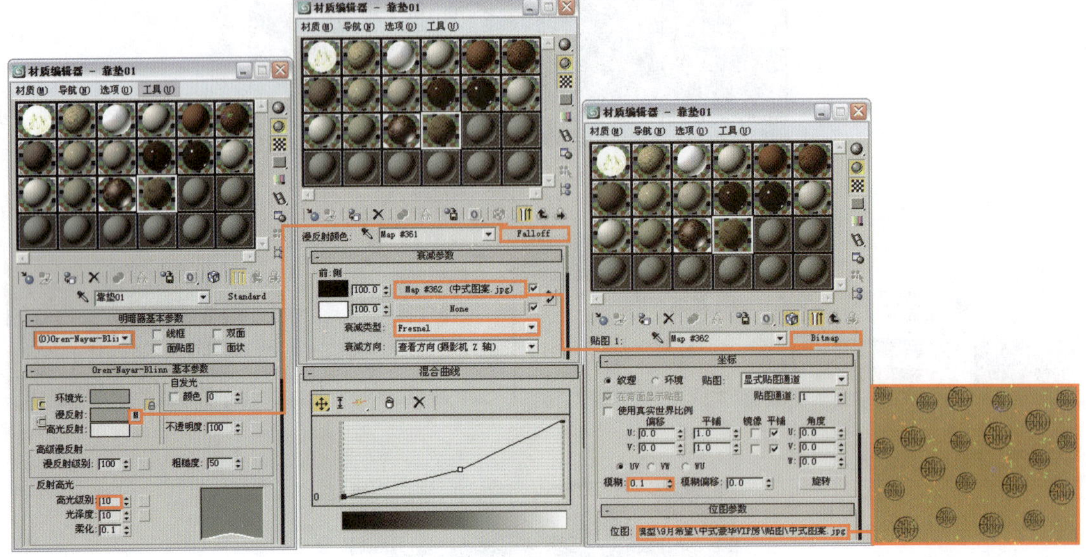

图 6-73

8 利用上面的方法制作“靠垫 2”、“靠垫 3”和“靠垫 4”材质，并将制作好的材质分别指定给物体“靠垫 2”、“靠垫 3”和“靠垫 4”。对摄影机视图进行渲染，沙发和靠垫的局部效果如图 6-74 所示。贴图文件分别为本书配套光盘提供的“第 6 章中式豪华 VIP 包房 \ 贴图 \831029_1.jpg、000.jpg、1127011006.jpg”文件。

图 6-74

9 下面来设置地毯材质。选择一个空白材质球，将其设置为 VRayMtl 材质，并将其命名为“地毯 001”。单击“Diffuse”右侧的贴图通道按钮，为其添加一个“位图”贴图，具体参数设置如图 6-75 所示。贴图文件为本书配套光盘提供的“第 6 章中式豪华 VIP 包房 \ 贴图 \cloth 0012.jpg”文件。

10 返回 VRayMtl 材质层级，进入 Maps 卷展栏，将“Diffuse”贴图通道上的贴图拖曳到“Bump”贴图通道上进行（非关联）复制，具体步骤如图 6-76 所示。

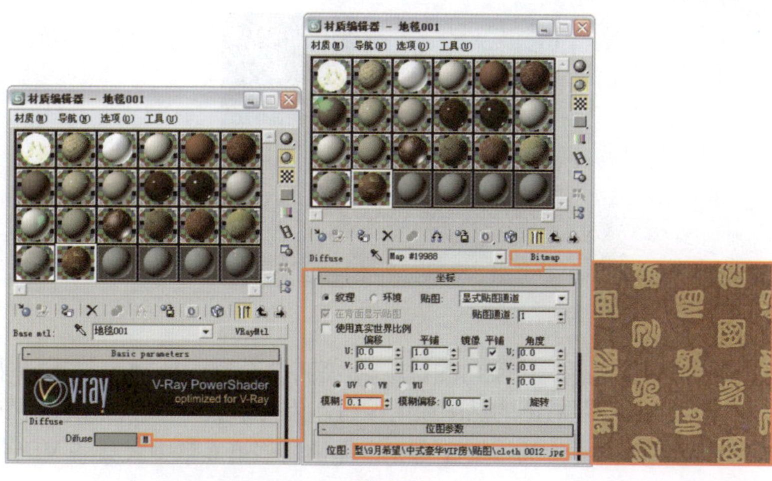

图 6-75

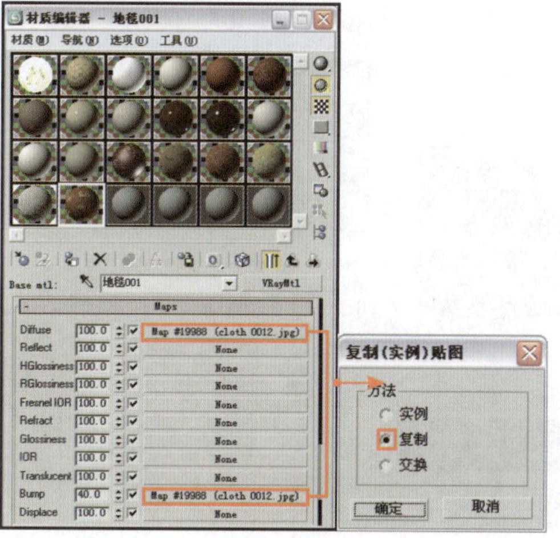

图 6-76

11 地毯的颜色比较深，面积比较大，容易产生溢色，为其添加一个 VRayOverrideMtl 材质来解决溢色问题，具体参数设置如图 6-77 所示。

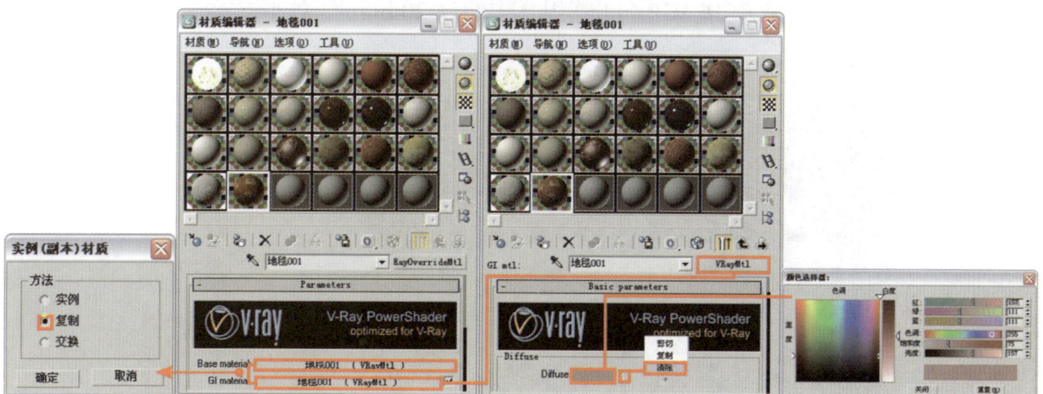

图 6-77

12 将设置好的材质指定给物体“地毯 001”，对摄影机视图进行渲染，地毯局部效果如图 6-78 所示。

图 6-78

13 设置另一个地毯材质。选择一个空白的材质球，将其设置为 VRayMtl 材质，并将其命名为“地毯 002”。单击“Diffuse”右侧的贴图通道按钮，为其添加一个“位图”贴图，具体参数设置如图 6-79 所示。贴图文件为本书配套光盘提供的“第 6 章中式豪华 VIP 包房 \ 贴图 \ 地毯 .jpg”文件。

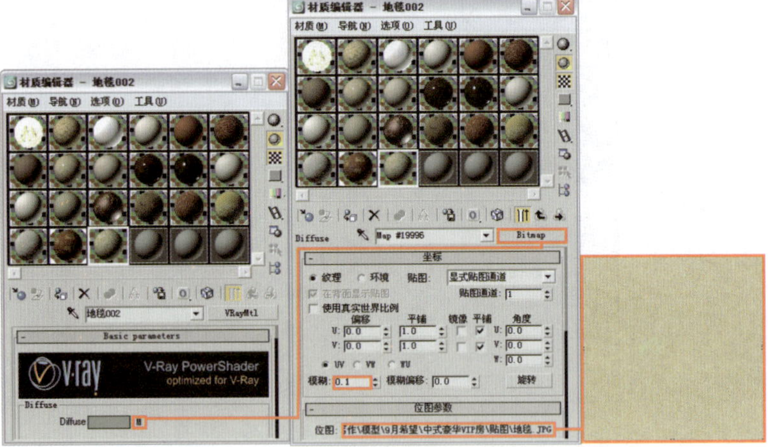

图 6-79

14 返回 VRayMtl 材质层级，进入 Maps 卷展栏，单击“Bump”右侧的贴图通道按钮，为其添加一个“位图”贴图，具体参数设置如图 6-80 所示。贴图文件为本书配套光盘提供的“第 6 章中式豪华 VIP 包房 \ 贴图 \ 地毯 20.bmp”文件。

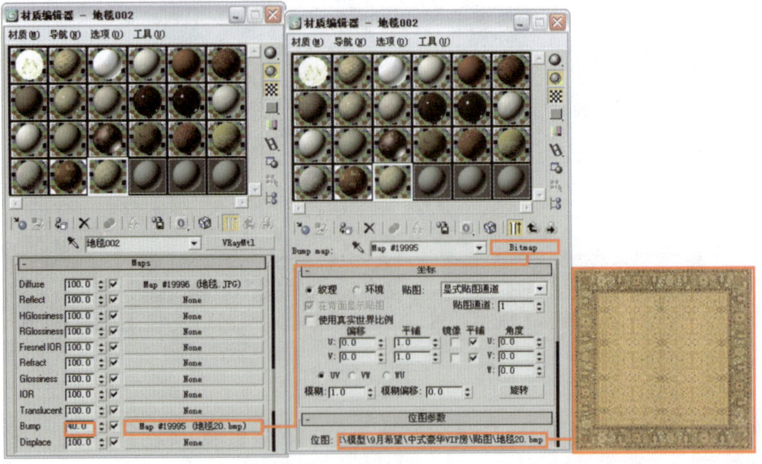

图 6-80

⑮ 将设置好的材质指定给物体“地毯002”，对摄影机视图进行渲染，地毯的局部效果如图6-81所示。

图6-81

6.3.4 设置其他材质

① 设置台灯灯罩材质。选择一个空白材质球，将其设置为 VRayMtl 材质，并将材质命名为“灯罩”。单击“Diffuse”右侧的贴图通道按钮，为其添加一个“位图”贴图，具体参数设置如图6-82所示。贴图文件为本书配套光盘提供的“第6章中式豪华VIP包房\贴图\003.jpg”文件。

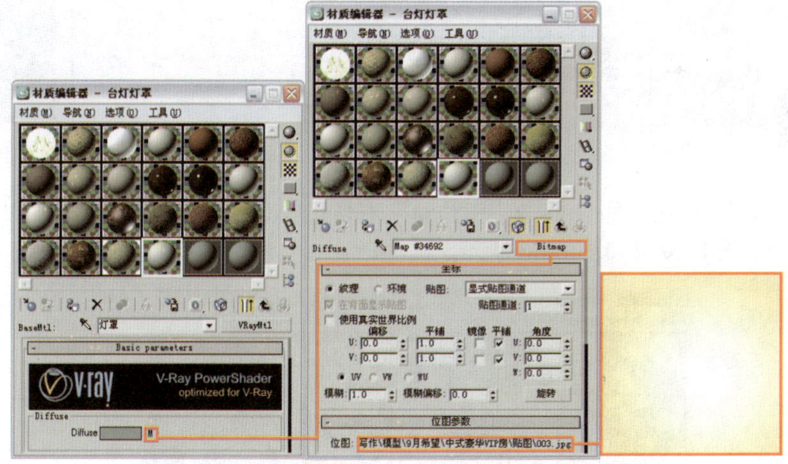

图6-82

② 单击 VRayMtl 按钮，添加 VRayMtlWrapper 材质来提高灯罩的亮度，具体参数设置如图6-83所示。

③ 将设置好的材质指定给物体“灯罩”，对摄影机视图进行渲染，效果如图6-84所示。

④ 设置装饰板烤漆材质。选择一个空白材质球，将材质设置为 多维/子对象 材质，并将材质命名为“装饰烤漆”。“设置数量”为2，单击第一个子材质通道按钮，将其设置为 VRayMtl 材质，并将材质命名为“001”。单击“Diffuse”右侧的贴图通道按钮，为其添加一个“位图”贴图，具体参数设置如图6-85所示。贴图文件为本书配套光盘提供的“第6章中式豪华VIP包房\贴图\A-D-136_2.JPG”文件。

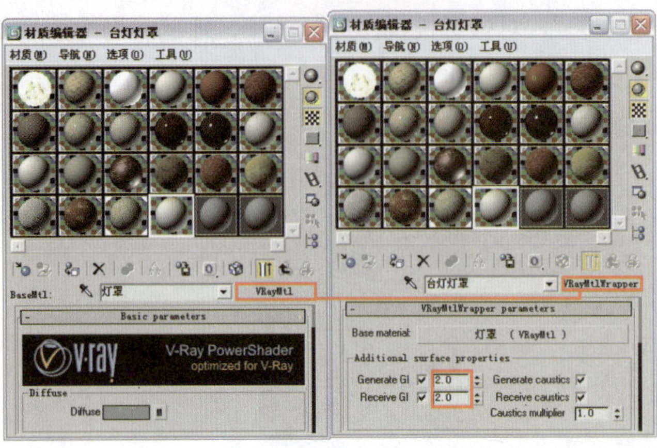

图 6-83

图 6-84

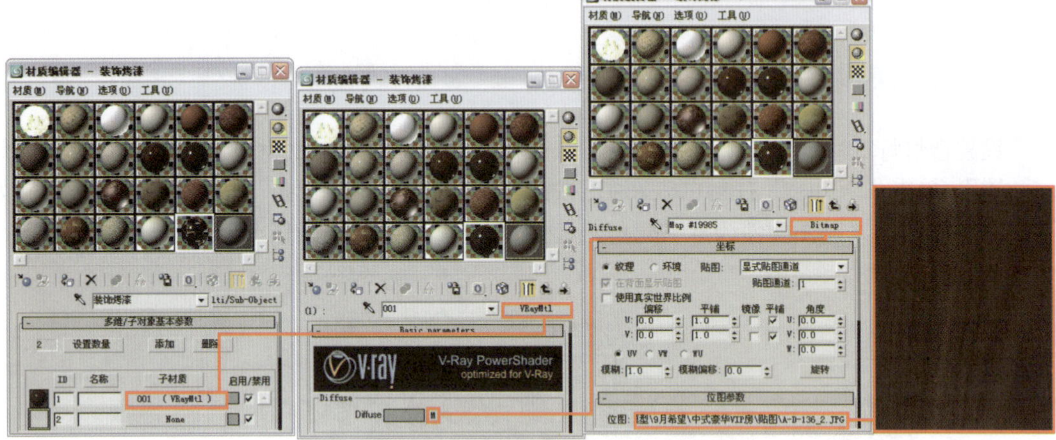

图 6-85

⑤ 返回 VRayMtl 材质层级，单击“Reflect”右侧的贴图通道按钮，为其添加一个“衰减”程序贴图，参数设置如图 6-86 所示。

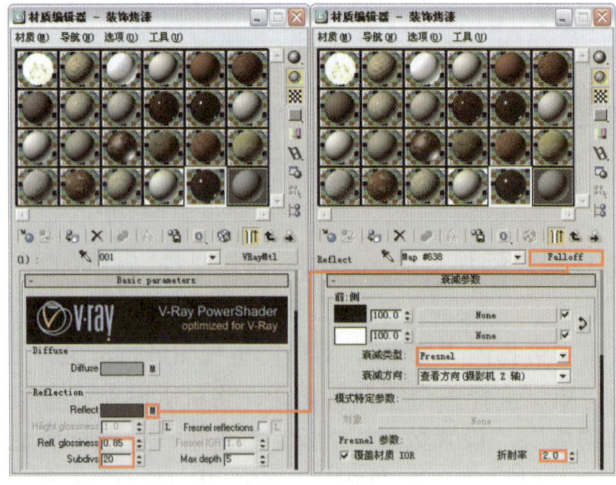

图 6-86

⑥ 返回多维 / 子对象材质层级，单击第二个材质通道按钮，将材质设置为 VRayMtl 材质，并将

材质命名为"002"。单击"Diffuse"右侧的贴图通道按钮，为其添加一个"位图"贴图，具体参数设置如图6-87所示。贴图文件为本书配套光盘提供的"第6章中式豪华VIP包房\贴图\金箔.tif"文件。

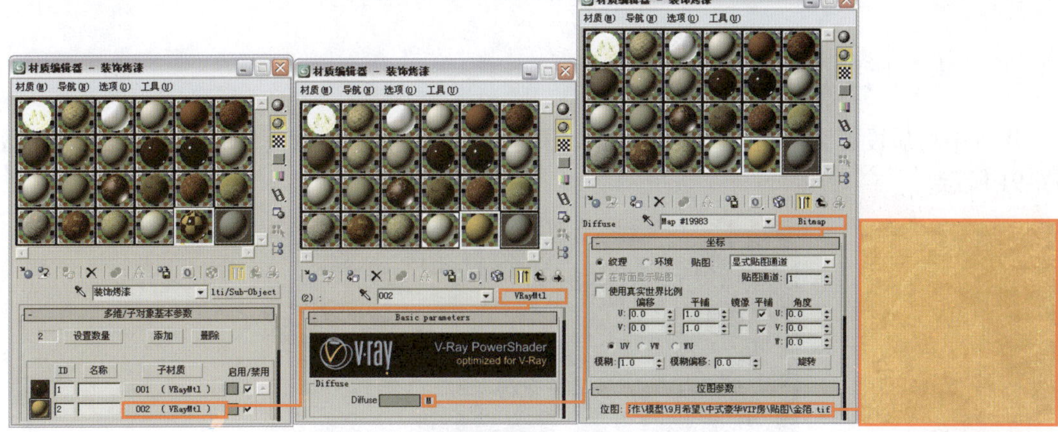

图 6-87

7 将设置好的材质指定物体"装饰烤漆"，对摄影机视图进行渲染，局部效果如图6-88所示。

图 6-88

8 最后来设置一种金色金属材质。选择一个空白材质球，将其设置为 VRayMtl 材质，并将材质命名为"金色金属"，具体参数设置如图6-89所示。将设置好的材质指定给物体"金色金属"，对摄影机视图进行渲染，"金色金属"的局部效果如图6-90所示。

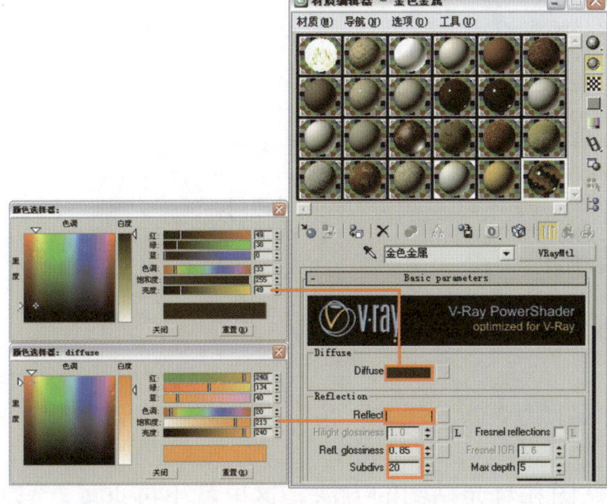

图 6-89

图 6-90

至此，场景的灯光测试和材质设置都已经完成，下面将对场景进行最终渲染设置。

6.4 最终渲染设置

6.4.1 最终测试灯光效果

场景中材质设置完毕后，场景的光照效果一定会有变化，再次对场景进行渲染，效果如图 6-91 所示。

图 6-91

观察渲染效果，场景光线不需要再调整，接下来设置最终渲染参数。

6.4.2 灯光细分参数设置

① 首先将场景中模拟天光的 VRayLight 的灯光细分值设置为 20，如图 6-92 所示。

② 然后将场景中模拟灯带的 VRayLight 的灯光细分值设置为 16，如图 6-93 所示。

③ 最后将场景中模拟筒灯的 Point 的灯光阴影细分值设置为 15，如图 6-94 所示。

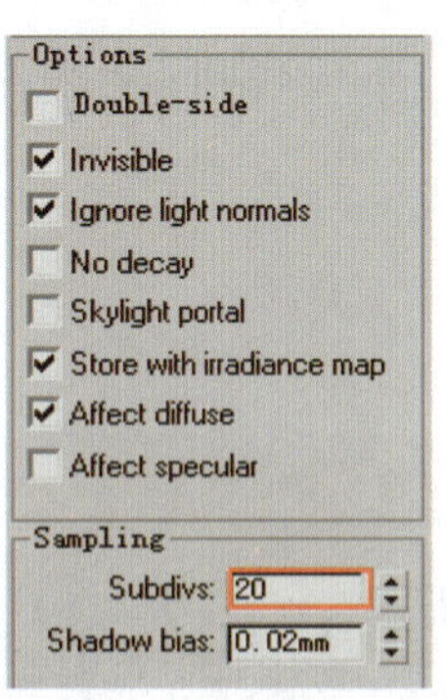

图 6-92

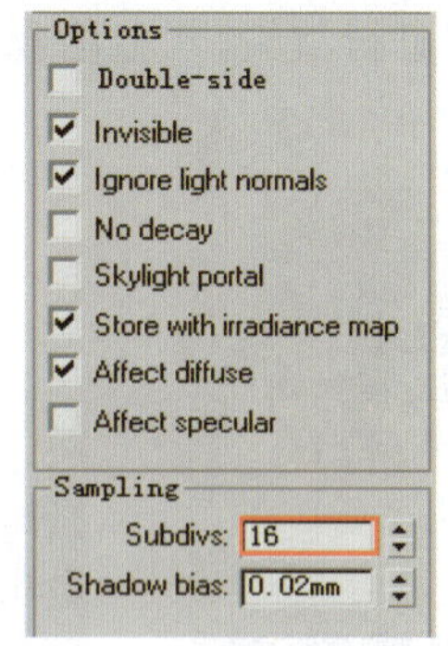

图 6-93

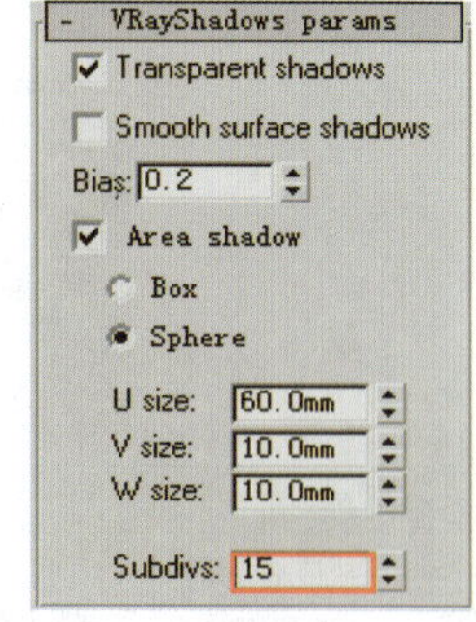

图 6-94

6.4.3 设置保存发光贴图和灯光贴图的渲染参数

在前面章节中已经多次讲解过保存发光贴图和灯光贴图的方法，这里就不再重复，只对

渲染级别设置进行讲解。

① 进入 V-Ray:: Irradiance map （发光贴图）卷展栏，设置参数如图 6-95 所示。

② 进入 V-Ray:: Light cache （灯光缓存）卷展栏，设置参数如图 6-96 所示。

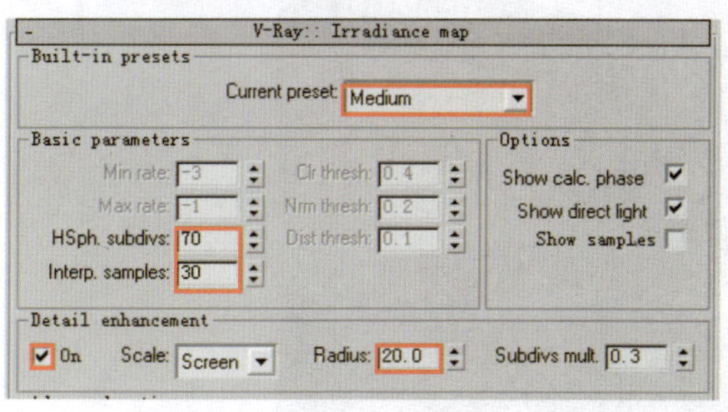

图 6-95

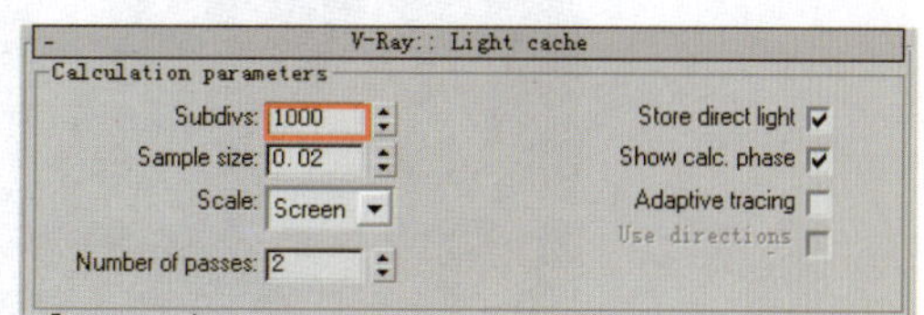

图 6-96

③ 在 V-Ray:: rQMC Sampler （准蒙特卡罗采样器）卷展栏中设置参数如图 6-97 所示，这是模糊采样设置。

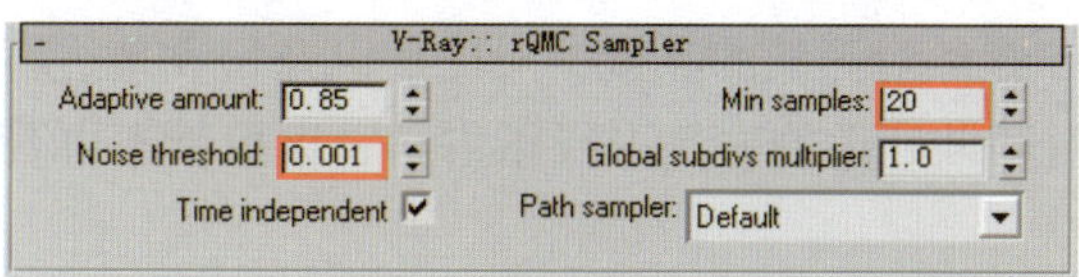

图 6-97

渲染级别设置完毕，最后设置保存发光贴图和灯光贴图的参数并进行渲染即可。

6.4.4 最终成品渲染

最终成品渲染的参数设置如下。

① 当发光贴图和灯光贴图计算完毕后，在“渲染场景”对话框中的“公用”选项卡中设置最终渲染图像的输出尺寸，如图 6-98 所示。

② 在 V-Ray:: Image sampler (Antialiasing) （抗锯齿采样）卷展栏中设置抗锯齿和过滤器，如图 6-99 所示。

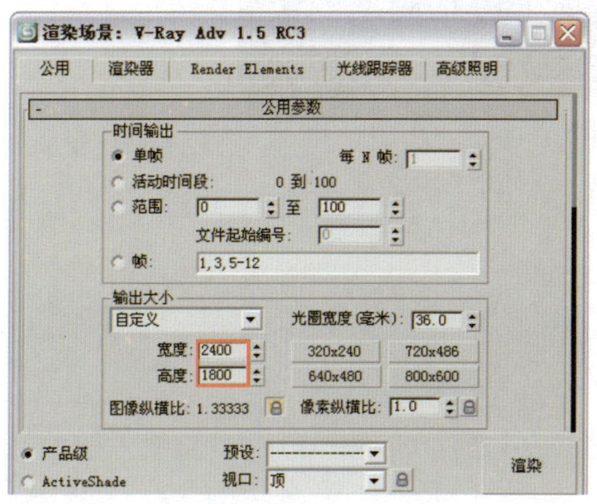

图 6-98

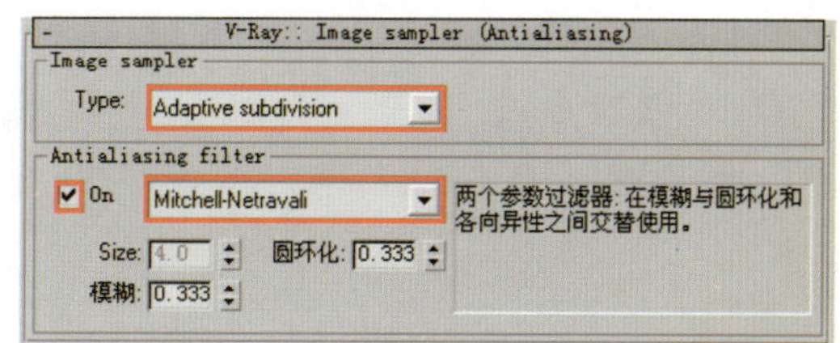

图 6-99

③ 最终渲染完成的效果如图 6-100 所示。

图 6-100

最后使用 Photoshop 软件对图像的亮度、对比度以及饱和度进行调整，使效果更加生动和逼真。我们已经多次对后期处理的方法进行了讲解，这里就不再赘述。后期处理的最终效果如图 6-101 所示。

图 6-101

第 7 章 夜景酒吧间表现

7.1 夜景酒吧间空间简介

本章案例渲染的是一个典型的酒吧空间，该空间的整体设计风格属于混搭型，既有较为现代时尚的酒吧椅，也有偏欧式的餐椅，整个场景的灯光设计比较富有变化，不同类型的灯池投射出来的灯光使整个酒吧光影迷离。在表现此类空间时，灯光的表现是非常重要的，而表现的时间也最好选择在夜晚，以最大程度地准确反映该空间在现实应用中的状态，案例效果如图 7-1 所示。

图 7-1

图 7-2 所示为酒吧间模型的线框效果图。

图 7-2

酒吧间场景的其他角度效果如图 7-3 所示。

图 7-3

7.2 酒吧空间测试渲染设置

打开配套光盘中“第 7 章夜景酒吧间 \ 夜景酒吧间源文件 .max”场景文件，如图 7-4 所示。可以看到这是一个已经创建好模型的酒吧场景，并且场景中的摄影机也已经创建好。

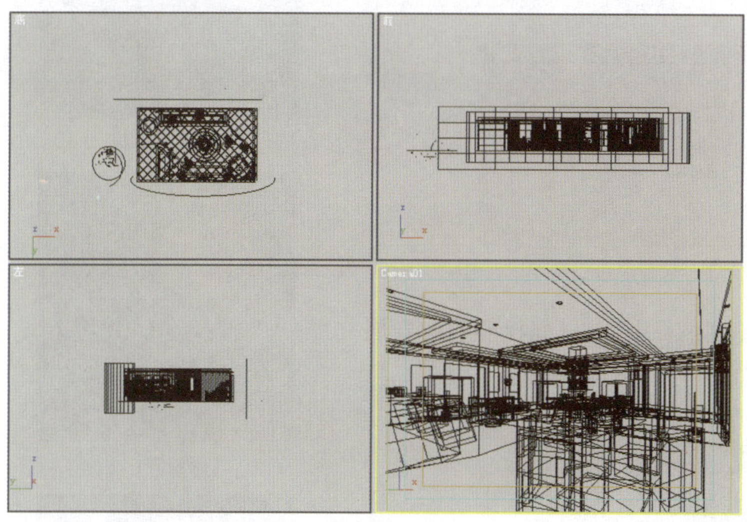

图 7-4

下面首先进行测试渲染参数设置，然后为场景布置灯光。灯光布置包括室外环境光和室内灯光的建立。

7.2.1 设置测试渲染参数

测试渲染参数的设置步骤如下。

① 按 F10 键打开“渲染场景”对话框，渲染器已经设置为 V-Ray Adv 1.5 RC3 渲染器，在 公用参数 卷展栏中设置较小的图像尺寸，如图 7-5 所示。

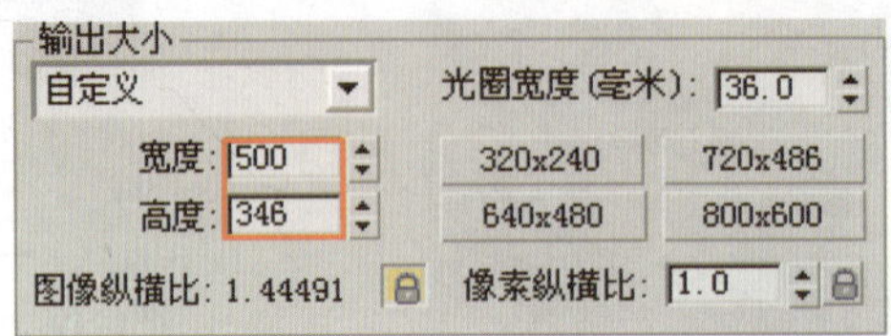

图 7-5

② 进入“渲染器”选项卡，在 V-Ray:: Global switches （全局开关）卷展栏中的参数设置如图 7-6 所示。

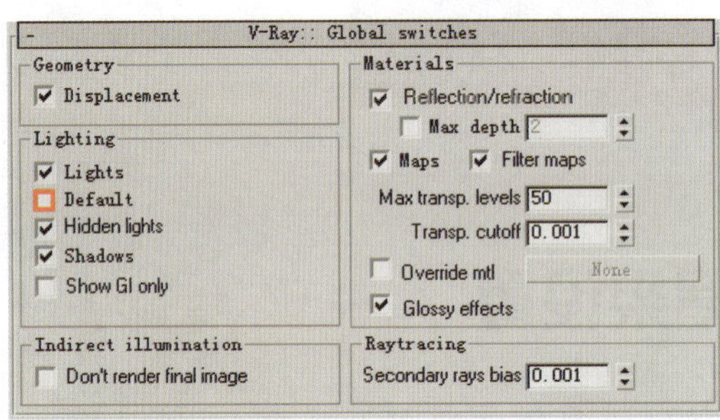

图 7-6

③ 进入 V-Ray:: Image sampler (Antialiasing) （抗锯齿采样）卷展栏中，参数设置如图 7-7 所示。

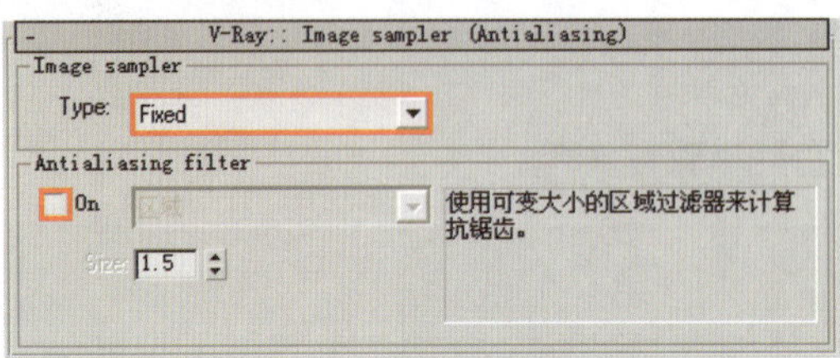

图 7-7

④ 在 V-Ray:: Indirect illumination (GI) （间接照明）卷展栏中设置参数如图 7-8 所示。

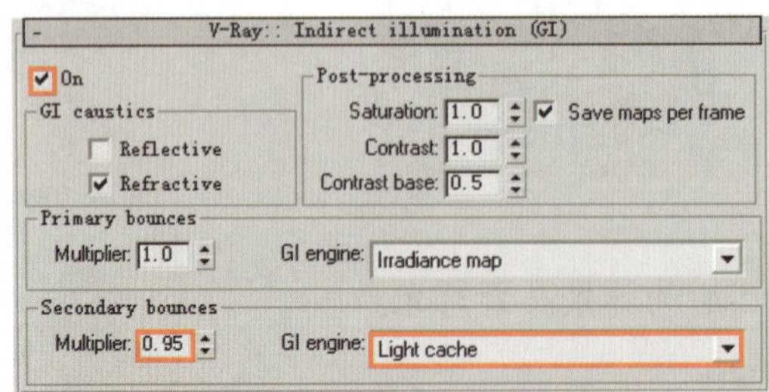

图 7-8

⑤ 在 V-Ray:: Irradiance map （发光贴图）卷展栏中设置参

地面

地面大理石

大理石拼花

壁纸 1

壁纸 2

数如图 7-9 所示。

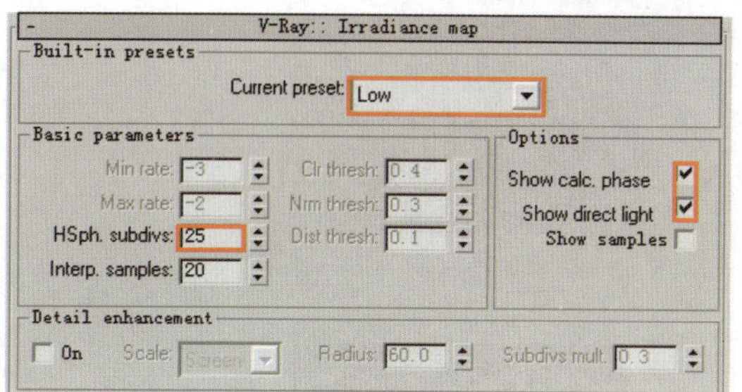

图 7-9

6 在 V-Ray:: Light cache （灯光缓存）卷展栏中设置参数如图 7-10 所示。

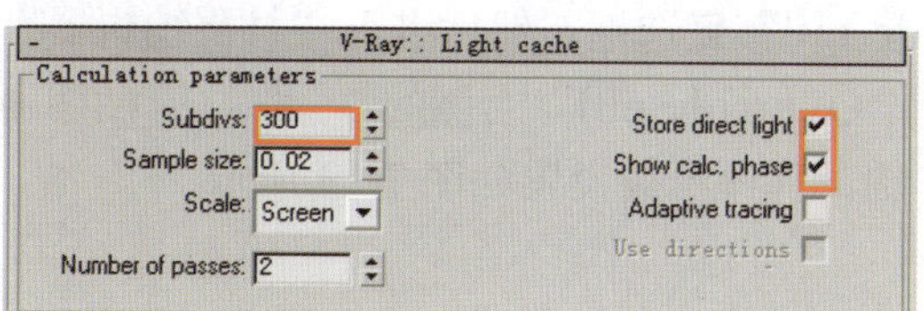

图 7-10

7 下面对环境光进行设置。打开 V-Ray:: Environment （环境）卷展栏，在"GI Environment (skylight) override"选项组和"Reflection/Refraction environment override"选项组中勾选"On"复选框，参数设置如图 7-11 所示。

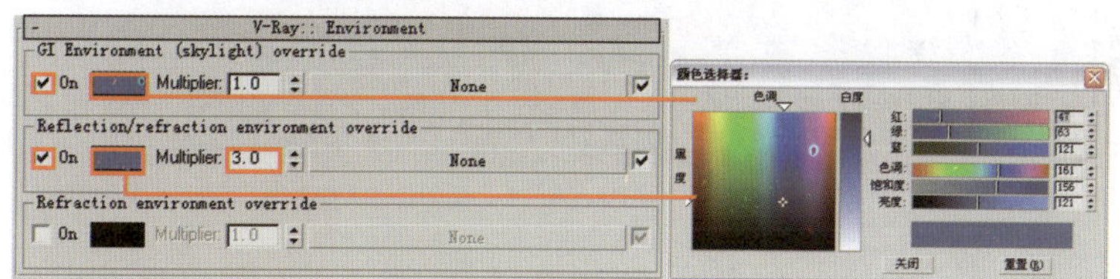

图 7-11

7.2.2 布置场景灯光

本场景在灯光布置方面还是比较丰富的，室外有环境天光和月光，室内有照明用的射灯和增加气氛的装饰射灯等。下面首先设置室外照明，然后设置室内照明。在为场景创建灯光前，首先用一种白色材质覆盖场景中的所有物体，这样便于观察灯光对场景的影响。

1 按 M 键打开"材质编辑器"对话框，选择一个空白材质球，单击其 Standard 按钮，在弹出的"材质 / 贴图浏览器"对话框中选择 VRayMtl 材质，并将材质命名为"替换材质"，具体参数设置如图 7-12 所示。

本场景所使用材质

窗玻璃

仿石材

大理石台面

沙发布料

椅子布料

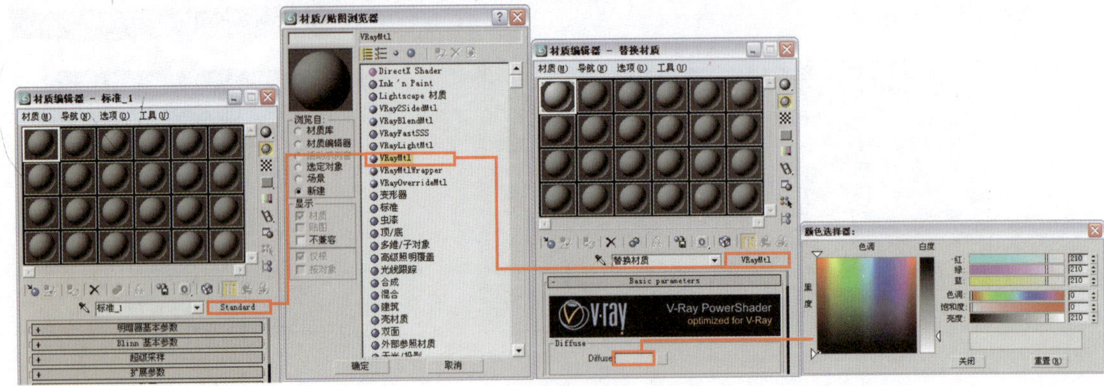
图 7-12

2 按F10键打开“渲染场景”对话框，进入“渲染器”选项卡，在 V-Ray:: Global switches（全局开关）卷展栏中勾选“Override mtl”复选框，然后进入“材质编辑器”对话框中，将“替换材质”的材质球拖放到“Override mtl”右侧的 None 贴图通道按钮上，并以“实例”的方法进行关联复制，具体参数设置如图 7-13 所示。

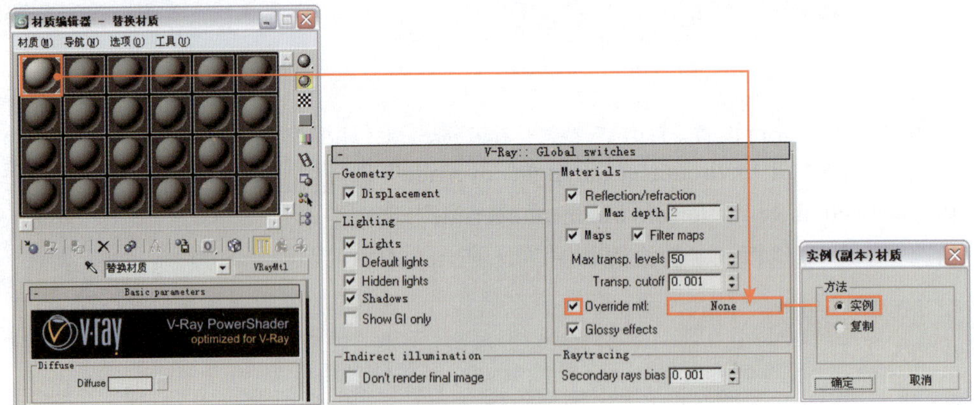
图 7-13

3 首先布置室外的天光。单击（创建）按钮进入创建命令面板。单击（灯光）按钮，在下拉菜单中选择“VRay”选项，然后在 对象类型 卷展栏中单击 VRayLight 按钮，在场景窗外部分创建一盏 VRayLight，位置如图 7-14 所示。灯光参数设置如图 7-15 所示。

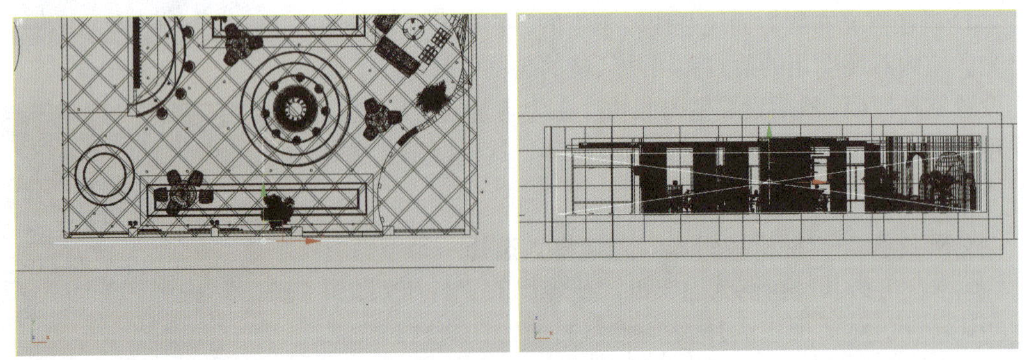
图 7-14

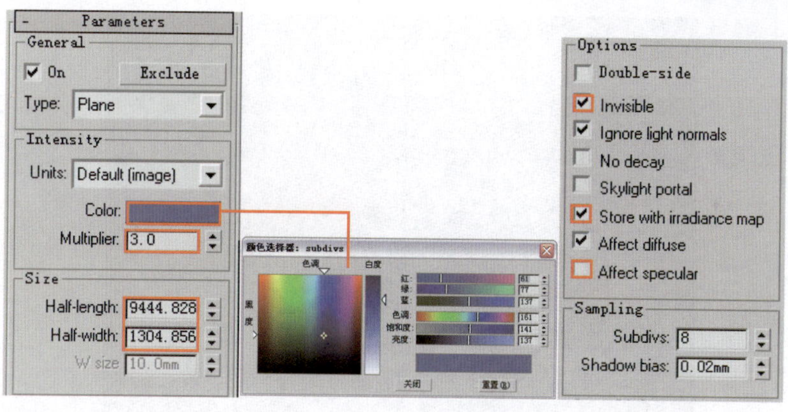

图 7-15

④ 继续创建室外的天光。在如图 7-16 所示位置创建一盏 VRayLight，具体参数设置如图 7-17 所示。

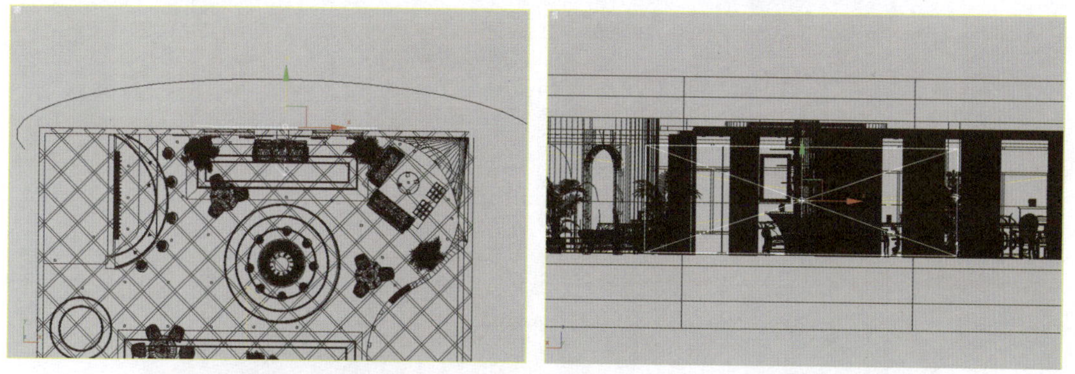

图 7-16

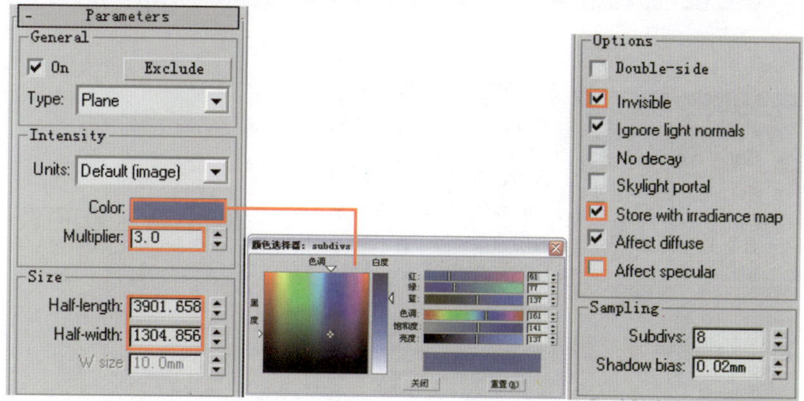

图 7-17

⑤ 将物体“玻璃”及“纱帘”隐藏，对摄影机视图进行测试渲染，灯光效果如图 7-18 所示。

⑥ 为了增加场景气氛，下面创建室外的月光。单击 （创建）按钮进入创建命令面板。单击 （灯光）按钮，在下拉菜单中选择“标准”选项，然后在 对象类型 卷展栏中单击 目标平行光 按钮，在视图中创建一盏目标平行光，位置如图 7-19 所示。参数设置如图 7-20 所示。

图 7-18

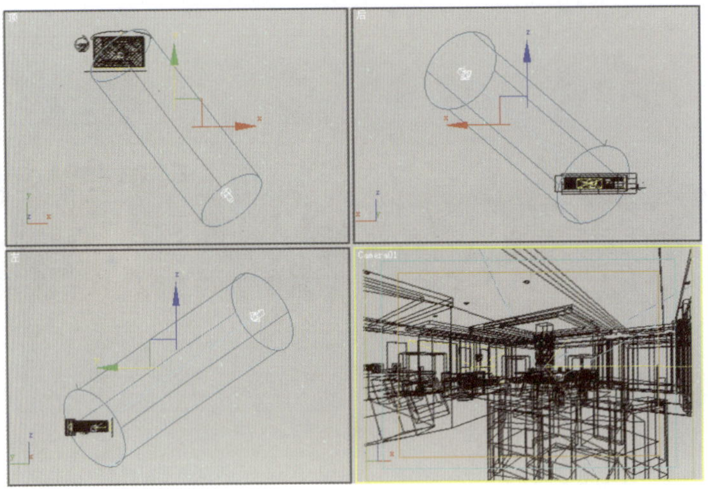

图 7-19

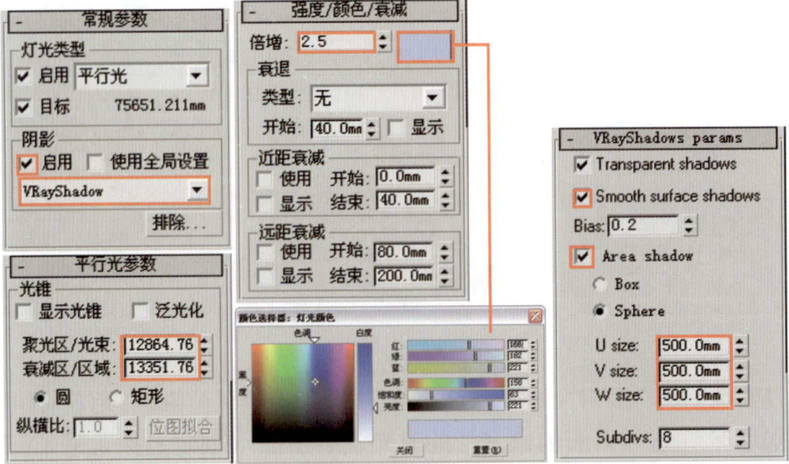

图 7-20

7 因物体“外景”在建筑物前面，为了使目标平行光能够直接照射到室内，产生正确的光照效果，下面将对目标平行光进行设置，使其排除对物体“外景”的影响。在目标

平行光的 常规参数 卷展栏中单击 排除... 按钮，在弹出的“排除 / 包含”对话框中进行参数设置，如图 7-21 所示。对摄影机视图进行渲染，此时效果如图 7-22 所示。

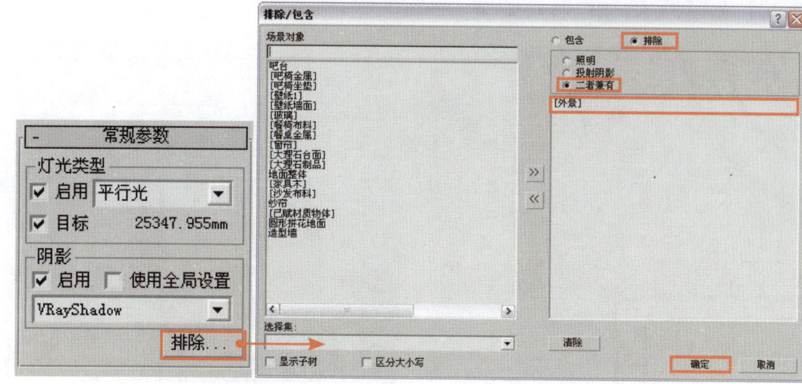

图 7-21

图 7-22

8 从渲染效果中可以发现被平行光直接照射的部分曝光很严重，下面通过调整场景曝光参数来降低场景亮度。按 F10 键打开“渲染场景”对话框，进入“渲染器”选项卡，在 V-Ray:: Color mapping（颜色映射）卷展栏中进行曝光控制，参数设置如图 7-23 所示。再次渲染效果如图 7-24 所示。

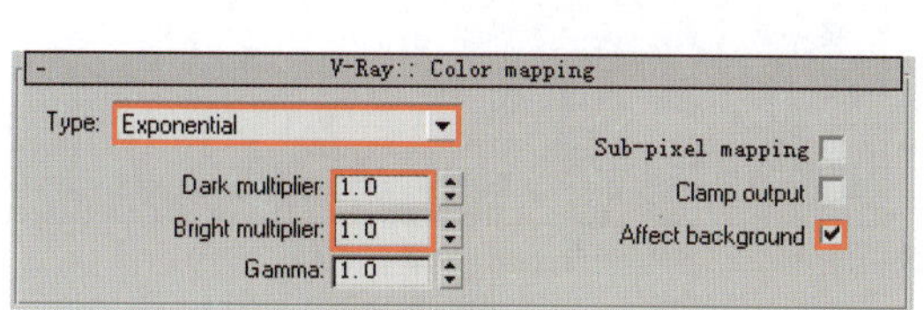

图 7-23

图 7-24

9 室外灯光布置完毕，下面开始设置室内灯光，首先设置顶部射灯的灯光。单击 （创

3ds max/ VRay Super Realism

建）按钮进入创建命令面板。单击（灯光）按钮，在下拉菜单中选择“光度学”选项，然后在 对象类型 卷展栏中单击 目标点光源 按钮，在如图 7-25 所示位置创建一个目标点光源 Point01 来模拟室内的射灯灯光。

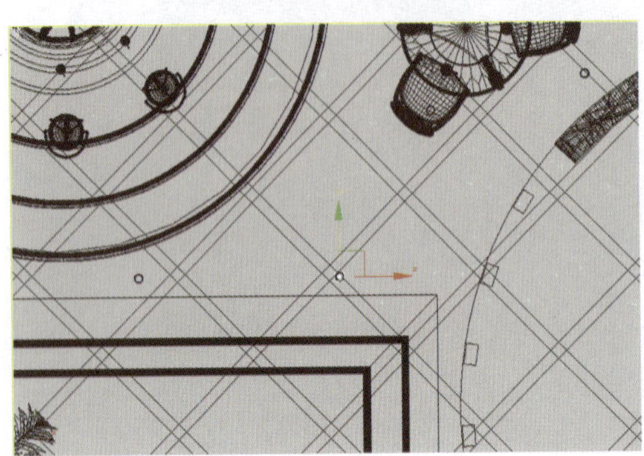
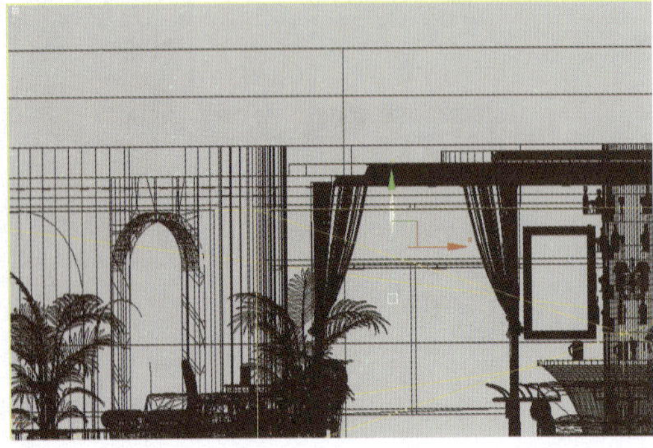

图 7-25

⑩ 进入修改命令面板，对创建的目标点光源进行参数设置，如图 7-26 所示。光域网文件为本书配套光盘提供的“第 7 章夜景酒吧间 \ 贴图 \SD-14.IES”文件。

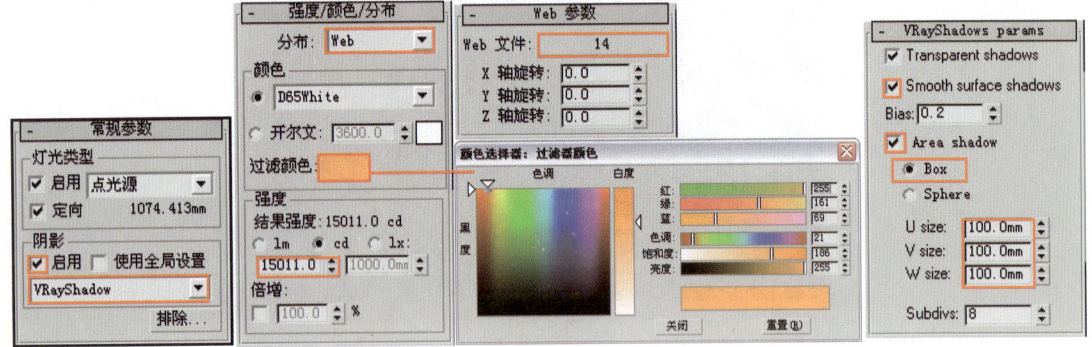

图 7-26

⑪ 在顶视图中选中刚刚创建的目标点光源 Point01，将其关联复制出 24 盏，灯光位置如图 7-27 所示。此时对摄影机视图进行渲染，效果如图 7-28 所示。

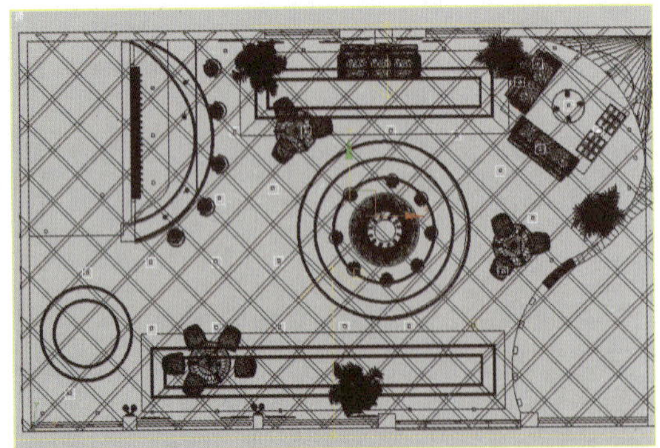

图 7-27

图 7-28

⑫ 继续创建室内的灯光。在如图 7-29 所示位置创建一盏目标点光源 Point26，用它来模拟照射在墙面上的筒灯灯光。进入修改命令面板，对创建的目标点光源进行参数设置，

如图 7-30 所示。光域网文件为本书配套光盘提供的“第 7 章 \ 贴图 \16.IES”文件。

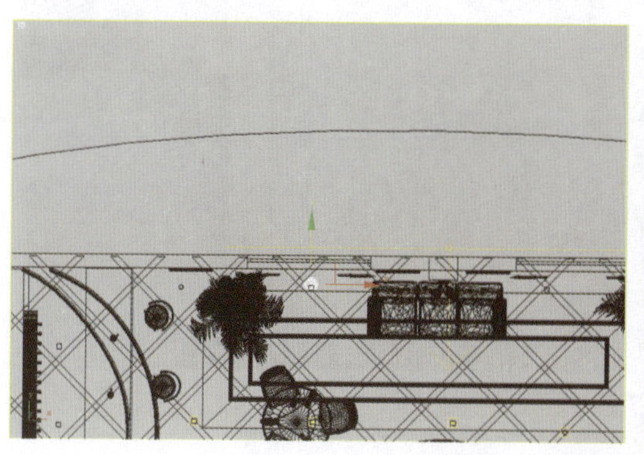

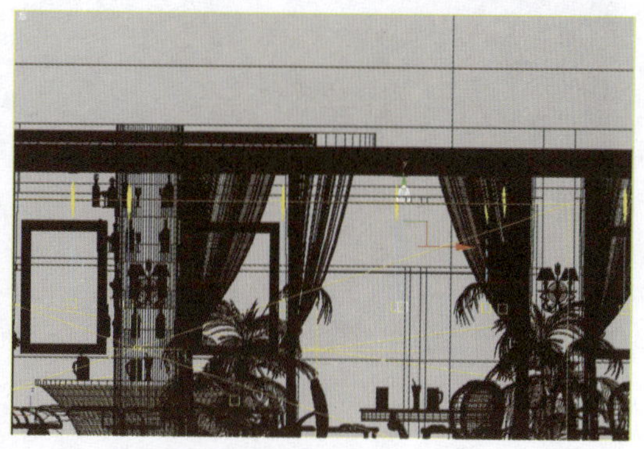

图 7-29

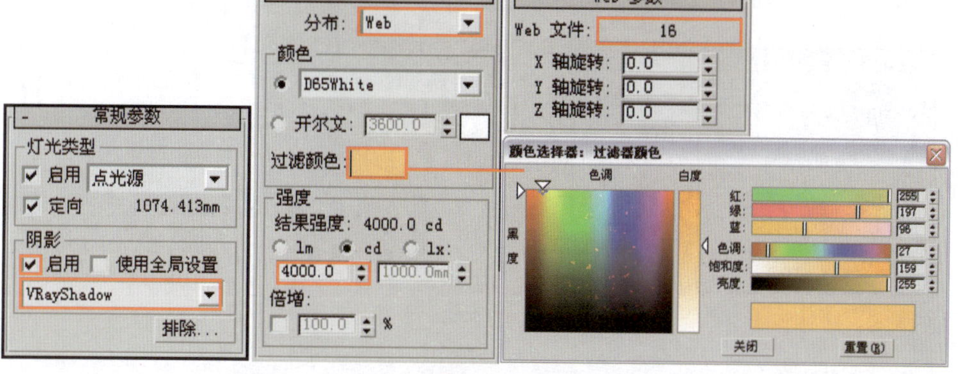

图 7-30

13 在顶视图中选中刚刚创建的目标点光源 Point26，将其关联复制出 25 盏灯光，灯光位置如图 7-31 所示。此时对摄影机视图进行渲染，效果如图 7-32 所示。

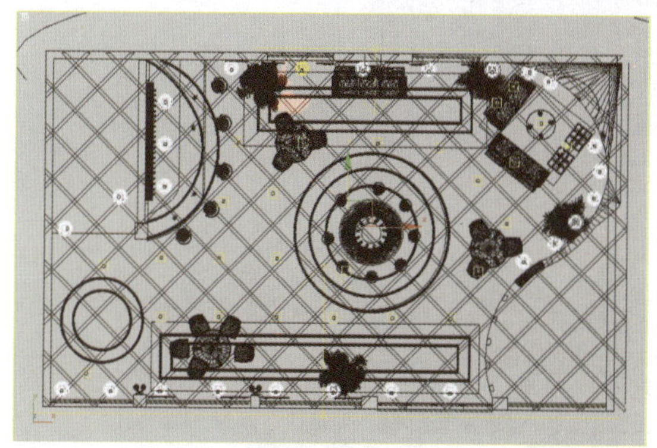

图 7-31

图 7-32

14 下面开始布置照射在玻璃砖墙上面的装饰射灯灯光。在如图 7-33 所示位置创建一盏目标点光源 Point56，灯光参数设置如图 7-34 所示。光域网文件为本书配套光盘提供的“第 7 章夜景酒吧间 \ 贴图 \5.IES”文件。

15 在前视图中选中刚刚创建的目标点光源 Point56，使用【镜像工具】对其进行关联复制，具体参数设置如图 7-35 所示。

图 7-33

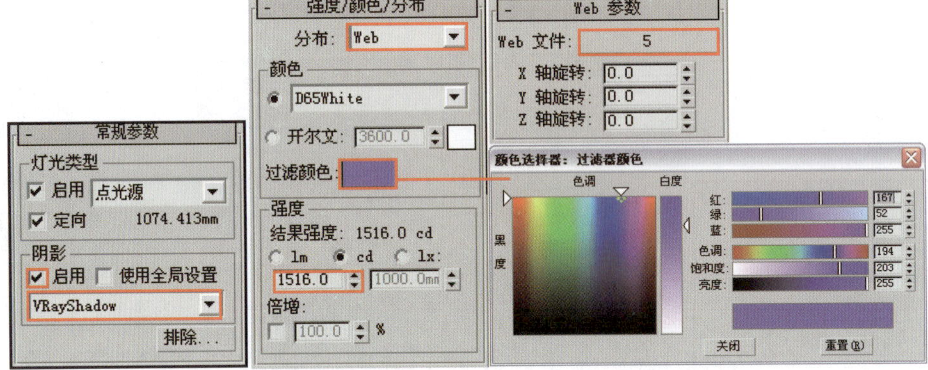

图 7-34

图 7-35

16 在顶视图中将两盏灯光选中，并将其关联复制出 4 组灯光，位置如图 7-36 所示。对摄影机视图进行渲染，灯光效果如图 7-37 所示。

17 下面继续创建场景中的装饰射灯。在如图 7-38 所示位置创建一盏目标点光源，灯光参数设置如图 7-39 所示。光域网文件为本书配套光盘提供的“第 7 章夜景酒吧间\贴图\3.IES”文件。

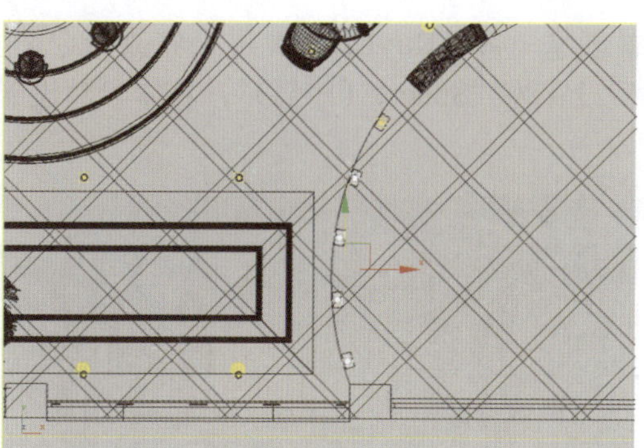
图 7-36

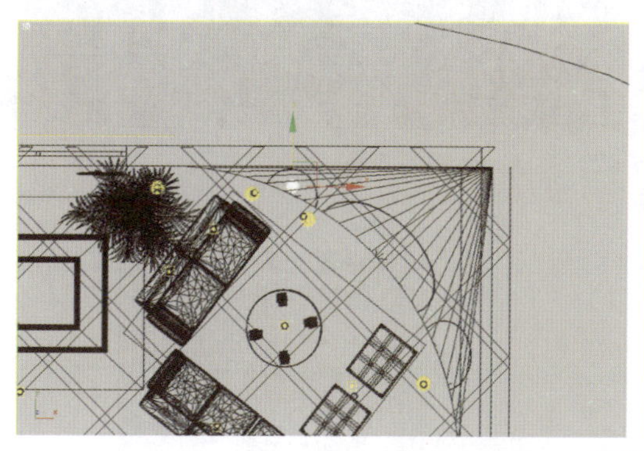
图 7-37

图 7-38

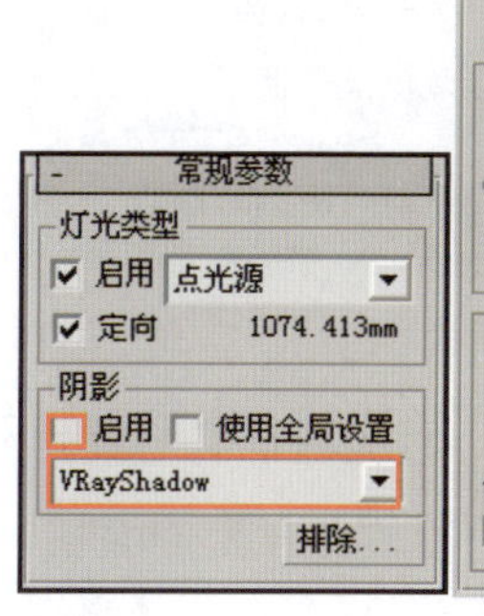

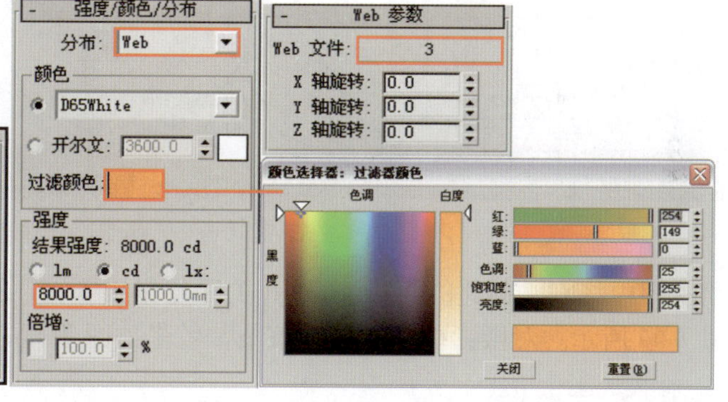

图 7-39

18 在顶视图中，将刚刚创建的目标点光源关联复制出 3 盏，位置如图 7-40 所示。对摄影机视图进行渲染，灯光效果如图 7-41 所示。

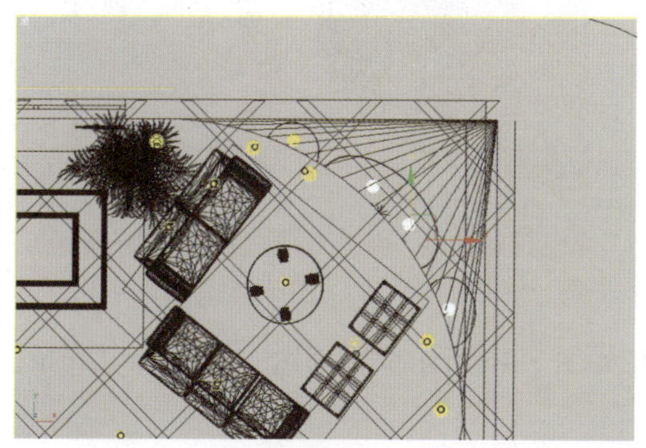
图 7-40

图 7-41

⑲ 下面创建壁灯灯光。在如图 7-42 所示位置创建一盏 VRayLight，进入修改命令面板，将其 Parameters 卷展栏中的“Type”类型设置为“Sphere（球形）”，具体参数设置如图 7-43 所示。

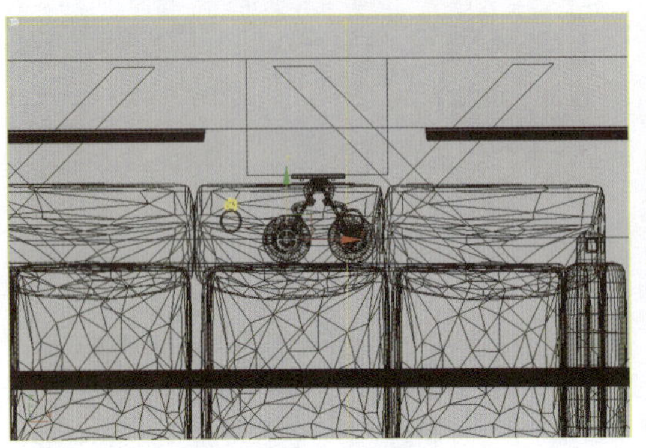

图 7-42

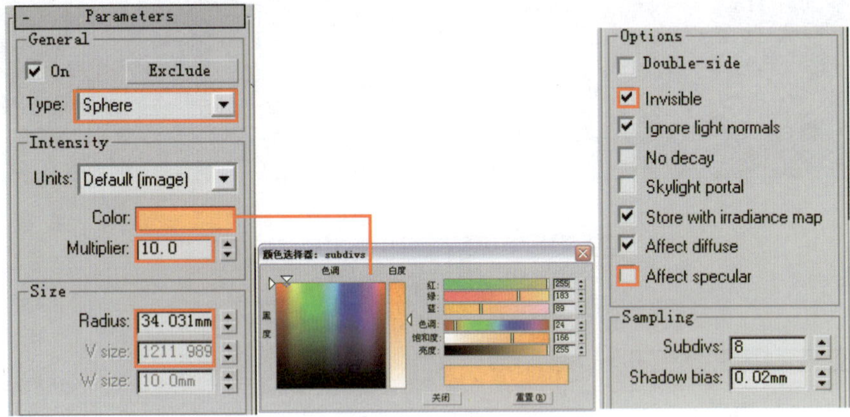

图 7-43

⑳ 在顶视图中将刚刚创建的 VRayLight 关联复制出 5 盏，放置到各个壁灯相对的位置，如图 7-44 所示。对摄影机视图进行渲染，效果如图 7-45 所示。

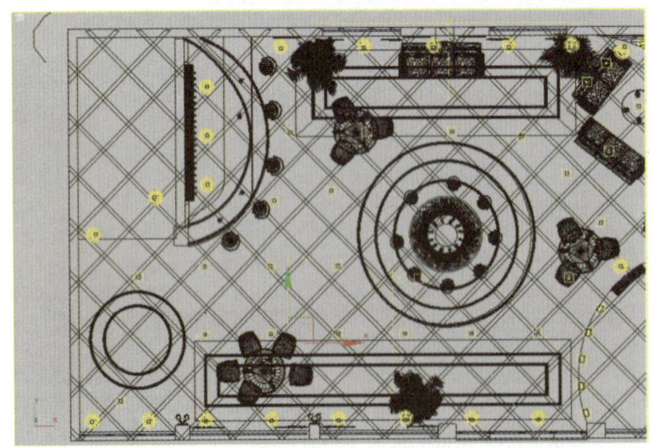

图 7-44

图 7-45

㉑ 下面开始创建顶部灯池内的暗藏灯光。在如图 7-46 所示位置创建一盏 VRayLight，具体参数设置如图 7-47 所示。

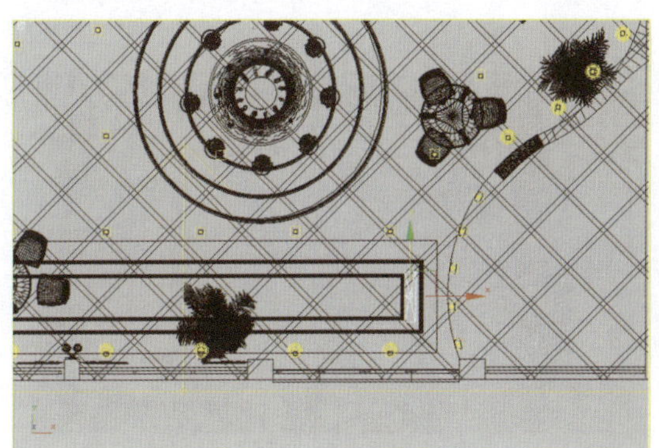

图 7-46

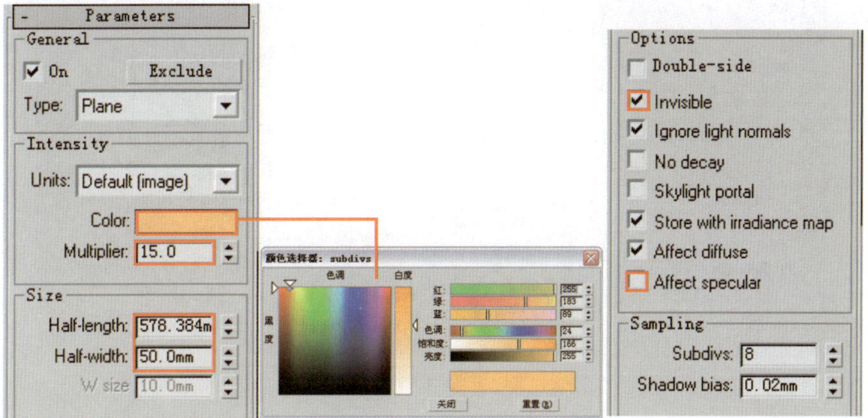

图 7-47

22 在顶视图中，将刚刚创建的用来模拟灯池灯光的 VRayLight 关联复制出 33 盏，调整各个灯光位置，使用【缩放工具】使其适合对应的位置，如图 7-48 所示。对摄影机视图进行渲染，灯光效果如图 7-49 所示。

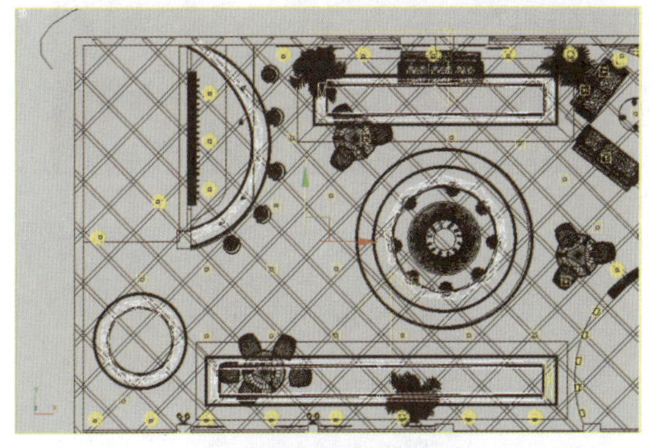

图 7-48

图 7-49

23 下面为场景创建补光。在场景中的吧台与酒柜间创建一盏 VRayLight，位置如图 7-50 所示，具体参数设置如图 7-51 所示。

24 继续创建室内的补光。在如图 7-52 所示位置创建一盏 VRayLight，用它来模拟来自走廊的光线，具体参数设置如图 7-53 所示。

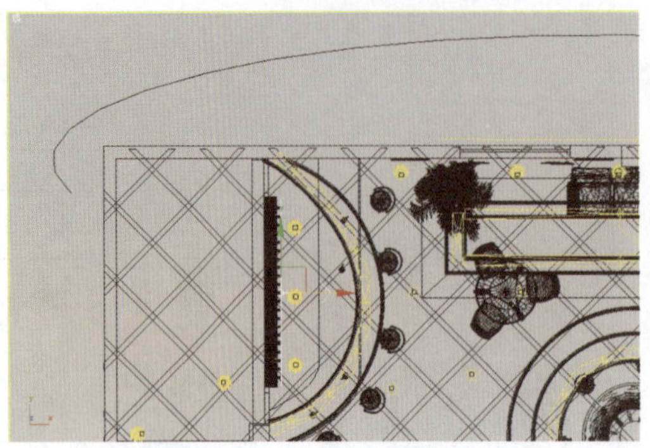
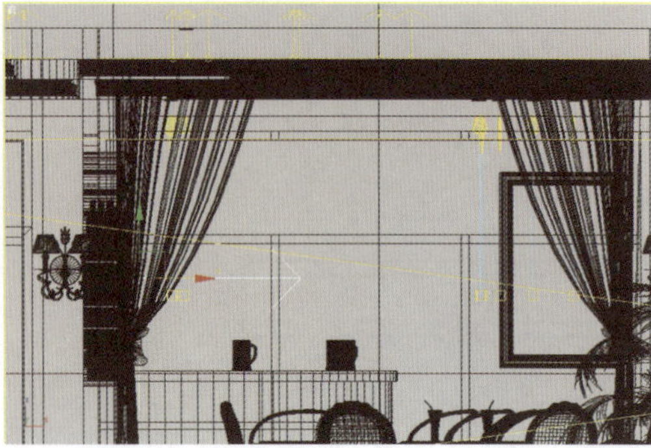

图 7-50

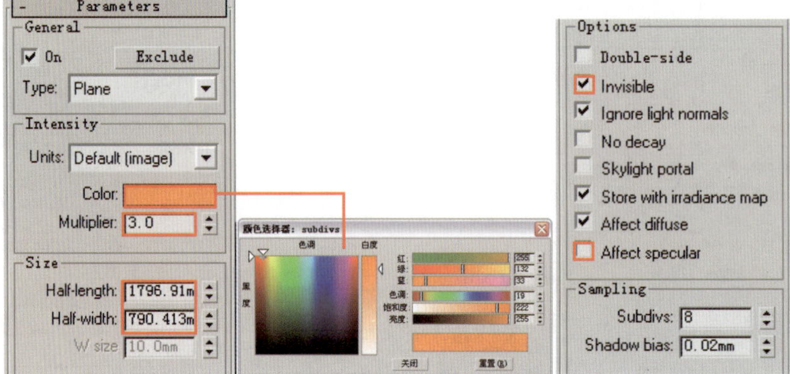

图 7-51

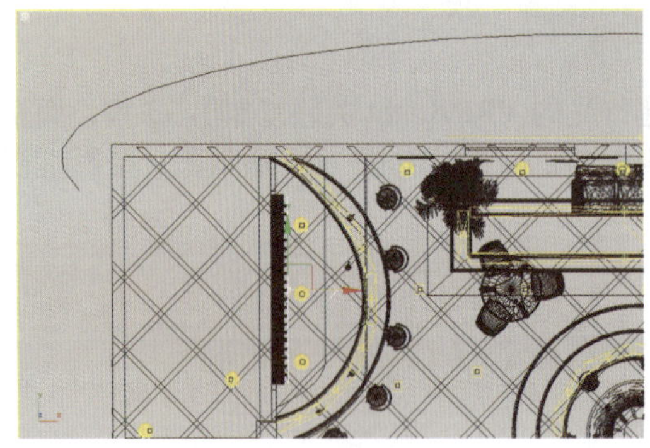
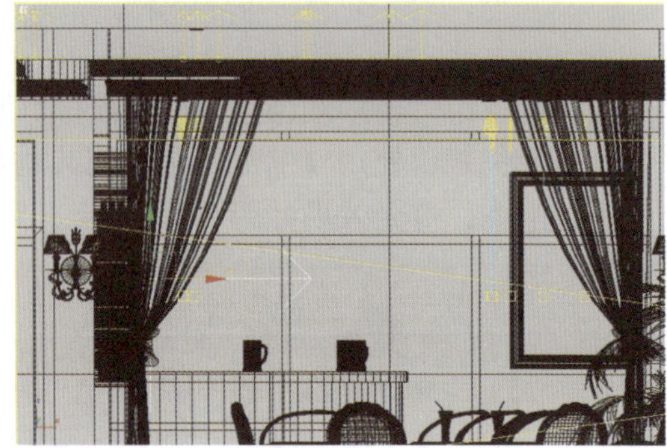

图 7-52

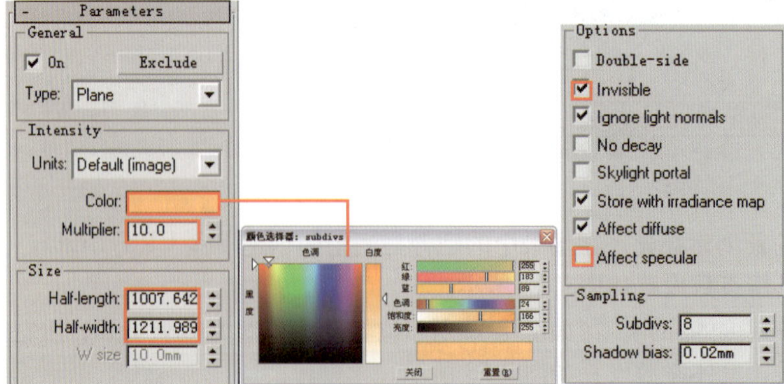

图 7-53

25 对摄影机视图进行测试渲染，此时效果如图 7-54 所示。

图 7-54

上面已经对场景的灯光进行了布置，最终测试效果比较满意。测试完灯光效果后，下面进行材质设置。

> **小贴士**
>
> 为了提高设置场景材质时的测试渲染速度，可以在灯光布置完毕后，对测试渲染参数下的发光贴图和灯光贴图进行保存，然后在设置场景材质时调用保存好的发光贴图和灯光贴图进行测试渲染，从而提高渲染速度。

7.3 设置场景材质

7.3.1 设置主体材质

1 在设置场景材质前，要注意取消前面对场景物体的材质替换状态。下面设置地面部分的材质。地面部分材质包括地面瓷砖、地面大理石及石材拼花 3 种材质，下面首先设置地面瓷砖材质。按 M 键打开“材质编辑器”对话框，选择一个空白材质球，单击其 Standard 按钮，在弹出的“材质 / 贴图浏览器”对话框中选择 VRayMtl 材质，并将材质命名为“地面”，参数设置如图 7-55 所示。

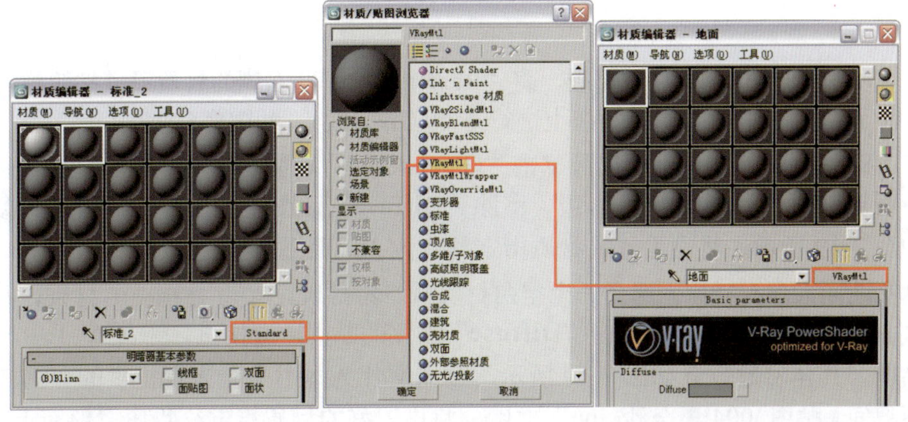

图 7-55

② 在 VRayMtl 材质层级单击“Diffuse”右侧的贴图通道按钮，为其添加一个“位图”贴图，具体参数设置如图 7-56 所示。贴图文件为本书配套光盘提供的“第 7 章夜景酒吧间 \ 贴图 \55091.jpg”文件。

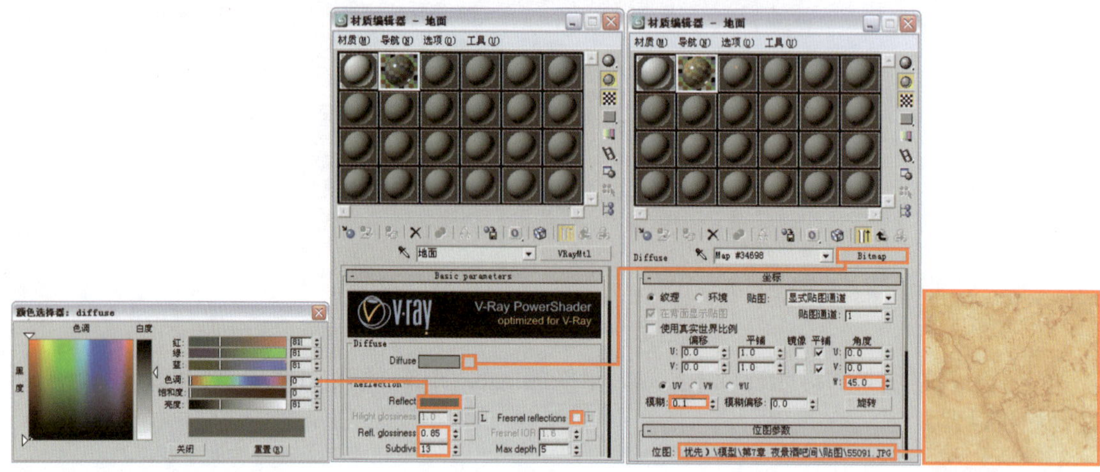

图 7-56

③ 由于地面的纹理贴图饱和度较高，且面积较大，很容易在底部墙面造成色溢现象，下面为其添加一个 VRayOverrideMtl 材质，从而解决色溢问题，具体操作如图 7-57 所示。

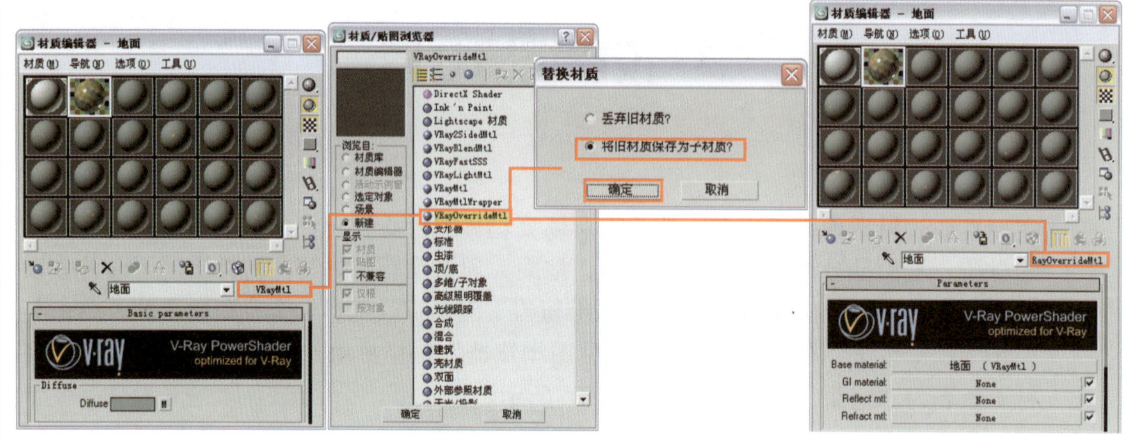

图 7-57

④ 在 VRayOverrideMtl 材质层级，将“Base material”右侧的材质通道按钮拖曳到“GI material”右侧的材质通道按钮上进行复制（非关联），如图 7-58 所示。

⑤ 在 VRayOverrideMtl 材质层级单击“GI material”右侧的材质通道按钮，进入步骤 4 中刚复制的 VRayMtl 材质层级，清除“Diffuse”贴图通道上的贴图程序，参数设置如图 7-59 所示。将设置好的材质指定给物体“地面”。

⑥ 设置地面大理石材质。选择一个空白材质球，将材质设置为 VRayMtl 材质，并将材质命名为“地面大理石”。单击“Diffuse”右侧的贴图通道按钮，为其添加一个“位图”贴图，具体参数设置如图 7-60 所示。贴图文件为本书配套光盘提供的“第 7 章夜景酒吧间 \ 贴图 \004 黑金沙 .jpg”文件。将设置好的材质指定给物体“地面大理石”。

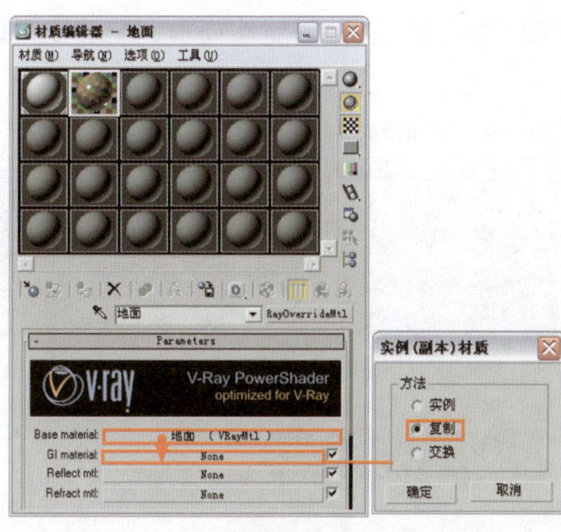

图 7-58

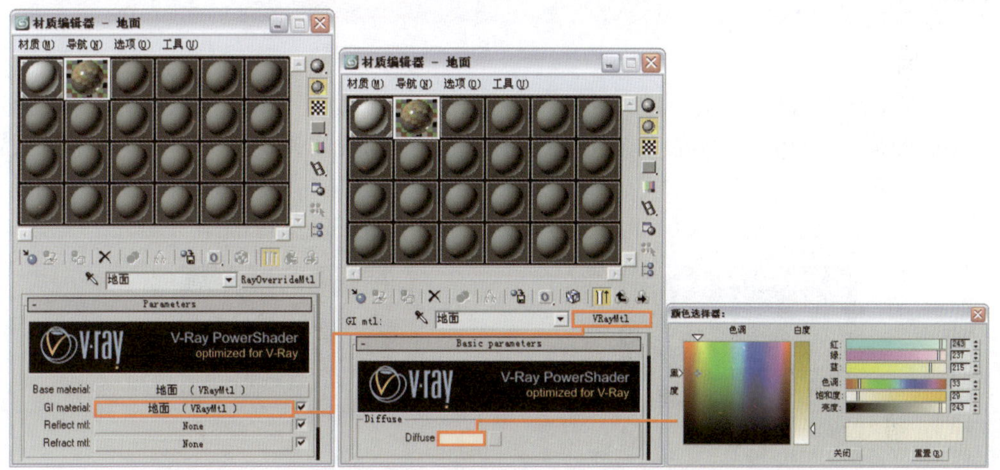

图 7-59

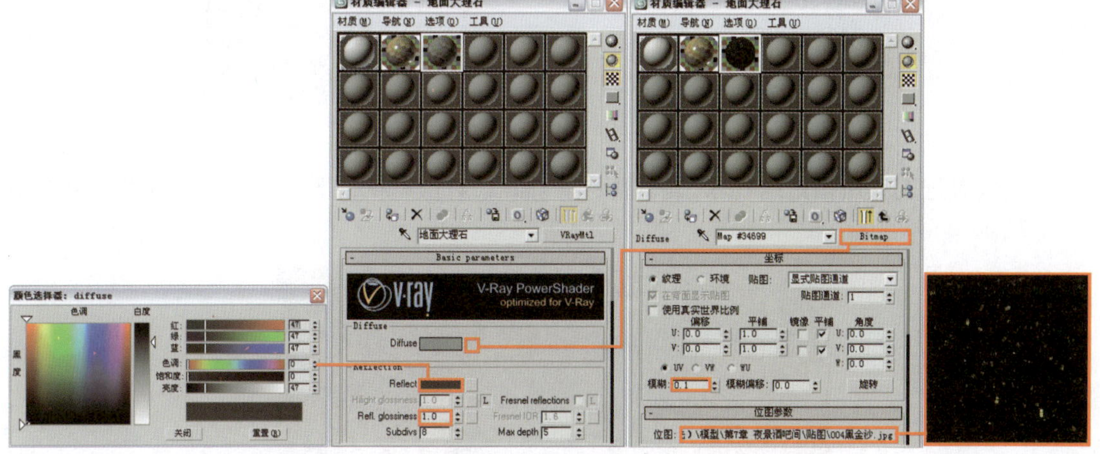

图 7-60

7 设置地面拼花材质。选择一个空白材质球，将材质设置为 VRayMtl 材质，并将材质命名为“大理石拼花”。单击“Diffuse”右侧的贴图通道按钮，为其添加一个“位图”贴图，具体参数设置如图 7-61 所示。贴图文件为本书配套光盘提供的“第 7 章夜景酒吧间\贴图\瓷砖 041.jpg”文件。

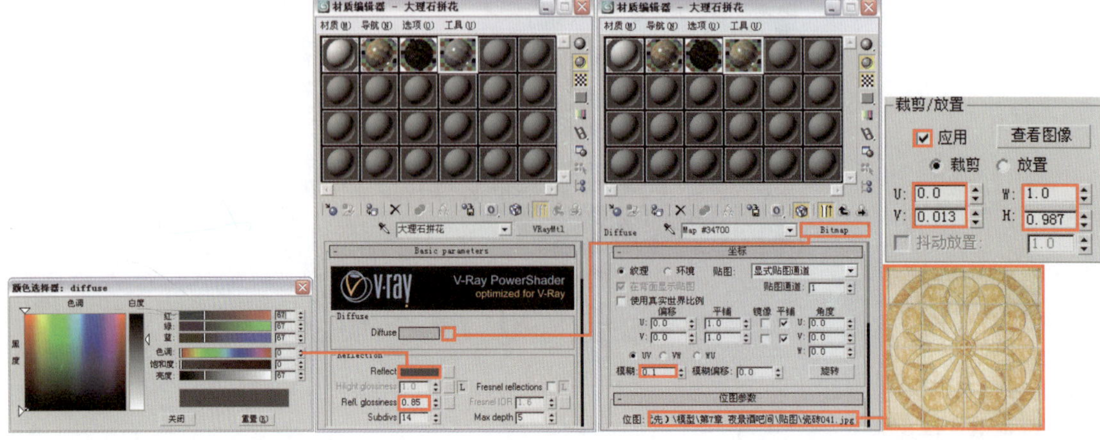

图 7-61

⑧ 返回 VRayMtl 材质层级，进入 Maps 卷展栏，将“Diffuse”右侧的贴图通道按钮拖曳到“Bump”右侧的贴图通道按钮上进行复制（非关联）操作，具体参数设置如图 7-62 所示。

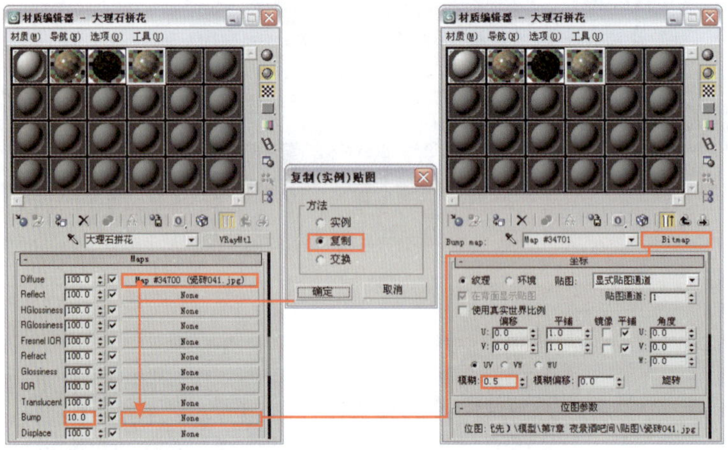

图 7-62

⑨ 将设置好的材质指定给物体“圆形拼花地面”，对摄影机视图进行渲染，效果如图 7-63 所示。

图 7-63

⑩ 设置墙面壁纸材质。选择一个空白材质球，将材质设置为 VRayMtl 材质，并将材质命名为“壁纸 1”。单击“Diffuse”右侧的贴图通道按钮，为其添加一个“位图”贴图，具体参数设置如图 7-64 所示。贴图文件为本书配套光盘提供的“第 7 章夜景酒吧间 \ 贴图 \wp_floral_164a.jpg”文件。

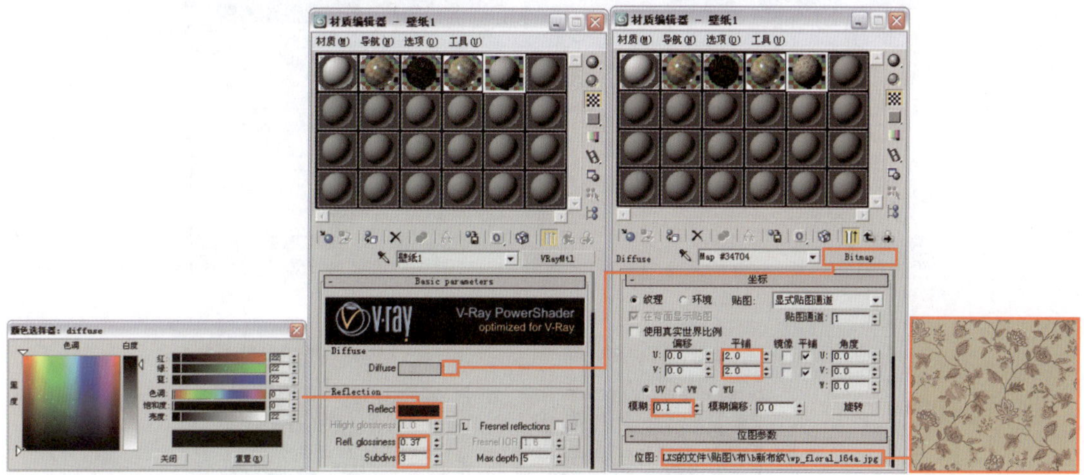

图 7-64

⑪ 返回 VRayMtl 材质层级，进入 Maps 卷展栏，将“Diffuse”右侧的贴图通道按钮分别拖曳到“Reflect”及“RGlossiness”右侧的贴图通道按钮上进行关联复制，具体参数设置如图 7-65 所示。

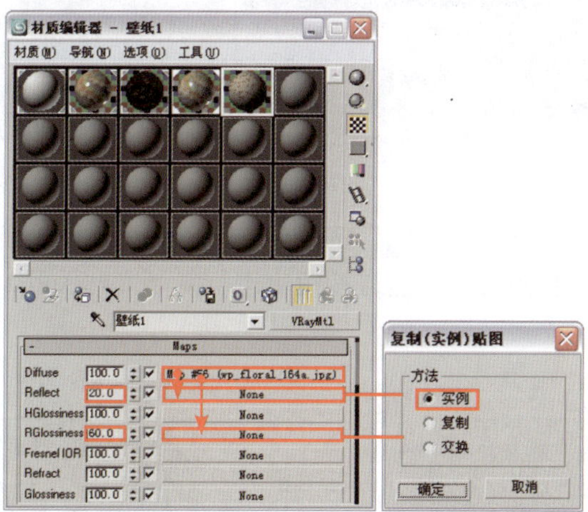

图 7-65

⑫ 在 Maps 卷展栏中，将“Diffuse”右侧的贴图通道按钮拖曳到“Bump”右侧的贴图通道按钮上进行复制（非关联）操作，具体参数设置如图 7-66 所示。将设置好的材质指定给物体“壁纸 1”。

⑬ 继续设置墙面部分的壁纸材质。选择一个空白材质球，将材质设置为 VRayMtl 材质，并将材质命名为“壁纸 2”。单击“Diffuse”右侧的贴图通道按钮，为其添加一个“位图”贴图，具体参数设置如图 7-67 所示。贴图文件为本书配套光盘提供的“第 7 章夜景酒吧间 \ 贴图 \ 壁纸 2.jpg”文件。

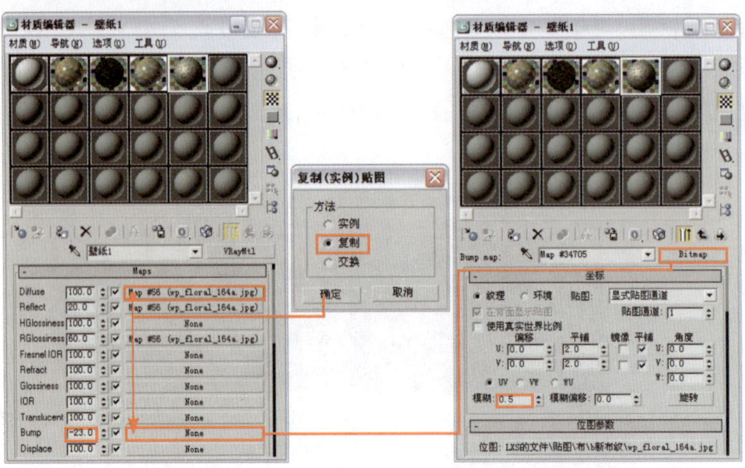

图 7-66

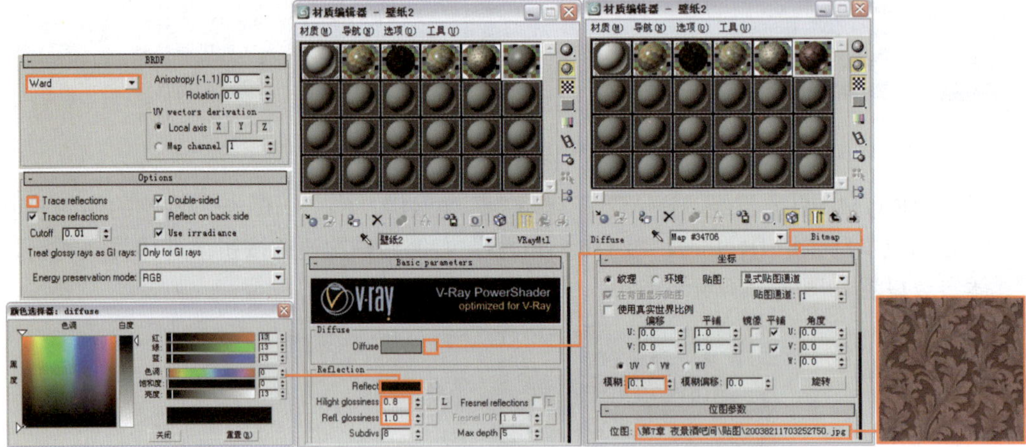

图 7-67

14 返回 VRayMtl 材质层级，进入 Maps 卷展栏，将“Diffuse”右侧的贴图通道按钮拖曳到“Bump”右侧的贴图通道按钮上进行复制（非关联）操作，具体参数设置如图 7-68 所示。

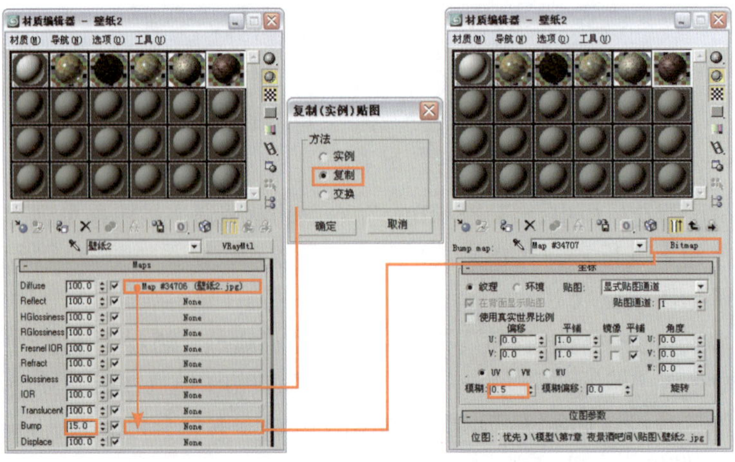

图 7-68

15 将设置好的材质指定给物体“壁纸 2”，对摄影机视图进行渲染，墙面壁纸效果如图 7-69 所示。

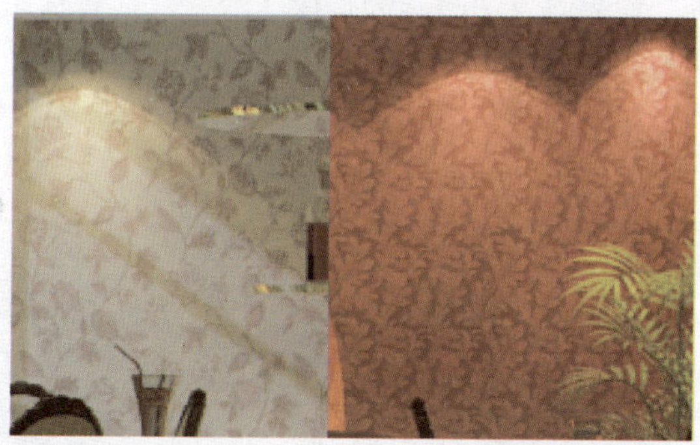

图 7-69

16 设置玻璃门上的玻璃材质。首先将之前隐藏的物体“玻璃”恢复显示，然后选择一个空白材质球，将材质设置为 VRayMtl 材质，并将材质命名为“玻璃”，具体参数设置如图 7-70 所示。

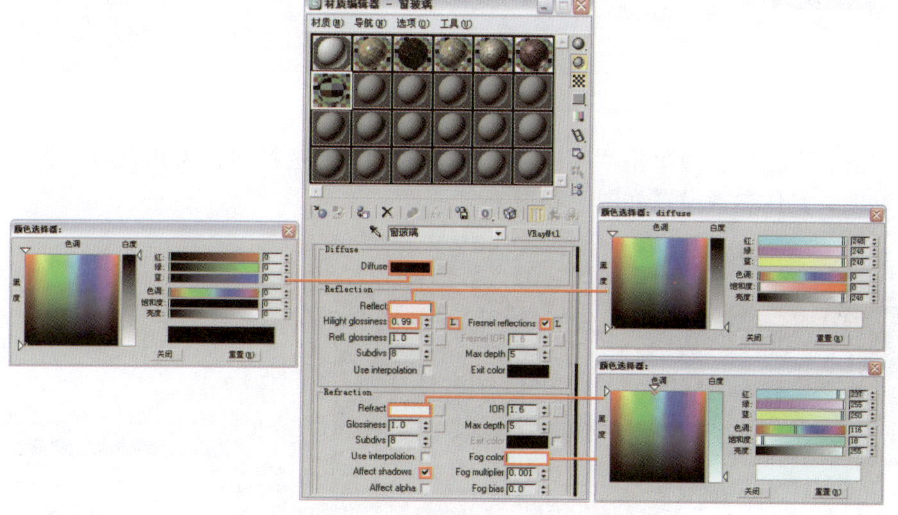

图 7-70

17 将设置好的材质指定给物体“玻璃”，对摄影机视图进行渲染，效果如图 7-71 所示。

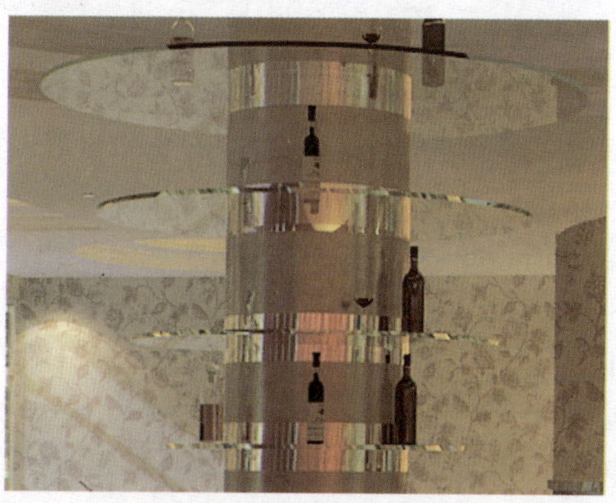

图 7-71

7.3.2 设置场景布材质

① 设置纱帘布料材质。首先将之前隐藏的物体“纱帘”恢复显示，然后选择一个空白材质球，将材质设置为 VRayMtl 材质，并将材质命名为“纱帘”。单击“Refract”右侧的贴图通道按钮，为其添加一个“混合”程序贴图，具体参数设置如图 7-72 所示。

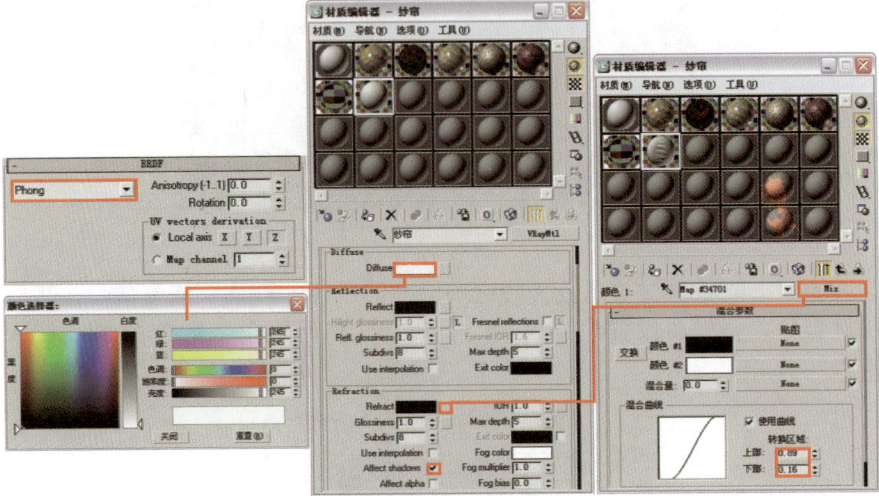

图 7-72

② 在“混合”贴图层级单击“颜色 #1”右侧的贴图通道按钮，为其添加一个“衰减”程序贴图，具体参数设置如图 7-73 所示。

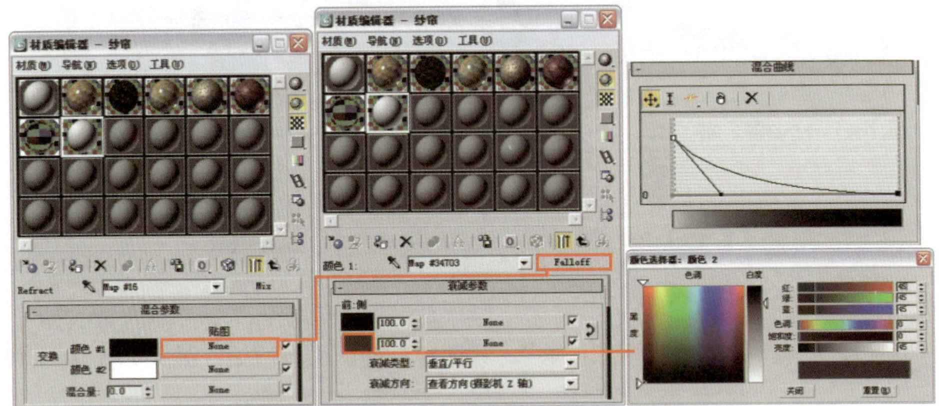

图 7-73

③ 返回“混合”贴图层级，单击“颜色 #2”右侧的贴图通道按钮，为其添加一个“衰减”程序贴图，具体参数设置如图 7-74 所示。

④ 在“混合”贴图层级单击“混合量”右侧的贴图通道按钮，为其添加一个“位图”贴图，具体参数设置如图 7-75 所示。贴图文件为本书配套光盘提供的“第 7 章夜景酒吧间 \ 贴图 \ 窗帘花 .jpg”文件。将设置好的材质指定给物体“纱帘”。

⑤ 设置厚窗帘布料材质。选择一个空白材质球，将材质设置为 VRayMtl 材质，并将材质命名为“窗帘布料”。单击“Diffuse”右侧的贴图通道按钮，为其添加一个“位图”贴图，具体参数设置如图 7-76 所示。贴图文件为本书配套光盘提供的“第 7 章夜景酒吧间 \ 贴图 \038.jpg”文件。

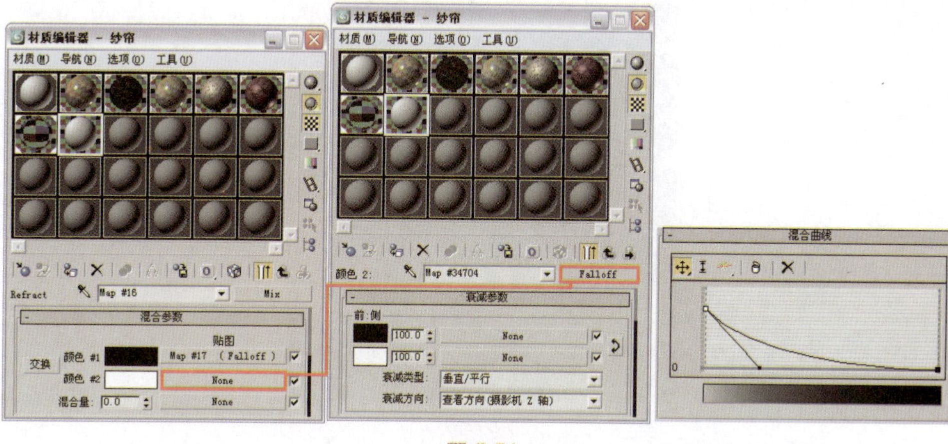

图 7-74

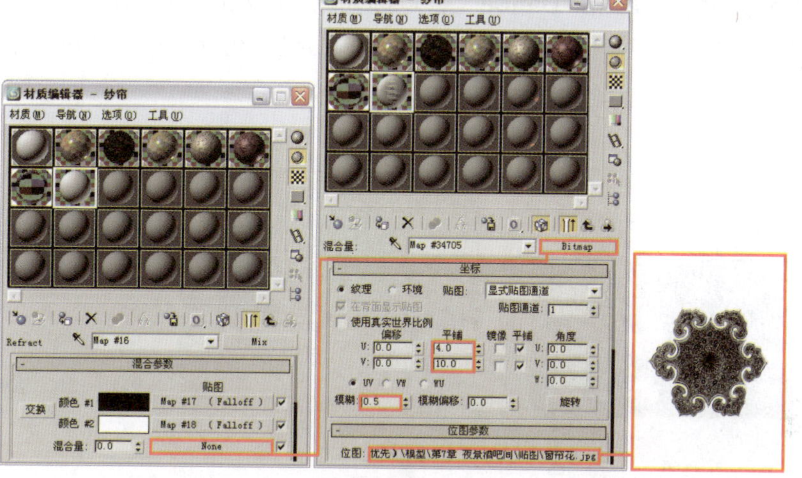

图 7-75

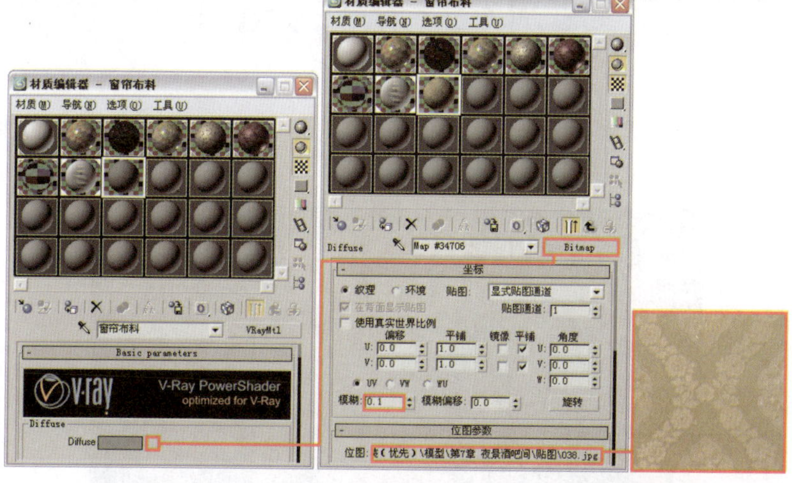

图 7-76

6 将设置好的材质指定给物体“窗帘布料”，对摄影机视图进行渲染，效果如图 7-77 所示。

图 7-77

⑦ 设置沙发布料材质。选择一个空白材质球，将材质设置为 VRayMtl 材质，并将材质命名为“沙发布料”。单击“Diffuse”右侧的贴图通道按钮，为其添加一个“位图”贴图，具体参数设置如图 7-78 所示。贴图文件为本书配套光盘提供的“第 7 章夜景酒吧间\贴图\tm019603.jpg”文件。

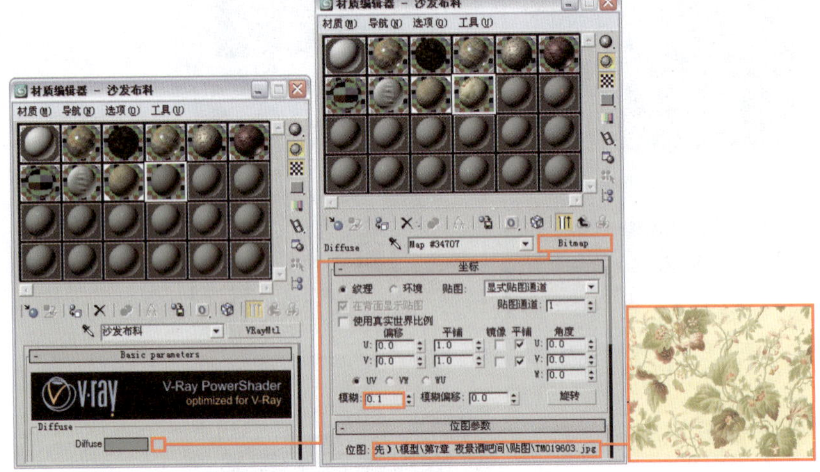

图 7-78

⑧ 将设置好的材质指定给物体“沙发布料”，对摄影机视图进行渲染，沙发布料效果如图 7-79 所示。

图 7-79

⑨ 设置椅子布料材质。选择一个空白材质球，将材质设置为 VRayMtl 材质，并将材质命名为“椅子布料”。单击“Diffuse”右侧的贴图通道按钮，为其添加一个“位图”贴图，具体参数设置如图 7-80 所示。贴图文件为本书配套光盘提供的“第 7 章夜景酒吧间\贴图\cloth_150_fabric_color.jpg”文件。

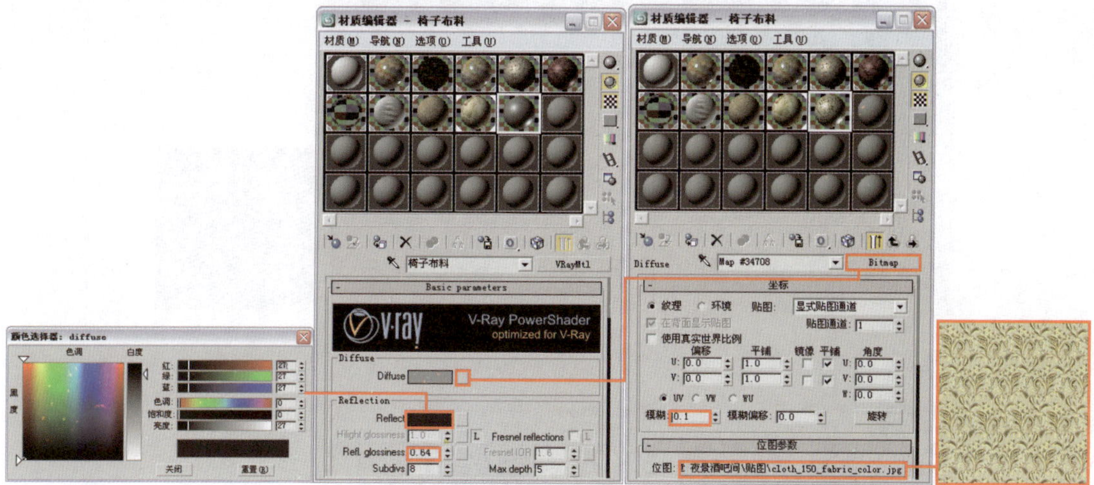

图 7-80

⑩ 返回 VRayMtl 材质层级，进入 Maps 卷展栏，为“Reflect”贴图通道添加一个“位图”贴图，具体参数设置如图 7-81 所示。贴图文件为本书配套光盘提供的“第 7 章夜景酒吧间\贴图\cloth_150_fabric_refl.jpg”文件。

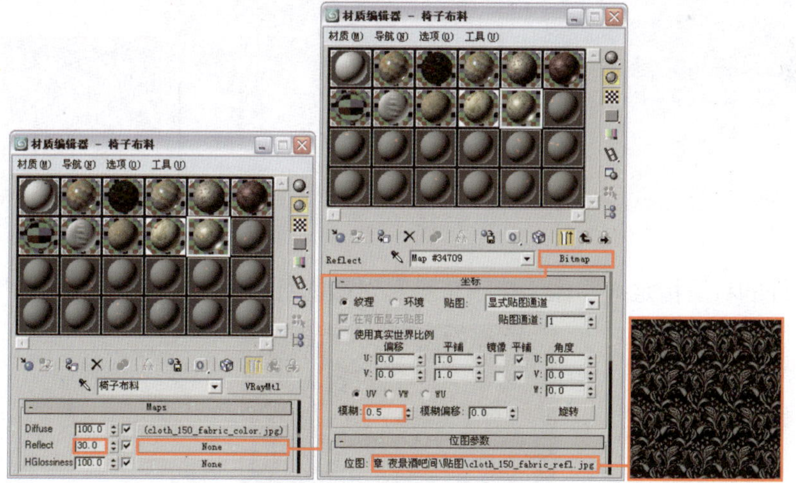

图 7-81

⑪ 在 VRayMtl 材质层级，进入 Maps 卷展栏，为“RGlossiness”贴图通道添加一个“位图”贴图，具体参数设置如图 7-82 所示。贴图文件为本书配套光盘提供的“第 7 章夜景酒吧间\贴图\cloth_150_fabric_gloss.jpg”文件。

⑫ 返回 VRayMtl 材质层级，进入 Maps 卷展栏，为“Bump”贴图通道添加一个“位图”贴图，具体参数设置如图 7-83 所示。贴图文件为本书配套光盘提供的“第 7 章夜景酒吧间\贴图\cloth_150_fabric_bump.jpg”文件。

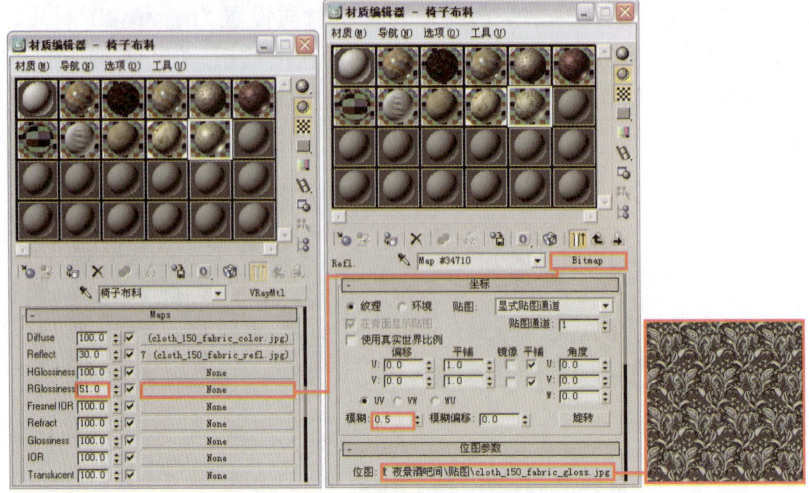

图 7-82

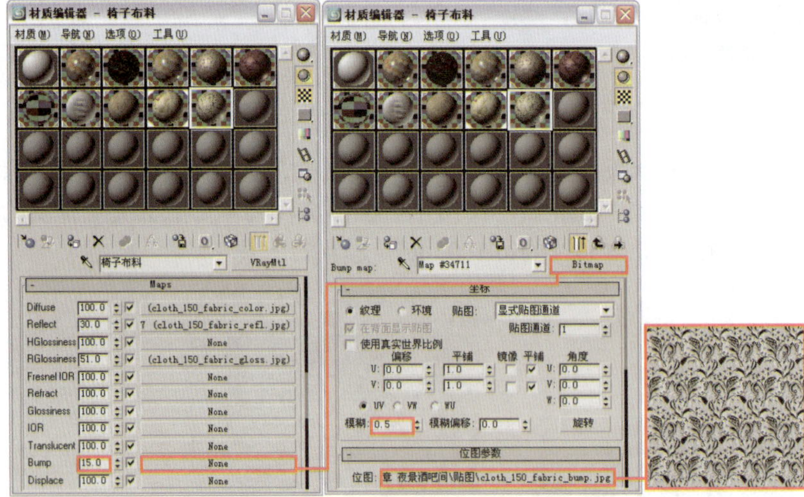

图 7-83

⑬ 将设置好的材质指定给物体“椅子布料”，对摄影机视图进行渲染，效果如图 7-84 所示。

图 7-84

7.3.3 设置其他材质

① 设置吧台框架材质。吧台框架材质包括吧台木材质和金属材质两种。下面将使用 多维/子对象 材质对其进行设置，物体部分的材质 ID 已经事先设置好。选择一个空白材质球，将其设置为 多维/子对象 材质，并将其命名为“吧台框架”，具体参数设置如图 7-85 所示。

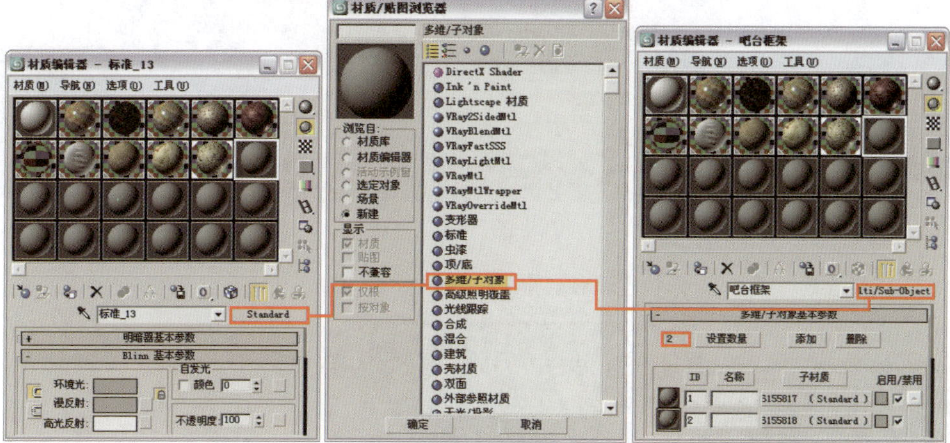

图 7-85

② 在多维 / 子对象材质层级单击“ID1”右侧的材质通道按钮，在弹出的“材质 / 贴图浏览器”对话框中选择 VRayMtl 材质，并将材质命名为“吧台木”，具体参数设置如图 7-86 所示。

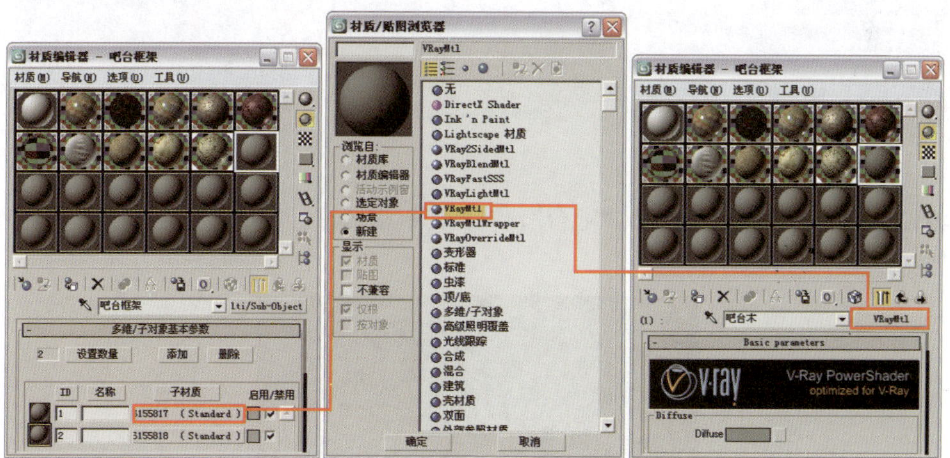

图 7-86

③ 在“吧台木”材质的 VRayMtl 材质层级单击“Diffuse”右侧的贴图通道按钮，为其添加一个“位图”贴图，具体参数设置如图 7-87 所示。贴图文件为本书配套光盘提供的“第 7 章夜景酒吧间 \ 贴图 \ 黑檀 .jpg”文件。

④ 返回多维 / 子对象材质层级，单击“ID2”右侧的材质通道按钮，将其设置为 VRayMtl 材质，并将材质命名为“金属”，具体参数设置如图 7-88 所示。

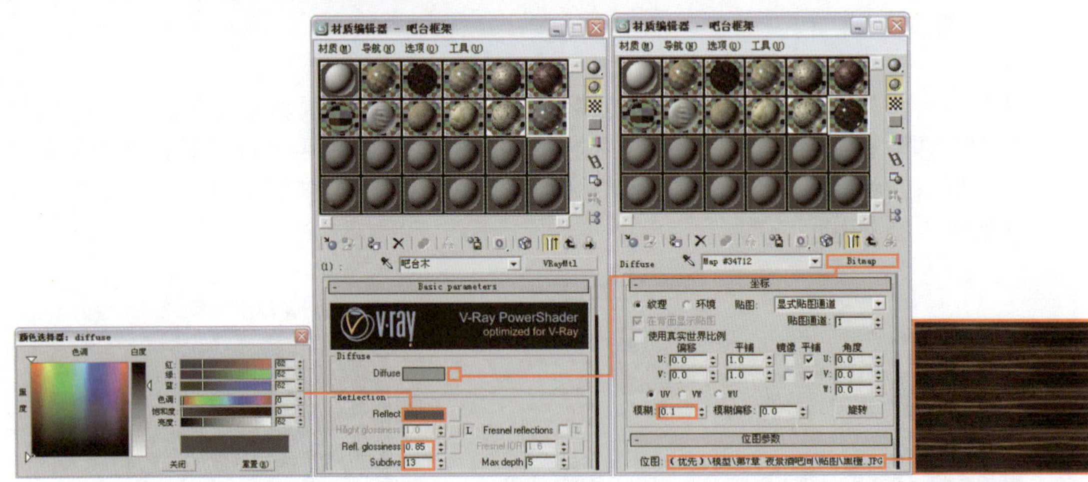

图 7-87

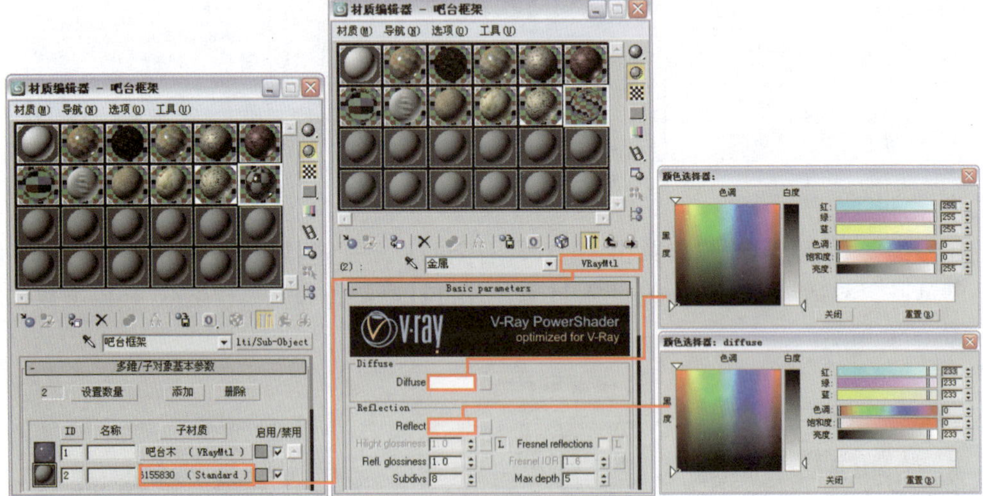

图 7-88

⑤ 将设置好的材质指定给物体“吧台”，对摄影机视图进行渲染，吧台框架效果如图 7-89 所示。

图 7-89

⑥ 设置吧椅材质。吧椅材质分为“吧椅金属”和“吧椅垫子”两种，下面首先设置吧椅金属材质。选择一个空白材质球，将材质设置为 VRayMtl 材质，并将材质命名为“吧椅金属”，具体参数设置如图 7-90 所示。将设置好的材质指定给物体“吧椅金属”。

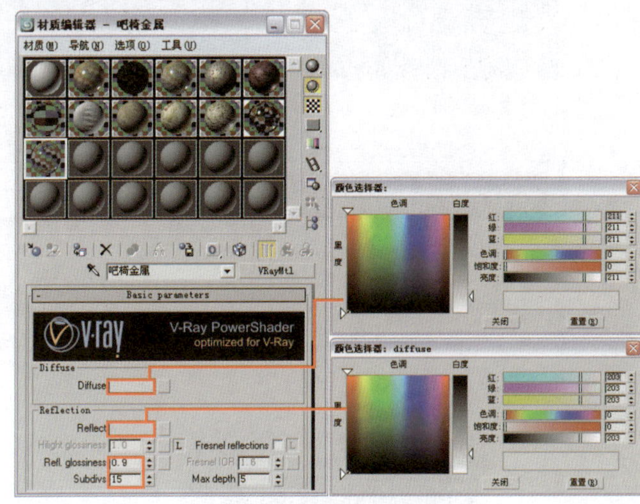

图 7-90

⑦ 设置吧椅垫子部分的塑料材质。选择一个空白材质球，将材质设置为 VRayMtl 材质，并将材质命名为“吧椅垫子”，具体参数设置如图 7-91 所示。将设置好的材质指定给物体“吧椅坐垫”，对摄影机视图进行渲染，吧椅效果如图 7-92 所示。

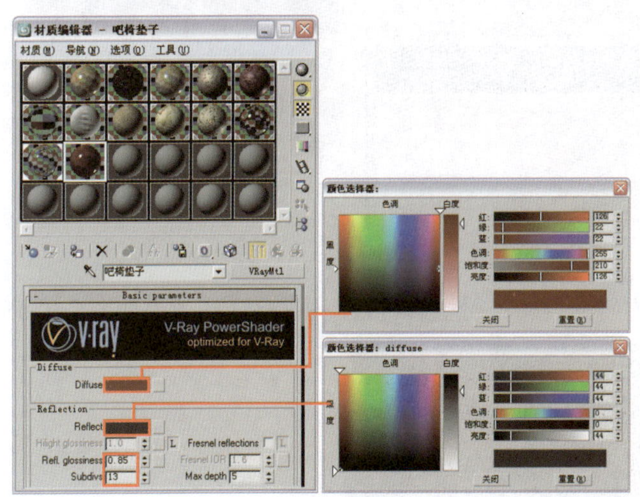

图 7-91

图 7-92

⑧ 设置餐桌及餐椅部分的木材质。选择一个空白材质球，将材质设置为 VRayMtl 材质，并将材质命名为“家具木”。单击“Diffuse”右侧的贴图通道按钮，为其添加一个“位图”贴图，具体参数设置如图 7-93 所示。贴图文件为本书配套光盘提供的“第 7 章夜景酒吧间 \ 贴图 \ 深黑胡桃 2 副本 .jpg”文件。将设置好的材质指定给物体“家具木”。

⑨ 设置餐桌部分的金属材质。选择一个空白材质球，将材质设置为 VRayMtl 材质，并将材质命名为“磨砂金属”。单击“Diffuse”右侧的贴图通道按钮，为其添加一个“衰减”程序贴图，具体参数设置如图 7-94 所示。

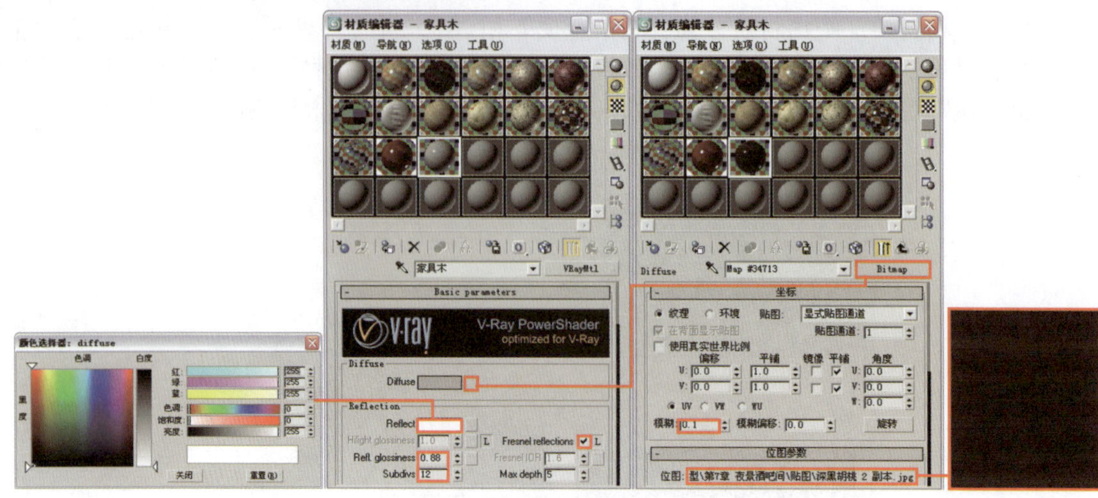

图 7-93

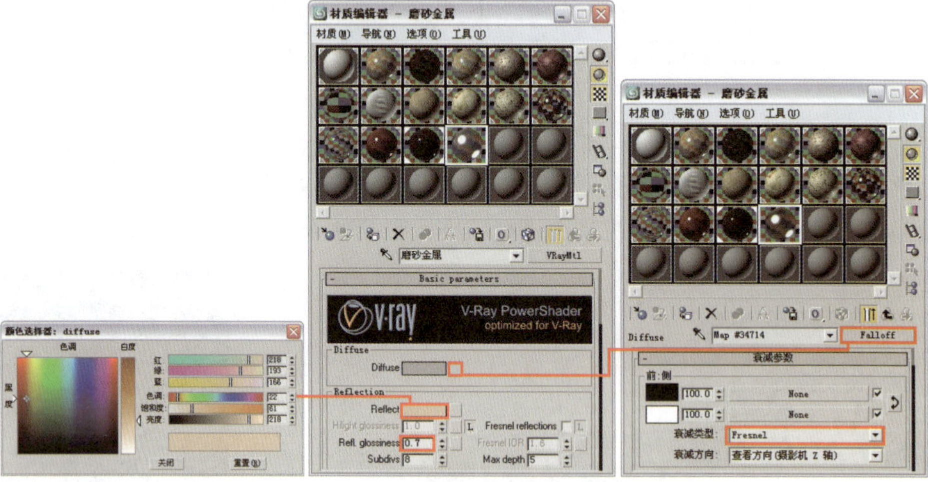

图 7-94

10 将设置好的材质指定给物体“餐桌金属”，对摄影机视图进行渲染，效果如图 7-95 所示。

图 7-95

11 设置吧台部分的大理石台面材质。选择一个空白材质球，将材质设置为 VRayMtl 材质，并将材质命名为“大理石台面”。单击“Diffuse”右侧的贴图通道按钮，为其添加一

个“位图”贴图,具体参数设置如图 7-96 所示。贴图文件为本书配套光盘提供的“第 7 章夜景酒吧间 \ 贴图 \2- 杭非 .jpg”文件。

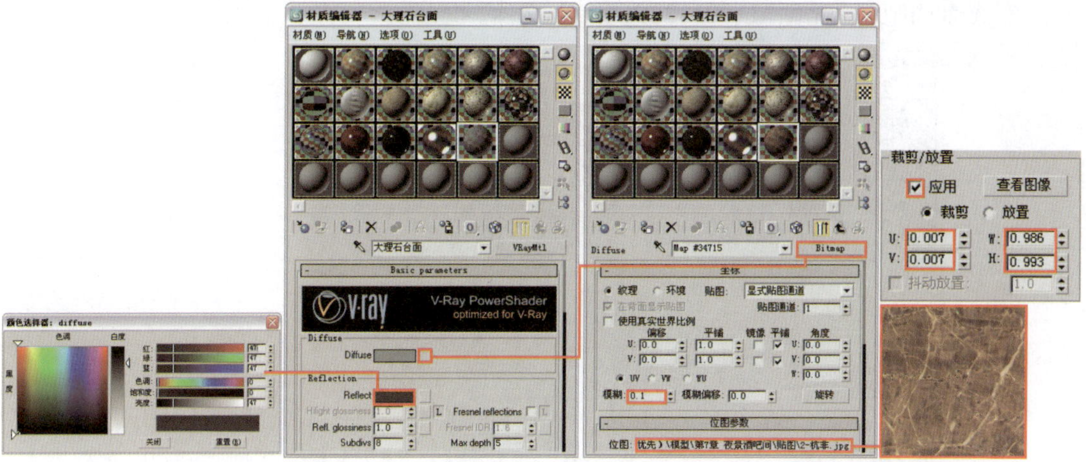

图 7-96

12 将设置好的材质指定给物体“大理石台面”，对摄影机视图进行渲染，效果如图 7-97 所示。

图 7-97

13 设置吧台酒柜后的仿石材质。选择一个空白材质球，将材质设置为 VRayMtl 材质，并将材质命名为“仿石材”。单击“Diffuse”右侧的贴图通道按钮，为其添加一个“位图”贴图，具体参数设置如图 7-98 所示。贴图文件为本书配套光盘提供的“第 7 章夜景酒吧间 \ 贴图 \1192113396.jpg”文件。

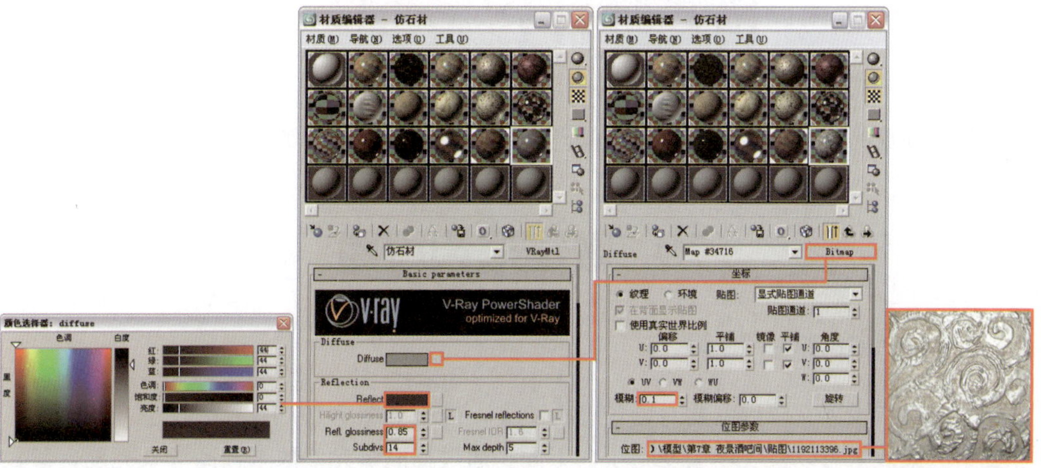

图 7-98

14 返回 VRayMtl 材质层级，进入 Maps 卷展栏，为“Bump”贴图通道添加一个“位图”贴图，具体参数设置如图 7-99 所示。贴图文件为本书配套光盘提供的“第 7 章夜景酒吧间 \ 贴图 \1192113396.jpg”文件。

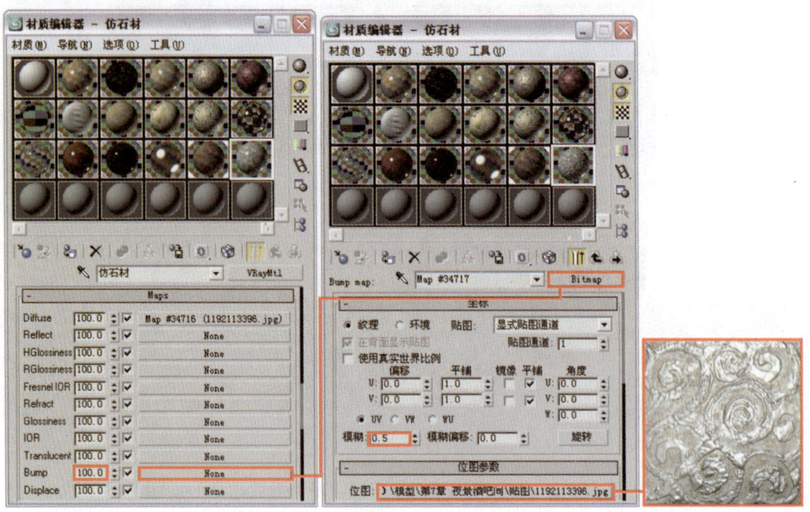

图 7-99

15 将设置好的材质指定给物体“造型墙”，对摄影机视图进行渲染，仿石造型墙效果如图 7-100 所示。

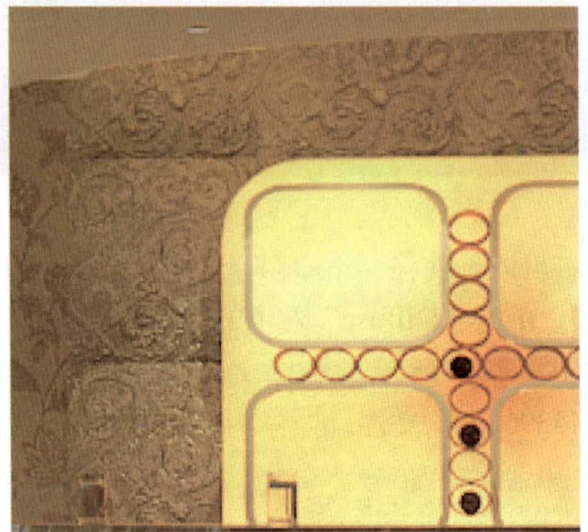

图 7-100

至此，场景的灯光测试和材质设置都已经完成，下面将对场景进行最终渲染设置。

7.4 最终渲染设置

7.4.1 最终测试灯光效果

场景中材质设置完毕后需要对场景进行渲染，效果如图 7-101 所示。

观察渲染效果可以发现场景变暗了，下面将通过提高曝光参数来提高场景亮度，参数设

置如图 7-102 所示。再次渲染效果如图 7-103 所示。

图 7-101

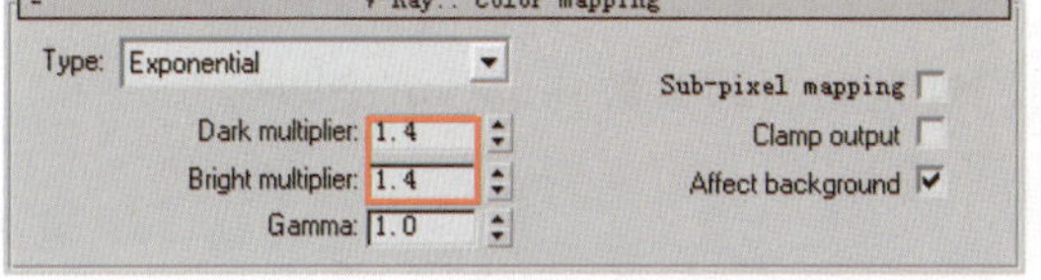

图 7-102

图 7-103

观察渲染效果，场景光线不需要再调整，接下来设置最终渲染参数。

7.4.2 设置灯光细分参数

① 首先将场景中模拟室外天光的几盏 VRayLight 的灯光细分值设置为 16，如图 7-104 所示。

② 然后将模拟月光的 Direct01 的灯光细分值设置为 16，如图 7-105 所示。

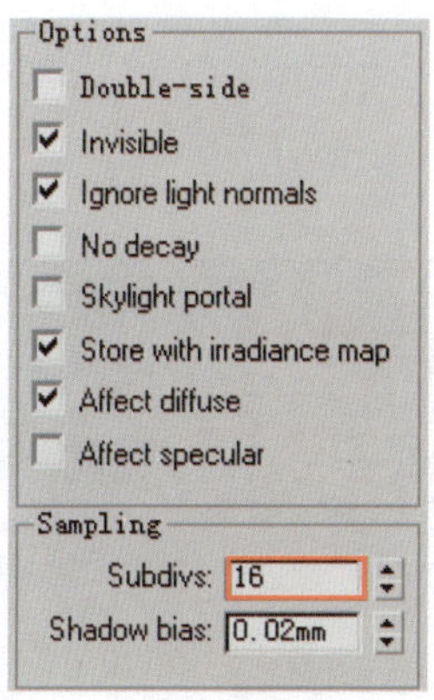

图 7-104

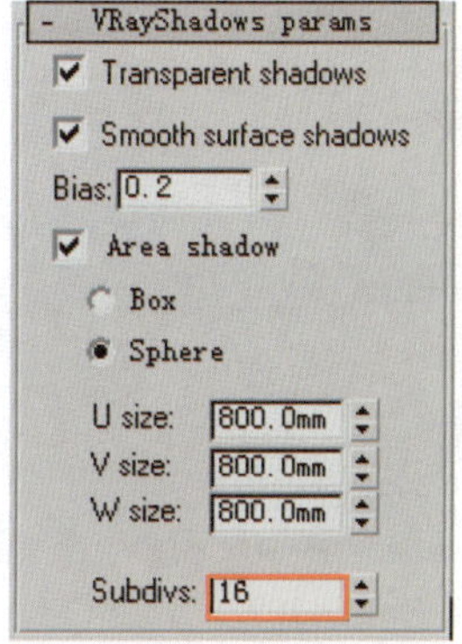

图 7-105

7.4.3 设置保存发光贴图和灯光贴图的渲染参数

在前面章节中已经多次讲解过保存发光贴图和灯光贴图的方法，这里就不再重复，只对渲染级别设置进行讲解。

① 进入 V-Ray:: Irradiance map （发光贴图）卷展栏，设置参数如图 7-106 所示。

② 进入 V-Ray:: Light cache （灯光缓存）卷展栏，设置参数如图 7-107 所示。

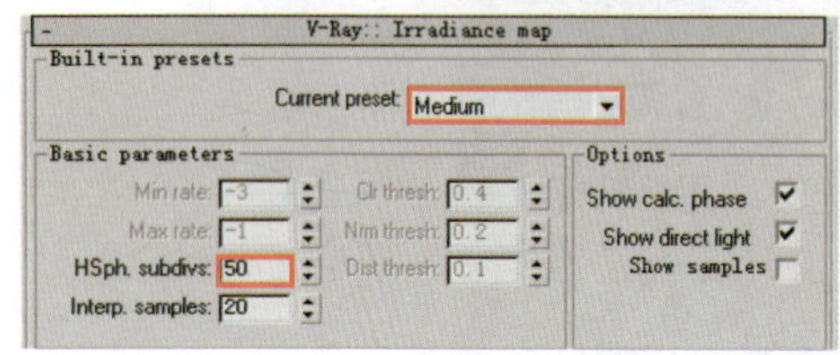

图 7-106

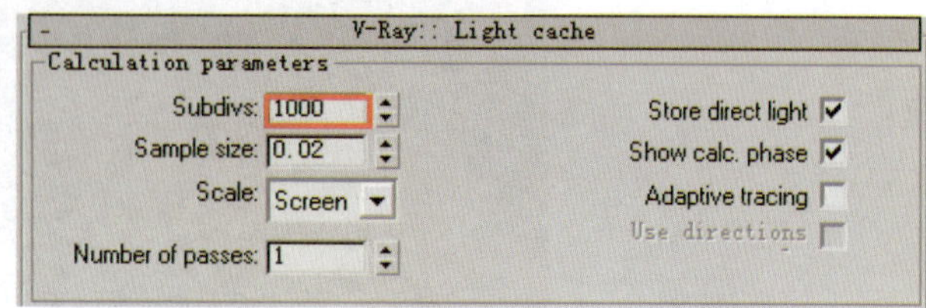

图 7-107

③ 在 V-Ray:: rQMC Sampler （准蒙特卡罗采样器）卷展栏中设置参数如图 7-108 所示，这是模糊采样设置。

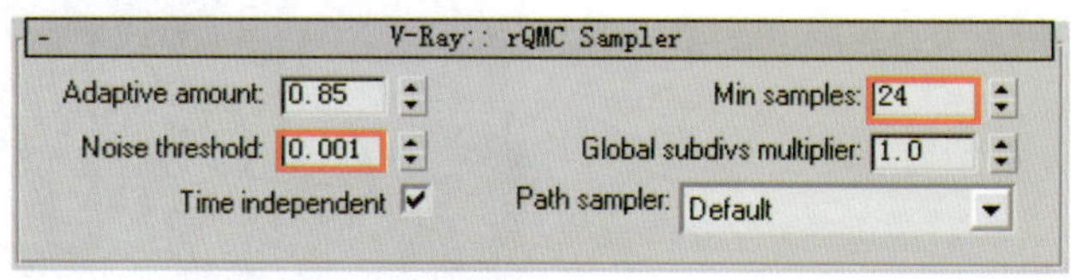

图 7-108

渲染级别设置完毕，最后设置保存发光贴图和灯光贴图的参数并进行渲染即可。

7.4.4 渲染最终成品

最终成品渲染的参数设置如下。

① 当发光贴图和灯光贴图计算完毕后，在“渲染场景”对话框中的“公用”选项卡中设置最终渲染图像的输出尺寸，如图 7-109 所示。

② 在 V-Ray:: Image sampler (Antialiasing) （抗锯齿采样）卷展栏中设置抗锯齿和过滤器，如图 7-110 所示。

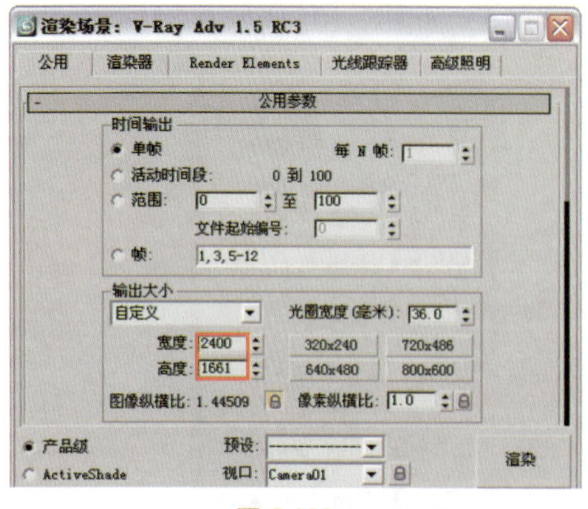

图 7-109

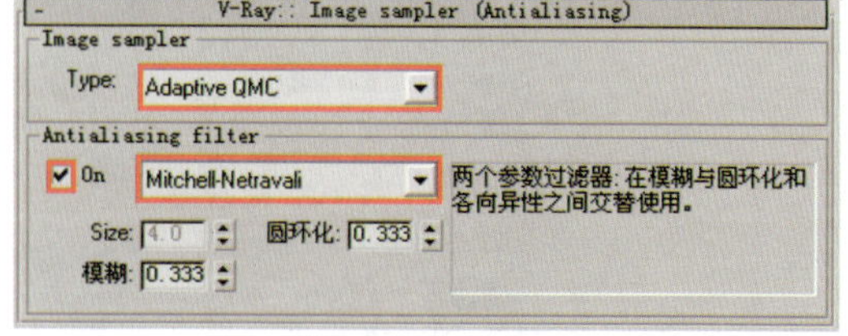

图 7-110

③ 最终渲染完成的效果如图 7-111 所示。

图 7-111

最后使用 Photoshop 软件对图像的亮度、对比度以及饱和度进行调整，使效果更加生动和逼真。在前面章节中已经多次对后期处理的方法进行了讲解，这里就不再赘述。后期处理的最终效果如图 7-112 所示。

图 7-112

NOTEbook
读书笔记

8

第8章

半鸟瞰高层公寓住宅区表现

8.1 半鸟瞰高层公寓住宅区简介

本章案例将展示一个半鸟瞰高层公寓住宅区场景。外观类型的效果图在制作时特别注重后期处理，这类效果图对出图人员的后期素材的准备与Photoshop的后期处理技巧提出了比较高的要求。

通常在进行前期渲染时，只要求能够出整个外观的大体光感与阴影即可，最终效果图中表现出来的天空与园林效果均需要通过后期处理来完成，从时间比例来看后期占用的时间更长。

本场景采用了正午日光的表现手法，这样的光线有利于表现建筑的气势，案例效果如图8-1所示。图8-2所示为公寓住宅区模型的线框效果图。

图8-1

图8-2

8.2 公寓住宅区空间测试渲染设置

打开配套光盘中“第8章半鸟瞰高层公寓住宅区\半鸟瞰高层公寓住宅区源文件.max”场景文件，如图8-3所示。可以看到这是一个已经创建好模型的公寓住宅区场景，场景中物体材质相同的部分已经塌陷或成组，并且场景中的摄影机也已经创建好。

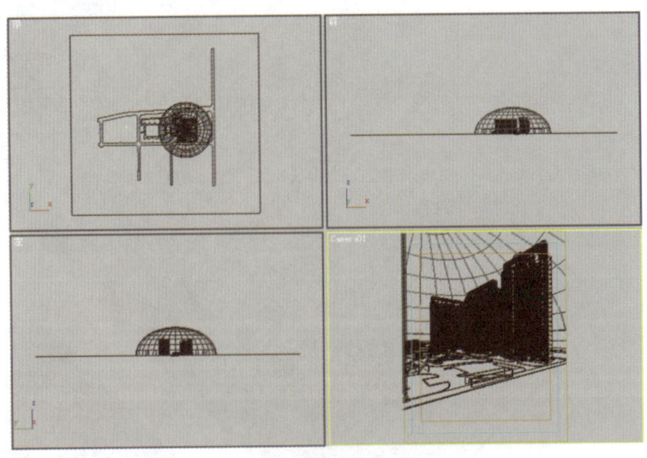

图8-3

下面首先进行测试渲染参数设置，然后为场景布置灯光。

8.2.1 设置测试渲染参数

测试渲染参数的设置步骤如下。

1. 按 F10 键打开“渲染场景”对话框，渲染器已经设置为 V-Ray Adv 1.5 RC3 渲染器，在 公用参数 卷展栏中设置较小的图像尺寸，如图 8-4 所示。
2. 进入“渲染器”选项卡，在 V-Ray:: Global switches （全局开关）卷展栏中设置参数如图 8-5 所示。

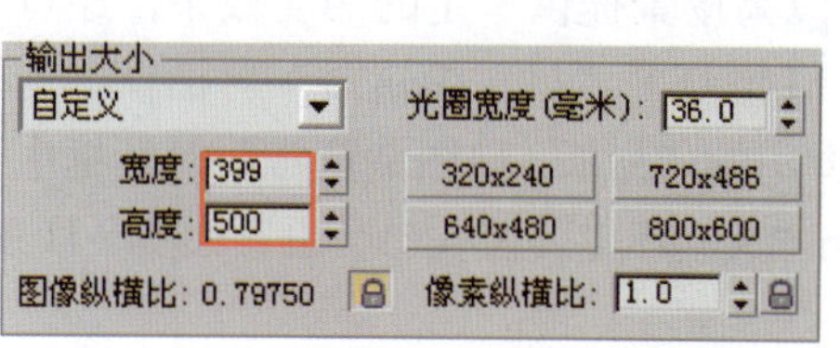

图 8-4

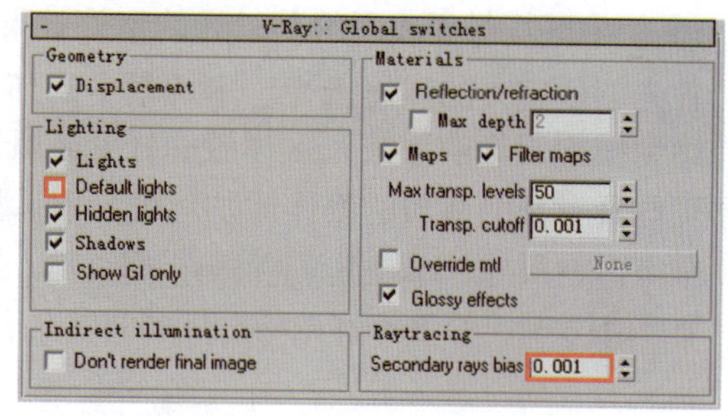

图 8-5

3. 进入 V-Ray:: Image sampler (Antialiasing) （抗锯齿采样）卷展栏中，参数设置如图 8-6 所示。
4. 在 V-Ray:: Indirect illumination (GI) （间接照明）卷展栏中设置参数如图 8-7 所示。

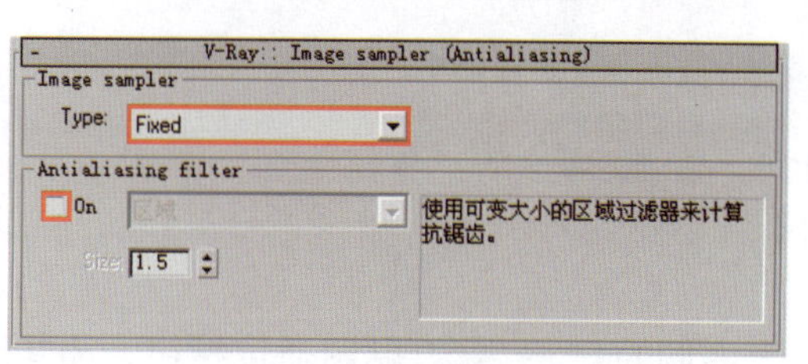

图 8-6

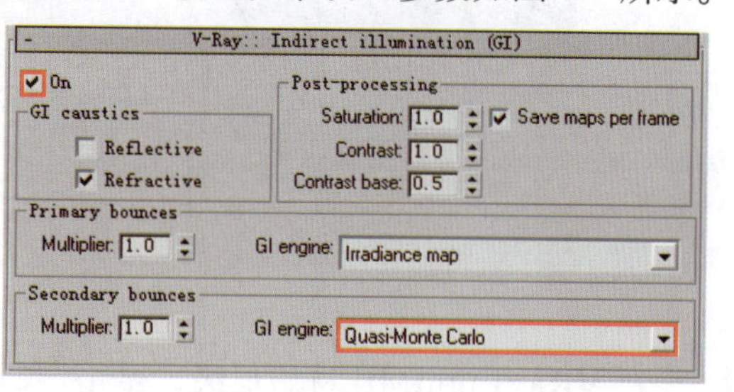

图 8-7

5. 在 V-Ray:: Irradiance map （发光贴图）卷展栏中设置参数如图 8-8 所示。
6. 在 V-Ray:: Quasi-Monte Carlo GI （准蒙特卡罗）卷展栏中设置参数如图 8-9 所示。

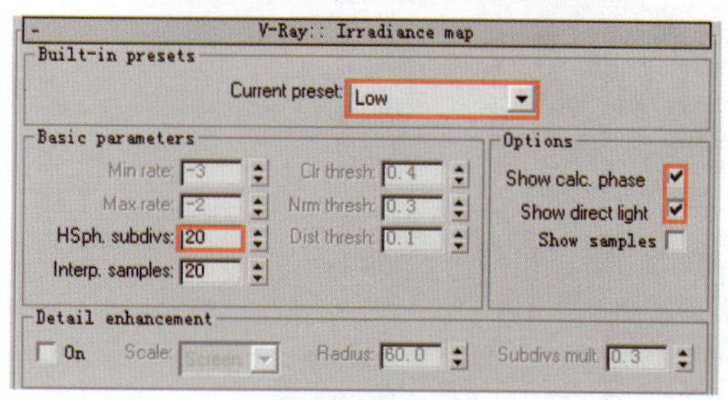

图 8-8

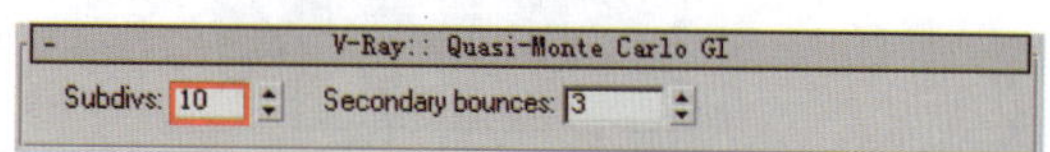

图 8-9

7. 打开 V-Ray:: Environment （环境）卷展栏，在“GI Environment (skylight) override”选项组中勾选“On”复选框，参数设置如图 8-10 所示。

3ds max/ VRay Super Realism

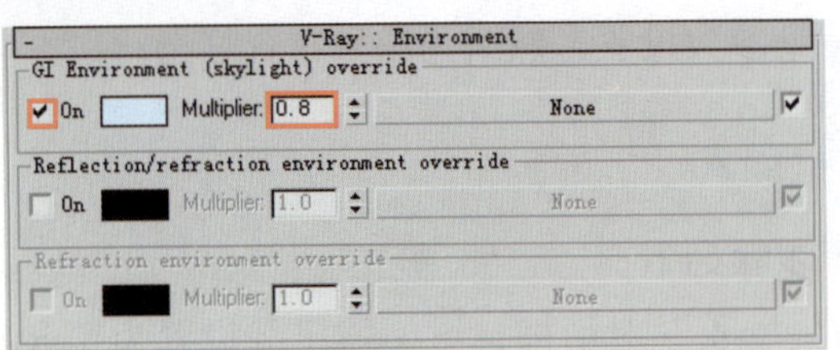

图 8-10

8.2.2 布置场景灯光

公寓住宅区场景要表现的是日光的室外效果，照明方面主要是环境光和日光。

① 首先创建室外的环境天光。本场景中的环境天光是通过将材质赋予到半球形物体上以达到模拟天光的效果，这样做的好处是既可以为场景提供一定的照明效果，还可以为那些具有反射材质的物体添加环境反射。按 M 键打开“材质编辑器”对话框，选择一个空白材质球，单击其 Standard 按钮，在弹出的“材质 / 贴图浏览器”对话框中选择 VRayLightMtl（VRay 灯光材质），并将其命名为“天空环境”，具体参数设置如图 8-11 所示。

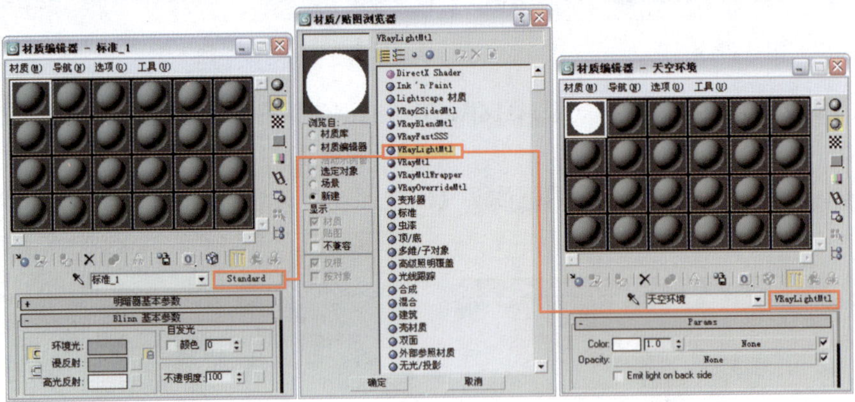

图 8-11

② 在 VRayLightMtl 材质层级，单击“Color”右侧的 None 贴图通道按钮，为其添加一个“位图”贴图，具体参数设置如图 8-12 所示。贴图文件为本书配套光盘提供的“第 8 章半鸟瞰高层公寓住宅区 \ 贴图 \sky.jpg”文件。

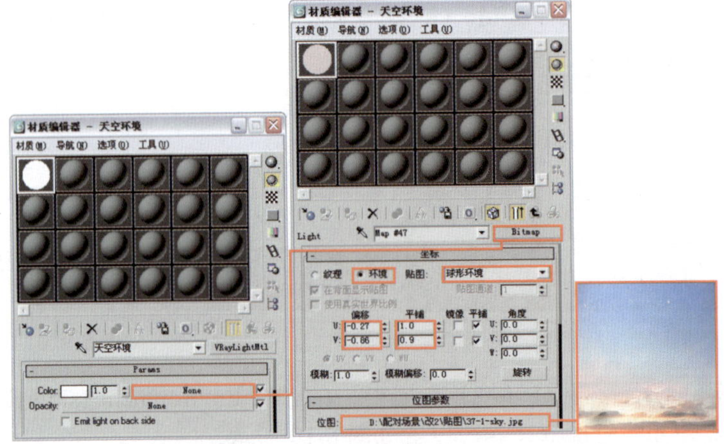

图 8-12

③ 为了使环境贴图产生较强光照效果且不影响其画面细节，所以下面需要为其设置 VRayMtlWrapper（VRay 材质包裹），操作步骤及参数设置如图 8-13 所示。

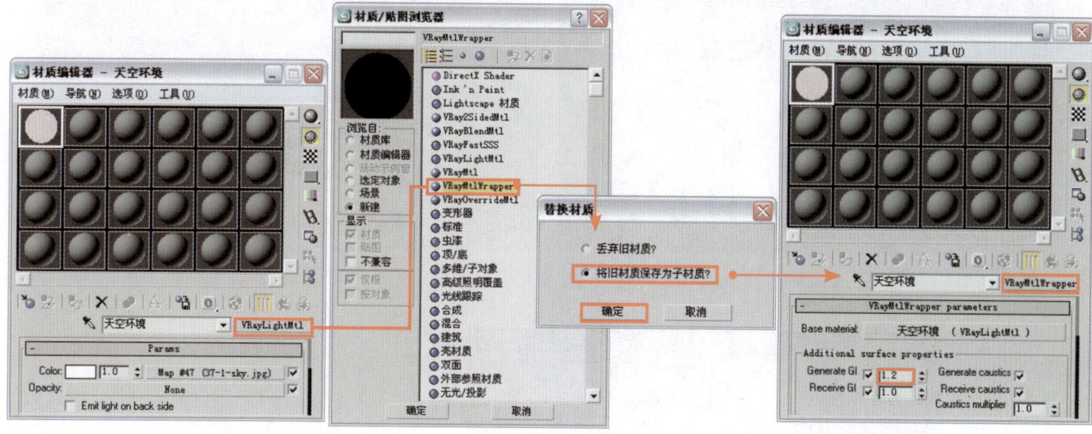

图 8-13

④ 将设置好的材质指定给物体“半球环境”。选择摄影机视图为当前视图，然后在主工具栏中选择渲染类型为“放大”。单击（快速渲染）按钮进行渲染，会发现此时并没有进行渲染，而是在摄影机视图中弹出一个虚线框，这个虚线框内的部分就是会被渲染的部分，所以需要调整一下这个框的位置，框选出需要的部分后按视图右下角的确定按钮即可对虚线框内的部分进行渲染了，如图 8-14 所示。

图 8-14

小贴士

设置为“放大”渲染类型，可以在渲染图像尺寸不变的情况下，对渲染区域中的图像进行放大渲染，这样可以对输出图像进行初步的构图。

⑤ 下面创建室外的日光。单击（创建）按钮进入创建命令面板。单击（灯光）按钮，在下拉菜单中选择“标准”选项，然后在对象类型卷展栏中单击目标平行光按钮，在如图 8-15 所示位置创建一盏目标平行光，参数设置如图 8-16 所示。

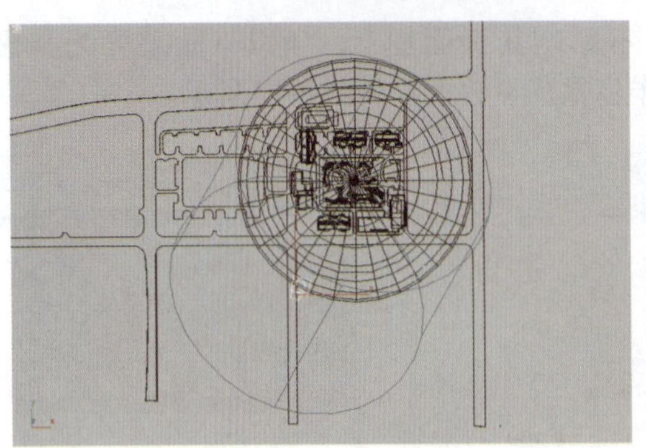
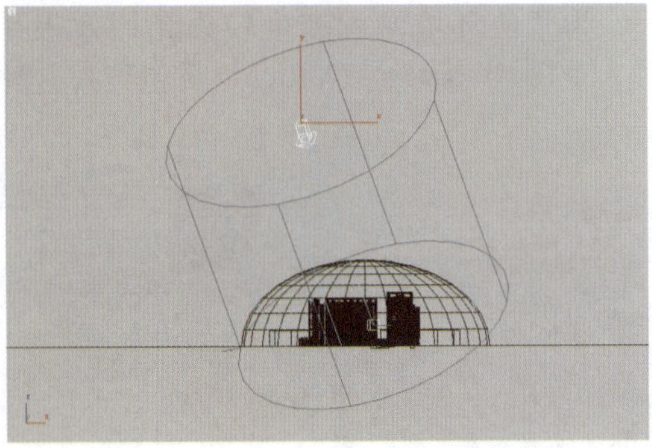

图 8-15

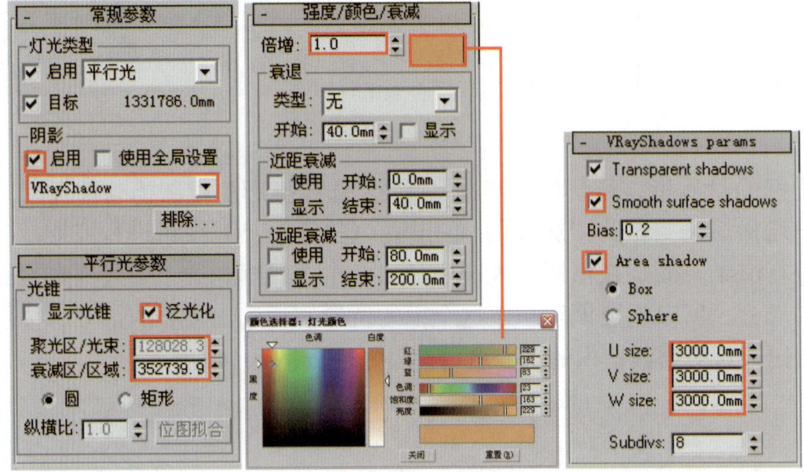

图 8-16

⑥ 因物体"半球环境"遮住了建筑及地面部分，为了使目标平行光能够直接照射到建筑上，产生正确的光照效果，下面将对目标平行光进行设置，使其排除对物体"反射"的影响。在目标平行光的 常规参数 卷展栏中单击 排除... 按钮，在弹出的"排除/包含"对话框中进行参数设置，如图 8-17 所示。对摄影机视图进行渲染，此时效果如图 8-18 所示。

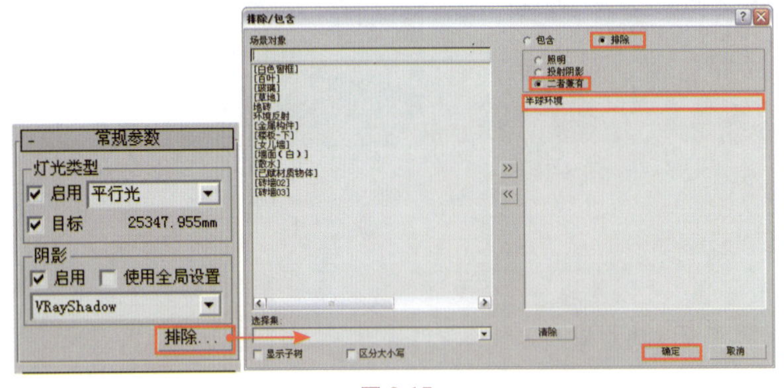

图 8-17

图 8-18

⑦ 从渲染效果中可以发现场景亮面有些曝光的迹象，下面将通过降低 V-Ray:: Indirect illumination (GI) （间接照明）中的二次反弹的倍增值来降低场景亮

度，参数设置如图 8-19 所示。再次渲染效果如图 8-20 所示。

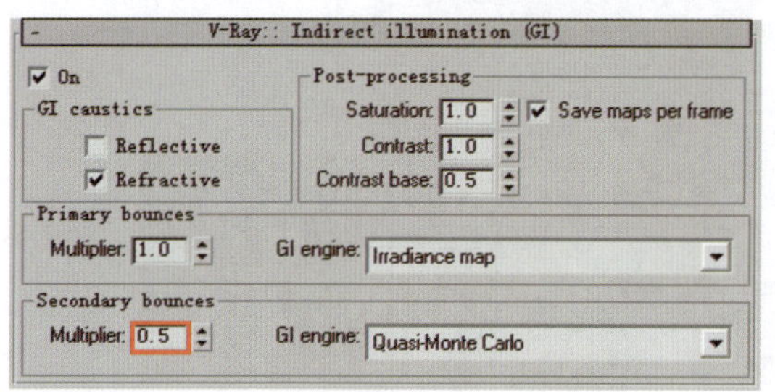

图 8-19

图 8-20

8. 经过调整后，发现场景整体还是偏亮，下面继续通过调整曝光参数来降低场景亮度。在 V-Ray:: Color mapping （颜色映射）卷展栏中进行参数设置，如图 8-21 所示。对摄影机视图进行渲染，效果如图 8-22 所示。

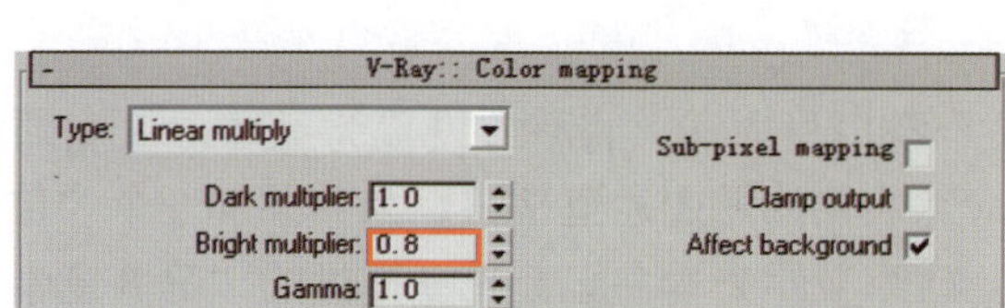

图 8-21

图 8-22

上面已经对场景的灯光进行了布置，最终测试效果比较满意。测试完灯光效果后，下面进行材质设置。

8.3 设置场景材质

灯光测试完成后，就可以为模型制作材质了。材质的制作一般是一幅效果图表现的重点和难点，下面就对场景中的一些具有代表性的重点材质进行讲解。

1. 设置地面部分的草地材质。按 M 键打开“材质编辑器”对话框，选择一个空白材质球，将材质设置为 VRayMtl 材质，并将材质命名为“草”。单击“Diffuse”右侧的贴图通道按钮，为其添加一个“位图”贴图，具体参数设置如图 8-23 所示。贴图文件为本书配套光盘提供的“第 8 章半鸟瞰高层公寓住宅区 \ 贴图 \gras07l.jpg”文件。

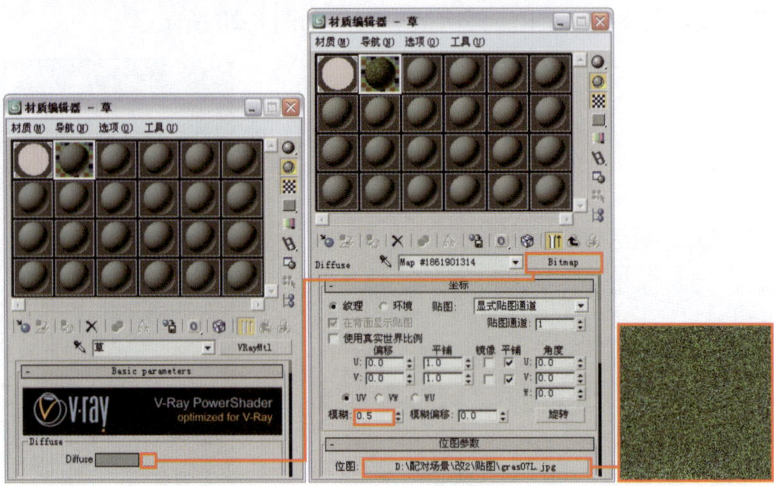

图 8-23

② 将设置好的材质指定给物体“草地”，对摄影机视图进行渲染，此时效果如图 8-24 所示。

图 8-24

③ 设置地面部分的地砖材质。选择一个空白材质球，将材质设置为 VRayMtl 材质，并将材质命名为“地砖”。单击“Diffuse”右侧的贴图通道按钮，为其添加一个“位图”贴图，具体参数设置如图 8-25 所示。贴图文件为本书配套光盘提供的“第 8 章半鸟瞰高层公寓住宅区 \ 贴图 \pd_0www.jpg”文件。

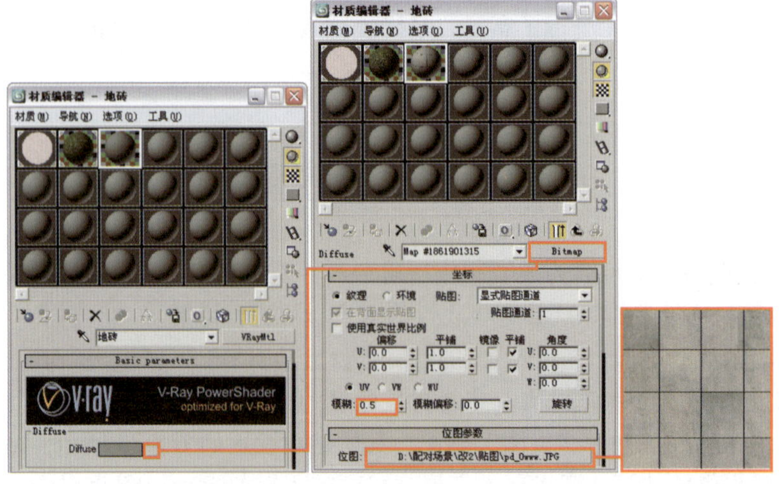

图 8-25

④ 将设置好的材质指定给物体“地砖”，对摄影机视图进行渲染，效果如图 8-26 所示。

图 8-26

⑤ 建筑物部分的墙面材质包括涂料和墙砖两种材质类型，首先设置白色涂料材质。选择一个空白材质球，将材质设置为 VRayMtl 材质，并将材质命名为“白色涂料”。单击“Diffuse”右侧的贴图通道按钮，为其添加一个“位图”贴图，具体参数设置如图 8-27 所示。贴图文件为本书配套光盘提供的“第 8 章半鸟瞰高层公寓住宅区 \ 贴图 \con1.jpg”文件。

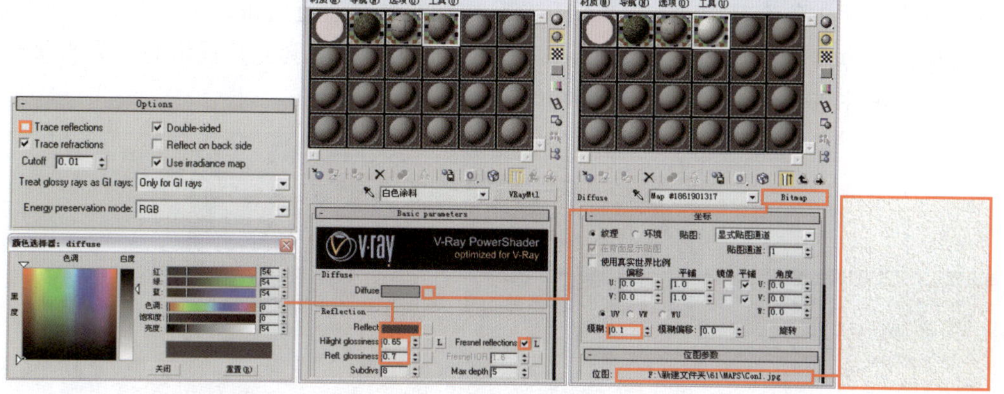

图 8-27

⑥ 返回 VRayMtl 材质层级，进入 Maps 卷展栏，为“Bump”贴图通道添加一个“位图”贴图，具体参数设置如图 8-28 所示。贴图文件为本书配套光盘提供的“第 8 章半鸟瞰高层公寓住宅区 \ 贴图 \con1.jpg”文件。

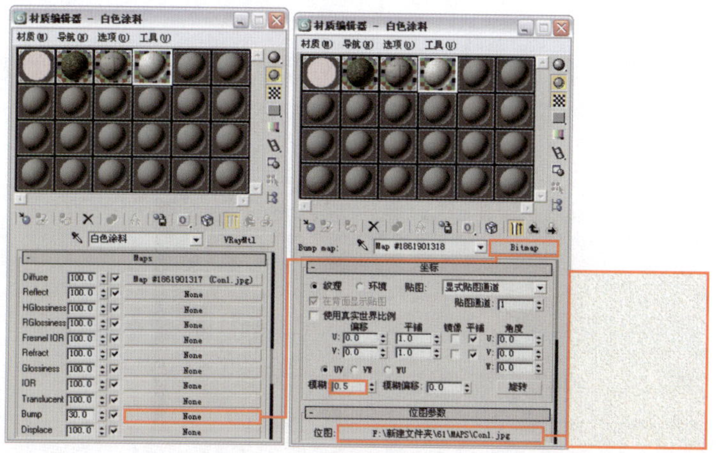

图 8-28

7 将设置好的材质指定给物体“墙面－白”，对摄影机视图进行渲染，墙体效果如图 8-29 所示。

图 8-29

8 设置灰色墙面涂料材质。选择一个空白材质球，将材质设置为 VRayMtl 材质，并将材质命名为“灰色涂料”。单击“Diffuse”右侧的贴图通道按钮，为其添加一个“位图”贴图，具体参数设置如图 8-30 所示。贴图文件为本书配套光盘提供的“第 8 章半鸟瞰高层公寓住宅区 \ 贴图 \ 散水 _0001.jpg”文件。

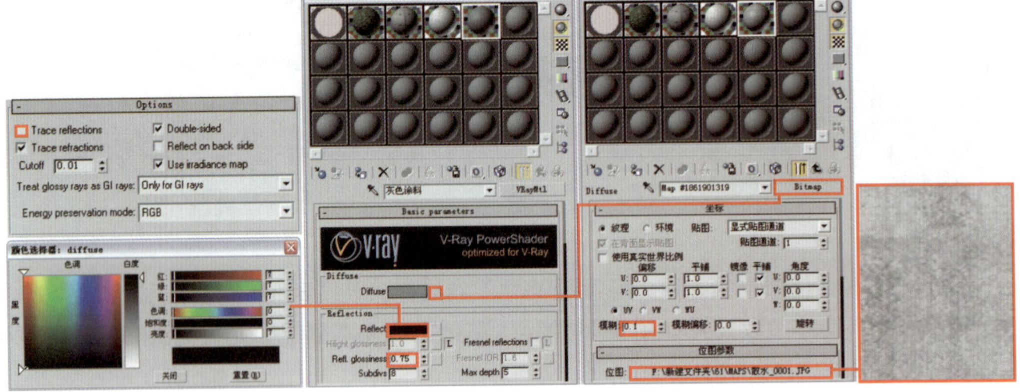

图 8-30

9 将设置好的材质指定给物体“墙面－灰”，对摄影机视图进行渲染，效果如图 8-31 所示。

图 8-31

⑩ 设置浅色墙砖材质。选择一个空白材质球，将材质设置为 VRayMtl 材质，并将材质命名为“浅色墙砖”。单击“Diffuse”右侧的贴图通道按钮，为其添加一个“位图”贴图，具体参数设置如图 8-32 所示。贴图文件为本书配套光盘提供的“第 8 章半鸟瞰高层公寓住宅区 \ 贴图 \ 浅灰面砖 .jpg”文件。

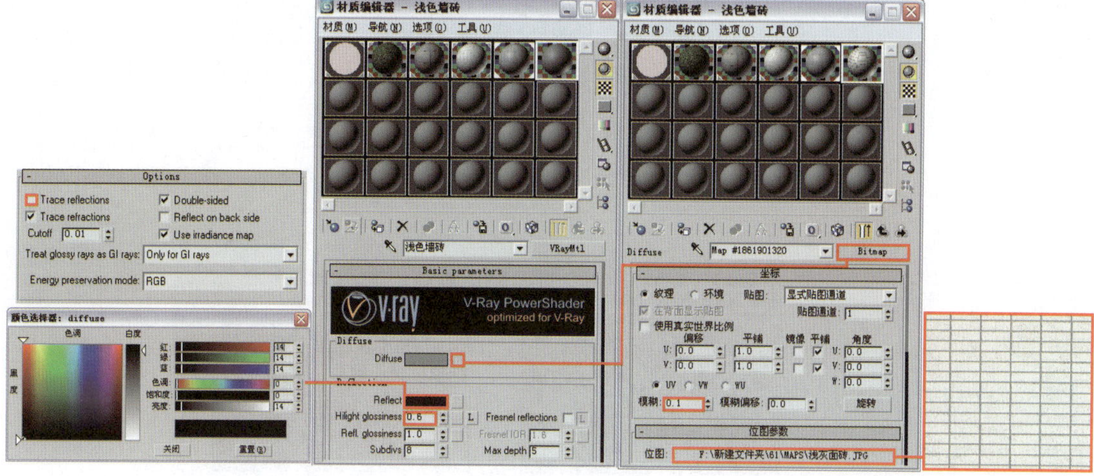

图 8-32

⑪ 返回 VRayMtl 材质层级，进入 Maps 卷展栏，为“Bump”贴图通道添加一个“位图”贴图，参数设置如图 8-33 所示。贴图文件为本书配套光盘提供的“第 8 章半鸟瞰高层公寓住宅区 \ 贴图 \ 浅灰面砖副本 .jpg”文件。

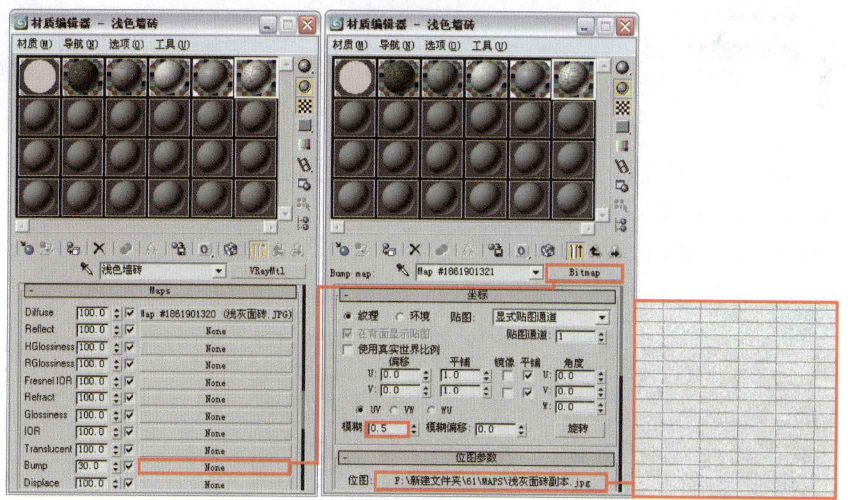

图 8-33

⑫ 将设置好的材质指定给物体“浅色墙砖”，对摄影机视图进行渲染，效果如图 8-34 所示。

⑬ 设置深色墙砖材质。选择一个空白材质球，将材质设置为 VRayMtl 材质，并将材质命名为“深色墙砖”。单击“Diffuse”右侧的贴图通道按钮，为其添加一个“位图”贴图，具体参数设置如图 8-35 所示。贴图文件为本书配套光盘提供的“第 8 章半鸟瞰高层公寓住宅区 \ 贴图 \ 深灰面砖 .jpg”文件。

图 8-34

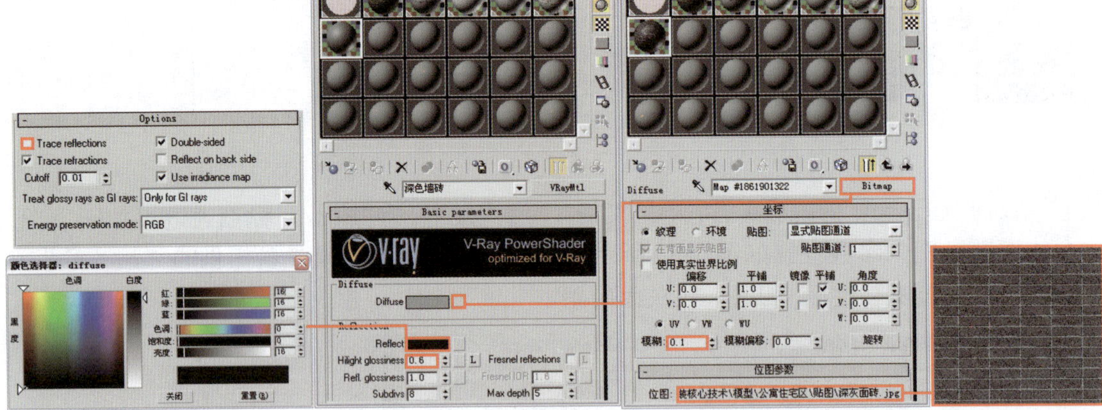

图 8-35

14　返回 VRayMtl 材质层级，进入 Maps 卷展栏，为“Bump”贴图通道添加一个“位图”贴图，参数设置如图 8-36 所示。贴图文件为本书配套光盘提供的“第 8 章半鸟瞰高层公寓住宅区\贴图\深灰面砖.jpg”文件。

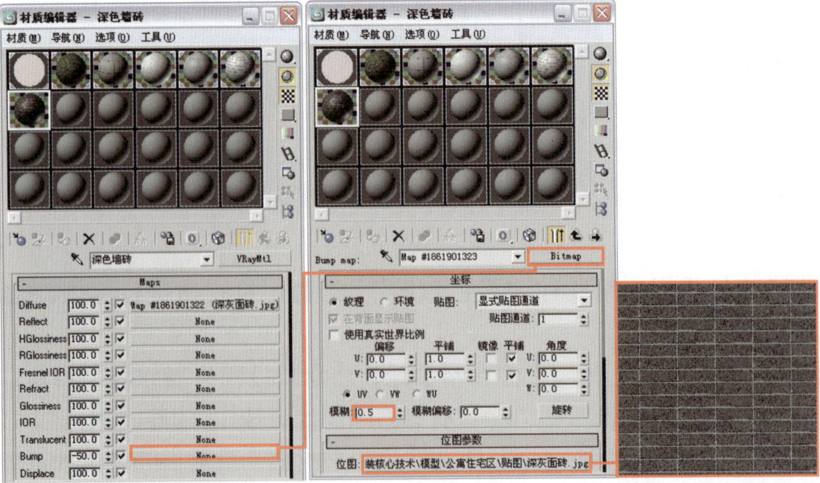

图 8-36

⑮ 将设置好的材质指定给物体“深色砖墙”，对摄影机视图进行渲染，效果如图 8-37 所示。

图 8-37

⑯ 下面开始设置窗框材质。选择一个空白材质球，将材质设置为 VRayMtl 材质，并将材质命名为“窗框”，具体参数设置如图 8-38 所示。将设置好的材质指定给物体“白色窗框”。

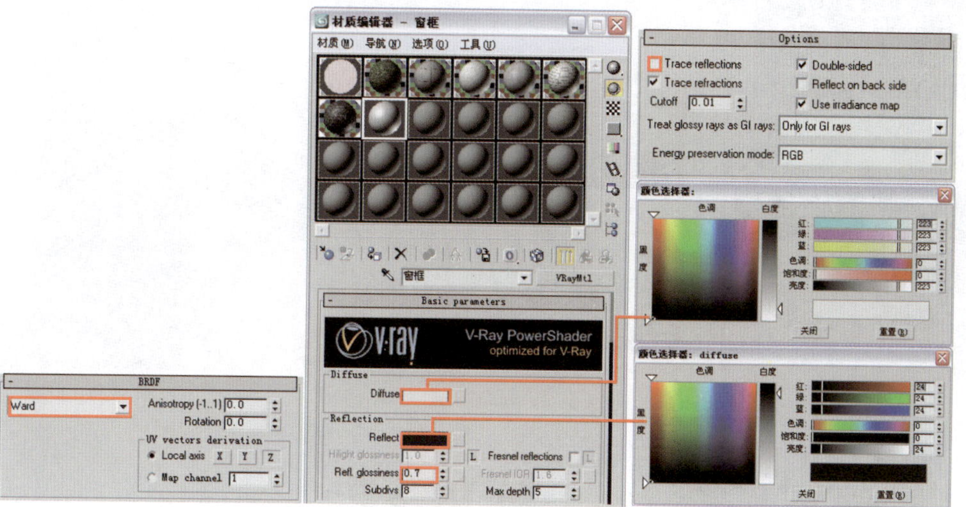

图 8-38

⑰ 设置百叶材质。将前面设置好的“窗框”材质复制到一个空白材质球上，将复制出来的材质重命名为“百叶”。进入 Maps 卷展栏，为“Opacity”贴图通道添加一个“位图”贴图，具体参数设置如图 8-39 所示。贴图文件为本书配套光盘提供的“第 8 章半鸟瞰高层公寓住宅区\贴图\mask 百叶 _0002.gif”文件。将设置好的材质指定给物体“百叶”。

⑱ 设置建筑物上的金属材质。选择一个空白材质球，将材质设置为 VRayMtl 材质，并将材质命名为“灰色金属”，具体参数设置如图 8-40 所示。

⑲ 将设置好的材质指定给物体“金属构件”，对摄影机视图进行渲染，此时效果如图 8-41 所示。

⑳ 设置窗玻璃材质。选择一个空白材质球，保持材质为“标准”材质，并将材质命名为“窗玻璃”，具体参数设置如图 8-42 所示。

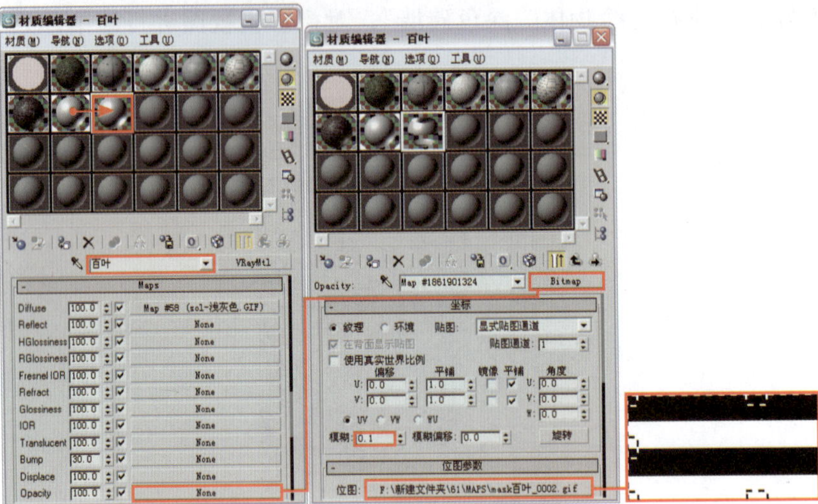

图 8-39

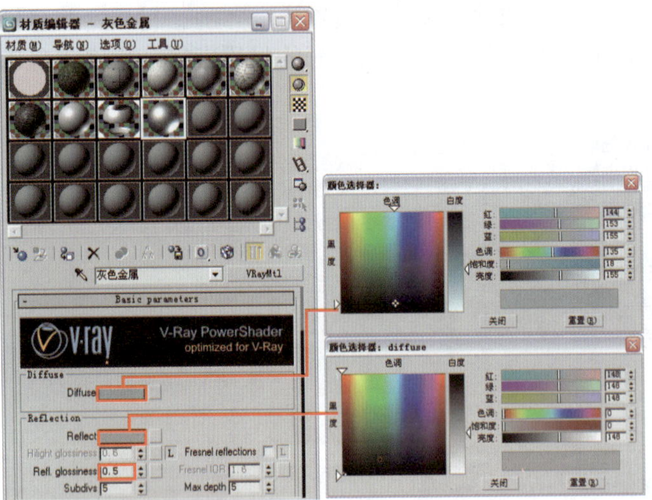

图 8-40

图 8-41

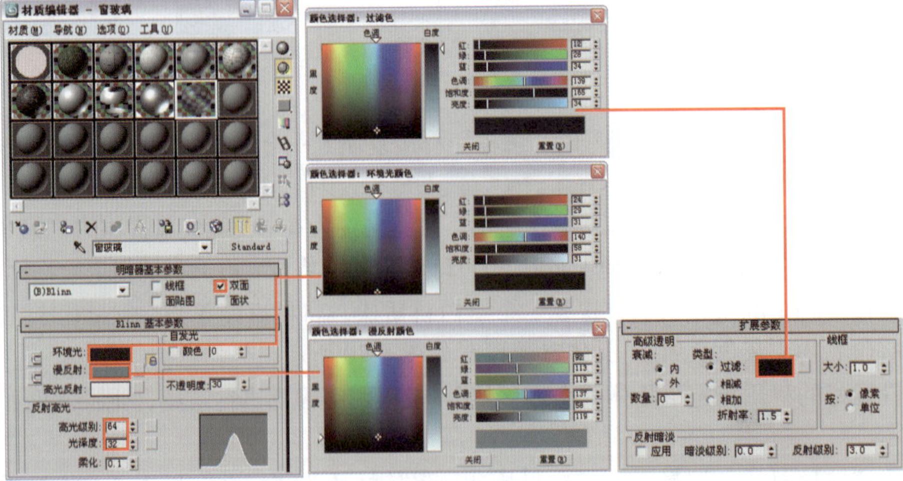

图 8-42

21 进入 贴图 卷展栏，为“反射”贴图通道添加一个“VRayMap”程序贴图，具体参数设置如图 8-43 所示。

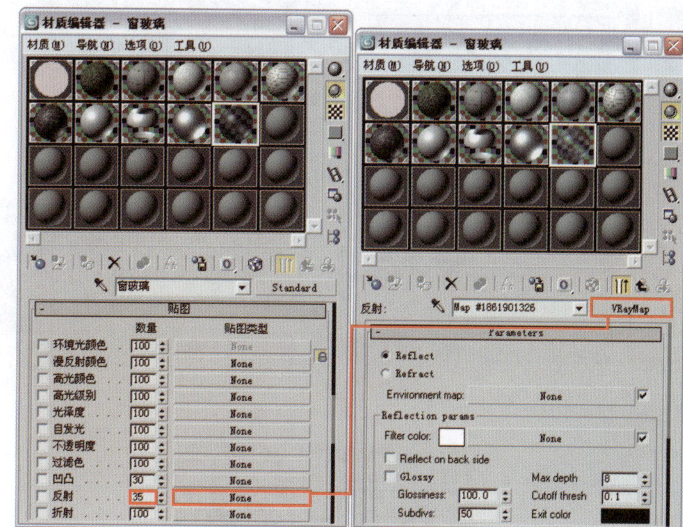

图 8-43

22 将设置好的材质指定给物体“窗玻璃”，对摄影机视图进行渲染，此时玻璃效果如图 8-44 所示。

图 8-44

23 观察玻璃效果，感觉玻璃的反射不够丰富，所以在场景中还有一个专门为其增加环境反射的物体“环境反射”，下面为其设置材质。在“材质编辑器”对话框中选择一个空白材质球，将材质设置为“混合”材质，并将材质命名为“环境贴图”。在“混合”材质层级单击其“材质 1”右侧的材质通道按钮，进入其“标准”材质层级，单击“漫反射”右侧的贴图通道按钮，为其添加一个“位图”贴图，具体参数设置如图 8-45 所示。贴图文件为本书配套光盘提供的“第 8 章半鸟瞰高层公寓住宅区 \ 贴图 \tree-111.jpg”文件。

24 返回“混合”材质层级，单击“遮罩”右侧的贴图通道按钮，为其添加一个“位图”贴图，具体参数设置如图 8-46 所示。贴图文件为本书配套光盘提供的“第 8 章半鸟瞰高层公寓住宅区 \ 贴图 \tree-111-td.jpg”文件。

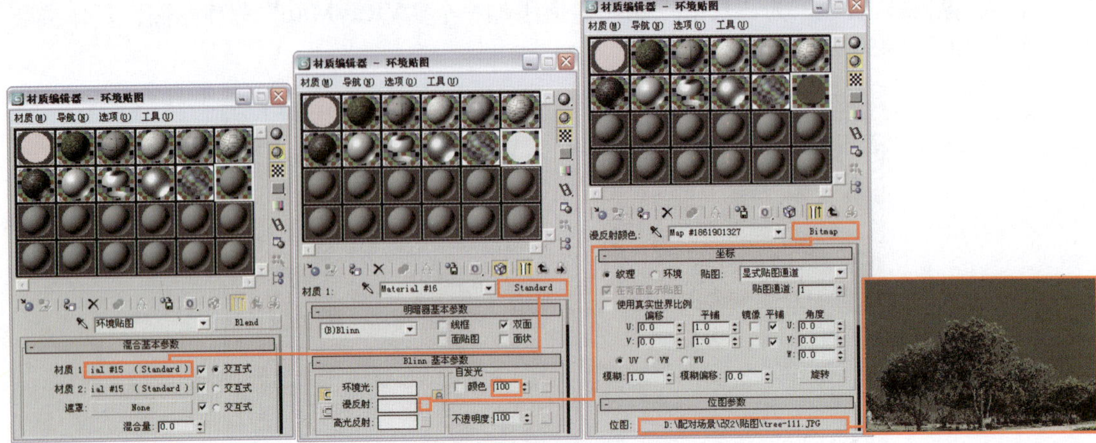

图 8-45

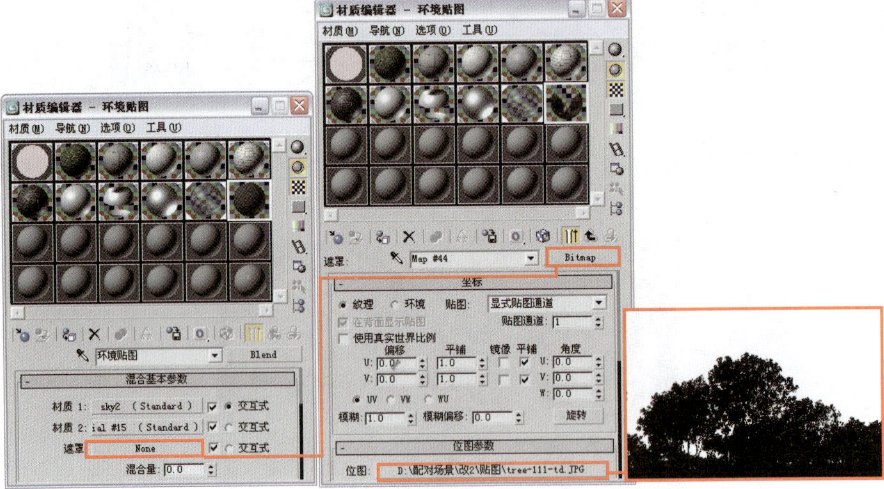

图 8-46

25 将设置好的材质指定给物体“环境反射”，对摄影机视图进行渲染，此时效果如图 8-47 所示。

图 8-47

至此，场景的灯光测试和材质设置都已经完成，下面将对场景进行最终渲染设置。

8.4 最终渲染设置

8.4.1 最终测试灯光效果

场景中材质设置完毕后需要取消对发光贴图和灯光贴图的调用，再次对场景进行渲染，效果如图 8-48 所示。

图 8-48

观察渲染效果可以发现场景整体偏暗，下面将通过调整曝光参数来提高阴影面的亮度，参数设置如图 8-49 所示。再次渲染效果如图 8-50 所示。

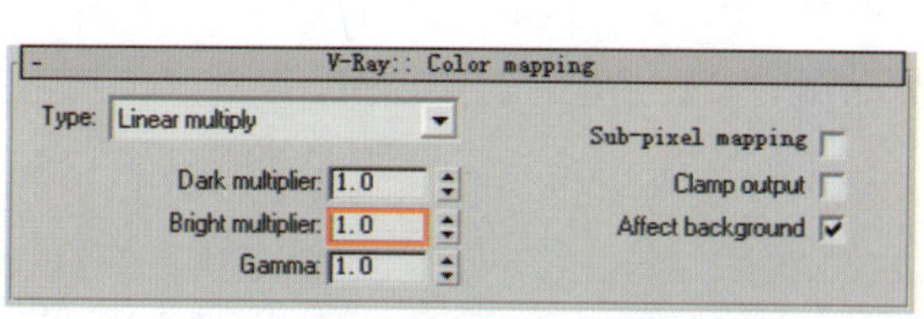

图 8-49

图 8-50

观察渲染效果，场景光线不需要再调整，接下来设置最终渲染参数。

8.4.2 灯光细分参数设置

将模拟日光的目标平行光的灯光细分值设置为 16，如图 8-51 所示。

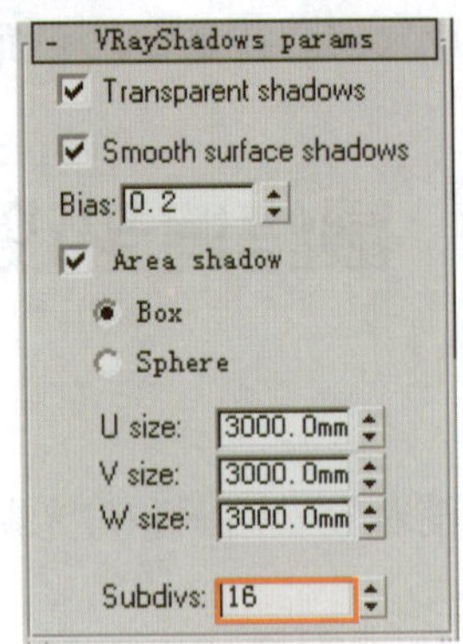

图 8-51

8.4.3 设置保存发光贴图的渲染参数

在前面章节中已经多次讲解过保存发光贴图的方法，这里就不再重复，只对渲染级别设置进行讲解。

① 进入 V-Ray:: Irradiance map（发光贴图）卷展栏，设置参数如图 8-52 所示。

② 进入 V-Ray:: Quasi-Monte Carlo GI（图像采样）卷展栏，设置参数如图 8-53 所示。

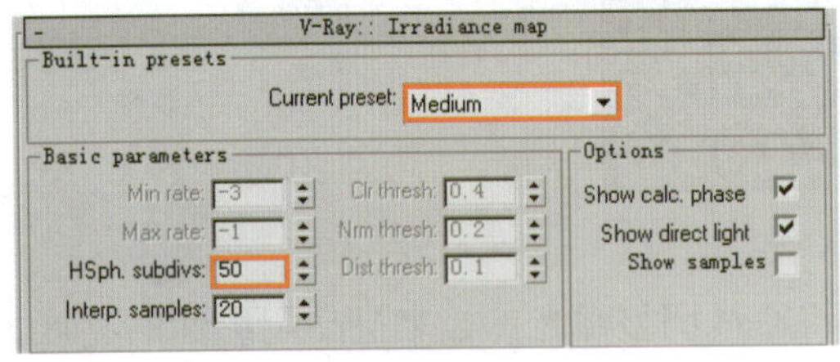

图 8-52

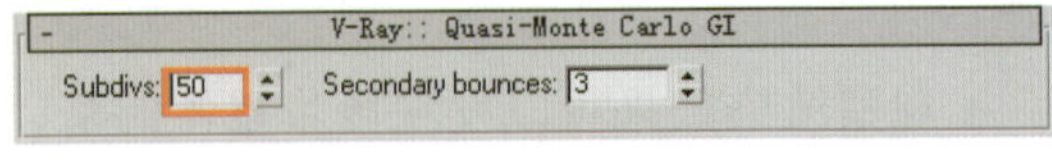

图 8-53

③ 在 V-Ray:: rQMC Sampler（准蒙特卡罗采样器）卷展栏中设置参数如图 8-54 所示，这是模糊采样设置。

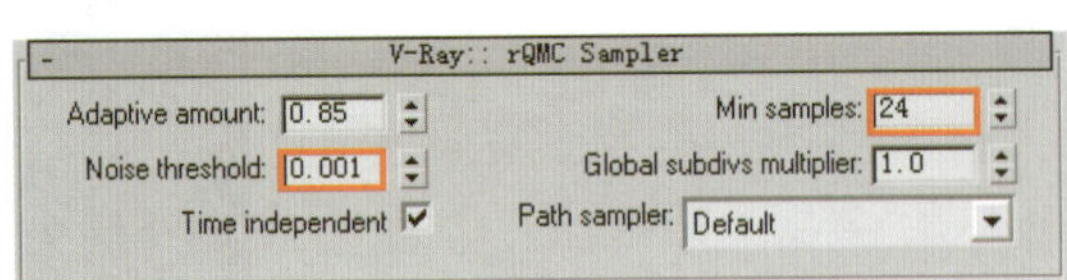

图 8-54

渲染级别设置完毕，最后设置保存发光贴图的参数并进行渲染即可。

8.4.4 最终成品渲染

最终成品渲染的参数设置如下。

① 当发光贴图计算完毕后，在“渲染场景”对话框中的“公用”选项卡中设置最终渲染图像的输出尺寸，如图 8-55 所示。

② 在 V-Ray:: Image sampler (Antialiasing)（抗锯齿采样）卷展栏中设置抗锯齿和过滤器，如图 8-56 所示。

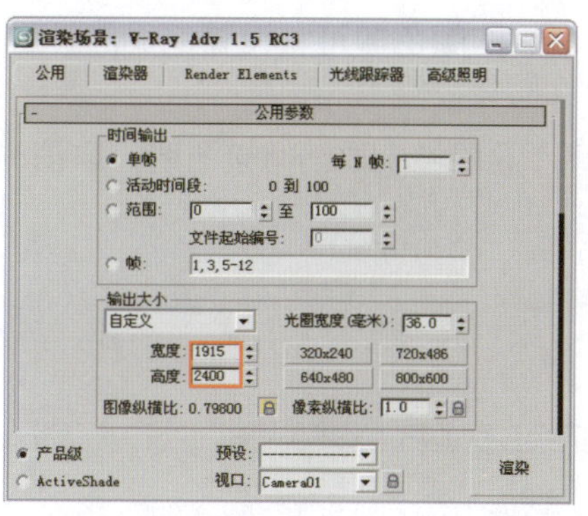

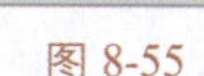

图 8-55

图 8-56

③ 为了方便在 Photoshop 中进行后期处理，将渲染结果保存为 TGA 格式的文件，最终渲染完成的效果如图 8-57 所示。

图 8-57

8.4.5 通道渲染

① 为了后期处理时能够快速方便地分离各个材质部分，接下来需要渲染一张能够区分各个材质的颜色通道图。具体制作方法是：将场景中的物体“半球环境”及“环境反射”隐藏，然后选择材质编辑器中已经设置好的材质，并将其设置为 VRayLightMtl 材质，随便设置它的颜色即可，如图 8-58 所示。

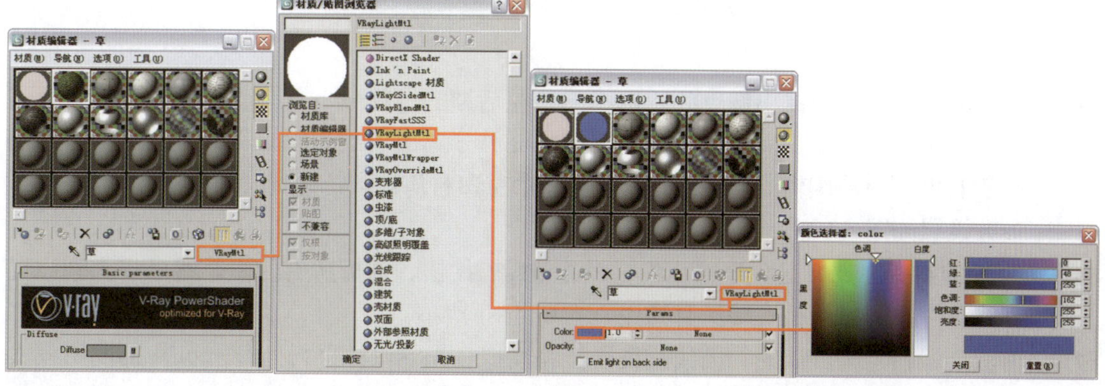

图 8-58

② 将其余材质也设置为 VRayLightMtl 材质，设置不同的颜色即可，设置完成的材质编辑器如图 8-59 所示。

③ 在 V-Ray:: Indirect illumination (GI) （间接照明）卷展栏中取消间接照明，取消“On”复选框的勾选，如图 8-60 所示。

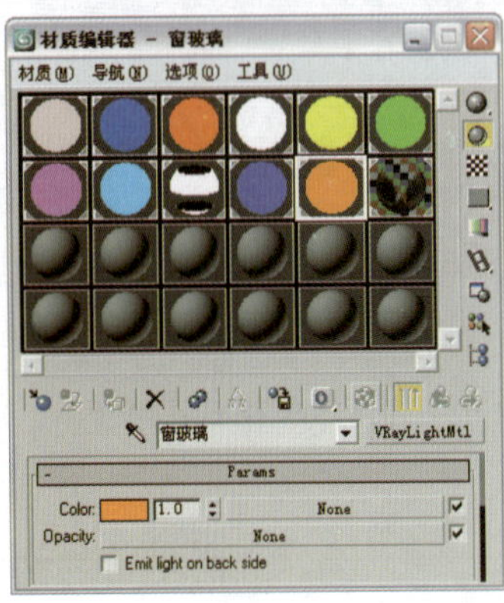

图 8-59

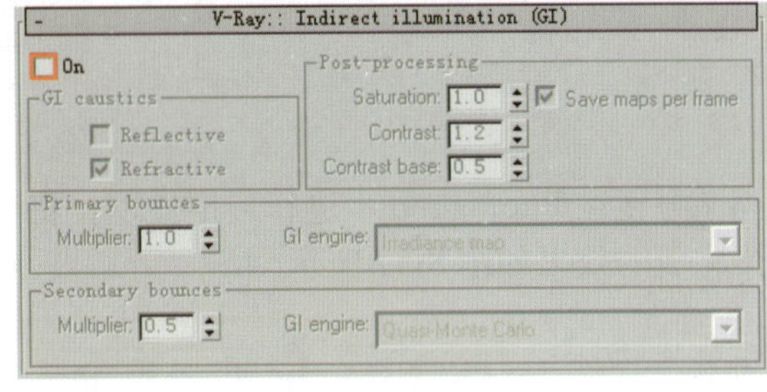

图 8-60

④ 将场景中的灯光关闭，在其他参数保持不变的情况下对摄影机视图进行渲染，将渲染出来的图像保存为 TGA 格式的文件，最后通道效果如图 8-61 所示。

图 8-61

⑤ 因为通道图不能分离出场景的阴影，而且在后期的过程中也有必要将场景中的主要阴影分离出来，因此下面还需要渲染出一张能够分离出场景阴影的阴影通道图。首先按 M 键打开“材质编辑器”对话框，选择一个空白材质球，将材质设置为 无光/投影 材质，参数设置如图 8-62 所示。

⑥ 按 H 键打开“选择对象”对话框，单击 全部(A) 按钮，选择所有物体，然后将刚刚设置好的 无光/投影 材质指定给所有物体，如图 8-63 所示。

⑦ 将渲染器指定为默认的扫描线渲染器，将模拟日光的目标平行光 Direct01 的阴影模式设置为“光线跟踪阴影”，参数设置如图 8-64 所示。

⑧ 对摄影机视图进行测试渲染，此时效果如图 8-65 所示。

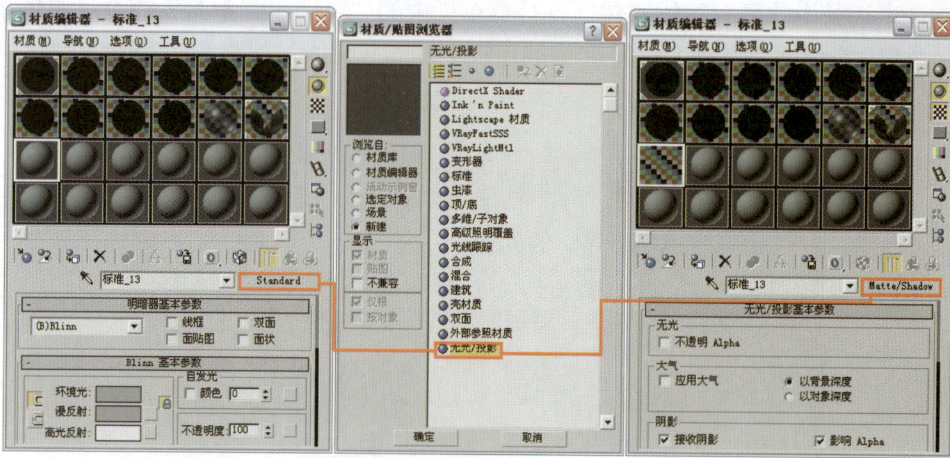

图 8-62

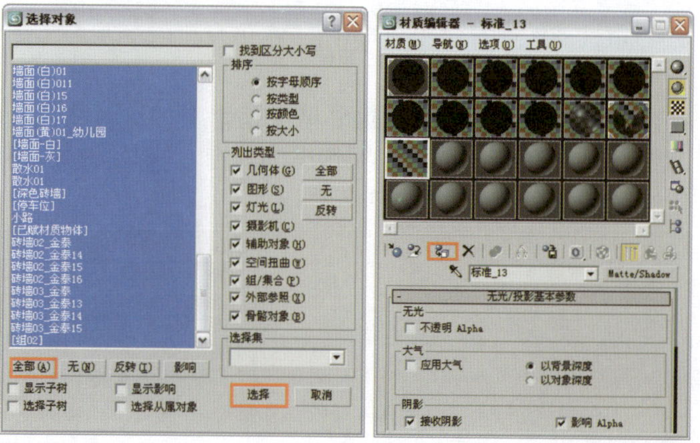

图 8-63

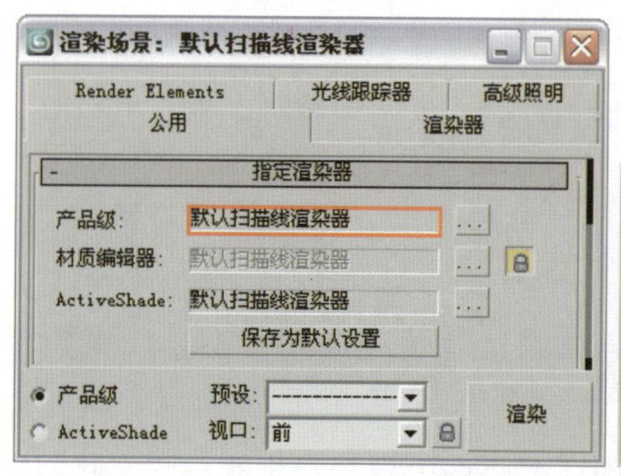

图 8-64

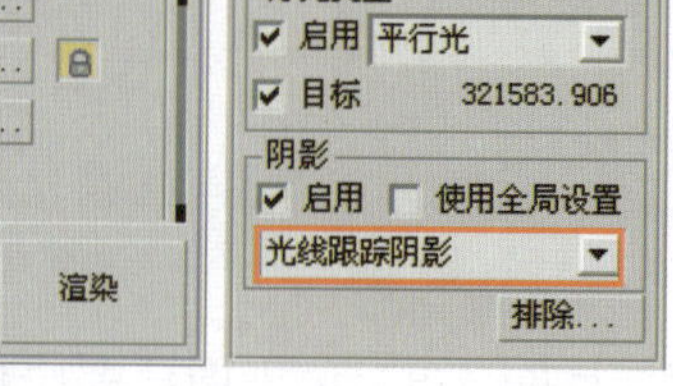

图 8-65

⑨ 可以看到渲染出来的图像只含有阴影的渲染图，但此时我们需要的只是主体建筑部分投影到地面部分的阴影，那些建筑主体上面的阴影及地面部分产生的零碎阴影都是无

须保留的部分，所以下面通过修改对应物体的物体属性来使这些阴影消失。首先仍然是选中场景中的所有物体，然后执行菜单栏中的“组”｜“解组”命令，将场景中已经成组的物体解散，然后选择其中的建筑主体部分物体，如图 8-66 所示。

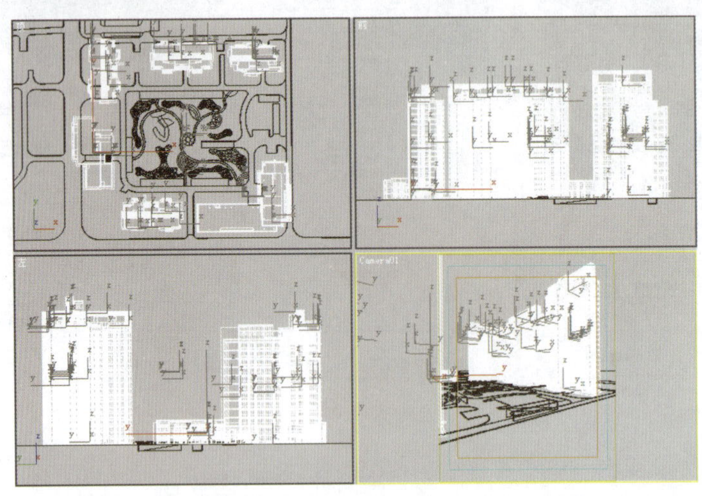

图 8-66

10 在视图中单击鼠标右键，在弹出的快捷菜单中选择“对象属性”命令，然后在弹出的“对象属性”窗口中取消“接收阴影”复选框的勾选，这样建筑物上就不会产生阴影了，参数设置如图 8-67 所示。

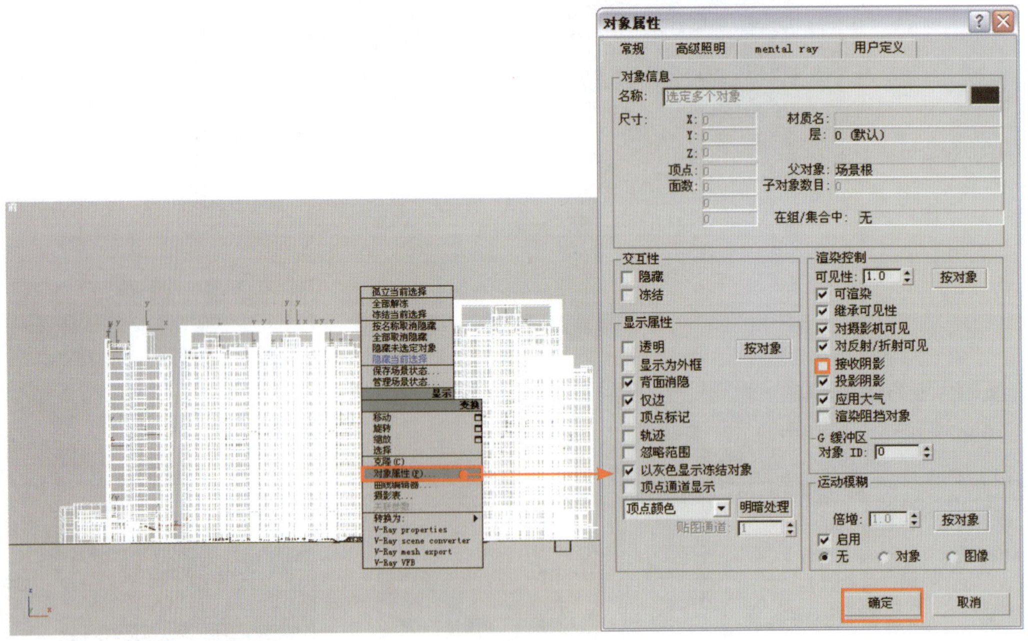

图 8-67

11 上面的设置只是消除了建筑物上面的阴影，下面还要将地面部分产生的一些零碎阴影隐藏。按 Ctrl+I 键执行反选操作，这样就选中了除建筑物以外的所有地面部分物体，仍然是进入“对象属性”窗口中，取消“投影阴影”复选框的勾选，这样操作后，地面部分就会只接受建筑物的投影，而本身不会产生阴影，参数设置如图 8-68 所示。

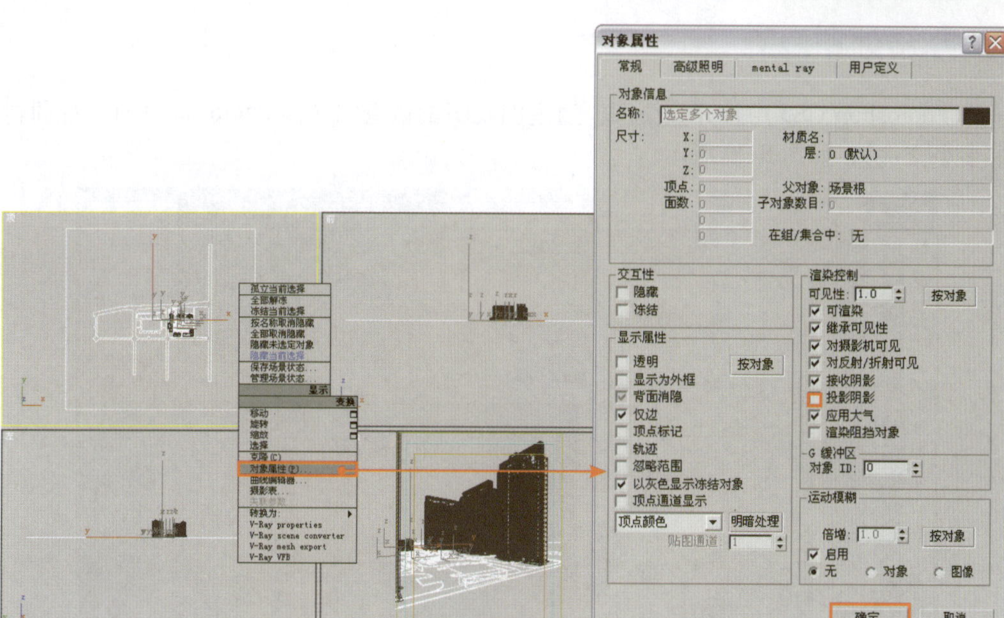

图 8-68

⑫ 对摄影机视图进行渲染，将渲染出来的图像保存为TGA格式，阴影通道效果如图8-69所示。

图 8-69

所有需要在3ds max中的操作都已经完成，下面的后期处理将会在Photoshop中进行。

8.5 Photoshop后期处理

刚渲染出来的图像还需要进行后期处理，对于一幅好的室外表现作品来说，后期处理是非常重要的。

8.5.1 初步处理画面

① 在 Photoshop CS3 中打开渲染图、通道图及阴影通道图（在 Photoshop 中可以同时打开多个文件），如图 8-70 所示。

图 8-70

② 先是将建筑与背景分离。选择渲染效果文件，按 M 键或选择【框选工具】，在屏幕上单击鼠标右键，从弹出的快捷菜单中选择“载入选区”命令，在弹出的“载入选区”对话框中单击“确定”按钮后，如图 8-71 所示。

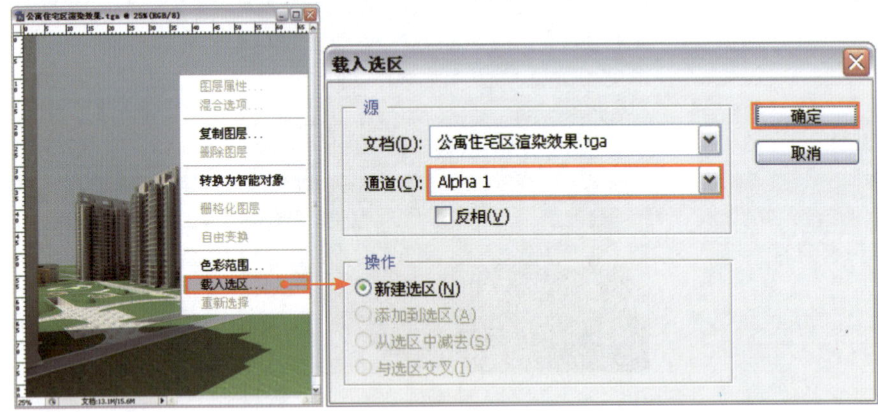

图 8-71

③ 如上操作后会看到图像中的建筑部分被单独选择出来了，按 Ctrl+J 键（通过拷贝的图层）将选区内容复制到一个新层中，将层命名为“建筑”，对通道文件及阴影通道文件执行同样的操作，使其通道部分与背景分离，如图 8-72 所示。

④ 在工具面板上单击（移动工具）按钮，在通道图中的图像上按住鼠标左键，将通道图的图像拖放到渲染图的图像文件中，拖放时按住 Shift 键可以使图像自动对齐，对阴影通道文件执行同样的操作，如图 8-73 所示。

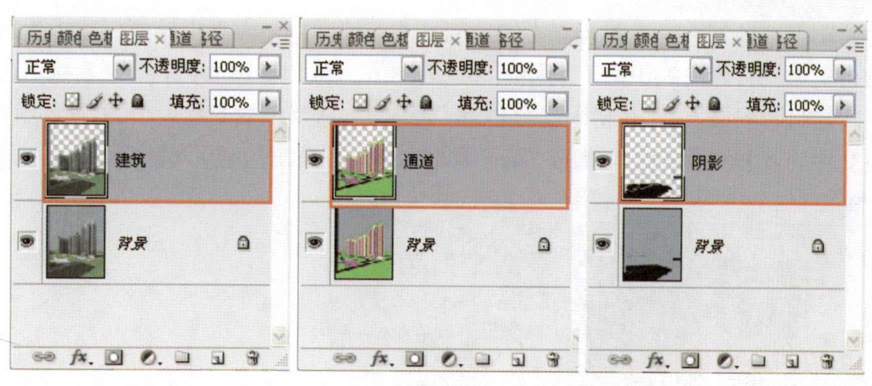

图 8-72

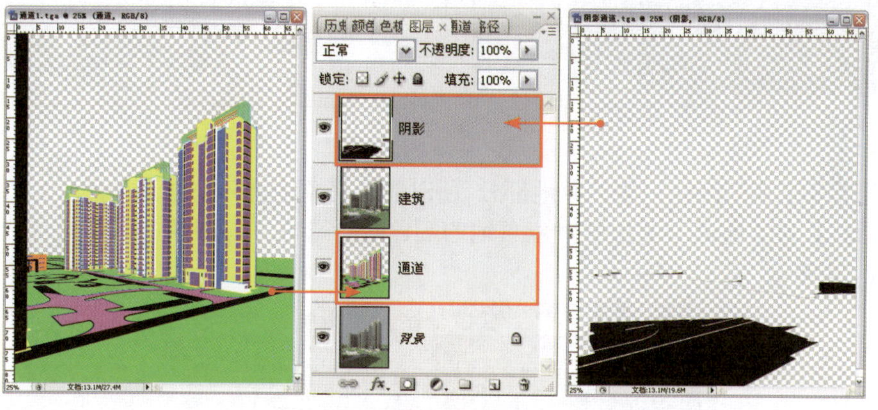

图 8-73

小贴士

接下来的操作都会在渲染效果文件中进行，通道文件及阴影通道文件在执行完上述操作后就可以关闭了。

⑤ 下面首先为图像整体确定一个大的基调，为图像添加背景天空。打开本书所附光盘提供的“第 8 章半鸟瞰高层公寓住宅区 \ 贴图 \ 天空背景 .psd”文件，将其拖放到“建筑”图层下方，并将其图层命名为“天空”，注意在图像中调整其位置，如图 8-74 所示。

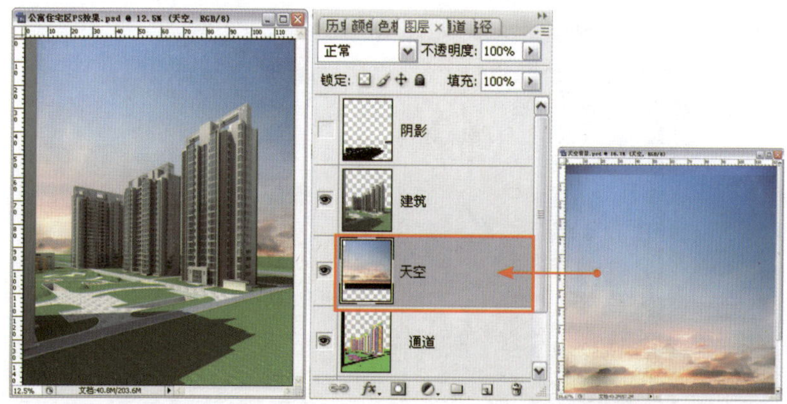

图 8-74

⑥ 下面为图像草地部分更换更加真实的地面。地面部分分为中心广场地面及小公园地面两部分进行更换，首先更换中心广场地面部分的图像。在 Photoshop 中打开素材图片，将其拖放到“建筑”图层上方，并将图层命名为“地面 1”，适当缩放图片大小，位置如图 8-75 所示。素材文件为本书配套光盘提供的“第 8 章半鸟瞰高层公寓住宅区 \ 贴图 \ 地面 -1.psd”文件。

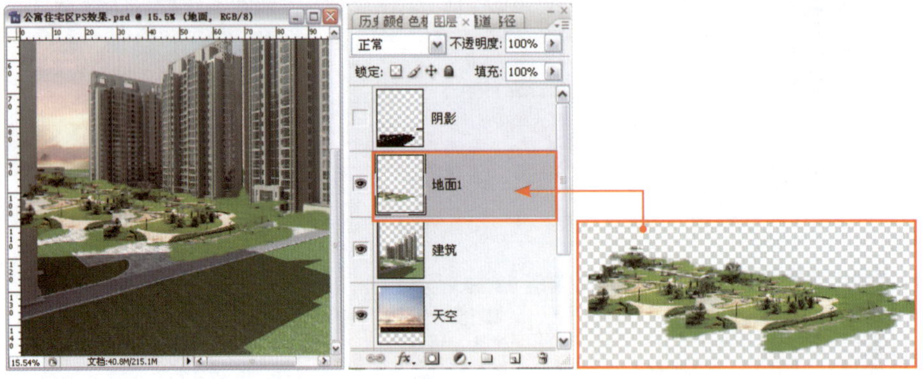

图 8-75

⑦ 因为需要更换的部分主要为草地部分，所以需要将草地部分单独选择出来，下面使用【魔棒工具】对“通道”图层中对应草地的颜色进行选取，将图像中的草地部分选中，如图 8-76 所示。

图 8-76

⑧ 保持选区状态，选择“地面 1”图层，然后单击图层面板下方的 （添加图层蒙版）按钮，这样操作后会发现“地面 1”图层中的图像只有在选区内的部分会被显示，而选区外的部分则被隐藏了起来，如图 8-77 所示。

图 8-77

9 下面开始更换小公园草地部分的图像。打开本书配套光盘提供的“第 8 章半鸟瞰高层公寓住宅区 \ 贴图 \ 地面 -2.psd”文件，将其拖放到“地面 1”图层上方，并将图层命名为“地面 2”，缩放其大小，位置如图 8-78 所示。

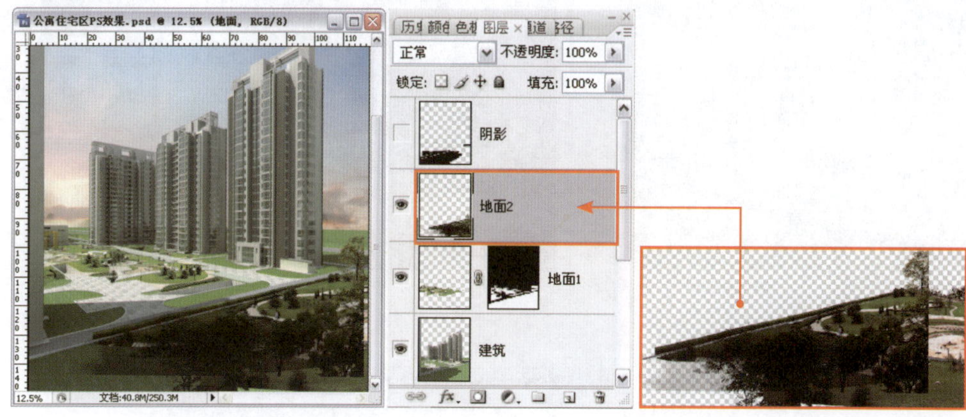

图 8-78

10 重新对画面进行构图。上面的步骤中已经为场景添加了背景天空及地面，因为素材大小问题，背景图像边缘出现了一些不完整的部分，下面将对画面重新进行构图，使图像背景完整且更加突出画面主体。新建一图层，将其命名为“黑边”，然后在图层边缘部分建立选区，用黑颜色进行填充，重新构图后的效果如图 8-79 所示。

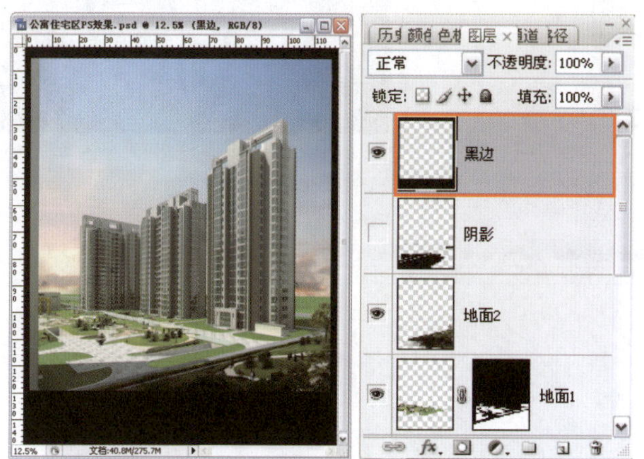

图 8-79

11 下面通过选择通道来对图像细节进行修饰调整。首先调整建筑部分面积较大的白色墙面部分。选择“通道”图层，然后单击工具面板上的【魔棒工具】按钮，使用【魔棒工具】选择对应白色墙面的颜色，如图 8-80 所示。

12 保持选取状态，选择“建筑”图层，然后按 Ctrl+J 键将选区部分复制到一个新的图层中，并将新图层命名为“白墙”，如图 8-81 所示。

13 白色墙面部分有些偏暗，下面将对此问题进行调整。将“白墙”图层的图层混合模式设置为“滤色”，将图层“不透明度”设置为 50%，如图 8-82 所示。

14 下面对建筑部分的玻璃进行调整。如上所述，将玻璃部分通过“通道”图层选取，然后将其复制到一个新图层中，并将新图层命名为“玻璃”，如图 8-83 所示。

图 8-80

图 8-81

图 8-82

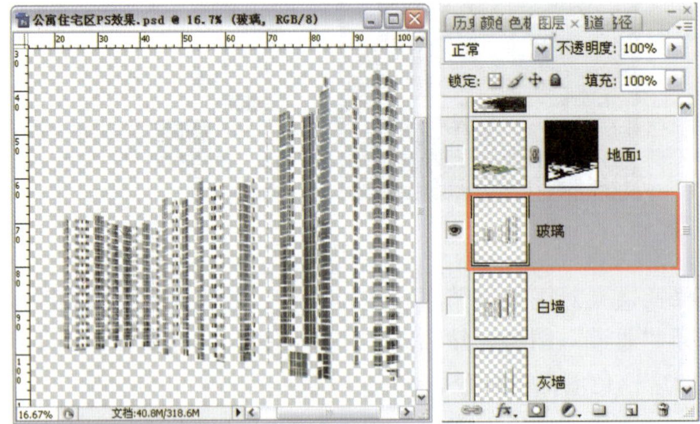

图 8-83

15 玻璃部分整体过暗，下面通过选择菜单栏中的“图像” | “调整” | “亮度 / 对比度”命令来调节参数，提亮玻璃部分，参数设置如图 8-84 所示。

16 观察玻璃效果，感觉玻璃部分还是偏暗，在“玻璃”图层处于选择状态下，按 Ctrl+J 键将“玻璃”图层复制出一副本图层，将副本图层的混合模式设置为“滤色”，“不透明度”设置为 60%，通过调整后的效果如图 8-85 所示。

图 8-84

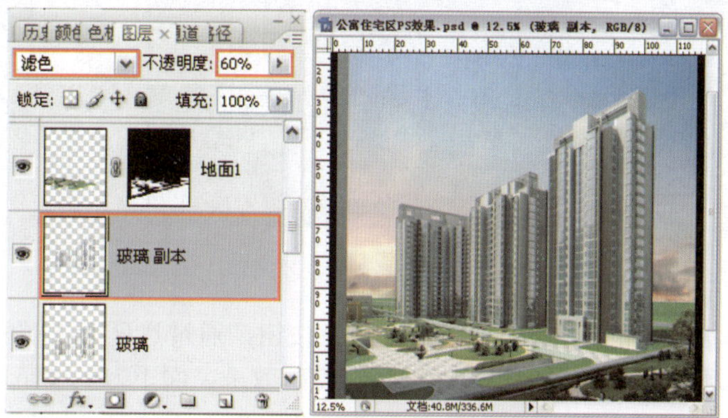

图 8-85

17 观察玻璃效果，发现玻璃效果太单调，没有层次感，建筑下方的玻璃应该偏暗些。选择上面复制出来的“玻璃 副本”图层，单击工具栏中的 （以快速蒙版模式编辑）按钮，然后使用【渐变工具】对图层进行填充，参数设置如图 8-86 所示。

图 8-86

3ds max/ VRay Super Realism

⑱ 再次单击工具栏中的 （以标准模式编辑）按钮退出快速蒙版模式，然后会看到图层中出现了一个选区，如图 8-87 所示。

图 8-87

⑲ 单击图层面板下方的 （添加图层蒙版）按钮，通过选区为图层创建蒙版，操作后会发现“玻璃”的上半部分还是保持着较亮的效果，而下方则变暗了一些，如图 8-88 所示。

⑳ 通过对建筑各个部分的调整，此时建筑整体效果如图 8-89 所示。

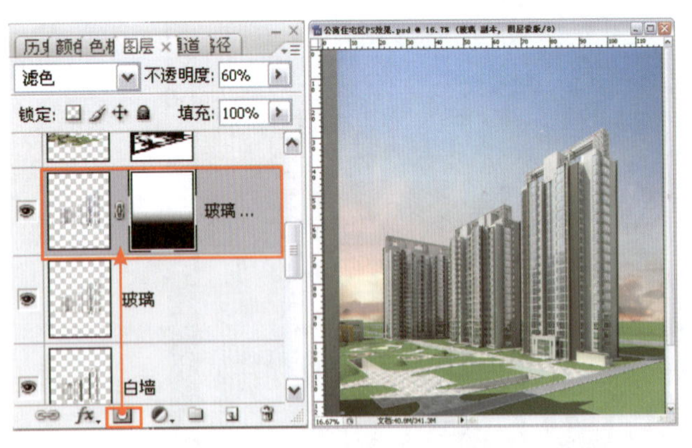

图 8-88

图 8-89

㉑ 为了增加画面的层次感，将图像最下方的区域调暗一些，在“黑边”图层下方新建一图层，将图层命名为“近暗”。使用【渐变工具】对图层进行填充，将其图层“不透明度”设置为 40%，效果如图 8-90 所示。

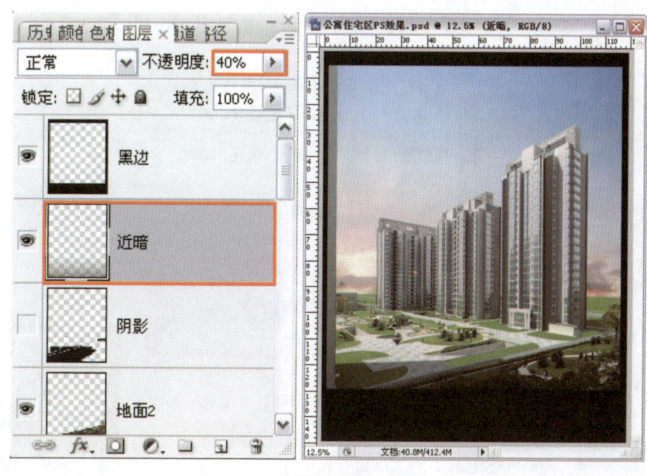

图 8-90

8.5.2 添加配景

添加配景通常可以按照从远至近，从大到小的步骤进行添加，这样有利于后期的调整和对整体效果的把握。

1. 首先添加距离最远的背景树。在 Photoshop 中打开本书配套光盘提供的“第 8 章半鸟瞰高层公寓住宅区 \ 贴图 \ 背景树 -1.psd”文件，将其拖放到“建筑”图层下方，并将其命名为“背景树 1”，位置及大小如图 8-91 所示。

图 8-91

2. 在建筑物另外一侧比较空的位置添加背景树。打开本书配套光盘提供的“第 8 章半鸟瞰高层公寓住宅区 \ 贴图 \ 背景树 -2.psd”文件，将其中的背景树拖放到“建筑”图层下方，并将其命名为“背景树 2”，位置及大小如图 8-92 所示。
3. 下面开始为画面添加配景花。打开本书配套光盘提供的“第 8 章半鸟瞰高层公寓住宅区 \ 贴图 \ 花 .psd”文件，将其拖放到“地面 1”图层的上方，并将其图层命名为“花”，各配景位置及大小如图 8-93 所示。
4. 下面为画面添加配景植物，首先从较矮的灌木类植物开始。打开本书配套光盘提供的“第 8 章半鸟瞰高层公寓住宅区 \ 贴图 \ 灌木 .psd”文件，将其中的树拖放到“花”图层上方，将图层命名为“灌木”，位置及大小如图 8-94 所示。

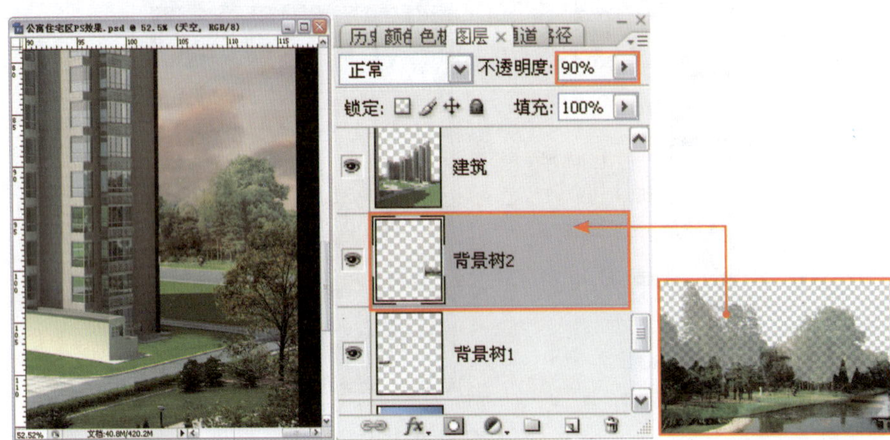

图 8-92

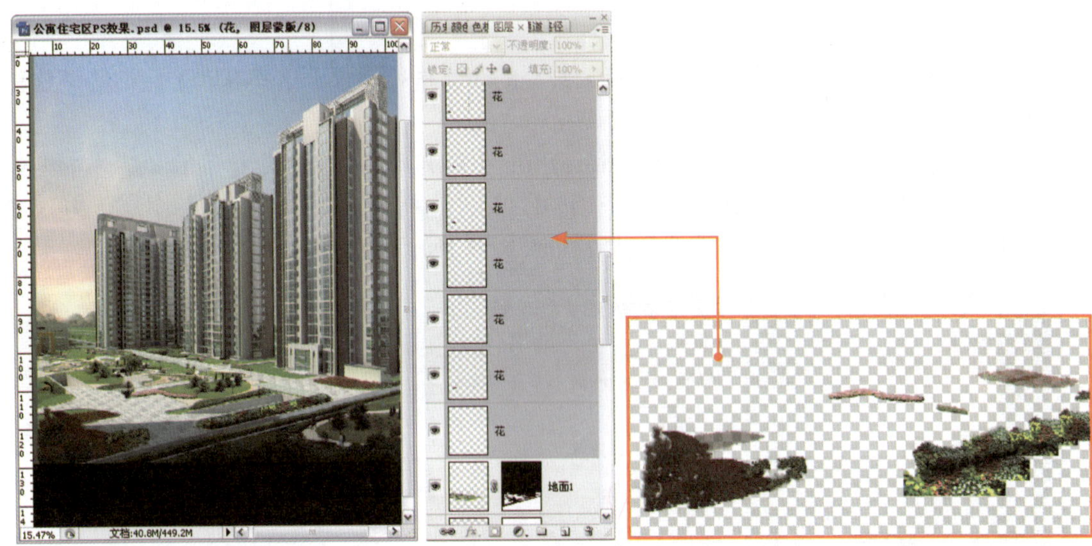

图 8-93

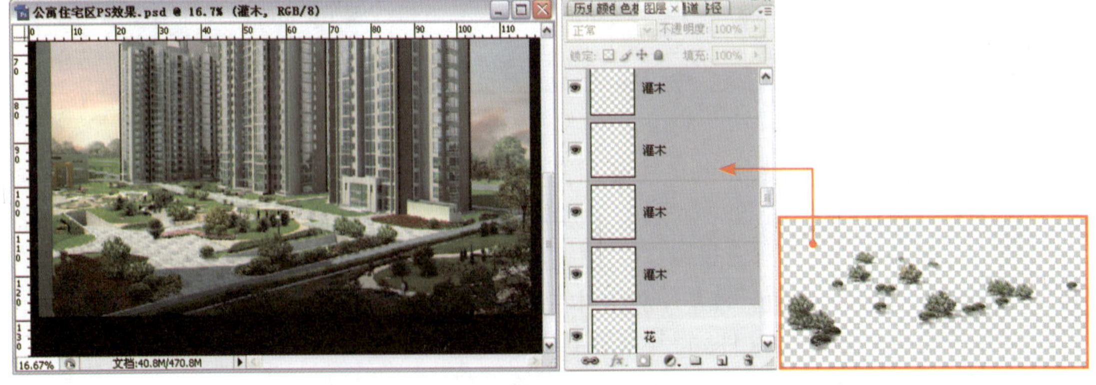

图 8-94

5　下面开始为画面添加相对比较高的配景树。打开本书配套光盘提供的“第 8 章半鸟瞰

高层公寓住宅区\贴图\配景树.psd”文件，将其中的树拖放到“灌木”图层的上方，并将图层命名为“树”，各配景位置及大小如图 8-95 所示。

图 8-95

⑥ 为了使画面更加生动且更具人气氛围，下面为画面添加人物。打开本书配套光盘提供的“第 8 章半鸟瞰高层公寓住宅区\贴图\人.psd”文件，将其中的人拖放到“树”图层的上方，并将图层命名为“人”，调整其位置及大小如图 8-96 所示。

图 8-96

小贴士

在将素材拖放到画面中的时候一定要注意各素材间的远近层次关系，如果层次关系弄错，画面就会给人不真实的感觉。

⑦ 因为画面的地面部分有些地方被替换了，这样原来应该有的建筑物阴影就没有了，下面就要用到最开始时分离出来的“阴影”图层了。在图层面板中按住 Ctrl 键，用鼠标左键单击“地面 2”图层，这样“地面 2”图层中的图像部分就会被全部选中，如图 8-97 所示。

⑧ 保持选区状态，在图层面板中选择“阴影”图层，单击图层面板最下方的◙（添加图层蒙版）按钮，然后将“阴影”图层的“填充”设置为 30%，如图 8-98 所示。

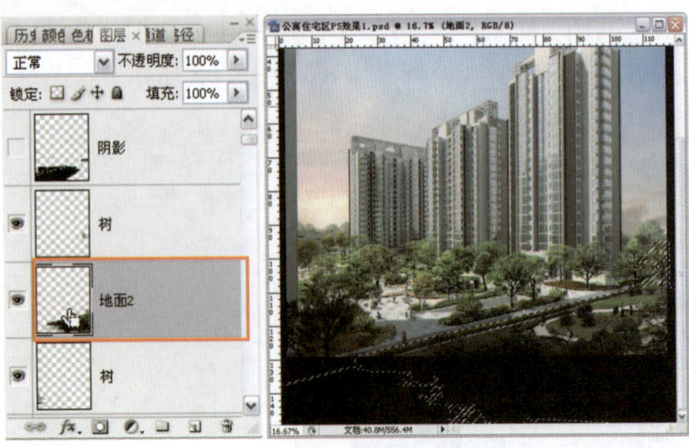
图 8-97

图 8-98

8.5.3 画面整体调整

① 画面整体感觉还是比较暗淡，下面在“黑边”图层下方新建一图层，并将图层命名为“提亮”，图层混合模式设置为“颜色减淡”，将图层的“填充”设置为60%。然后选择工具栏中的【画笔工具】，设置其颜色为一种淡黄色（R:255/G:244/B:151），控制画笔的不透明度及流量，在建筑物及地面部分轻轻涂抹以提亮场景，如图 8-99 所示。

图 8-99

② 选择最上面的“边框”图层，按Ctrl+Shift+Alt+E键（盖印可见图层），这样操作后，图层面板中会新建一个将所有可见图层合并在一起的新图层“图层1”，如图8-100所示。

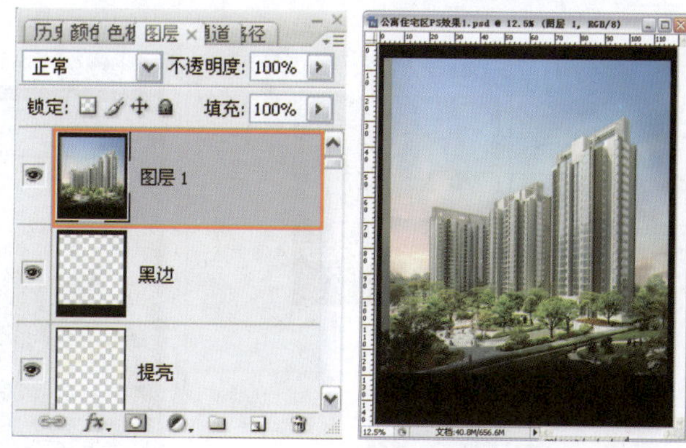

图 8-100

③ 选择新建的“图层1”图层，按Ctrl+J键将其复制出一个副本图层，然后选择菜单栏中的“滤镜”|“模糊”|“高斯模糊”命令，在弹出的“高斯模糊”对话框中设置参数如图8-101所示。

图 8-101

④ 将“图层1 副本”图层的混合模式更改为“柔光”，“不透明度”设置为40%，如图8-102所示。

图 8-102

3ds max/ VRay Super Realism

5 按Ctrl+Shift+Alt+E键（盖印可见图层），然后选择新建的“图层2”图层，选择菜单栏中的“滤镜”|“锐化”|“USM锐化”命令，在弹出的“USM锐化”对话框中设置参数如图8-103所示。

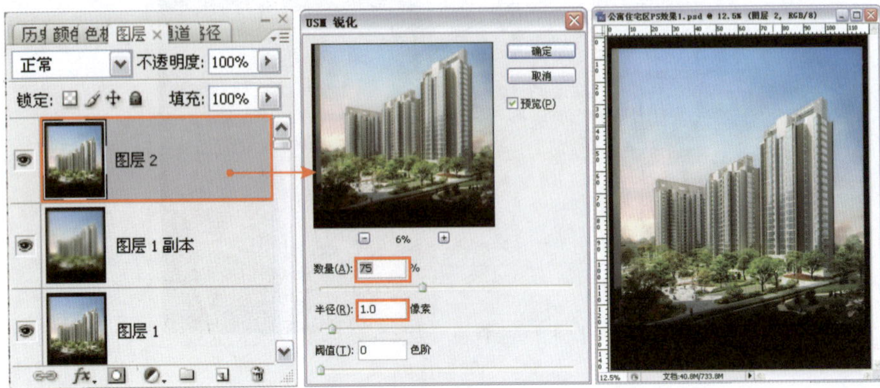

图 8-103

6 最后为图像添加一个“照片滤镜”，参数设置如图8-104所示，最终效果如图8-105所示。

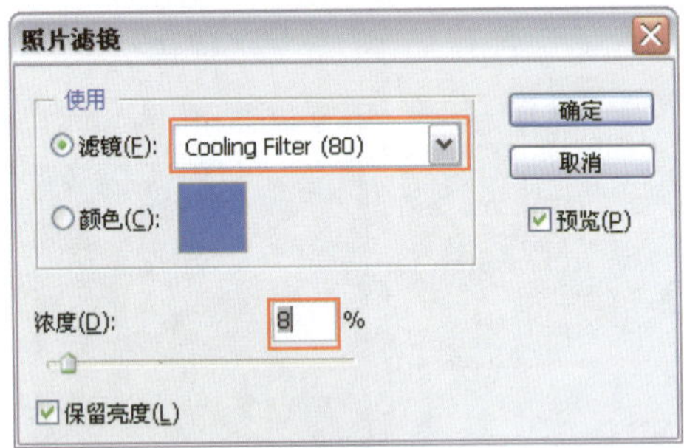

图 8-104

图 8-105

第 9 章 雪景小区表现

9.1 雪景小区空间简介

本章案例展示了一个雪景小区。单纯从效果图表现角度来看，在雪景、日景及雨景中，日景的表现效果是最明显也是最直接的；从观看者的角度来看，雪景及雨景有更多的情调。因此掌握这两种情况下的效果图渲染和后期处理技能，能够提高客户的满意度。相对于日景效果图而言，雪景及雨景效果图需要操作者在后期处理方面有更多的技巧。雪景小区空间案例效果如图 9-1 所示，其模型效果如图 9-2 所示。

图 9-1

图 9-2

9.2 雪景小区测试渲染设置

打开配套光盘中“第 9 章雪景小区 \ 雪景小区源文件 .max”场景文件，如图 9-3 所示，可以看到这是一个已经创建好模型的雪景小区场景，并且场景中的摄影机也已经创建好。

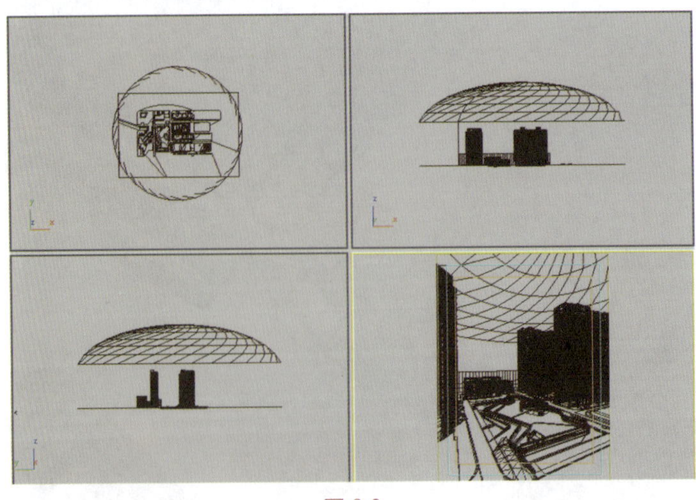

图 9-3

下面首先进行测试渲染参数设置，然后进行灯光设置。

9.2.1 设置测试渲染参数

测试渲染参数的设置步骤如下。

1. 按 F10 键打开“渲染场景”对话框，渲染器已经设置为 V-Ray Adv 1.5 RC3 渲染器，在 公用参数 卷展栏中设置较小的图像尺寸，如图 9-4 所示。
2. 进入“渲染器”选项卡，在 V-Ray:: Global switches （全局开关）卷展栏中设置参数如图 9-5 所示。

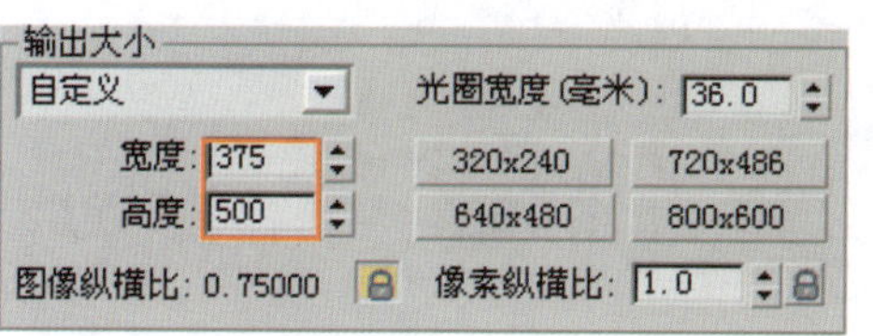

图 9-4

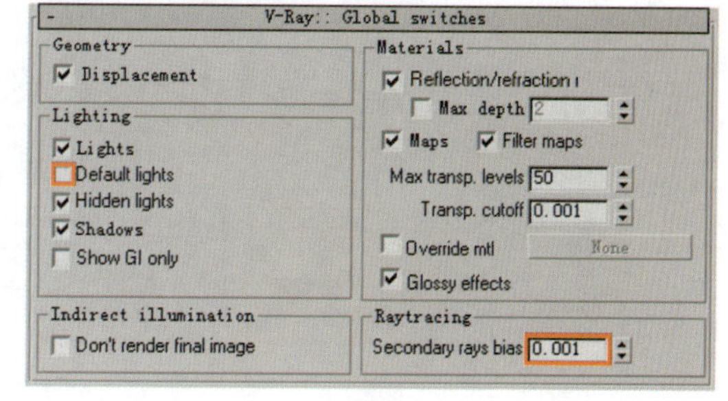

图 9-5

3. 进入 V-Ray:: Image sampler (Antialiasing) （抗锯齿采样）卷展栏，参数设置如图 9-6 所示。
4. 在 V-Ray:: Indirect illumination (GI) （间接照明）卷展栏中设置参数如图 9-7 所示。

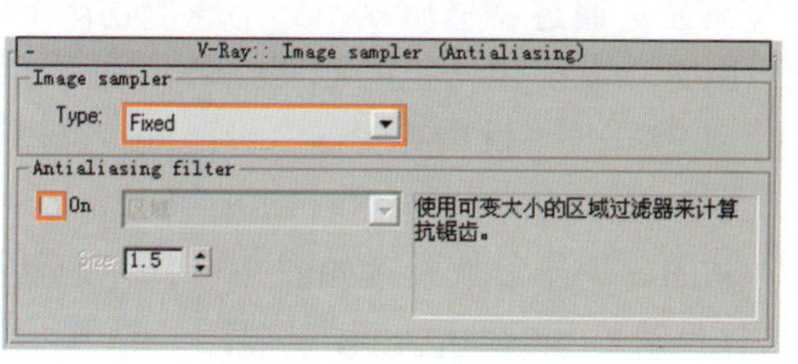

图 9-6

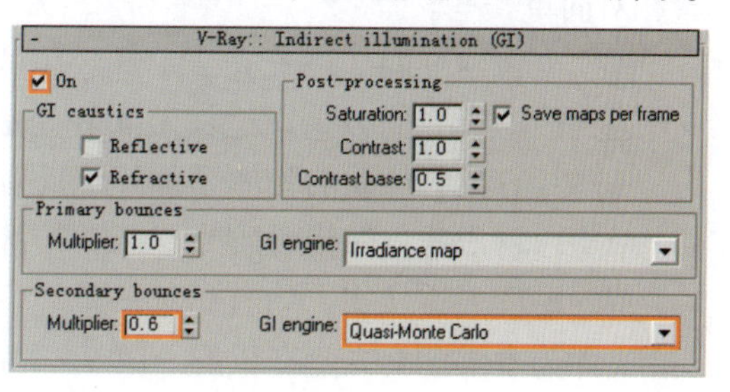

图 9-7

5. 在 V-Ray:: Irradiance map （发光贴图）卷展栏中设置参数如图 9-8 所示。
6. 在 V-Ray:: Quasi-Monte Carlo GI （准蒙特卡罗）卷展栏中设置参数如图 9-9 所示。

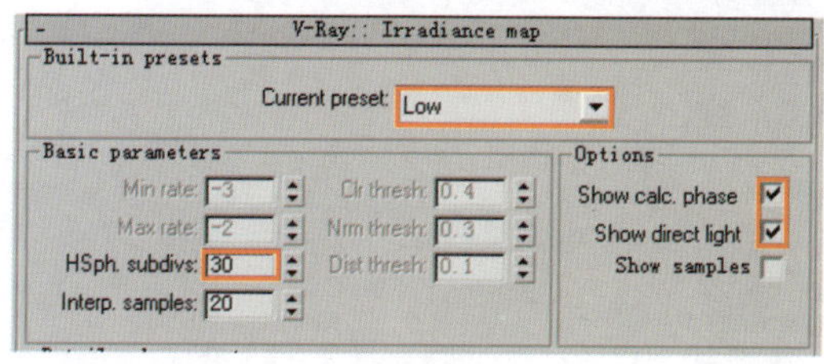

图 9-8

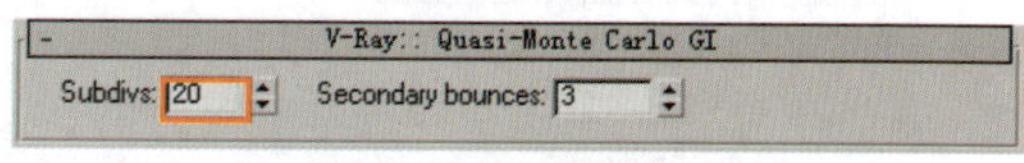

图 9-9

小贴士

预设测试渲染参数是根据自己的经验和电脑本身的硬件配制得到的一个相对低的渲染设置，读者在这里可以作为参考，也可以自己尝试一些其他的参数设置。

⑦ 按 8 键打开“环境和效果”对话框，在“环境”选项卡中单击环境贴图通道按钮，为其添加一个“渐变”程序贴图，并将其拖曳到材质编辑器进行编辑，具体步骤及参数设置如图 9-10 所示。

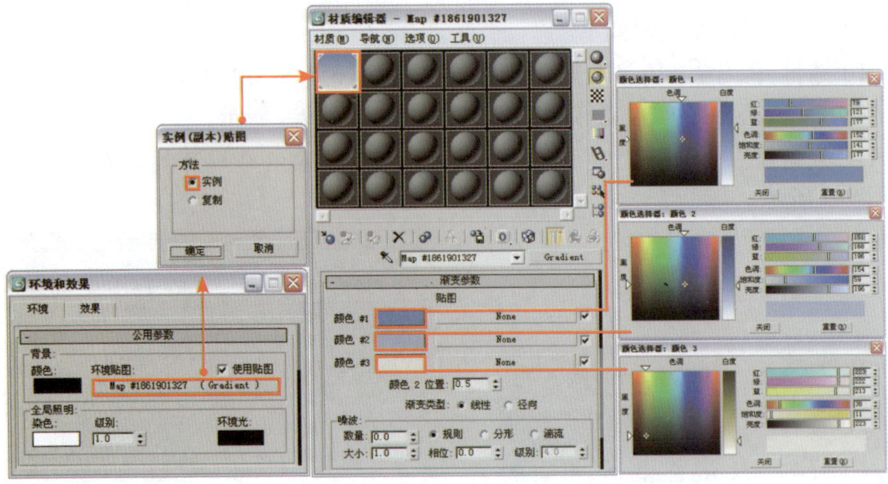

图 9-10

9.2.2 布置场景灯光

下面开始为场景布置灯光。由于场景是室外，而且渲染器又选择了 VRay，所以灯光布置会相对简单一些。

① 首先创建室外的环境天光。本场景中的环境天光是通过将材质赋予到半球形物体上以达到模拟天光的效果，这样做的好处是既可以为场景提供一定的照明效果，还可以为那些具有反射材质的物体添加环境反射。按 M 键打开“材质编辑器”对话框，选择一个空白材质球，保持材质为“标准”材质，并将其命名为“天空”。单击“Diffuse”右侧的贴图通道按钮，为其添加一个“位图”贴图，具体参数设置如图 9-11 所示。贴图文件为本书配套光盘提供的“第 9 章雪景小区 \ 贴图 \sky.ggjpg.jpg”文件。

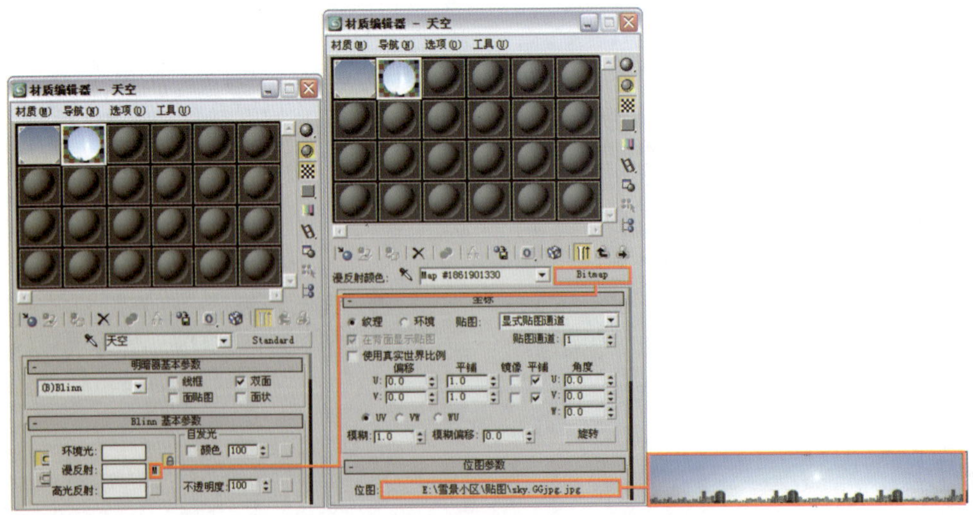

图 9-11

② 返回“标准”材质层级，进入 贴图 卷展栏，将“漫反射”上面的贴图分别拖曳到“自发光”和“反射”贴图通道上，进行非关联复制，具体步骤如图 9-12 所示。

③ 将设置好的材质指定给物体“天空”，并在视图中单击鼠标右键，从弹出的快捷菜单中选择“对象属性”选项，设置其参数如图 9-13 所示。

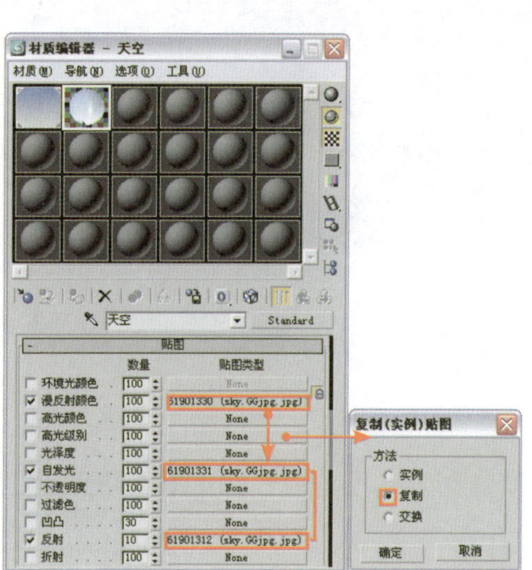

图 9-12

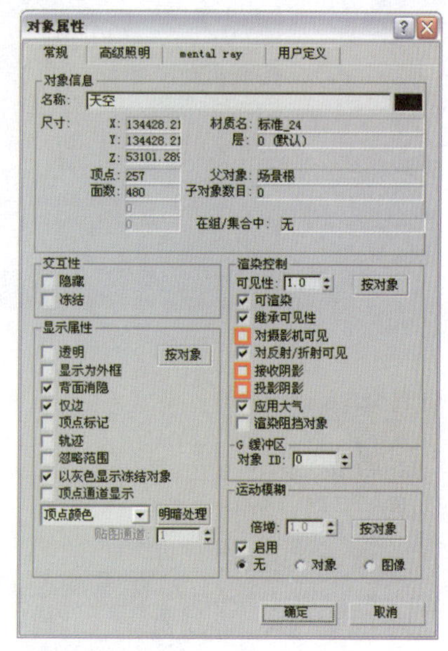

图 9-13

④ 对摄影机视图进行渲染，效果如图 9-14 所示。

图 9-14

⑤ 接下来创建日光。在此将会只布置一盏“目标平行光”来模拟日光。单击（创建）按钮进入创建命令面板。单击（灯光）按钮，在下拉菜单中选择“标准”选项，然后在 对象类型 卷展栏中单击 目标平行光 按钮，创建一盏目标平行光，位置如图 9-15 所示。参数设置如图 9-16 所示。

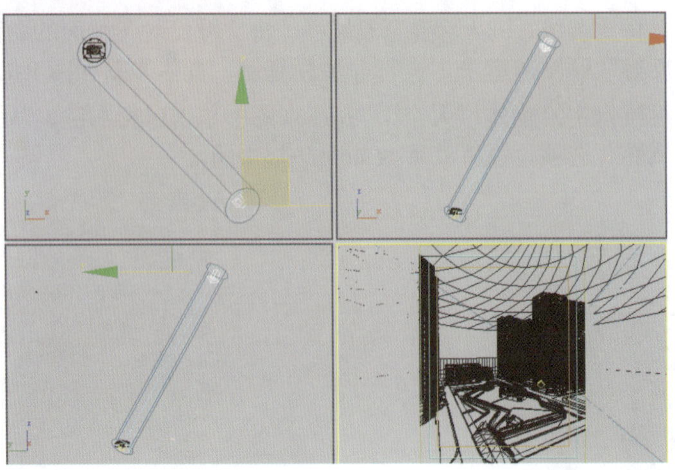

图 9-15

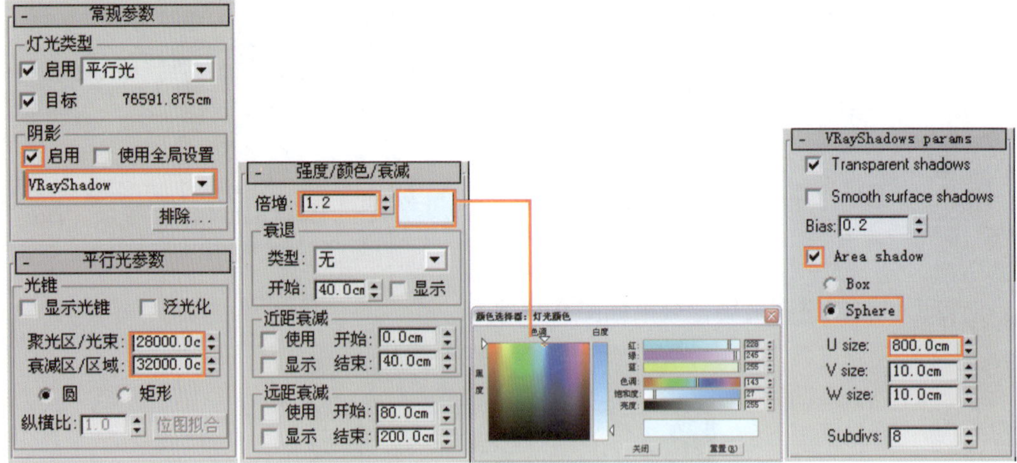

图 9-16

⑥ 对摄影机视图进行测试渲染，效果如图 9-17 所示。

图 9-17

⑦ 观察渲染效果，发现场景有曝光现象，下面通过修改曝光参数来对其进行修改。在“渲

染场景”对话框的“渲染器”选项卡中进入 V-Ray:: Color mapping（颜色映射）卷展栏，对其参数进行设置，如图 9-18 所示。再次渲染效果如图 9-19 所示。

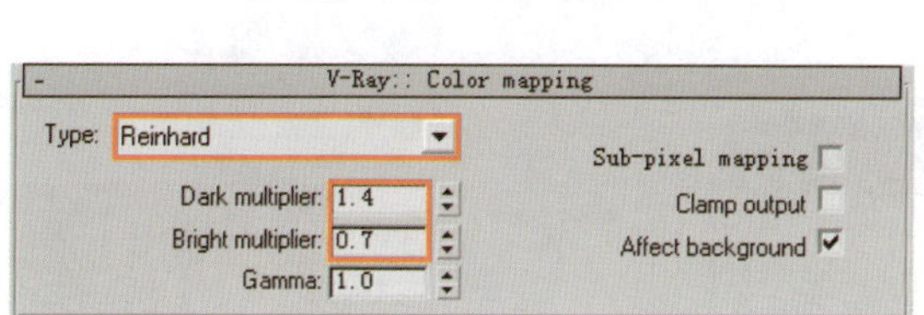

图 9-18

图 9-19

上面已经对场景的灯光进行了测试，最终测试效果比较满意。测试完灯光效果后，下面进行材质设置。

9.3 设置场景材质

灯光测试完成后，就可以为模型制作材质了。首先设置主体模型的材质，如墙体、地面、门窗等，然后依次设置单个模型的材质。

9.3.1 设置主体材质

① 设置楼体外墙石材材质。外墙石材材质分为远楼墙面材质和近楼墙面材质，首先设置远楼墙体材质。按 M 键打开“材质编辑器”对话框，选择一个空白材质球，单击其 Standard 按钮，在弹出的“材质 / 贴图浏览器”对话框中选择 VRayMtl 材质，并将材质命名为“墙面 01”，具体参数设置如图 9-20 所示。

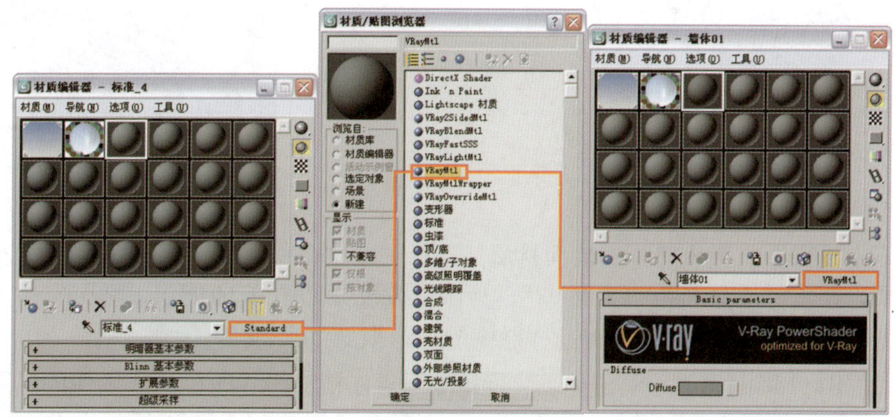

图 9-20

② 在 VRayMtl 材质层级单击“Diffuse”右侧的贴图通道按钮，为其添加一个“位图”贴图，具体参数设置如图 9-21 所示。贴图文件为本书配套光盘提供的“第 9 章雪景小区 \ 贴图 \ 砖 001.jpg”文件。

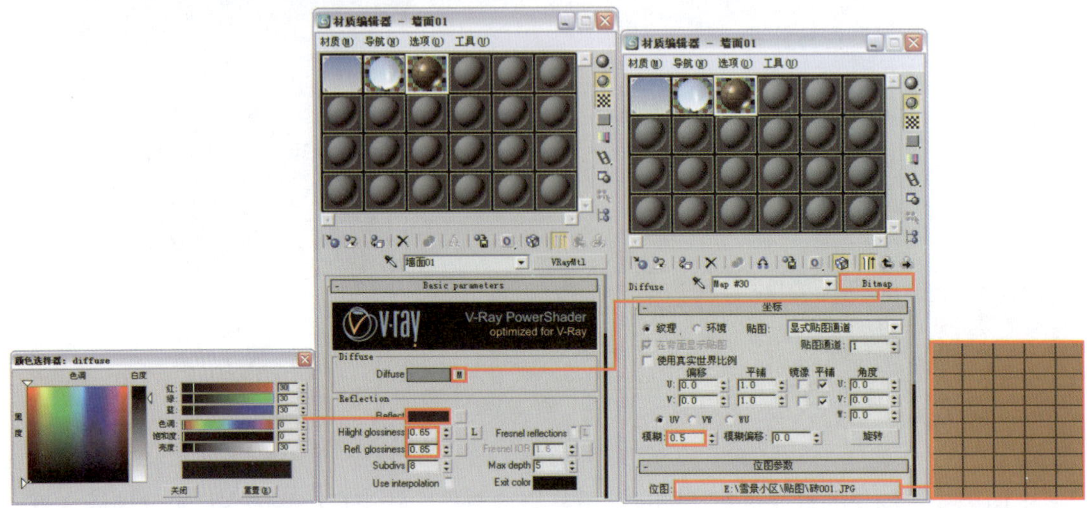

图 9-21

③ 返回 VRayMtl 材质层级，进入 Maps 卷展栏，将“Diffuse”右侧的贴图拖曳到“Bump”贴图通道上，进行非关联复制，具体参数设置如图 9-22 所示。

④ 将设置好的材质指定给物体“墙面 01”，对摄影机视图进行渲染，效果如图 9-23 所示。

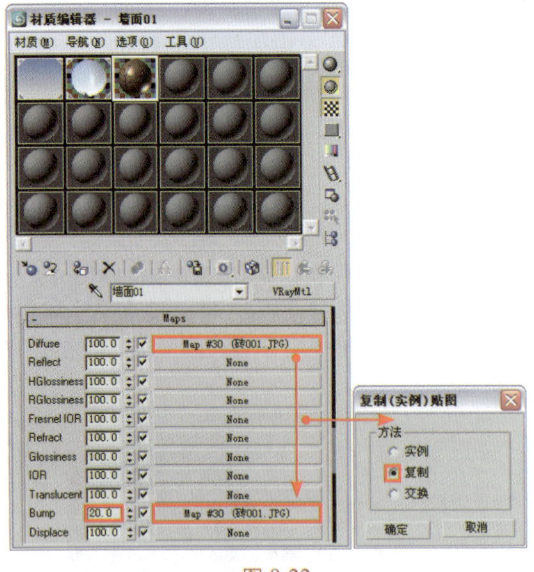

图 9-22

图 9-23

⑤ 接下来设置左侧楼体部分的墙面材质。选择一个空白材质球，将材质设置为 VRayMtl 材质，并将材质命名为“墙面 02”，具体参数设置如图 9-24 所示。贴图文件为本书配套光盘提供的“第 9 章雪景小区 \ 贴图 \x 砖 - 灰 2.jpg”文件。

⑥ 返回 VRayMtl 材质层级，进入 Maps 卷展栏，将“Diffuse”右侧的贴图拖曳到“Bump”贴图通道上，进行非关联复制，具体参数设置如图 9-25 所示。

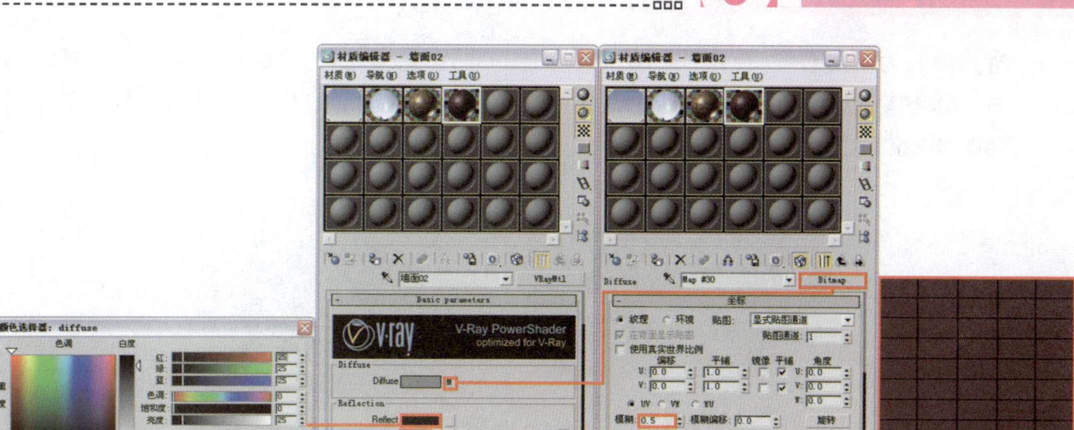

图 9-24

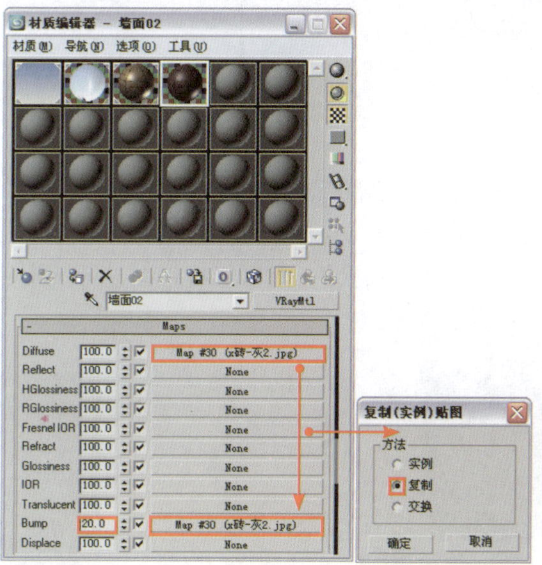

图 9-25

⑦ 将设置好的材质指定给物体“墙面 02”，对摄影机视图进行渲染，效果如图 9-26 所示。

图 9-26

⑧ 下面来设置场景中窗套的材质。选择一个空白材质球，保持材质为“标准”材质，并

将其命名为“窗套”。单击“Diffuse”右侧的贴图通道按钮，为其添加一个“位图”贴图，具体参数设置如图 9-27 所示。贴图文件为本书配套光盘提供的“第 9 章雪景小区\贴图\h-st-028.jpg”文件。

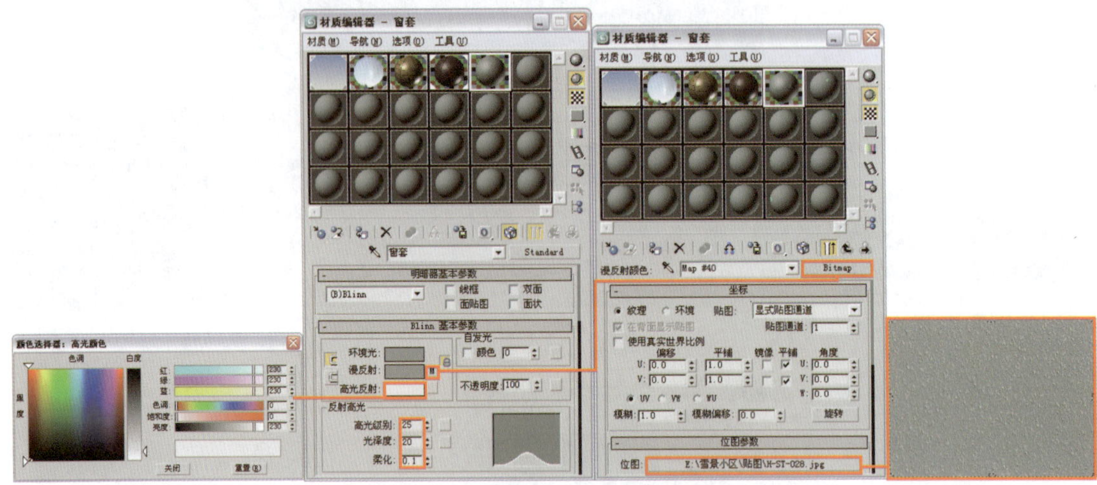

图 9-27

9 返回 VRayMtl 材质层级，进入 贴图 卷展栏，将“漫反射颜色”右侧的贴图拖曳到“凹凸”贴图通道上，进行非关联复制，具体参数设置如图 9-28 所示。

10 将设置好的材质指定给物体“窗套”，对摄影机视图进行渲染，效果如图 9-29 所示。

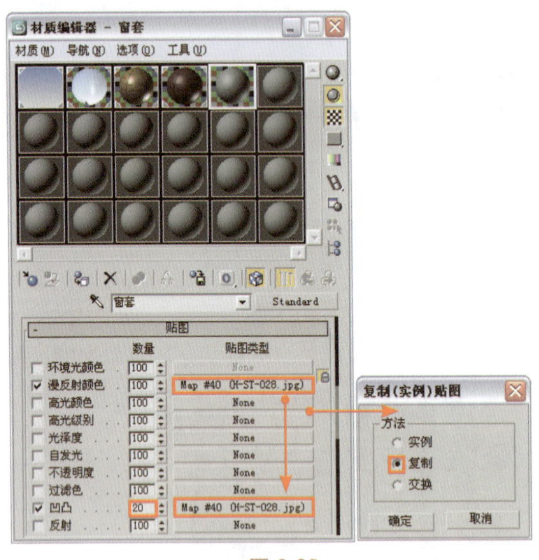

图 9-28

图 9-29

11 设置窗框材质。下面首先来设置灰色窗框材质。选择一个空白材质球，将其设置为  VRayMtl 材质，并将材质命名为“窗框 A”，具体参数设置如图 9-30 所示。将设置好的材质指定给物体“窗框 A”。

12 接着设置淡蓝色窗框材质。选择一个空白材质球，保持材质为“标准”材质，并将材质命名为“窗框 B”，具体参数设置如图 9-31 所示。将设置好的材质指定给物体“窗框 B”，对摄影机视图进行渲染，效果如图 9-32 所示。

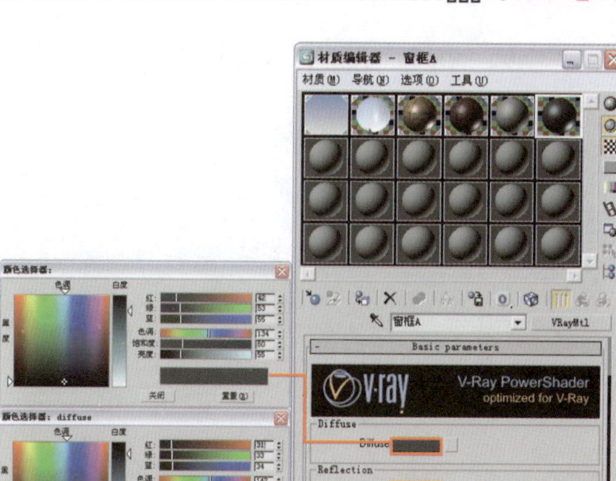

图 9-30

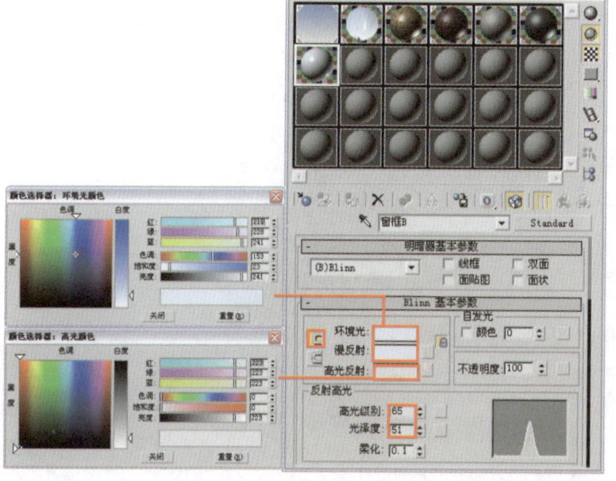

图 9-31

图 9-32

13 设置场景地面材质。首先来设置落雪草地材质。选择一个空白材质球，将材质设置为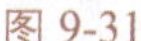材质，并将材质命名为“落雪草地”。单击“Diffuse”右侧的贴图通道按钮，为其添加一个“位图”贴图，具体参数设置如图 9-33 所示。贴图文件为本书配套光盘提供的“第 9 章雪景小区 \ 贴图 \ 草地 _01.jpg”文件。

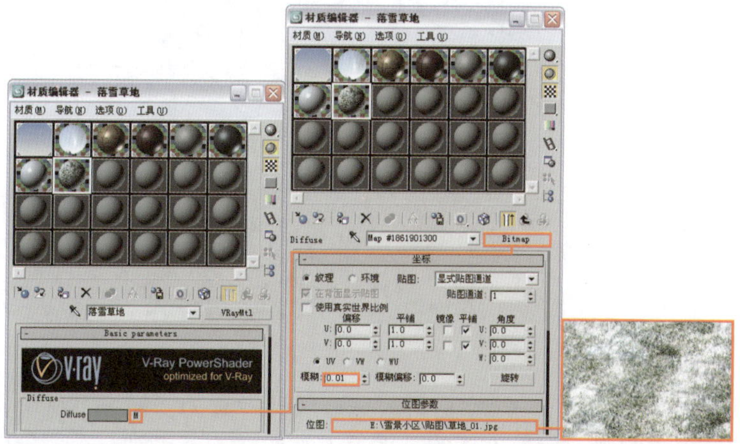

图 9-33

⑭ 将设置好的材质指定给物体“落雪草地”，对摄影机视图进行渲染，效果如图 9-34 所示。

图 9-34

⑮ 设置场景中的地砖材质。选择一个空白材质球，保持材质为“标准”材质，并将其命名为“地砖 01”。单击“漫反射”右侧的贴图通道按钮，为其添加一个“位图”贴图，具体参数设置如图 9-35 所示。贴图文件为本书配套光盘提供的“第 9 章雪景小区\贴图\pudi2.jpg”文件。

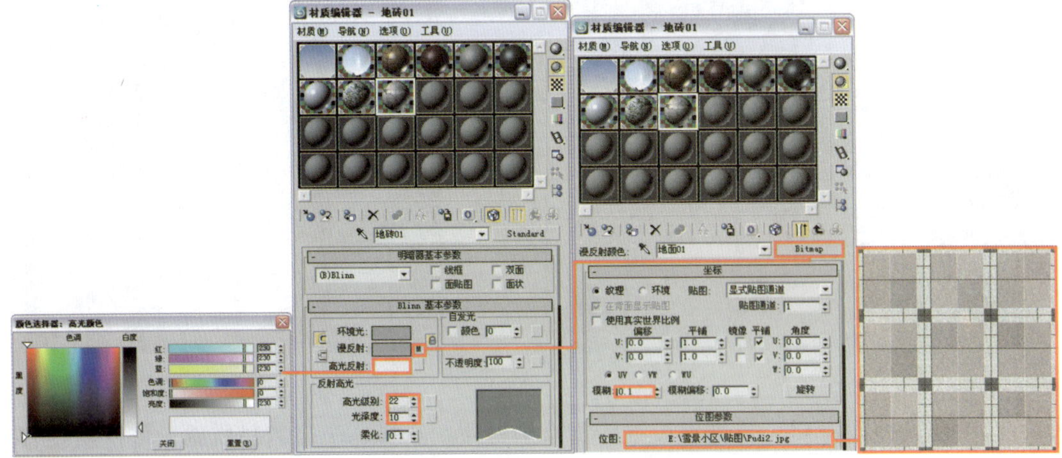

图 9-35

⑯ 将设置好的材质指定给物体“地砖 01”，对摄影机视图进行渲染，效果如图 9-36 所示。

图 9-36

⑰ 接着设置地砖材质。选择一个空白材质球，保持材质为“标准”材质，并将其命名为“地砖 02”。单击“漫反射”右侧的贴图通道按钮，为其添加一个“位图”贴图，具体

参数设置如图 9-37 所示。贴图文件为本书配套光盘提供的“第 9 章雪景小区 \ 贴图 \ romewall01222.jpg”文件。

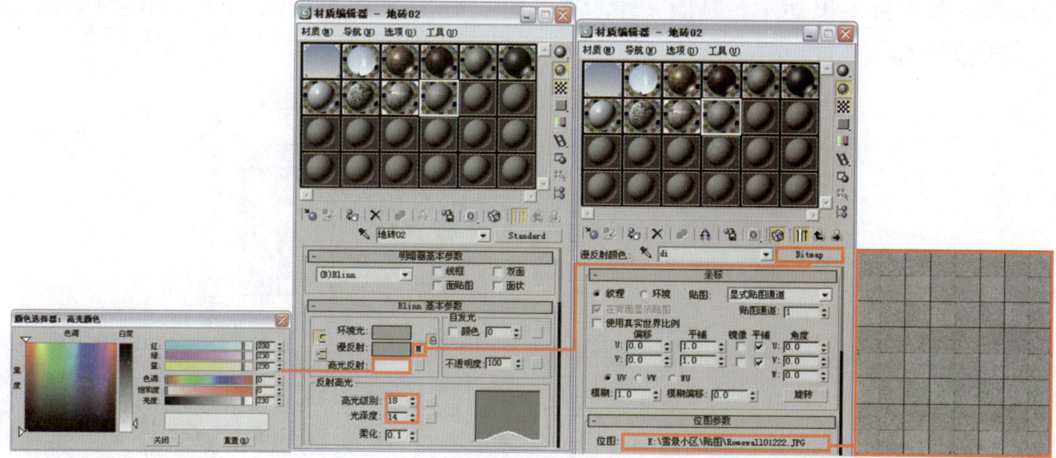

图 9-37

18 返回“标准”材质层级，进入 贴图 卷展栏，将“漫反射颜色”右侧的贴图拖曳到“凹凸”贴图通道上，进行非关联复制，具体参数设置如图 9-38 所示。

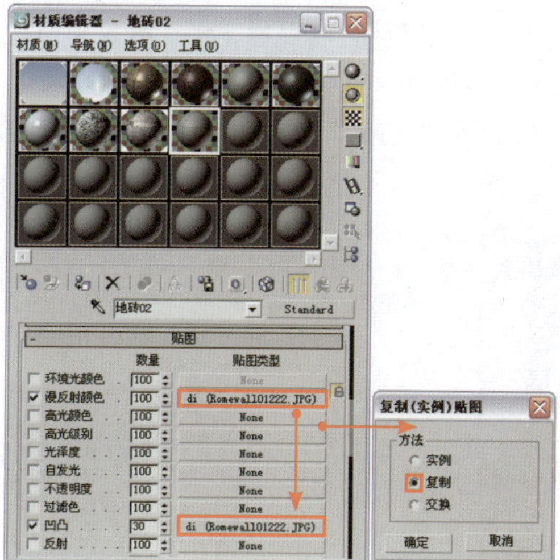

图 9-38

19 将设置好的材质指定给物体“地砖 02”，对摄影机视图进行渲染，效果如图 9-39 所示。

图 9-39

20 设置褐色地砖材质。选择一个空白材质球，保持材质为“标准”材质，并将其命名为“地砖 03”。单击“漫反射”右侧的贴图通道按钮，为其添加一个“位图”贴图，具体参数设置如图 9-40 所示。贴图文件为本书配套光盘提供的“第 9 章雪景小区 \ 贴图 \ 砖面 _40.jpg”文件。

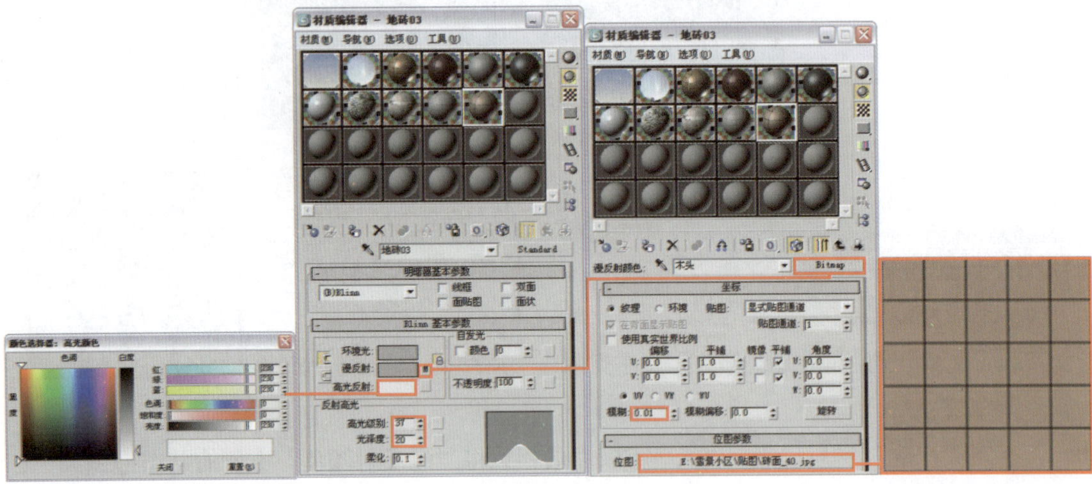

图 9-40

21 返回“标准”材质层级，进入 贴图 卷展栏，将“漫反射颜色”右侧的贴图拖曳到“凹凸”贴图通道上，进行非关联复制，具体参数设置如图 9-41 所示。

22 将设置好的材质指定给物体“地砖 03”，对摄影机视图进行渲染，效果如图 9-42 所示。

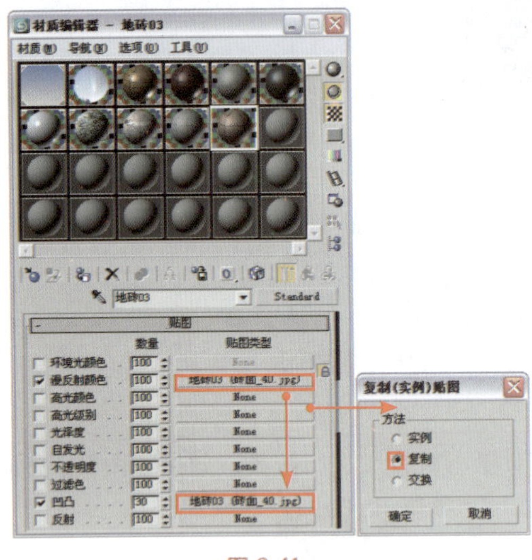

图 9-41

图 9-42

9.3.2 设置场景其他材质

1 首先设置场景中窗玻璃材质。选择一个空白材质球，将材质设置为 VRayMtl 材质，并将材质命名为“玻璃 A1”，具体参数设置如图 9-43 所示。

2 返回“标准”材质层级，进入 贴图 卷展栏，单击“反射”右侧的贴图通道按钮，为其添加一个“VRayMap”程序贴图，具体参数设置如图 9-44 所示。

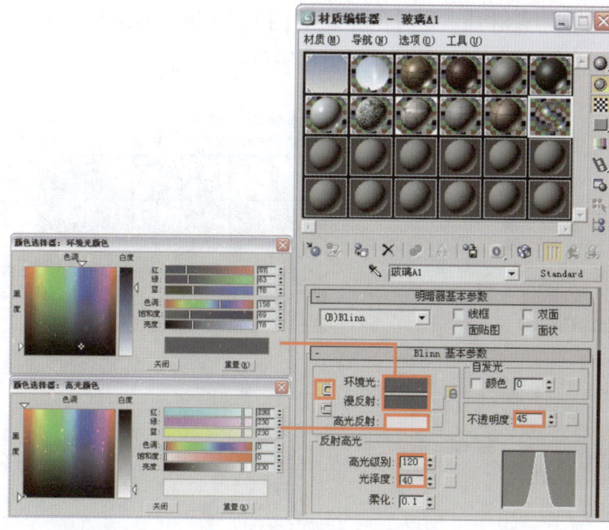

图 9-43

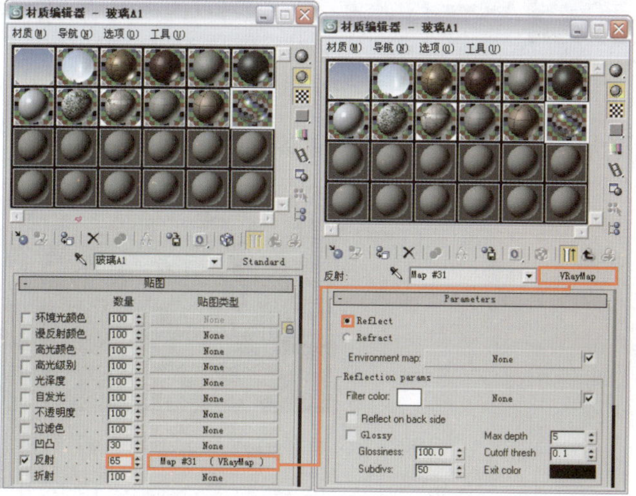

图 9-44

③ 将设置好的材质指定给物体“玻璃 A1”，对摄影机视图进行渲染，窗玻璃局部效果如图 9-45 所示。

图 9-45

4 接着设置近楼体的玻璃材质。选择一个空白材质球，保持材质为“标准”材质，并将其命名为“玻璃 B1”，具体参数设置如图 9-46 所示。

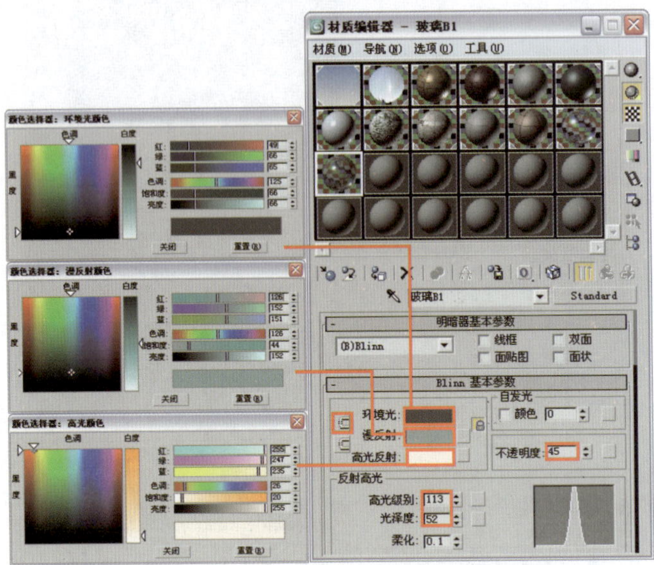

图 9-46

5 进入扩展参数卷展栏，调整过滤色，具体参数设置如图 9-47 所示。

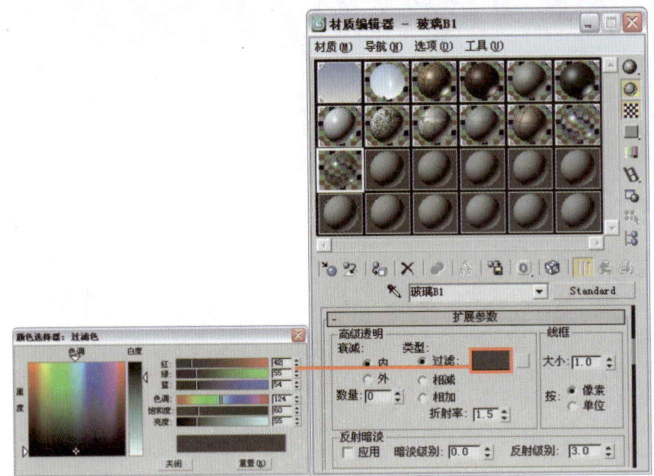

图 9-47

6 进入贴图卷展栏，单击“反射”右侧的贴图通道按钮，为其添加一个“VRayMap”程序贴图，具体参数设置如图 9-48 所示。

7 将设置好的材质指定给物体“玻璃 B1”，对摄影机视图进行渲染，近楼体窗玻璃的局部效果如图 9-49 所示。

8 设置米黄色石材材质。选择一个空白材质球，保持材质为“标准”材质，并将其命名为“米黄色石材”。单击“漫反射”右侧的贴图通道按钮，为其添加一个“位图”贴图，具体参数设置如图 9-50 所示。贴图文件为本书配套光盘提供的“第 9 章雪景小区 \ 贴图 \h-st-044.jpg”文件。

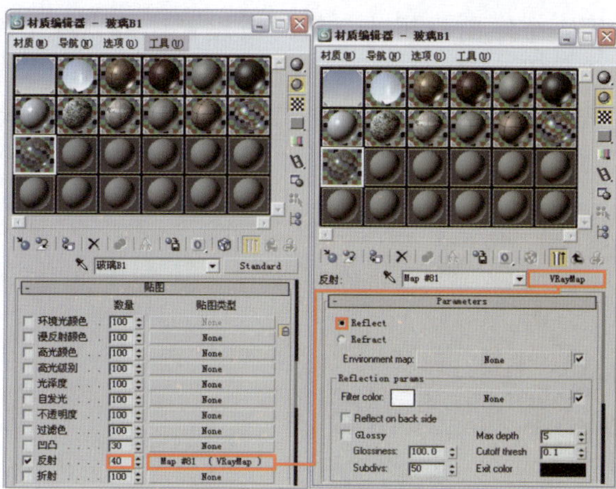

图 9-48

图 9-49

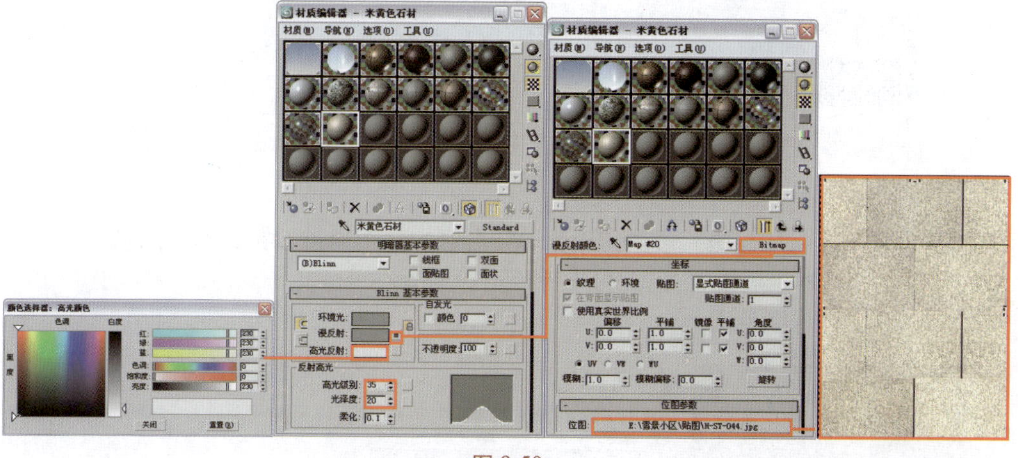

图 9-50

⑨ 返回“标准”材质层级，进入 贴图 卷展栏，将“漫反射”右侧的贴图拖曳到“凹凸”贴图通道上进行非关联复制，具体参数设置如图 9-51 所示。将设置好的材质指定给物体“米黄色石材”，对摄影机视图进行渲染，效果如图 9-52 所示。

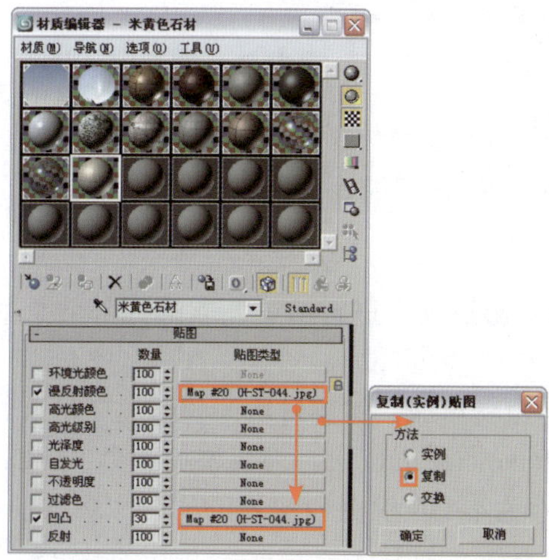

图 9-51

图 9-52

10 接下来设置人工湖－冰材质。选择一个空白材质球，将材质设置为 VRayMtl 材质，并将材质命名为“冰”。单击“Diffuse”右侧的贴图通道按钮，为其添加一个“位图”贴图，具体参数设置如图 9-53 所示。贴图文件为本书配套光盘提供的“第 9 章雪景小区 \ 贴图 \ 冰 1.jpg”文件。

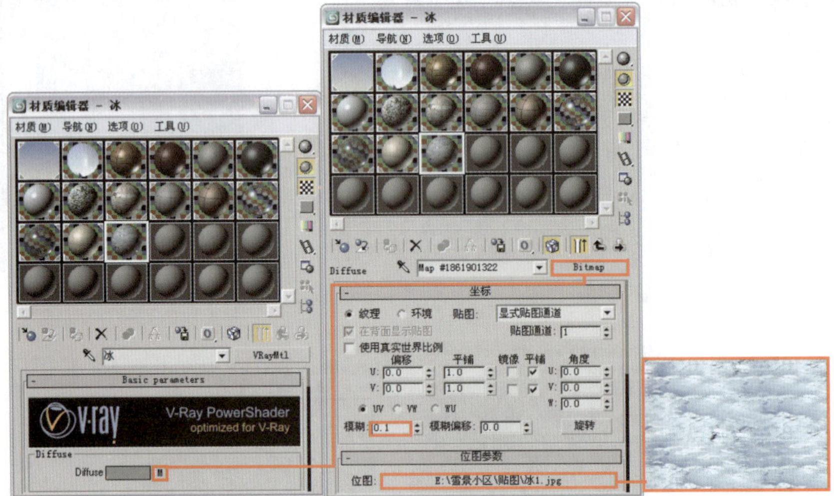

图 9-53

11 返回 VRayMtl 材质层级，单击“Reflect”右侧的贴图通道按钮，为其添加一个“衰减”程序贴图，具体参数设置如图 9-54 所示。

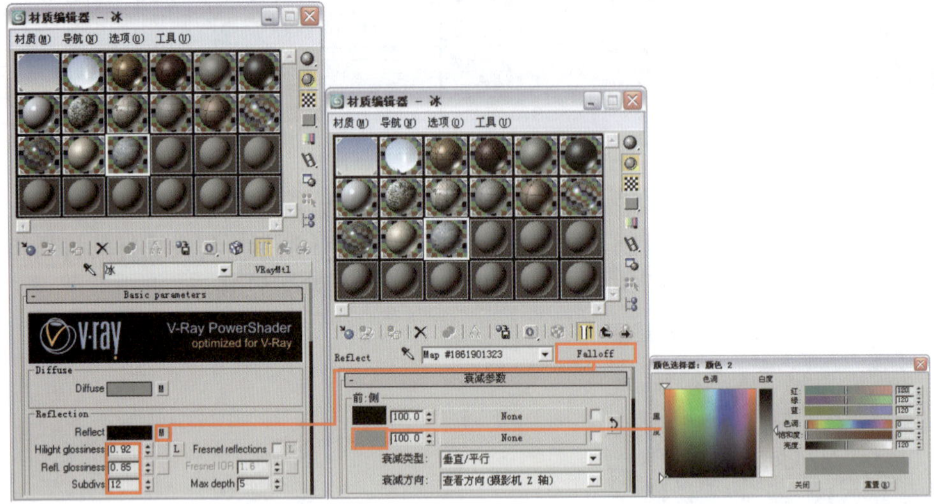

图 9-54

12 将设置好的材质指定给物体“冰”，对摄影机视图进行渲染，冰的局部效果如图 9-55 所示。

13 最后来设置小亭挡板材质。选择一个空白材质球，保持材质为“标准”材质，并将其命名为“挡板”。单击“漫反射”右侧的贴图通道按钮，为其添加一个“位图”贴图，具体参数设置如图 9-56 所示。贴图文件为本书配套光盘提供的“第 9 章雪景小区 \ 贴图 \sol- 棕红色 03.gif”文件。

图 9-55

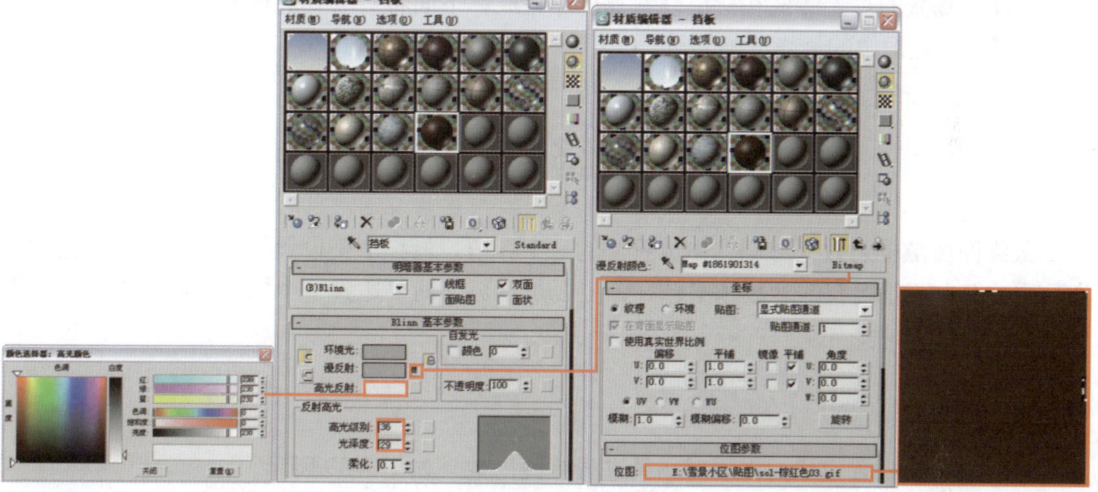

图 9-56

14 返回“标准”材质层级，进入 贴图 卷展栏，单击“反射”右侧的贴图通道按钮，为其添加一个“VRayMap”程序贴图，具体参数设置如图 9-57 所示。

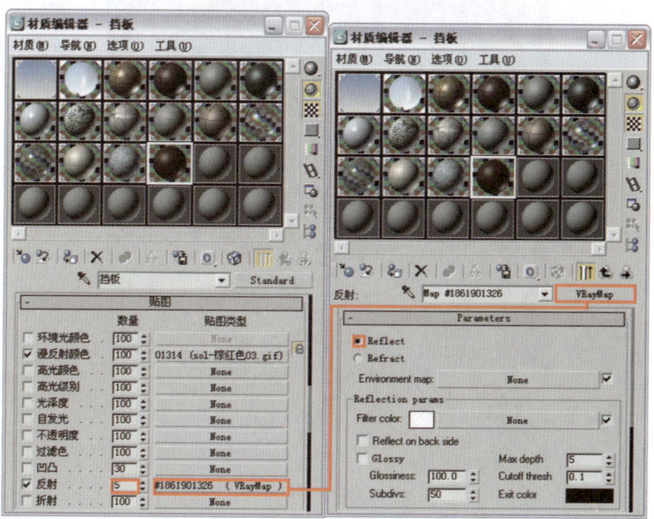

图 9-57

15 将设置好的材质指定给物体“挡板”，对摄影机视图进行渲染，挡板局部效果如图 9-58 所示。

图 9-58

至此，场景的灯光测试和材质设置都已经完成，下面将对场景进行最终渲染设置。最终渲染设置将决定图像的最终渲染品质。

9.4 最终渲染设置

最终图像渲染是效果图制作中最重要的一个环节，最终渲染设置将直接影响到图像的渲染品质，但也不是所有的参数越高越好，主要是参数之间要达到一个相互平衡。下面对最终渲染设置进行讲解。

9.4.1 最终测试灯光效果

场景中材质设置完毕后需要对场景进行渲染，效果如图 9-59 所示。

图 9-59

观察渲染效果，场景光线不需要再调整，接下来设置最终渲染参数。

9.4.2 灯光细分参数设置

提高灯光细分值可以有效地减少场景中的杂点，但渲染速度也会相对降低，所以只需要提高一些开启阴影设置的主要灯光的细分值，但不能设置的过高。下面对场景中的主要灯光进行细分设置。

将模拟太阳光的目标平行光 Direct01 的灯光细分值设置为 24，如图 9-60 所示。

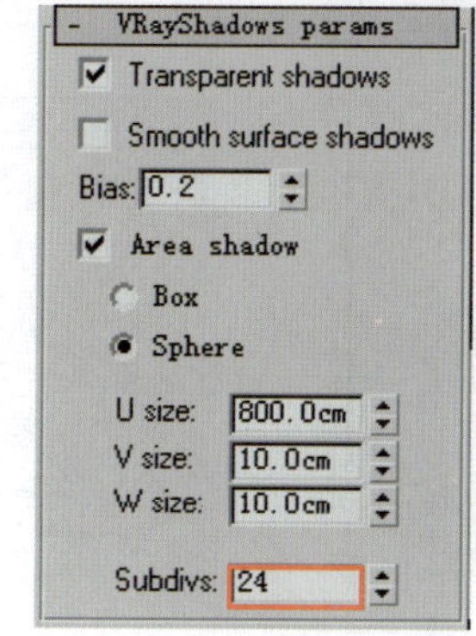

图 9-60

9.4.3 设置保存发光贴图和灯光贴图的渲染参数

① 进入 V-Ray:: Irradiance map（发光贴图）卷展栏，设置参数如图 9-61 所示。

② 进入 V-Ray:: Quasi-Monte Carlo GI（准蒙特卡罗—全局光照）卷展栏，设置参数如图 9-62 所示。

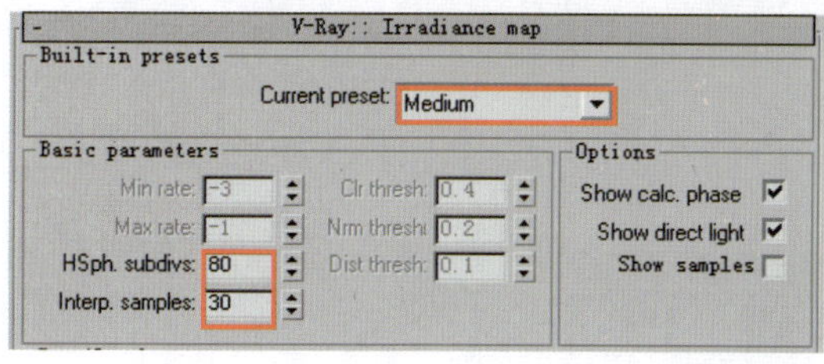

图 9-61

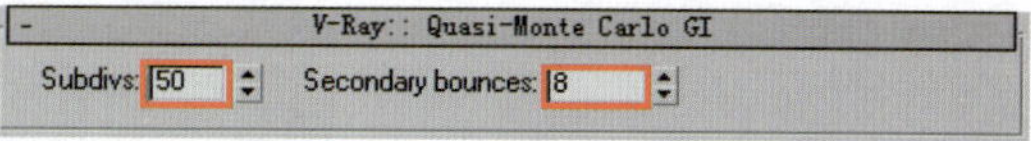

图 9-62

③ 在 V-Ray:: rQMC Sampler（准蒙特卡罗采样器）卷展栏中设置参数如图 9-63 所示，这是模糊采样设置。

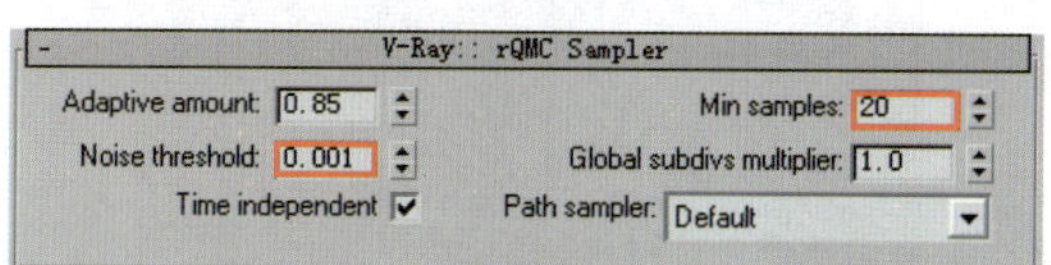

图 9-63

渲染级别设置完毕，最后设置保存发光贴图的参数并进行渲染即可。

9.4.4 最终成品渲染

最终成品渲染的参数设置如下。

① 当发光贴图和灯光贴图计算完毕后，在“渲染场景”对话框中的“公用”选项卡中设置最终渲染图像的输出尺寸，如图 9-64 所示。

② 在 V-Ray:: Global switches （全局开关）卷展栏中取消“Don't render final image”复选框的勾选，如图 9-65 所示。

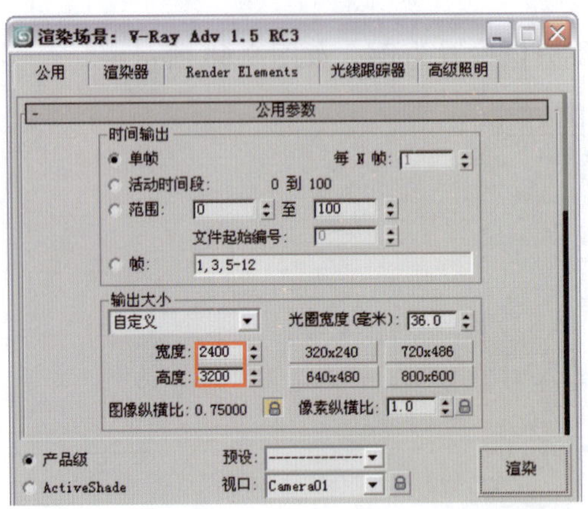

图 9-64

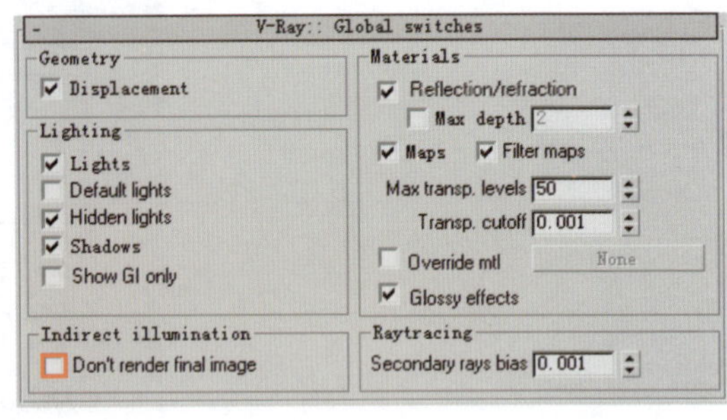

图 9-65

③ 在 V-Ray:: Image sampler (Antialiasing) （抗锯齿采样）卷展栏中设置抗锯齿和过滤器，如图 9-66 所示。

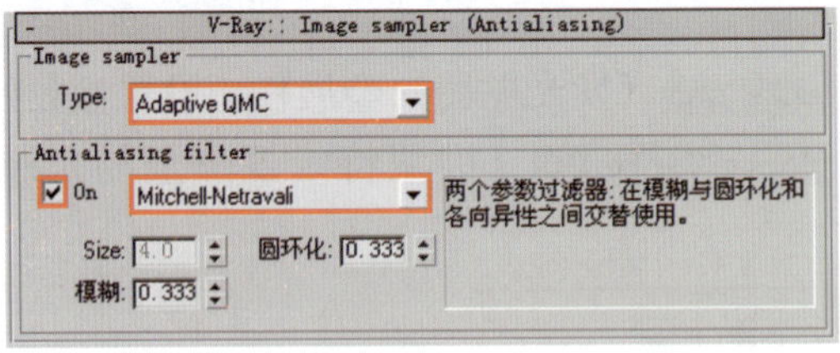

图 9-66

④ 最终渲染完成的效果如图 9-67 所示。

图 9-67

小贴士

TGA格式的输出文件在通道中会自动保存一个场景物体的通道图，这样可以帮助我们非常方便地进行文件背景的分离。

9.4.5 通道渲染

1 为了后期处理时能够快速方便地分离各个材质部分，接下来需要渲染一张能够区分各个材质的颜色通道图。具体制作方法是：选择材质编辑器中已经设置好的材质，将其设置为 VRayLightMtl 材质，并为其指定一个高饱和度的颜色，色相尽量和其他材质的颜色区别明显一些，如图9-68所示。

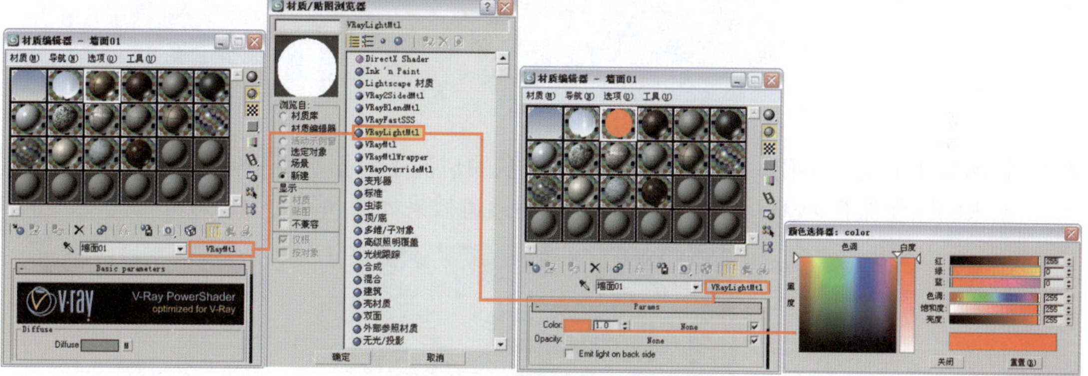

图 9-68

小贴士

在此我们使用 VRayLightMtl 材质制作通道，通道的颜色尽量使用红色、绿色、蓝色、青色、洋红色、黄色、黑色和白色，目的是在Photoshop后期调整中能更准确地选择各个要调整部分的选区。

2 将其余材质也设置为 VRayLightMtl 材质，设置不同的颜色即可，设置完成的材质编辑器如图9-69所示。

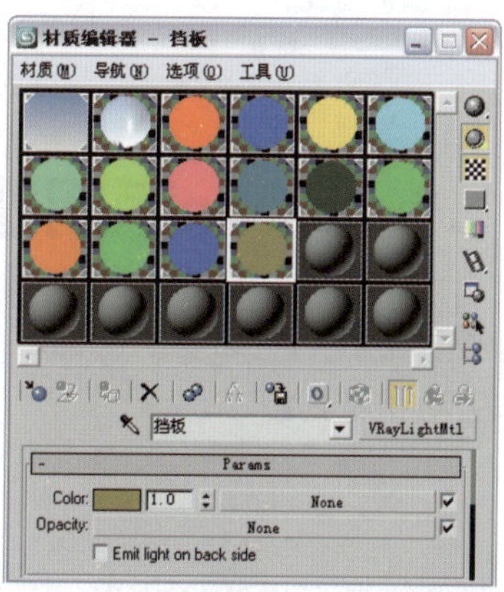

图 9-69

小贴士

因为物体"天空"对渲染通道没有任何作用，所以不用设置其材质，在此可以将它隐藏或删除。

3. 在 V-Ray:: Indirect illumination (GI) （间接照明）卷展栏中取消间接照明，取消"On"复选框的勾选，如图 9-70 所示。

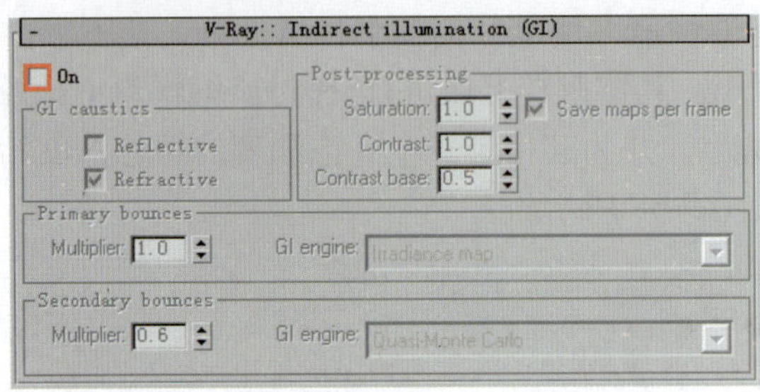

图 9-70

4. 将场景中的灯光关闭，在其他参数保持不变的情况下对摄影机视图进行渲染，将渲染出来的图像保存为 TGA 格式的文件，最后通道效果如图 9-71 所示。

图 9-71

9.5 Photoshop后期处理

下面在 Photoshop 中对图像整体进行一些必要的修饰，最后还要对图像亮度、对比度以及饱和度进行调整，使效果更加生动和逼真。

9.5.1 初步处理画面

1. 在 Photoshop CS3 中打开渲染图及通道图（在 Photoshop 中可以同时打开多个文件），

如图 9-72 所示。

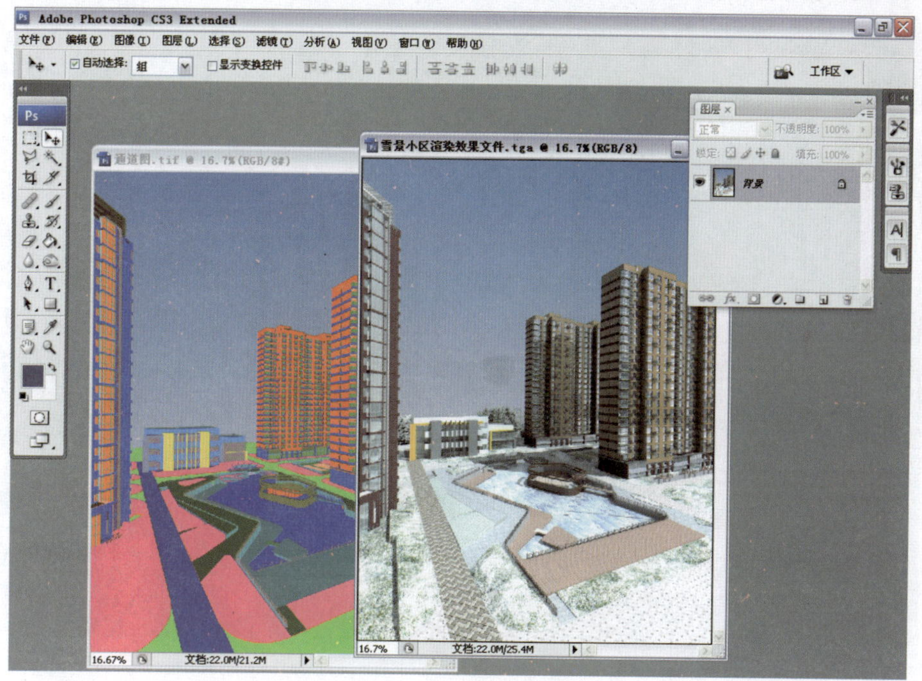

图 9-72

② 先是将建筑与背景分离。选择渲染效果文件，按 M 键或者选择【框选工具】，在屏幕上单击鼠标右键，从弹出的快捷菜单中选择“载入选区”命令，在弹出的“载入选区”对话框中单击“确定”按钮后，如图 9-73 所示。

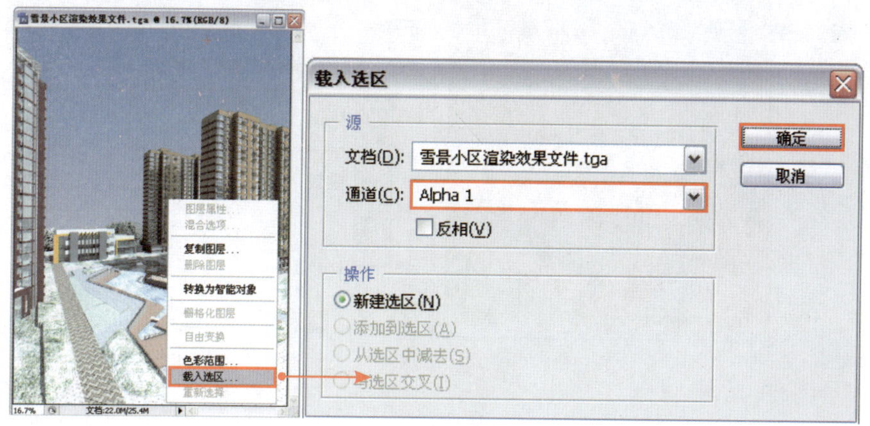

图 9-73

③ 如上操作后，会看到图像中的建筑部分被单独选择出来了，按 Ctrl+J 键（通过拷贝的图层）将选区内容复制到一个新图层中，并将新图层命名为“建筑”，对通道文件执行同样的操作，使其通道部分与背景分离，如图 9-74 所示。

④ 在工具面板上单击 ▶✥（移动工具）按钮，在通道图中的图像上按住鼠标左键，将通道图的图像拖放到渲染图的图像文件中，拖放时按住 Shift 键可以使图像自动对齐，将图层命名为“通道”，如图 9-75 所示。

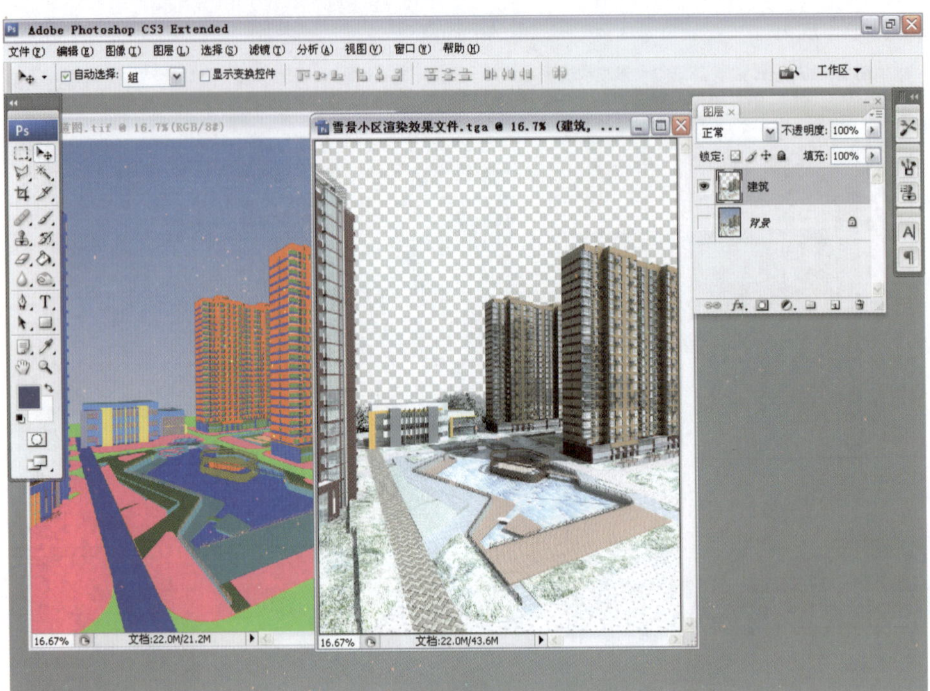

图 9-74

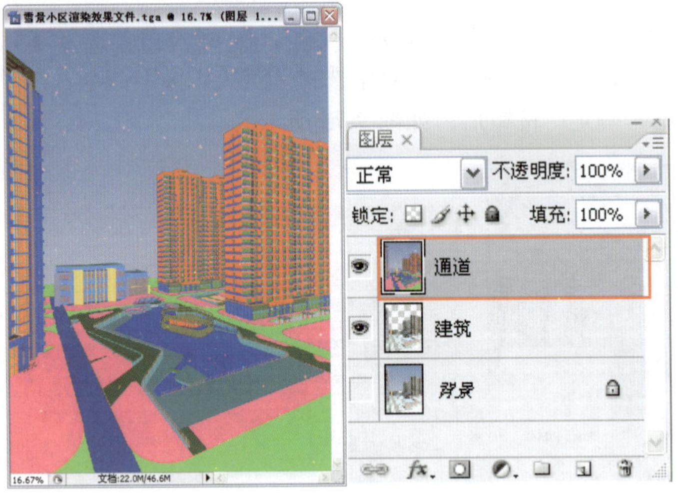

图 9-75

小贴士

接下来的操作都会在渲染效果文件中进行，通道文件在执行完上述操作后就可以关闭了。

5 下面为图像整体确定一个大的基调，首先为图像添加背景天空。打开本书配套光盘提供的“第 9 章雪景小区 \ 贴图 \ 天空 1.jpg”文件，将其拖放到“建筑”图层下方，并将其图层命名为“天空 1”，注意在图像中调整其位置，如图 9-76 所示。

图 9-76

⑥ 接着为图像添加背景天空。打开本书配套光盘提供的“第9章雪景小区\贴图\天空2.jpg”文件，将其拖放到“建筑”图层下方，“天空1”的上方，并将其图层命名为“天空2”，注意在图像中调整其位置，如图9-77所示。

图 9-77

⑦ 从图9-77可以看到“天空2”图像将“天空1”覆盖了，下面利用蒙版来对其进行调整。选择“天空2”图层为当前图层，单击图层面板下方的 (添加图层蒙版)按钮，为其添加一个图层蒙版，然后使用【渐变工具】在“渐变预设管理器”中选择“黑色、白色”渐变，选择“渐变类型”为“线性渐变”，在刚刚添加的图层蒙版上拖动，具体设置及效果如图9-78所示。

⑧ 下面在远景处添加一栋配景建筑。打开本书配套光盘提供的“第9章雪景小区\贴图\远景建筑.jpg”文件，将其拖放到当前处理文件的图层所示位置，并将其图层命名为“远景建筑”，调整合适的不透明度，其位置如图9-79所示。

⑨ 为了增加景深效果，使远处的配景与天空更好地衔接，单击“图层”面板下方的 (创建新的图层)按钮，新建一个图层，并将其命名为“雾”，选择合适的【画笔工具】，调整合适的笔触和不透明度，将前景色设置为白色，在当前图层上进行涂抹，效果如

图 9-80 所示。

图 9-78

图 9-79

图 9-80

⑩ 下面添加一些远景的树木。打开本书配套光盘提供的"第 9 章雪景小区\贴图\树木.psd"文件，将其拖放到当前处理文件的图层所示位置，并将其图层命名为"远景树"，调整其位置如图 9-81 所示。

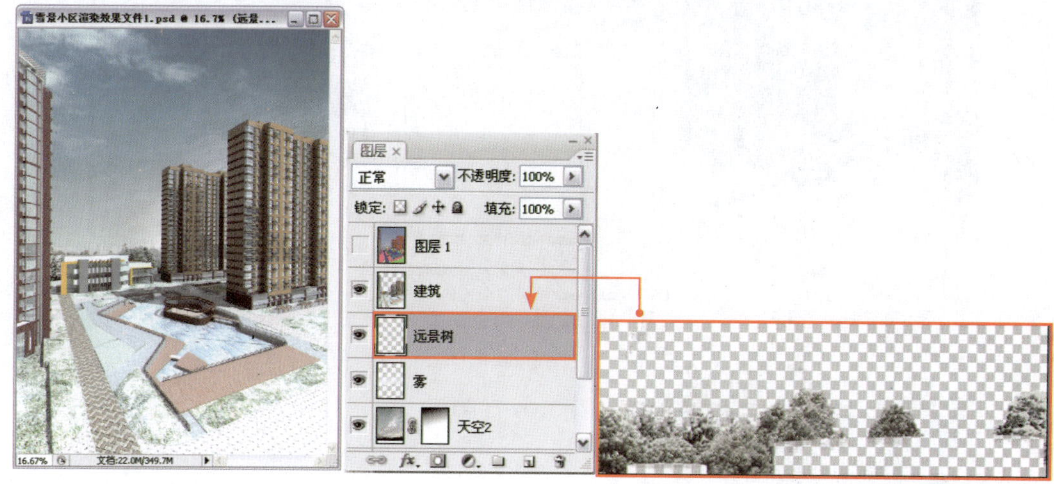

图 9-81

⑪ 通过观察可以发现建筑整体过暗，且对比不够强烈，受光面和背光面的反差太小。单击"图层"面板下方的 （创建新的填充或调整图层）按钮，在下拉菜单中选择"亮度 / 对比度"选项，将其拖放到当前处理文件的图层所示位置，具体参数设置如图 9-82 所示。

图 9-82

⑫ 仔细观察最终的渲染文件，发现建筑的玻璃对比度稍显弱，首先来调整小平屋的窗玻璃。可以通过通道选出小平屋玻璃选区，复制玻璃为单独的图层，使用 Ctrl+M 快捷键打开"曲线"面板，使用"典线"命令来增强玻璃的质感，如图 9-83 所示。

⑬ 接着调整玻璃质感。利用通道选出近楼体窗玻璃选区，复制玻璃为单独的图层，将其命名为"近楼体玻璃"。单击图层面板下方的 （创建新的填充或调整图层）按钮，在下拉菜单中选择"色相 / 饱和度"命令，创建一个调整图层，具体参数设置如图 9-84 所示。选择"图层" | "释放剪贴蒙版"菜单命令，使调整图层只对它下面的图层进行调整。

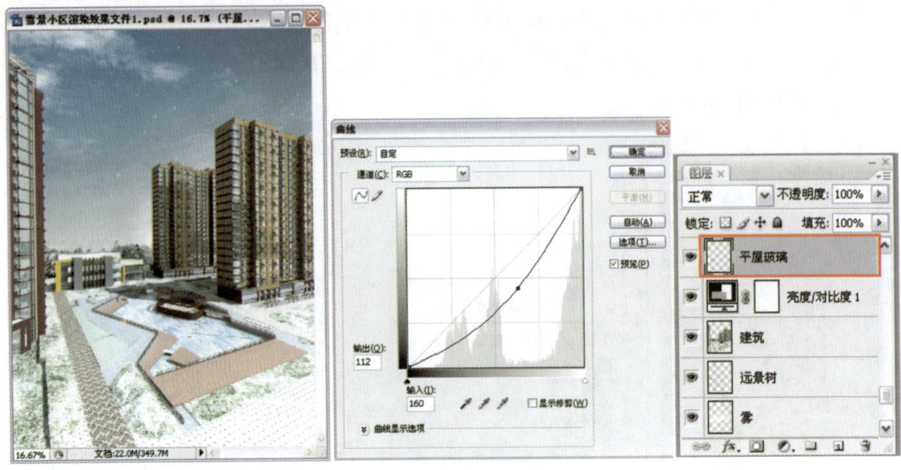

图 9-83

图 9-84

14 单击图层面板下方的 （创建新的填充或调整图层）按钮，在下拉菜单中选择“亮度 / 对比度”命令，将其拖放到当前处理文件的图层所示位置。选择“图层”|“释放剪贴蒙版”菜单命令，具体参数设置如图 9-85 所示。

图 9-85

15 接下来调整远楼体玻璃材质。利用通道选出远楼体窗玻璃选区，复制玻璃为单独的图层，将其命名为“远楼体玻璃”。单击图层面板下方的②（创建新的填充或调整图层）按钮，在下拉菜单中选择“曲线”命令，创建一个调整图层，具体参数设置如图 9-86 所示。选择“图层”|“释放剪贴蒙版”菜单命令，使调整图层只对它下面的图层进行调整。

图 9-86

9.5.2 添加配景

1 首先来添加雪地配景。单击“图层”面板下方的（创建新组）按钮，创建一个图层组，将其命名为“雪地”。打开本书配套光盘提供的“第 9 章雪景小区 \ 贴图 \ 冰 .jpg”文件，将其拖放到图层组“雪地”里面，并将图层命名为“冰”。利用通道选出路面选区，单击图层面板下方的（添加图层蒙版）按钮，为其添加一个图层蒙版，其位置如图 9-87 所示。

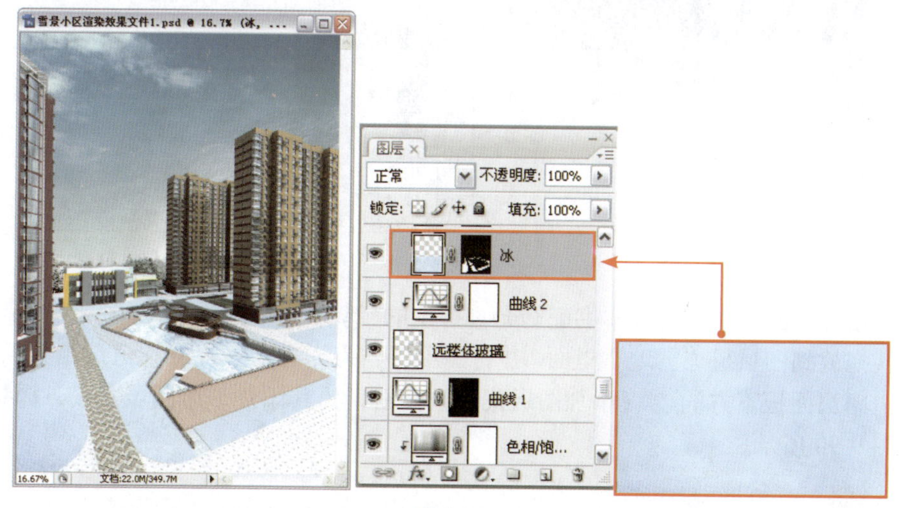

图 9-87

2 接下来设置冰面雪的效果。打开本书配套光盘提供的“第 9 章雪景小区 \ 贴图 \ 雪 1.psd”文件，将其拖放到图层组“雪地”里面，并将图层命名为“雪 1”。按住 Ctrl 键单击“冰”图层蒙版，调出路面选区，单击“图层”面板下方的（添加图层蒙版）按钮，为其添加一个图层蒙版，其位置如图 9-88 所示。

图 9-88

③ 打开本书配套光盘提供的“第 9 章雪景小区\贴图\雪 1.psd”文件，将其拖放到图层组“雪地”里面，并将图层命名为“雪 2”。利用通道选出另一条路面选区，单击图层面板下方的 （添加图层蒙版）按钮，为其添加一个图层蒙版，调整其位置如图 9-89 所示。

图 9-89

④ 接着设置雪的效果。打开本书配套光盘提供的“第 9 章雪景小区\贴图\雪 1.psd”文件，将其拖放到图层组“雪地”里面，并将图层命名为“雪 3”。利用通道选出人工湖选区，单击图层面板下方的 （添加图层蒙版）按钮，为其添加一个图层蒙版，调整其位置如图 9-90 所示。

小贴士

在制作雪的过程中，可以利用【图章工具】、【模糊工具】和【橡皮擦工具】等对其进行反复调整，以达到更好的效果。在利用以上工具时，要注意“不透明度”和“流量”等参数的设置。

图 9-90

⑤ 制作楼顶积雪效果。新建一个图层，将其命名为“楼顶积雪”。选择【画笔工具】，将前景色设置为纯白色，选择合适的笔触，在画面的楼顶位置进行绘制，如图 9-91 所示。

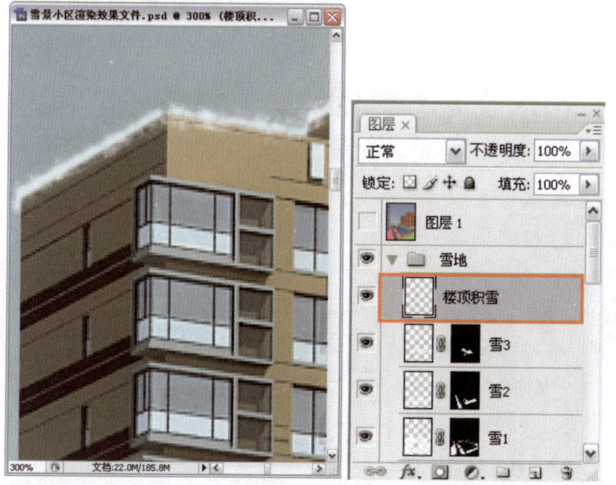

图 9-91

⑥ 接下来设置路边小沟的效果。打开本书配套光盘提供的“第 9 章雪景小区\贴图\小沟.psd”文件，将其拖放到图层组“雪地”里面，并将图层命名为“小沟”，其位置如图 9-92 所示。

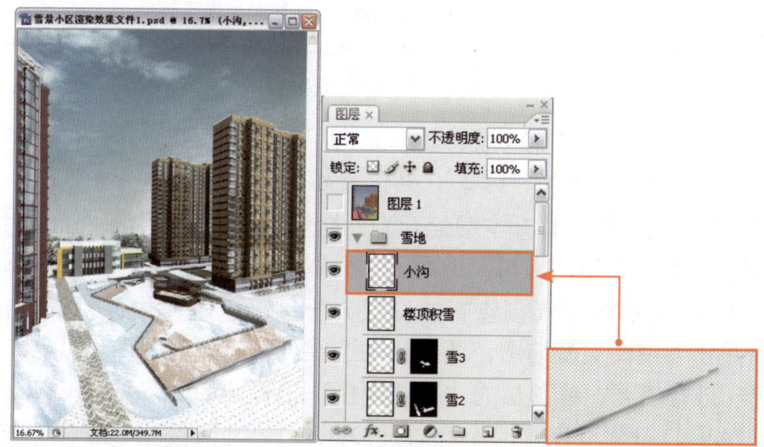

图 9-92

7 接下来为场景添加一些植物。单击图层面板下方的 （创建新组）按钮，创建一个图层组，将其命名为“雪树”。打开本书配套光盘提供的“第 9 章雪景小区 \ 贴图 \ 树 1.psd”文件，将其拖放到图层组 “雪树” 里面，并将图层命名为 “树 1”，其位置如图 9-93 所示。

图 9-93

8 树影的制作。打开本书配套光盘提供的 “第 9 章雪景小区 \ 贴图 \ 树 1 影子 .psd” 文件，将其拖放到图层组 “雪树” 里面，并将图层命名为 “树 1 影子”，其位置如图 9-94 所示。

图 9-94

9 打开本书配套光盘提供的“第 9 章雪景小区 \ 贴图 \ 树 2.psd”文件，将其拖放到图层组“雪树” 里面，并将图层命名为 “树 2”，其位置如图 9-95 所示。

10 继续制作场景中的雪树。打开本书配套光盘提供的 “第 9 章雪景小区 \ 贴图 \ 树 3.psd” 文件，将其拖放到图层组 “雪树” 里面，并将图层命名为 “树 3”，其位置如图 9-96 所示。

11 将图层 “树 3” 拖曳到 （创建新的图层）上进行复制，并命名为 “树 3 阴影”。按住 Ctrl 键单击当前图层微缩图，调出树的选区，将前景色设置为黑色，利用【填充工具】对选区进行填充，将图层的 “不透明度” 设置为 50%。按住 Ctrl+Alt+I 键反选；按住 Ctrl+Alt+D 键将羽化值设置为 1；按 Delete 键删除；按住 Ctrl+D 键取消选择；按住

Ctrl+T 键自由变换，调整阴影图层的位置，具体设置如图 9-97 所示。

图 9-95

图 9-96

图 9-97

⑫ 打开本书配套光盘提供的“第 9 章雪景小区\贴图\树 4.psd”文件，将其拖放到图层组“雪树”里面，并将图层命名为“树 4”，其位置如图 9-98 所示。

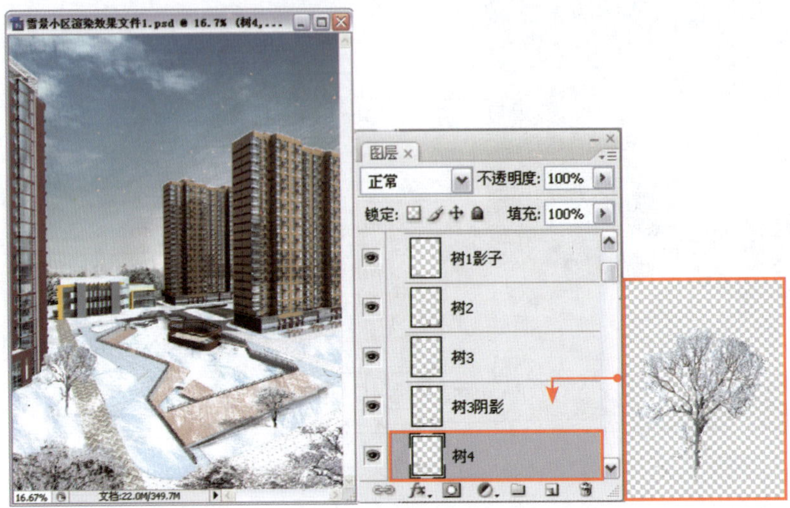

图 9-98

⑬ 制作“树 4”的阴影，方法同上，具体设置如图 9-99 所示。

图 9-99

⑭ 打开本书配套光盘提供的“第 9 章雪景小区\贴图\树 5.psd”文件，将其拖放到图层组“雪树”里面，并命名为“树 5”。将图层“树 5”拖曳到 （创建新的图层）上进行复制，最后将它们全部合并为一个层，将其命名为“树 5”，利用上面的方法制作出树的阴影。树的位置及效果如图 9-100 所示。

⑮ 观察上面的效果图，可以发现树显得有点单薄，这里为它们添加一些树枝。打开本书配套光盘提供的“第 9 章雪景小区\贴图\树枝.psd”文件，将其拖放到图层组“雪树”里面，并命名为“树枝”。将图层“树枝”拖曳到 （创建新的图层）上进行复制，最后将它们全部合并为一个层，将其命名为“树枝”。树枝的位置及效果如图 9-101 所示。

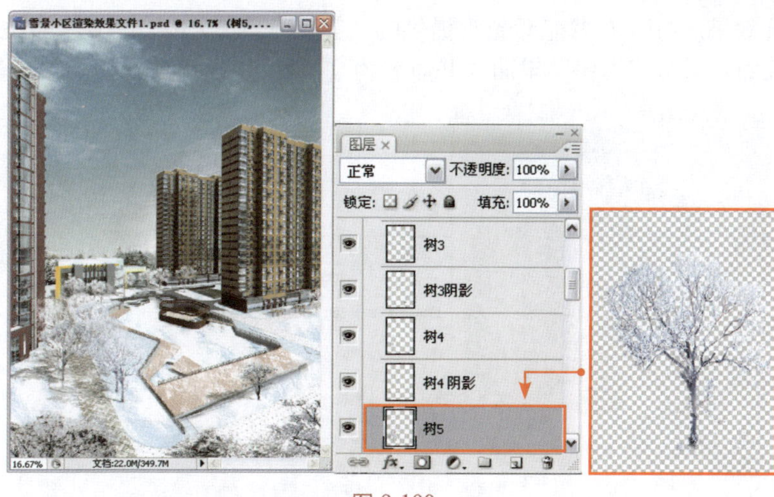

图 9-100

图 9-101

16 接着添加树木。打开本书配套光盘提供的“第 9 章雪景小区\贴图\树 6.psd”文件，将其拖放到图层组“雪树”里面，并命名为“树 6”。利用上面的方法制作出树的阴影。树的位置及效果如图 9-102 所示。

图 9-102

17 制作树坑效果。打开本书配套光盘提供的“第 9 章雪景小区 \ 贴图 \ 树坑 .psd”文件，将其拖放到图层组“雪树”里面，并命名为“树坑”，位置及效果如图 9-103 所示。

图 9-103

18 再添加一些比较小的灌木及花草配景。打开本书配套光盘提供的“第 9 章雪景小区 \ 贴图 \ 小灌木 .psd”文件，对其所带的素材逐个添加，同时使用【移动工具】、【缩放工具】、【复制工具】和【删除工具】等进行调整，使其前后的层次明确，对比明显，最后全部合并图层，将其命名为“小灌木”，效果如图 9-104 所示。

图 9-104

19 添加人物配景。打开本书配套光盘提供的“第 9 章雪景小区 \ 贴图 \ 人物 .psd”文件，其位置及效果如图 9-105 所示。

20 接着为场景添加一些公共设施配景。打开本书配套光盘提供的“第 9 章雪景小区 \ 贴图 \ 景观 .psd”文件，对其所带的素材逐个添加，使用【移动工具】、【缩放工具】、【复制工具】和【删除工具】等进行调整，最后全部合并图层，将其命名为“景观”，效果如图 9-106 所示。

21 从效果图来看，路面太白，这里再为其添加一些冰的效果，使其更加的协调。新建一个图层，将图层命名为“冰 2”。选择【图章工具】，选择合适的笔触，将图层“冰”

设置为当前图层，按住 Alt 键单击左键吸取样本，然后回到图层“冰 2”进行涂抹，效果及位置如图 9-107 所示。

图 9-105

图 9-106

图 9-107

上面我们为画面添加了大量的配景，小区的基本元素已经成形了，但很多地方还不够理想，画面看起来层次感不够强，下面我们将对整体的气氛进行调整，来解决这些问题。

9.5.3 调整画面整体

① 首先对整个场景的色彩进行微调。单击图层调板下方的 （创建新的填充或调整图层）按钮，然后在弹出的菜单中选择“色彩平衡”选项，参数设置如图 9-108 所示。

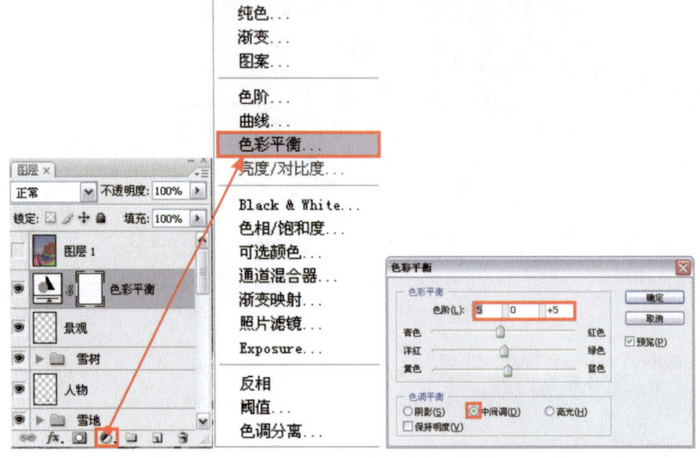

图 9-108

② 观察渲染效果，近处太亮，整个画面没有层次感。新建一个图层，将其命名为“调整层 1”，选择【渐变工具】，在预设中选择“前景色到透明”，类型为“线性渐变”，在当前图层中由下到上拖动鼠标，效果如图 9-109 所示。

图 9-109

③ 一次渐变可能达不到想要的效果，这里用了 3 次渐变达到如图 9-110 所示效果。

小贴士

在渐变过程中，每拖动一次的效果会与上次渐变效果叠加，在这里可以每拖动一次就新建一个图层，以便更好地观察渐变效果。渐变的图层不能合并。在渐变时要注意图层的不透明度和填充值。

图 9-110

④ 最后统一整个场景的色彩基调。新建一个图层，命名为“调色层”。将前景色设置为浅黄色，按住 Alt+Delete 键对当前图层进行填充，将图层模式改为“叠加”，“不透明度”设置为 8%，效果如图 9-111 所示。

图 9-111

⑤ 按 Ctrl+Shift+Alt+E 键（盖印可见图层），这样操作后，“图层”面板中会新建一个将所有可见图层合并在一起的新图层，我们将其命名为“盖印层”，如图 9-112 所示。

图 9-112

⑥ 在刚才新建的“盖印层”上选择菜单栏中的“滤镜”|“模糊”|“高斯模糊”命令，在弹出的“高斯模糊”对话框中设置参数如图 9-113 所示。

图 9-113

⑦ 将“盖印层”的图层混合模式更改为“叠加”,“不透明度”设置为 20%,如图 9-114 所示。

图 9-114

⑧ 再按 Ctrl+Shift+Alt+E 键（盖印可见图层），然后将新建图层命名为“最终盖印层”，选择菜单栏中的“滤镜”|“锐化”|“USM 锐化”命令，在弹出的“USM 锐化”对话框中设置参数如图 9-115 所示。

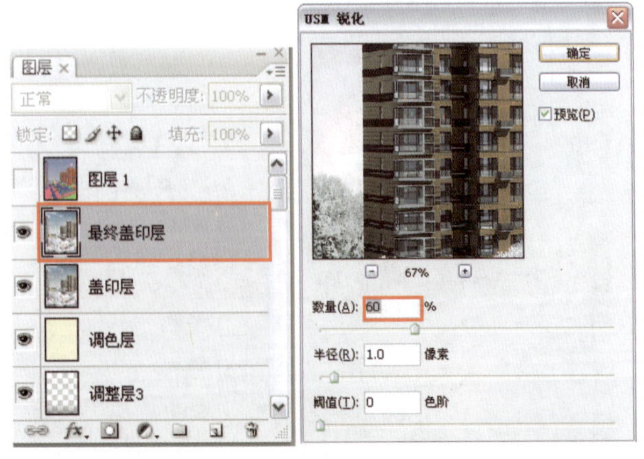

图 9-115

9 至此，小区后期效果已经处理完毕，按 Ctrl+S 键对其进行保存，最终效果如图 9-116 所示。

图 9-116

NOTEbook
读书笔记

10

第 10 章 夜景高层商业楼外观表现

10.1 夜景高层商业楼简介

本章案例展示的是一个高层商业楼的外观表现效果。从审美角度来看，日景的建筑效果图给人一种一览无余的感觉，有时难免感觉有些乏味，而夜景效果图则能够通过灯光，展现出鲜活的建筑，以表现建筑及环境的气氛，并由于其半隐半现的效果引发人的联想，从而给人更多的审美情趣。

本案例的夜景效果图如图 10-1 所示。图 10-2 所示为模型的线框效果图。

图 10-1

图 10-2

10.2 夜景高层商业楼渲染设置

打开配套光盘中的“第 10 章夜景高层商业楼 \ 夜景高层商业楼源文件 .max”场景文件，如图 10-3 所示。可以看到这是一个已经创建好模型的高层商业楼外观，场景中物体材质相同的部分已经塌陷或成组，并且场景中的摄影机也已经创建好。

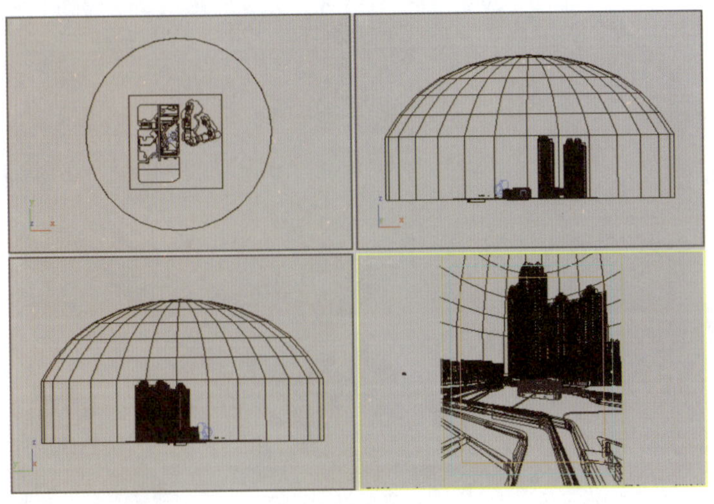

图 10-3

下面首先进行测试渲染参数设置，然后为场景布置灯光。

10.2.1 设置测试渲染参数

测试渲染参数的设置步骤如下。

④ 按 F10 键打开“渲染场景”对话框，渲染器已经设置为 V-Ray Adv 1.5 RC3 渲染器，在 公用参数 卷展栏中设置较小的图像尺寸，如图 10-4 所示。

进入“渲染器”选项卡，在 V-Ray:: Global switches （全局开关）卷展栏中设置参数如图 10-5 所示。

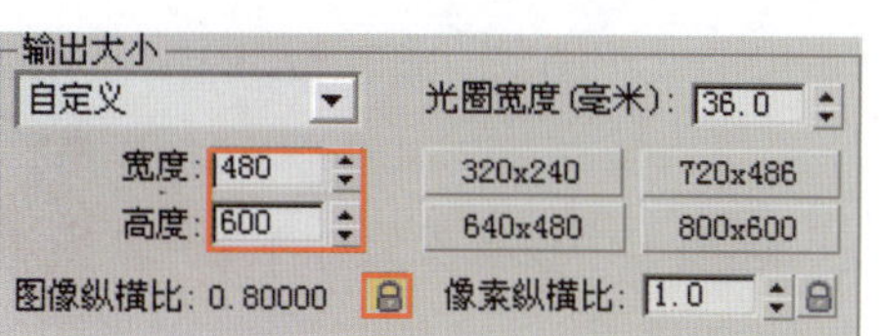

图 10-4

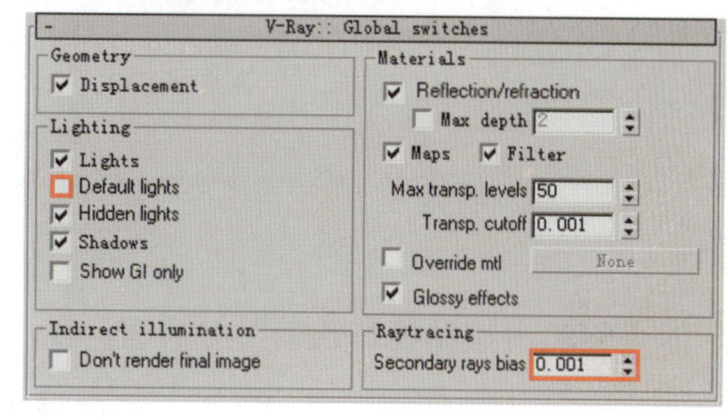

图 10-5

③ 进入 V-Ray:: Image sampler (Antialiasing) （抗锯齿采样）卷展栏中，参数设置如图 10-6 所示。

④ 在 V-Ray:: Indirect illumination (GI) （间接照明）卷展栏中设置参数如图 10-7 所示。

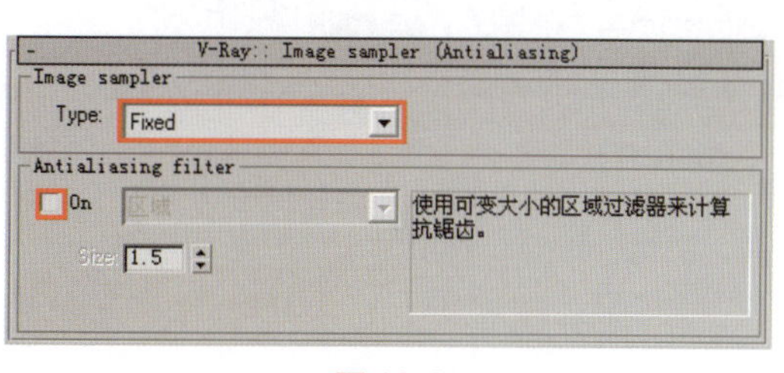

图 10-6

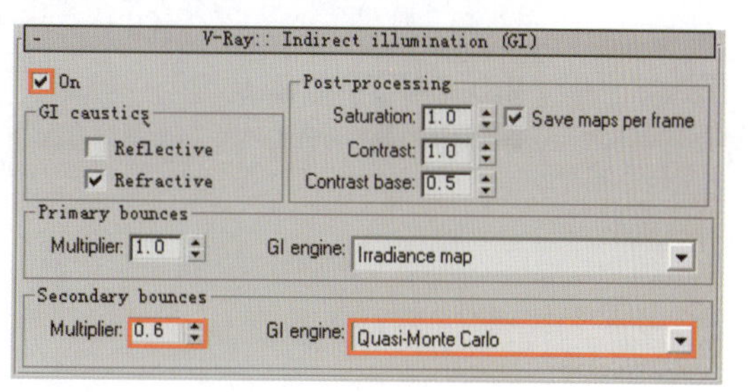

图 10-7

⑤ 在 V-Ray:: Irradiance map （发光贴图）卷展栏中设置参数如图 10-8 所示。

⑥ 在 V-Ray:: Quasi-Monte Carlo GI （准蒙特卡罗）卷展栏中设置参数如图 10-9 所示。

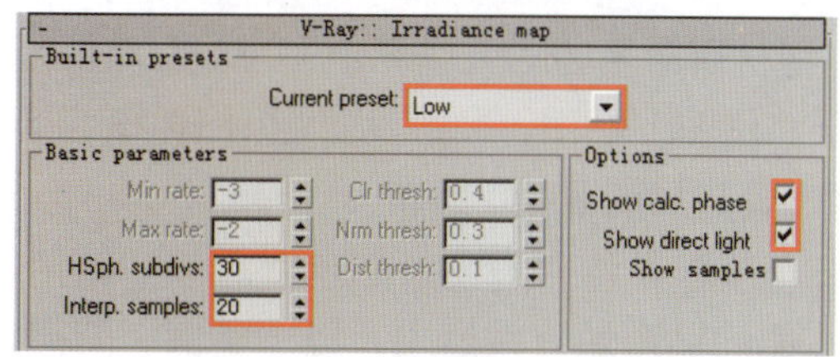

图 10-8

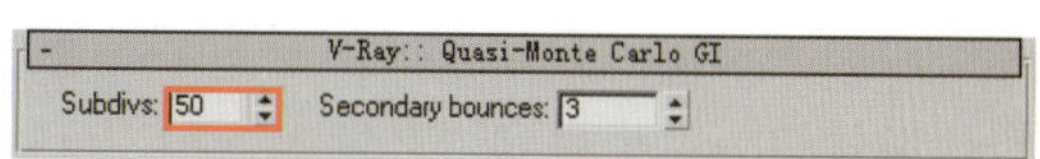

图 10-9

⑦ 打开 V-Ray:: Environment （环境）卷展栏，在“Reflection\refraction environment override”选项组中勾选“On”复选框，参数设置如图 10-10 所示。

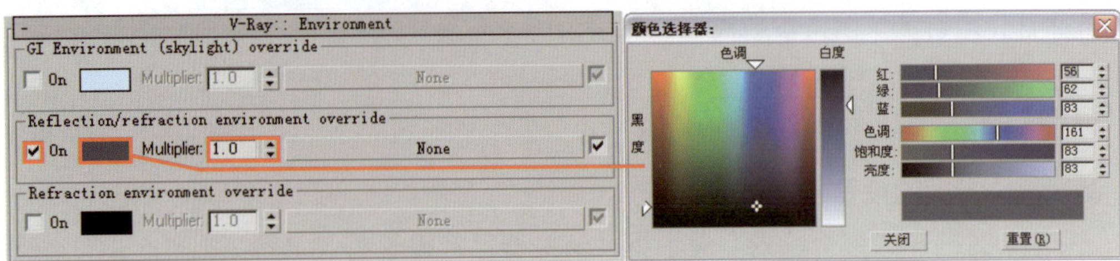

图 10-10

⑧ 打开 V-Ray:: Color mapping （颜色映射）卷展栏，设置参数如图 10-11 所示。

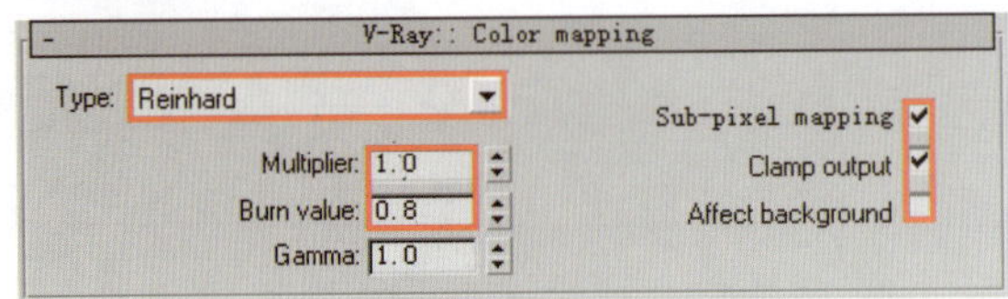

图 10-11

⑨ 按 8 键打开“环境和效果”对话框，在“环境”选项卡中设置参数如图 10-12 所示。

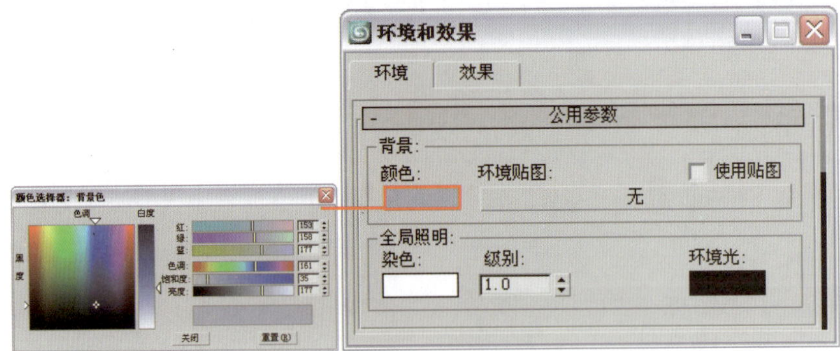

图 10-12

10.2.2 布置场景灯光

高层商业楼要表现的是夜晚时的室外效果，照明方面主要是月光和一些室内光。

① 首先创建室外的环境光。本场景中的环境光是通过将材质赋予到半球形物体上以达到模拟月光的效果，这样做的好处是既可以为场景提供一定的照明效果，还可以为那些具有反射材质的物体添加环境反射。按 M 键打开“材质编辑器”对话框，选择一个空白材质球，保持材质为“标准”材质，并将材质命名为“天空环境”。然后单击“漫反射”右侧的贴图通道按钮，为其添加一个“位图”贴图，参数设置如图 10-13 所示。贴图文件为本书配套光盘提供的“第 10 章夜景高层商业楼 \ 贴图 \sky.jpg”。

② 返回“标准”材质层级，进入 Maps 卷展栏，将“漫反射颜色”右侧的贴图通道按钮分别拖曳到“自发光”和“反射”右侧的贴图通道按钮上，以“实例”的方法关联复制，参数设置如图 10-14 所示。

③ 将设置好的材质指定给物体“球天”，并在其上面单击鼠标右键，从弹出的快捷菜单中选择“对象属性”命令，设置其参数如图 10-15 所示。

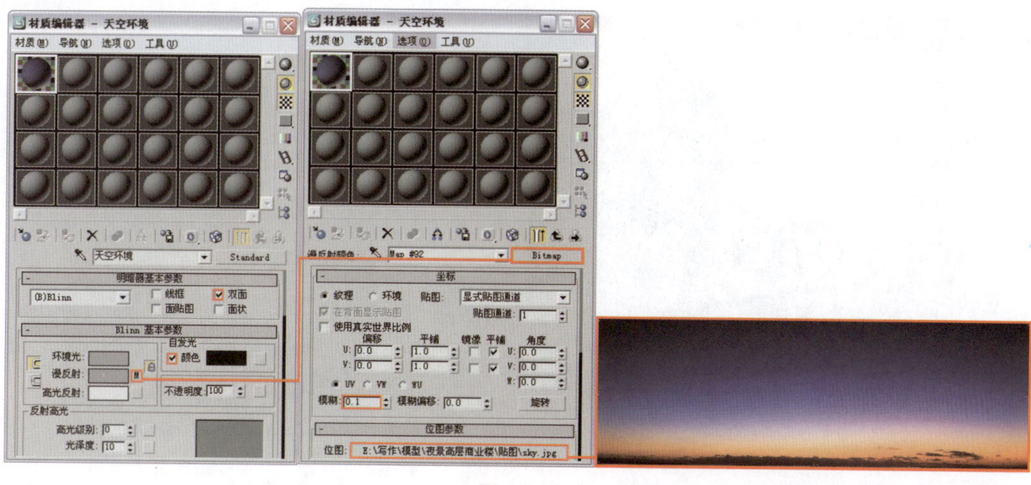

图 10-13

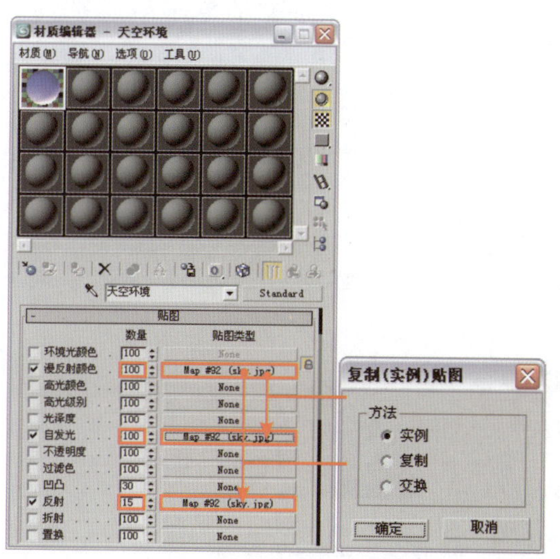

图 10-14

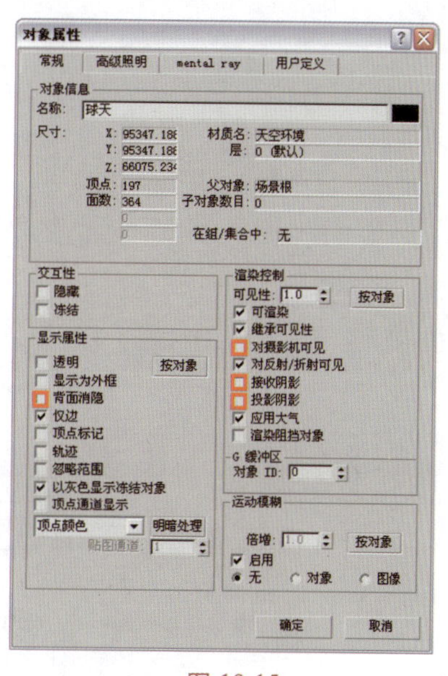

图 10-15

④ 选择摄影机视图为当前视图，然后在主工具栏中选择渲染类型为“放大”，然后单击（快速渲染）按钮进行渲染，此时会发现并没有进行渲染，而是在摄影机视图中弹出一个渲染框，这个渲染框内的部分就是会被渲染的部分。根据需要调整这个渲染框的位置和大小，设置完成后单击视图右下角的确定按钮即可对虚线框内的部分进行渲染，如图 10-16 所示。

小贴士

设置为“放大”渲染类型，可以在渲染图像尺寸不变的情况下，对渲染区域中的图像进行放大渲染，这样可以对输出图像进行初步的构图。

⑤ 下面继续模拟月光照明。单击（创建）按钮进入创建命令面板。单击（灯光）按钮，在下拉菜单中选择“标准”选项，然后在对象类型卷展栏中单击目标平行光按钮，在如图 10-17 所示位置创建一盏目标平行光，参数设置如图 10-18 所示。

图 10-16

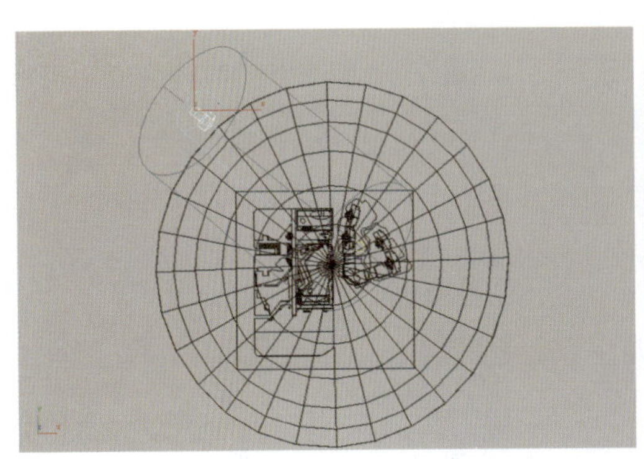

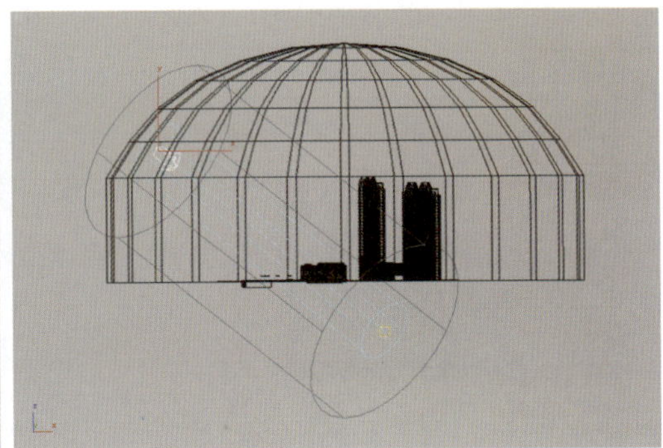

图 10-17

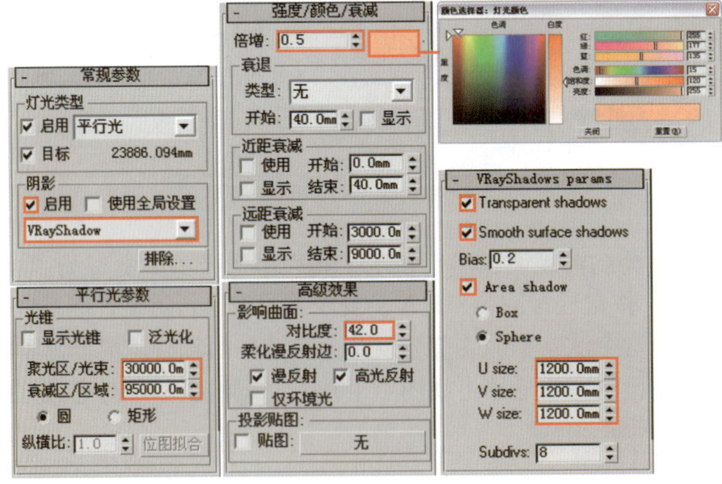

图 10-18

6 因物体“球天”遮住了建筑及地面部分，为了使目标平行光能够直接照射到建筑上，产生正确的光照效果，下面将对目标平行光进行设置，排除物体“球天”对目标平行光的遮挡。在目标平行光的 常规参数 卷展栏中单击 排除... 按钮，在弹出的“排除\包含”对话框中进行参数设置，如图 10-19 所示。对摄影机视图进行渲染，此时效果如图 10-20 所示。

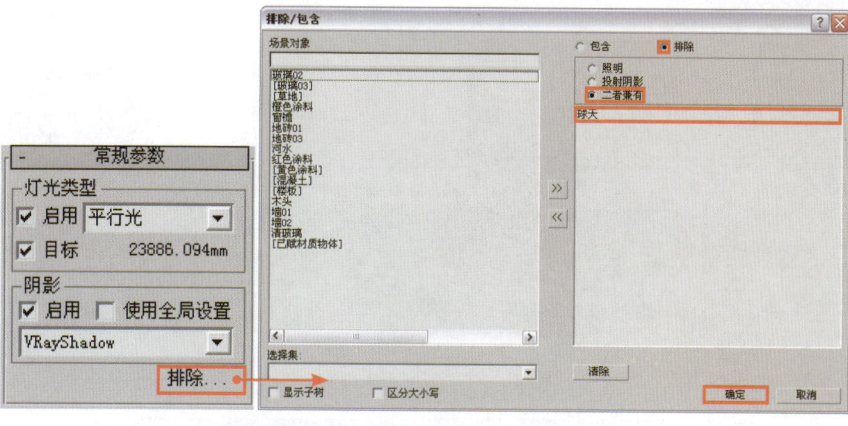

图 10-19

图 10-20

7 下面来创建室内光源。单击 （灯光）按钮，在下拉菜单中选择“标准”选项，然后在 对象类型 卷展栏中单击 泛光灯 按钮，在视图中创建一盏泛光灯，位置如图 10-21 所示。灯光参数设置如图 10-22 所示。

8 单击主工具栏中的 （选择并均匀缩放）按钮，选择步骤 7 中刚刚创建的泛光灯，对其进行缩放，如图 10-23 所示。再次对摄影机视图进行渲染，效果如图 10-24 所示。

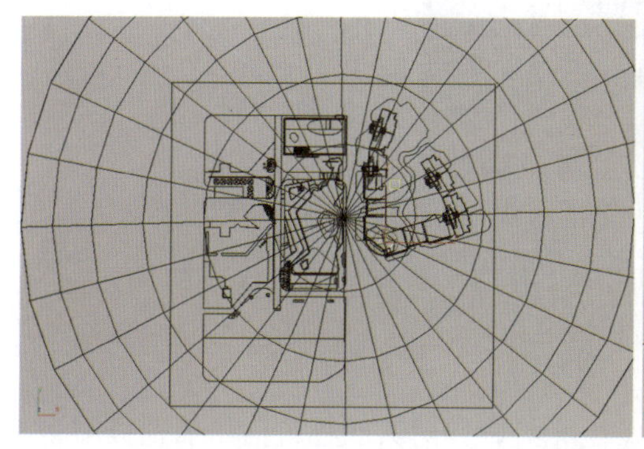
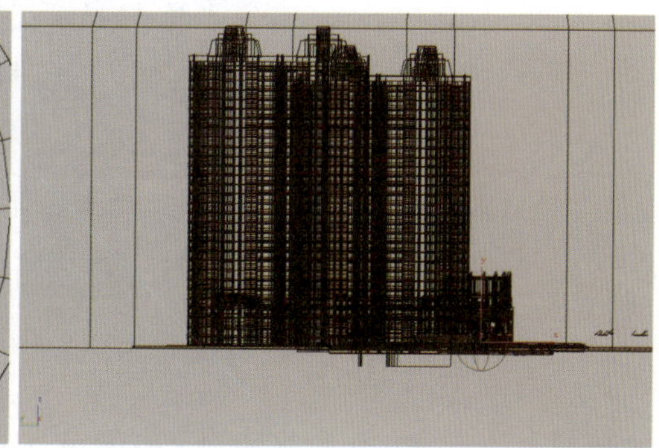

图 10-21

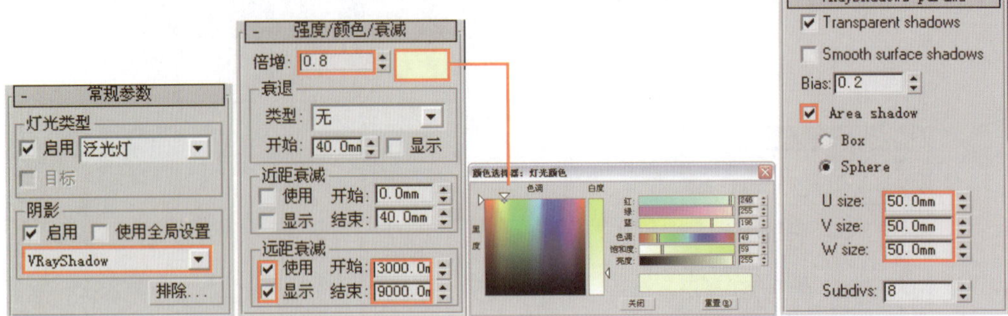

图 10-22

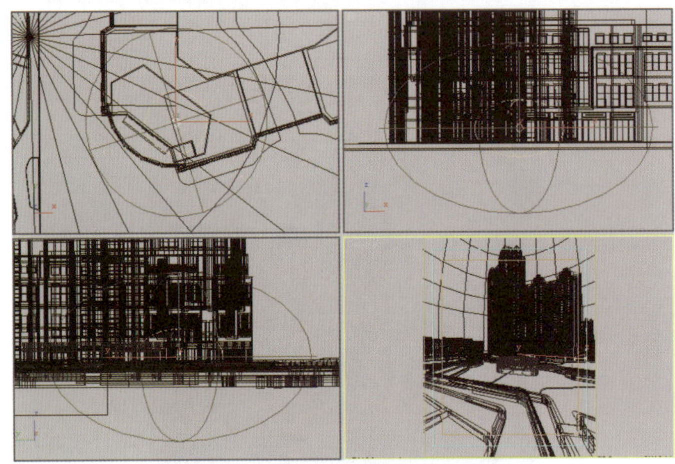

图 10-23

图 10-24

小贴士

在测试室内灯光前，需先隐藏物体“窗玻璃”，否则光线在摄影机视图中不可见。

9　按照上述方法，在商业楼的室内创建多盏泛光灯，并对其颜色、倍增值及衰减范围进行调整，营造一种夜晚室内灯光的效果，灯光布置如图 10-25 所示。

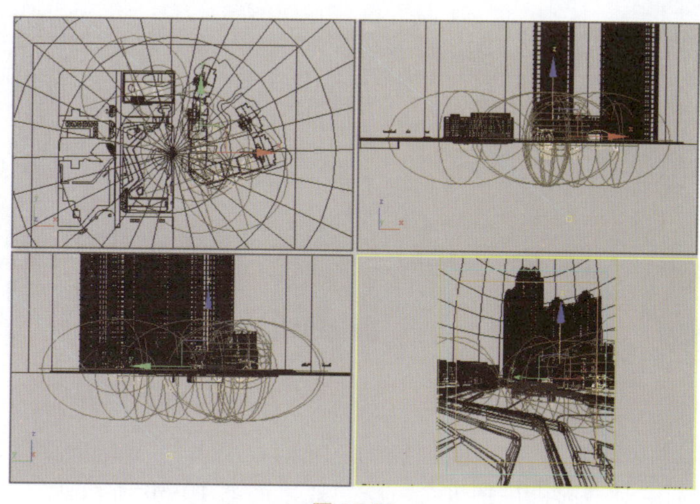

图 10-25

⑩ 对摄影机视图进行渲染，效果如图 10-26 所示。

图 10-26

⑪ 下面继续在商业楼的中高层处创建一些室内光源。如上所述，在如图 10-27 所示位置创建一盏泛光灯，参数设置如图 10-28 所示。

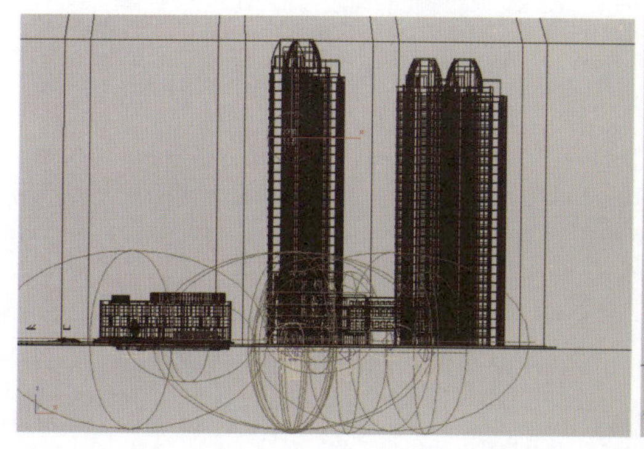

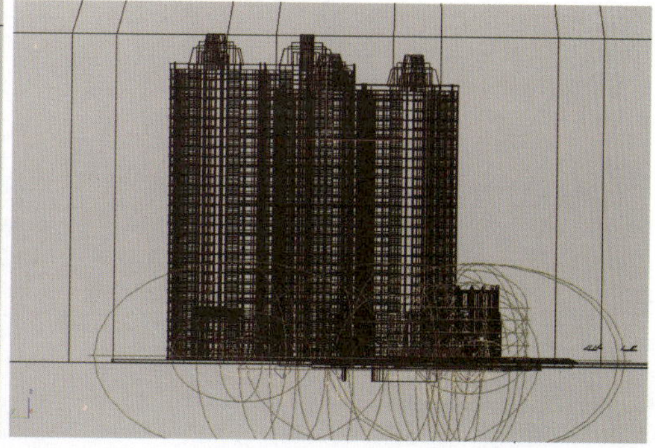

图 10-27

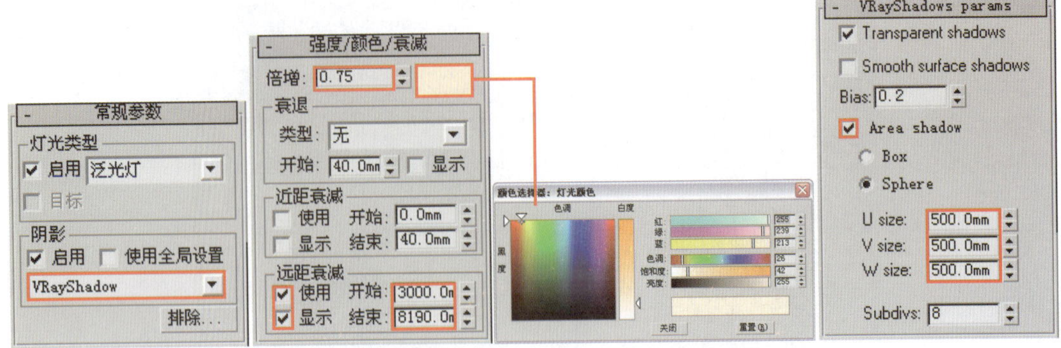

图 10-28

⑫ 在前视图中选中步骤 11 中刚刚创建的泛光灯，将其沿 Y 轴向下关联复制 3 盏，如图 10-29 所示。对摄影机视图进行渲染，效果如图 10-30 所示。

图 10-29

图 10-30

⑬ 接着再在如图 10-31 所示位置再创建一盏泛光灯，设置参数如图 10-32 所示。

⑭ 在前视图中选中步骤 13 中刚刚创建的泛光灯，将其沿 Y 轴向下关联复制 2 盏，如图 10-33 所示。对摄影机视图进行渲染，效果如图 10-34 所示。

图 10-31

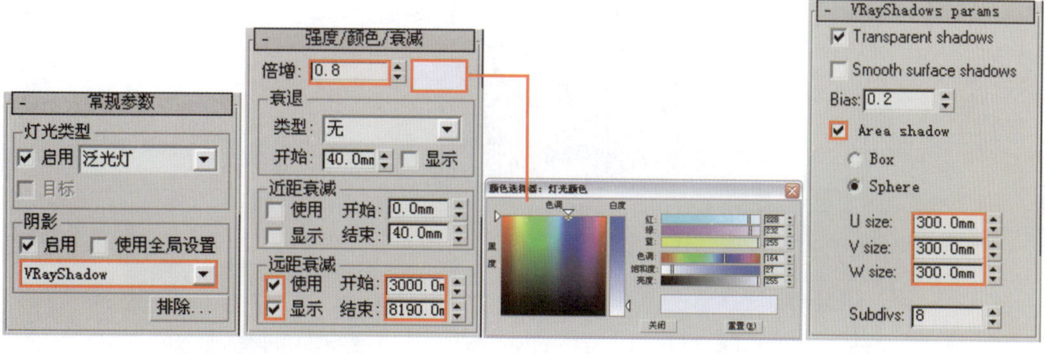

图 10-32

图 10-33

图 10-34

上面已经对场景的灯光进行了布置，最终测试效果比较满意。测试完灯光效果后，下面进行材质设置。

10.3 设置场景材质

经过上面的灯光布置，场景中已经有了比较理想的照明，借助它们就可以开始制作场景的材质了。在本场景的材质制作过程中主要用到了3ds max自带的标准材质和VRay专业材质。

1. 设置草地材质。按M键打开“材质编辑器”对话框，选择一个空白材质球，将其设置为 VRayMtl 材质，并将其命名为“草地”。单击“Diffuse”右侧的贴图通道按钮，为其添加一个“位图”贴图，具体参数设置如图10-35所示。贴图文件为本书配套光盘提供的“第10章夜景高层商业楼\贴图\GGFOLO-WL.jpg”。
2. 返回VRayMtl材质层级，进入 Maps 卷展栏，将“Diffuse”右侧的贴图通道按钮拖动到“Bump”右侧的 None 贴图按钮上，以“实例”的方法进行关联复制，操作如图10-36所示。最后将设置好的材质指定给物体“草地”，渲染效果如图10-37所示。

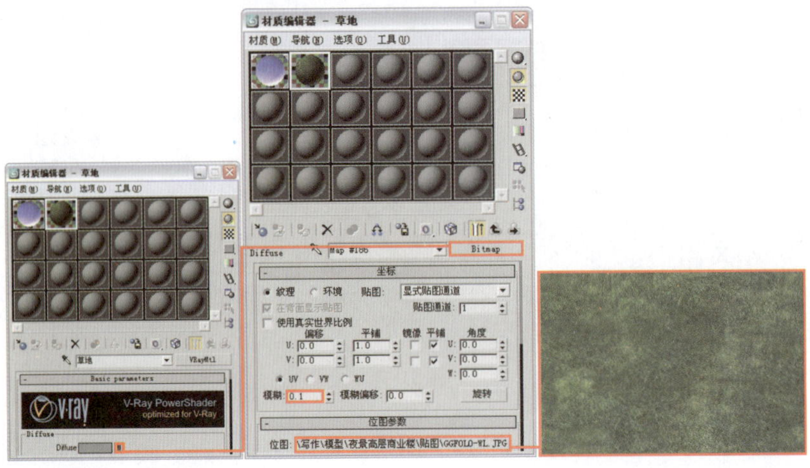

图 10-35

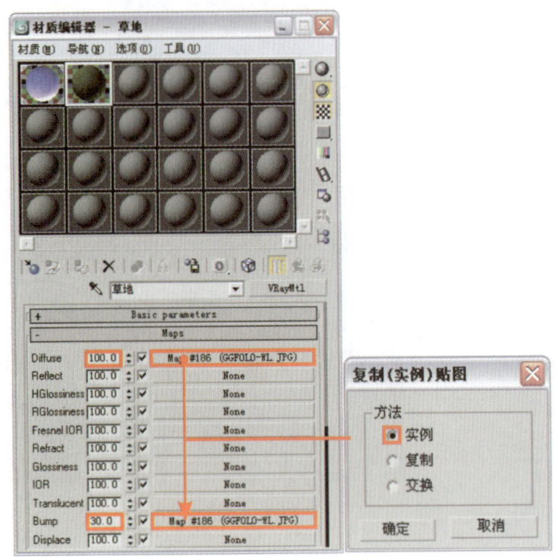

图 10-36

图 10-37

③ 接下来设置一种地砖材质。选择一个空白材质球，将其设置为 VRayMtl 材质，并将其命名为“地砖 01”。单击“Diffuse”右侧的贴图通道按钮，为其添加一个“位图”贴图，具体参数设置如图 10-38 所示。贴图文件为本书配套光盘提供的“第 10 章夜景高层商业楼 \ 贴图 \3011.bmp”。

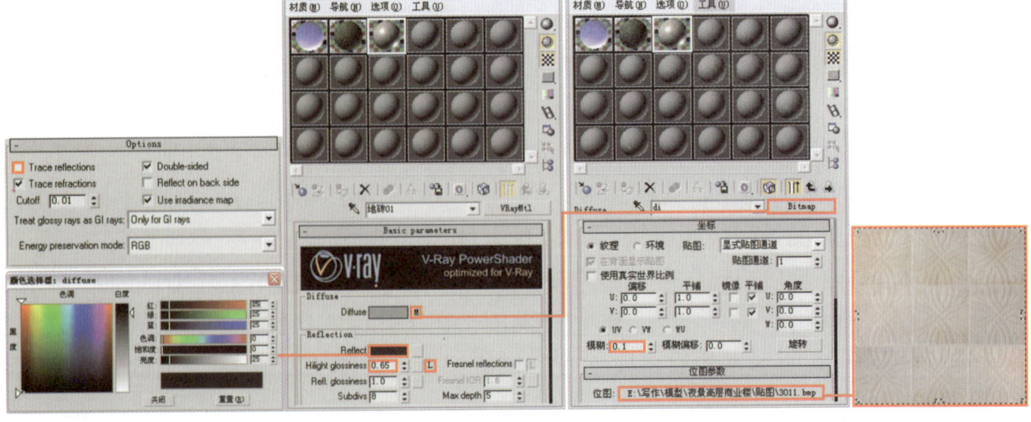

图 10-38

④ 返回 VRayMtl 材质层级，进入 Maps 卷展栏，将“Diffuse”右侧的贴图通道按钮拖动到“Bump”右侧的 None 贴图按钮上，以“实例”的方法进行关联复制，操作如图 10-39 所示。最后将设置好的材质指定给物体“铺地 01”，渲染效果如图 10-40 所示。

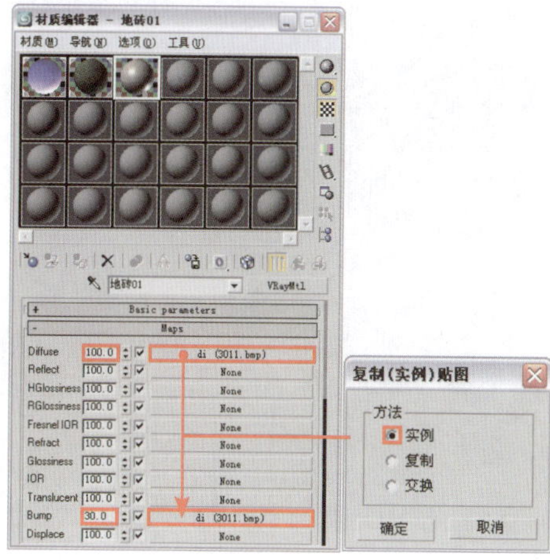
图 10-39

图 10-40

⑤ 设置另一种铺地地砖材质。选择一个空白材质球，将其设置为 VRayMtl 材质，并将其命名为“地砖 02”。单击“Diffuse”右侧的贴图通道按钮，为其添加一个“位图”贴图，具体参数设置如图 10-41 所示。贴图文件为本书配套光盘提供的“第 10 章夜景高层商业楼\贴图\地 0005.jpg”。将设置好的材质指定给物体“铺地 02”，渲染效果如图 10-42 所示。

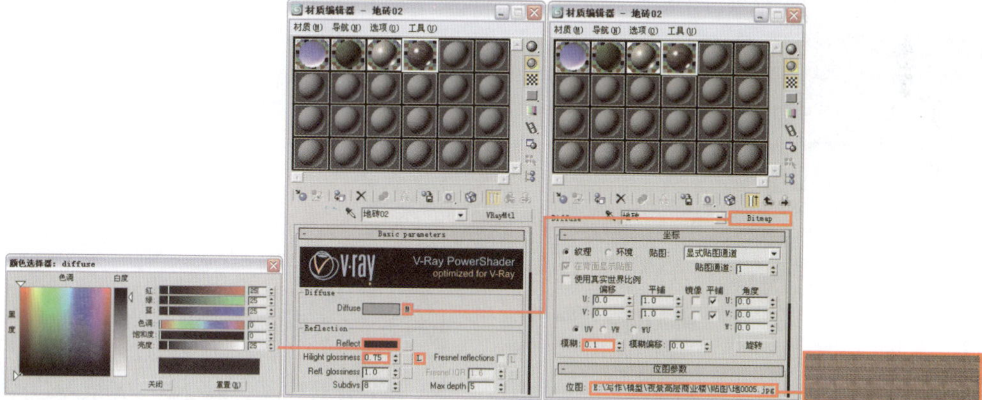
图 10-41

图 10-42

⑥ 设置另一种地砖的材质。选择一个空白材质球，将其设置为 VRayMtl 材质，并将其命名为“地砖 03”。单击“Diffuse”右侧的贴图通道按钮，为其添加一个“位图”贴图，具体参数设置如图 10-43 所示。贴图文件为本书配套光盘提供的“第 10 章夜景高层商业楼 \ 贴图 \america001.jpg”。

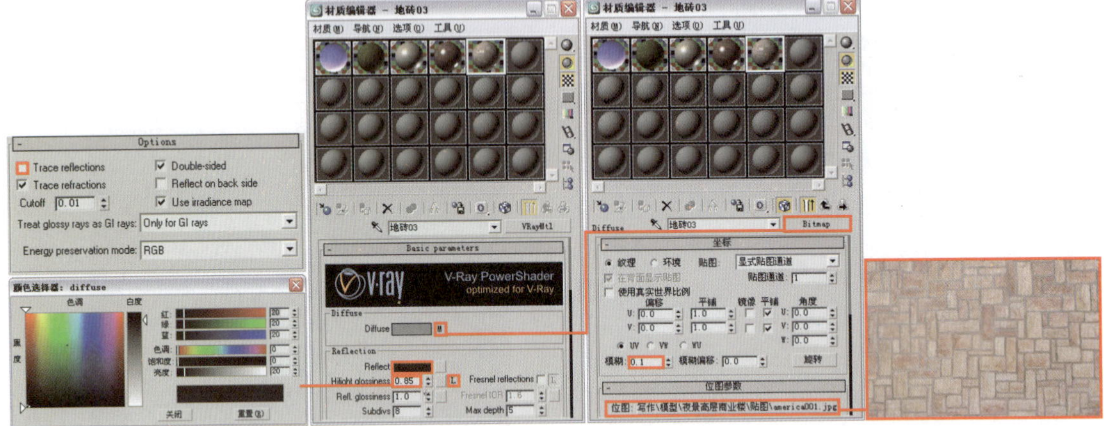

图 10-43

⑦ 返回 VRayMtl 材质层级，进入 Maps 卷展栏，将“Diffuse”右侧的贴图通道按钮拖动到“Bump”右侧的 None 贴图按钮上，以“实例”的方法进行关联复制，操作如图 10-44 所示。最后将设置好的材质指定给物体“铺地 03”，渲染效果如图 10-45 所示。

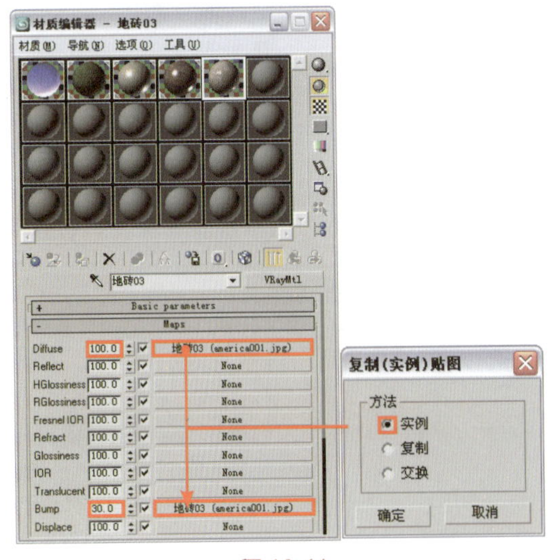

图 10-44

图 10-45

⑧ 设置混凝土材质。选择一个空白材质球，将其设置为 VRayMtl 材质，并将其命名为“混凝土”。单击“Diffuse”右侧的贴图通道按钮，为其添加一个“位图”贴图，具体参数设置如图 10-46 所示。贴图文件为本书配套光盘提供的“第 10 章夜景高层商业楼 \ 贴图 \ 混凝土 .jpg”。

⑨ 将设置好的材质指定给物体“混凝土”，对摄影机视图进行渲染，效果如图 10-47 所示。

⑩ 下面设置人工湖湖水的材质。选择一个空白材质球，将其设置为 VRayMtl 材质，并将其命名为“湖水”。单击“Reflect”右侧的贴图通道按钮，为其添加一个“衰减”程序

贴图，具体参数设置如图 10-48 所示。

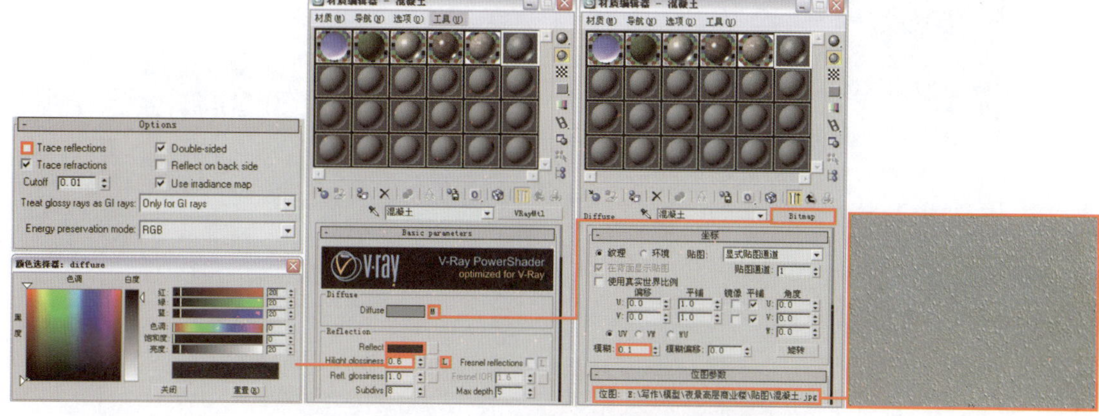

图 10-46

图 10-47

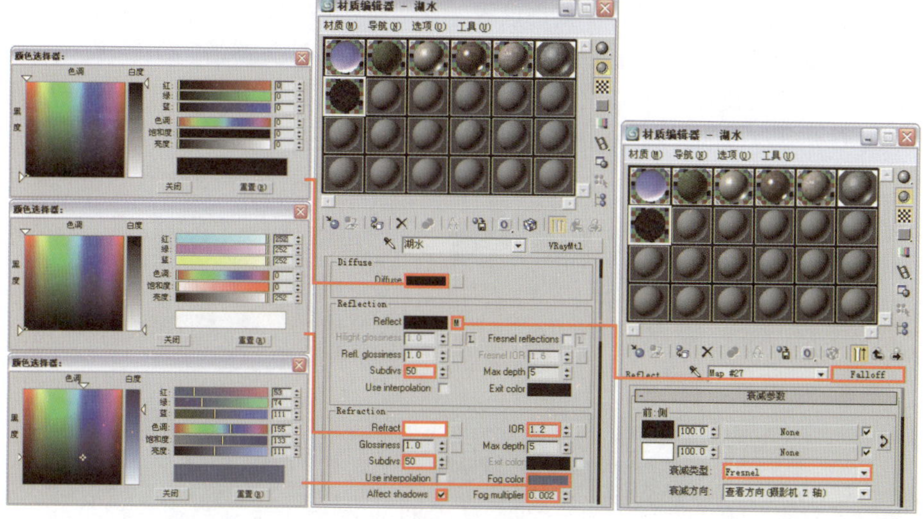

图 10-48

11 返回 VRayMtl 材质层级，进入 Maps 卷展栏，单击“Bump”右侧的贴图通道按钮，为其添加一个“噪波”程序贴图，参数设置如图 10-49 所示。将设置好的材质指定给物体“湖水”，渲染效果如图 10-50 所示。

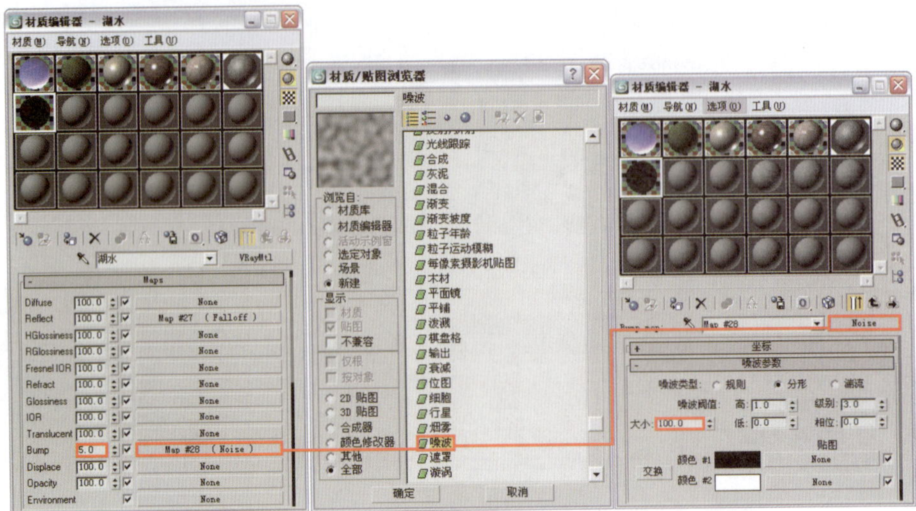

图 10-49

图 10-50

12 下面开始设置建筑的材质。首先来设置建筑外墙石材材质。选择一个空白材质球，将其设置为 VRayMtl 材质，并将其命名为“外墙石材 01”。单击“Diffuse”右侧的贴图通道按钮，为其添加一个“位图”贴图，具体参数设置如图 10-51 所示。贴图文件为本书配套光盘提供的“第 10 章夜景高层商业楼 \ 贴图 \ 墙面－无分割线－米色 .jpg”。

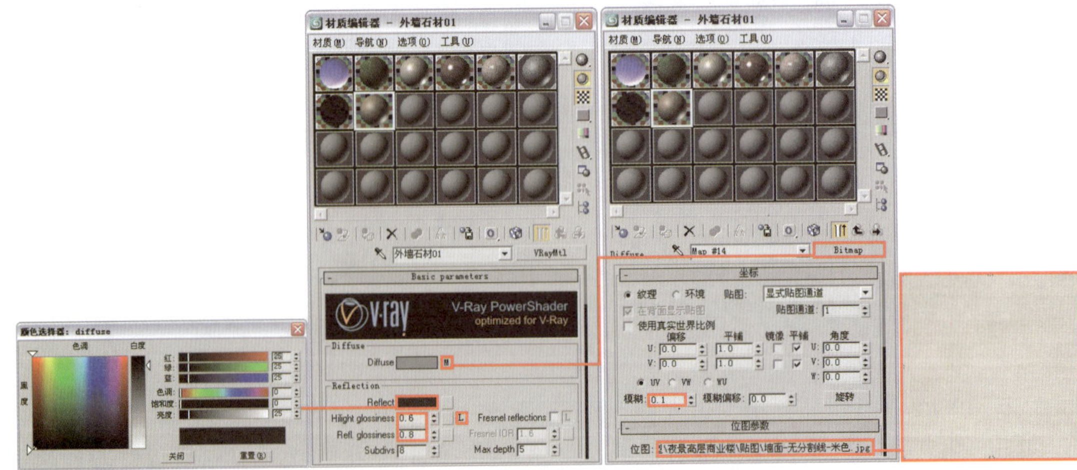

图 10-51

⑬ 返回 VRayMtl 材质层级，进入 Maps 卷展栏，将"Diffuse"右侧的贴图通道按钮拖曳到"Bump"右侧的 None 贴图按钮上进行复制操作（非关联复制），参数设置如图 10-52 所示。将设置好的材质指定给物体"外墙石材 01"，对摄影机视图进行渲染，效果如图 10-53 所示。

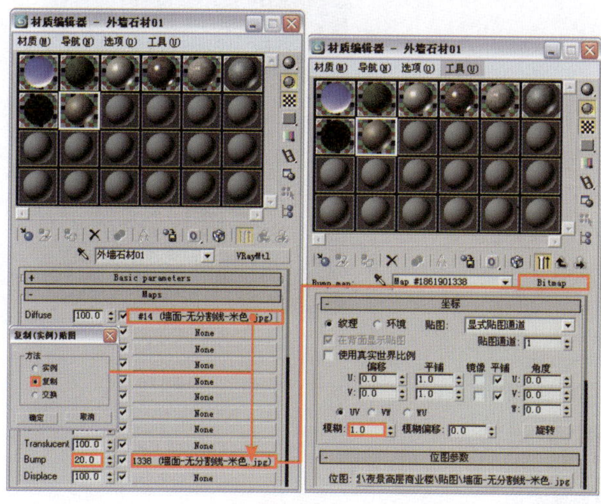

图 10-52

图 10-53

⑭ 接着再设置建筑所用的另一种外墙石材材质。选择一个空白材质球，将其设置为 VRayMtl 材质，并将其命名为"外墙石材 02"。单击"Diffuse"右侧的贴图通道按钮，为其添加一个"位图"贴图，具体参数设置如图 10-54 所示。贴图文件为本书配套光盘提供的"第 10 章夜景高层商业楼\贴图\米色石材.jpg"。

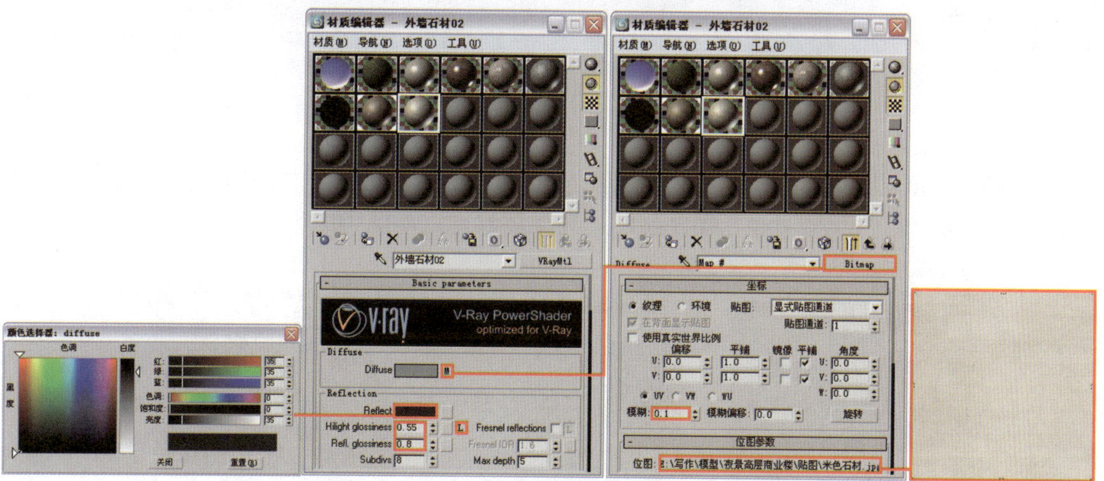

图 10-54

⑮ 返回 VRayMtl 材质层级，进入 Maps 卷展栏，将"Diffuse"右侧的贴图通道按钮拖动到"Bump"右侧的 None 贴图按钮上，以"实例"的方法进行关联复制，操作如图 10-55 所示。最后将设置好的材质指定给物体"墙 02"，渲染效果如图 10-56 所示。

⑯ 下面设置建筑窗户的玻璃材质。选择一个空白材质球，保持材质为"标准"材质，并将其命名为"玻璃 01"，具体参数设置如图 10-57 所示。

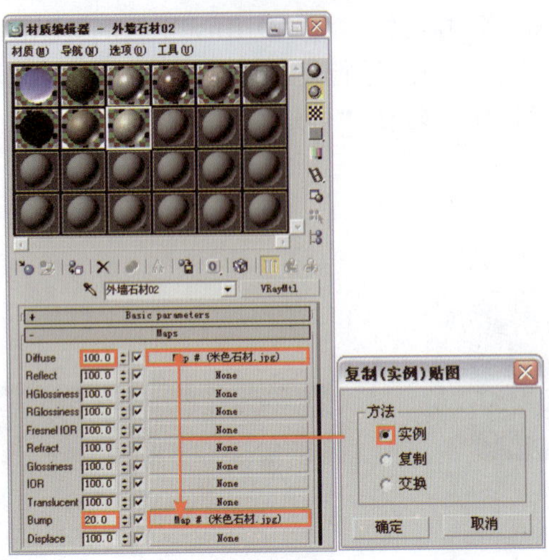

图 10-55

图 10-56

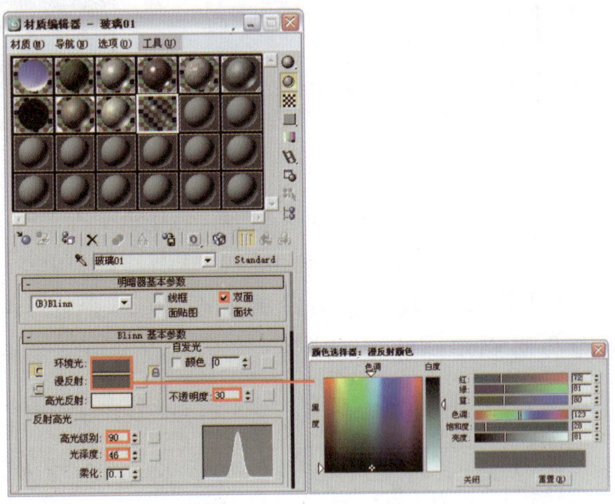

图 10-57

17 返回“标准”材质层级，进入 贴图 卷展栏，单击“反射”右侧的贴图通道按钮，为其添加一个“VRayMap”程序贴图，具体参数设置如图 10-58 所示。

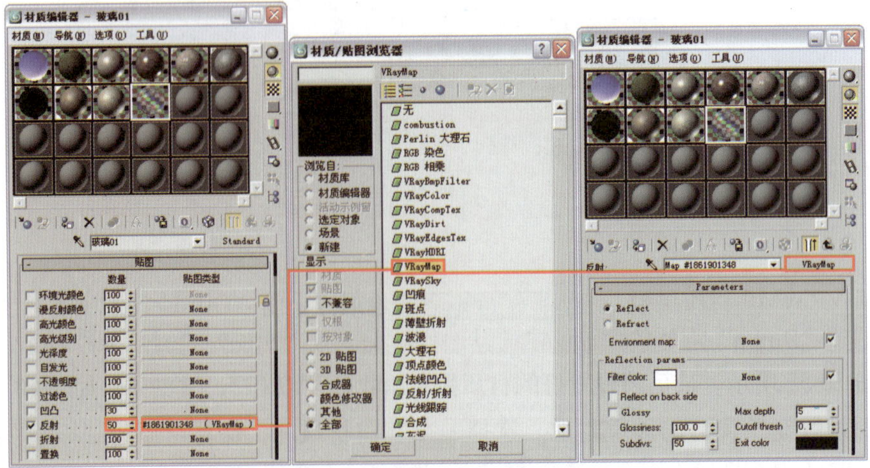

图 10-58

18 取消对物体“窗玻璃”的隐藏，将设置好的材质指定给物体“窗玻璃”，然后对摄影机视图进行渲染，效果如图 10-59 所示。

图 10-59

19 下面来设置观光电梯的玻璃材质。如上所述，选择一个空白材质球，保持材质为“标准”材质，并将其命名为“玻璃 02”，具体参数设置如图 10-60 所示。

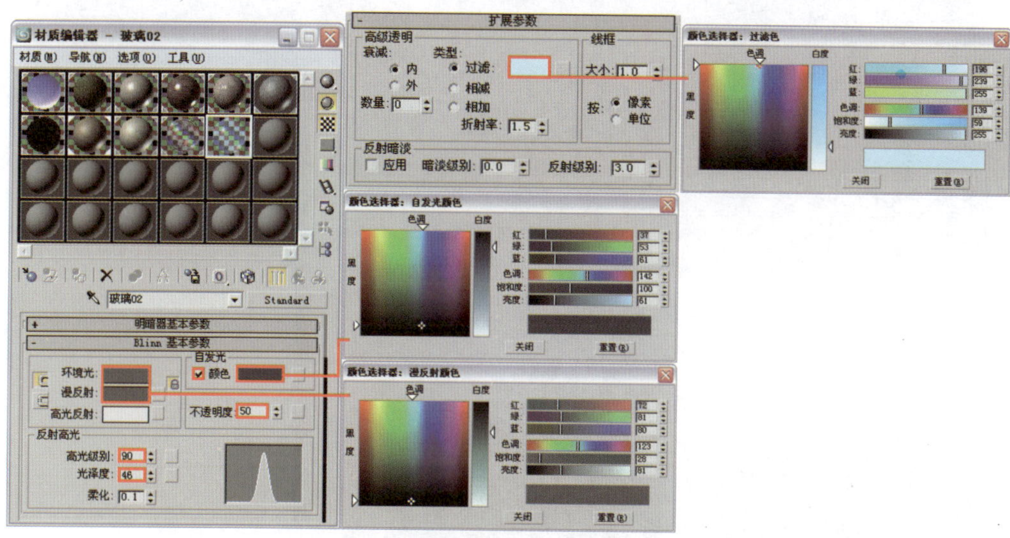

图 10-60

20 返回“标准”材质层级，进入 贴图 卷展栏，单击“反射”右侧的贴图通道按钮，为其添加一个 VRayMap 程序贴图，具体参数设置如图 10-61 所示。将设置好的材质指定给物体“电梯间玻璃”，渲染效果如图 10-62 所示。

21 接着设置楼板材质。选择一个空白材质球，将材质类型设置为 Blend （混合）材质，并将其命名为“楼板”，具体参数设置如图 10-63 所示。

22 进入“混合”材质层级，单击“材质 1”右侧的材质通道按钮，将其设置为 VRayMtl 材质，并将其命名为“楼板板材”，设置参数如图 10-64 所示。

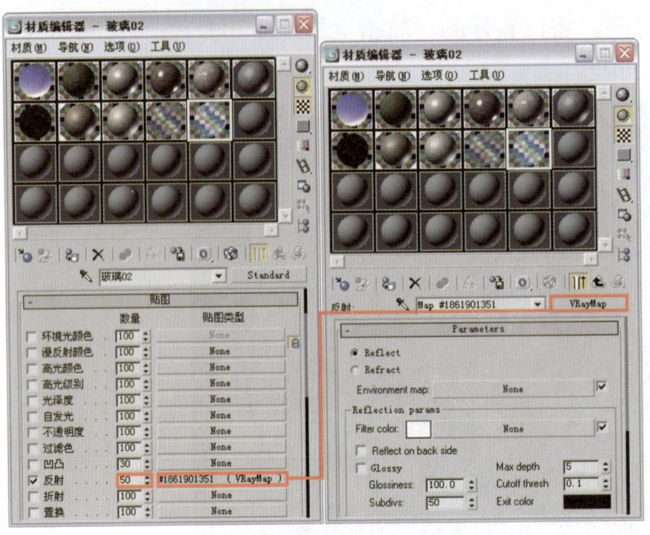

图 10-61

图 10-62

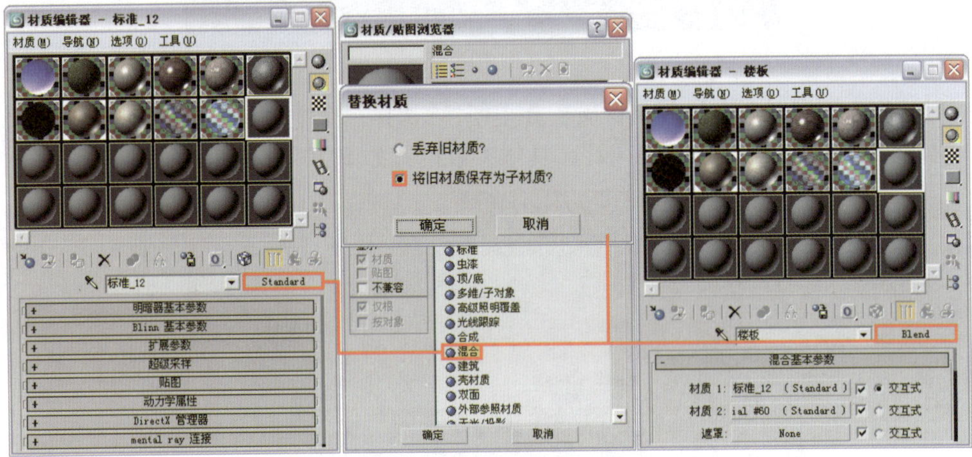

图 10-63

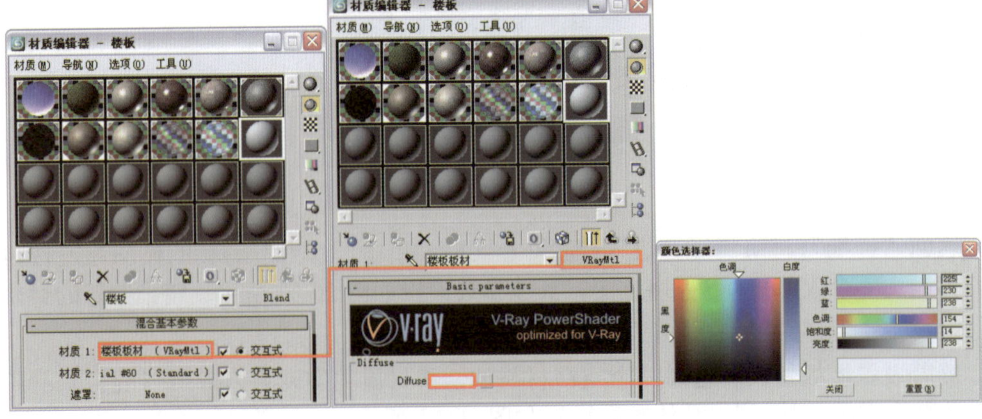

图 10-64

23 返回"混合"材质层级，单击"材质 2"右侧的材质通道按钮，将其设置为 VRayLightMtl 材质，

并将其命名为“灯”，设置参数如图 10-65 所示。

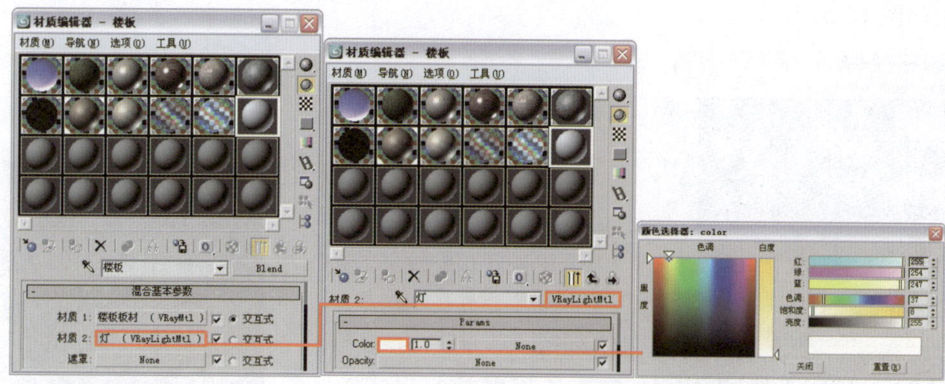

图 10-65

24 再次返回“混合”材质层级，单击“遮罩”右侧的贴图通道按钮，为其添加一个“位图”贴图，参数设置如图 10-66 所示，贴图文件为本书配套光盘提供的“第 10 章夜景高层商业楼\贴图\light003.jpg”。

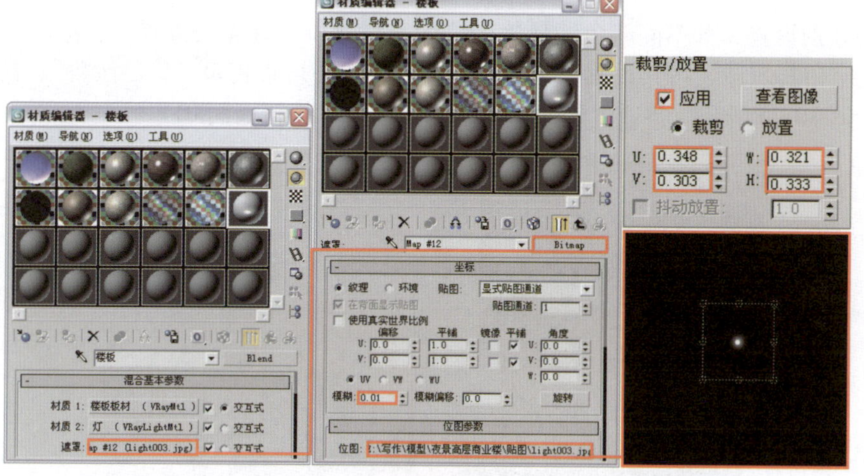

图 10-66

25 将设置好的材质指定给物体“楼板”，对摄影机视图再次进行渲染，效果如图 10-67 所示。

图 10-67

26 下面设置窗檐材质。选择一个空白材质球，将其设置为 VRayMtl 材质，并将其命名为

"窗檐"，具体参数设置如图 10-68 所示。将设置好的材质指定给物体"窗檐"，渲染效果如图 10-69 所示。

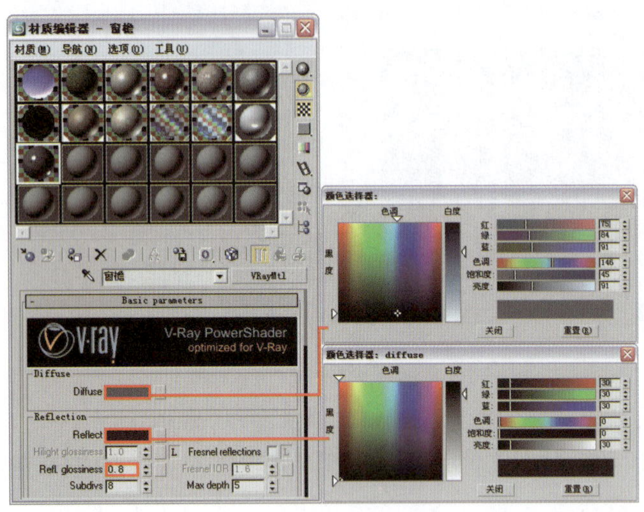
图 10-68

图 10-69

27 下面分别设置 3 种不同颜色的建筑外墙面涂料材质。首先来设置黄色涂料材质。选择一个空白材质球，将其设置为 VRayMtl 材质，并将其命名为"黄色涂料"，具体参数设置如图 10-70 所示。将设置好的材质指定给物体"涂料墙面 01"。

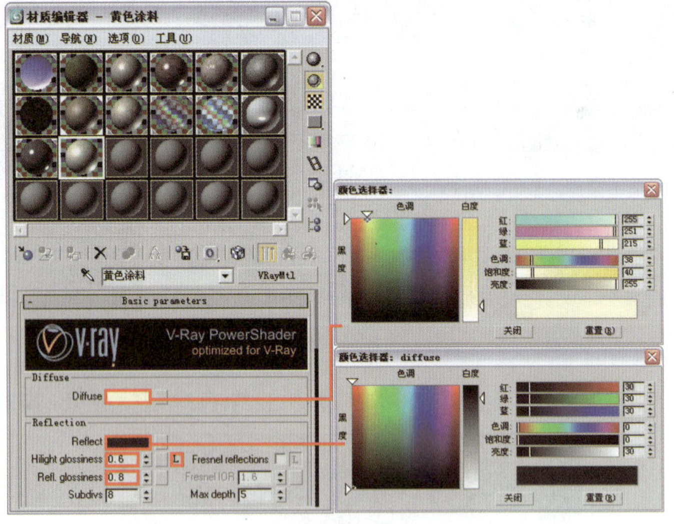
图 10-70

28 将刚刚设置好的材质"黄色涂料"的材质球拖曳到空白材质球上进行复制操作，并将复制的材质更名为"橙色涂料"，更改其参数如图 10-71 所示。将设置好的材质指定给物体"涂料墙面 02"。

29 以同样的方法设置"红色涂料"，参数设置如图 10-72 所示，将设置好的材质指定给物体"涂料墙面 03"，此时对摄影机视图进行渲染，效果如图 10-73 所示。

30 最后设置另一种窗户玻璃材质。选择一个空白材质球，保持材质为"标准"材质，并将其命名为"玻璃 03"，具体参数设置如图 10-74 所示。

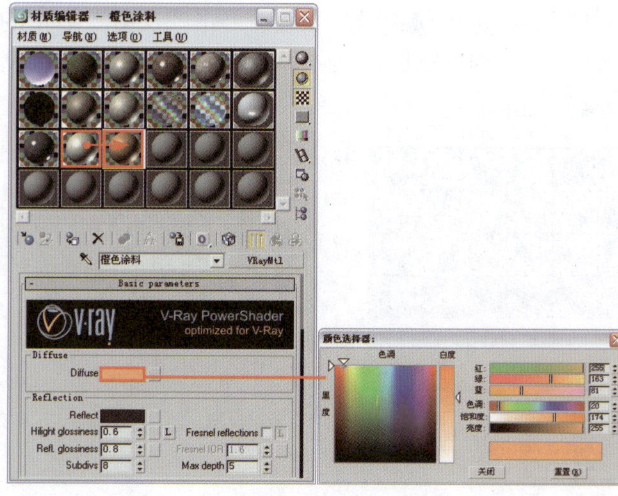

图 10-71

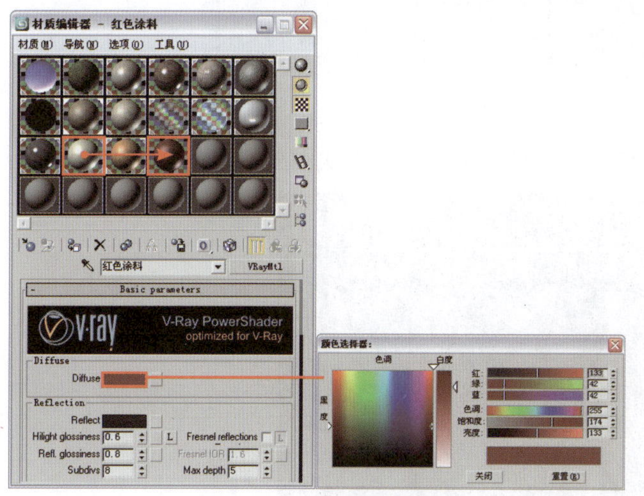

图 10-72

图 10-73

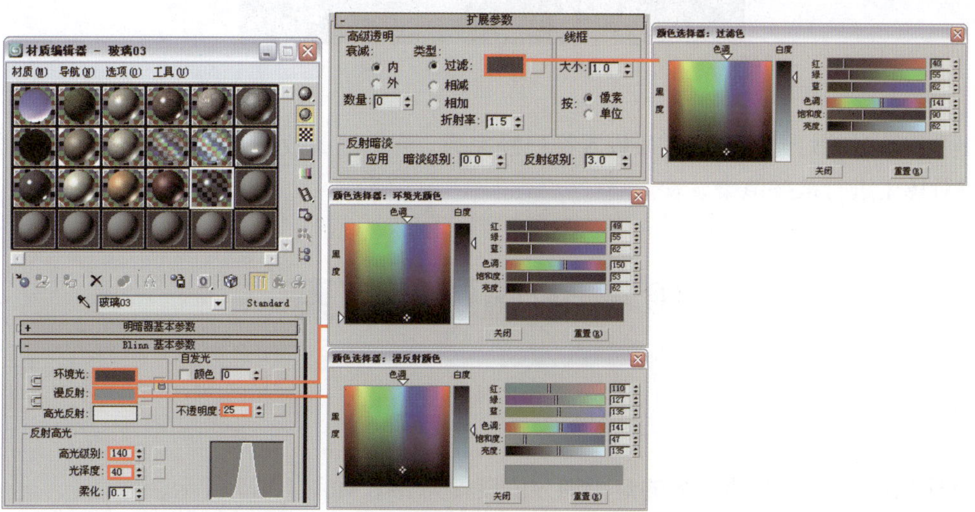

图 10-74

31 返回“标准”材质层级，进入 贴图 卷展栏，单击“反射”右侧的贴图通道按钮，为其添加一个“VRayMap”程序贴图，具体参数设置如图 10-75 所示。

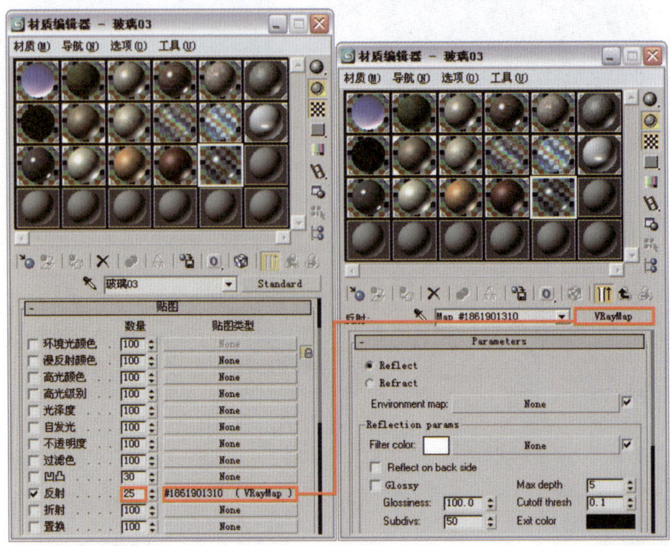

图 10-75

32 将设置好的材质指定给物体“清玻璃”，对摄影机视图再次渲染，效果如图 10-76 所示。

图 10-76

至此，场景的灯光测试和材质设置都已经完成，观察渲染效果，场景光线不需要再调整，下面将对场景进行最终渲染设置。

10.4 设置最终渲染

10.4.1 设置灯光细分参数

1 将模拟月光的目标平行光的灯光细分值设置为 24，如图 10-77 所示。

2 将所有的泛光灯的灯光细分值设置为 15，如图 10-78 所示。

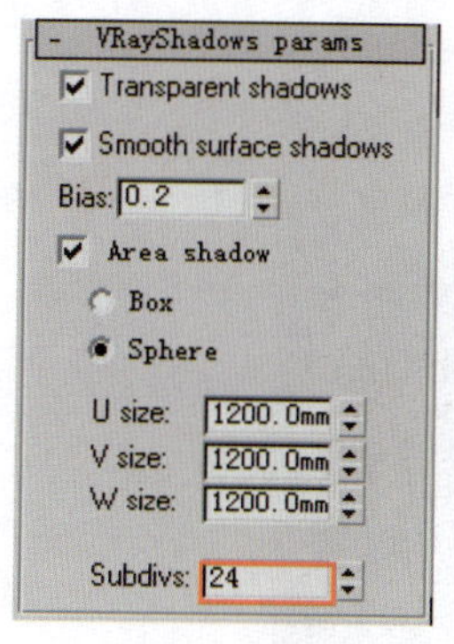

图 10-77

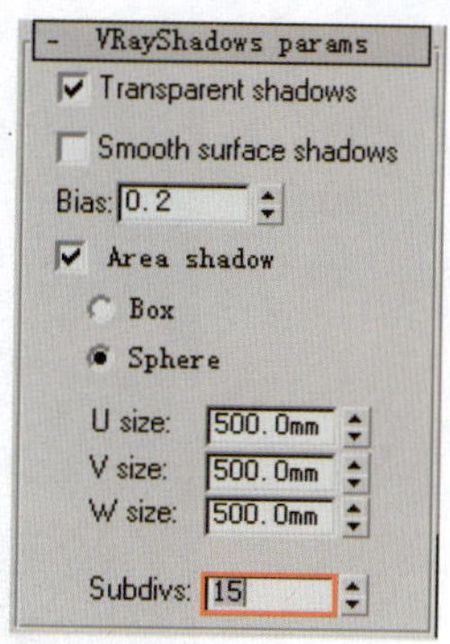

图 10-78

10.4.2 设置保存发光贴图和灯光贴图的渲染参数

① 进入 V-Ray:: Irradiance map （发光贴图）卷展栏，设置参数如图 10-79 所示。

② 在 V-Ray:: rQMC Sampler （准蒙特卡罗采样器）卷展栏中设置参数如图 10-80 所示，这是模糊采样设置。

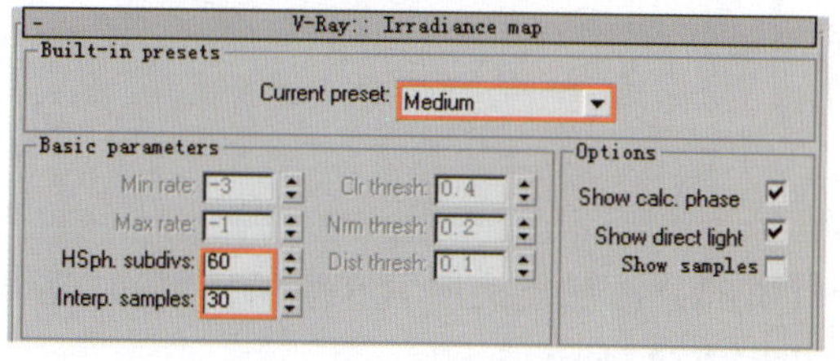

图 10-79

图 10-80

渲染级别设置完毕，最后设置保存发光贴图的参数并进行渲染即可。

10.4.3 渲染最终成品

最终成品渲染的参数设置如下。

① 当发光贴图计算完毕后，在“渲染场景”对话框中的“公用”选项卡中设置最终渲染图像的输出尺寸，如图 10-81 所示。

② 在 V-Ray:: Image sampler (Antialiasing) （抗锯齿采样）卷展栏中设置抗锯齿和过滤器，如图 10-82 所示。

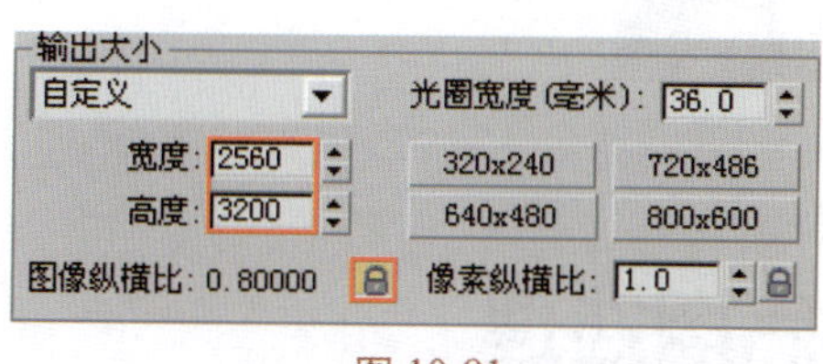

图 10-81

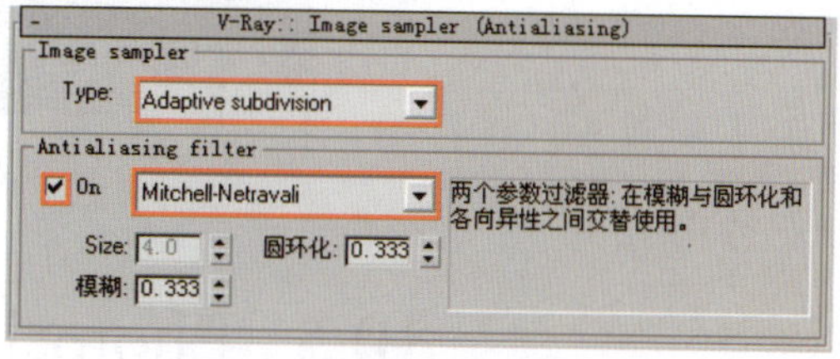

图 10-82

③ 为了方便在 Photoshop 中进行后期处理，将渲染结果保存为 TGA 格式的文件，最终渲染完成的效果如图 10-83 所示。

图 10-83

小贴士

TGA 格式的输出文件在通道中会自动保存一个场景物体的通道图，这可以帮助我们在后期处理中非常方便地进行文件背景的分离。

10.4.4 通道渲染

为了在后期处理时能够快速方便地分离各个材质部分，在此按照第 9 章所讲解的方法，渲染一张和最终效果图一样大小的通道图，效果如图 10-84 所示。

图 10-84

10.5 Photoshop后期处理

此夜景高层商业楼的后期制作在整个制作过程中占的比例较大，渲染的图需要在后期中进行调整，对画面的效果进行加强，然后是布置配景和树木，这些都是很耗费时间的工作，尤其是水面夜景喷泉的效果，需要在后期中进行完成，还有夜景的灯光照明效果，都要进行调整和补充。这些一定要做得很细致，在制作过程中还要把握好色调与画面的关系。

10.5.1 初步处理画面

① 在 Photoshop CS3 中打开渲染图及通道图（在 Photoshop 中可以同时打开多个文件），如图 10-85 所示。

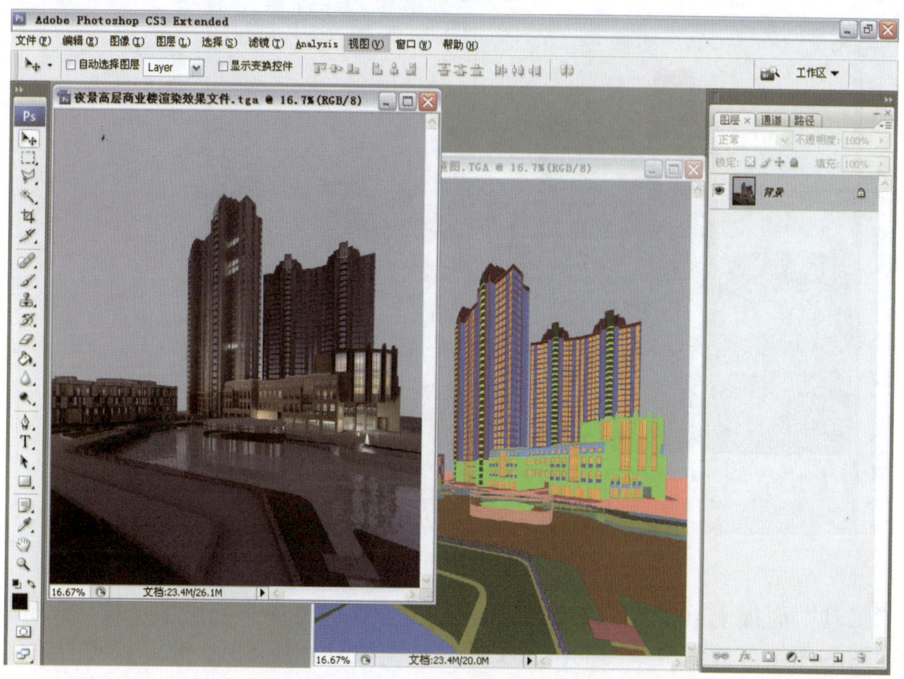

图 10-85

② 首先将建筑与背景分离。选择渲染效果文件，按 M 键或者选择【框选工具】，在屏幕上单击鼠标右键，从弹出的快捷菜单中选择“载入选区”命令，在弹出的“载入选区”对话框中单击“确定”按钮后，如图 10-86 所示。

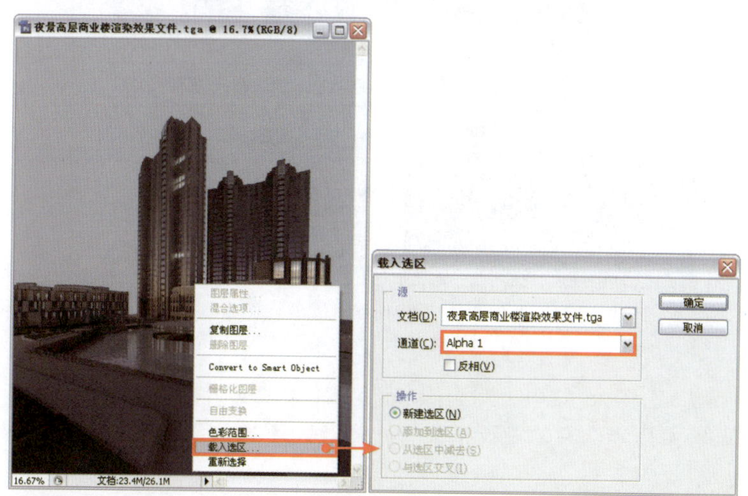

图 10-86

③ 如上操作后，会看到图像中的建筑部分被单独选择出来了，按 Ctrl+J 键（通过拷贝的图层）将选区内容复制到一个新图层中，并将图层命名为“建筑”，对通道文件执行同样的操作，使其通道部分与背景分离，如图 10-87 所示。

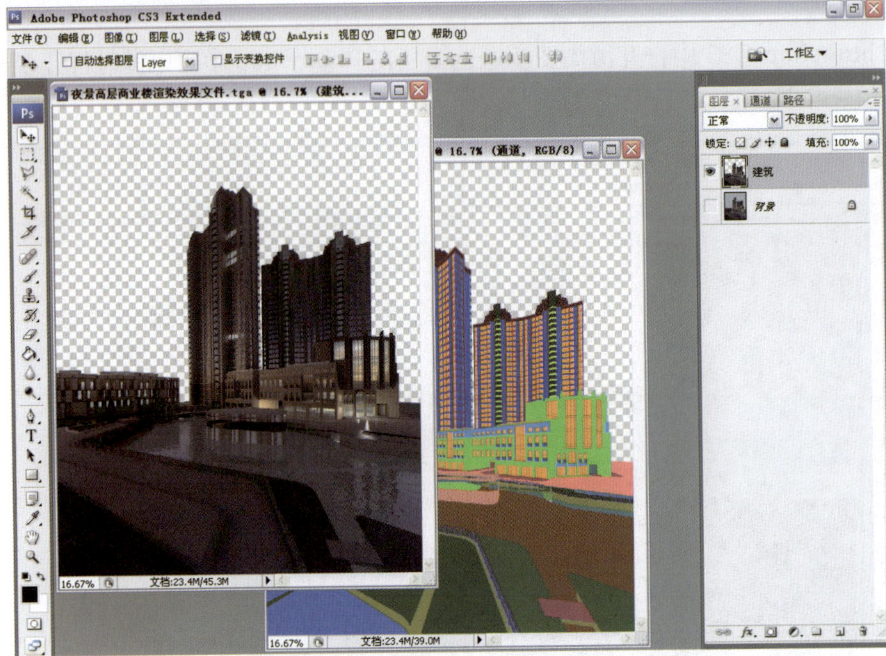

图 10-87

④ 在“工具”面板上单击（移动工具）按钮，在通道图中的图像上按住鼠标左键，将通道图的图像拖放到渲染图的图像文件中，拖放时按住 Shift 键可以使图像自动对齐，如图 10-88 所示。

图 10-88

小贴士

接下来的操作都会在渲染效果文件中进行，通道文件在执行完上述操作后就可以关闭了。

⑤ 下面首先为图像整体确定一个大的基调，首先为图像添加背景天空。打开本书配套光

盘提供的“第 10 章夜景高层商业楼 \ 贴图 \sky056.jpg”文件，将其拖放到“建筑”图层下方，并将其图层命名为“背景天空”，注意在图像中调整其位置，如图 10-89 所示。

图 10-89

6 下面在远景处添加一些配景建筑。打开本书配套光盘提供的“第 10 章夜景高层商业楼 \ 贴图 \ 建筑配景 .psd”文件，将其拖放到当前处理文件的图层所示位置，并将其图层命名为“建筑配景”，调整其位置如图 10-90 所示。

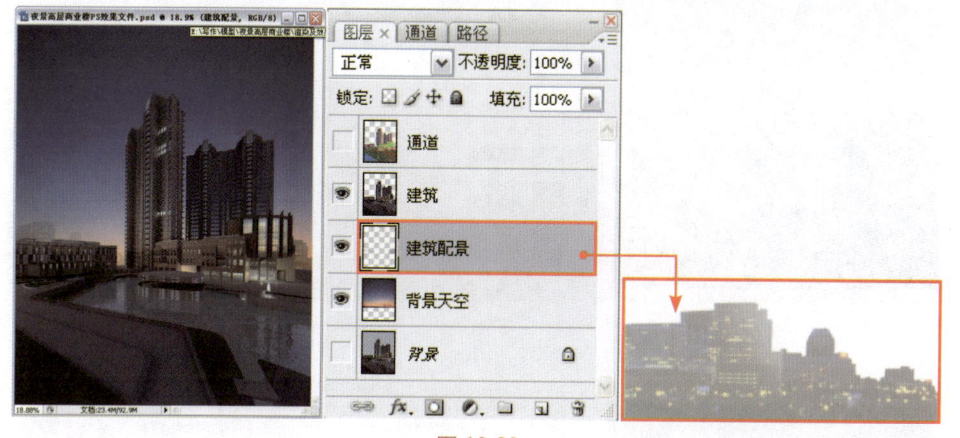

图 10-90

小贴士

在添加建筑配景时，可以对配景素材进行复制操作，使同一个素材用在多个地方，但要注意调整其位置、大小和颜色等，使其在视觉上不要造成重复。

7 下面添加一些远景的树木。打开本书配套光盘提供的“第 10 章夜景高层商业楼 \ 贴图 \ 树木 001.psd”文件，将其拖放到当前处理文件的图层所示位置，并将图层命名为“远景树”，调整其位置如图 10-91 所示，最后调整当前图层的“不透明度”为“90%”。

8 通过观察可以发现建筑整体对比不够，玻璃的质感也不好，下面将进一步调整建筑的整体效果。在“建筑”图层的菜单栏中选择“图层”|“新建调整图层”|“亮度 / 对比度”命令，对当前图层新建一个“亮度 / 对比度 1”调整图层，设置参数如图 10-92 所示。

9 在“建筑”图层，通过通道创建建筑窗玻璃选区，按 Ctrl+J 键复制玻璃为单独的图层，将其图层命名为“玻璃”，然后选择“图层”|“新建调整图层”|“色彩平衡”命令，

对当前图层新建一个“色彩平衡 1”调整图层，设置参数如图 10-93 所示。

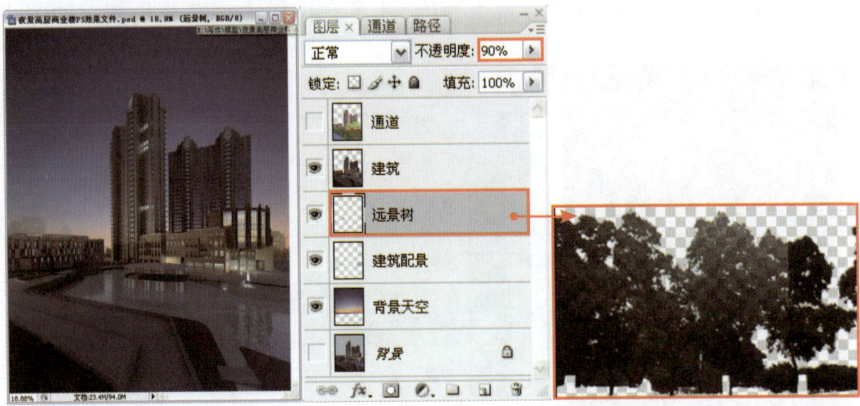

图 10-91

图 10-92

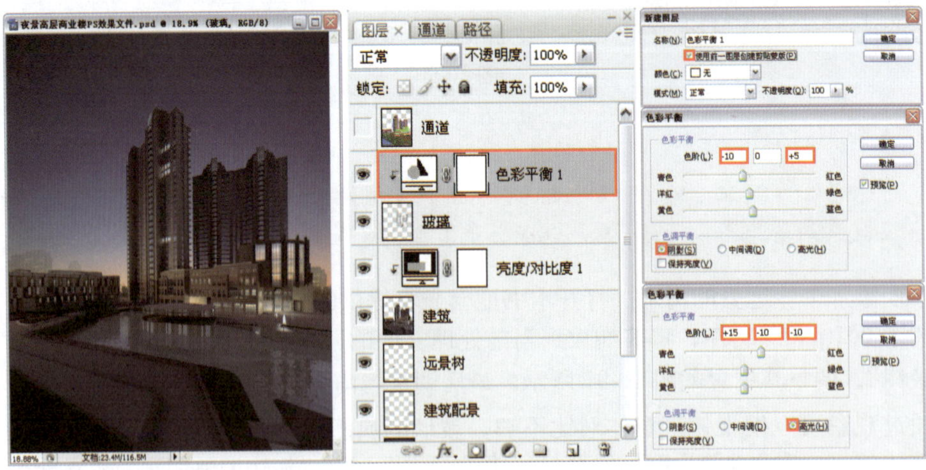

图 10-93

10 下面在远景处添加一些配景植物，使建筑地面和背景天空很好地衔接起来。打开本书配套光盘提供的“第 10 章夜景高层商业楼 \ 贴图 \023.psd”文件，将其拖放到当前处理文件的图层所示位置，并将其图层命名为“绿植 1”，调整其位置如图 10-94 所示。

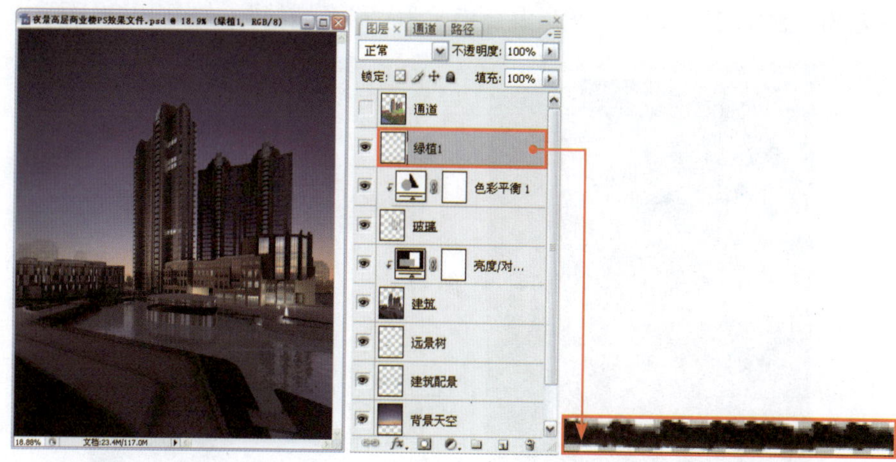

图 10-94

10.5.2 添加水面配景

此夜景高层商业楼的一大亮点就是人工湖及其上面的水上喷泉和娱乐场，这也是后期处理的难点和重点。

1. 首先为人工湖添加一些水面的倒影效果。打开本书配套光盘提供的“第 10 章夜景高层商业楼\贴图\倒影.psd”文件，将其拖放到当前处理文件的图层所示位置，并将其图层命名为“倒影”，使用工具栏中的【套索工具】、【移动工具】、【仿制图章工具】和【橡皮擦工具】对倒影层进行复制和擦除等修改，效果如图 10-95 所示。

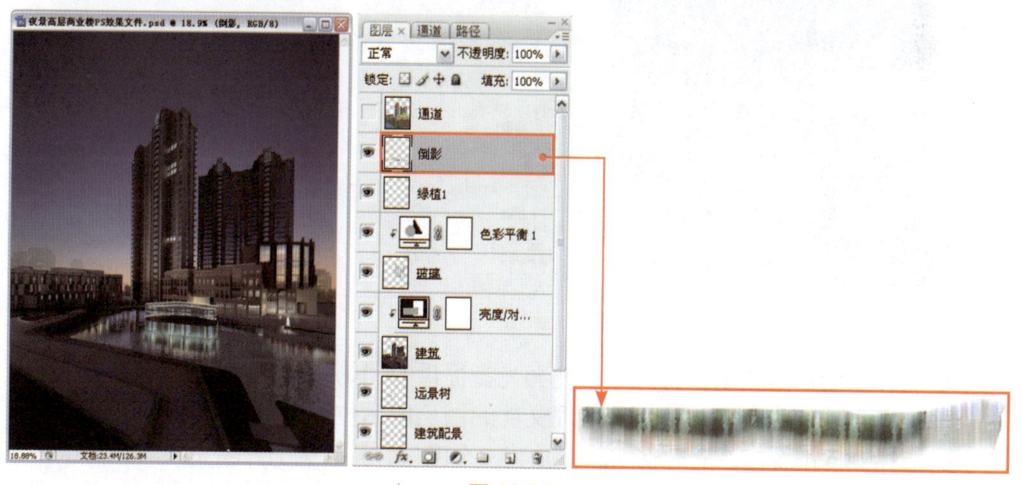

图 10-95

> **小贴士**
> 在倒影的制作过程中，可以使用多个图层进行叠加，最后再将其合并为一个图层。

2. 下面为水面添加一些灯光效果。打开本书配套光盘提供的“第 10 章夜景高层商业楼\贴图\灯 001.psd”文件，将其拖放到当前处理文件的图层所示位置，然后对其进行复

制操作，复制灯光时要注意透视、大小和灯光颜色等，最后将它们合并为一个图层，并命名为“水面灯”，设置其图层混合模式为“颜色减淡”，如图 10-96 所示。

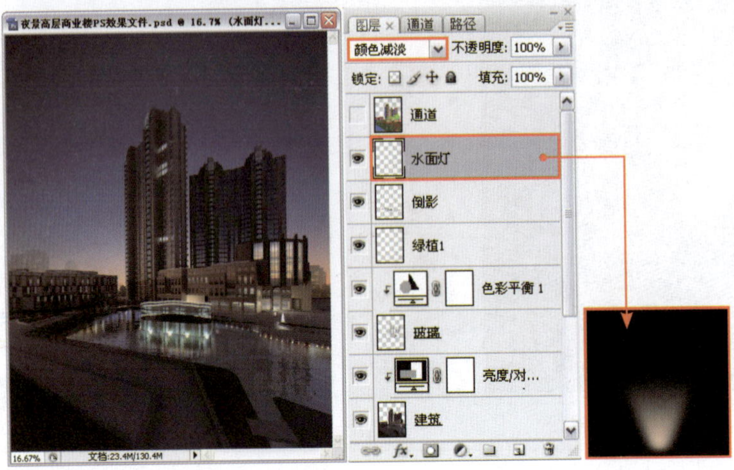

图 10-96

③ 打开本书配套光盘提供的“第 10 章夜景高层商业楼 \ 贴图 \025.psd”文件，将其拖放到当前处理文件的图层所示位置，并将当前图层命名为“水帘”，调整其位置和大小，如图 10-97 所示。

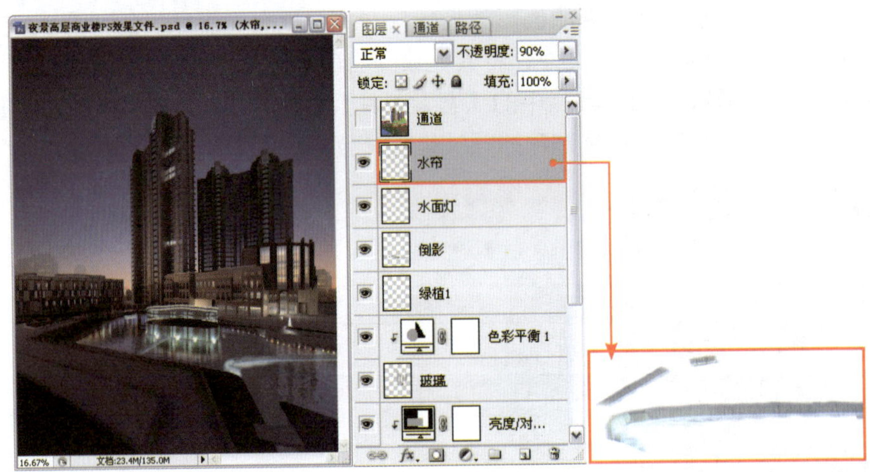

图 10-97

④ 下面制作水面喷泉效果。打开本书配套光盘提供的“第 10 章夜景高层商业楼 \ 贴图 \ 喷泉 .psd”文件，将其拖放到当前处理文件的图层所示位置，然后对其进行复制操作，复制时要注意透视关系，最后将它们合并为一个图层，并命名为“喷泉”，如图 10-98 所示。

⑤ 单击“图层”面板下方的 （创建新的图层）按钮新建一个图层，并将其命名为“舞台灯光”，然后使用工具栏中的【渐变工具】和【画笔工具】选择合适的渐变预设和画笔笔触，在当前图层上绘制如图 10-99 所示效果。

小贴士

在绘制时，同类的灯光可以先绘制一个完整的，然后再通过复制产生其余灯光。复制时要注意调整透视关系，可以使用“自由变换”命令对其进行调整。

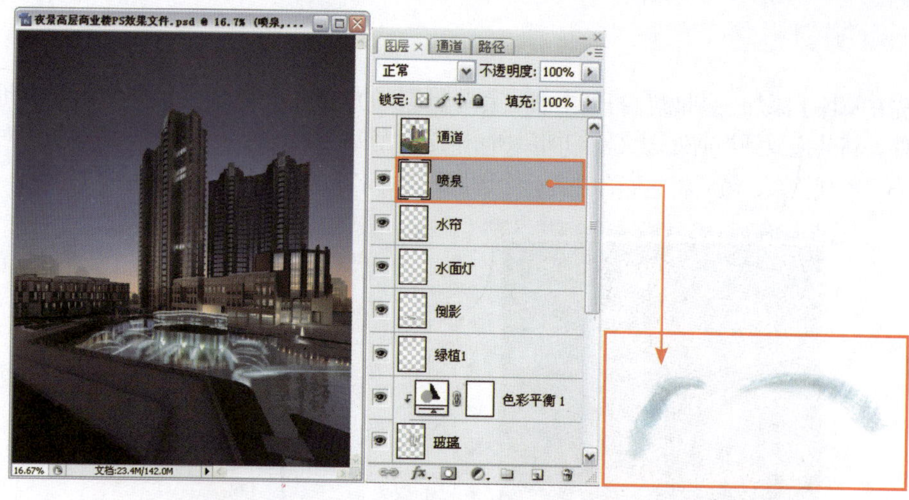

图 10-98

图 10-99

⑥ 在“舞台灯光”图层上将当前图层的图层混合模式设置为“颜色减淡”，如图 10-100 所示。

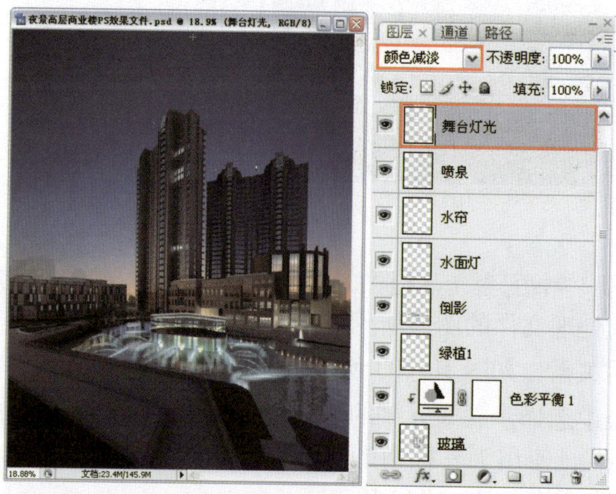

图 10-100

10.5.3 添加其他配景

① 首先在草坪上添加一些地灯。打开本书配套光盘提供的“第10章夜景高层商业楼\贴图\地灯.psd”文件，将其拖放到当前处理文件的图层所示位置，然后对其进行复制操作，复制灯光时要注意大小、透视关系，最后将它们合并为一个图层，并命名为“地灯1”，如图10-101所示。

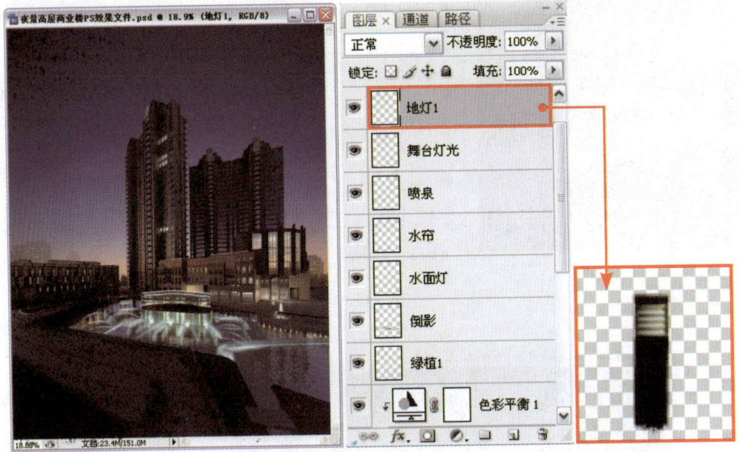

图 10-101

② 然后在人工湖的湖堤上添加一些地灯。单击“图层”面板下方的（创建新的图层）按钮新建一个图层，并将其命名为“地灯2”。使用工具栏中的【画笔工具】并选择合适的笔触，在当前图层上绘制地灯，使用【矩形选框工具】和【移动工具】进行复制，要注意大小、透视关系，如图10-102所示。

图 10-102

③ 添加休闲椅。打开本书配套光盘提供的“第10章夜景高层商业楼\贴图\椅子.psd”文件，将其拖放到当前处理文件的图层所示位置，然后对其进行复制操作，复制时要注意大小、透视关系和前后关系，如图10-103所示。

④ 在“图层”面板中选择步骤3复制的所有椅子图层，按Ctrl+E键全部合并，并将新图层命名为“椅子”，使用工具栏中的【多边形套索工具】选择被路沿遮挡的部分，按Delete键进行删除，如图10-104所示。

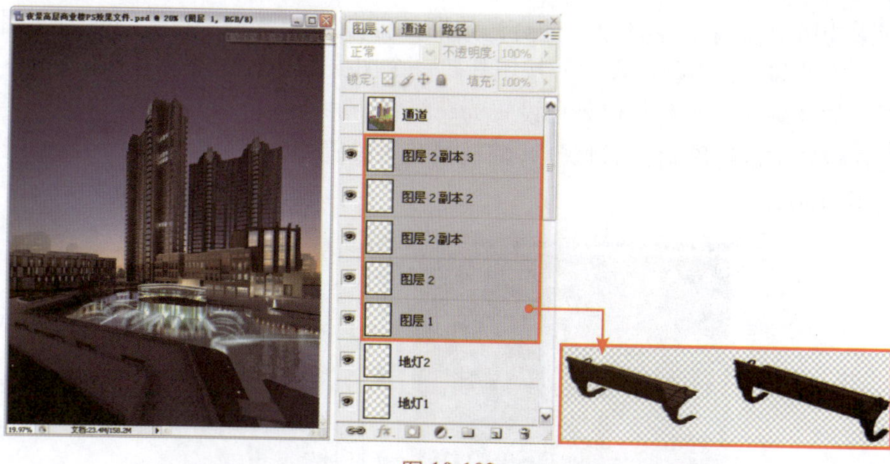

图 10-103

图 10-104

5 下面为建筑前的草坪上添加几棵树。打开本书配套光盘提供的“第 10 章夜景高层商业楼\贴图\树木002.psd”文件，将其逐个拖放到当前处理文件的图层所示位置，调整其大小和位置，最后将刚才建立的图层合并为一个图层，并将新图层命名为“树”，如图 10-105 所示。

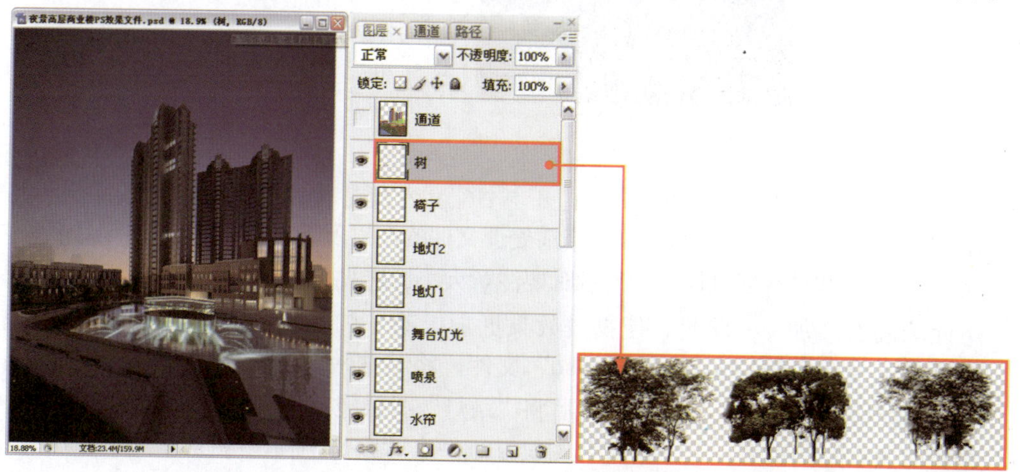

图 10-105

6 下面来为树木、商业门店添加一些灯光效果，使其光照更接近于夜晚的效果。单击“图层”面板下方的（创建新的图层）按钮新建一个图层，并将其命名为“灯光 1”。使用工具栏中的【画笔工具】将前景色设置为草绿色，并选择合适的笔触，在当前图层的树木所在位置上进行绘制，绘制好后，将前景色再设置为橙黄色，在商业门店的门口绘制，如图 10-106 所示。

图 10-106

7 在“灯光 1”图层上将当前图层的图层混合模式设置为“颜色减淡”，并将“填充”设置为 70%，如图 10-107 所示。

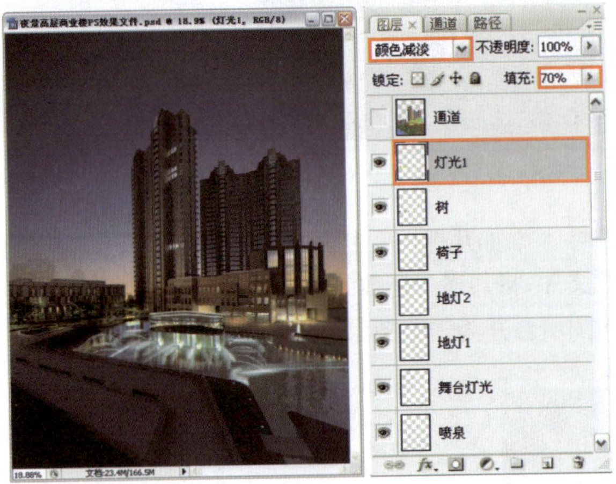

图 10-107

8 接着为椅子的后面添加一些花坛。打开本书配套光盘提供的“第 10 章夜景高层商业楼\贴图\花坛 .psd”文件，将其拖放到当前处理文件的图层所示位置，并将其图层命名为“花坛”，然后对其进行复制操作，复制时要注意大小、透视关系，如图 10-108 所示。

9 下面为画面添加一些路灯，使夜景效果更加生动。打开本书配套光盘提供的“第 10 章夜景高层商业楼\贴图\路灯 .psd”文件，将其拖放到当前处理文件的图层所示位置，并将其图层命名为“路灯”。然后将“路灯”图层拖曳到“图层”面板下方的（创建新的图层）按钮上，对“路灯”图层复制一个“路灯 副本”图层，这个图层后面将用作路灯的阴影效果，如图 10-109 所示。

图 10-108

图 10-109

10 在“路灯 副本”图层，按 Ctrl+T 键对路灯物体进行自由变换操作，使路灯物体向左上方扭曲。然后再按 Ctrl+U 键打开“色相 / 饱和度”命令，设置参数如图 10-110 所示。

图 10-110

11 在“图层”面板中将“路灯 副本”图层拖曳到“路灯”图层的下方，使阴影处于物体

路灯的下面。然后在“路灯 副本”图层上选择“滤镜”|“模糊”|“高斯模糊”命令，在打开的“高斯模糊”对话框中设置参数如图 10-111 所示，并将其图层混合模式设置为“柔光”，图层的“不透明度”设置为 85%。

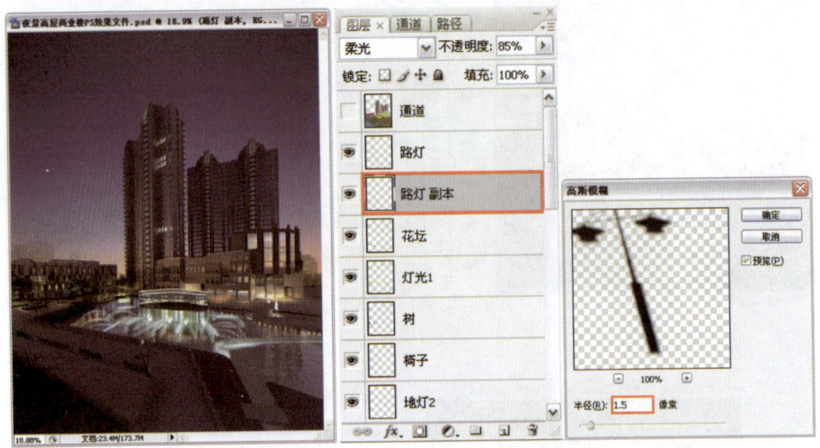

图 10-111

⑫ 将“路灯”和“路灯 副本”图层合并为“路灯”层，然后使用工具栏上的【移动工具】和【框选工具】对其进行复制，复制时要注意大小、透视关系，如图 10-112 所示。

图 10-112

⑬ 使用工具栏上的【橡皮擦工具】对“路灯”图层进行修饰性擦除，使阴影更加生动真实，效果如图 10-113 所示。

图 10-113

14 下面为画面添加一些人物，使其更加生动，也更能突出建筑物的功能。单击图层“地灯 2”，使其成为当前图层。打开本书配套光盘提供的“第 10 章夜景高层商业楼 \ 贴图 \ 人物 .psd”文件，将其拖放到当前处理文件的图层所示位置，注意调整素材的饱和度、亮度以及大小、透视，然后按照前面给路灯制作阴影的方法给人物添加阴影，最后将人物图层全部合并，并将新图层命名为“人物”，如图 10-114 所示。

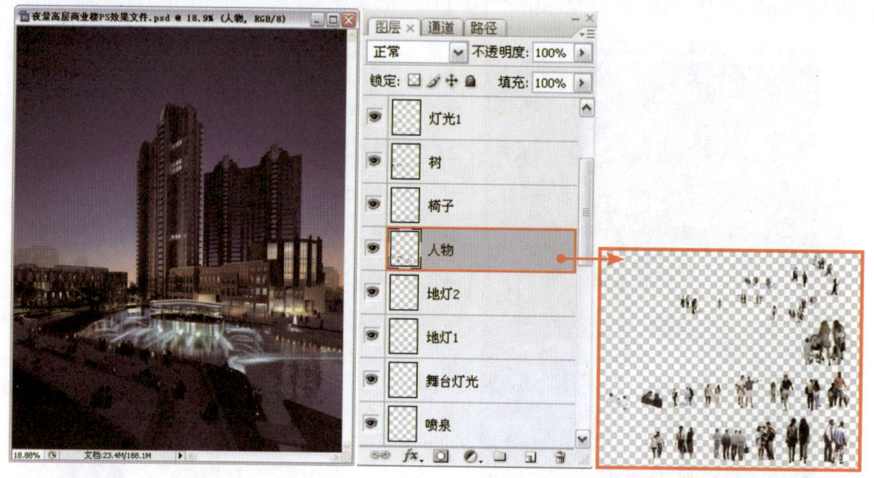

图 10-114

小贴士

在效果图的后期处理中，人物的选择和放置都是很有讲究的，恰如其分的人物布置可以对画面起到画龙点睛的作用。所以在人物的选择和放置时一定要根据当前场景的功用，使人物完全服务于场景，尤其要注意人物的服饰、表情、动作和阴影等，绝对不能造成画面各部分相互矛盾。

15 下面为近景处添加角树。单击“路灯”图层，使其成为当前图层。打开本书配套光盘提供的“第 10 章夜景高层商业楼 \ 贴图 \ 树木 003.psd”文件，将其拖放到当前处理文件的图层所示位置，注意调整素材的大小、透视关系，并将图层命名为“角树”，如图 10-115 所示。

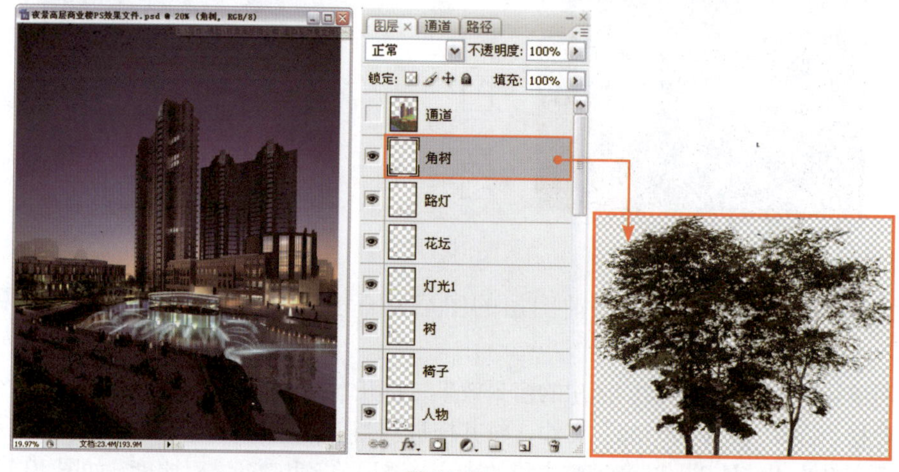

图 10-115

10.5.4 调整画面局部

① 从画面效果可以看到，高层商业楼的窗玻璃有点单调，效果不是很好，下面就进行调整。打开本书配套光盘提供的“第 10 章夜景高层商业楼 \ 贴图 \ 窗景 001.psd”文件，将其拖放到当前处理文件的图层所示位置，注意调整素材的大小、透视关系，最后合并为一个图层并命名为“窗景 1”，如图 10-116 所示。

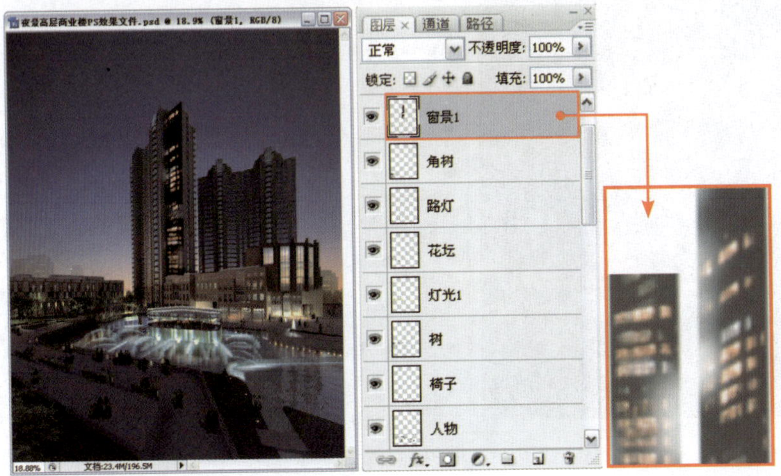

图 10-116

② 利用“通道”图层对高层商业楼的窗户部分建立选区，然后单击“窗景 1”图层，使其成为当前图层，再单击“图层”面板下方的 （添加图层蒙版）按钮，为其添加一个图层蒙版，如图 10-117 所示。

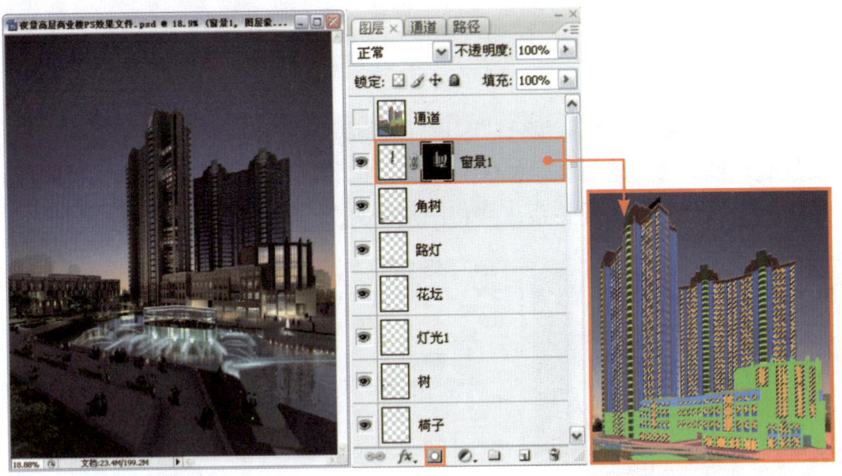

图 10-117

③ 在图层“窗景 1”上设置当前图层的图层混合模式为“滤色”，并设置“填充”为 75%，如图 10-118 所示。

④ 下面继续制作高层商业楼门面房的窗景效果。打开本书配套光盘提供的“第 10 章夜景高层商业楼 \ 贴图 \ 窗景 056.jpg”文件，将其拖放到当前处理文件的图层所示位置，并将当前图层命名为“窗景 2”，注意调整素材的大小、透视关系和亮度 / 对比度，如图 10-119 所示。

图 10-118

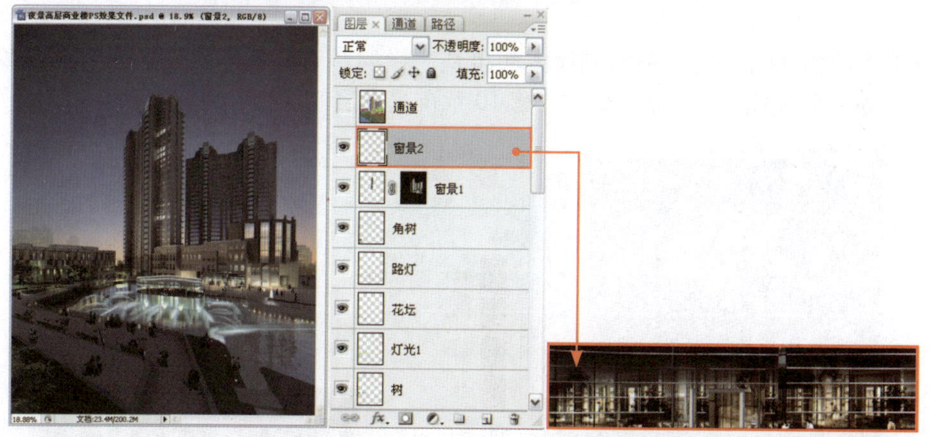

图 10-119

⑤ 利用"通道"图层对高层商业楼的一层门面玻璃部分建立选区，然后单击"窗景 2"图层，使其成为当前图层，再单击图层面板下方的 （添加图层蒙版）按钮，为其添加一个图层蒙版，最后再将当前图层的图层模式设置为"叠加"，图层的"不透明度"设置为 45%，如图 10-120 所示。

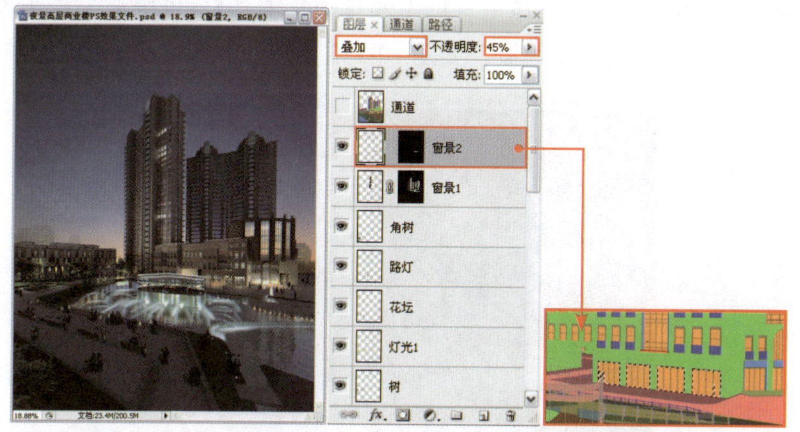

图 10-120

⑥ 再来制作高层商业楼一层入口处的窗景效果。方法同上，不再赘述，如图 10-121 所示。

素材文件为本书配套光盘提供的“第 10 章夜景高层商业楼 \ 贴图 \ 窗景 056.jpg”文件。

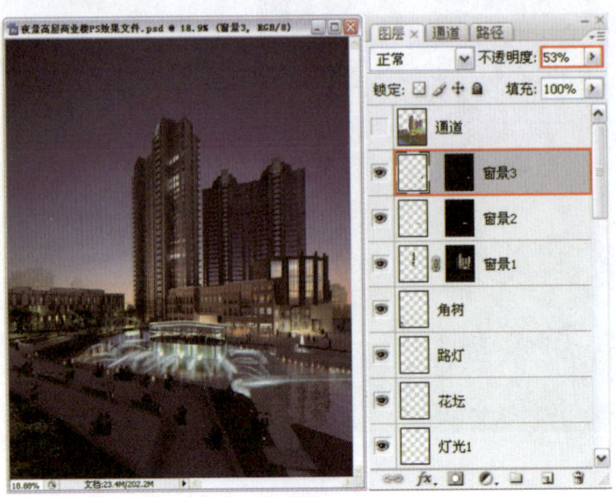

图 10-121

7 商业楼转角处的窗景效果的制作方法也是一样的，不再赘述，效果如图 10-122 所示。素材文件为本书配套光盘提供的“第 10 章夜景高层商业楼 \ 贴图 \MM0-M3.jpg”文件。

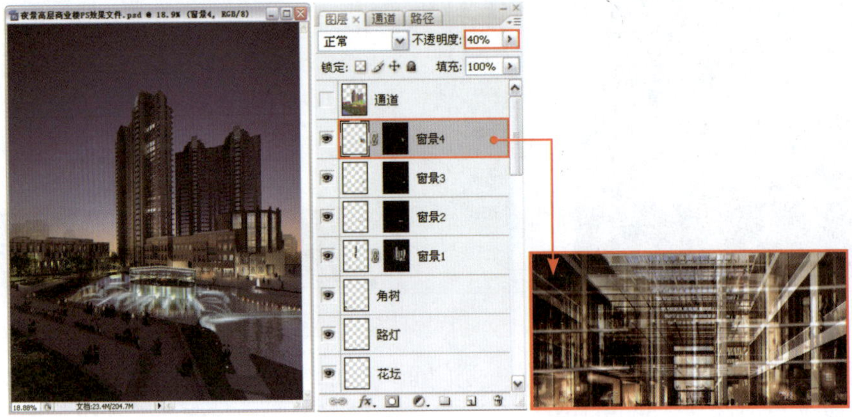

图 10-122

8 对场景进行灯光修饰。单击“图层”面板下方的 （创建新的图层）按钮新建一个图层，并将其命名为“灯光 2”。使用工具栏中的【画笔工具】，设置前景色为青色，并选择合适的笔触，在当前图层上绘制，如图 10-123 所示。

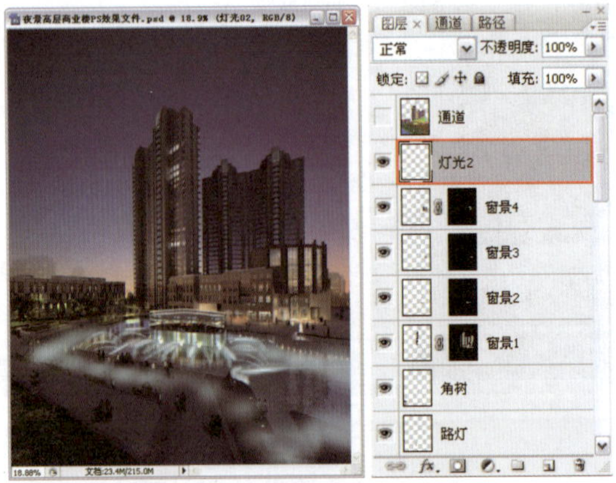

图 10-123

⑨ 在“灯光 2”图层上将当前图层的图层混合模式设置为“颜色减淡”，并将“填充”设置为 55%，如图 10-124 所示。

图 10-124

⑩ 单击“图层”面板下方的（创建新的图层）按钮再新建一个图层，并将其命名为“灯光 3”。使用工具栏中的【画笔工具】设置前景色为乳白色，并选择合适的笔触，在当前图层上绘制，如图 10-125 所示。

图 10-125

⑭ 在“灯光 3”图层上将当前图层的图层混合模式设置为“颜色减淡”，并将“不透明度”设置为 45%，如图 10-126 所示。

⑫ 新建一个图层，并将其命名为“灯光 4”。选择工具栏中的【画笔工具】，并选择合适的笔触，在当前图层上绘制，如图 10-127 所示。

⑬ 在“灯光 4”图层上将当前图层的图层混合模式设置为“强光”，并将“填充”设置为 45%，如图 10-128 所示。

⑭ 再新建一个图层，将其命名为“调色 1”，将工具栏上的前景色设置为如图 10-129 所示，

然后按 Alt+Delete 键用前景色对当前图层进行填充，并将当前图层的图层混合模式设置为“颜色加深”，将“填充”设置为 5%，效果如图 10-130 所示。

图 10-126

图 10-127

图 10-128

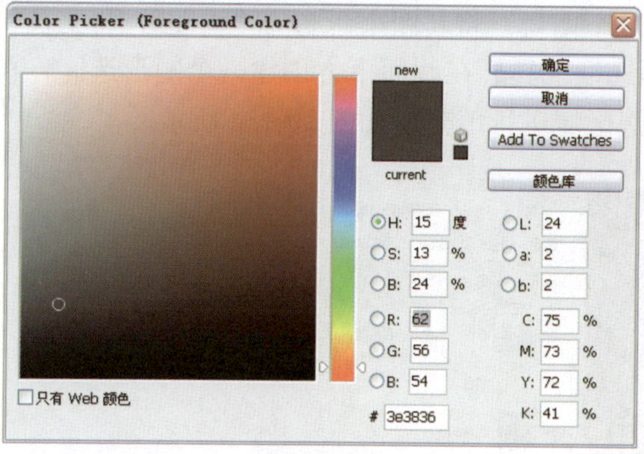

图 10-129

图 10-130

⑮ 再新建一个图层，将其命名为“调色 2”，将工具栏上的前景色设置为如图 10-131 所示，然后按 Alt+Delete 键用前景色对当前图层进行填充，并将当前图层的图层混合模式设置为“颜色减淡”，将“填充”设置为 12%，如图 10-132 所示。

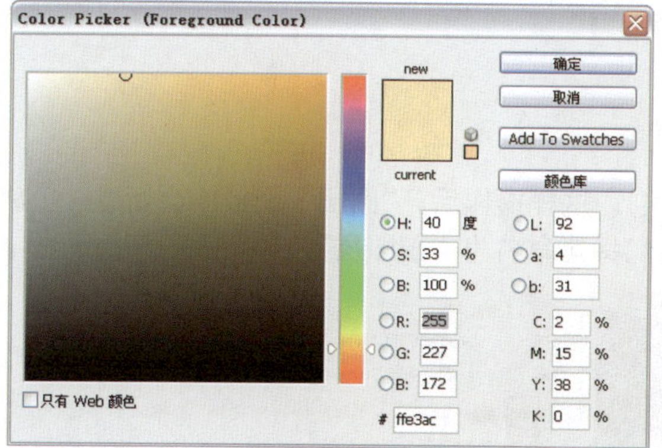

图 10-131

图 10-132

⑯ 提高画面整体的饱和度。单击“图层”面板下方的 (创建新的填充或调整图层) 按钮，在弹出的菜单中选择“色相 / 饱和度”命令，为其下方所有的图层添加一个调整蒙版，如图 10-133 所示。

图 10-133

⑰ 最后再来对画面的构图进行调整。新建一个图层，将其图层命名为“构图”，将工具栏中的前景色设置为黑色，然后用【矩形选框工具】在画面下方创建一个矩形选区，再按 Alt+Delete 键用前景色对当前图层所选区域进行填充，如图 10-134 所示。

图 10-134

10.5.5 调整画面整体

① 按 Ctrl+Shift+Alt+E 键（盖印可见图层），这样操作后，“图层”面板中会新建一个将所有可见图层合并在一起的新图层，我们将其命名为“盖印层”，如图 10-135 所示。

图 10-135

② 在刚才新建的“盖印层”上选择“图像”|“调整”|“亮度 / 对比度”菜单命令，对画面的亮度 / 对比度进行调整，参数设置如图 10-136 所示。

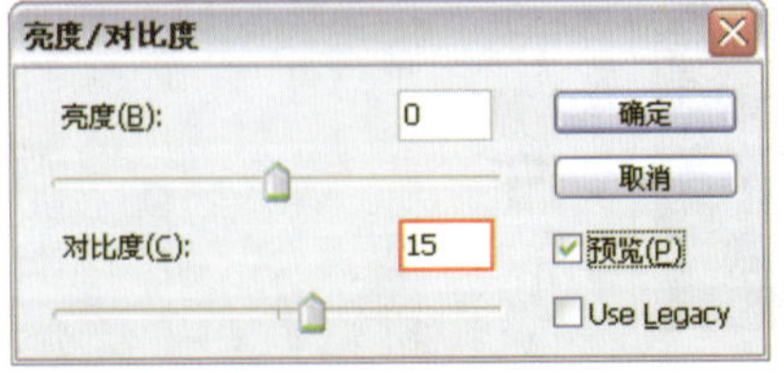

图 10-136

③ 在“盖印层”上按Ctrl+J键，对当前图层复制一个新的图层“盖印层 副本”，在“盖印层 副本”图层上选择“滤镜”|“模糊”|“高斯模糊”命令，在弹出的“高斯模糊”对话框中设置参数如图10-137所示。

图 10-137

④ 将“盖印层 副本”图层的图层混合模式设置为“叠加”，“不透明度”设置为30%，如图10-138所示。

图 10-138

⑤ 再按Ctrl+Shift+Alt+E组合键（盖印可见图层），然后将新建图层命名为“最终盖印层”，选择菜单栏中的“滤镜”|“锐化”|“USM锐化”命令，弹出“USM锐化”对话框，设置参数如图10-139所示。

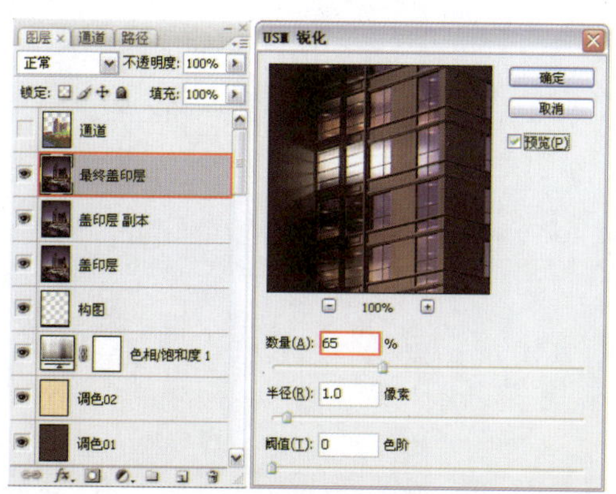

图 10-139

⑥ 至此，夜景高层商业楼后期效果已经处理完毕，按 Ctrl+S 组合键对其进行保存，最终效果如图 10-140 所示。

图 10-140

11

第 11 章 花园联排别墅群表现

11.1 花园联排别墅群空间简介

本章案例展示的是一个联排别墅群的表现效果，采用日景的表现手法，时间大约在下午14点左右。通过强烈的光照对比，井然有序的花园绿化，表现出一个和谐、舒适、安静的居住生活空间。案例效果如图 11-1 所示。

图 11-1

图 11-2 所示为住宅小区模型的线框效果图。

图 11-2

11.2 花园联排别墅测试渲染设置

打开配套光盘中的“第 11 章花园联排别墅群 \ 花园联排别墅源文件 .max”场景文件，如图 11-3 所示，可以看到这是一个已经创建好模型的联排别墅群场景，场景中物体材质相

同的部分已经塌陷或成组，并且场景中的摄影机也已经创建好。

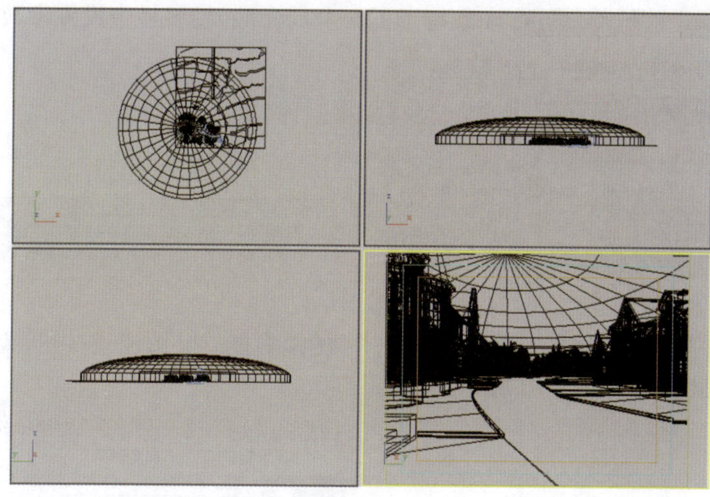

图 11-3

下面首先进行测试渲染参数设置，然后为场景布置灯光。

11.2.1 设置测试渲染参数

测试渲染参数的设置步骤如下。

1 按 F10 键打开“渲染场景”对话框，渲染器已经设置为 V-Ray Adv 1.5 RC3 渲染器，在 公用参数 卷展栏中设置较小的图像尺寸，如图 11-4 所示。

2 进入“渲染器”选项卡，在V-Ray:: Global switches （全局开关）卷展栏中的参数设置如图 11-5 所示。

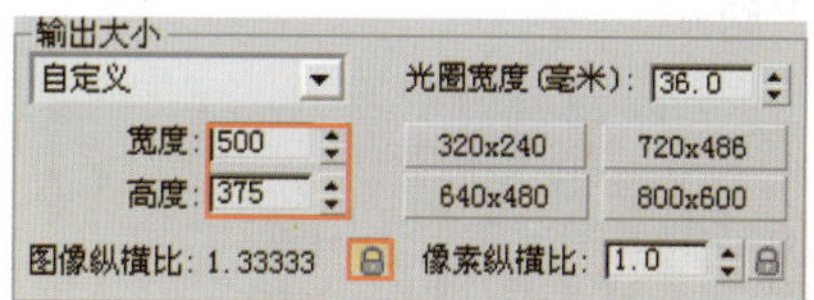

图 11-4

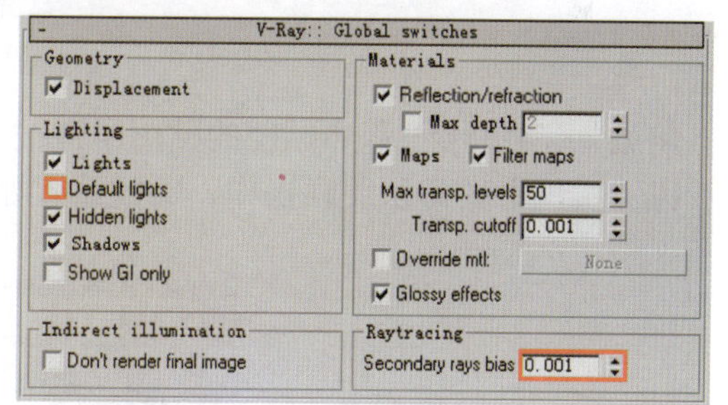

图 11-5

3 进入V-Ray:: Image sampler (Antialiasing)（抗锯齿采样）卷展栏中，参数设置如图 11-6 所示。

4 在V-Ray:: Indirect illumination (GI)（间接照明）卷展栏中设置参数如图 11-7 所示。

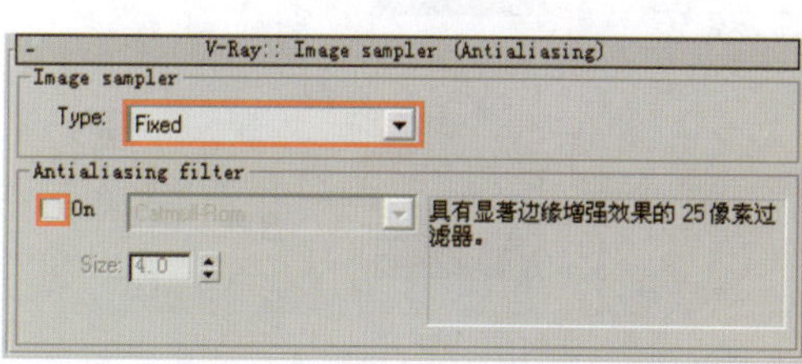

图 11-6

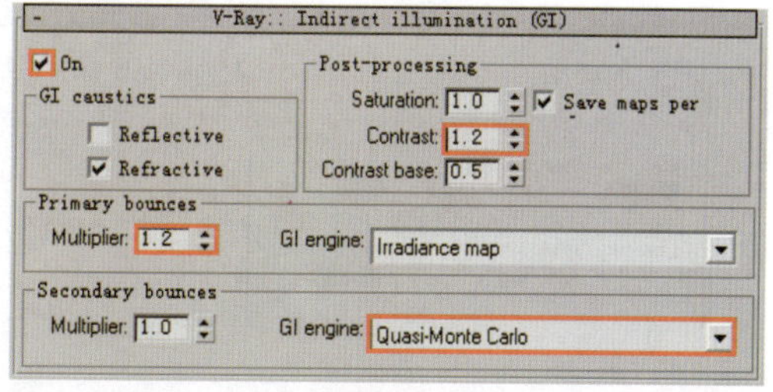

图 11-7

⑤ 在V-Ray:: Irradiance map（发光贴图）卷展栏中设置参数如图 11-8 所示。

⑥ 在V-Ray:: Quasi-Monte Carlo GI(准蒙特卡罗—全局光照)卷展栏中设置参数如图 11-9 所示。

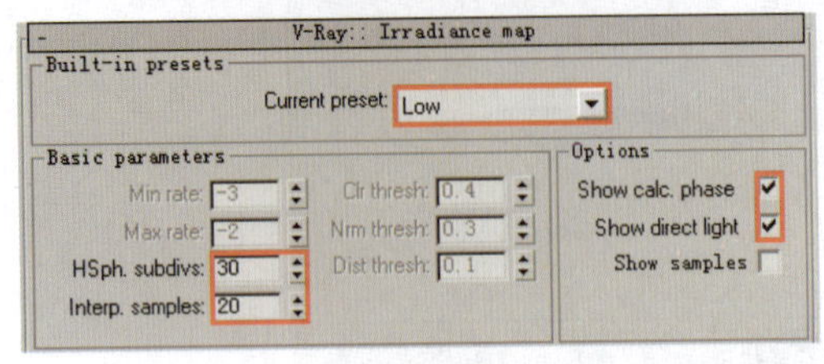

图 11-8

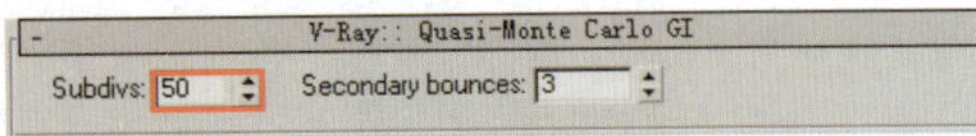

图 11-9

⑦ 按 8 键打开"环境和效果"对话框，单击"颜色"右侧的贴图通道按钮，为其添加一个"渐变"程序贴图，如图 11-10 所示。

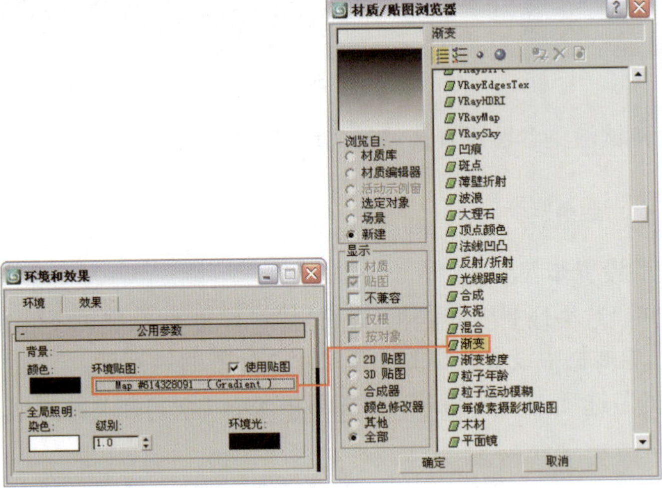

图 11-10

⑧ 将添加了"渐变"程序贴图的贴图通道按钮拖曳到"材质编辑器"的一个空白材质球中，以"实例"的方法关联操作，参数设置如图 11-11 所示。

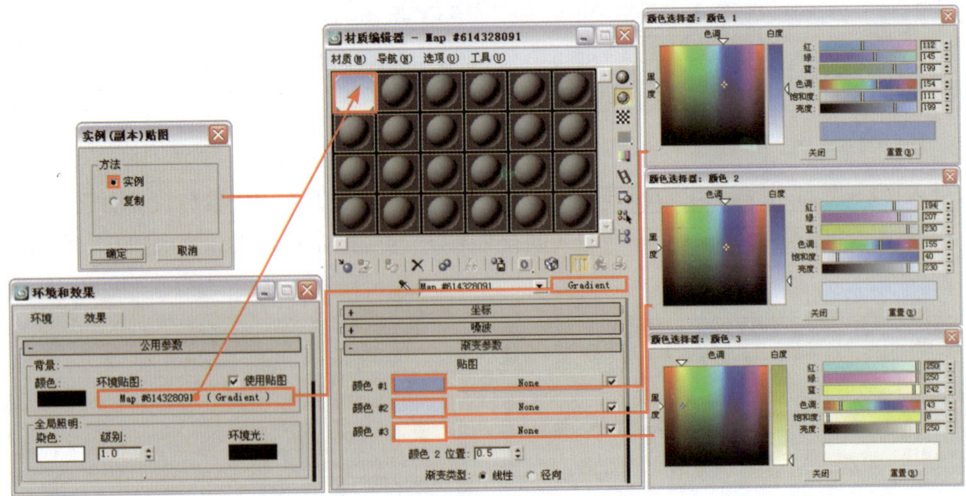

图 11-11

11.2.2 布置场景灯光

花园联排别墅场景要表现的是晴天下午时的室外效果，照明方面主要是环境光和日光。

① 首先创建室外的环境天光。本场景中的环境天光是通过将材质赋予到半球形物体上以达到模拟天光的效果，这样做的好处是既可以为场景提供一定的照明效果，还可以为那些具有反射材质的物体添加环境反射。按 M 键打开“材质编辑器”对话框，选择一个空白材质球，保持材质为“标准”材质，并将其命名为“天空环境”。单击“漫反射”右侧的贴图通道按钮，为其添加一个“位图”贴图，参数设置如图 11-12 所示。贴图文件为本书配套光盘提供的“sky-1.jpg”。

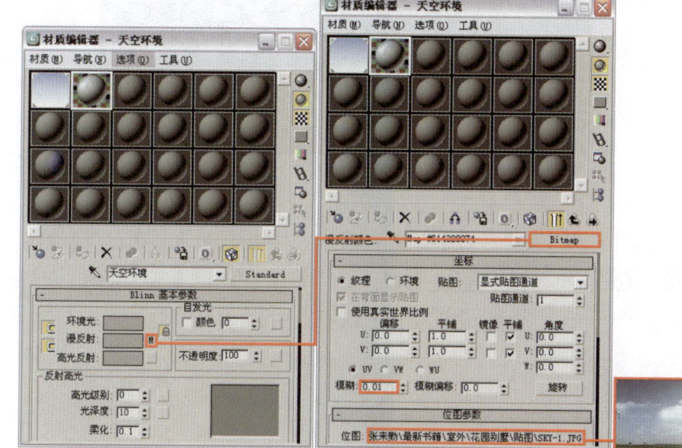

图 11-12

② 返回“标准”材质层级，进入 Maps 卷展栏，将“漫反射颜色”右侧的贴图通道按钮分别拖曳到“自发光”和“反射”右侧的贴图通道上，以“实例”的方法关联复制，参数设置如图 11-13 所示。

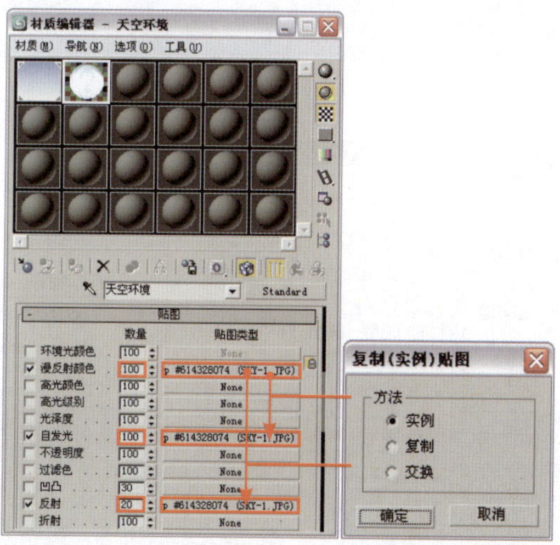

图 11-13

③ 将设置好的材质指定给物体“球天”，并在其上面单击鼠标右键，从弹出的快捷菜单中选择“对象属性”命令，打开“对象属性”对话框，设置其参数如图 11-14 所示。此

时对摄影机视图进行渲染，效果如图 11-15 所示。

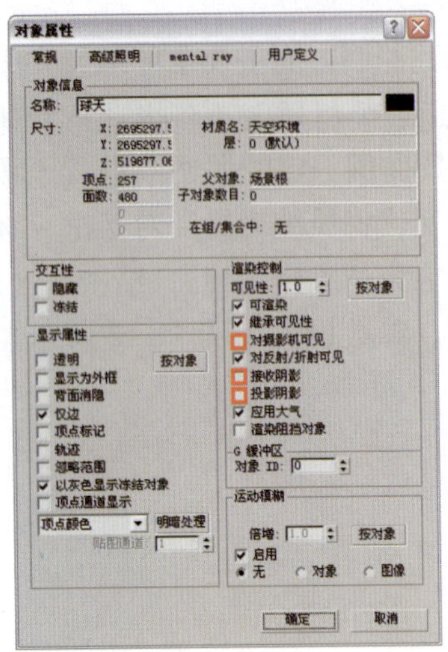

图 11-14

图 11-15

④ 下面创建室外的日光。单击（创建）按钮进入创建命令面板。单击（灯光）按钮，在下拉菜单中选择“标准”选项，然后在 对象类型 卷展栏中单击 目标平行光 按钮，在如图 11-16 所示位置创建一盏目标平行光，参数设置如图 11-17 所示。

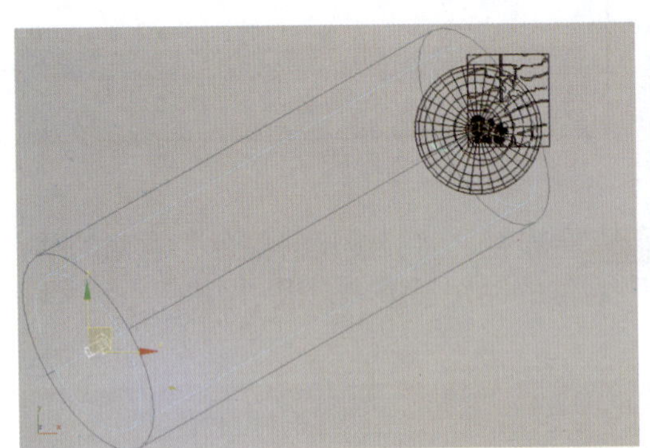

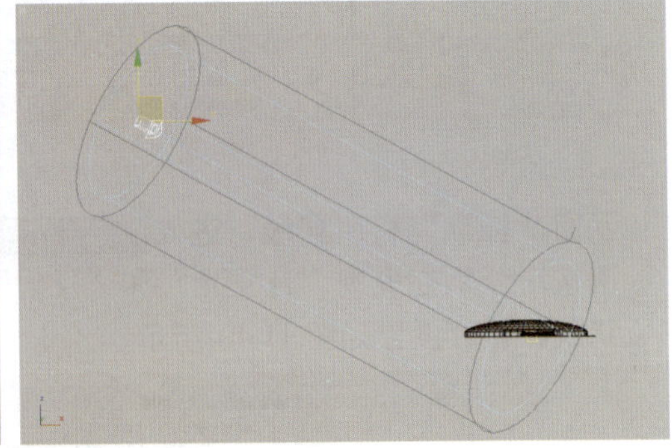
图 11-16

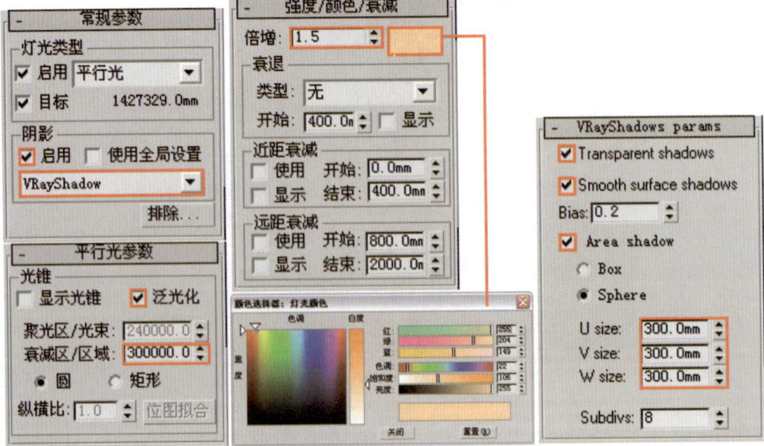

图 11-17

⑤ 因物体“球形环境”遮住了建筑及地面部分，为了使目标平行光能够直接照射到建筑上，产生正确的光照效果，下面将对目标平行光进行设置，排除物体“球天”对目标平行光的遮挡。在目标平行光的 常规参数 卷展栏中单击 排除... 按钮，在弹出的“排除\包含”对话框中进行参数设置，如图 11-18 所示。对摄影机视图进行渲染，此时效果如图 11-19 所示。

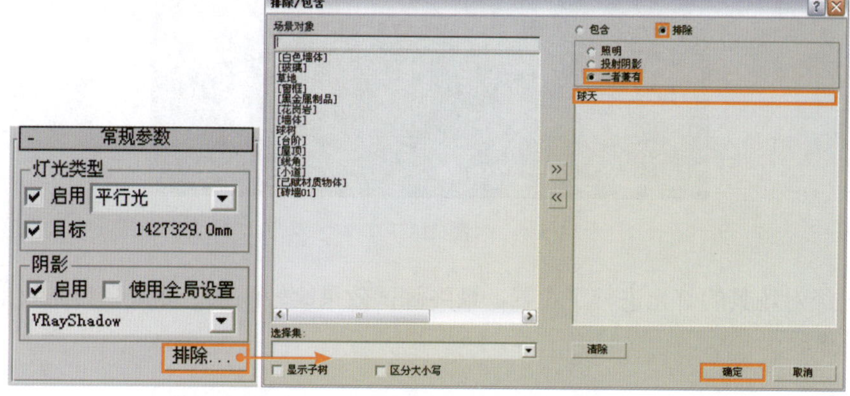

图 11-18

图 11-19

小贴士

从渲染效果中可以看到场景的受光面出现了严重的曝光现象，下面将通过改变曝光类型来解决这个问题。

⑥ 在“渲染场景”对话框的“渲染器”选项卡中进入 V-Ray:: Color mapping（颜色映射）卷展栏，对其参数进行设置，如图 11-20 所示。再次进行渲染，效果如图 11-21 所示。

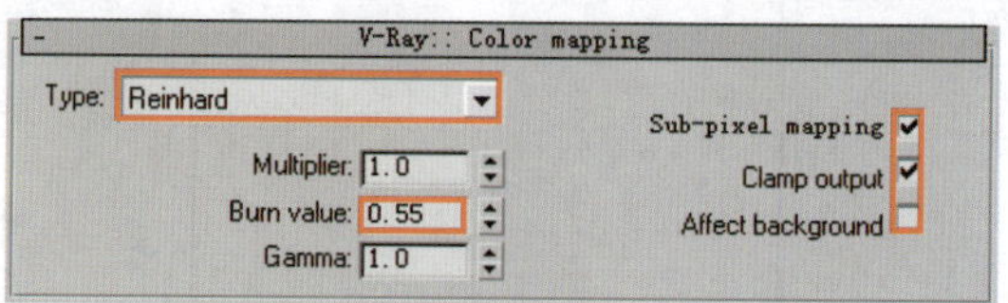

图 11-20

图 11-21

上面已经对场景的灯光进行了布置，最终测试效果比较满意。测试完灯光效果后，下面进行材质设置。

11.3 设置场景材质

经过上面的灯光布置，场景中已经有了比较理想的照明，借助它们就可以开始制作场景的材质了。为了提高设置场景材质时的测试渲染速度，可以在灯光布置完毕后对测试渲染参数下的发光贴图和灯光贴图进行保存，然后在设置场景材质时调用保存好的发光贴图和灯光贴图进行测试渲染，从而提高渲染速度。在本场景的材质制作过程中主要用到了 3ds max 自带的标准材质和 VRay 专业材质。

① 设置地面草坪材质。按 M 键打开"材质编辑器"对话框，选择一个空白材质球，保持材质为"标准"材质，并将其命名为"草坪"。单击"漫反射"右侧的贴图通道按钮，为其添加一个"位图"贴图，具体参数设置如图 11-22 所示。贴图文件为本书配套光盘提供的"grass.jpg"。

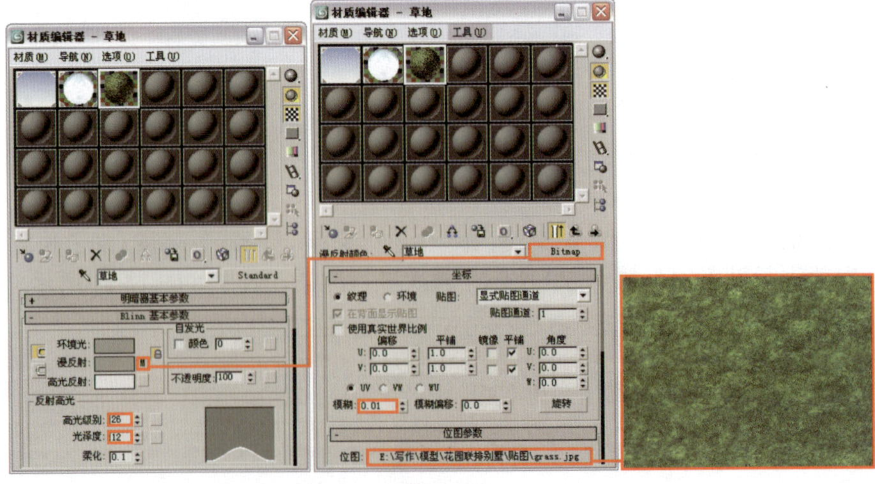

图 11-22

② 返回“标准”材质层级，进入 Maps 卷展栏，将“漫反射颜色”右侧的贴图通道按钮拖动到“凹凸”右侧的 None 贴图通道按钮上，以“实例”的方法进行关联复制，如图 11-23 所示。最后将设置好的材质指定给物体“草坪”，渲染效果如图 11-24 所示。

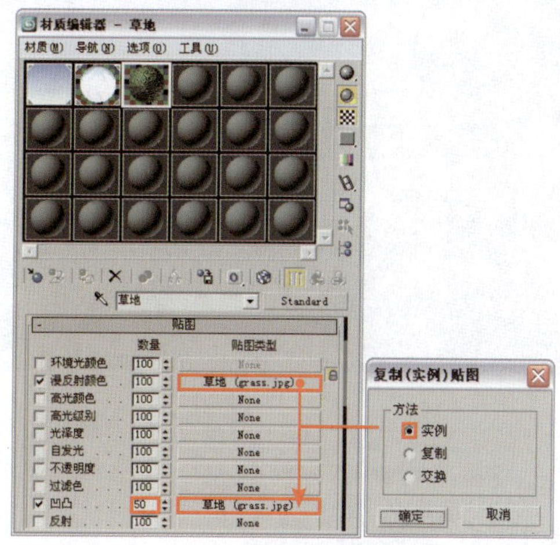

图 11-23

图 11-24

③ 接下来设置门前小道的地砖材质。选择一个空白材质球，将其设置为 VRayMtl 材质，并将其命名为“地砖”。单击“Diffuse”右侧的贴图按钮，为其添加一个“位图”贴图，参数设置如图 11-25 所示。贴图文件为本书配套光盘提供的“pd_012.jpg”。

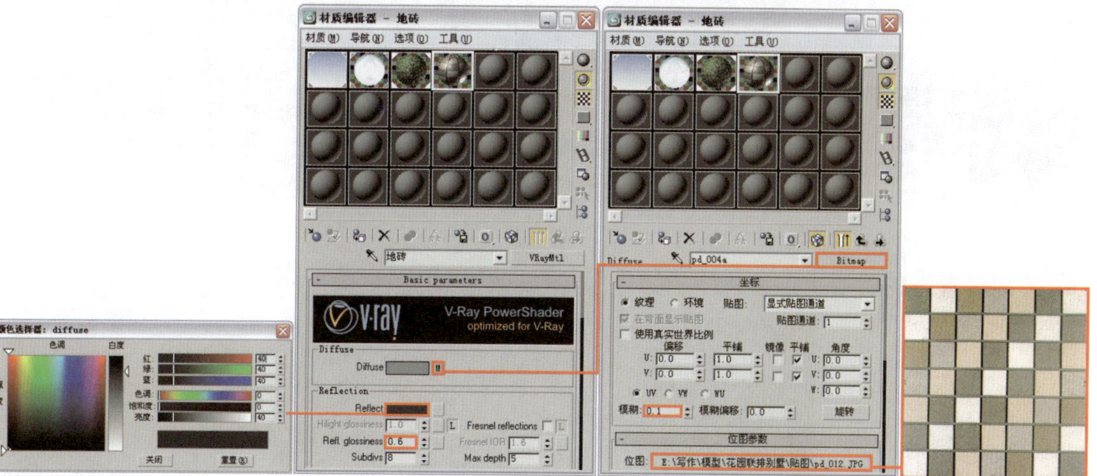

图 11-25

④ 返回 VRayMtl 材质层级，进入 Maps 卷展栏，将“Diffuse”右侧的贴图通道按钮拖动到“Bump”右侧的 None 贴图按钮上，以“实例”的方法进行关联复制，如图 11-26 所示。最后将设置好的材质指定给物体“小道”，渲染效果如图 11-27 所示。

⑤ 下面设置别墅外墙涂料材质。选择一个空白材质球，将其设置为 VRayMtl 材质，并将其命名为“外墙涂料”。单击“Diffuse”右侧的贴图通道按钮，为其添加一个“位图”贴图，具体参数设置如图 11-28 所示。贴图文件为本书配套光盘提供的“jn5.jpg”文件。

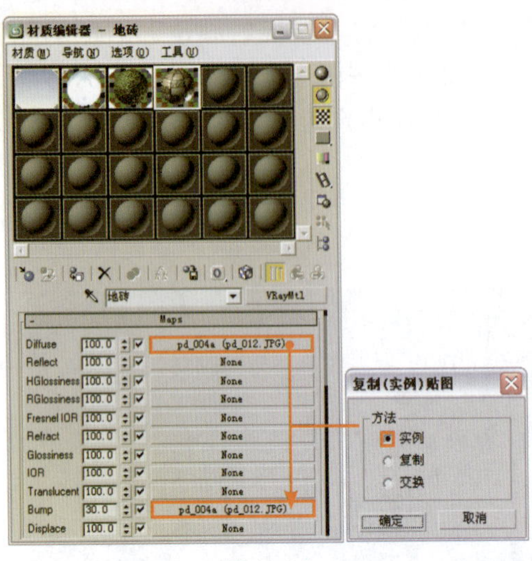

图 11-26

图 11-27

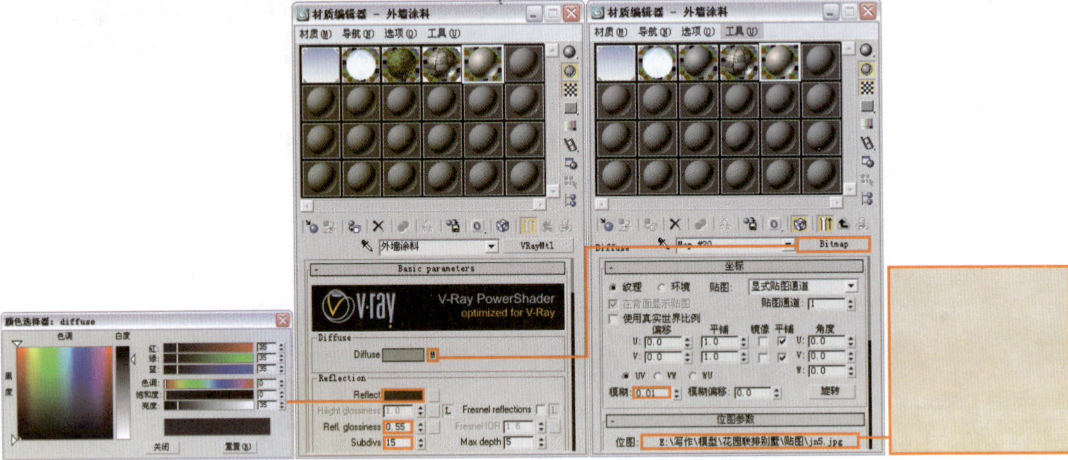

图 11-28

⑥ 将设置好的材质指定给物体“墙体”，渲染效果如图 11-29 所示。

图 11-29

⑦ 设置墙面砖墙材质。选择一个空白材质球，将其设置为 VRayMtl 材质，并将其命名为“暗

红墙砖”。单击“Diffuse”右侧的贴图通道按钮，为其添加一个“位图”贴图，具体参数设置如图 11-30 所示。贴图文件为本书配套光盘提供的“三套墙面 .jpg”文件。

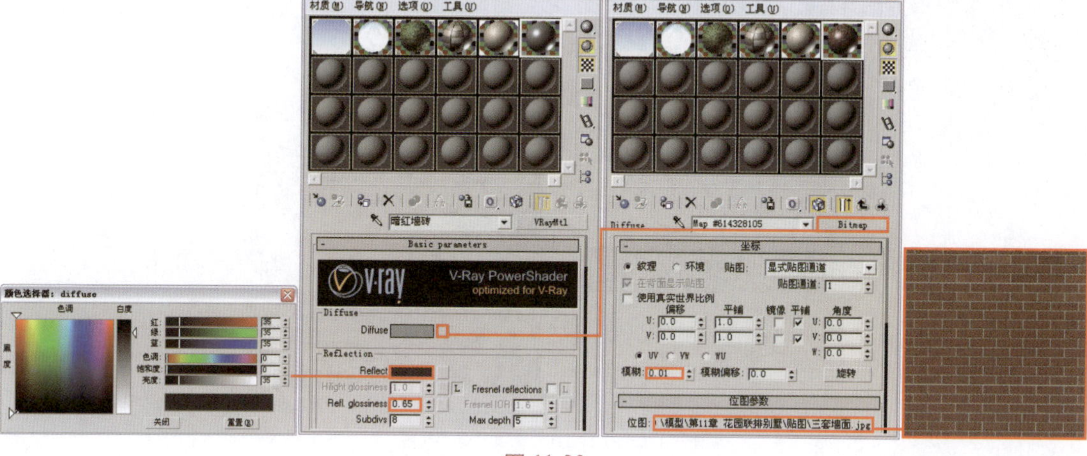

图 11-30

⑧ 返回 VRayMtl 材质层级，进入 Maps 卷展栏，将“Diffuse”右侧的贴图按钮拖动到“Bump”右侧的 None 贴图按钮上进行复制（非关联）操作，参数设置如图 11-31 所示。最后将设置好的材质指定给物体“砖墙 01”，渲染效果如图 11-32 所示。

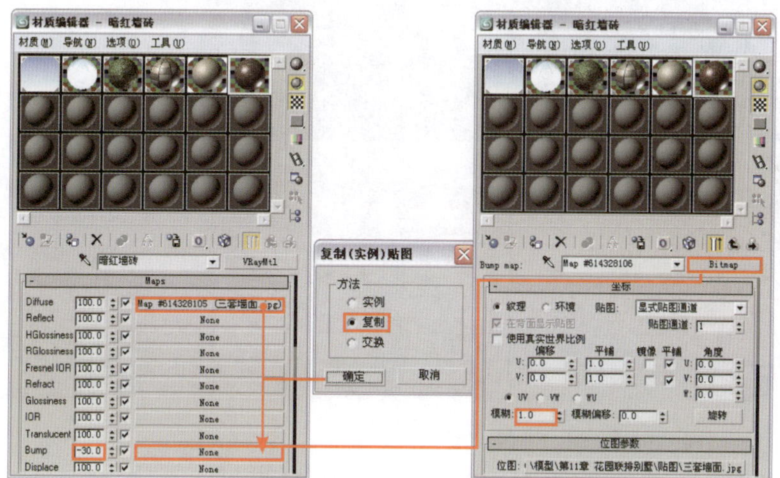

图 11-31

图 11-32

⑨ 设置墙面部分的白色墙体材质。选择一个空白材质球，将其设置为 VRayMtl 材质，并将其命名为“白石头漆”，具体参数设置如图 11-33 所示。

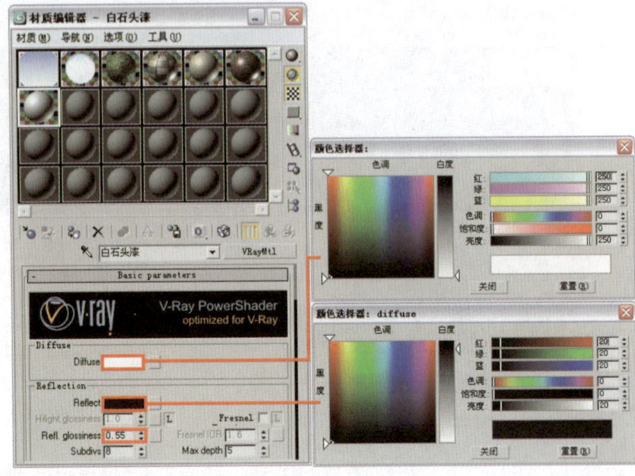

图 11-33

⑩ 返回 VRayMtl 材质层级，进入 Maps 卷展栏，为“Bump”贴图通道添加一个“位图”贴图，具体参数设置如图 11-34 所示。贴图文件为本书配套光盘提供的“con004.jpg”文件。

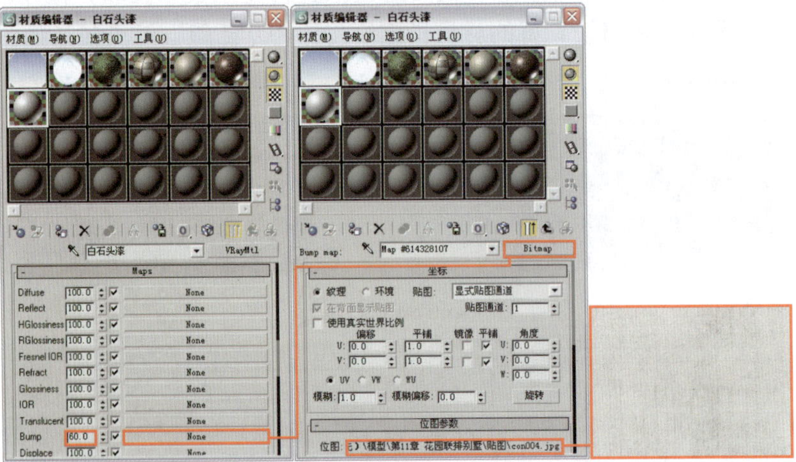

图 11-34

⑪ 对摄影机视图进行渲染，白石头漆效果如图 11-35 所示。

图 11-35

12 设置花岗岩墙面材质。选择一个空白材质球，将其设置为 VRayMtl 材质，并将其命名为“花岗岩”。单击“Diffuse”右侧的贴图通道按钮，为其添加一个“位图”贴图，具体参数设置如图 11-36 所示。贴图文件为本书配套光盘提供的“in_red1 copy.jpg”文件。

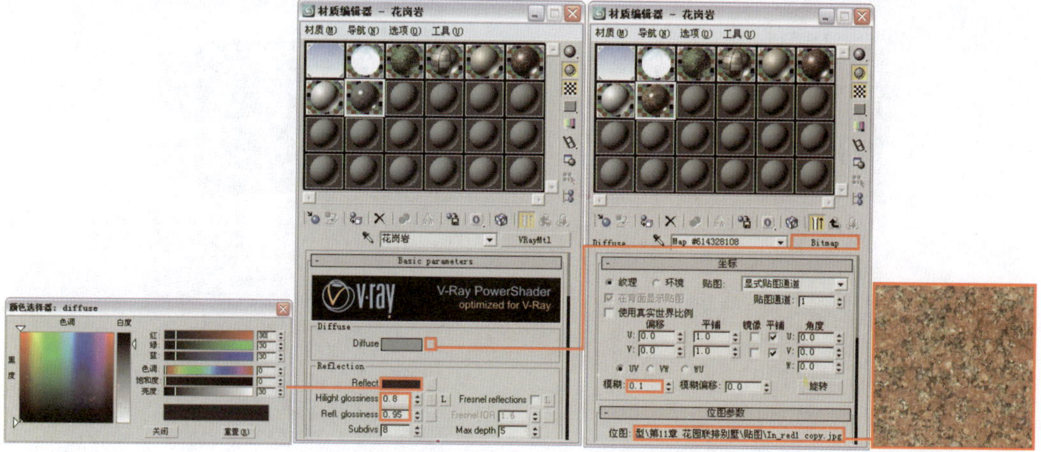

图 11-36

13 将设置好的材质指定给物体“花岗岩”，对摄影机视图进行渲染，效果如图 11-37 所示。

图 11-37

14 设置屋顶瓦片材质。选择一个空白材质球，将其设置为 VRayMtl 材质，并将其命名为“屋顶瓦”。单击“Diffuse”右侧的贴图通道按钮，为其添加一个“位图”贴图，具体参数设置如图 11-38 所示。贴图文件为本书配套光盘提供的“america006.jpg”文件。

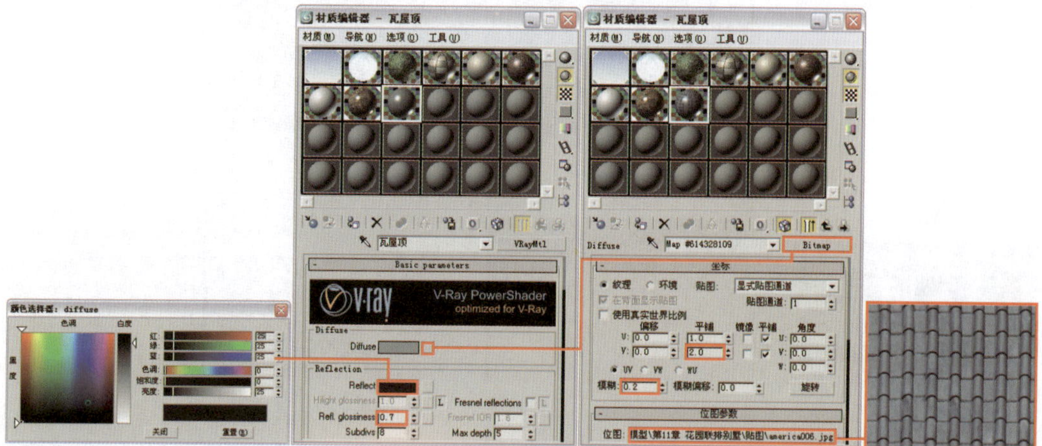

图 11-38

15 返回 VRayMtl 材质层级，进入 Maps 卷展栏，将“Diffuse”右侧的贴图按钮拖动到“Bump”右侧的 None 贴图按钮上进行复制（非关联）操作，参数设置如图 11-39 所示。最后将设置好的材质指定给物体“屋顶”，渲染效果如图 11-40 所示。

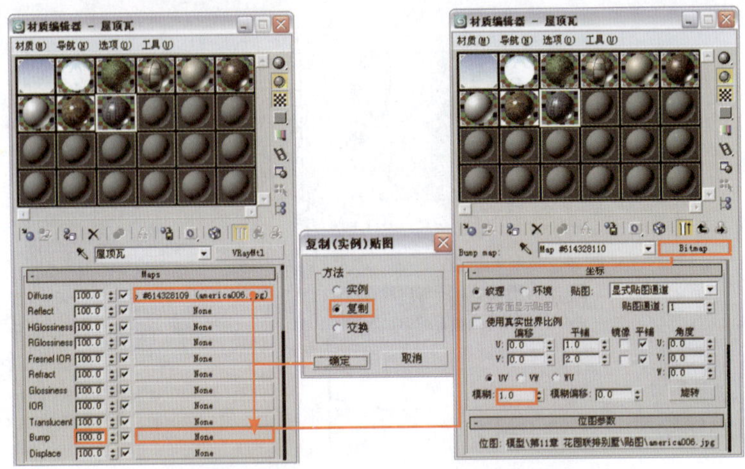

图 11-39

图 11-40

16 设置屋顶部分的石材边线材质。选择一个空白材质球，将其设置为 VRayMtl 材质，并将其命名为“屋顶石材”。单击“Diffuse”右侧的贴图通道按钮，为其添加一个“位图”贴图，具体参数设置如图 11-41 所示。贴图文件为本书配套光盘提供的“1-di.jpg”文件。

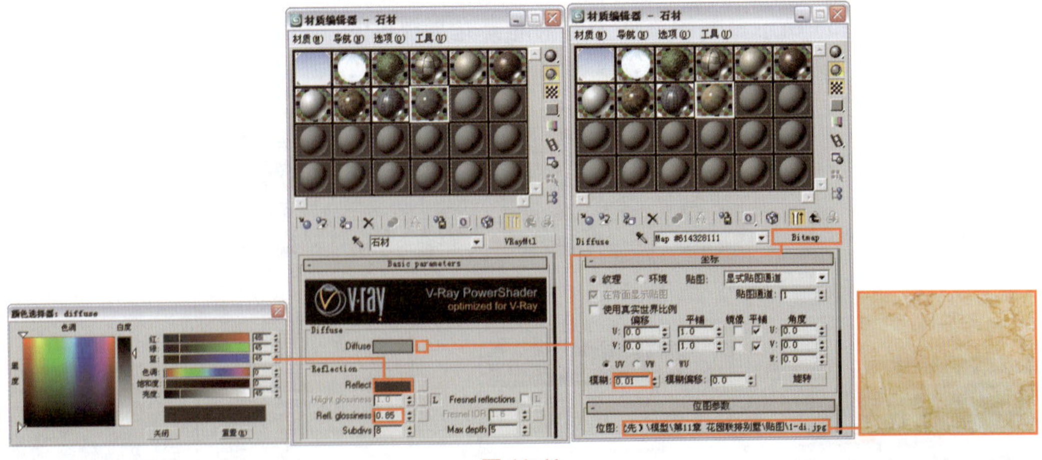

图 11-41

17 将设置好的材质指定给物体“屋顶边线”，对摄影机视图进行渲染，效果如图 11-42 所示。

图 11-42

18 设置台阶石材材质。选择一个空白材质球，将其设置为 VRayMtl 材质，并将其命名为“台阶”。单击“Diffuse”右侧的贴图通道按钮，为其添加一个“位图”贴图，具体参数设置如图 11-43 所示。贴图文件为本书配套光盘提供的“hungary024.jpg”文件。

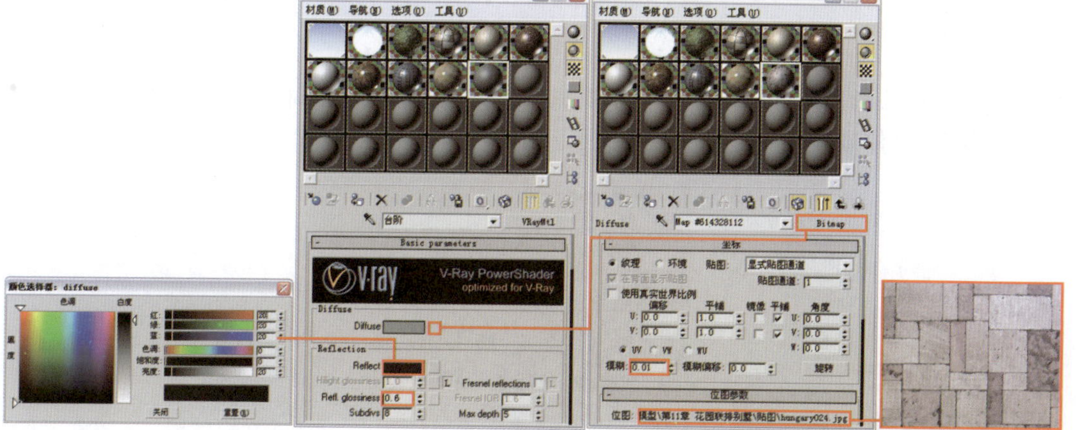

图 11-43

19 返回 VRayMtl 材质层级，进入 Maps 卷展栏，将“Diffuse”右侧的贴图按钮拖动到“Bump”右侧的 None 贴图按钮上进行复制（非关联）操作，参数设置如图 11-44 所示。最后将设置好的材质指定给物体“台阶”，渲染效果如图 11-45 所示。

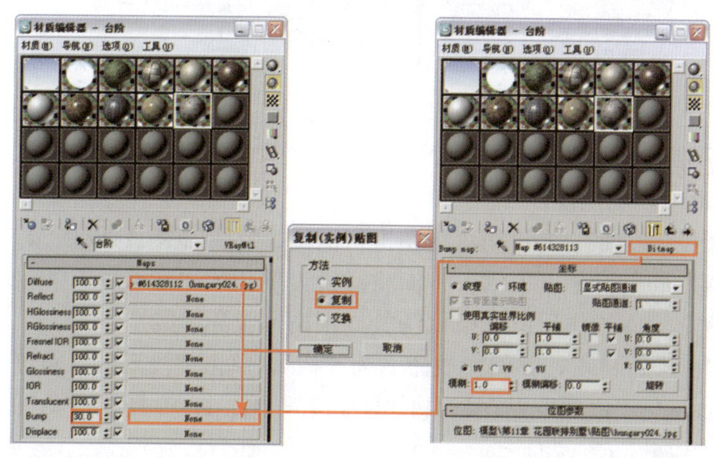

图 11-44

图 11-45

20 设置窗框材质。选择一个空白材质球，将其设置为 VRayMtl 材质，并将其命名为“窗框”，具体参数设置如图 11-46 所示。将设置好的材质指定给物体“窗框”。

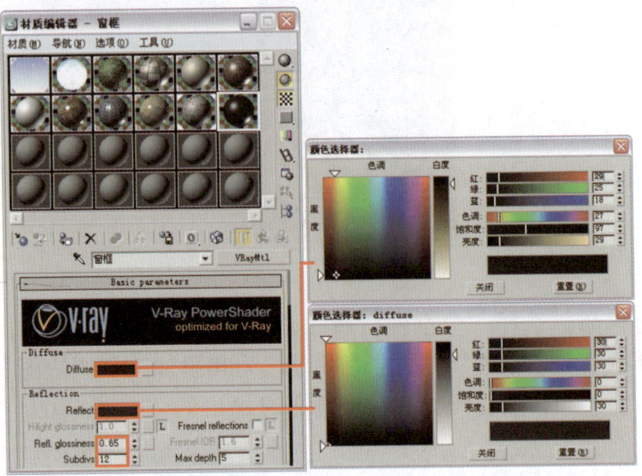

图 11-46

21 设置窗玻璃材质。选择一个空白材质球，保持材质为“标准”材质，并将材质命名为“窗玻璃”，具体参数设置如图 11-47 所示。

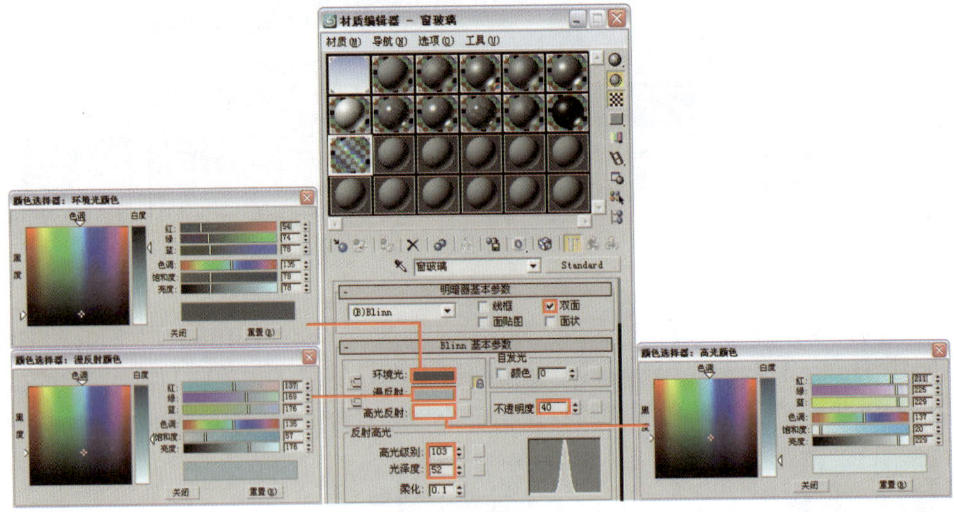

图 11-47

22 在“标准”材质层级进入 贴图 卷展栏，为“反射”贴图通道添加一个“VRayMap”程序贴图，具体参数设置如图 11-48 所示。

23 将设置好的材质指定给物体“窗玻璃”，对摄影机视图进行渲染，效果如图 11-49 所示。

24 此时观察渲染效果，发现玻璃的反射不太丰富，下面将通过设置物体“环境树”的材质来解决这个问题，创建这个物体的作用就是模拟场景周围树木及环境的。选择一个空白材质球，保持材质为“标准”材质，并将材质命名为“树”，单击“漫反射”右侧的贴图通道按钮，为其添加一个“位图”贴图，具体参数设置如图 11-50 所示。贴图文件为本书配套光盘提供的“树.jpg”文件。

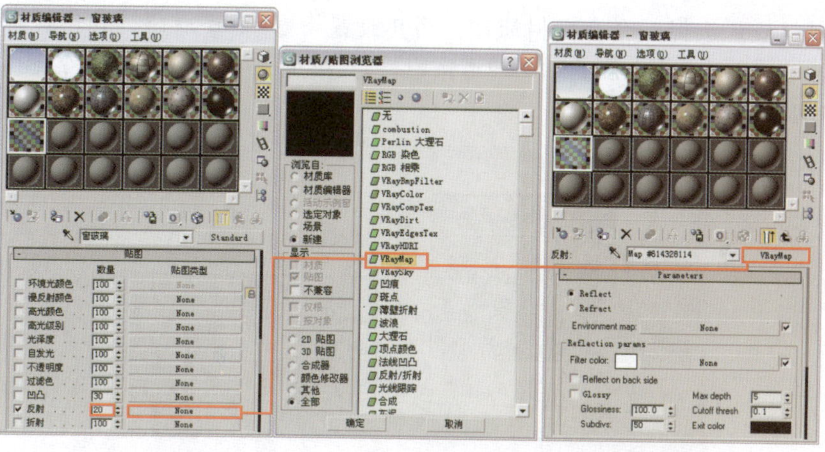

图 11-48

图 11-49

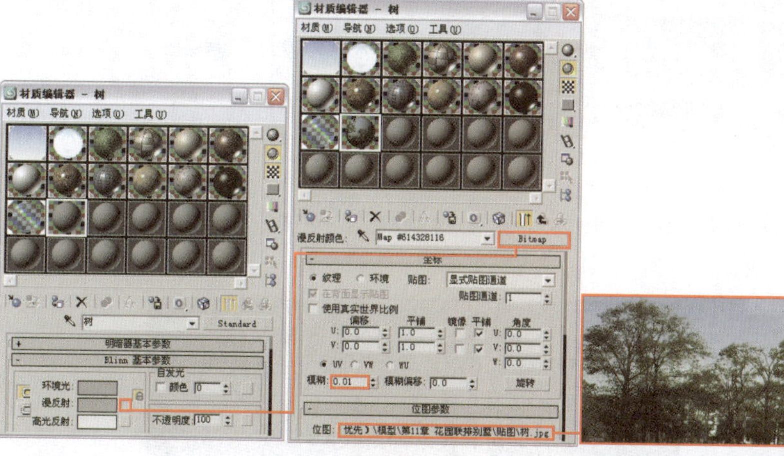

图 11-50

25 返回“标准”材质层级，进入 贴图 卷展栏，将“漫反射颜色”右侧的贴图通道按钮分别拖放到“自发光”及“不透明度”右侧的贴图通道按钮上进行关联复制，具体参数设置如图 11-51 所示。将设置好的材质指定给物体“环境树”，对摄影机视图进行渲染，效果如图 11-52 所示。

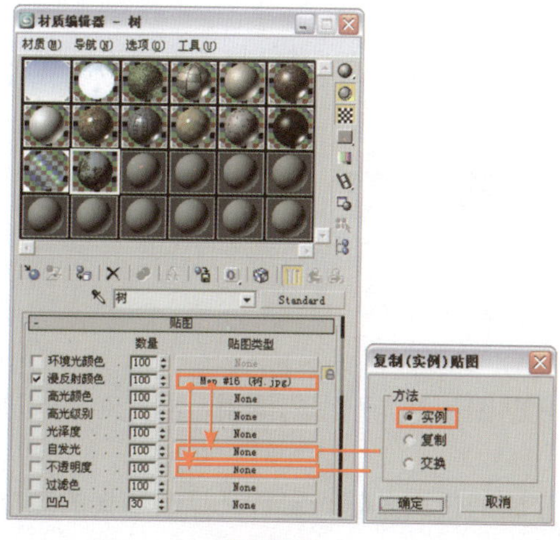

图 11-51

图 11-52

㉖ 下面设置栏杆金属材质。选择一个空白材质球，将其设置为 VRayMtl 材质，并将其命名为“黑金属”。单击“Reflect”右侧的贴图通道按钮，为其添加一个“衰减”程序贴图，具体参数设置如图 11-53 所示。

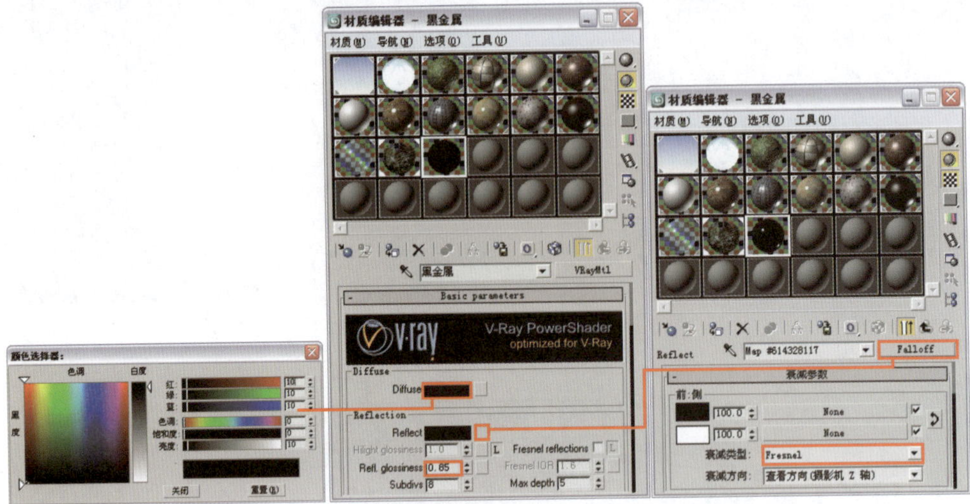

图 11-53

㉗ 将设置好的材质指定给物体“黑金属制品”，对摄影机视图进行渲染，栏杆效果如图 11-54 所示。

图 11-54

至此，场景的灯光测试和材质设置都已经完成，下面将对场景进行最终渲染设置。

11.4 最终渲染设置

11.4.1 最终测试灯光效果

场景中的材质设置完毕后，需要取消对发光贴图和灯光贴图的调用，再次对场景进行渲染，效果如图 11-55 所示。

观察渲染效果可以发现场景整体太暗，下面将通过调整曝光参数来提高场景的亮度，参

数设置如图 11-56 所示。再次渲染效果如图 11-57 所示。

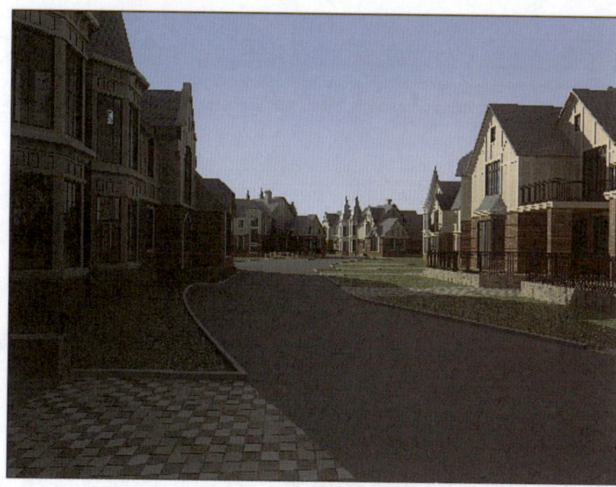

图 11-55

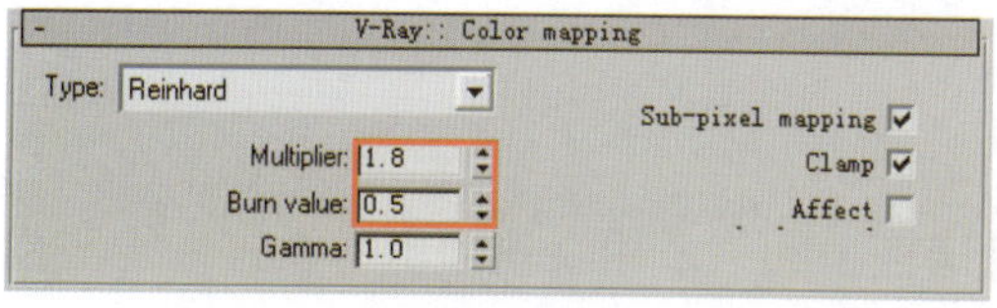

V-Ray:: Color mapping
Type: Reinhard
Multiplier: 1.8
Burn value: 0.5
Gamma: 1.0
Sub-pixel mapping
Clamp
Affect

图 11-56

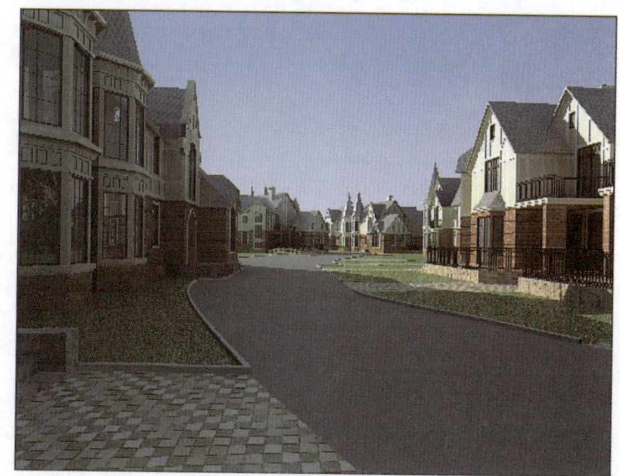

图 11-57

观察渲染效果，场景光线不需要再调整，接下来设置最终渲染参数。

11.4.2 灯光细分参数设置

将模拟日光的目标平行光的灯光细分值设置为 20，如图 11-58 所示。

VRayShadows params
Transparent
Smooth surface
Bias: 0.2
Area shadow
Box
Sphere
U size: 300.0mm
V size: 300.0mm
W size: 300.0mm
Subdivs: 20

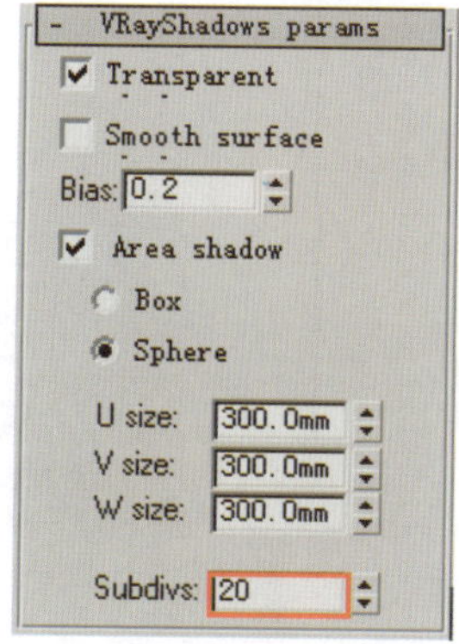

图 11-58

11.4.3 设置保存发光贴图和灯光贴图的渲染参数

① 进入 V-Ray:: Irradiance map （发光贴图）卷展栏，设置参数如图 11-59 所示。

② 进入 V-Ray:: Quasi-Monte Carlo GI （准蒙特卡罗—全局光照）卷展栏，设置参数如图 11-60 所示。

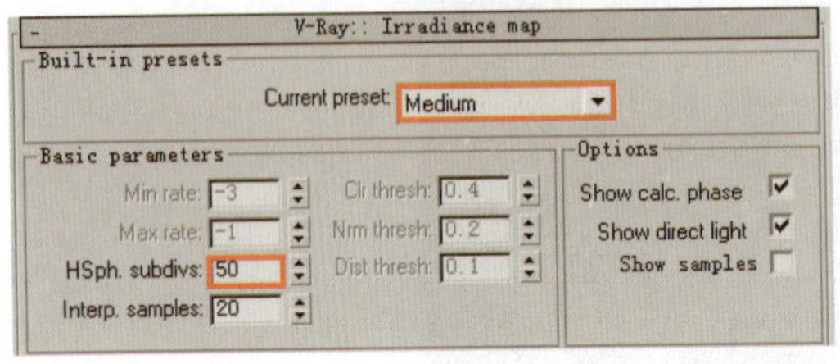

图 11-59

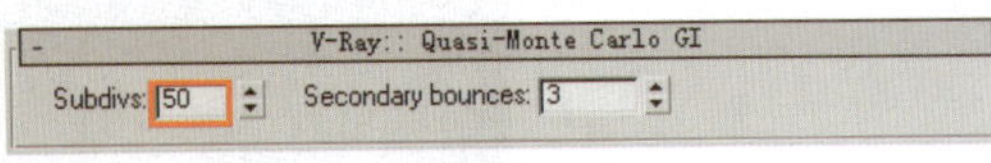

图 11-60

③ 在 V-Ray:: rQMC Sampler （准蒙特卡罗采样器）卷展栏中设置参数如图 11-61 所示，这是模糊采样设置。

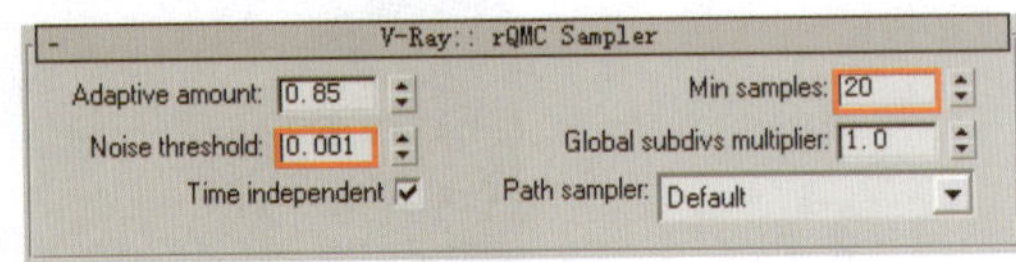

图 11-61

渲染级别设置完毕，最后设置保存发光贴图的参数并进行渲染即可。

11.4.4 最终成品渲染

最终成品渲染的参数设置如下。

① 当发光贴图计算完毕后，在“渲染场景”对话框中的“公用”选项卡中设置最终渲染图像的输出尺寸，如图 11-62 所示。

② 在 V-Ray:: Image sampler (Antialiasing) （抗锯齿采样）卷展栏中设置抗锯齿和过滤器，如图 11-63 所示。

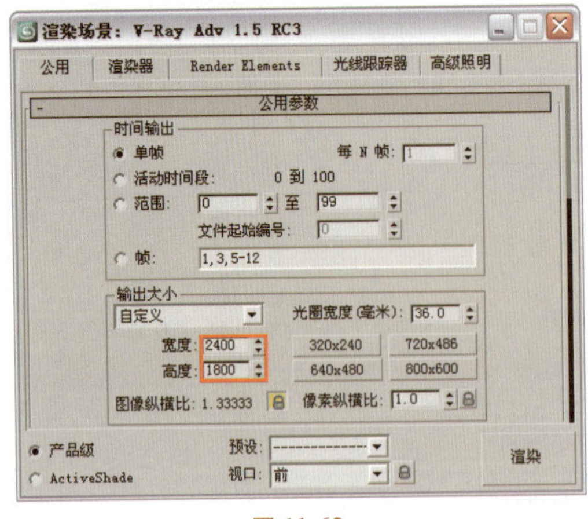

图 11-62

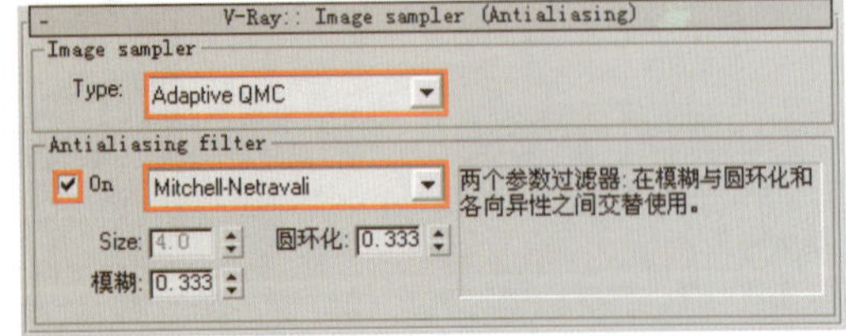

图 11-63

③ 为了方便在 Photoshop 中进行后期处理，将渲染结果保存为 TGA 格式的文件，最终渲

染完成的效果如图 11-64 所示。

图 11-64

11.4.5 通道渲染

① 为了后期处理时能够快速方便地分离各个材质部分，接下来需要渲染一张能够区分各个材质的颜色通道图。具体制作方法是：选择材质编辑器中已经设置好的材质，将其设置为 VRayLightMtl 材质，并为其指定一个高饱和度的颜色，色相尽量和其他材质的颜色区别明显一些，如图 11-65 所示。

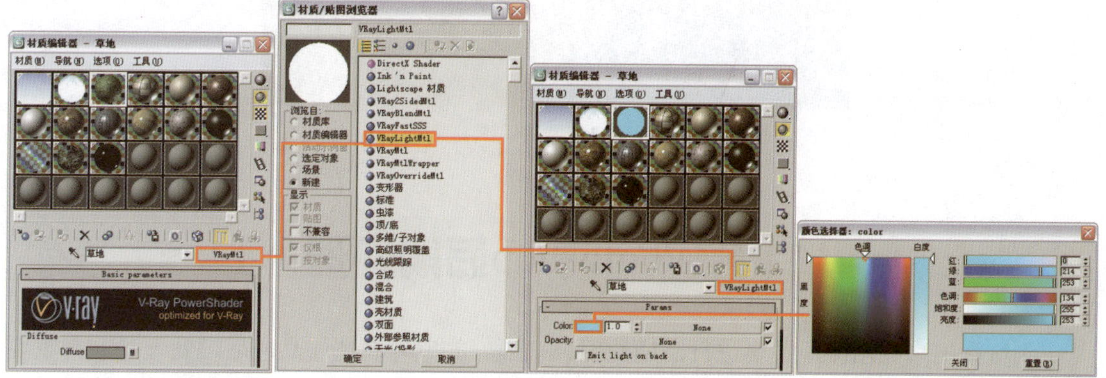

图 11-65

② 将其余材质也设置为 VRayLightMtl 材质，设置不同的颜色即可，设置完成的材质编辑器如图 11-66 所示。

小贴士

因为物体“球天”和“环树”对渲染通道没有任何作用，所以不用设置其材质，在此可以将它们隐藏或删除。

③ 在 V-Ray:: Indirect illumination (GI)（间接照明）卷展栏中取消间接照明，取消“On”复选框的勾选，如图 11-67 所示。

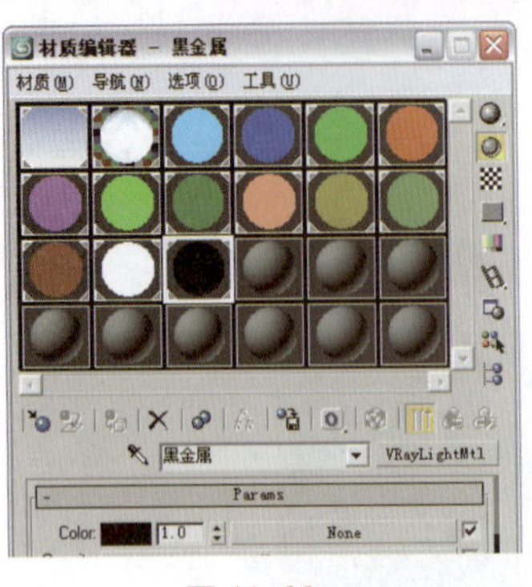
图 11-66

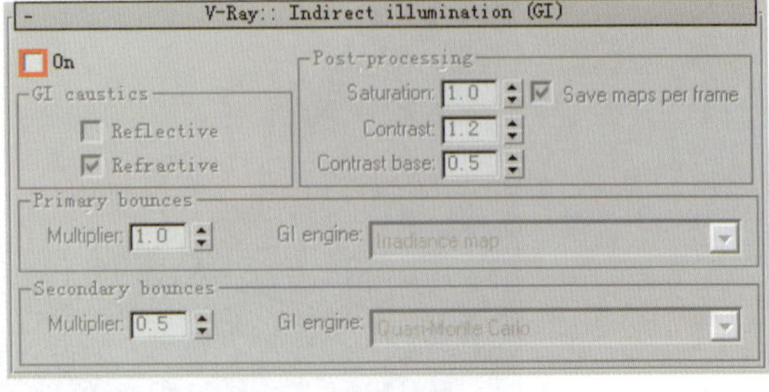
图 11-67

④ 将场景中的灯光关闭，在保持其他参数不变的情况下对摄影机视图进行渲染，将渲染出来的图像保存为TGA格式的文件，最后通道效果如图11-68所示。

图 11-68

11.5 Photoshop后期处理

刚渲染出来的图像还需要进行后期处理，一幅好的室外表现作品，后期处理是非常重要的。突出重点、烘托气氛、增加细节可以弥补一些前期建模和渲染的不足，使最终的效果更理想、更完美。另外，很多表现效果并不是前期所能达到的，或者说需要花很多时间和操作才能达到，这时，就需要用Photoshop来进行调节。

11.5.1 初步处理画面

① 在Photoshop CS3中打开渲染图及通道图（在Photoshop中可以同时打开多个文件），如图11-69所示。

② 首先将建筑与背景分离。选择渲染效果文件，按M键或者选择【框选工具】，在屏幕上单击鼠标右键，从弹出的快捷菜单中选择“载入选区”命令，在弹出的“载入选区”对话框中单击“确定”按钮后，如图11-70所示。

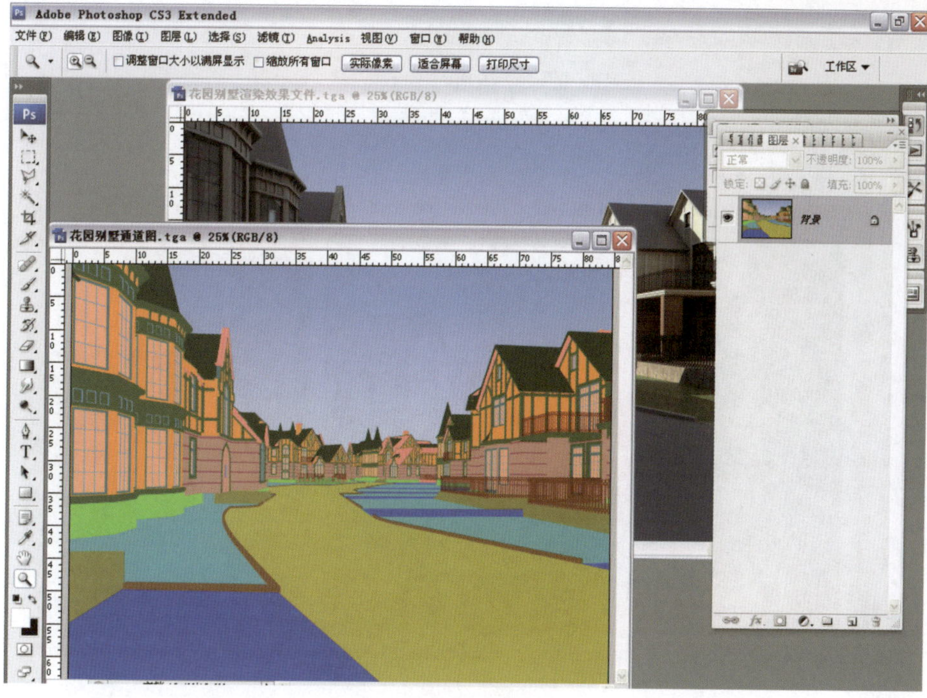

图 11-69

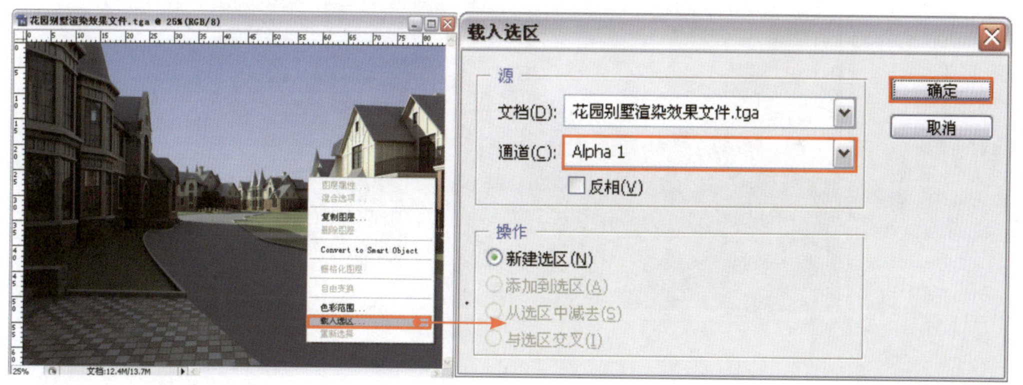

图 11-70

③ 如上操作后，会看到图像中的建筑部分被单独选择出来了，按 Ctrl+J 键（通过拷贝的图层）将选区内容复制到一个新图层中，将图层命名为“建筑”，对通道文件执行同样的操作，使其通道部分与背景分离，如图 11-71 所示。

④ 在工具面板上单击 （移动工具）按钮，在通道图中的图像上按住鼠标左键，将通道图的图像拖放到渲染图的图像文件中，拖放时按住 Shift 键可以使图像自动对齐，如图 11-72 所示。

小贴士

接下来的操作都会在渲染效果文件中进行，通道文件在执行完上述操作后就可以关闭了。

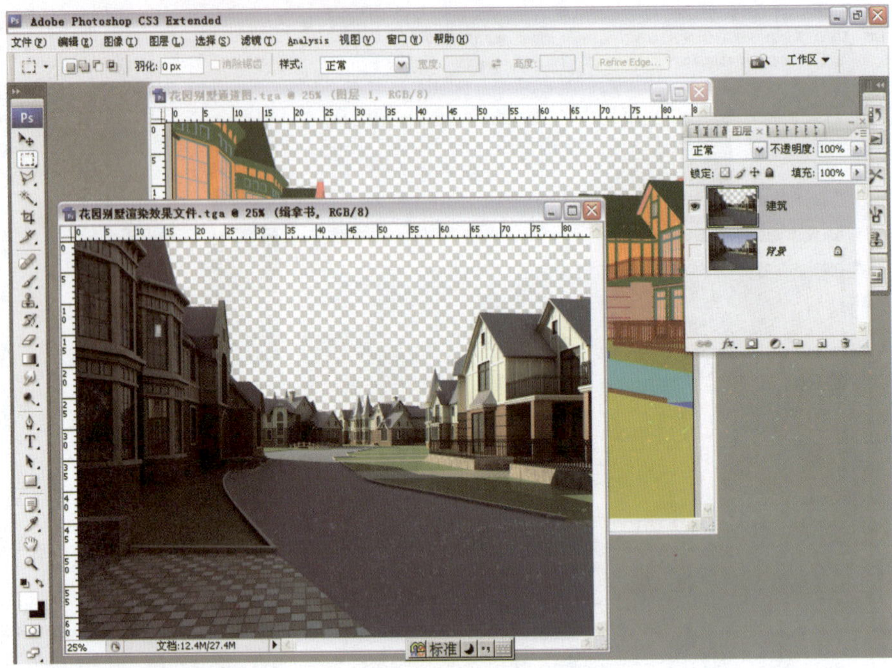

图 11-71

图 11-72

⑤ 下面为图像整体确定一个大的基调，首先为图像添加背景天空。打开本书配套光盘提供的“第 11 章花园联排别墅群\贴图\SKY.psd”文件，将其拖放到“建筑”图层下方，并将其图层命名为“天空”，注意在图像中调整其位置，如图 11-73 所示。

图 11-73

⑥ 此时画面有些偏暗，可以使用“曲线”命令对其进行适当调节，如图 11-74 所示。

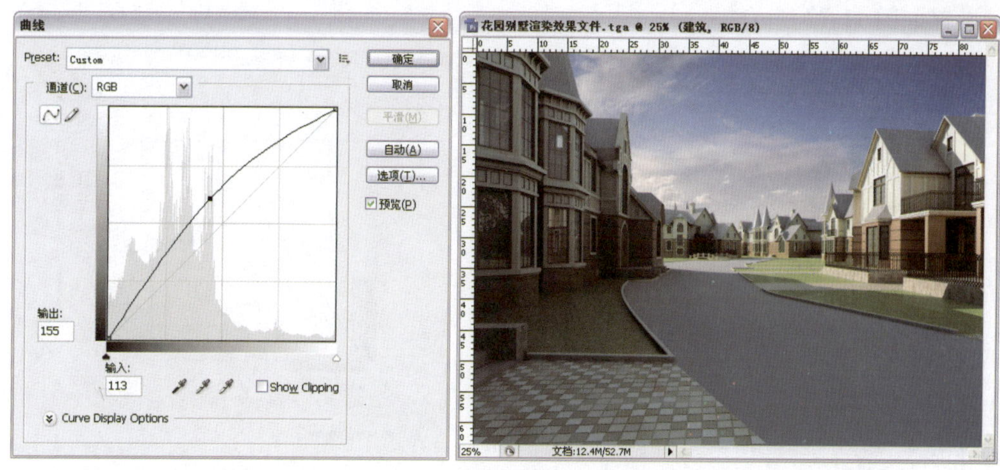
图 11-74

⑦ 建筑上面的窗玻璃部分看起来有些暗淡，下面通过对通道的选取，将图像中的玻璃部分分离出来单独做处理。单击工具面板上的【魔棒工具】按钮，使用【魔棒工具】选择“通道”图层中对应窗玻璃的颜色，如图 11-75 所示。

图 11-75

⑧ 保持选取状态，选择“建筑”图层，按 Ctrl+J 键将选区部分复制到一个新的图层中，将新图层命名为“玻璃”，如图 11-76 所示。

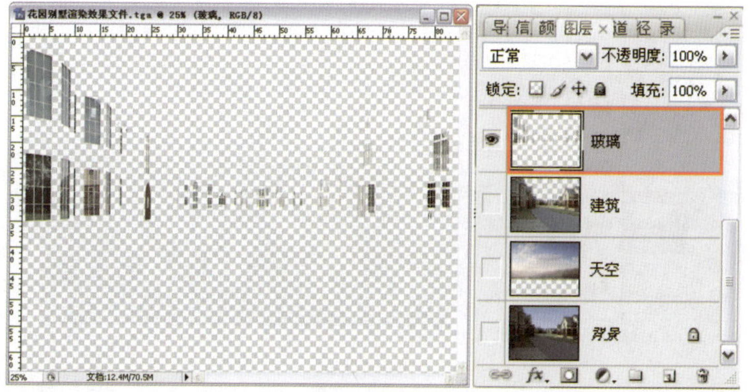
图 11-76

9 使用“曲线”命令对“玻璃”图层进行调整，使玻璃图层看起来更亮更有质感，参数设置如图 11-77 所示。

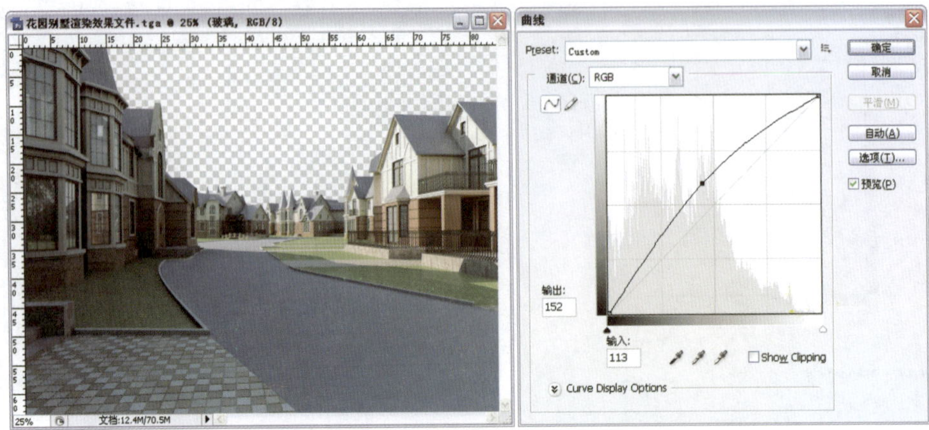

图 11-77

10 为窗玻璃添加退晕效果。在“玻璃”图层上方新建一图层，然后使用【渐变工具】对图层进行填充，参数设置如图 11-78 所示。

图 11-78

11 按住 Ctrl 键的同时使用鼠标左键单击“玻璃”图层面板中的缩略图部分，这样“玻璃”图层中的图像就会被选中，如图 11-79 所示。

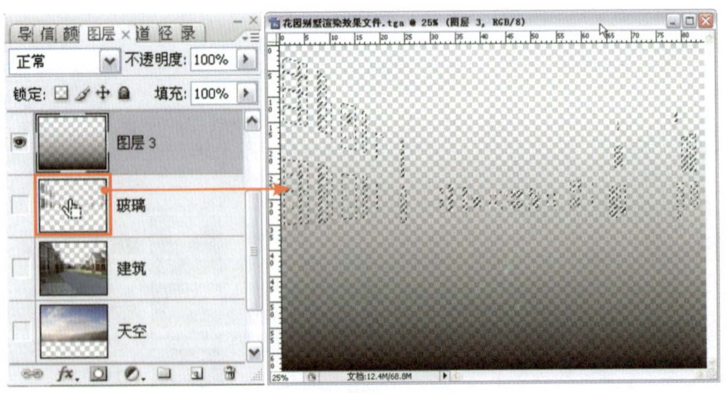

图 11-79

12 保持选区的选取状态，选择新建的用渐变填充过的图层，单击“图层”面板最下方的

（添加矢量蒙版）按钮，这样操作后，选区范围内的图像部分会被显示，而选区外部分则被隐藏，更改其图层“不透明度”为40%，如图11-80所示。

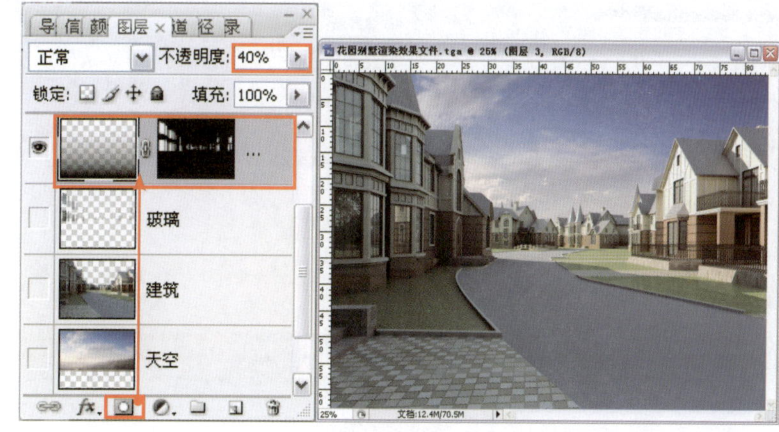

图 11-80

⑬ 使用同样的方法对图像中的地面部分进行调整。将图像中的道路部分分离出来单独进行处理，如图11-81所示。

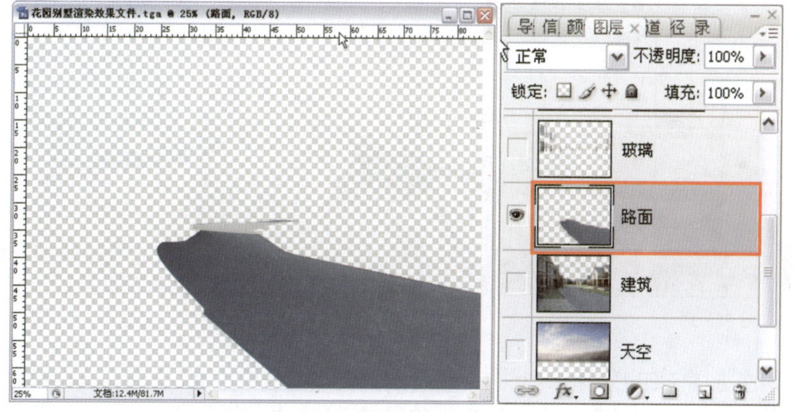

图 11-81

⑭ 选择菜单栏中的“滤镜”|“杂色”|“添加杂色”命令，为路面部分图像添加一些杂色，使其更接近真实的路面效果，参数设置如图11-82所示。

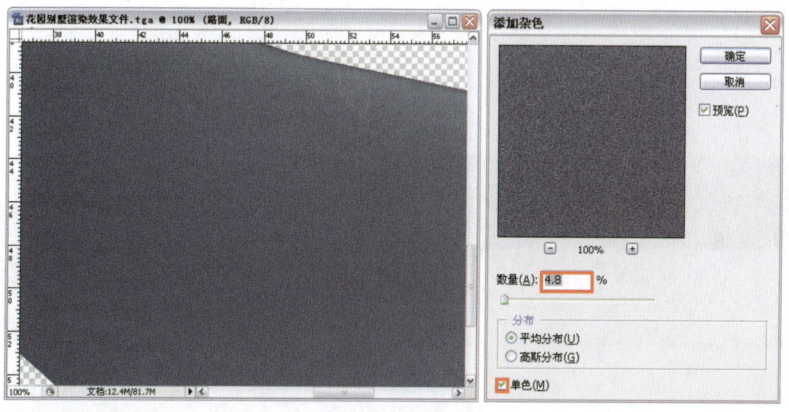

图 11-82

15 此时发现地面部分颜色饱和度过高，按 Ctrl+U 键打开“色相 / 饱和度”对话框，通过调整参数来降低图像色相 / 饱和度，参数设置如图 11-83 所示。

图 11-83

16 使用同样的方法将图像中的草地部分分离出来，如图 11-84 所示。

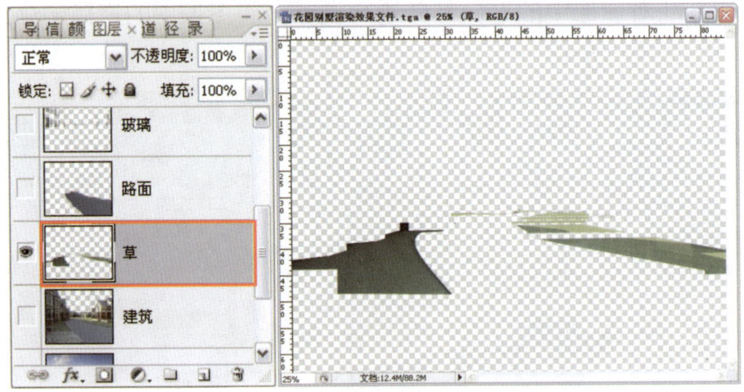

图 11-84

17 为了得到更加真实的效果，下面会使用素材文件将原有的草地部分替换。打开本书配套光盘提供的“GRASS.psd”文件，将其拖放到“草”图层上方，调整其位置和大小，如图 11-85 所示。

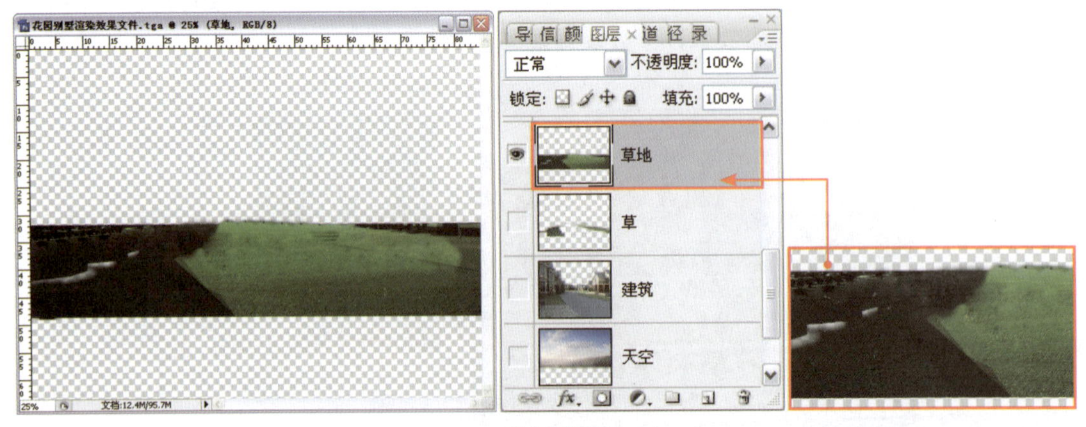

图 11-85

18 通过对“草”图层图像的选取，为素材草地添加图层蒙版，效果如图 11-86 所示。

图 11-86

19 为了使地面的草地效果看起来更加真实，可以使用【画笔工具】在图层中绘制一些草，绘制后的草地效果如图 11-87 所示。

图 11-87

20 最后为地面添加一些落叶效果来丰富画面。打开本书配套光盘提供的“LEAF.psd”文件，将其拖放到“通道”图层下面，将其图层命名为“落叶”，并将其复制到画面中适当位置，注意图像大小，如图 11-88 所示。

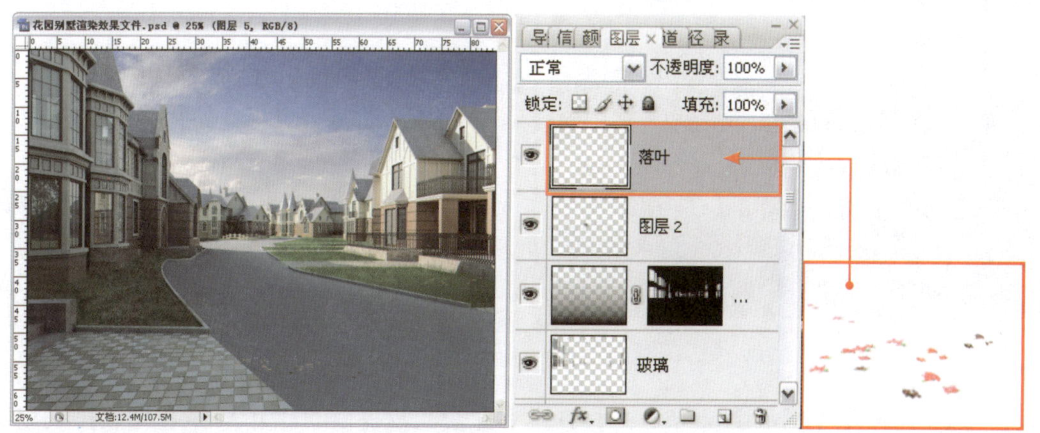

图 11-88

至此，画面的基调基本上就定了下来，下面我们给画面添加一些必要的配景，使画面的细节更加丰富，层次更加明确。同时配景的增加也会弥补场景在建模和渲染时的一些不太理想的地方，起到填补漏洞的目的。

11.5.2 添加配景

① 首先丰富一下比较远的画面深处，为其添加配景树。打开本书配套光盘提供的“远景树 .psd”文件，将其拖放到“落叶”图层下方，并将其图层命名为“远树”，位置及大小如图 11-89 所示。

图 11-89

② 下面为画面添加一些树木等园林配景。通常情况下，在添加配景时我们采用从远到近，从整体到局部的布置方法，进行逐步添加，同时，对树木的选择上也是很有讲究的，且不可随便胡乱堆砌。下面先为场景添加一些低矮植物。在 Photoshop 中打开素材图片，对植物进行逐个添加，在添加的过程中要注意调整植物的大小、透视、颜色和不透明度等，使其层次分明，透视清楚，力求更加真实、自然，如图 11-90 所示。素材文件为本书配套光盘提供的“第 11 章花园联排别墅群 \ 贴图 \ 矮植 .psd”文件。

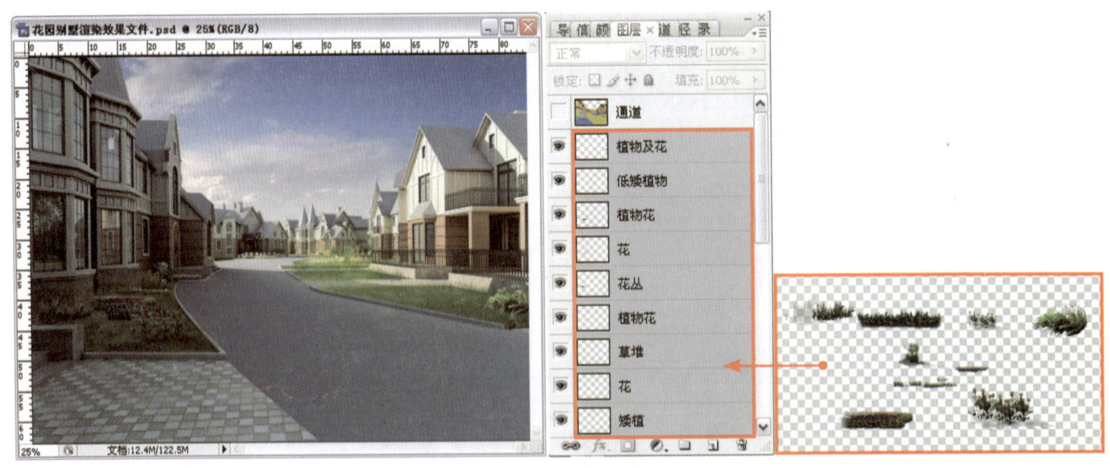

图 11-90

③ 再添加一些比较小的灌木植物。打开本书配套光盘提供的“第 11 章花园联排别墅群 \ 贴图 \ 灌木 .psd”文件，对其所带的素材逐个添加，同时使用【移动工具】、【缩放工具】、【复

制工具】和【删除工具】等进行调整，使其前后的层次明确，对比明显，如图 11-91 所示。

图 11-91

④ 接着添加一些比较高的配景树。打开本书配套光盘提供的“第 11 章花园联排别墅群\贴图\树.psd”文件，将其中所带的素材逐个添加，同时使用【移动工具】、【缩放工具】、【复制工具】和【删除工具】等进行调整，注意图层间的位置关系，位置及大小如图 11-92 所示。

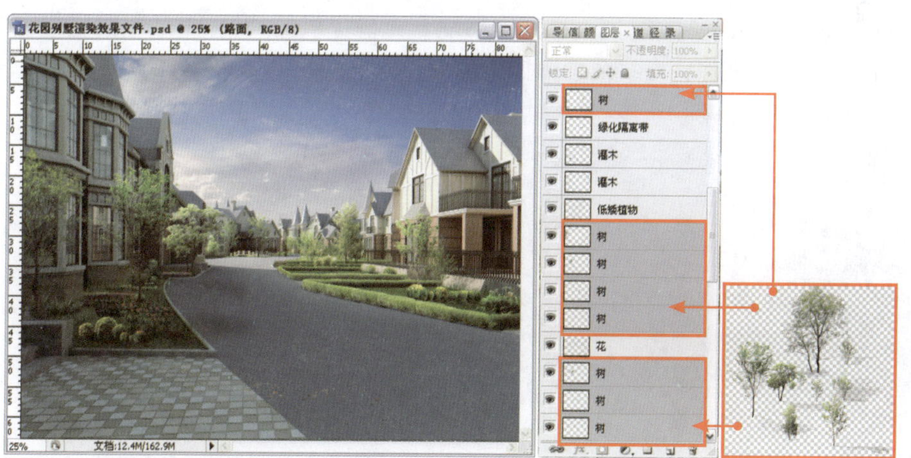

图 11-92

⑤ 为了使画面看起来更充实，下面在画面最前面的两侧添加配景树。打开本书配套光盘提供的“近景树.psd”文件，将其中的素材文件拖放到图像中，对其大小、位置进行调整，效果如图 11-93 所示。

图 11-93

⑥ 为了使画面更加生动，下面为其添加人物配景。打开本书配套光盘提供的“第 11 章花园联排别墅群 \ 贴图 \ 人物 .psd”文件，将各个素材人物拖放到图像中，注意调整其大小及位置，效果如图 11-94 所示。

图 11-94

⑦ 下面为场景添加鸽子做配景。打开本书配套光盘提供的“第 11 章花园联排别墅群 \ 贴图 \ 鸽子 .psd”文件，将其拖到图像中适当位置，注意调整大小，效果如图 11-95 所示。

图 11-95

⑧ 为了使画面更加真实，下面为其添加配景车。打开本书配套光盘提供的“车 .psd”文件，将其拖放到画面中，效果如图 11-96 所示位置。

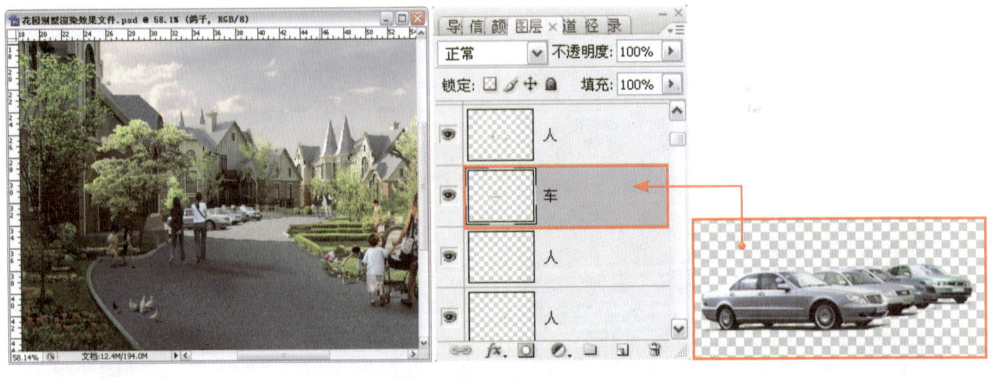

图 11-96

⑨ 此时画面最靠前的地面部分显得太空旷了，下面为地面添加一些树的阴影来丰富画面。打开本书配套光盘提供的“阴影.psd”文件，将其拖放到“通道”图层下方，将其图层命名为“树荫”，注意其大小及图层不透明度，如图 11-97 所示。

图 11-97

上面我们为画面添加了大量的配景，小区的基本元素已经成形了，但很多地方还不够理想，图面看起来层次感不够强，下面我们将对整体的气氛进行调整。

11.5.3 画面整体调整

① 在“通道”图层下方新建一个图层，将其命名为“阴影”，然后使用【渐变工具】对图层从下向上进行填充，参数设置如图 11-98 所示。

图 11-98

② 将图层“不透明度”更改为 50%，如图 11-99 所示。

③ 画面整体感觉偏暗且没有活跃的气氛，下面为画面增加一些亮度。在“通道”图层下方新建一个图层，将其命名为“白光”，然后使用【画笔工具】将前景色设置为纯白色，选择合适的笔触，在画面适当位置进行绘制，如图 11-100 所示。

④ 选择“白光”图层，设置其图层的混合模式为“强光”，设置“不透明度”为 50%，如图 11-101 所示。

图 11-99

图 11-100

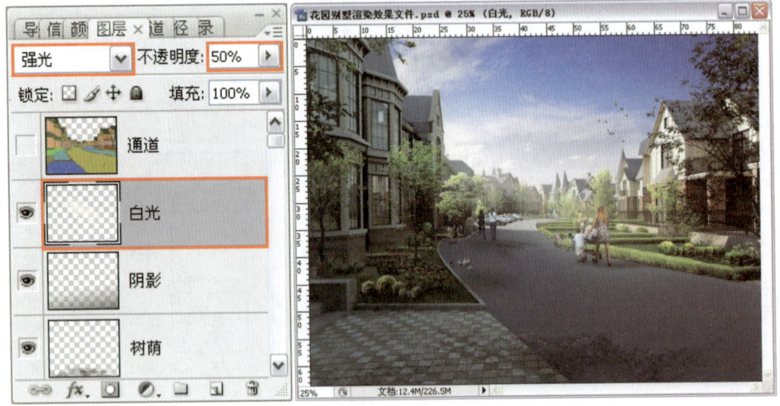

图 11-101

5. 继续丰富画面效果，为其添加镜头光晕。在“通道”图层下方新建一图层，命名为“光晕”，按 Shift+F5 组合键使用黑色对图层进行填充，然后在菜单栏中选择“滤镜”|“渲染”|“镜头光晕”命令，参数设置如图 11-102 所示。

6. 选择“光晕”图层，将其图层混合模式设置为“滤色”，“不透明度”更改为 50%，适当调整其位置，如图 11-103 所示。

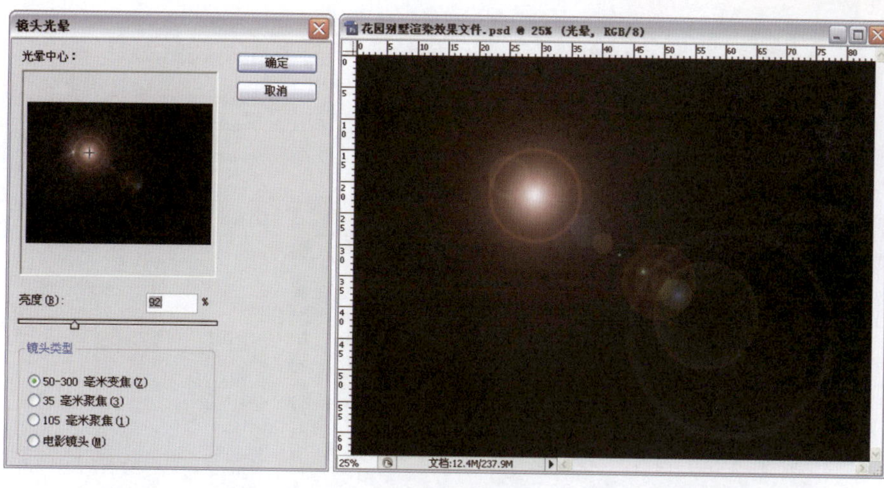

图 11-102

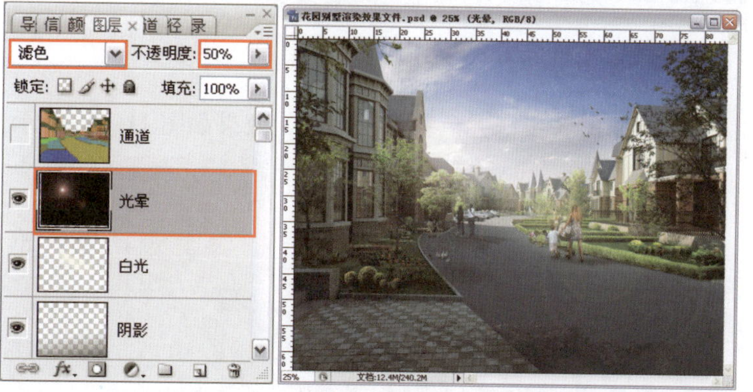

图 11-103

7 将“通道”图层隐藏，然后选择“光晕”图层，按 Ctrl+Shift+Alt+E 键（盖印可见图层），这样操作后，“图层”面板中会新建一个将所有可见图层合并在一起的新图层，我们将其命名为“盖印层”，如图 11-104 所示。

图 11-104

8 在刚才新建的“盖印层”上选择菜单栏中的“滤镜”|“风格化”|“照亮边缘”命令，弹出“照亮边缘”对话框，设置参数如图 11-105 所示。

图 11-105

9 接下来继续对“盖印层”执行去色和反相命令，效果如图 11-106 所示。

图 11-106

10 然后将“盖印层”的图层混合模式设置为“叠加”，“不透明度”设置为 6%，具体参数设置如图 11-107 所示。

图 11-107

⑪ 再按 Ctrl+Shift+Alt+E 键（盖印可见图层），然后将新建图层命名为“盖印层 2”，选择菜单栏中的“滤镜”|“模糊”|“高斯模糊”命令，弹出“高斯模糊”对话框，设置参数如图 11-108 所示。

图 11-108

⑫ 再次按 Ctrl+Shift+Alt+E 组合键（盖印可见图层），然后将新建图层命名为“盖印层 3”，选择菜单栏中的“滤镜”|“锐化”|“USM 锐化”命令，弹出“USM 锐化”对话框，设置参数如图 11-109 所示。

图 11-109

⑬ 最后在画面上下两边分别加上一些黑边，使画面中心更加突出，最终效果如图 11-110 所示。

图 11-110

NOTEbook
读书笔记

12

第 12 章

现代别墅日景及夜景表现

12.1 现代别墅场景简介

本章案例将展示一个室外的别墅场景。虽然本章讲解的仍然是建筑外观效果图，但与前面几章展示的建筑效果图有所区别，本章所展示的场景后期处理的部分较少，包括树木与水面、汽车、行人等通常要在后期处理中添加的景物，在本场景中均为实体模型，这种渲染方法虽然在很大程度上降低了效果图的真实性，但能够大大提高渲染出图效率。因此已经开始被广泛应用至各大效果图公司中。本场景的日光表现效果如图 12-1 所示。

图 12-1

图 12-2 所示为别墅模型的线框效果图。

图 12-2

12.2 别墅场景测试渲染设置

打开配套光盘中“第 12 章现代别墅\现代别墅日景源文件.max”场景文件，如图 12-3 所示，可以看到这是一个已经创建好模型的别墅场景，场景中物体材质相同的部分已经塌陷或成组，并且场景中的摄影机也已经创建好。

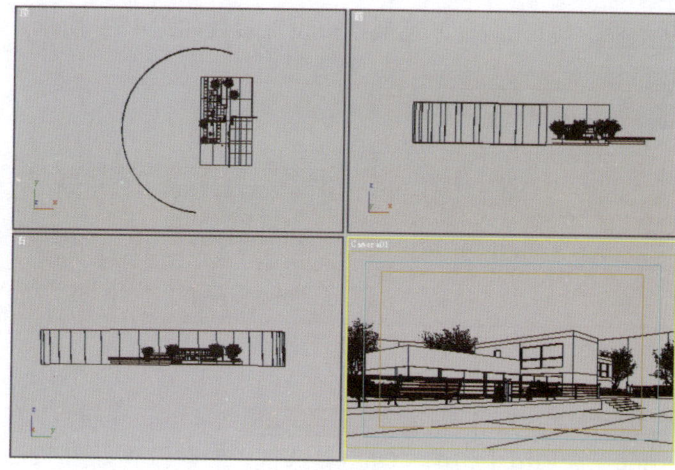

图 12-3

下面首先进行测试渲染参数设置，然后为场景布置灯光。

12.2.1 设置测试渲染参数

测试渲染参数的设置步骤如下。

① 按 F10 键打开“渲染场景”对话框，渲染器已经设置为 V-Ray Adv 1.5 RC3 渲染器，在 公用参数 卷展栏中设置较小的图像尺寸，如图 12-4 所示。

② 进入“渲染器”选项卡，在 V-Ray:: Global switches （全局开关）卷展栏中的参数设置如图 12-5 所示。

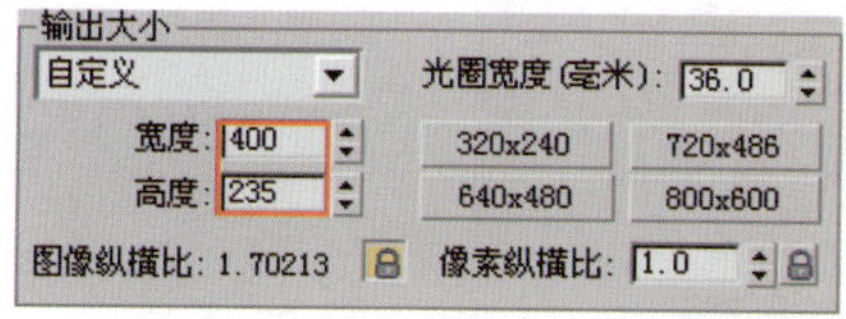

图 12-4

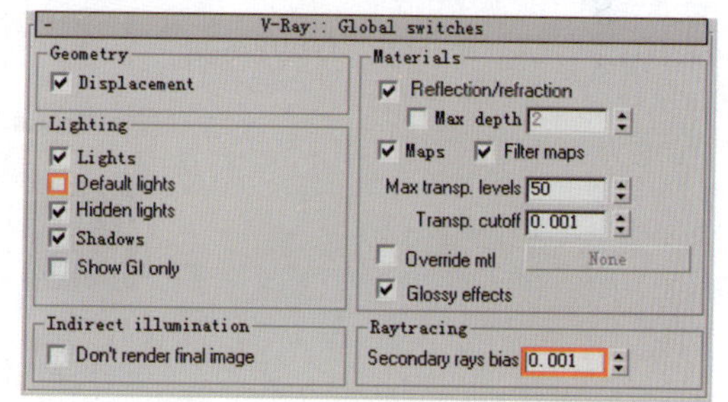

图 12-5

③ 进入 V-Ray:: Image sampler (Antialiasing) （抗锯齿采样）卷展栏中，参数设置如图 12-6 所示。

④ 在 V-Ray:: Indirect illumination (GI) （间接照明）卷展栏中设置参数如图 12-7 所示。

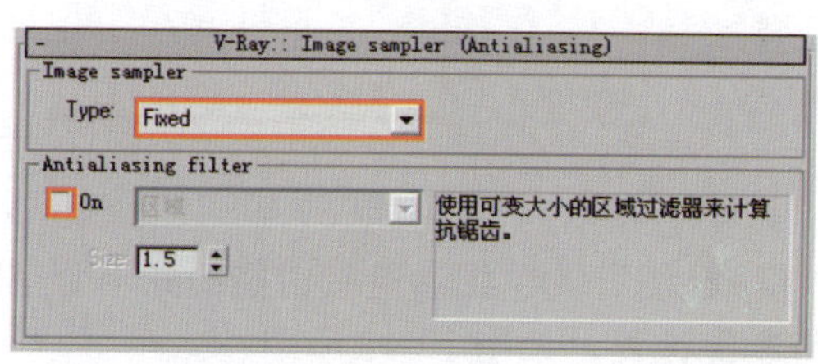

图 12-6

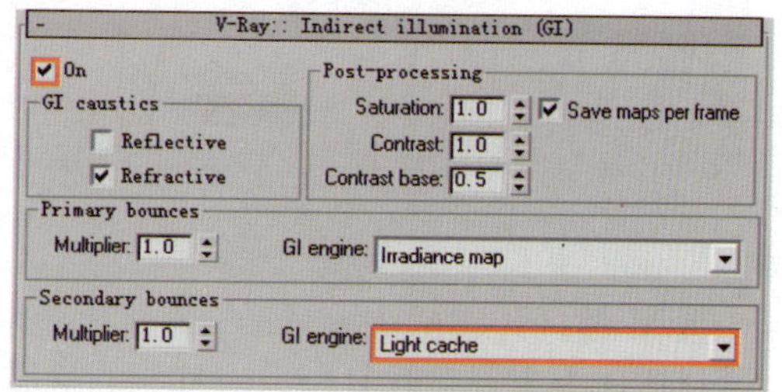

图 12-7

⑤ 在V-Ray:: Irradiance map（发光贴图）卷展栏中设置参数如图 12-8 所示。

⑥ 在V-Ray:: Light cache（灯光缓存）卷展栏中设置参数如图 12-9 所示。

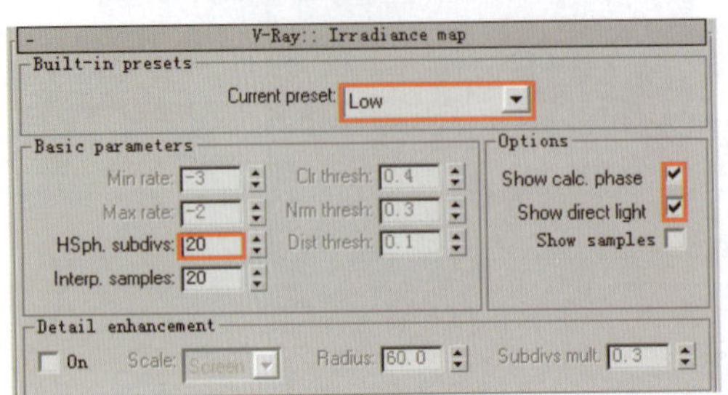

图 12-8

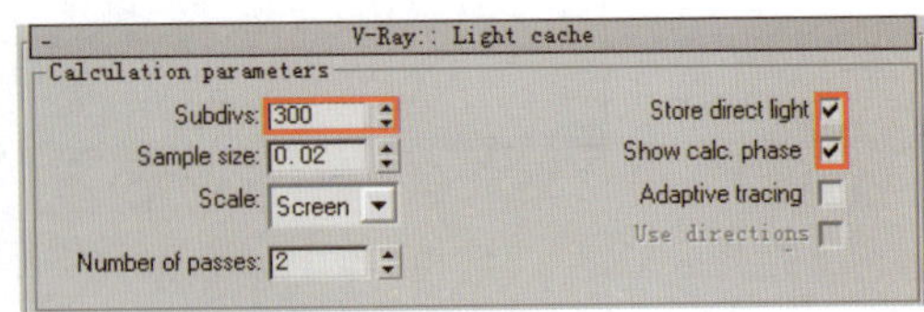

图 12-9

⑦ 下面对环境光进行设置。打开V-Ray:: Environment（环境）卷展栏，在“GI Environment (skylight) override”选项组中勾选“On”复选框，参数设置如图 12-10 所示。

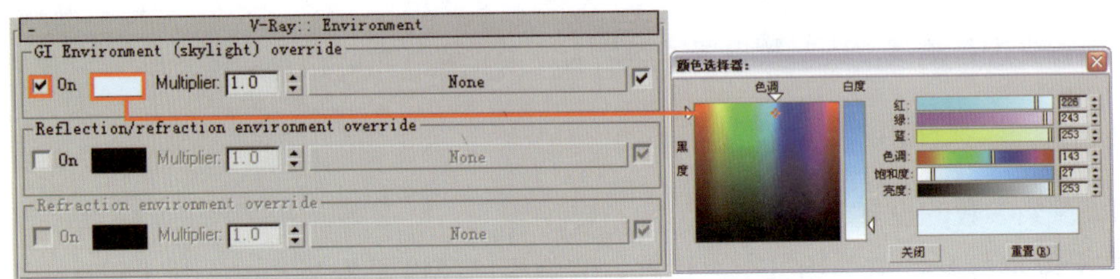

图 12-10

⑧ 为场景设置背景环境。按 8 键打开“环境和效果”对话框，单击“环境贴图”的贴图通道按钮，为其添加一个“位图”贴图，具体参数设置如图 12-11 所示。贴图文件为本书配套光盘提供的“tyuuyt.jpg”文件。

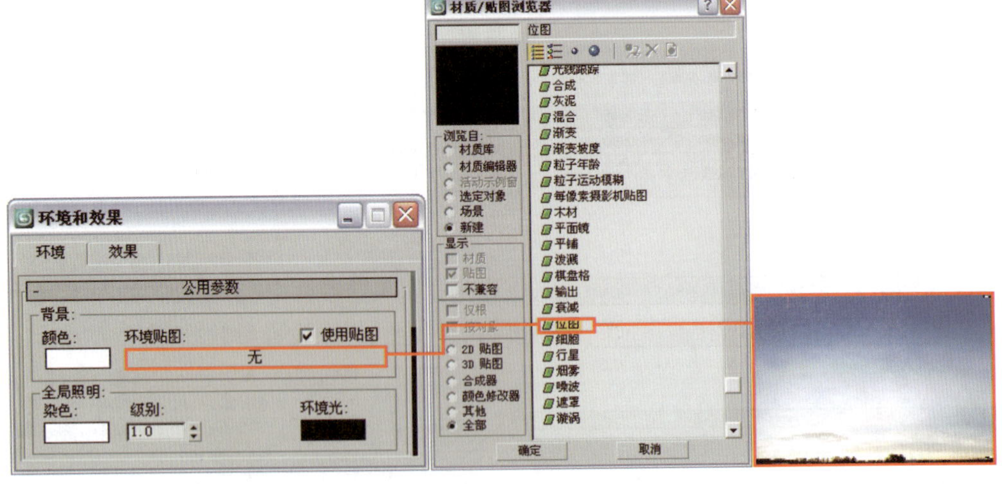

图 12-11

⑨ 按 M 键打开“材质编辑器”对话框，将“环境贴图”的贴图通道按钮拖动到一个空白材质球上进行关联复制，对复制的材质进行参数设置，如图 12-12 所示。

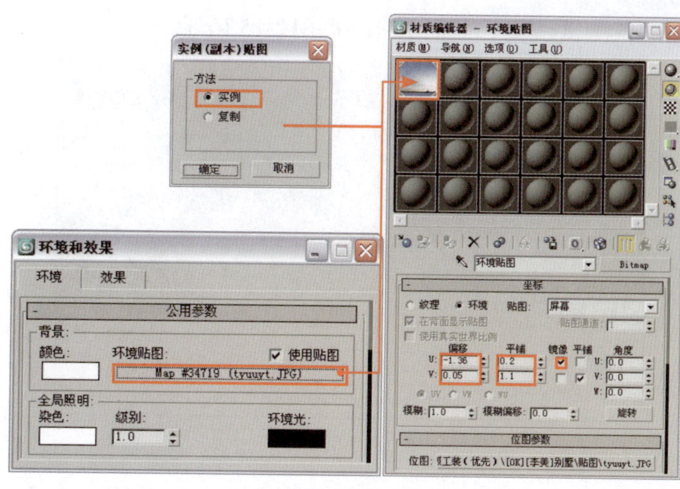

图 12-12

12.2.2 布置场景灯光

别墅场景要表现的是日光的室外效果，只需要室外的环境光和日光就完全可以完成场景的照明，因此灯光布置会比较简单。

① 创建室外的日光。单击 （创建）按钮进入创建命令面板。单击 （灯光）按钮，在下拉菜单中选择“标准”选项，然后在 对象类型 卷展栏中单击 目标平行光 按钮，在如图 12-13 所示位置创建一盏目标平行光，参数设置如图 12-14 所示。

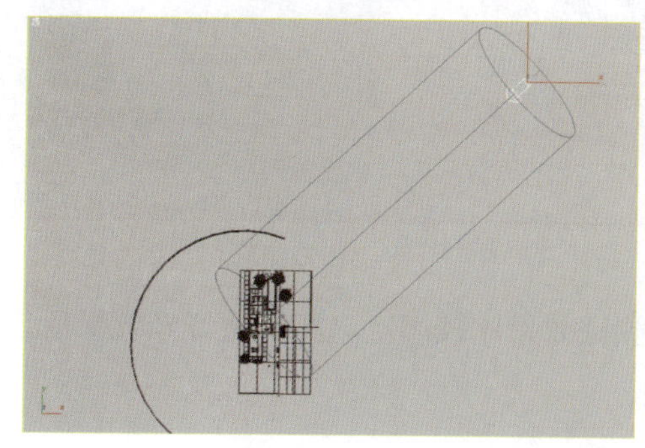

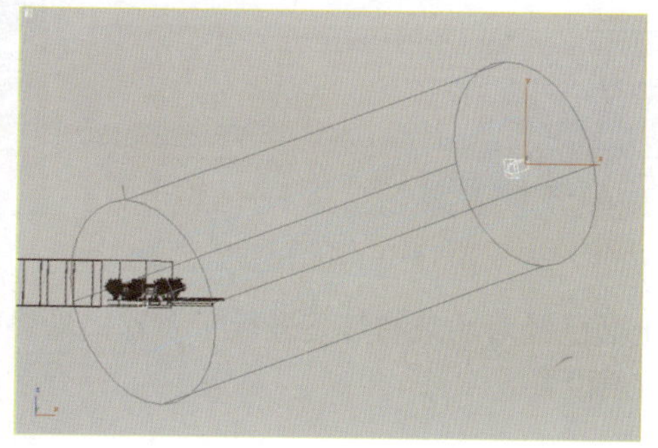

图 12-13

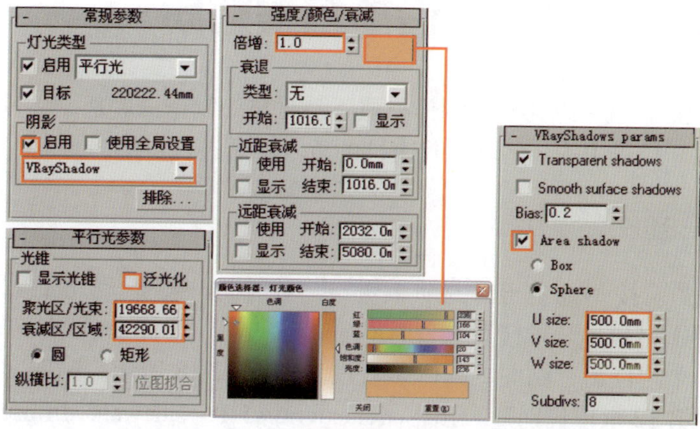

图 12-14

② 对摄影机视图进行测试渲染，此时效果如图 12-15 所示。

图 12-15

③ 从渲染效果中可以发现场景由于目标平行光的照射，整体曝光严重，下面通过调整曝光参数来降低场景亮度。按 F10 键打开“渲染场景”对话框，进入“渲染器”选项卡，在 V-Ray:: Color mapping （颜色映射）卷展栏中控制曝光，参数设置如图 12-16 所示。再次渲染效果如图 12-17 所示。

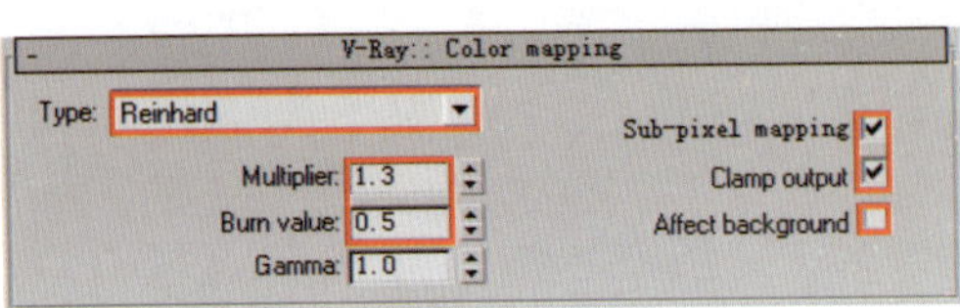

图 12-16

图 12-17

上面已经对场景的灯光进行了布置，最终测试效果比较满意，测试完灯光效果后，下面进行材质设置。

12.3 设置场景材质

灯光测试完成后，就可以为模型制作材质了。材质的制作一般是一幅效果图表现的重点和难点，下面就关于场景中的一些具有代表性的重点材质进行讲解。

12.3.1 设置地面部分材质

① 设置地面材质。按 M 键打开“材质编辑器”对话框，选择一个空白材质球，将材质设置为 VRayMtl 材质，并将材质命名为“地面”。单击“Diffuse”右侧的贴图通道按钮，为其添加一个“位图”贴图，具体参数设置如图 12-18 所示。贴图文件为本书配套光盘提供的“第 12 章现代别墅 \ 贴图 \archexteriors5_05_sidewalk_diffuse.jpg”文件。

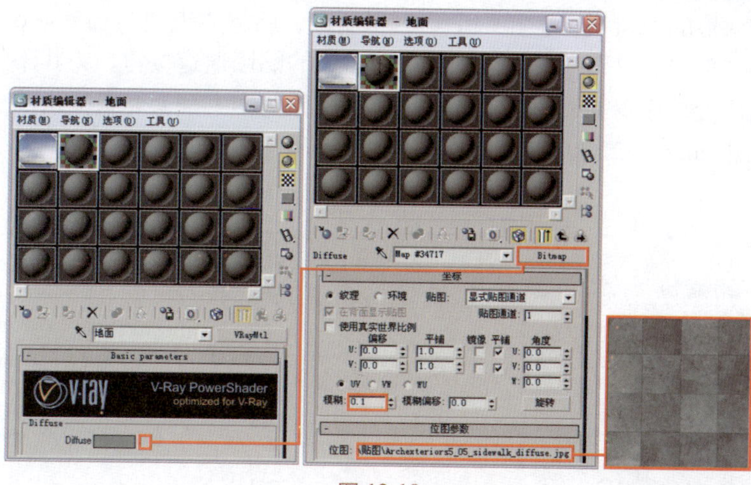
图 12-18

② 为材质"地面"添加凹凸贴图。返回 VRayMtl 材质层级，进入 Maps 卷展栏，为"Bump"贴图通道添加一个"位图"贴图，参数设置如图 12-19 所示。贴图文件为本书配套光盘提供的"第 12 章现代别墅 \ 贴图 \archexteriors5_05_sidewalk_diffuse.jpg"文件。

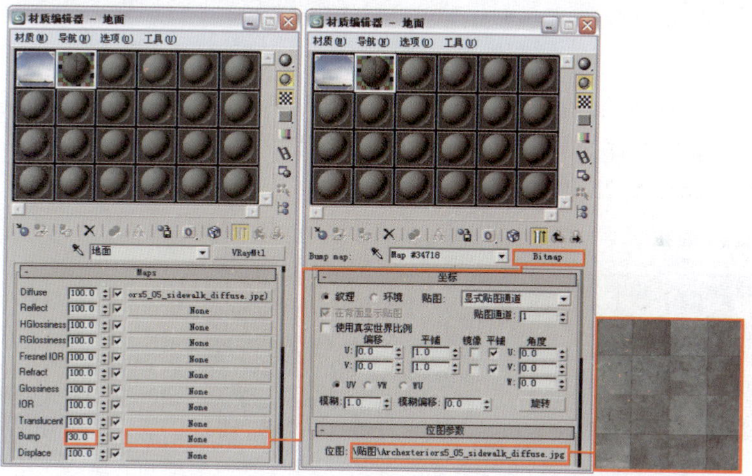
图 12-19

③ 将设置好的材质指定给物体"地面"，对摄影机视图进行渲染，此时效果如图 12-20 所示。

图 12-20

④ 设置水池侧墙的石材质。选择一个空白材质球，将材质设置为 VRayMtl 材质，并将材质命名为“侧墙石材”。单击“Diffuse”右侧的贴图通道按钮，为其添加一个“位图”贴图，具体参数设置如图 12-21 所示。贴图文件为本书配套光盘提供的“第 12 章现代别墅 \ 贴图 \cncr2552L 副本 _2.jpg”文件。

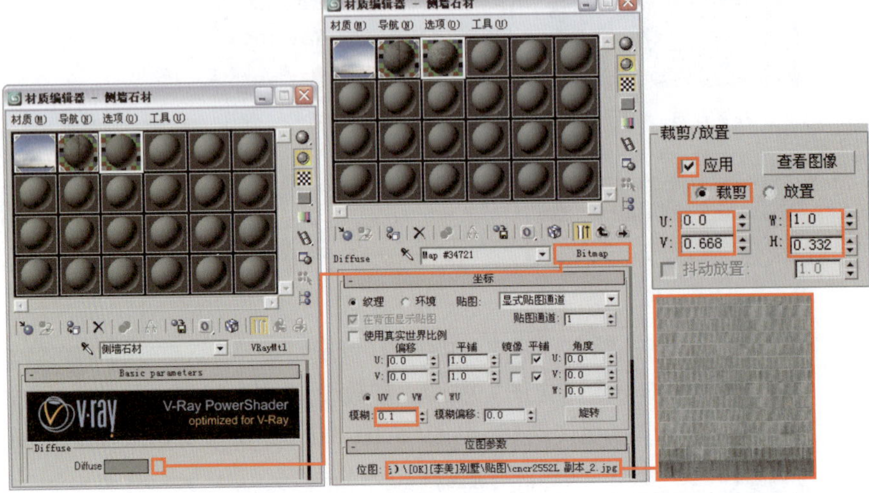

图 12-21

⑤ 返回 VRayMtl 材质层级，进入 Maps 卷展栏，为“Bump”贴图通道添加一个“位图”贴图，参数设置如图 12-22 所示。贴图文件为本书配套光盘提供的“第 12 章现代别墅 \ 贴图 \cncr2552L 副本 _2.jpg”文件。

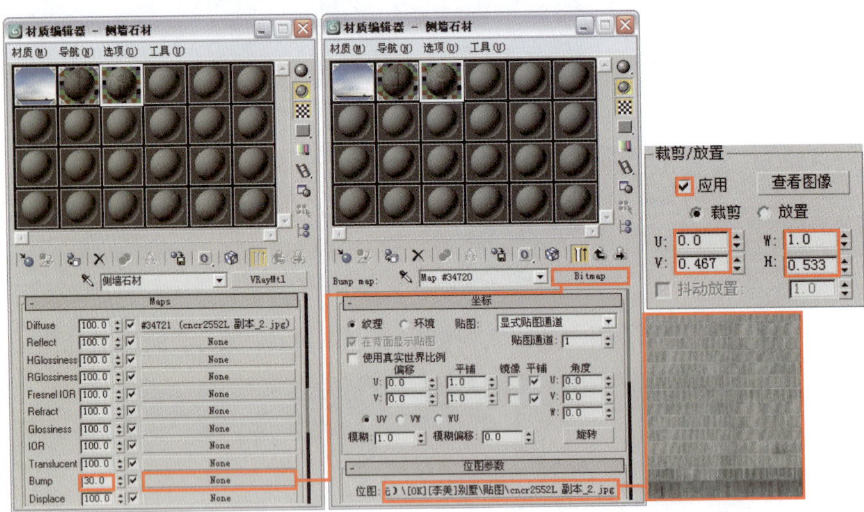

图 12-22

⑥ 将设置好的材质指定给物体“侧墙”，对摄影机视图进行渲染，效果如图 12-23 所示。

⑦ 设置水泥台阶材质。选择一个空白材质球，将材质设置为 VRayMtl 材质，并将材质命名为“水泥”。单击“Diffuse”右侧的贴图通道按钮，为其添加一个“位图”贴图，具体参数设置如图 12-24 所示。贴图文件为本书配套光盘提供的“第 12 章现代别墅 \ 贴图 \arroway.de_concrete-37_d100.png”文件。

图 12-23

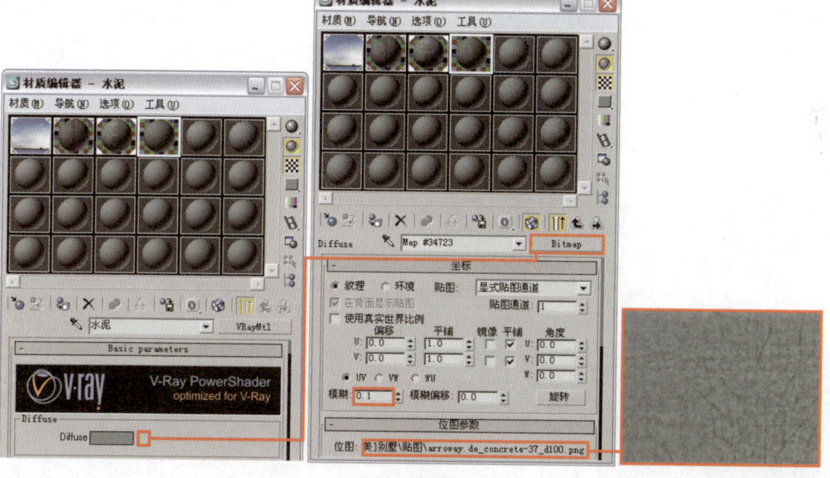

图 12-24

⑧ 返回 VRayMtl 材质层级，进入 Maps 卷展栏，将“Diffuse”右侧的贴图通道按钮拖放复制（非关联）到“Bump”右侧的 None 贴图通道按钮上，参数设置如图 12-25 所示。

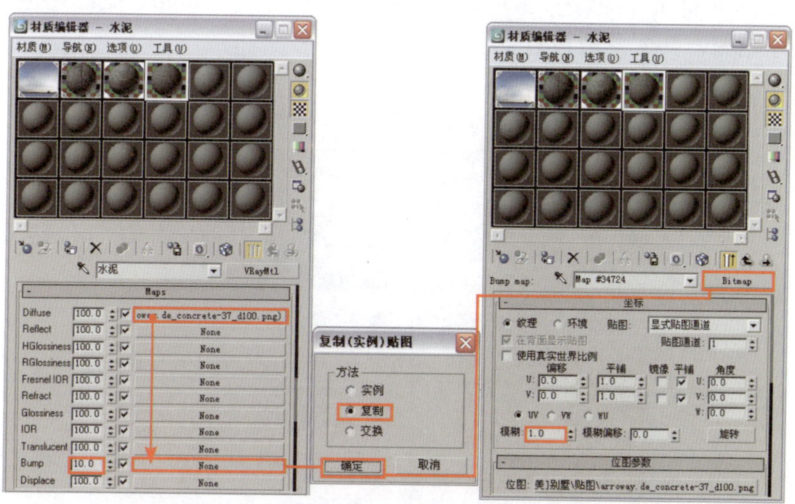

图 12-25

9 将设置好的材质指定给物体“水泥台阶”，对摄影机视图进行渲染，效果如图 12-26 所示。

图 12-26

10 设置水池中的水材质。选择一个空白材质球，将材质设置为 VRayMtl 材质，并将材质命名为“水”。单击“Reflect”右侧的贴图通道按钮，为其添加一个“衰减”程序贴图，具体参数设置如图 12-27 所示。

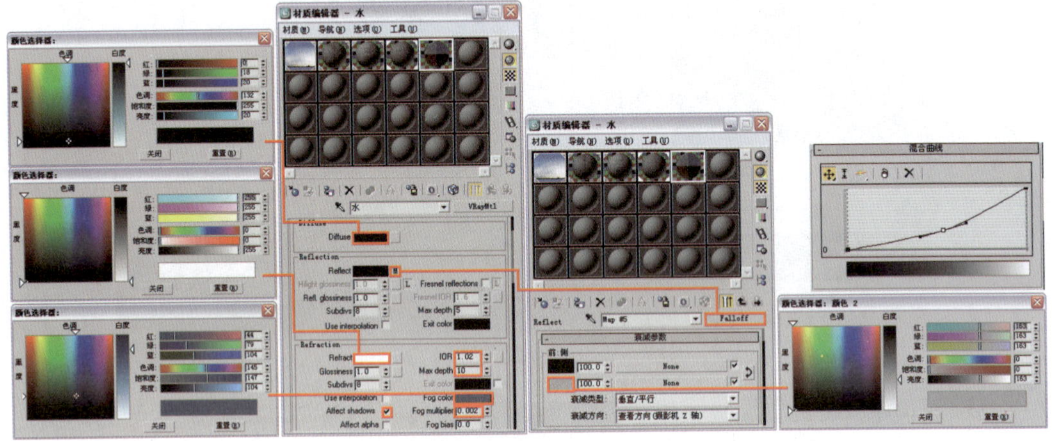

图 12-27

11 返回 VRayMtl 材质层级，进入 Maps 卷展栏，为“Bump”贴图通道添加一个“噪波”程序贴图，具体参数设置如图 12-28 所示。

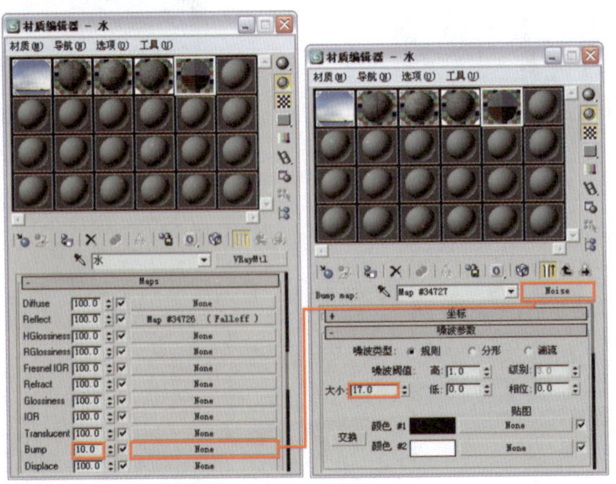

图 12-28

⑫ 将设置好的材质指定给物体“水”，对摄影机视图进行渲染，效果如图 12-29 所示。

图 12-29

⑬ 设置水池边的金属栏杆材质。选择一个空白材质球，将材质设置为 VRayMtl 材质，并将材质命名为“栏杆金属”。单击“Reflect”右侧的贴图通道按钮，为其添加一个“衰减”程序贴图，具体参数设置如图 12-30 所示。

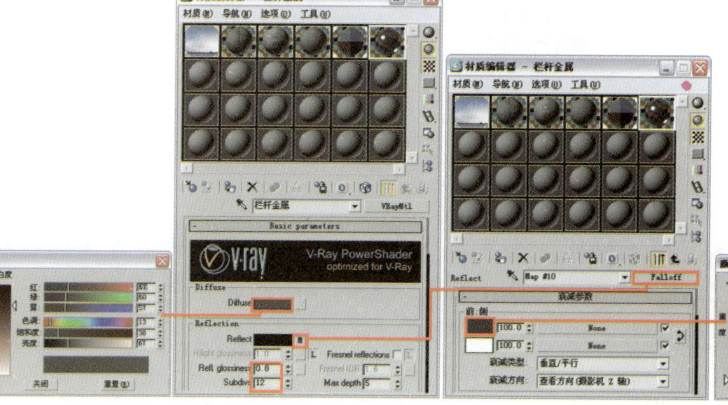
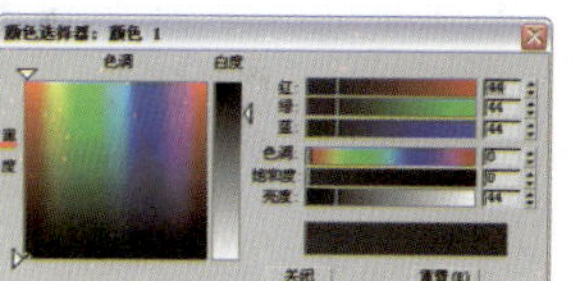

图 12-30

⑭ 将设置好的材质指定给物体“栏杆”，对摄影机视图进行渲染，栏杆效果如图 12-31 所示。

图 12-31

⑮ 设置垃圾桶外壳材质。选择一个空白材质球，将材质设置为 VRayMtl 材质，并将材质命名为“垃圾桶”。单击“Reflect”右侧的贴图通道按钮，为其添加一个“衰减”程序贴图，具体参数设置如图 12-32 所示。

⑯ 将设置好的材质指定给物体“垃圾桶”，对摄影机视图进行渲染，此时效果如图 12-33 所示。

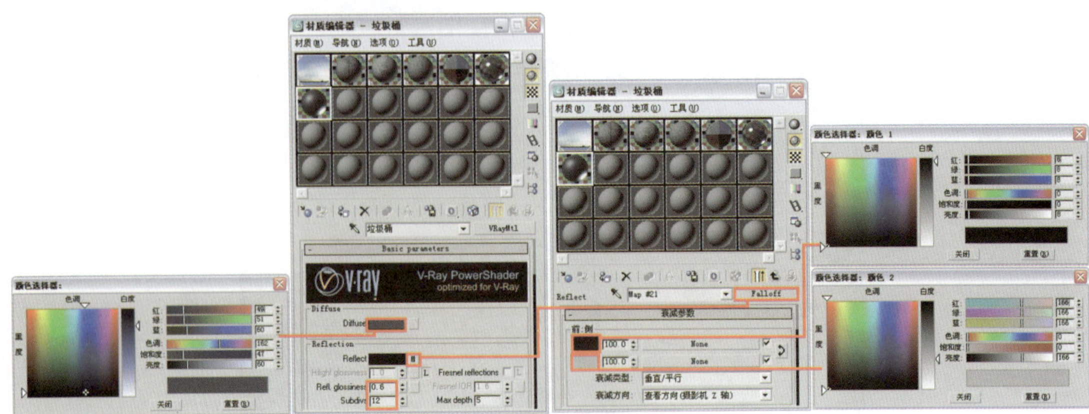
图 12-32

图 12-33

17 下面设置水池边的长椅木材质。选择一个空白材质球，将材质设置为 VRayMtl 材质，并将材质命名为“木纹”。单击“Diffuse”右侧的贴图通道按钮，为其添加一个“位图”贴图，具体参数设置如图 12-34 所示。贴图文件为本书配套光盘提供的“第 12 章现代别墅 \ 贴图 \1153817398.jpg”文件。

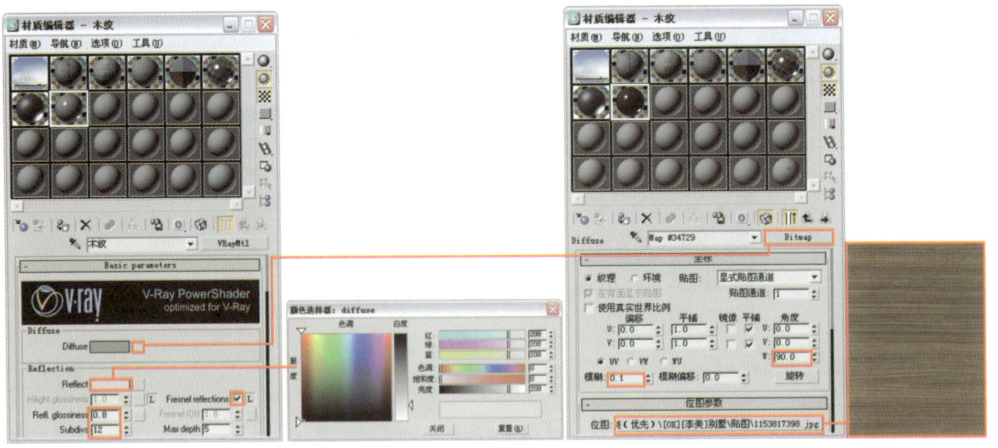
图 12-34

18 返回 VRayMtl 材质层级，进入 Maps 卷展栏，为“Bump”贴图通道添加一个“位图”贴图，具体参数设置如图 12-35 所示。贴图文件为本书配套光盘提供的“第 12 章现代别墅 \ 贴图 \1153817398.jpg”文件。将设置好的材质指定给物体“长椅木”。

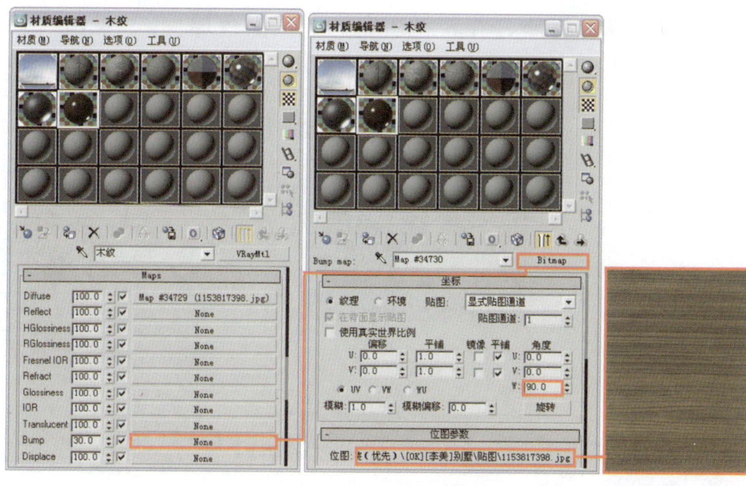

图 12-35

19 设置长椅部分的黑铁材质。选择一个空白材质球，将材质设置为 VRayMtl 材质，并将材质命名为“黑铁”，具体参数设置如图 12-36 所示。

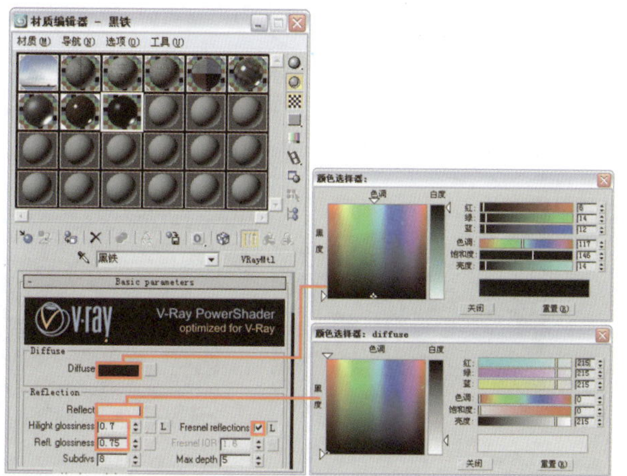

图 12-36

20 将设置好的材质指定给物体“长椅”，对摄影机视图进行渲染，长椅效果如图 12-37 所示。

图 12-37

12.3.2 设置建筑部分材质

1 下面开始设置建筑物上面的材质，首先设置墙面部分的材质。选择一个空白材质球，将材质设置为 VRayMtl 材质，并将材质命名为“深色墙面”。单击“Diffuse”右侧的贴图通道按钮，为其添加一个“平铺”程序贴图，具体参数设置如图 12-38 所示。

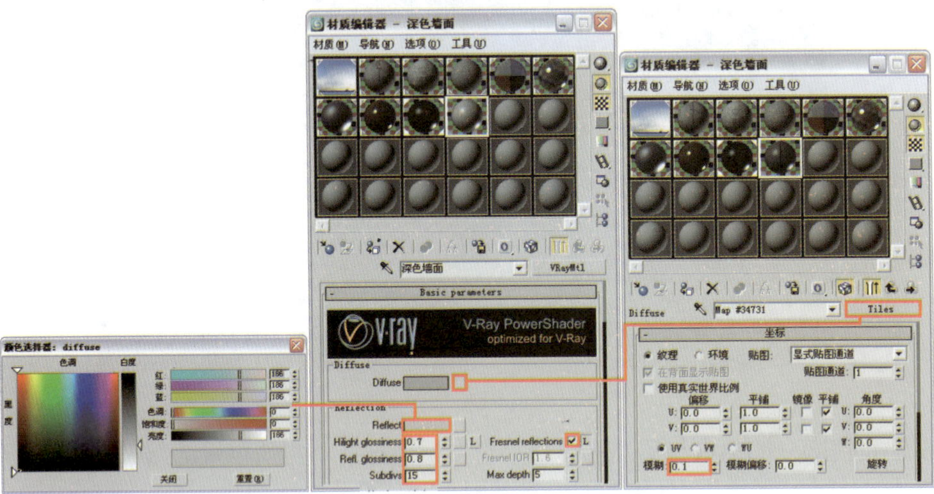

图 12-38

② 在“平铺”贴图层级进入 高级控制 卷展栏，单击“平铺设置”选项组中“纹理”右侧的贴图通道按钮，为其添加一个“位图”贴图，具体参数设置如图 12-39 所示。贴图文件为本书配套光盘中提供的“第 12 章现代别墅 \ 贴图 \ 细灰麻 01.jpg”文件。

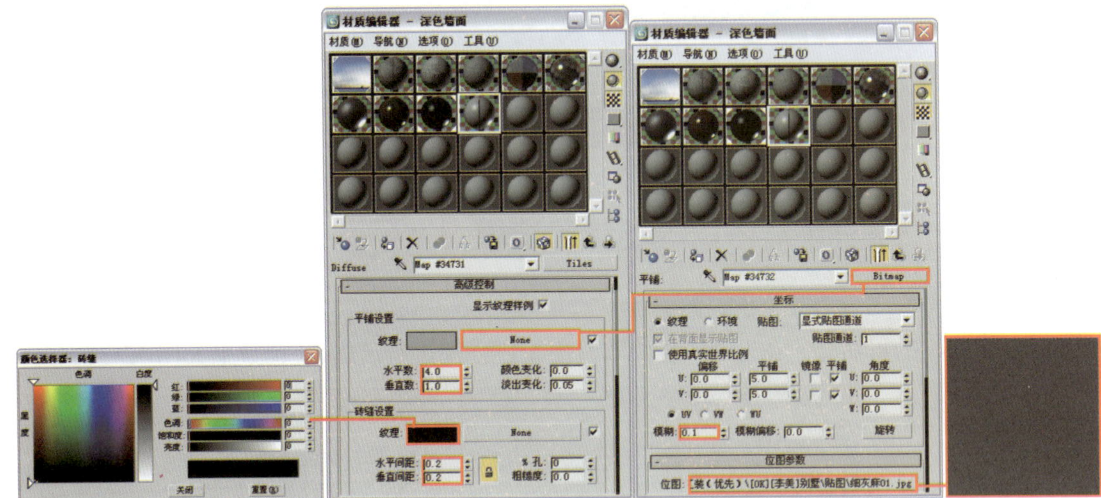

图 12-39

③ 返回 VRayMtl 材质层级，进入 Maps 卷展栏，将“Diffuse”右侧的贴图通道按钮拖动到“Bump”右侧的 None 贴图通道按钮上进行复制（非关联），具体参数设置如图 12-40 所示。

④ 将设置好的材质指定给物体“深色墙体”，对摄影机视图进行渲染，效果如图 12-41 所示。

⑤ 设置窗框材质。选择一个空白材质球，将材质设置为 VRayMtl 材质，并将材质命名为“窗框”，具体参数设置如图 12-42 所示。将设置好的材质指定给物体“窗框”。

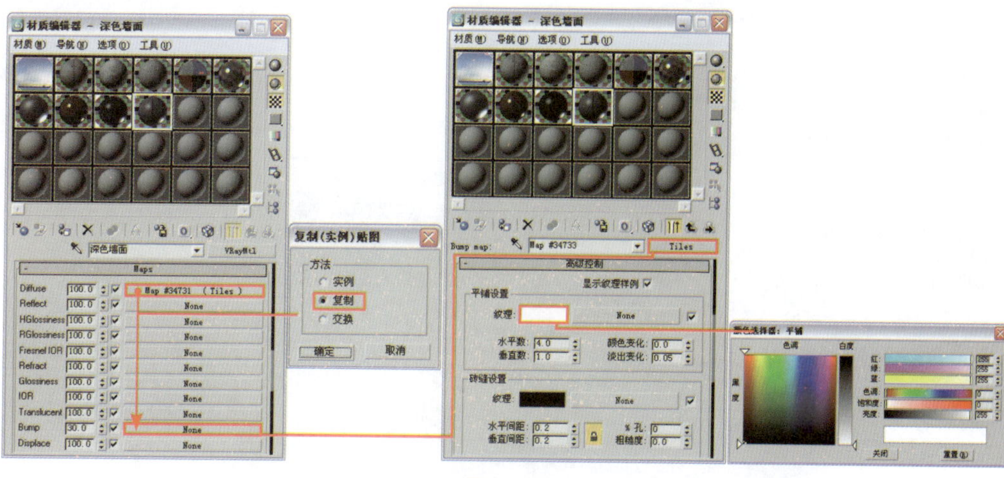

图 12-40

图 12-41

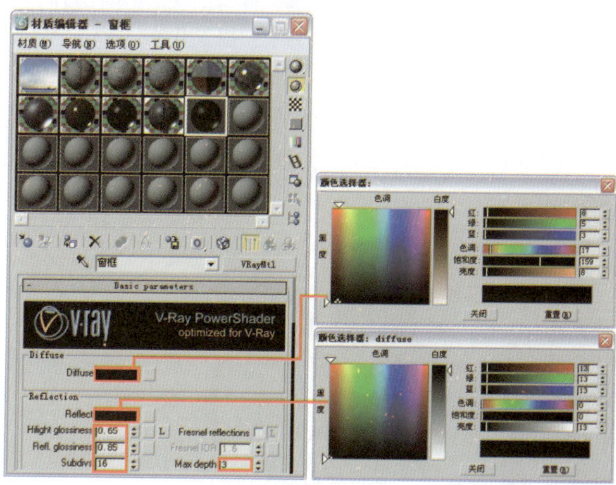

图 12-42

⑥ 设置窗玻璃材质。选择一个空白材质球，将材质设置为 VRayMtl 材质，并将材质命名为“窗玻璃”。单击“Reflect”右侧的贴图通道按钮，为其添加一个“衰减”程序贴图，具体参数设置如图 12-43 所示。

⑦ 将设置好的材质指定给物体“窗玻璃”，对摄影机视图进行渲染，玻璃效果如图 12-44 所示。

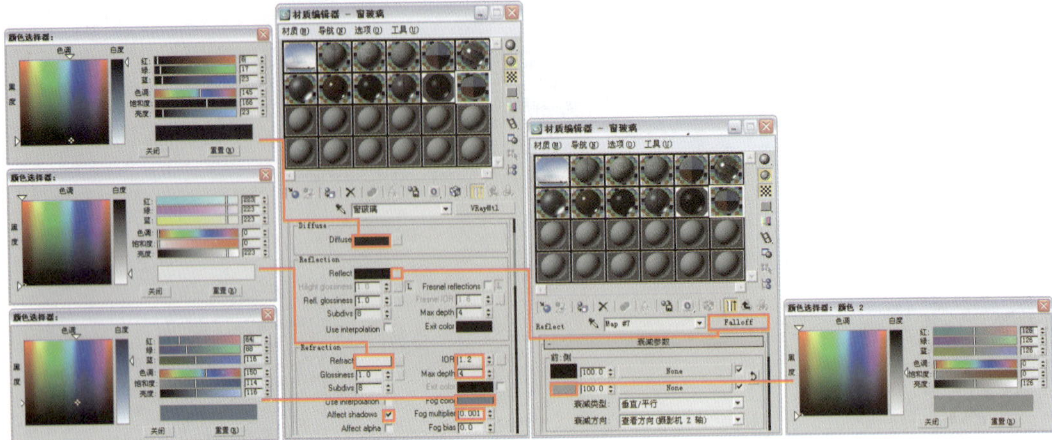

图 12-43

图 12-44

8 为了使场景的水面及窗玻璃的反射能够更加丰富些，场景中已经事先创建了一个专门用来为它们提供反射用的模拟周围环境的物体，这样做不但可以为场景的玻璃及水面等物体提供更加丰富的反射，还大大地简化了后期处理部分的过程，下面就开始设置周围环境的材质。选择一个空白材质球，将材质设置为 VRayMtl 材质，并将材质命名为“周围环境”。单击“Diffuse”右侧的贴图通道按钮，为其添加一个“位图”贴图，具体参数设置如图 12-45 所示。贴图文件为本书配套光盘提供的“第 12 章现代别墅\贴图\backtree.jpg”文件。

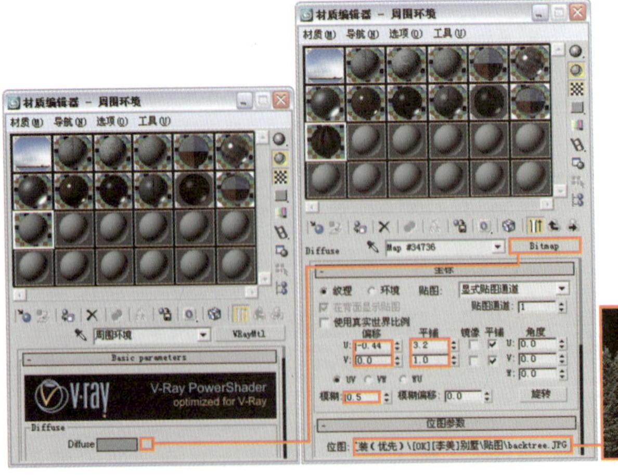

图 12-45

⑨ 返回 VRayMtl 材质层级，进入 Maps 卷展栏，为“Opacity”贴图通道添加一个“位图”贴图，具体参数设置如图 12-46 所示。贴图文件为本书配套光盘提供的“第 12 章 现代别墅 \ 贴图 \backtree-c.jpg”文件。

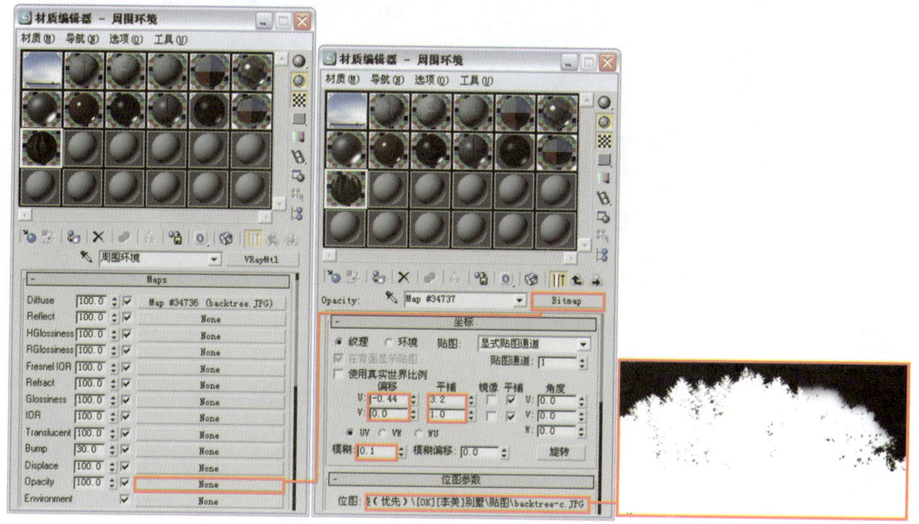

图 12-46

⑩ 将设置好的材质指定给物体“背景”，对摄影机视图进行渲染，效果如图 12-47 所示。

图 12-47

至此，场景的灯光测试和材质设置都已经完成，下面将对场景进行最终渲染设置。

12.4 最终渲染设置

12.4.1 最终测试灯光效果

场景中的材质设置完毕后，需要取消对发光贴图和灯光贴图的调用，再次对场景进行渲染，效果如图 12-48 所示。

观察渲染效果，可以发现场景整体偏暗，下面将通过调整场景曝光参数来提高场景亮度，参数设置如图 12-49 所示。再次渲染效果如图 12-50 所示。

图 12-48

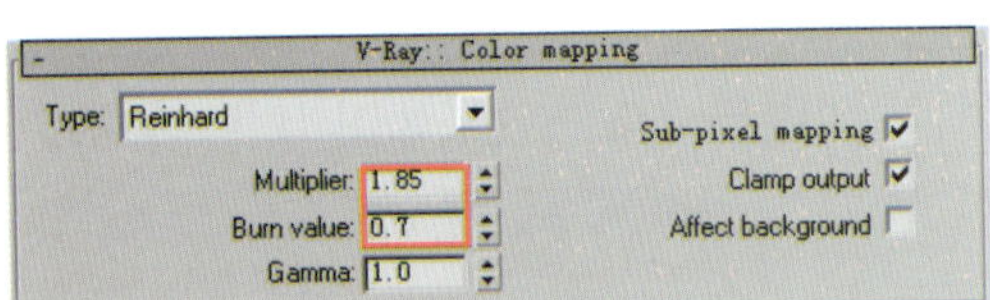

图 2-49

图 2-50

观察渲染效果，场景光线不需要再调整，接下来设置最终渲染参数。

12.4.2 灯光细分参数设置

将模拟日光的目标平行光的灯光细分值设置为 16，如图 12-51 所示。

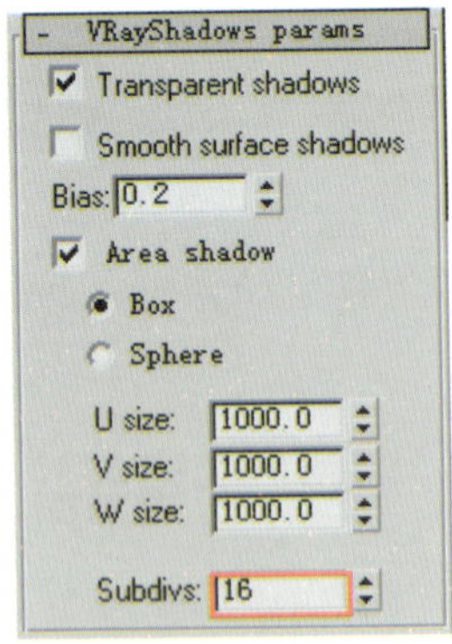

图 12-51

12.4.3 设置保存发光贴图的渲染参数

① 进入 V-Ray:: Irradiance map （发光贴图）卷展栏，设置参数如图 12-52 所示。

② 进入 V-Ray:: Light cache （灯光缓存）卷展栏，设置参数如图 12-53 所示。

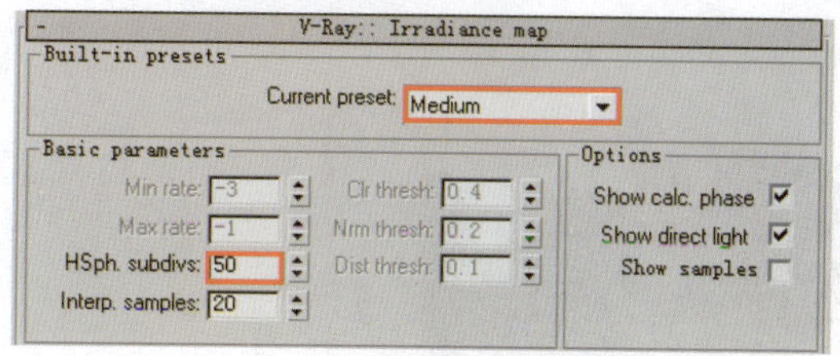

图 12-52

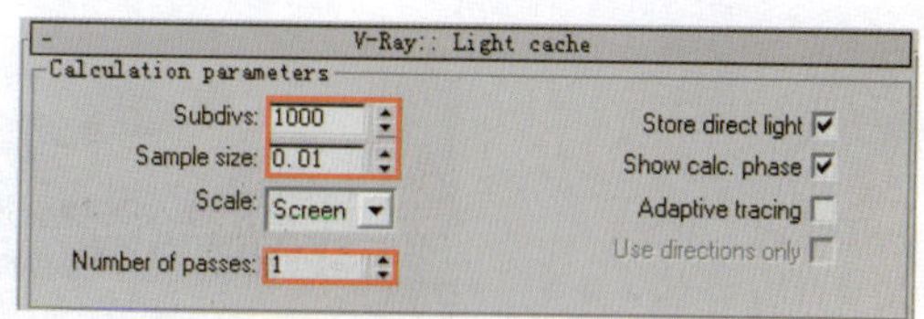

图 12-53

③ 在 V-Ray:: rQMC Sampler （准蒙特卡罗采样器）卷展栏中设置参数如图 12-54 所示，这是模糊采样设置。

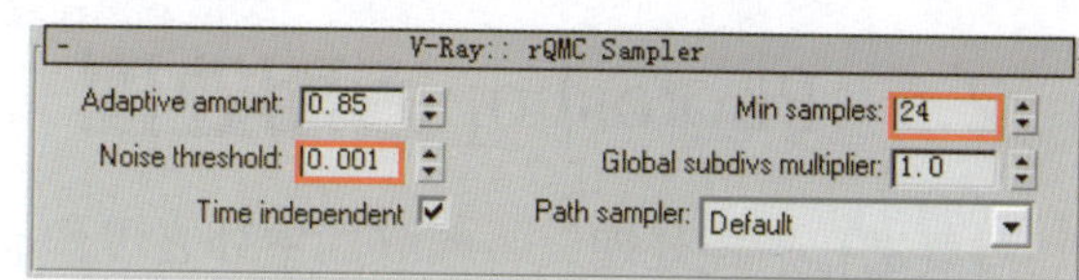

图 12-54

渲染级别设置完毕，最后设置保存发光贴图的参数并进行渲染即可。

12.4.4 最终成品渲染

最终成品渲染的参数设置如下。

① 当发光贴图计算完毕后，在“渲染场景”对话框中的“公用”选项卡中设置最终渲染图像的输出尺寸，如图 12-55 所示。

② 在 V-Ray:: Image sampler (Antialiasing) （抗锯齿采样）卷展栏中设置抗锯齿和过滤器，如图 12-56 所示。

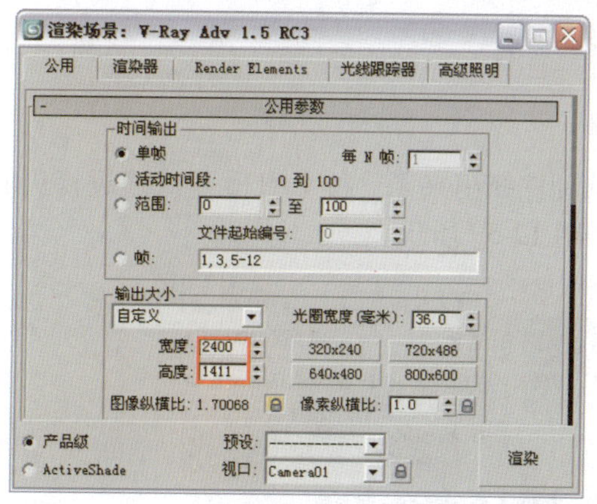

图 12-55

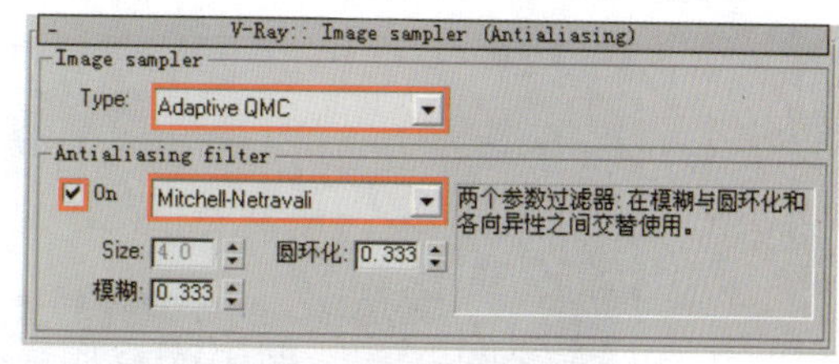

图 12-56

③ 为了方便在 Photoshop 中进行后期处理，将渲染结果保存为 TGA 格式的文件，最终渲染完成的效果如图 12-57 所示。

在 3ds max 中的操作都已经完成，下面的后期处理将会在 Photoshop 软件中进行。

图 12-57

12.5 Photoshop后期处理

刚渲染出来的图像还需要进行后期处理，一幅好的室外表现作品，后期处理是非常重要的。

① 在 Photoshop CS3 中打开渲染图，首先将图像的建筑部分与背景分离，单击工具面板中的 （矩形框选工具）按钮，在图像中单击鼠标右键，从弹出的快捷菜单中选择“载入选区”命令，然后在弹出的“载入选区”对话框中进行参数设置，如图 12-58 所示。

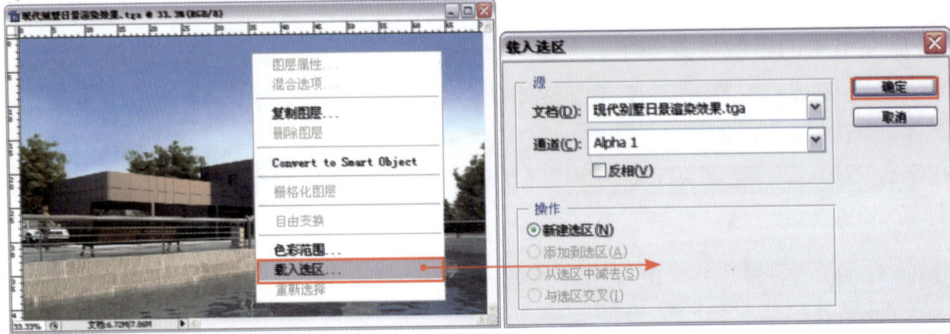

图 12-58

② 如上操作后，会看到图像中的建筑部分被单独选择出来了，按 Ctrl+J 键（通过拷贝的图层）将选区内容复制到一个新图层中，如图 12-59 所示。

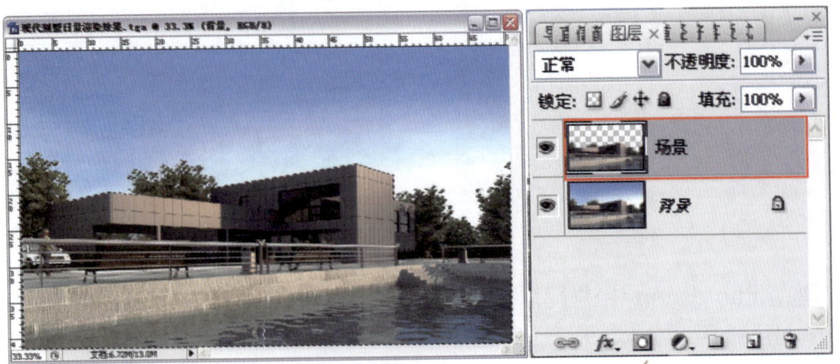

图 12-59

③ 下面首先为图像整体确定一个大的基调，为图像添加背景天空。打开本书所附光盘提供的“第 12 章现代别墅 \ 贴图 \SKY.psd”文件，将其拖放到“场景”图层下方，并将其图层命名为“天空”，注意在图像中调整其位置，如图 12-60 所示。

图 12-60

④ 为了使画面更加丰富，下面为画面的天空部分添加一些飞翔的鸟。打开本书所附光盘提供的“第 12 章现代别墅 \ 贴图 \BIRD.psd”文件，将其拖放到“场景”图层上方，并将其图层命名为“飞鸟”，调整其位置及大小，更改其图层“不透明度”为 70%，如图 12-61 所示。

图 12-61

⑤ 为图像添加阳光的光晕效果。在“场景”图层上方新建一个图层，将其命名为“光晕”，按 Shift+F5 键打开“填充”对话框，用黑色对“光晕”图层进行填充，如图 12-62 所示。

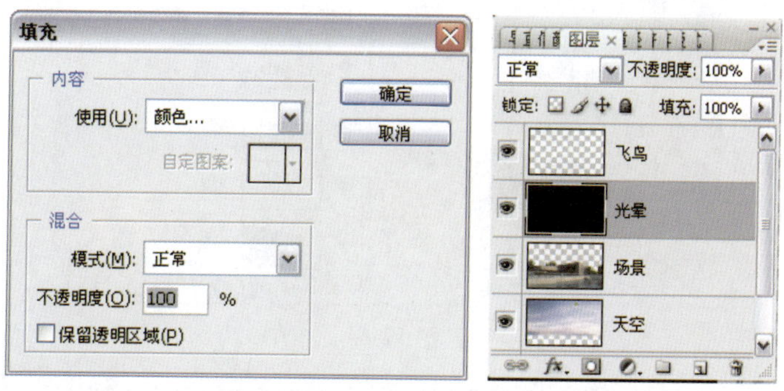

图 12-62

⑥ 在菜单栏中依次选择“滤镜”|“渲染”|“镜头光晕”命令，在弹出的“镜头光晕”对话框中进行参数设置，如图 12-63 所示。

图 12-63

⑦ 适当旋转移动并缩放“光晕”图层，然后将其图层混合模式更改为滤色，效果如图 12-64 所示。

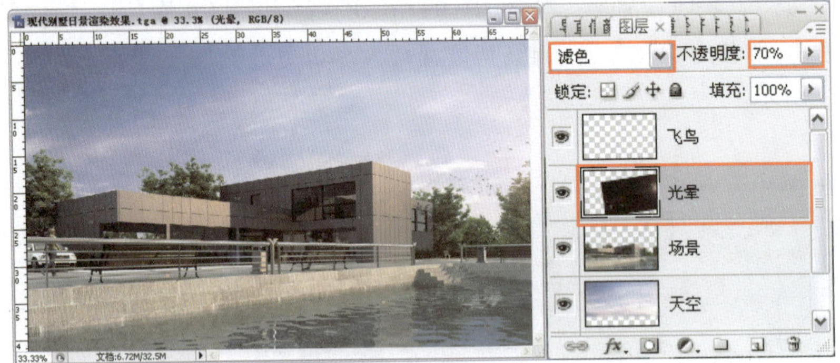

图 12-64

⑧ 选择新建的图层“飞鸟”，按 Ctrl+Shift+Alt+E 键（盖印可见图层）将所有图层合并复制到一个新图层中，然后按 Ctrl+J 键将其复制出一个副本图层。选择菜单栏中的“滤镜”|“模糊”|“高斯模糊”命令，然后将“图层 1 副本”图层的混合模式更改为“柔光”，“不透明度”设置为 40%，参数设置如图 12-65 所示。

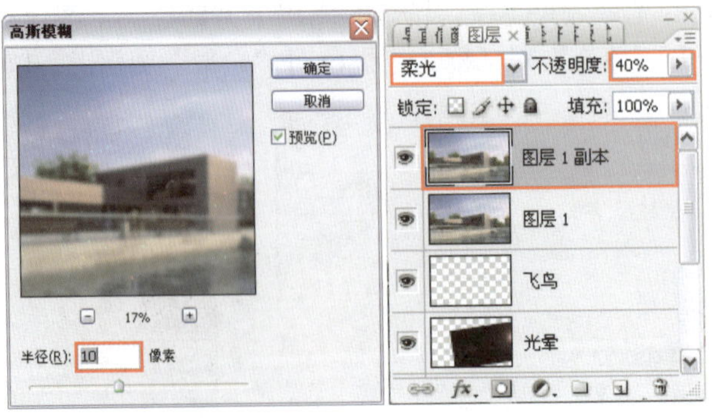

图 12-65

⑨ 再次按 Ctrl+Shift+Alt+E 键（盖印可见图层），然后选择新建的“图层 2”图层，选择菜单栏中的“滤

镜”|“锐化”|“USM 锐化”命令，弹出“USM 锐化”对话框，设置参数如图 12-66 所示。

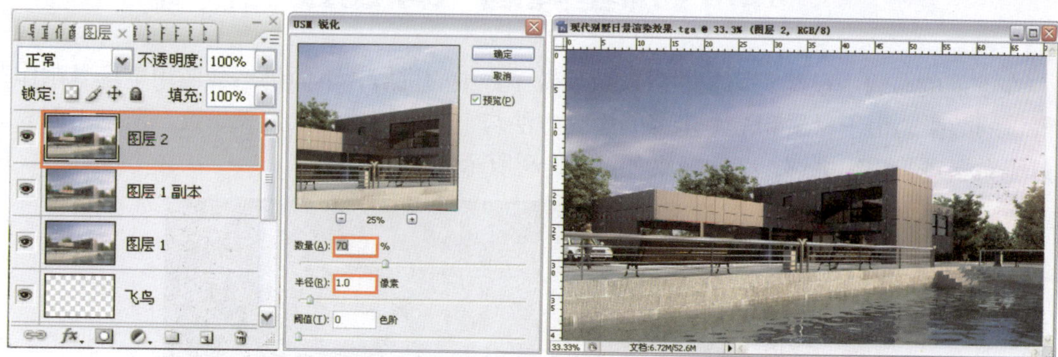

图 12-66

⑩ 为了使画面更有层次感，下面将图像的边缘部分调暗些。在所有图层上方新建一空白图层，然后使用【渐变工具】对图层进行填充，填充效果及渐变参数设置如图 12-67 所示。

图 12-67

⑪ 将渐变填充过的“图层 3”的图层混合模式设置为“柔光”，“不透明度”设置为 70%，图像最终效果如图 12-68 所示。

图 12-68

12.6 别墅黄昏气氛表现

在上面的步骤中已经对场景的白天效果做了详细的讲解，下面仍然会使用本场景制作黄昏气氛的效果，由于材质和渲染步骤的设置方法与上面介绍的白天效果一致，所以下面只对其灯光布置进行详细讲解。黄昏效果如图 12-69 所示。

图 12-69

图 12-70 所示为此时咖啡厅的线框渲染效果。

图 12-70

12.6.1 灯光布置及测试

打开配套光盘中“现代别墅黄昏源文件 .max”场景文件，如图 12-71 所示，可以看到这个场景和前面的“现代别墅日景源文件 .max”模型完全一样，只是材质已经事先设置好，摄影机角度有些改变。

> 小贴士
>
> 下面将直接对场景的灯光部分进行讲解，测试渲染参数仍然可以按照上面讲解的方法进行设置。

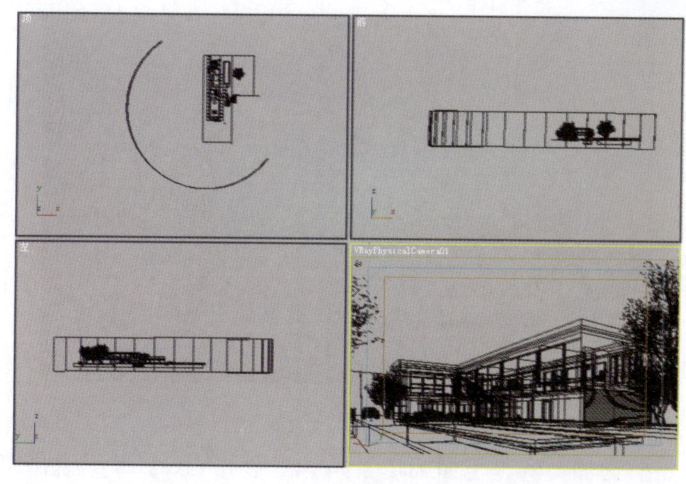

图 12-71

① 下面开始布置场景中的灯光，首先还是从室外的日光开始创建，因为是黄昏，所以照射的强度会相对较低。单击 （创建）按钮进入创建命令面板。单击 （灯光）按钮，在下拉菜单中选择“标准”选项，然后在 对象类型 卷展栏中单击 目标平行光 按钮，在如图 12-72 所示位置创建一盏目标平行光 Direct01，参数设置如图 12-73 所示。

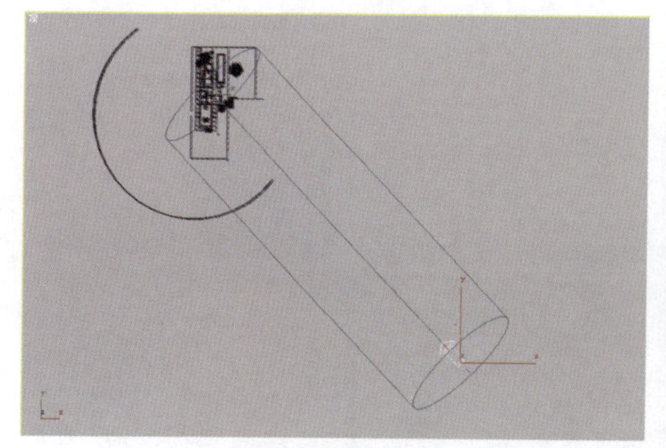

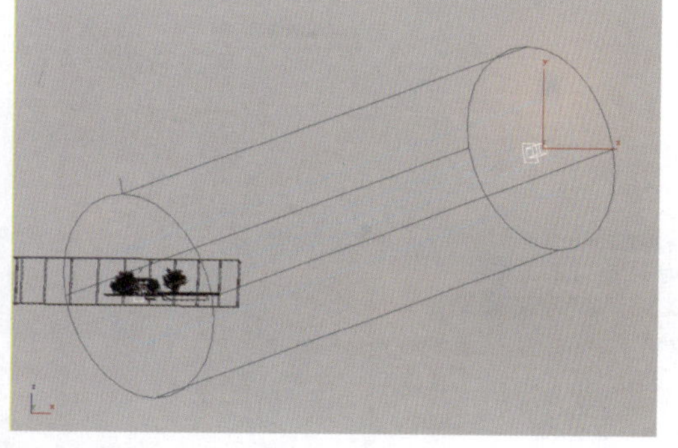

图 12-72

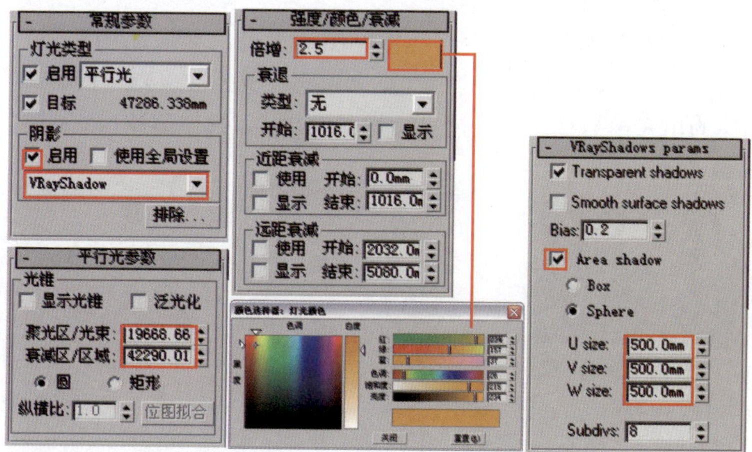

图 12-73

② 对摄影机视图进行测试渲染，此时效果如图 12-74 所示。

图 12-74

③ 为了使光照效果更加真实，下面为场景添加一个“VRaySky”贴图作为环境贴图和室外天光。按8键打开“环境和效果”对话框，单击其中的“环境贴图”贴图通道按钮，在弹出的“材质/贴图浏览器”对话框中选择 VRaySky，操作步骤如图 12-75 所示。

④ 按M键打开“材质编辑器”对话框，将“环境和效果”对话框中的“环境贴图”按钮拖放到“材质编辑器”中的任意一个空白材质球上，在弹出的“实例（副本）贴图”对话框中以“实例”的方法进行关联复制，具体参数设置如图 12-76 所示。

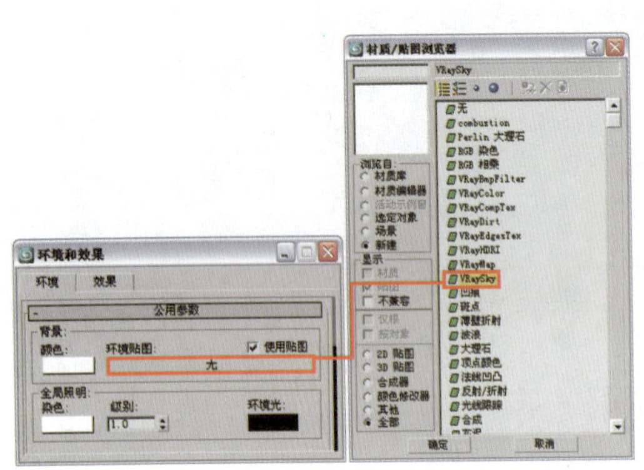

图 12-75

图 12-76

⑤ 将关联复制到“材质编辑器”中的环境贴图命名为“环境贴图”，勾选“manual sun node”右侧的复选框，然后单击“sun node”右侧的 None 按钮，然后在视图中单击刚刚创建的用来模拟日光的目标平行光 Direct01，具体参数设置如图 12-77 所示。

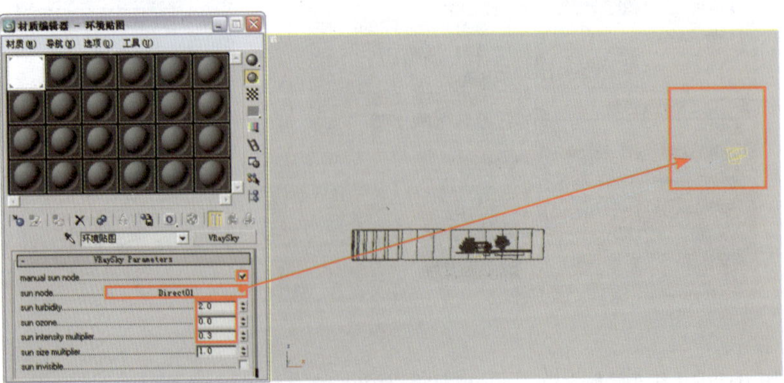

图 12-77

⑥ 按 F10 键打开“渲染场景”对话框，在“渲染器”选项卡中，进入 V-Ray:: Environment （环境）卷展栏，将“材质编辑器”对话框中的“环境贴图”的材质球关联复制到“GI Environment (skylight) override”选项组中的贴图通道按钮上，参数设置如图 12-78 所示。再次对摄影机视图进行渲染，此时效果如图 12-79 所示。

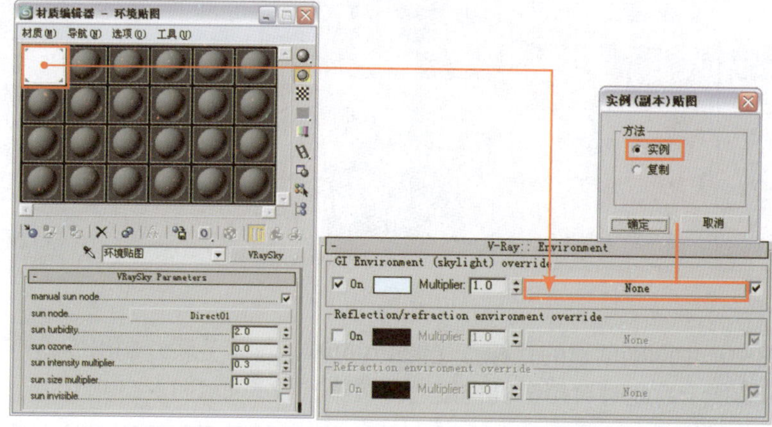

图 12-78

图 12-79

⑦ 创建室外照射墙面的装饰射灯。单击（创建）按钮进入创建命令面板。单击（灯光）按钮，在下拉菜单中选择“光度学”选项，然后在 对象类型 卷展栏中单击 目标点光源 按钮，在如图 12-80 所示位置创建一盏目标点光源 Point01 来模拟射灯灯光。

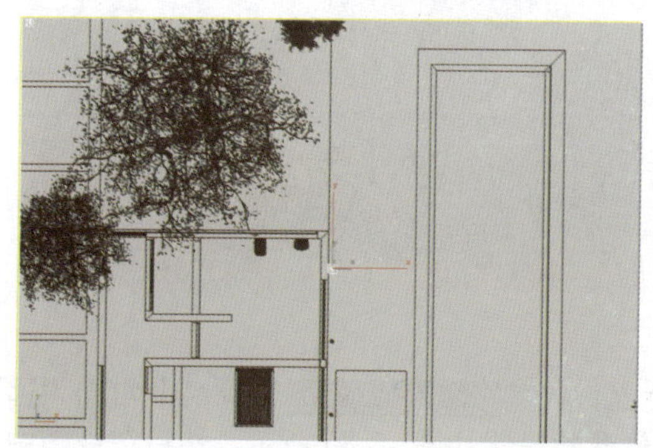
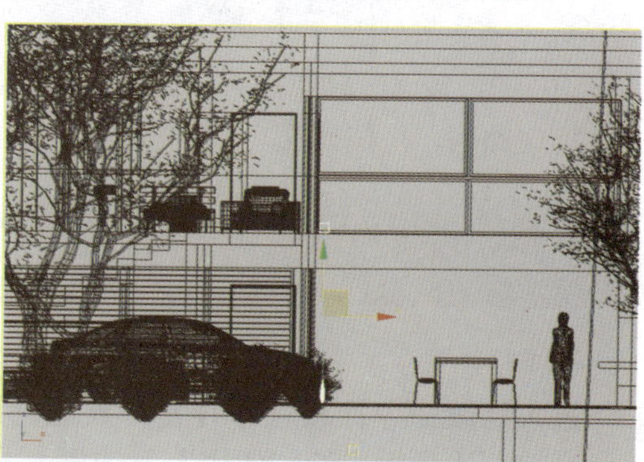
图 12-80

8 进入修改命令面板对创建的目标点光源参数进行设置，如图 12-81 所示。光域网文件为本书配套光盘提供的“第 12 章现代别墅 \ 贴图 \00 射灯 .IES”文件。

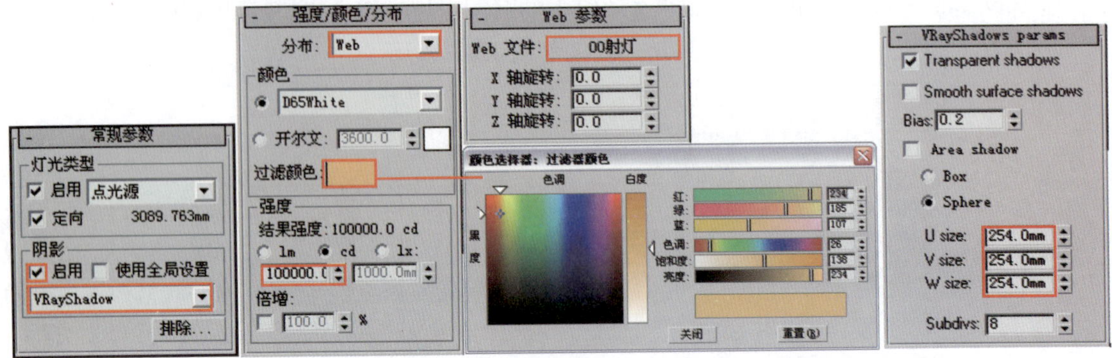

图 12-81

9 在顶视图中选中刚刚创建的目标点光源 Point01，将其关联复制出 5 盏灯光，灯光位置如图 12-82 所示。此时对摄影机视图进行渲染，效果如图 12-83 所示。

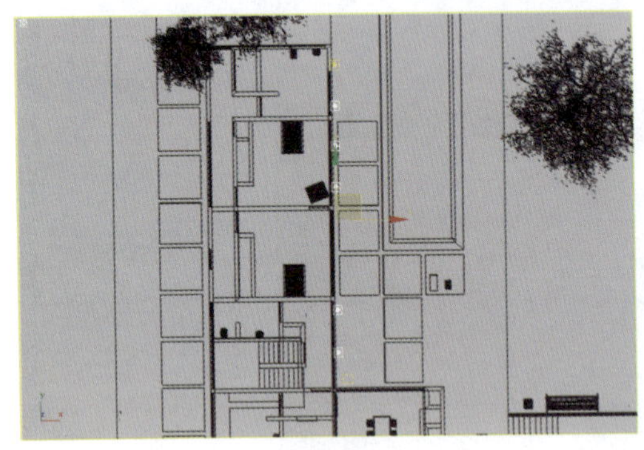

图 12-82

图 12-83

10 下面开始创建室内的灯光。单击(创建)按钮进入创建命令面板。单击(灯光)按钮，在下拉菜单中选择“标准”选项，然后在 对象类型 卷展栏中单击 泛光灯 按钮，在场景室内如图 12-84 所示位置创建一盏泛光灯 Omni01。

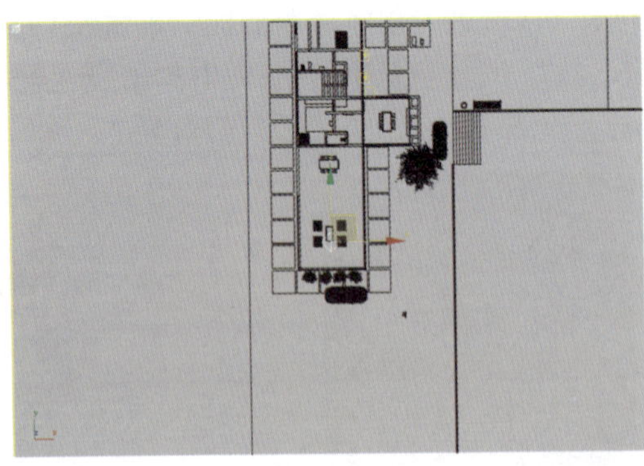

图 12-84

11 进入修改命令面板，对灯光参数进行设置，在其 强度/颜色/衰减 卷展栏中勾选“远距衰减”选项组中的“使用”复选框，具体参数设置如图 12-85 所示，然后在视图中使

用【选择并均匀缩放工具】对其衰减范围进行适当缩放，缩放后衰减范围如图 12-86 所示。

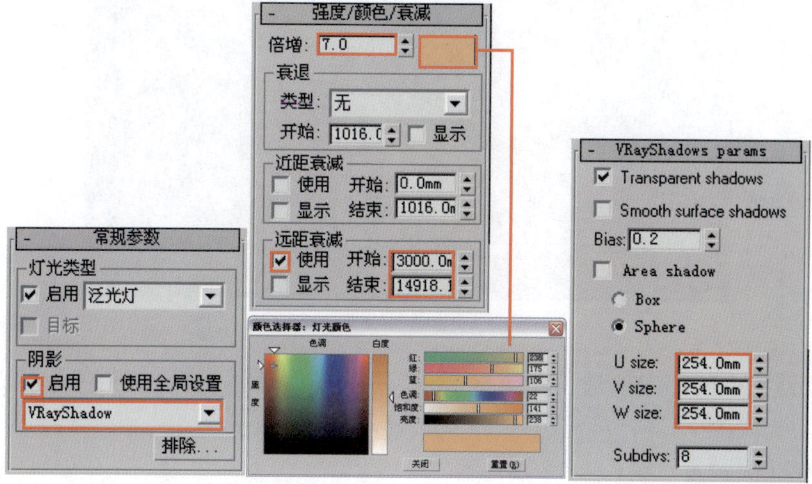

图 12-85

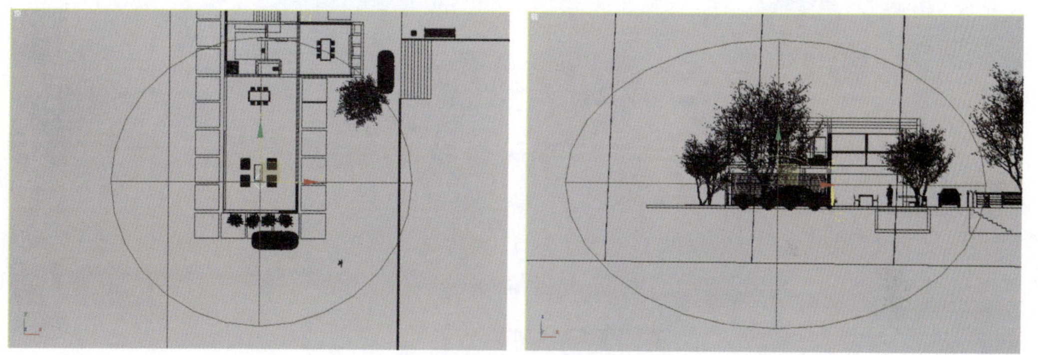

图 12-86

⑫ 在顶视图中选中刚刚创建的用来模拟室内光源的泛光灯 Omni01，将其关联复制出 3 盏，各灯光位置如图 12-87 所示。

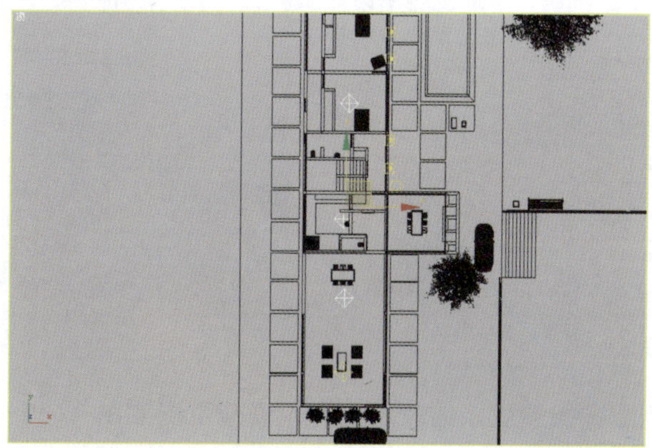

图 12-87

⑬ 对摄影机视图进行渲染，此时灯光效果如图 12-88 所示。

图 12-88

14 继续创建室内的灯光效果。在如图 12-89 所示位置创建一盏泛光灯 Omni05，灯光参数设置如图 12-90 所示。

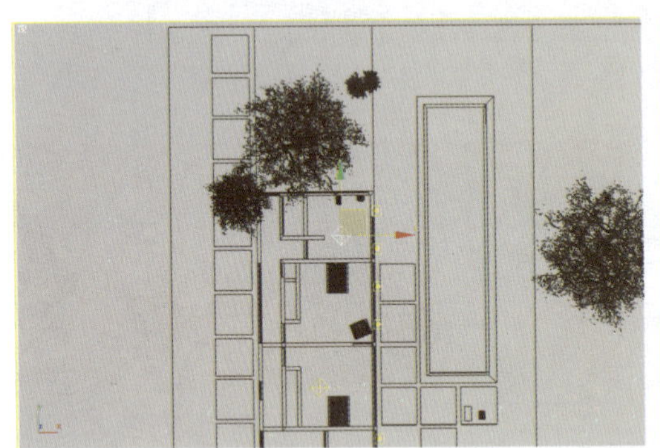

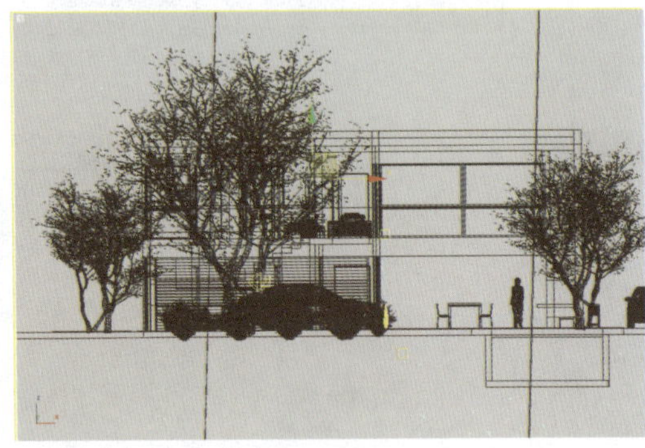

图 12-89

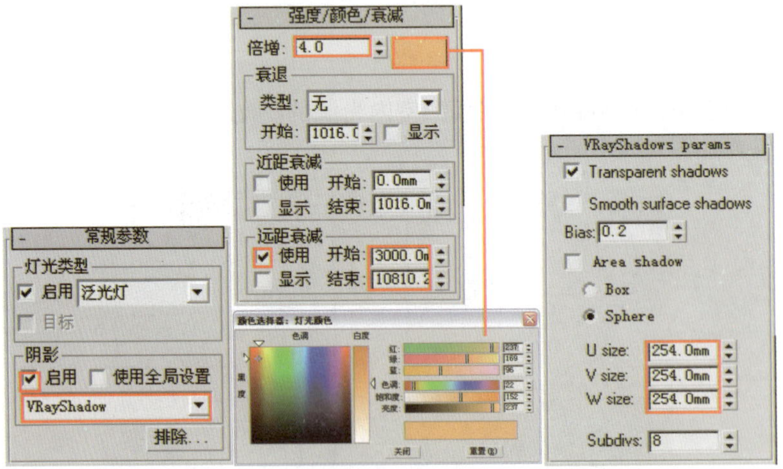

图 12-90

15 同样对其衰减范围进行缩放，缩放后，灯光衰减范围如图 12-91 所示。

16 在顶视图中选中刚刚创建的泛光灯 Omni05，将其关联复制出 3 盏，各灯光位置如图 12-92 所示。

17 对摄影机视图进行渲染，此时灯光效果如图 12-93 所示。

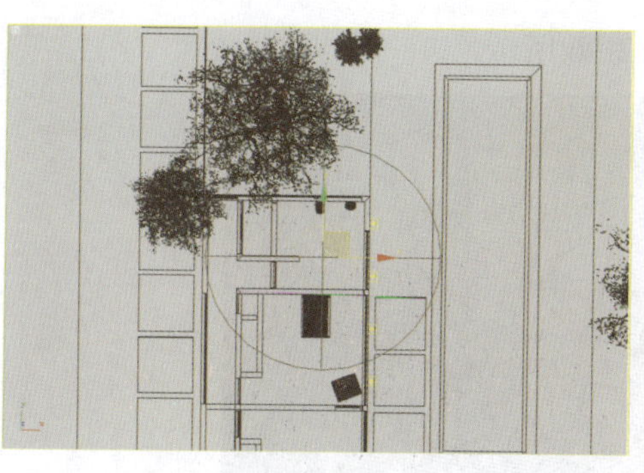

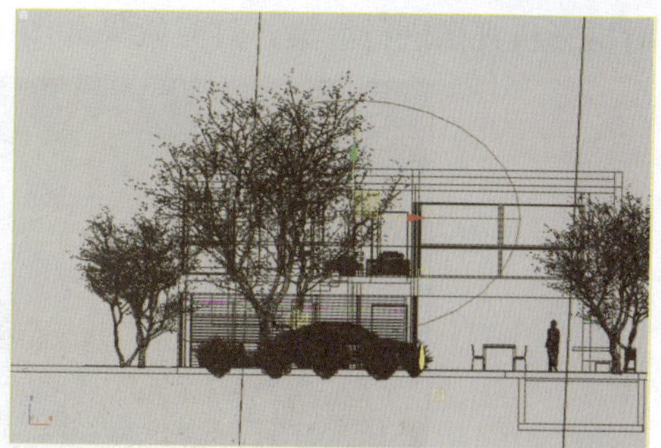

图 12-91

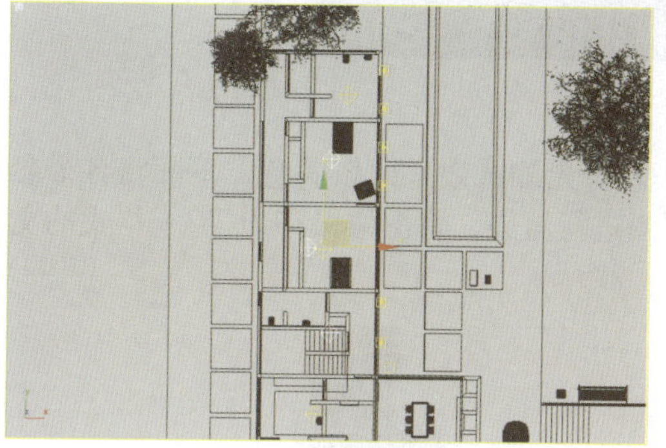

图 12-92

图 12-93

⑱ 最后在如图 12-94 所示位置创建一盏泛光灯作为补光，灯光参数设置如图 12-95 所示。

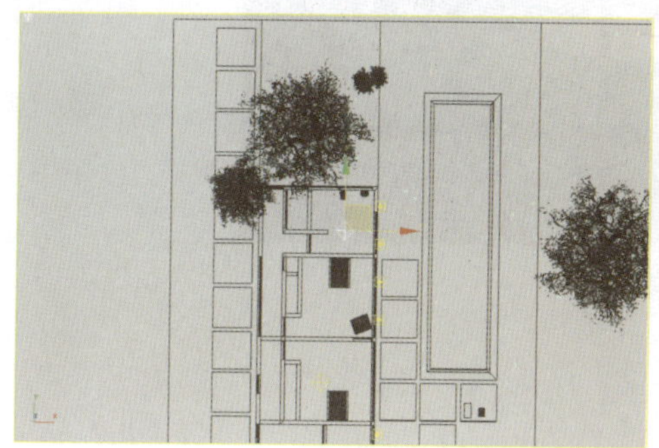

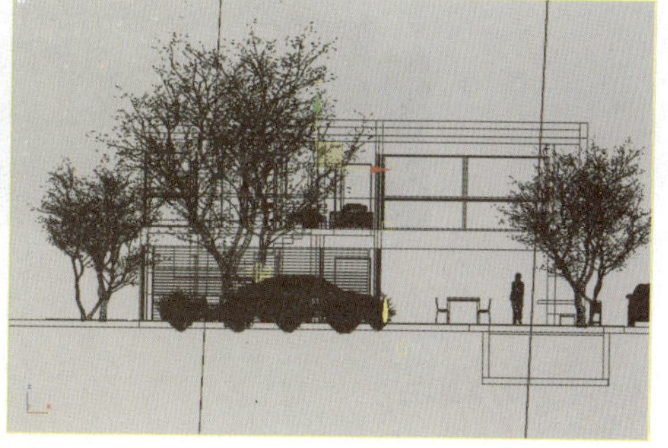

图 12-94

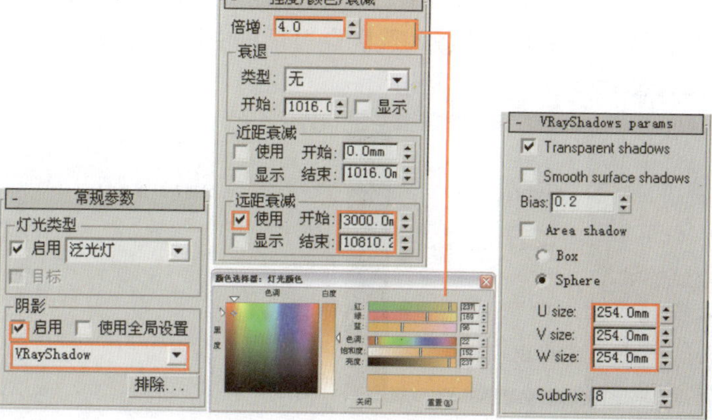

图 12-95

⑲ 对摄影机视图进行渲染，灯光效果如图 12-96 所示。

图 12-96

⑳ 经过上面的步骤，场景的灯光已经布置完毕，灯光测试效果比较满意。下面将各个参数设置为最终渲染所需的参数，对摄影机视图进行渲染，将图像保存为 TGA 格式的文件，最终渲染效果如图 12-97 所示。

图 12-97

12.6.2 后期处理

① 在 Photoshop CS3 中打开渲染图，首先将图像的建筑部分与背景分离。单击工具面板中的 （矩形框选工具）按钮，在图像中单击鼠标右键，从弹出的快捷菜单中选择“载入选区”命令，然后在弹出的“载入选区”对话框中进行参数设置，如图 12-98 所示。

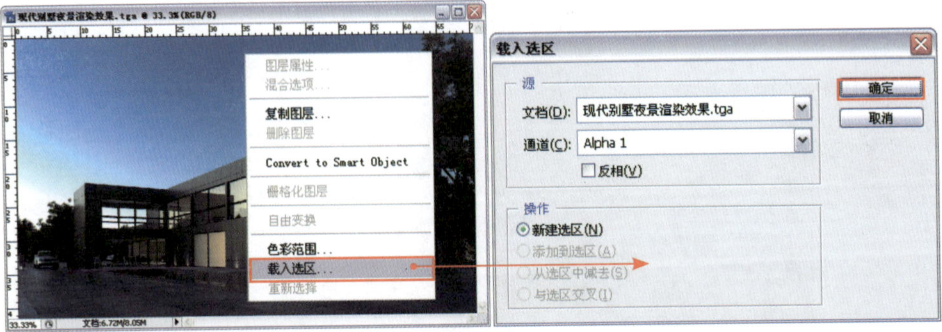

图 12-98

② 如上操作后，会看到图像中的建筑部分被单独选择出来了，按Ctrl+J键（通过拷贝的图层）将选区内容复制到一个新图层中，如图12-99所示。

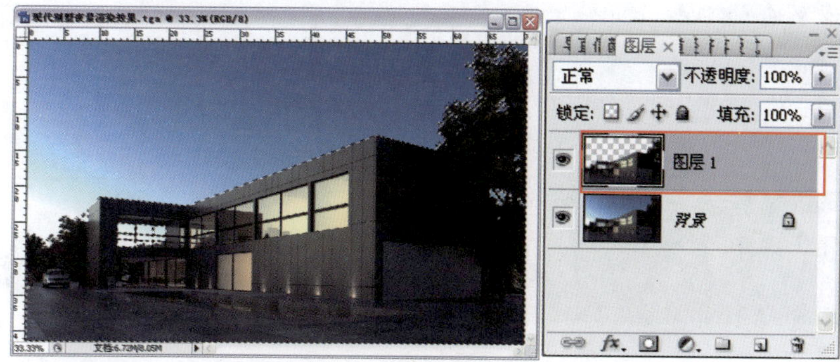

图 12-99

③ 下面首先为图像整体确定一个大的基调，为图像添加背景天空。打开本书所附光盘提供的“第12章现代别墅\贴图\SKY-1.psd”文件，将其拖放到“场景”图层下方，并将其图层命名为“天空”，注意在图像中调整其位置，如图12-100所示。

图 12-100

④ 下面为画面的天空部分添加一些飞翔的鸟。打开本书所附光盘提供的“第12章现代别墅\贴图\BIRD.psd”文件，将其拖放到“天空”图层上方，并将其图层命名为“飞鸟”，调整其位置及大小，更改其图层“不透明度”为70%，如图12-101所示。

图 12-101

⑤ 为了丰富画面，下面在画面靠前的位置添加一些配景。打开本书配套光盘提供的“第12章现代别墅\贴图\植物.psd”文件，将其拖放到“图层1”上方，并将其图层命名

为"植物",调整其位置及大小,更改其图层"不透明度"为50%,位置如图12-102所示。

图 12-102

6 下面继续为画面添加配景。打开本书配套光盘提供的"第12章现代别墅\贴图\树.psd"文件，将其拖放到"图层1"上方，并将其放置在相对较空的画面左边，调整其大小，如图12-103所示。

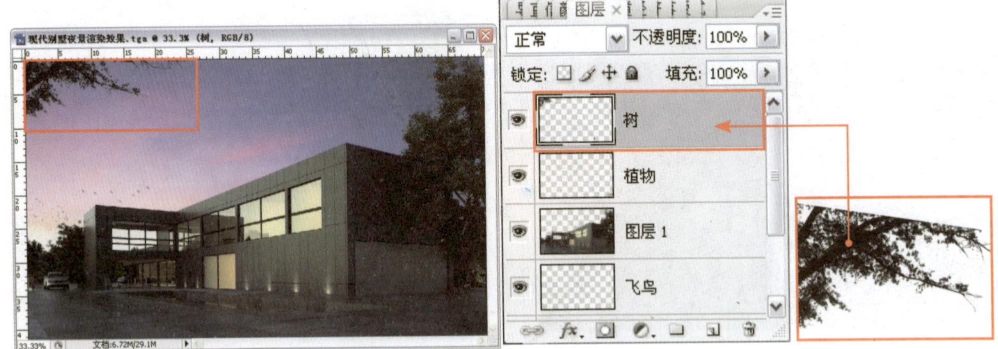

图 12-103

7 最后对图像整体进行调整，最终处理完成效果如图12-104所示。

图 12-104